精通网站建设

100%全能建站密码

龙马工作室◇编著

人民邮电出版社
北京

图书在版编目（CIP）数据

精通网站建设 ：100%全能建站密码 / 龙马工作室编著. -- 北京 ：人民邮电出版社，2014.8（2016.12重印）
ISBN 978-7-115-34989-7

Ⅰ. ①精… Ⅱ. ①龙… Ⅲ. ①网站－建设 Ⅳ. ①TP393.092

中国版本图书馆CIP数据核字(2014)第045918号

内 容 提 要

本书深入浅出，结合实际案例系统地讲解了网站建设的知识和技巧。

全书分为 4 个部分。第 1 篇【基础篇】主要介绍了网站的基础知识、如何搭建网站建设平台、如何申请网站空间、如何申请域名、如何备案网站，以及网站的测试与发布方法等。第 2 篇【配置篇】主要介绍了 Web 服务器、FTP 服务器、电子邮件服务器、DNS 服务器、DHCP 服务器、文件与打印服务器、传真服务器、数据库服务器、流媒体服务器、证书服务器和终端服务器的安装与配置方法。第 3 篇【建设篇】主要介绍了网站的制作技术，并以一个大型电子商务网站为例，介绍了网站建设的过程和方法。第 4 篇【实战篇】选取了热门的网络购物网站、企业门户网站、影音视频网站、电子商务网站、社交网站、时政新闻网站、休闲旅游网站和博客/微博网站进行分析，并以此为基础指导读者完成自己的网站建设。

本书附赠一张 DVD 多媒体教学光盘，包含与图书内容同步的教学录像，以及本书所有案例的源代码和相关学习资料的电子书、教学录像等超值资源，便于读者扩展学习。

本书内容翔实，结构清晰，既适合网站建设的初学者自学使用，也可以作为各类院校相关专业学生和电脑培训班的教材或辅导用书。

◆ 编　　著　龙马工作室
责任编辑　张　翼
责任印制　杨林杰

◆ 人民邮电出版社出版发行　　北京市丰台区成寿寺路 11 号
邮编　100164　　电子邮件　315@ptpress.com.cn
网址　http://www.ptpress.com.cn
北京九州迅驰传媒文化有限公司印刷

◆ 开本：787×1092　1/16
印张：26
字数：702 千字　　　　2014 年 8 月第 1 版
印数：6 601–7 100 册　　　　2016 年 12 月北京第 7 次印刷

定价：59.80 元（附光盘）

读者服务热线：(010)81055410　印装质量热线：(010)81055316
反盗版热线：(010)81055315
广告经营许可证：京东工商广字第 8052 号

前 言

随着社会信息化的发展，与网站开发相关的各项技术越来越受到广大 IT 从业人员的重视，与此相关的各类学习资料也层出不穷。然而，现有的学习资料在注重知识全面性、系统性的同时，却经常忽视了内容的实用性，导致很多读者在学习完基础知识后，不能马上适应实际的开发工作。为了让广大读者能够真正掌握相关知识，具备解决实际问题的能力，我们总结了多位相关行业从业者和计算机教育专家的经验，精心编制了这套“精通 100%”丛书。

丛书内容

本套丛书涵盖读者在网站开发过程中可能涉及的各个领域，在介绍基础知识的同时，还兼顾了实际应用的需要。本套丛书主要包括以下品种。

精通 CSS+DIV——100% 网页样式与布局密码	精通 HTML+CSS——100% 网页设计与布局密码
精通 HTML 5+CSS 3——100% 网页设计与布局密码	精通网站建设——100% 全能建站密码
精通色彩搭配——100% 全能网页配色密码	精通 SEO——100% 网站流量提升密码
精通 JavaScript + jQuery ——100% 动态网页设计密码	

网站建设的最佳学习途径

本书全面研究总结了多位计算机教育专家的实际教学经验，精心设计学习、实践结构，将读者的学习过程分为 4 个阶段，读者既可以根据章节安排，按部就班地完成学习，也可以直接进入所需部分，结合问题，参考提高。

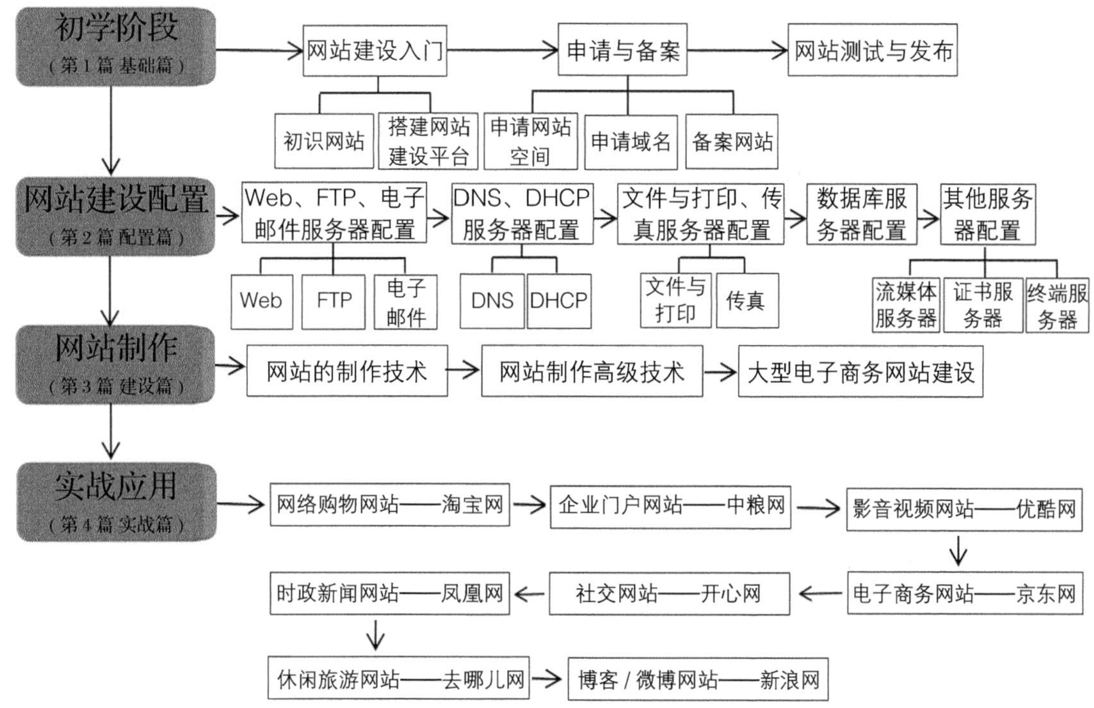

本书特色

▶ 内容讲解，系统全面

本书对知识点进行精心安排，既确保内容的系统性，又兼顾技术的实用性。无论读者是否接触过网站建设，都能从本书中找到合适的起点。

▶ 项目案例，专业实用

本书针对学习的不同阶段选择案例。在系统学习阶段，侧重对知识点的讲解，以便读者快速掌握；而在实战阶段，则面向实际，直接对热门网站进行剖析，帮助读者了解知识的实际应用方法。

▶ 应用指导，细致入微

除了知识点外，本书非常重视实际应用，对关键点都进行了细致的讲解。此外，在正文中还穿插了“注意”、“说明”、“技巧”等小栏目，帮助读者在学习过程中更深入地了解所学知识，掌握相关技巧。

▶ 书盘结合，迅速提高

本书配套的多媒体教学光盘中的内容与书中的知识点紧密结合并相互补充。教学录像可以加深读者对知识的理解程度，并系统掌握实际应用方法，达到学以致用的目的。

超值光盘

▶ 12 小时全程同步教学录像

录像涵盖本书所有知识点，详细讲解每个案例的开发过程及关键点，帮助读者轻松掌握实用技能。

▶ 王牌资源大放送

除教学录像外，光盘中还赠送了大量超值资源，包括 Dreamweaver 案例电子书、22 小时 Dreamweaver 教学录像、HTML 标签速查表、JavaScript 实用案例集锦、Photoshop 案例电子书、8 小时 Photoshop 教学录像、精彩网站配色方案赏析电子书、网页配色方案速查表、网页设计、布局与美化疑难解答电子书、网页制作常见问题及解答电子书、网站建设技巧电子书、颜色代码查询表、JavaScript 语法手册、JavaScript 参考手册以及网站建设常见问题解答电子书等。

光盘使用说明

▶ Windows XP 操作系统

01 将光盘印有文字的一面朝上放入光驱中，几秒钟后光盘会自动运行。

02 若光盘没有自动运行，可以双击桌面上的【我的电脑】图标，打开【我的电脑】窗口，然后双击【光盘】图标，或者在【光盘】图标上单击鼠标右键，在弹出的快捷菜单中选择【自动播放】选项，光盘就会运行。

▶ Windows 7、Windows 8 操作系统

01 将光盘印有文字的一面朝上放入 DVD 光驱中，几秒钟后光盘会自动运行。

02 在 Windows 7 操作系统中，系统会弹出【自动播放】对话框，单击【运行 MyBook.exe】选项即可运行光盘系统。或者单击【打开文件夹以查看文件】选项打开光盘文件夹，双击光盘文件夹中的 MyBook.exe 文件，也可以运行光盘系统。

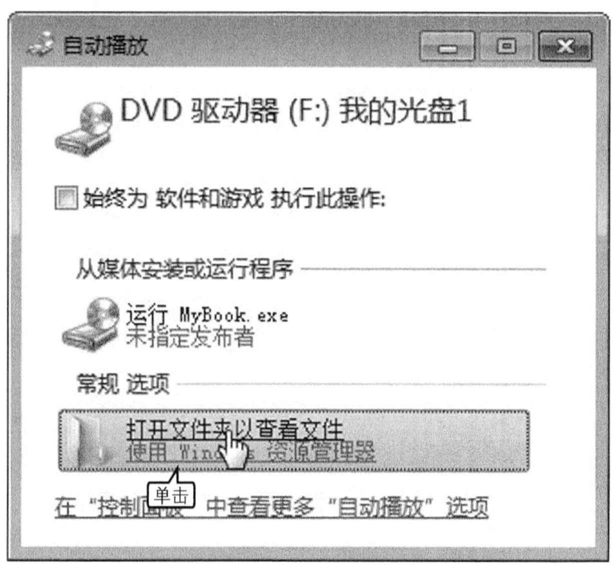

在 Windows 8 操作系统中，桌面右上角会显示快捷操作界面，单击该界面后，在其列表中选择【运行 MyBook.exe】选项即可运行光盘系统。或者单击【打开文件夹以查看文件】选项打开光盘文件夹，双击光盘文件夹中的 MyBook.exe 文件，也可以运行光盘系统。

03 光盘运行后，经过片头动画后便可进入光盘的主界面。

04 教学录像按照章节排列在各自的篇中，在顶部的菜单中依次选择相应的篇、章、节名称，即可播放本节录像。

05 单击菜单栏中的【赠送资源】，在弹出的菜单中选择赠送资源的名称，即可打开相应的文件夹。
06 详细的光盘使用说明请参阅“其他内容”文件夹下的“光盘使用说明 .pdf”文档。

 创作团队

本书由龙马工作室策划，王锋任主编，王献荣、张春燕任副主编，其中第 1 章、第 2 章、第 18 章 ~ 第 20 章、第 25 章和第 26 章由河南工业大学王献荣老师编著，第 3 章 ~ 第 7 章、第 13 章 ~ 第 17 章和附录由河南工业大学王锋老师编著，第 8 章由河南工业大学王雪涛老师编著，第 9 章 ~ 第 12 章由河南工业大学谭玉波老师编著，第 21 章、第 23 章、第 24 章、第 27 章和第 28 章由河南工业大学张春燕老师编著，第 22 章由河南工业大学吴培宏编著。参与本书编写、资料整理、多媒体开发及程序调试的人员还有王建东、韩兵兵、巩方超、李晓东、许亮、张邦元、孔万里、李震、赵源源、乔娜、周奎奎、祖兵新、董晶晶、王果、陈小杰、左琨、邓艳丽、崔姝怡、侯蕾、左花苹、刘锦源、普宁、王常吉、师鸣若、钟宏伟、陈川、刘子威、徐永俊、朱涛和张允等。

在编写过程中，我们竭尽所能地将最好的讲解呈现给读者，但也难免有疏漏和不妥之处，敬请广大读者不吝指正。若读者在学习中遇到困难或疑问，或有任何建议，可发送邮件至 zhangyi@ptpress.com.cn。

编者

目 录

第 1 篇 基础篇

第 2 篇 配置篇

第 3 篇 建设篇

第 4 篇 实战篇

赠送资源（光盘中）

- 赠送资源 1 Dreamweaver 案例电子书
- 赠送资源 2 22 小时 Dreamweaver 教学录像
- 赠送资源 3 HTML 标签速查表
- 赠送资源 4 JavaScript 实用案例集锦
- 赠送资源 5 Photoshop 案例电子书
- 赠送资源 6 8 小时 Photoshop 教学录像
- 赠送资源 7 精彩网站配色方案赏析电子书
- 赠送资源 8 网页配色方案速查表
- 赠送资源 9 网页设计、布局与美化疑难解答电子书
- 赠送资源 10 网页制作常见问题及解答电子书
- 赠送资源 11 网站建设技巧电子书
- 赠送资源 12 颜色代码查询表
- 赠送资源 13 JavaScript 语法手册
- 赠送资源 14 JavaScript 参考手册
- 赠送资源 15 网站建设常见问题解答电子书

第 1 篇

基础篇

本篇是学习网站建设的基础，由初识网站开始，相继介绍了搭建网站建设平台、申请网站空间、申请域名、备案网站及网站的测试与发布的相关知识，为后面深入学习网站建设奠定根基。

第 1 章

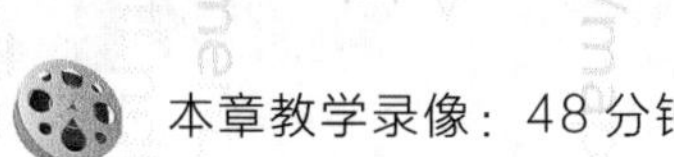

初识网站

随着网络的快速发展，大大小小的网站充斥着人们的眼球，通过网站可以购物、娱乐等，使得人们不得不对网站多加关注。网站是一种通信工具，人们可以通过网站来发布自己想要公开的资讯，或者利用网站来提供相关的网络服务。

本章要点（已掌握的在方框中打勾）

- □ 网站的基本概念
- □ 网站的种类和特点
- □ 网站建设流程
- □ 网站上传流程
- □ 架构网站服务器的筹备工作

1.1 网站的基本概念

本节视频教学录像：13 分钟

进行网站建设之前需要对相关概念有个了解，下面就介绍网站相关的基本概念。

1.1.1 什么是网页与网站

(1) 网页：网页是构成网站的基本元素，是承载各种网站应用的平台。一般情况下，网页中包括文字、图像、声音、动画和视频等多种媒体内容，如下图所示。

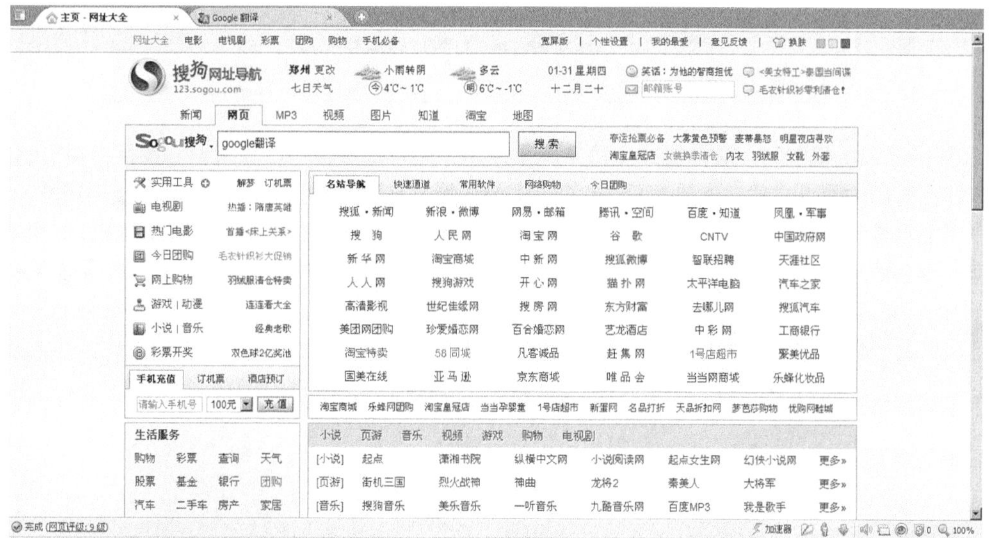

(2) 网站：英文名字为 Website，起源于美国国防部内部局域的计算机系统，是指在因特网上，根据一定的规则，使用 HTML 等工具制作的用于展示特定内容的相关网页的集合。简单地说，网站是一种通信工具，人们可以通过网站来发布自己想要公开的资讯，或者利用网站来提供相关的网络服务。人们可以通过网址（网络中的地址）来访问网站，获取自己需要的资讯或者享受网络服务。网址可以是 4 组数字组成的 IP 地址，如 211.100.38.96；也可以是由字母、数字组成的域名，如 www.baidu.com。一般来说域名便于记忆，人们上网输入域名后计算机服务器会将它转换成 IP 地址。但网站的域名与 IP 地址也不是绝对的一一对应，利用虚拟技术，一个 IP 地址可以对应多个域名。

1.1.2 认识网站的构成

网站主要由三部分构成，即网页、域名、服务器或主机空间。

(1) 网页。一般情况，网站是由若干个网页集合而成的，大家通过浏览器看到的画面就是网页，网页其实就是一个文件，文件类型可以是 HTML、SHTML、PHP、JSP、ASPX 或者 ASP，浏览器是用来查看这份文件的。

(2) 域名。域名就是网站的名字，由一串用点分割的名字组成的 Internet 上某一台计算机或计算机组的名称，通过域名就可以访问企业的网站，比如域名 www.baidu.com（见下图）。在我国，域名的管理由中国互联网络信息中心负责，使用者需要申请并每年付给中国互联网中心域名使用费。

(3) 服务器或主机空间。服务器或主机空间是用于存储网页内容的计算机，它在用户提出访问请求时，查找相对应的网页文件并通过 HTTP（协议）传送给客户端的网页浏览器。有些服务器是一台连接到互联网上且具有相当存储能力并具有良好性能的计算机，但是也有些服务器是虚拟主机，如网站空间，因为有些企业因某些原因不架构自己的服务器，选择虚拟主机空间作为放置网站内容的网站空间。

1.1.3 熟悉网站常用术语

为了更好地理解网站的制作过程，有必要了解一些网站常用术语。

1. 静态网页

静态网页是相对于动态网页而言的，是指没有后台数据库和不可交互的网页。静态网页相对更新起来比较麻烦，适用于一般更新较少的展示型网站。

2. 动态网页

“动态”并不是指那几个放在网页上的 GIF 动态图片，而是符合以下几条规则的网页。

(1) 网页会根据用户的要求和选择而动态改变和响应，将浏览器作为客户端界面，这将是今后 Web 发展的大势所趋。

(2) 无须手动更新 HTML 文档，便会自动生成新的页面，可以大大节省工作量。

3. 超链接

超链接在本质上属于一个网页的一部分，它是一种允许同其他网页或站点之间进行连接的元素。各个网页链接在一起后，才能真正构成一个网站。所谓的超链接是指从一个网页指向一个目标的连接关系，这个目标可以是另一个网页，也可以是相同网页上的不同位置，还可以是一幅图片、一个电子邮件地址、一个文件，甚至是一个应用程序。而在一个网页中用来超链接的对象，可以是一段文本或者是一幅图片。当浏览者单击已经链接的文字或图片后，链接目标将显示在浏览器上，并且根据目标的类型来打开或运行。

4. IP 地址

在 Internet 上有千百万台主机空间，为了区分这些主机，人们给每台主机都分配了一个专门的地址，称为 IP 地址。通过 IP 地址就可以访问到每一台主机。 IP 地址由 4 部分数字组成，每部分都不大于 256，各部分之间用小数点分开。例如，“百度”主机的 IP 地址就是“202.108.22.5”，在浏览器上输入这个 IP 地址，就可以访问到百度的主页。

5. 域名解析服务 (DNS)

因为 IP 地址是由简单的没有任何含义的数字组成的，如果只能通过 IP 上网，则人们需要记住很多的数字，这无疑是很困难的。而事实上人们不需要记住 IP 地址，只需要记住一组有含义的字符串即可，这就是域名。因为域名是有含义的，所以相对于 IP 地址容易记忆。但机器间互相只认 IP 地址，域名与 IP 地址之间是一一对应的，它们之间的转换工作称为域名解析，域名解析需要由专门的域名解析服务器来完成，整个过程是自动进行的。人们在上网时只需要在地址栏中输入域名，就会由系统将域名转换成 IP 地址，从而进行相应网页的调用。比如，百度的 IP 地址可能很多人都不知道，但是其域名“www.baidu.com”很多人都是知道的，而且是很容易记忆的。

6. 虚拟主机

虚拟主机 (Virtual Host/Virtual Server) 是使用特殊的软硬件技术，把一台计算机主机分成多台 " 虚拟 " 的主机，每一台虚拟主机都具有独立的域名和 IP 地址 (或共享的 IP 地址) 并有完整的 Internet 服务器 (WWW、FTP、E-mail 等) 功能。在同一台硬件、同一个操作系统上，运行着为多个用户打开的不同的服务器程序，互不干扰；而各个用户拥有自己的一部分系统资源 (IP 地址 、文件存储空间 、内存、CPU 时间等)。虚拟主机之间完全独立，并可由用户自行管理，在外界看来，每一台虚拟主机和一台独立的主机的表现完全一样。 虚拟主机属于企业在网络营销中比较简单的应用，适合初级建站的小型企事业单位。这种建站方式，适合用于企业宣传、发布比较简单的产品和经营信息。

7. 租赁服务器

租赁服务器是通过租赁 ICP 的网络服务器来建立自己的网站。 使用这种建站方式，无须购置服务器只需租用 ICP 的线路、端口、机器设备和所提供的信息发布平台就能够发布企业信息，开展电子商务。它能替企业减轻初期投资的压力，减少对硬件长期维护所带来的人员及机房设备投入，使企业既不必承担硬件升级负担又同样可以建立一个功能齐全的网站。

8. 主机托管

主机托管是企业将自己的服务器放在 ICP 的专用托管服务器机房，利用他们的线路、端口、机房设备为信息平台建立自己的宣传基地和窗口。 使用独立主机是企业开展电子商务的基础。虚拟主机会被共享环境下的操作系统资源所限，因此，当企业站点需要满足其组织日益发展的要求时，虚拟主机将不再满足其需要，这时候企业需要选择使用独立的主机。

9. FTP

FTP 的全称是 File Transfer Protocol(文件传输协议)，顾名思义，就是专门用来传输文件的协议。FTP 的主要作用就是让用户连接上一个远程计算机 (这些计算机上运行着 FTP 服务器程序) 查看远程计算机有哪些文件，然后把文件从远程计算机上复制到本地计算机，或把本地计算机的文件送到远程计算机。

1.2 网站的种类和特点

本节视频教学录像：5 分钟

不同类型的网站，其设计风格、颜色搭配、适合人群、网页布局和功能等都会截然不同。优秀的网站设计人员需要根据网站的类型及其面向的人群进行个性化的风格设计、颜色搭配。

1.2.1 门户类网站

门户类网站是指通向某类综合性互联网信息资源并提供有关信息服务的应用系统。门户网站最初提供搜索服务、目录服务，后来由于市场竞争日益激烈，门户网站不得不快速地拓展各种新的业务类型，希望通过诸如提供数据资源、信息服务甚至休闲娱乐等门类众多的业务来吸引和留住互联网用户，以至于目前门户网站的业务包罗万象，成为网络世界的“百货商场”或“网络超市”。常见的门户类网站有新浪、搜狐等，如下图所示。

1.2.2 电子商务类网站

电子商务网站指的是一个企业、机构或公司在互联网上建立的站点，是企业、机构或公司开展电子商务的基础设施和信息平台，是实施电子商务的公司或商家与客户之间的交互界面，是电子商务系统运行的承担者和表现者。常见的电子商务网站的类型有 B2B、B2C、C2C、B2G、B2E，如下图所示。

(1) B2B 企业与企业之间的交易，如阿里巴巴交易平台等。

(2) B2C 企业与消费者之间的交易，如卓越亚马逊、当当网、红孩儿等。

(3) C2C 消费者与消费者之间的交易，如淘宝网等。

(4) B2G 同城交易，如 58 同城。

(5) B2E 企业内部员工交流。

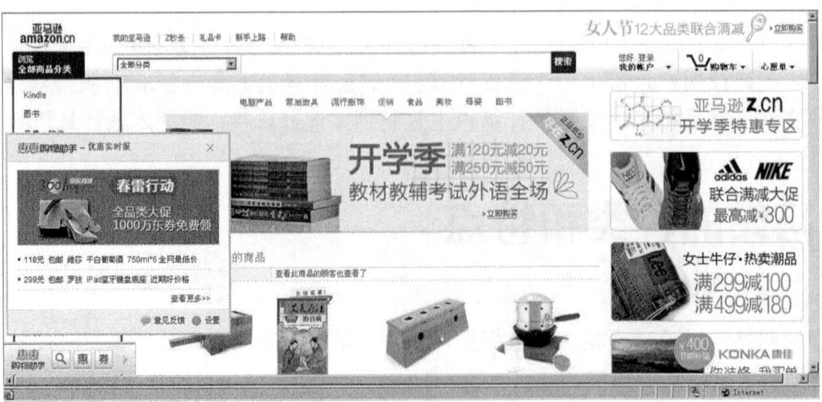

1.2.3 资源服务类网站

资源服务类网站是指着重提供 Internet 网络免费资源和免费服务的网站。资源包括电子刊物、自由软件、图片、电子图书、技术资料、音乐和影视等；服务包括电子邮件、BBS、虚拟社区、免费主页、传真等。免费资源服务有很大的公益性质，比较受欢迎，如华军软件园（见下图）。

1.2.4 休闲娱乐类网站

休闲娱乐网站指提供休闲娱乐方式的网络平台，一般包括视频、游戏、音乐等。其常见的有视频网站，如土豆网（www.tudou.com）；游戏网站，如 4399 小游戏网（www.4399.com）；音乐网站，如九天音乐网（www.9sky.com）等，如下图所示。

1.2.5 学习教育类网站

学习教育网站是服务于教育活动的网络平台。教育行政部门的网站有中华人民共和国教育部（www.moe.edu.cn），介绍部门的结构和职能，提供与教育有关的政策法规和时事要闻，面向对象为教育工作者。教育研究机构的网站如中小学信息技术教育网（www.nrcce.com），提供最新的教科研动态、专业讨论社区、教育教学资源，面向对象为教育工作者。如下图所示为中国教育和科研计算机网的主页。

民间教育机构的网站数量众多，如新东方、沪江网校、启航教育等。

1.3 网站建设流程

本节视频教学录像：11 分钟

要设计出一个精美的网站，前期的规划是必不可少的，此时往往需要和客户进行沟通并确定网站的风格，然后就是搜集、整理素材从而可以减少后期制作网页的工作量，接下来就可以规划站点并制作网页，完成之后进行网站的测试并发布，最后便是后期的更新、维护及推广工作。

1.3.1 确定网站风格和布局

“风格”是抽象的，是指站点的整体形象给浏览者的综合感受。这个“整体形象”包括站点的CI（标志、色彩、字体、标语）、版面布局、浏览方式、交互性、文字、语气、内容价值等诸多因素。网站可以是平易近人的、生动活泼的，也可以是专业严肃的。不管是色彩、技术、文字、布局，还是交互方式，只要能由此让浏览者明确分辨出这是网站独有的，这就形成了网站的“风格”。

一个网站风格的确定主要和网站类型、服务对象有很大关系。如果网站面向的对象是儿童，很明显应该是生动活泼的风格更易于吸引小朋友，如下图所示；如果面向的对象为女性朋友，则温婉、清新秀丽的风格很明显是受人欢迎的。

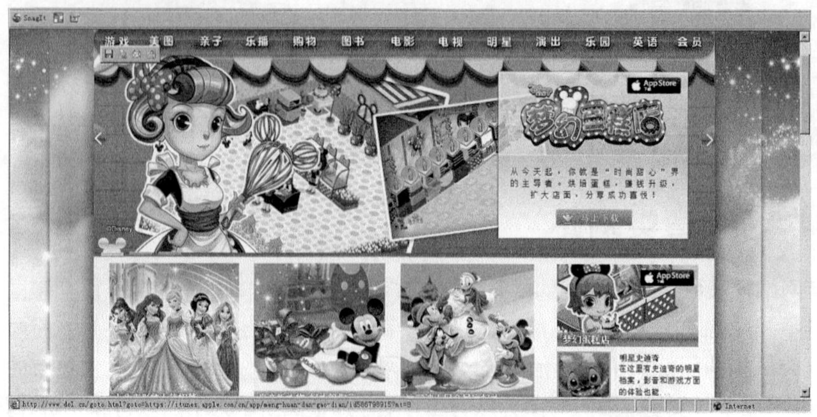

打开一个网站，首先呈现在眼前的就是网站的布局，同样也可以使访问者比较容易在站点上找到他们所需要的信息。网页布局大致可分为“国”字型、拐角型、标题正文型、左右框架型、上下框架型、综合框架型、封面型、Flash 型、变化型。

(1) “国”字型也可以称为“同”字型，是一些大型网站所喜欢的类型，即最上面是网站的标题以及横幅广告条，接下来是网站的主要内容，左右分列一些小条内容，中间是主要部分，与左右一起罗列到底，最下面是网站的一些基本信息、联系方式、版权声明等。这种结构是在网上见到的最多的一种结构类型，如下图所示。

(2) 拐角型：这种结构与“国”字型只是形式上的区别，其实是很相近的，上面是标题及广告横幅，接下来的左侧是一窄列链接等，右列是很宽的正文，下面也是一些网站的辅助信息，如下图所示。

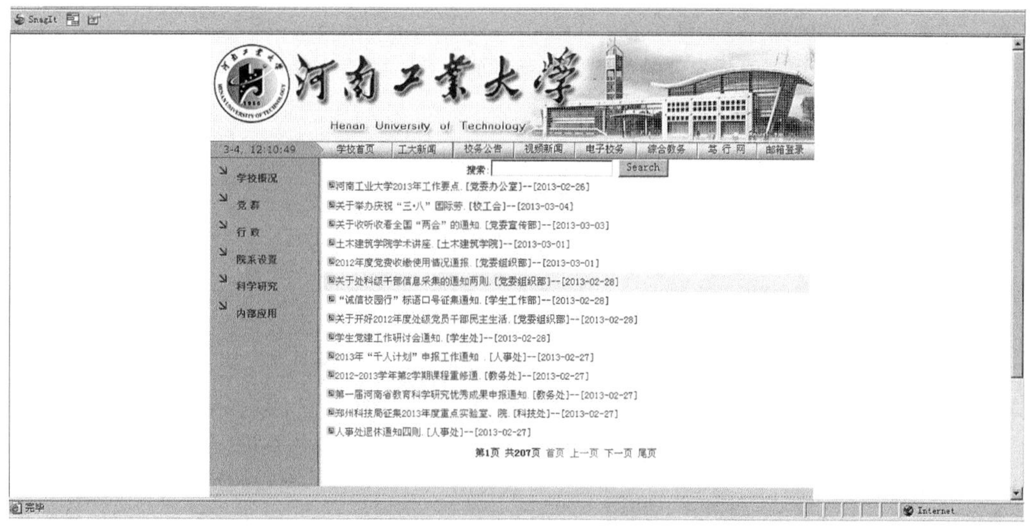

(3) 标题正文型：这种类型最上面是标题或类似的一些东西，下面是正文。比如，一些文章页面或注册页面等就是这种类型，如下图所示。

⑷ 左右框架型：这是一种左右分为两栏的框架结构，一般左面是导航链接，有时最上面会有一个小的标题或标志，右面是正文。大部分的大型论坛都是这种结构，有一些企业网站也喜欢采用这种结构。这种类型结构非常清晰，一目了然。

⑸ 上下框架型：与左右框架型类似，区别仅仅在于是一种上下分为两页的框架。

⑹ 综合框架型：由左右框架型和上下框架型两种结构结合，是相对复杂的一种框架结构，较为常见的是类似于“拐角型”结构，只是采用了框架结构。

⑺ 封面型：这种类型基本上是出现在一些网站的首页，大部分为一些精美的平面设计结合一些小的动画，放上几个简单的链接或者仅是一个“进入”的链接甚至直接在首页的图片上做链接而没有任何提示。这种类型大部分出现在企业网站和个人主页，如果处理得好，会给人带来赏心悦目的感觉。

⑻ Flash 型：其实这与封面型结构是类似的，只是这种类型采用了 Flash 动画。与封面型不同的是，由于 Flash 强大的功能，页面所表达的信息更丰富，其视觉效果及听觉效果如果处理得当，绝不差于传统的多媒体。

⑼ 变化型：即上面几种类型的结合与变化，在视觉上是很接近拐角型的，但所实现的功能的实质是那种上、左、右结构的综合框架型。

一个好的网站风格和布局要起到的作用：加强视觉效果，加强文案的可视度和可读性，页面具有统一感，鲜明的个性。

说 明

在实际应用中，可以根据自己的需要将各种网页布局进行交叉融合，发展具有个性特色的网页布局类型。

1.3.2 搜集、整理素材

要想设计出漂亮的页面，素材的整理和收集是首先要学会的基本功之一。学会将网上的素材下载整理，在有需要时可以不费太长时间找到所需的素材或者参考模板，这无疑会使网站设计事半功倍。

素材的搜集是不难理解的，就是在平时看到吸引人眼球的图片或网页模板时下载保存起来。保存的方法可以是保存单张图片或者保存整个页面（可以使用 360 浏览器中自带的功能或图片另存操作）。

当然，如果只是杂乱保存的话，后期在使用时查找是很费时间的。所以对素材的整理尤为重要，整理的方法及归类的方式有很多，大家可以在不断地摸索中总结适合自己的收集整理素材的方式。常用的方法包括将素材分类放在不同的文件夹中，如矢量和 PSD 文件，然后又可分为花纹类的、背景类的、标志类的、炫光类的，等等；或者按照素材的用途进行分类，如新年图片、日落图片、大海图片、高山图片等；或者按图片颜色分类，如红色、蓝色、紫色等。具体使用哪种方法就要看个人的爱好了。

1.3.3 规划站点并制作网页

一般，一个站点包含的文件很多，大型站点更是需要对站点的内部结构进行规划。应该将各个文件分门别类地放到不同的文件夹中，如果将所有的文件混杂在一起，则整个站点显得杂乱无章，且不易管理。因此，站点结构要条理清晰，井然有序，使人们通过浏览站点的结构，就可知道该站点的大概内容。一般情况下，将站点中所用的图片和按钮等图形元素放在 Images 文件夹中，HTML 文件放在根目录下，而动画和视频等放在 Flash 文件夹中。对站点中的素材进行详细的规划，是为网页设计人员在修改管理页面文件时提供方便。在计算机中除 C 盘外要新建一个站点的文件夹，命名如 Myweb，也可以叫“我的站点”。

制作网页是一个复杂而细致的过程，一定要按照先大后小、先简单后复杂的顺序来制作。所谓先大后小，就是在制作网页时，先把大的结构设计好，然后再逐步完善小的结构设计。所谓先简单后复杂，就是先设计出简单的内容，然后再设计复杂的内容，以便出现问题能及时修改。

在网页排版时，要尽量保持网页风格的一致性，不至于在网页跳转时产生不协调的感觉。在制作网页时灵活地运用模板，可以大大地提高制作效率。将相同版面的网页做成模板，基于此模板创建网页，以后想改变网页时，只需修改模板就可以了。

1.3.4 网站的测试与发布

网站的测试包括以下几个方面。

(1) 网页测试：一般的网页设计工具中均自带有测试工具，如 Dreamweaver 的【文件】菜单中的【检查目标浏览器】子菜单即可完成测试功能。

(2) 本地站点测试：主要包括检查链接、检查浏览器兼容性、检查多余标签、检查语法错误等。

(3) 用户测试：以用户身份测试网站的功能。其主要测试内容有评价每个页面的风格、颜色搭配、页面布局、文字的字体和大小等方面与网站的整体风格是否统一、协调，页面布局是否合理，各种链接所放的位置是否合适，页面切换是否简便，对于当前访问位置是否明确等。

(4) 负载测试：安排多个用户访问网站，让网站在高强度、长时间的环境中进行测试。其主要测试内容有网站在多个用户访问时访问速度是否正常，网站所在服务器是否会出现内存溢出、CPU 资源是否不正常等。

网站的发布是指将网站内容使用 FTP 上传到网站空间当中，网站空间可以在网络上的一些网页空间提供商处购买。若制作的网站还需要数据库，但购买的网站空间不自带数据库，就需要另外购买数据库。FTP、数据库的账号和密码信息都会在申请网站空间时得到。

1.3.5 后期更新与维护

网站制作好后，日后的更新和维护才是最重要的。更新和维护的目的是为了能够使网站长期稳定地在互联网上运行，并为用户持续不断地提供新的网站内容。一个好的网站需要定期或不定期地更新内容，才能不断地吸引更多的浏览者，只有不断地更新内容，才能保证网站的生命力。

更新和维护的主要工作内容包括对网站重新进行规划与设计、增加网站内容、扩大服务范围以及增添服务项目等。

内容更新是网站维护过程中的一个瓶颈，网站的建设者可以考虑从以下几个方面入手，使网站能够长期顺利地运营。

网站建设初期，需要对后续的维护工作给予足够的重视，保证网站在建设完成后，后期更新和维护能够简单、方便地进行。有规律地对网站增加内容，增加的内容要及时、准确，要进行统筹考虑，确立一套从信息收集、信息审查到信息发布的良性运转的管理制度。尽量不要对网站做很大的变动，可以进行局部更新，在未更改网站架构的情况下增添内容。这样不仅充实了网站的内容，也对搜索引擎的收录有利。对于经常变更的信息，尽量用结构化的方式（如建立数据库、规范存放路径）管理起来，以避免出现数据杂乱无章的现象。

1.3.6 网站推广

网站制作好之后，还要不断地对其进行宣传，这样才能让更多的朋友认识它，以提高网站的访问率和知名度。推广的方法很多，如到搜索引擎上注册、与别的网站交换链接或加入广告链接等。

网站推广是企业网站获得有效访问的重要步骤，合理而科学的推广计划能令企业网站收到接近期望值的效果。网站推广作为电子商务服务的一个独立分支正显示出其巨大的魅力，并越来越引起企业的高度重视和关注。

1.4 网站上传流程

本节视频教学录像：13 分钟

网站上传就是将网站信息从个人计算机（本地计算机）传递到中央计算机（远程计算机）系统上，让网络上的人都能看到。将制作好的网页、文字、图片等发布到互联网上去，以便让其他人浏览、欣赏，这一过程称为上传。上传分为 Web 上传和 FTP 上传，前者直接通过单击网页上的链接即可操作，后者需要专用的 FTP 工具。

1. 本地测试网站

本地测试网站是在自己计算机上运行网站程序，进行编辑和修改。在 IIS 配置成功后，可以通过 http://127.0.0.1、http://localhost 或者 http:// 计算机名三种方式测试自己本地默认主页。

2. 配置网站与服务器数据参数

可以将本地机配置成服务器。操作系统建议使用 Windows 2003 Server，网站系统采用 IIS6.0，磁盘格式采用 NTFS，FTP 工具采用 Server-U。简单服务器一般只需要配置 IIS，而 Windows 2003 Server 默认安装是有 IIS 的，所以只需启动即可。

3. 上传网站文件

网站制作好后，要把源文件上传到虚拟主机，这时需要用到一些上传工具，上传工具有很多，其中用得最多工具的是 FTP，FTP 很方便、快捷地把企业网站源码上传到主机，在以后的修改过程中也经常会用到。

1.5 架构网站服务器的筹备工作

本节视频教学录像：6 分钟

在互联网上出现的网页是被放置在互联网上的某个地方来让用户访问，这个地方就是Web服务器。Web 服务器用来存储超文本文件（网页），并基于客户端网页浏览器的需求，将网页传输并分配给用户的计算机，如下图所示。所有工作的执行都依赖于超文本传输协议 (HTTP)。用户运行客户端浏览器，以此给网站服务器发送访问请求并浏览其存储的超文本文件。除此之外，用户还可利用网页向网站服务器发送信息，要求网站服务器进行处理并返回结果。因此，网站服务器不仅能够存储超文本文件（网页），还拥有处理数据等其他功能。

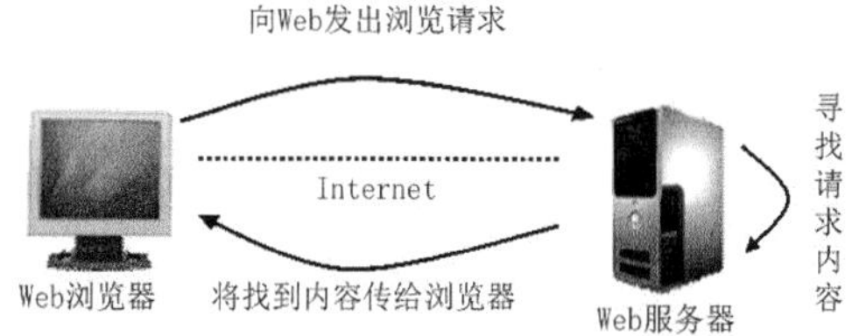

网站服务器对硬件和软件的要求较高。不同软件厂商提供的网站服务器、同一网站服务器的不同版本，对资源的耗费以及本身的性能要求也不一样。因此，网站服务器的配置首先应确定服务器的软件。

1.5.1 硬件要求

Web 服务器是每个网站不可或缺的服务器，但是 Web 服务器对服务器硬件来说有哪些要求呢？或者说 Web 服务器有何特点？下面从六个方面来详细分析 Web 服务器应该考虑哪些因素，也为大家在日后购买 Web 服务器提供一个参考。

1. 性能

网站网页的访问会牵扯到文件系统缓存对服务器内存子系统的影响，所以在选购 Web 服务器时，CPU 缓存的大小和内存的性能就很关键。

2. 并发用户数量

经常会听到某个网站瘫痪了，这就是并发用户数量太大导致的。Web 服务器并发用户数量是指在同一时刻，可以允许的用户连接数。并发用户数量主要由系统的硬件配置、网络出口带宽和应用复杂性等方面决定。

3. 响应能力

响应能力和并发用户数量相关，响应的速度越快，单位时间内支持的访问数量就会越多，用户点击的响应速度也会越好。

4. Web 服务器软件对系统的支持

很多品牌服务器一般都有自己的 Web 网站软件，但这对于不同网页，不同数据库系统兼容性可能会存在问题，如现在 ASP.NET 动态网页就要选择 IIS5.0 以上的服务器。当然这其中要根据自己的情况来选择。

5. 安全性

Web 服务器通常是放在防火墙之外的，所以要保证服务器的安全主要考虑两个方面：安装一些安全的软件工具；自身安装的应用要少，要简单。

6. 技术支持

技术支持涉及 Web 服务器厂商的今后服务体系和技术实力。毕竟这样一个庞大系统的应用是非常复杂的，如果出了问题，不能得到厂商及时、可靠的技术支持，将很可能影响到公司电子商务的正常应用。

1.5.2 软件要求

目前，较为流行的两种 WWW 服务器软件是 Apache 和微软的 IIS。IIS 主要定位于小型的网络环境，运行于 Windows NT/2000/XP/2003 Server 平台；而 Apache 则有多种平台版本，如 Windows、Linux、UNIX 版本。从性能上来比较 Apache+PHP 相对于 Windows NT+IIS 运行 ASP 要稍强，Apache 略占优势。现有的版本已能在高性能的主机上 1s 内处理 10000 次以上的操作（响应一次请求为一次操作）。因此，企业根据应用开发需求，选择相应的软件平台。

1.5.3 域名申请与解析

域名申请可用于解决因特网地址对应问题。域名需遵循先申请先注册原则，每个域名都是独一无二的，价格不等。七个类别顶级域名是按用途分类的，以不同后缀结尾。在一般情况下，域名代表互联网协议（IP）资源，如使用个人计算机访问 Internet，服务器计算机上托管一个网站，或者网站本身或任何其他通过互联网沟通的服务。

域名（Domain Name）是由一串用点分隔的名字组成的，其在 Internet 上提供用户访问某网站或网页的路径，用于在数据传输时标识计算机的电子方位（有时也指地理位置）。

“域名申请”：为保证每个网站的域名或访问地址是独一无二的，需要向统一管理域名的机构或组织注册或备档的一种行为。也就是说，为了保证网络安全和有序性，网站建立后为其绑定一个全球独一无二的域名或访问地址，必须向全球统一管理域名的机构或组织去注册或者备档方可使用的一种行为。

域名申请有以下几个步骤。

(1) 准备申请资料：com 域名无需提供身份证、营业执照等资料，2012 年 6 月 3 日起，cn 域名已开放个人申请注册，所以申请 cn 域名则需要提供身份证或企业营业执照。

(2) 寻找域名注册商：推荐一个信誉、质量、服务、稳定性都很好的网站“空间域名网络”，在这个网站上注册一个用户名。由于 .com、.cn 等不同后缀域名均属于不同注册管理机构所管理，如要注册不同后缀域名则需要从注册管理机构寻找经过其授权的顶级域名注册服务机构，如 com 域名的管理机构为 ICANN，cn 域名的管理机构为 CNNIC(中国互联网络信息中心)。若注册商已经通过 ICANN、CNNIC 双重认证，则无需分别到其他注册服务机构申请域名。

(3) 查询域名：在注册商网站点击查询域名，选择要注册的域名，并点击注册。

(4) 正式申请：查到想要注册的域名，并且确认域名为可申请的状态后，提交注册，并缴纳年费。

(5) 申请成功：正式申请成功后，即可开始进入 DNS 解析管理、设置解析记录等操作。

域名解析是把域名指向网站空间 IP，让人们通过注册的域名可以方便地访问到网站的一种服务。域名解析也叫域名指向、服务器设置、域名配置以及反向 IP 登记等。说得简单点就是将好记的域名解析成 IP，该服务由 DNS 服务器完成，其把域名解析到一个 IP 地址，然后在此 IP 地址的主机上将一个子目录与域名绑定，如下图所示。

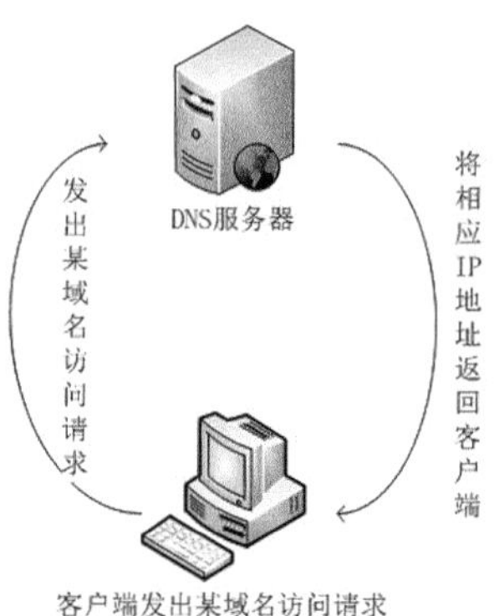

高手私房菜

>>>

技巧 1：如何使网站更容易被搜索到

(1) 设置合理、热门的关键字。

(2) 增加关键字的数量。

(3) 增加适量的模糊关键字。

(4) 尽量减少关键字中特殊字符的数量。

(5) 合理处理好关键字前后的空格。

技巧 2：在网页中保存图片的技巧

平时浏览网站时看到好的图片或网页结构可以随手保存，方便自己使用。保存时可以使用 360 浏览器中自带的功能，如 360 安全浏览器可以直接对网页进行截图，包括网页区域截图、当前网页截图、所有网页截图、窗口截图、全屏截图。如下图所示，选择【截图】图标，如果是第一次会弹出截图使用说明。

单击截图的下拉三角按钮，会弹出截图的功能菜单，如下图所示。

(1) 指定区域截图：直接截取当前显示屏幕的图片。

(2) 隐藏浏览器窗口截图：开始截图时会将浏览器最小化后再开始截图。

(3) 保存完整网页为图片：将当前的网页保存为一张完整的图片。

(4) 打开 Windows 画图工具：单击该菜单项即可打开系统自带的画图工具

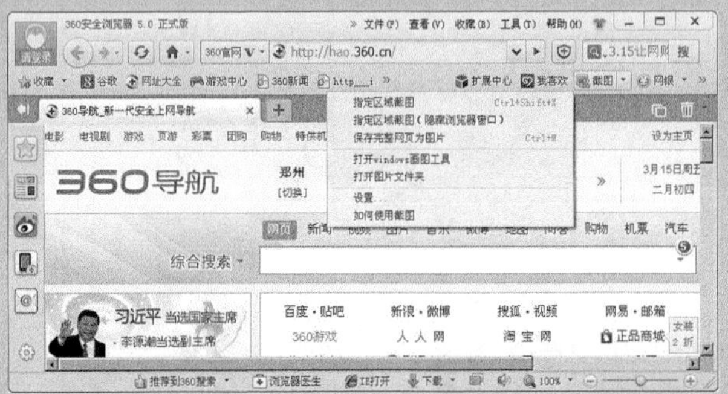

截图步骤如下。

❶ 单击截图下拉三角按钮，选择指定区域截图，会出现 360 截图光标，如下图所示。

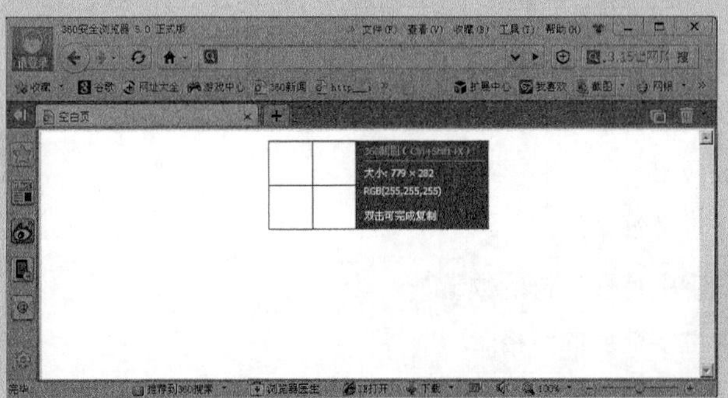

❷ 找到想要开始截图的点，按下鼠标左键不放，拖曳鼠标，会出现一个矩形区域，如下图所示，可以根据自己的需要选择截图区域。

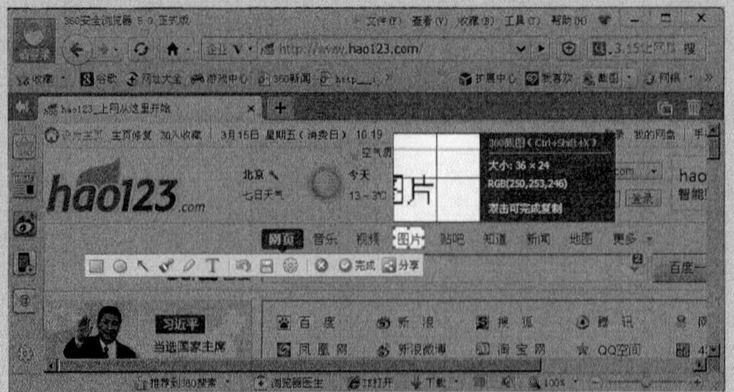

单击了【截图】按钮后，又不想截图了，怎么快速取消呢？当出现截图的十字光标后，可以按下鼠标右键或者【Esc】键，就可以取消本次截图了。

第 2 章

本章教学录像：21 分钟

搭建网站建设平台

搭建好网站建设平台必须要做好前期的准备工作，包括目标规划、需求分析、网站结构分析及网站运作资金的规划，除此之外还要构建好网站的运行平台。

本章要点（已掌握的在方框中打勾）

- □ 网站目标规划
- □ 需求分析
- □ 网站结构分析
- □ 网站运作资金规划
- □ 本地运行服务器的配置
- □ 服务器运行环境的选择
- □ 选择 Internet 接入方式
- □ 选择 ISP 服务商

2.1 网站建设前的准备工作

本节视频教学录像：8 分钟

盖房子，在动工之前就需要做很多的准备工作，比如准备砖瓦、水泥、木材、石灰、门窗等。同样地，建设一个网站也是一样，在开工之前也需要做一些准备。网站一般是指以自身的产品服务等为主要内容和服务对象的网站，根据不同需要，网站的功能会有很大的不同，有的纯粹是发布公司信息，有的还开展网上订货等商务活动。

2.1.1 网站目标规划

网站目标规划是指在网站建设前对市场进行分析，确定网站的目的和功能，并根据需要对网站建设中的技术、内容、费用、测试、维护等做出规划。网站规划对网站建设起到计划和指导的作用，对网站的内容和维护起到定位作用。网站目标规划的具体内容包括以下几个方面。

1. 市场分析

俗话说，知己知彼才能百战不殆，同样在做网站前，应当先了解自己行业的竞争者对于网站规划是怎么样的。结合企业自身条件，分析网站对于自身可以达到什么效果。

2. 网站预期投入

网站预期投入包括时间和金钱两部分，即企业打算在多长时间内投入多少金钱建设网站。

3. 建站目的

为什么要建立网站，是为了提升企业形象，提高企业知名度，还是要实现电子商务，亦或者是行业型网站。

4. 整站风格

不同行业的网站，风格也截然不同，比如艺术类网站就需要有艺术气息，文化类网站需要有文化底蕴，电子类网站需要大气、简约、有质感。

5. 网站功能

根据网站的具体需要，提出网站应当具有的功能模块。常见的功能模块有会员登录、注册、支付系统、下载系统、图片管理系统、文章管理系统、在线客服模块。

6. 网站内容

一般企业网站有企业介绍、企业产品、产品介绍、联系方式、客户留言、常见问题等内容。如果是电子商务网站，还有会员信息、产品搜索、购物车、在线付款等内容。

7. 技术解决方案

服务器是自己搭建，还是向主机空间商租用。采用何种编程语言等。

8. 日程安排

什么时候到什么时候需要完成什么内容，以表格或者其他形式罗列。

2.1.2 需求分析

一个网站项目的确立是建立在各种各样的需求上的，这种需求往往来自于客户的实际需求或者是出于公司自身发展的需要，其中客户的实际需求也就是说这种交易性质的需求占了绝大部分。面对对网站开发拥有不同知识层面的客户，项目的负责人对用户需求的理解程度，在很大程度上决定了此类网站开发项目的成败。因此，如何更好地了解、分析、明确用户需求，并且能够准确、清晰以文档的形式表达给参与项目开发的每个成员，保证开发过程按照满足用户需求为目的的正确项目开发方向进行，是每个网站开发项目管理者需要面对的问题。需求分析的具体内容包括以下几个方面。

1. 网站框架图

使用专业的流程图绘制工具绘画出网站的框架图，让网站中各个页面、导航、栏目、版块都能够清晰地展现在图中，作为网站需求分析的总览图。

2. 页面设计的需求分析

在网站需求分析中总结出哪些页面需要独立设计、页面的风格色彩是什么、页面分辨率是多少、是否有 VI 图标的设计以及数量、是否有动画设计以及数量、是否有 js 前端效果以及数量等。这些都会影响项目的工期进度以及成本。

3. 定位分析

企业网站的定位应该是基于严格的市场调查和分析的。

⑴ 市场定位分析

如果只是简单建设一个普通网站，是很容易的。但是如何让自己的网站从众多网站中脱颖而出却是需要有自己与众不同之处的。网站中应重点突出地给出自己的中心点（提供的重点产品或服务），让客户明确自己的网站重点是做什么的，尤为重要的是要使客户对自己产生信任。

⑵ 用户定位分析

企业网站的目标用户主要包括企业的经销商、终端消费者、企业的一般员工及销售人员、求职者等。企业要根据自己的市场对目标用户的年龄、性别、学历、职业、个性、行为、收入水平、地理位置分布等各种资料进行分析研究，从而提高用户服务的目的性，确定网站的风格。

⑶ 功能定位分析

一个成功的企业网站，其定位清晰、受众明确，根据客户需求，常见的网站功能如下。

① 企业展示部分：宣传企业的品牌，扩大知名度。

② 产品介绍：产品介绍和企业展示能扩大产品宣传力度。

③ 最新动态（新闻中心）：给用户提供最新的产品动态，让客户时刻关注着。

④ 产品展示（案例展示）：可以让客户深入地了解我们，选择我们，宣传企业。

⑤ 优惠促销：鼓励用户消费和购买，激发潜在客户。

⑥ 积分礼品、特惠商户：促进用户购买和消费，巩固已有用户。

⑦ 在线留言：提供网络信息和优惠服务，加大宣传力度。

⑧ 联系我们：客户更容易和我们沟通，加深可信度。

除此之外，还应根据网站的目标用户定位分析的结果，将用户群感兴趣的作为网站的重点功能。

⑷ 项目实施安排

明确说明项目的实施步骤以及项目工期和人员配备的安排等。

2.1.3 网站结构分析

网站结构是指网站推广中页面之间的层次关系，按性质可以分为物理结构（网站真实的目录及文件所存储的位置所决定的结构）和逻辑结构（根据网页内部链接所需而改成的逻辑或链接的网络图）。

合理的网站结构其实没有什么特别之处，无非是能正确表达网站的基本内容及内容之间的层次关系，使得用户、搜索引擎在浏览网站时可以方便地获取信息，不至于迷失。网站结构分析的具体内容包括以下几个方面。

(1) 导航栏中是否存在首页导航；

(2) 首页链接是否通过网站导航链接向所有的频道主页；

(3) 首页主要链接频道页，同时是否推广几个特殊页面链接；

(4) 频道首页是否有所有属于本频道的内容页或下级频道页；

(5) 是否所有内容页都链向网站首页；

(6) 所有内容页是否都链向自己的上一级频道首页；

(7) 内容页是否可以链向同一个频道的其他内容页；

(8) 内容页是否链向其他频道的内容页；

(9) 内容页是否在某些情况下在正文中用适当的关键词链向其他频道的内容页。

2.1.4 网站运作资金规划

网站建设的资金规划从以下几个方面考虑。

(1) 一般根据企业的规模、建站的目的、上级的批准而定。

(2) 专业建站公司提供详细的功能描述及报价，企业进行性价比研究。

(3) 网站的价格从几千元到十几万元不等。如果排除模板式自助建站（通常认为企业的网站无论大小，必须有排他性，如果千篇一律对企业形象的影响极大）和牟取暴利的因素，网站建设的费用一般与功能要求是成正比的。

2.2 构建网站运行平台

本节视频教学录像：13 分钟

所有网站的运行平台都必须在一定的计算机、网络设备硬件和应用软件的基础上。从逻辑上看，如果把与网站运行平台相关的硬件、软件、开发维护和提供的资源信息都抽象为逻辑组件，那么一个网站能够做到正常运行，其运行平台中至少应包括计算机、网络接入设备、操作系统、Web 服务器软件及其 Web 资源，这五个组件是网站正常运行的必备组件，是构成网站的最小配置。此外，还可以根据应用的目的、层次和深度，适当地包括局域网、大型存储设备、数据库存储及检索系统、E-mail 服务器、FTP 服务器、应用服务器及其应用程序、控制系统、安全系统、备份系统及维护系统等各类可扩展组件。组件按服务功能可分为六个部分，即网络接入部分、服务器部分、数据存储部分、应用服务器软件、商务应用软件和安全部分。

2.2.1 本地运行服务器的配置

网站建好之后的关键是测试，但是上传到空间去测试太麻烦了，在网站完善之前搭建一个本地服务器是有必要的。网站简单测试只需本地有 IIS 服务即可，如果操作系统是 Windows 2003，则系统默认安装已经有了 IIS 就不需要再安装可以直接打开使用了。

如果是 Wondows XP Professional 操作系统则需要安装 IIS 服务，安装过程如下。

❶ 打开控制面板，然后打开其中的【添加或删除程序】窗口，如下图所示。

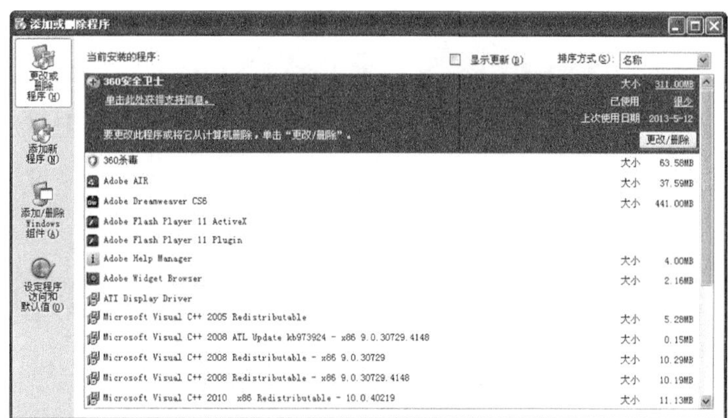

❷ 在上图左侧选中【添加 / 删除 Windows 组件】图标，稍等片刻系统会启动 Windows 组件向导，选中【Internet 信息服务（IIS）】复选框，单击【下一步】按钮，如下图所示。

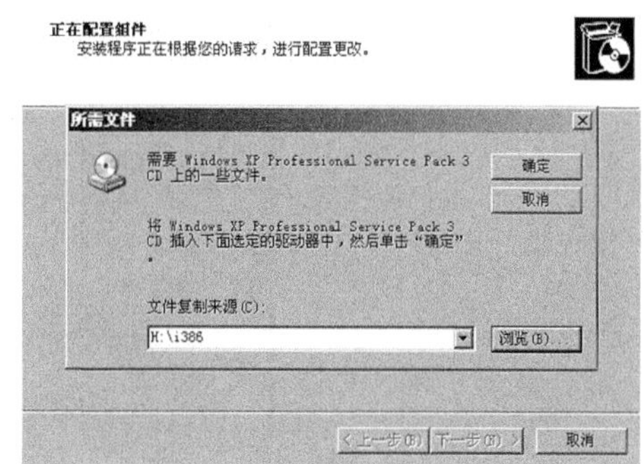

❸ 选取安装文件之后，等待系统安装成功，系统会自动在系统盘新建网站目录，默认目录为 C:\Inetpub\wwwroot。

❹ 打开【控制面板】▶【管理工具】▶【Internet 信息服务】窗口，如下图所示。

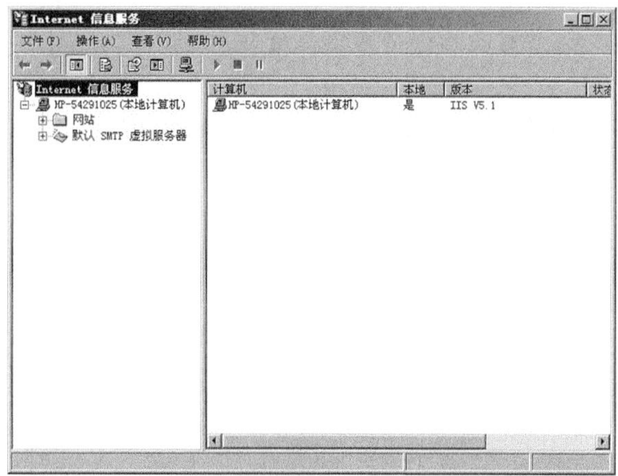

❺ 在默认网站上单击右键，在弹出的快捷菜单中选择【属性】选项，单击【主目录】标签，如下图所示。在本地路径输入框后单击【浏览】按钮可以更改网站所在文件位置，默认目录为 C:\Inetpub\wwwroot。

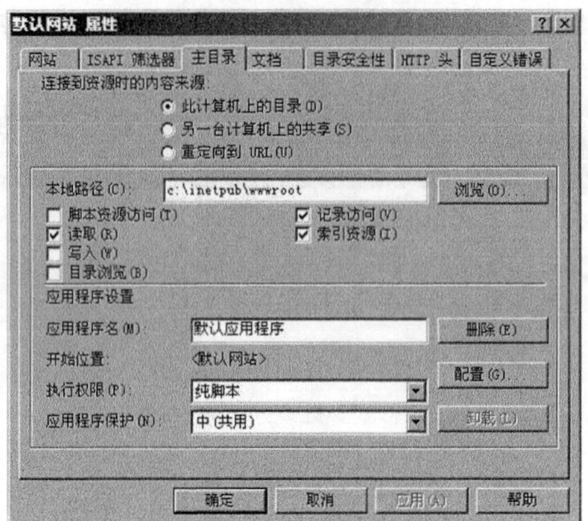

❻ 在执行权限后面单击【配置】▶【调试】标签，选中【向客户端发送文本错误信息】单选按钮(处理 URL 时服务器出错。请与系统管理员联系)，如下图所示。

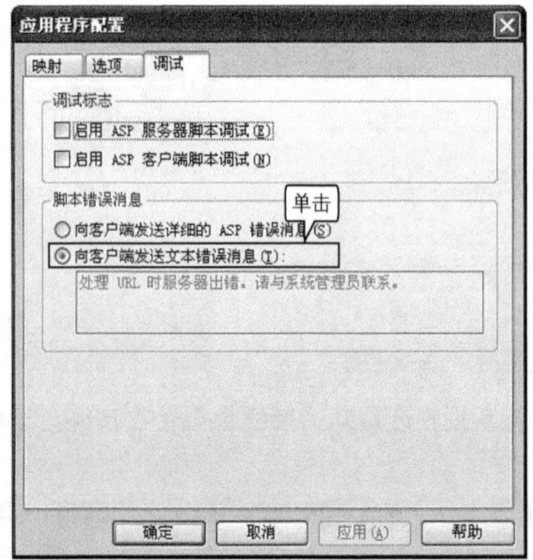

❼ 单击【文档】标签可以设置网站默认首页，推荐删除 iisstart.asp，添加 index.asp 和 index.htm，如下图所示。

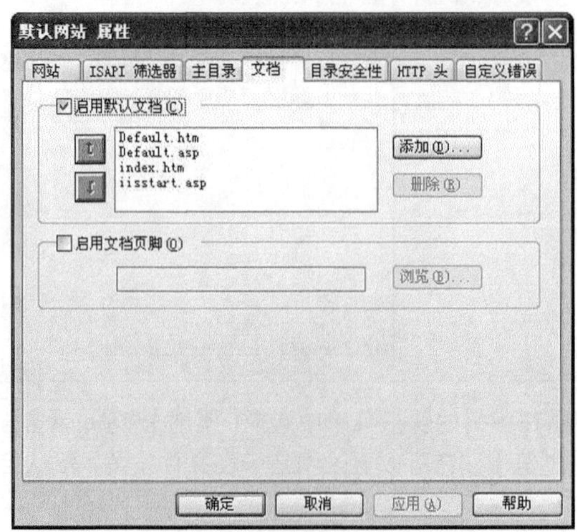

❽ 单击【目录安全性】标签，如下图（左）所示；单击【编辑】按钮可以对服务器访问权限进行设置，如下图（右）所示。

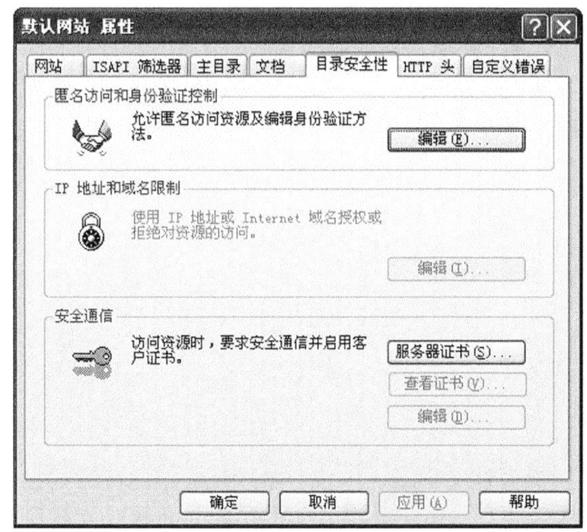

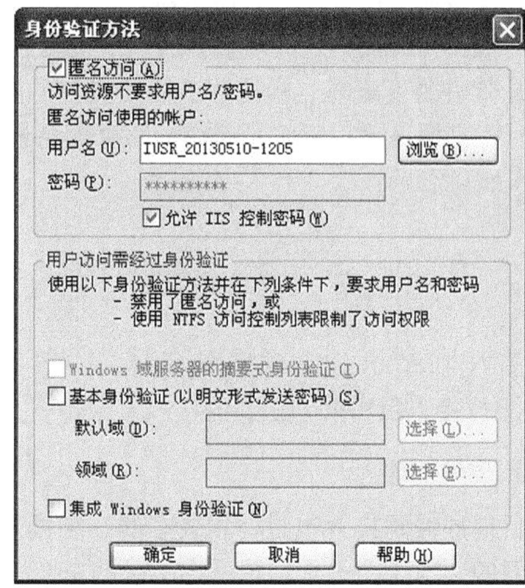

❾ 把网站文件复制到所选择的网站目录下，假设所选择的目录为默认目录 C:\Inetpub\wwwroot。

❿ 可以通过 http://localhost/ 网站文件名 / 或 http://127.0.0.1/ 网站文件名 / 或 http:// 计算机名 / 网站文件名 / 或 http:// 本机 IP 地址 / 网站文件名 / 等方式访问网站，其他人可以通过 http:// 计算机名 / 网站文件名 / 或 http:// 本机 IP 地址 / 网站文件名 / 访问。

2.2.2 服务器运行环境的选择

服务器是指用来提供各种 WWW、E-mail、FTP、新闻组、数据库等服务的计算机硬件设备，它是一切应用服务软件、商务应用软件运行的硬件基础。在整个网络系统中服务器提供服务，而其他计算机则可以从服务器上索取服务或通过服务器共享资源。

服务器在网络中向整个网络系统提供服务，所以其硬件要求要比普通网络客户端的要求要高，体现在速度和容量两个方面，一般要求其配有较高处理速度的 CPU、大容量的内存和磁盘。在实际应用中多由大型机、中型机或小型机担当服务器，也可以使用配置较高的微型机。

从应用领域来看，服务器从硬件角度大致可分为入门级应用、工作组级应用、部门级应用和企业级应用四类。

1. 入门级应用类

入门级服务器对硬件要求较低，高性能的微型机即可担当此任，大多是为了在办公室中完成一些简单的数据共享、打印机等硬件共享或网络接入功能。

2. 工作组级应用类

工作组级应用服务器性能高于入门级应用服务器，大概是 2~3 台高性能 PC 的价位，其完成功能与入门级类似，主要以办公室内的资源共享为主。

3. 部门级应用类

部门级应用服务器一般都具有较强的网络管理功能，并有较强的可扩展性及安全性，多在邮电、金融等行业担当数据中心和 Web 站点的任务。

4. 企业级应用类

企业级服务器属于高档服务器，多使用小型机充当企业级应用服务器，采用多个 CPU 结构，具有很强的数据处理能力及速度，多应用于金融、证券、交通、邮电、通信等行业。

从软件角度来讲，根据服务器所提供的服务，在 Internet 服务中，可以有 WWW 服务器、邮件服务器、FTP 服务器、BBS 服务器、媒体服务器等各种应用性服务器。操作系统主要有 Windows、UNIX 和 Linux。

2.2.3 选择 Internet 接入方式

接入 Internet 的方式多种多样，一般都是通过提供 Internet 接入服务的 ISP(Internet Service Provider) 接入因特网，主要的接入方式如下。

1. 局域网接入

目前局域网接入也是使用较多的一种接入方式，很多住宅小区、单位、学校是通过此种方式接入因特网的。通过网卡连到单位或小区的交换机上，然后从 ISP 处获取静态或动态 IP 地址等信息就可以上网了，它具有高速、安全、稳定的特点。

上网的配置过程为，在桌面上的【网上邻居】上单击右键，在弹出的快捷菜单中选择【属性】选项，弹出【本地连接 属性】窗口，如下图（左）所示。

选择【Internet 协议（TCP/IP）】选项，单击【属性】按钮，Internet 协议相关属性的设置如下图（右）所示。然后根据 ISP 提供的 IP 地址、子网掩码、网关以及 DNS 的具体配置参数来设置各项即可。

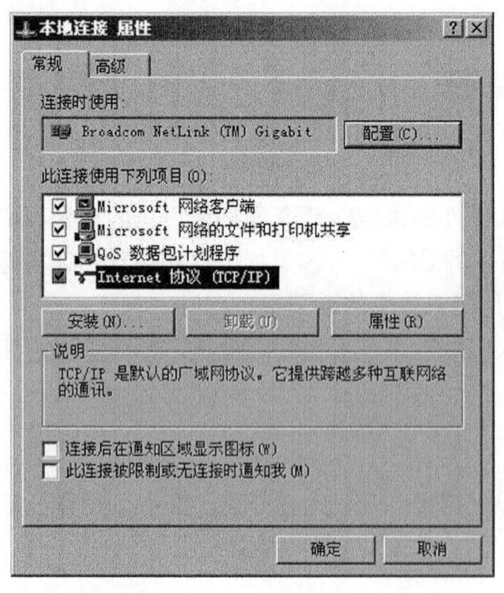

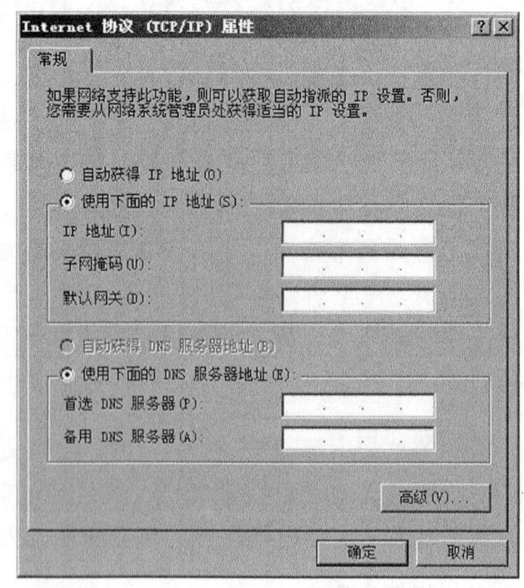

2. 电话拨号接入

电话拨号是通过用户的电话线与公共网络连接的上网方式。模拟电话拨号方式的连接图如下图所示。模拟电话拨号的传输速率最高为 56kbit/s，其速率较低，且上网时电话是不能使用的。此种方式现在使用较少，已经为 ISDN（综合业务数字网）所代替。

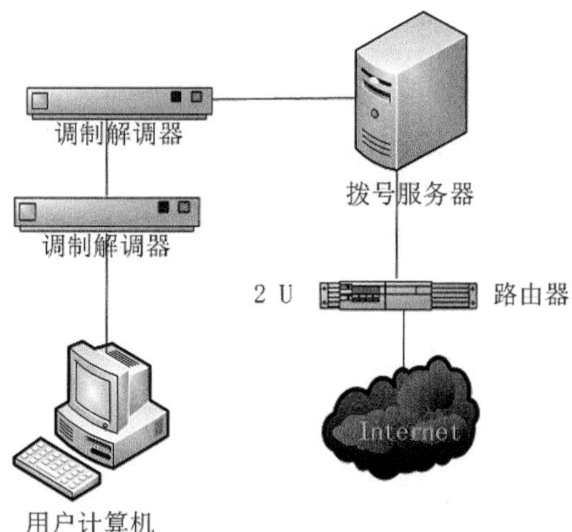

3. ADSL 接入

非对称数字用户线路 (Asymmetric Digital Subscriber Line，ADSL) 是运行在原有普通电话线上的一种新的高速宽带技术，它为用户提供不同的上行和下行速率。此种方式上网与打电话可以同时进行。

4. Cable Modem 接入

家家户户都有电视闭路线，Cable Modem 接入方式就是通过闭路线接入网络的方式，其速率可达到 8Mbit/s。

2.2.4 选择 ISP 服务商

ISP 就是“互联网接入服务商”即 Internet Server Provider 的英文缩写。它能提供拨号上网、网上浏览、下载文件、收发电子邮件等服务，是网络最终用户进入 Internet 的入口和桥梁。它包括 Internet 接入服务和 Internet 内容提供服务。这里主要是 Internet 接入服务，即通过电话线把计算机或其他终端设备连入 Internet。

国内的网络服务商多至数十甚至上百家，但是大家熟知的可能还是有限的几家，如中国电信、中国移动、中国联通、中国教育和科研计算机网、中国科技网等。应在众多的网络服务商中选择适合于个人需求的服务商，选择的标准不外乎如下几种。

首先要考虑的是本地的布线情况，比如时下一些小区内部的布线，并不是所有的服务商在早期都介入到了小区的建筑过程中，有些服务商在早期建筑过程中没有介入，选择这样的服务商，那么家里可能就需要一些裸露于墙体外面的网线。

其次是收费问题，无疑要选取一些价格实惠的服务商，同时要考虑速率问题。

对于一些用户可能还需要考虑可靠性的问题。

说 明　在选择网站服务器时，可以选择配置本地机器为服务器，但是，如果在网站建设初期，完全可以选择现在的一些免费空间。例如，http://www.5944.net/、http://www.kudns.com/ 等，如下图所示，从中选择“免费空间”，并进行注册，即可获取 1000MB 的免费空间。可以通过这些免费空间所带来的网络上大量的访问来测试自己网站的实用性，推广自己网站的同时又节省了费用。

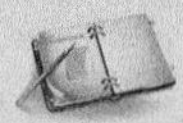

高手私房菜

>>>

技巧 1：如何增强 IIS 的安全性

众所周知，计算机安装上 IIS 之后，会增加很多不安全因素，为了降低这些不安全隐患，可以删除一些危险的 IIS 组件。

Internet 服务管理器 (HTML)：这是基于 Web 的 IIS 服务器管理页面，建议卸载它。

SMTP Service 和 NNTP Service：如果不打算使用服务器转发邮件和提供新闻组服务，就可以删除这两项。

技巧 2：选择合适的 Internet 接入方式

现在 Internet 接入方式已经越来越多，甚至同一间公司便有多个不同的子公司接入代理，在选择接入方式时不妨对不同的公司、同一公司的不同网点进行对比，从而选择适合自己的经济实惠的接入方式。

第3章

本章教学录像：27 分钟

申请网站空间

本章首先将会介绍网站空间的概念，然后分别介绍两种典型类型的网站空间选取原则和申请步骤，通过对以上内容的详细介绍使得读者对网站空间有深入了解的同时学会网站空间申请的基本方法和步骤。

本章要点（已掌握的在方框中打勾）

- □ 网站空间的概念
- □ 国内外网站空间的差异
- □ 租用专用服务器的选取原则
- □ 租用专用服务器的基本流程
- □ 虚拟主机的选取原则
- □ 申请虚拟主机的基本流程

3.1 网站空间

**本节视频教学录像：13 分钟**

如果把一个完整的网站想象成一个家的话，那么网站空间就可以认为是这个家的房子，申请或购买网站空间就可以认为是一个家庭成员去房地产商那里买房子，把做好的网站文件上传或部署到网站空间上就可以想象为用买好的材料和家具对这座房子进行装修。可见网站空间对于一个网站的重要作用。

3.1.1 什么是网站空间

就像以上所提到关于网站空间的比喻那样，网站空间通俗地说就是网站的“房子”，它是网站的文件和数据在网络服务器上存储所需要的硬盘空间。

网站空间的单位是 MB，一般企业网站或较小的门户网站申请购买 100MB 左右的网站空间就足够了，如果文件和图片较多可以申请购买更大的网站空间。根据自己不同的需要可以选择不同类型的网站空间，网站空间主要有以下 4 种类型。

1. 购买自己的服务器

仍然使用以上所提到的比喻，把网站空间想象成房子，读者可以把“购买自己的服务器”这种类型想象成“买自己的房子”，就像买一套房子需要自己装修、请专门的物业管理公司管理一样，购买自己的服务器自己进行环境安装和配置、选择 ISP 商将服务器接入 Internet，然后将自己的网页文件和数据部署到服务器上，就可以访问网站了。服务器的管理有两种形式，即专线接入维护和服务器托管。购买自己的服务器需要很昂贵的费用，这种类型网站空间适用于很专用的商业网站。

2. 租用专用服务器

读者可以把“租用专用服务器”想象成“租用一整套房子”，这套房子可能有很多房间，这些房间只能被一个家庭使用。租用专用服务器的用户在租用期内就像自己购买的服务器一样对服务器有完全的管理权和控制权，但费用也相当高同样是适用于很专用的商业网站。

3. 使用虚拟主机

如果说一套房子有很多房间，读者可以把这套房子的“每一个房间”想象成一个“网站空间”，这种网站空间就称作虚拟主机。使用虚拟主机技术可以使得很多用户公用一个服务器，而每一个用户并感觉不到其他用户也在使用这台服务器，网络服务器为每一个用户提供一个单独的 IP 地址、一定大小的硬盘空间，使每个用户相互独立。一台这样的网络服务器所拥有的用户越多对于每个用户而言所得到的资源就越少，一般情况下配置约 100 个虚拟主机用户， 所以这种类型的域名空间价格只有租用专用服务器价格的十几分之一，适合于个人用户、中小型企业网站和较小型门户网站。当然，这种类型的域名空间也有不同的大小标准、适用技术和价格，读者可以根据自己的不同需要选择不同的虚拟主机。

4. 使用免费网站空间

免费网站空间所提供的服务是免费的，但是“天下没有免费的午餐”，很多免费空间会在用户网站上添加广告，即使是不添加广告用户的权限也会受到很大的限制，很多操作不能够使用。由于这样的一台网络服务器上的用户较多，访问速度也会很慢，这种网站空间随时都有被关闭的风险，并且若出现损失提供商概不负责。用户加入到一个 ISP 后，该 ISP 就会为用户提供一个免费的网站空间。

3.1.2 国内外网站空间的差异与优劣

国外网站空间就是服务器主机在国外的网站空间，国外网站空间与国内网站空间相比在价格、性能等方面有很多的差异之处。

1. 国外网站空间的优势

在价格上，提供同样服务的情况下国外网站空间较为低廉；国外网站空间不需要备案，而国内网站空间都要求在中华人民共和国工业和信息化部备案，备案需要营业执照等证件，过程较为复杂，这就在一定程度上限制了个人网站空间的申请；国外网站空间提供的服务较为详尽，能够更加充分地考虑到用户的需求。

2. 国内网站空间的优势

尽管国外网站空间有以上优势，国内网站空间与国外网站空间相比也有自己的独特优点。国内网站空间最大的优势就是速度快，由于国外网站空间服务器在国外要通过更多的路由中转，所以其速度与国内网站空间相比要受到很大的限制；国内网站空间尽管需要备案但是一般国内主机没有版权审查这个问题，而国外主机一般版权较为敏感；国内网站空间一般不存在本土化的问题，而国外网站空间一般不支持中文，这就要求用户有较高的英文水平。

每个人的情况不同着眼点也会不同，在申请购买国外网站空间时要充分考虑以上因素，根据自身实际情况选择适合自己的网站空间类型。

3.2 租用专用服务器

 **本节视频教学录像：7 分钟**

租用专用服务器需要较高的费用，所以租用前要经过慎重地选择和考虑，本节主要介绍租用专用服务器的选取原则和申请步骤。

3.2.1 租用专用服务器的选取原则

租用专用服务器应该注重以下原则。

1. 价格和性能综合衡量原则

租用专用服务器的价格一般较贵，所以应该充分考虑价格因素，根据自己的需要选择不同性能的服务器。决定服务器租用价格的因素有服务器的硬件配置，服务器是品牌机还是服务商自行组装的，服务器的放置地点是否在一线城市，服务器的带宽，服务商提供的后续服务是否另行收费。

2. 提供商信誉原则

一般租用专用服务器时间会较长，需要与提供商进行长期合作，所以要综合考查提供商的服务和信誉。网站空间提供商的数量极多，提供的服务也有所不同，一家信誉好、资格老的服务商自然在技术、价格、售后服务等方面都会有过人之处。

3. 就近租用原则

如果所租用服务器的业务仅仅是服务于本地，本地有机房最好在本地租用，不要千里迢迢到外地租用，因为本地服务器维护方便，本地用户的访问速度也更快。

4. 易于管理原则

租用专用服务器一般需要进行远程管理，所以租用服务器时一定要先与服务器提供商进行协商，先进行试用，选择管理方便的专用服务器可以为自己减少很多不必要的麻烦。

3.2.2 租用专用服务器的基本流程

租用专用服务器与主要虚拟主机是不一样的，其费用较高，需要慎重选择，一般提供商会提供专门服务，购买的过程也会有专门人员负责。所以租用过程的关键是按照以上原则选择合适的提供商和适合自己需要的专用服务器。下图（左）和下图（右）所示是两种专用服务器的性能指标。

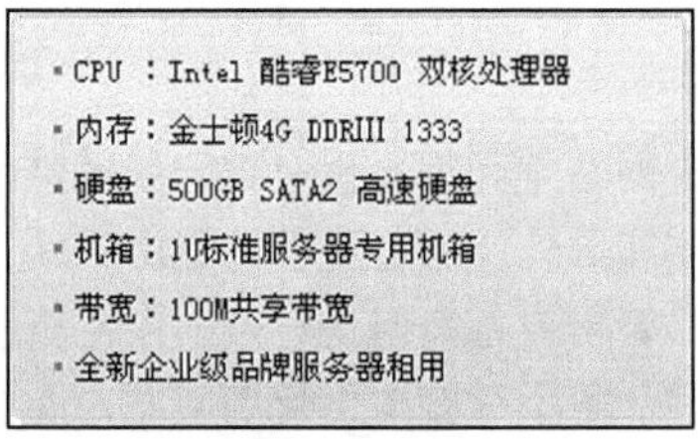

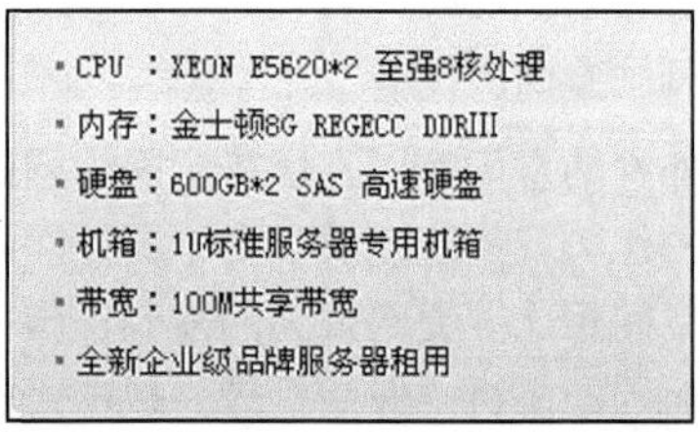

- CPU ：Intel 酷睿E5700 双核处理器
- 内存：金士顿4G DDRIII 1333
- 硬盘：500GB SATA2 高速硬盘
- 机箱：1U标准服务器专用机箱
- 带宽：100M共享带宽
- 全新企业级品牌服务器租用

- CPU ：XEON E5620*2 至强8核处理
- 内存：金士顿8G REGECC DDRIII
- 硬盘：600GB*2 SAS 高速硬盘
- 机箱：1U标准服务器专用机箱
- 带宽：100M共享带宽
- 全新企业级品牌服务器租用

选取合适性能的服务器之后需要寻找几个合法的提供商，然后对提供商信誉及其提供的服务作出慎重选择，当选择了适合的提供商之后租用过程就算基本完成了，接下来与提供商洽谈相关购买事宜并签订合同后即可根据提供商服务器管理情况使用专用服务器了。其租用过程的基本流程如下图所示。

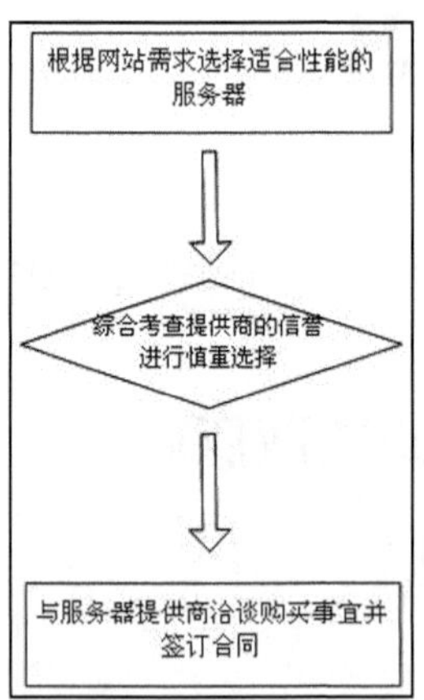

3.3 申请虚拟主机

本节视频教学录像：7 分钟

与租用专用服务器相比申请虚拟主机流程更加复杂，所以申请虚拟主机前对其要有足够的认识和了解。

3.3.1 虚拟主机的选取原则

与租用专用服务器相比，虚拟主机的种类更多，不同的提供商会提供不同的虚拟主机服务供用户选择，选择虚拟主机时要把握以下原则。

1. 稳定高速原则

只有使用稳定高效的网站空间才能够使网站的功能充分发挥，使网站正常运行，而速度是衡量一个网站质量的重要指标。所以在申请购买虚拟主机前要仔细考查使用同类同一个提供商虚拟主机的网站。

2. 使用方便原则

网站管理者在管理网站时需要随时了解网站的运行情况、添加各种信息，如果虚拟空间操作过程繁琐就会给网站管理员带来很多不必要的麻烦。

3. 性能与价格兼顾原则

一般来说价格越高虚拟主机的性能越好，但是随着网络的发展虚拟主机提供商越来越多，提供的服务种类也越来越丰富，这就需要虚拟主机用户在充分认识自身需求的情况下，选取性能适当、提供商信誉高的虚拟主机。

3.3.2 申请虚拟主机的基本流程

根据以上原则，下面以申请购买一种普通虚拟主机为例说明虚拟主机在线申请步骤。

❶ 根据自身需要选择合适的虚拟主机，如下图（左）所示是几种常见类型的虚拟主机及其一些性能参数。

❷ 进入选择好的提供商的主页单击【注册】按钮后开始进行注册，填写相关信息后，单击【提交】按钮即可，如下图（右）所示。

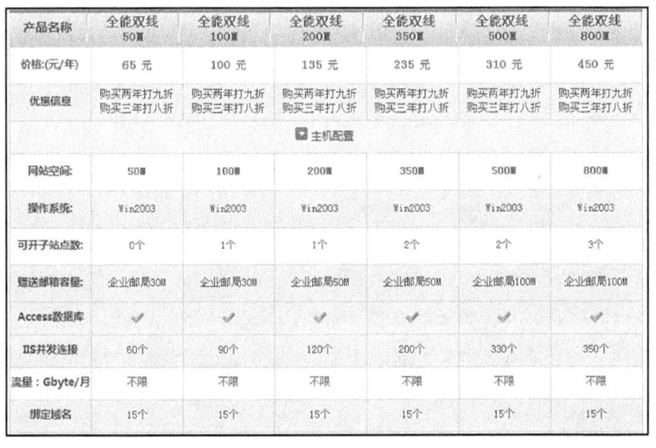

产品名称	全能双线 50M	全能双线 100M	全能双线 200M	全能双线 350M	全能双线 500M	全能双线 800M
价格:(元/年)	65 元	100 元	135 元	235 元	310 元	450 元
优惠信息	购买两年打九折 购买三年打八折	购买两年打九折 购买三年打八折	购买两年打九折 购买三年打八折	购买两年打九折 购买三年打八折	购买两年打九折 购买三年打八折	购买两年打九折 购买三年打八折
主机配置						
网站空间:	50M	100M	200M	350M	500M	800M
操作系统:	Win2003	Win2003	Win2003	Win2003	Win2003	Win2003
可开子站点数:	0个	1个	1个	2个	2个	3个
赠送邮箱容量:	企业邮局30M	企业邮局30M	企业邮局50M	企业邮局50M	企业邮局100M	企业邮局100M
Access数据库	✓	✓	✓	✓	✓	✓
IIS并发连接	60个	90个	120个	200个	330个	350个
流量：Gbyte/月	不限	不限	不限	不限	不限	不限
绑定域名	15个	15个	15个	15个	15个	15个

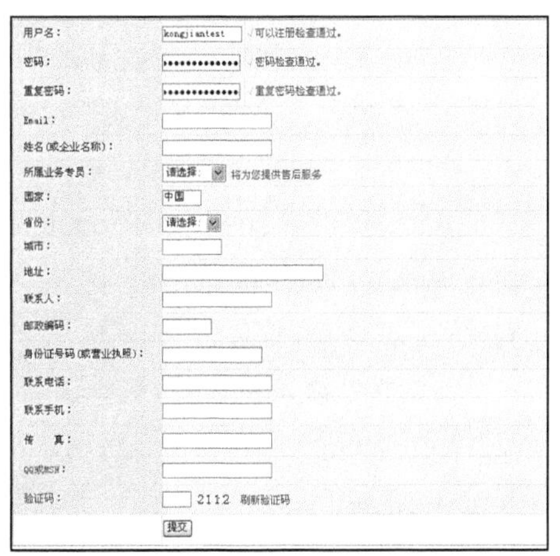

用户名： kongjiantest √可以注册检查通过。
密码： •••••••••••••• √密码检查通过。
重复密码： •••••••••••••• √重复密码检查通过。
Email：
姓名(或企业名称)：
所属业务专员： 请选择 将为您提供售后服务
国家： 中国
省份： 请选择
城市：
地址：
联系人：
邮政编码：
身份证号码(或营业执照)：
联系电话：
联系手机：
传　真：
QQ或MSN：
验证码： 2112 刷新验证码
提交

❸ 注册成功后，登录进入管理界面，单击【在线支付】按钮，进入下图（左）所示界面，然后选择支付方式即可支付。

❹ 通过管理界面单击【开通虚拟主机】按钮，选择开通虚拟主机的类型，显示下图（右）所示界面，填写相关信息后提交即可。

用户名: kongjiantest 支付金额: 200 元(请输入整数如1元，不能输入1.01元)

请选择：

支付宝支付(默认)

工商银行在线支付 建设银行 农业银行 中国银行 招商银行 兴业银行
交通银行 光大银行 浦发银行 民生银行 中信银行
上海银行 杭州银行 广发银行 深发银行 平安银行

下一步

注:

用户名就是您在我们管理系统里申请的名字。如果您没有注册成为我们的用户，请先申请>>>>>

支付金额就是您用我们的空间类型后面所标注的金额。

您要等本站提示入款成功后才能关闭IE。

支付完毕以后请重新登陆可以立即开通空间。

产品名：	全能双线50M
绑定域名：	请您在开通虚拟主机后，再到自助管理中绑定域名
FTP用户名：	(8至14个字母或数字)
FTP密 码：	由系统自动分配
有效期限：	一年 65 元
请选择机房：	湖州双线
服务条款：	我已阅读并同意了《服务条款》

马上实时开通虚拟主机

当然以上只是一种网站空间服务提供商，不同提供商开通方式可能会略有差别，开通流程的关键是选择合适的空间和信誉高的网站空间服务提供商。

高手私房菜

技巧：测试一个虚拟主机提供了多少个站点

一台真实的主机开通太多个虚拟主机服务，即主机上绑定的站点过多，速度和稳定性肯定会受到影响。因此，如果在购买虚拟主机之前能知道主机上已经开通了多少个站点，可以为用户选择虚拟主机提供很好的参考。

有一个很好的网站，可以测试某一 IP 地址或域名对应的主机上开通了多少个站点，虽然不能说百分百准确，但作为参考还是很有意义的。现在虚拟主机提供商基本上都提供了试用服务，因此在购买虚拟主机之前建议先申请试用，这时即可得到服务商提供的 IP 地址。获得 IP 地址后，进入 http://www.yougetsignal.com/tools/web-sites-on-web-server/ 页面，在中间的文本框中输入 IP 地址，单击【Submit】按钮，稍等之后，就可以在跳转后的页面上看到本台服务器的所有虚拟主机的站点信息。

浏览器中输入 http://www.yougetsignal.com/tools/web-sites-on-web-server/，进入测试页面并在 Remote Adress 输入框中输入“115.238.250.42”，单击【Check】按钮，稍等片刻后，其测试结果如下图所示。

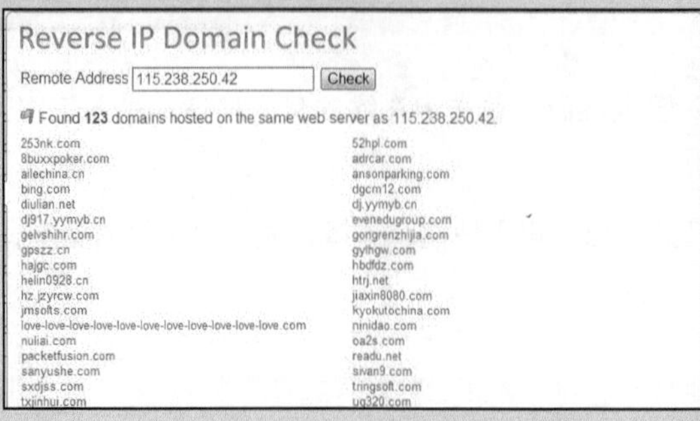

第4章

本章教学录像：21分钟

申请域名

由于 IP 地址是由一连串的数字和标点组成的，因此不好记忆。引入域名后使网站空间的地址易于记忆了，所以域名就是 IP 地址的别名。

本章要点（已掌握的在方框中打勾）

- □ 认识域名
- □ 国内外域名的差异
- □ 域名的选择
- □ 域名注册基本流程
- □ 管理域名
- □ 域名的买卖与转让
- □ 通过软件管理域名

4.1 域名

本节视频教学录像：5 分钟

就像第 3 章提到的那样，把网站空间比作一个网站的“房子”，那么网站空间的 IP 地址便是这座房子的编号和标识，而域名就是这座房子的便于记忆的地址。所以选择正确适合的域名是至关重要的。

4.1.1 认识域名

域名（Domain Name）就是 Internet 网络上服务器或网络系统的名字，它是由一串用点分隔的名字组成的地址。域名是上网单位和个人在网络上的重要标识，起着识别作用 ，便于他人识别和检索某一企业、组织或个人的信息资源，从而更好地实现网络上的资源共享。除了识别功能外，在虚拟环境下，域名还可以起到引导、宣传、代表等作用。域名前加上传输协议和主机类型信息就构成了网址（URL），如 zzrhxl.com 的 www 主机的 URL 就是“http://www.zzrhxl.com”。

4.1.2 国内外域名的差异

在功能上，国际域名与国内域名没有任何区别，都是用于唯一标识一个网站空间的。只是在最终管理机构上二者有所不同，国际域名由互联网名称与数字地址分配机构 ICANN 负责管理和注册，而国内域名则由每个国家或地区自行负责注册和管理，如中国的国内域名由中国互联网络信息中心负责注册和管理。

国际域名也叫国际顶级域名（international top-level domain-names，iTDs）。这也是使用最早、最广泛的域名，常见的国际顶级域名及其适用机构如下表所示。

域名	适用机构
.com	商业机构
.edu	教育机构
.gov	政府部门
.int	国际组织
.net	网络组织
.org	非盈利组织
.info	网络信息服务组织
.pro	会计、律师和医生
.name	个人
.museum	博物馆
.coop	商业合作团体
.aero	航空工业

国内域名又称为国内顶级域名（national top-level domainnames，nTLDs），即按照国家的不同分配不同后缀，这些域名即为该国的国内顶级域名。200 多个国家和地区都按照 ISO 3166 国家代码分配了顶级域名，如中国是 cn、美国是 us、日本是 jp 等。

随着网名标准的不断拓展，域名已经开始不仅限于英文域名的范围之内，开始出现了不同语言的域名。例如中文域名，中文域名在技术上符合 2003 年 3 月 IETF 发布的多语种域名国际标准（RFC3454、RFC3490、RFC3491、RFC3492）。中国互联网络信息中心（CNNIC）负责运行和管理以 .CN、. 中国、. 公司、. 网络结尾的四种中文域名。

4.2 域名的选择

本节视频教学录像：8 分钟

域名本身虽然非常简单，但域名的选择和注册也是有很多方法和技巧的，正确适合地选择和注册域名才能最大限度地发挥域名的作用。

4.2.1 选择与注册域名的技巧

如果能够在注册购买域名前考虑好网站的布局、规划，可以节省很多不必要的开销，在很大程度上降低用户的时间成本和经济成本。下面介绍域名注册购买中的一些技巧。

域名应该与自己的品牌相联系，这样在对品牌宣传的同时还能够方便用户体验，尽可能做到易于记忆；根据自己网站的不同主题选择对应不同行业的域名，根据网站的不同业务地区范围选择不同地区的域名；由于现在很多公司、个人的注册代理很多，信誉层次不齐，所以在注册域名的时候一定要选择良好的域名注册商，一般提供网站空间服务的机构也提供域名注册服务，用户可以同时申请购买。

4.2.2 域名注册基本流程

域名注册一般需要通过代理商进行，其注册过程与申请购买域名空间的过程比较类似，具体过程如下。

❶ 选择域名的代理商，一般情况下网站空间服务提供商也同时提供域名代理服务，所以最好在同一个商家注册购买域名和申请购买空间。同申请购买空间一样，注册域名也需要先选择一家值得信赖的代理商。

❷ 在选择的代理商提供的网站上注册成为其用户，需要填写相关信息，与第 3 章介绍过的申请网站空间时用户注册的过程类似，需要填写的信息如下图（左）所示。域名注册完成后用户管理界面中业务自行开通导航如下图（右）所示，此域名代理商也提供网站空间租用服务。

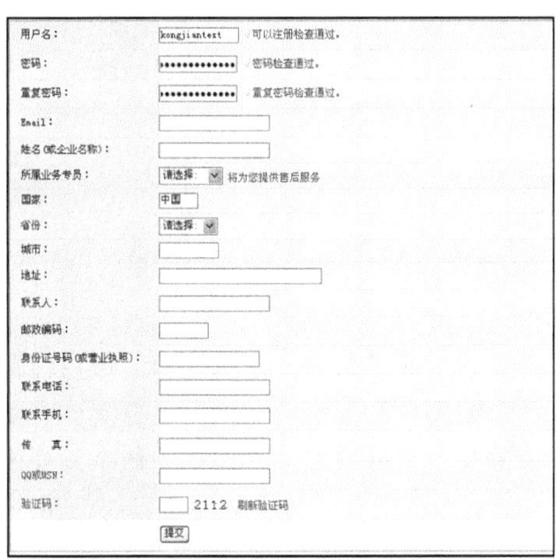

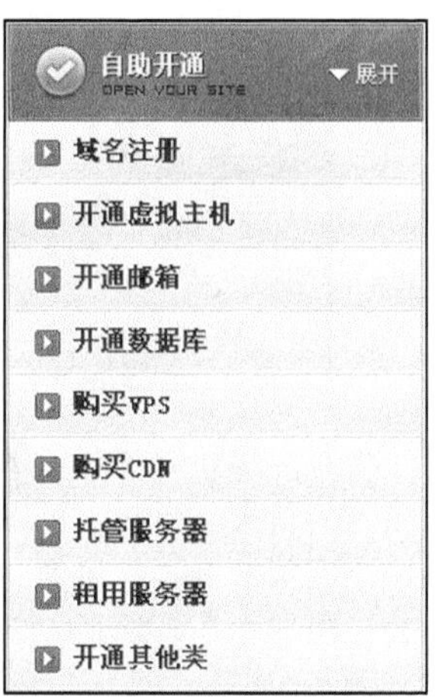

❸ 当然域名注册前还需要对注册完成的用户账户进行充值，充值的过程可参考 3.3.2 小节申请网站空间时用户账户的充值过程。

❹ 进行 Whois 查询确定欲注册域名是否已经被注册，单击上图（右）所示的【域名注册】选项进入域名查询界面，如下图（上）所示输入欲注册域名查询，当欲注册域名未被注册时查询结果如下图（下左）所示，当已经被注册时查询结果如下图（下右）所示。

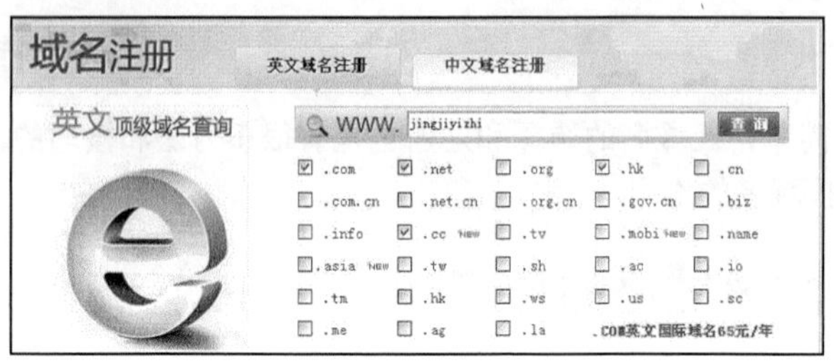

以下域名可以继续注册：

- jingjiyizhi.com
- jingjiyizhi.net
- jingjiyizhi.hk
- jingjiyizhi.cc

继续注册

返回上一页重新查询

以下域名已注册了：

baidu.com
baidu.net
baidu.hk
baidu.cc

返回上一页重新查询

❺ 若欲注册域名存在如步骤❹图（下左）所示，单击【继续注册】按钮则网页跳转到下图填写域名注册申请表，正确填写相关信息即可。

填写域名注册申请表	
1. 域名	注册年限
jingjiyizhi.com	1 年价格：65元/1年 130元/2年 195元/3年 260元/4年 325元/5年
2. 注册单位	
2.2 单位名称：（中文）如个人注册，填写姓名即可	如：XX公司
2.3 单位名称：（英文）如个人注册，填写姓名即可，姓和名之间必须有空格间隔	如：StarOut Soft
2.6 注册人：（中文）	如：王三四
2.7 注册人：（英文）英文的姓和名之间必须有空格间隔	如：Wang ShanShi
2.8 省份：	河南
2.9 城市：（中文）	如：广州
2.10 城市：（英文）	如：GuangZhou
2.11 街道地址：（中文）	如：X区X路X号
2.12 街道地址：（英文）	如：Star Street
2.14 邮政编码：	如：100000
3.11 电话：	86 - - 国家区号 - 地区区号 -电话号码
3.12 传真：	86 - - 国家区号 - 地区区号 -传真号码
3.13 电子邮件：	
	将注册信息保存为以后注册用的模板
	到下一步 全部清除，重新填写

❻ 单击【到下一步】按钮提示域名预注册成功，一般会要求对域名付费，对欲注册的域名付费后域名代理商一般会代为备案，当然也可以自行到中华人民共和国工业和信息化部网站上备案，有关网站备案的具体内容将在第 5 章详细讲解。在此需要提醒读者的是，.CN 域名注册时需上传个人身份证或企业提供“机构代码证或企业营业执照副本”的扫描或清晰的数码照片文件，以便备案时使用。

4.2.3 什么是保护性域名注册

域名的保护性注册是指用户注册到一个域名后，将与之相似的域名也同时注册下来的行为。这里所说的相似分两种情况，一种是域名前缀相同后缀不同，如 zzrhlx.com、zzrhxl.cn 和 zzrhxl.net；另一种是域名后缀相同前缀相似，如谷歌公司就对 gogle.com、googel.com 和 gooogle.com 等一批相近的域名进行了保护性注册。对域名进行保护性注册一方面是方便用户，另一方面是一些公司从自身长远发展的角度考虑。

4.2.4 域名证书

域名证书用于证明该域名是由其所有人注册，并已在国际顶级域名数据库中备案。域名注册成功后通过域名控制面板就可以找到此域名的域名证书电子版，下图所示就是一张注册商所出具的域名证书。

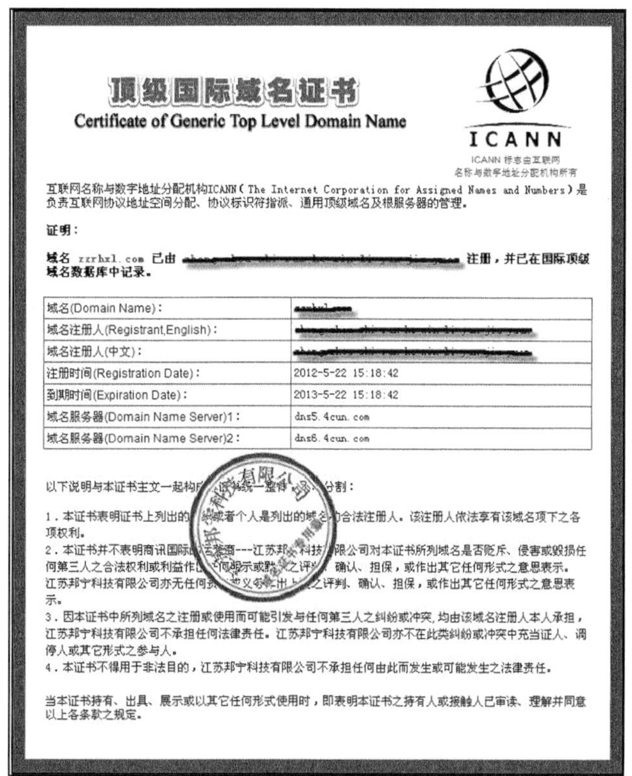

顶级国际域名证书

Certificate of Generic Top Level Domain Name

ICANN

ICANN 标志由互联网名称与数字地址分配机构所有

互联网名称与数字地址分配机构ICANN（The Internet Corporation for Assigned Names and Numbers）是负责互联网协议地址空间分配、协议标识符指派、通用顶级域名及根服务器的管理。

证明：

域名 zzrhxl.com **已由** [illegible] **注册，并已在国际顶级域名数据库中记录。**

域名(Domain Name)：	[illegible]
域名注册人(Registrant,English)：	[illegible]
域名注册人(中文)：	[illegible]
注册时间(Registration Date)：	2012-5-22 15:18:42
到期时间(Expiration Date)：	2013-5-22 15:18:42
域名服务器(Domain Name Server)1：	dns5.4cun.com
域名服务器(Domain Name Server)2：	dns6.4cun.com

以下说明与本证书主文一起构[illegible]分割：

1. 本证书表明证书上列出的[illegible]或者个人是列出的域名[illegible]合法注册人。该注册人依法享有该域名项下之各项权利。
2. 本证书并不表明商讯国际[illegible]---江苏邦[illegible]科技[illegible]限公司对本证书所列域名是否贬斥、侵害或毁损任何第三人之合法权利或利益作[illegible]示或默[illegible]之评[illegible]确认、担保，或作出其它任何形式之意思表示。江苏邦宁科技有限公司亦无任何[illegible]之评判、确认、担保，或作出其它任何形式之意思表示。
3. 因本证书中所列域名之注册或使用而可能引发与任何第三人之纠纷或冲突，均由该域名注册人本人承担，江苏邦宁科技有限公司不承担任何法律责任。江苏邦宁科技有限公司亦不在此类纠纷或冲突中充当证人、调停人或其它形式之参与人。
4. 本证书不得用于非法目的，江苏邦宁科技有限公司不承担任何由此而发生或可能发生之法律责任。

当本证书持有、出具、展示或以其它任何形式使用时，即表明本证书之持有人或接触人已审读、理解并同意以上各条款之规定。

4.3 管理域名

本节视频教学录像：8 分钟

域名并不是申请到之后就能够直接使用的，它还需要进行相关的配置和管理，那么对于申请到的域名如何进行配置和管理呢？本节主要介绍域名管理的相关内容。

4.3.1 如何管理域名

域名注册成功后，通过域名代理商所提供的管理入口和其所提供的密码即可对域名进行管理，其管理入口如下图（左）所示。域名的管理一般包括修改注册信息、修改域名 DNS、DNS 解析记录管理、获取域名证书、Whois 保护等功能，域名管理控制面板导航如下图（右）所示。

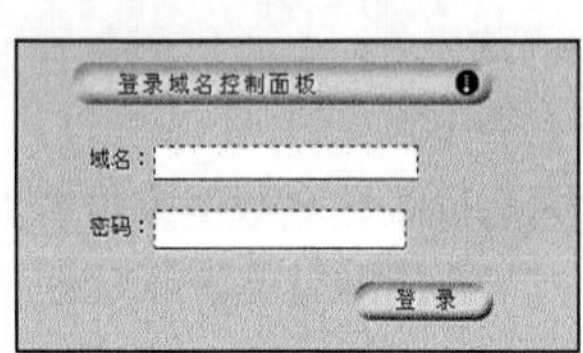

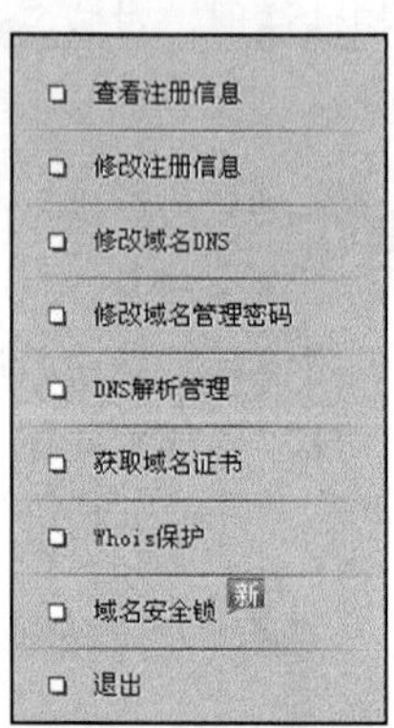

DNS（Domain Name System）中文翻译为“域名系统”，是因特网的一项核心服务，它是将域名和 IP 地址相互映射的一个分布式数据库。以下重点介绍域名管理中的修改域名 DNS 和 DNS 解析记录管理。

1. 修改域名 DNS

域名解析需要域名代理商提供的域名解析相关服务器的支持，在得到域名代理商提供的域名解析服务器地址后单击功能导航中的【修改域名 DNS】选项，其界面如下图所示。

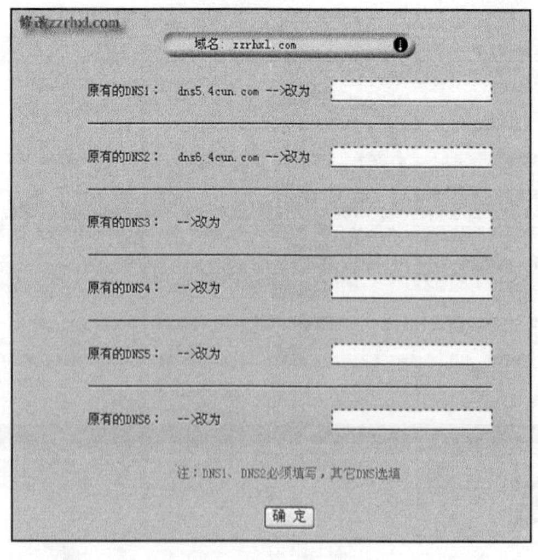

2. DNS 解析记录管理

DNS 解析记录管理即用户可根据实际需要，方便地修改或增加域名解析记录等，包括增加 IP、增加别名及增加邮件等功能。

增加 IP，即域名解析操作，增加 IP 操作如下图所示，单击【增加】按钮即可。

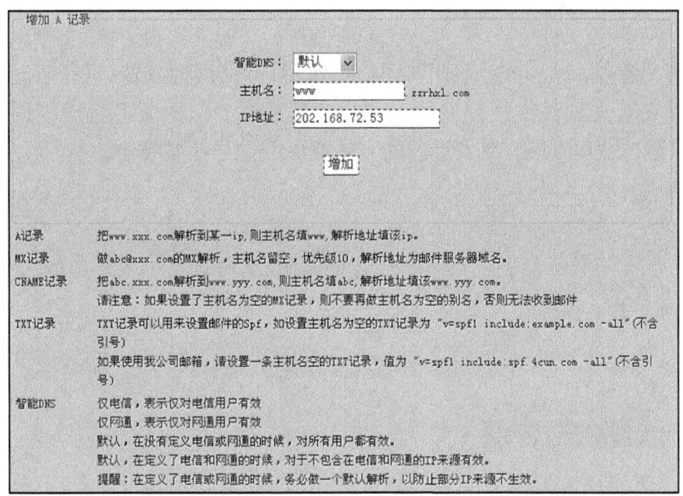

增加别名，即增设子域名，指向到已有空间，也就是同一个域名可以增设多个二级域名，指向不同的主机，其增加过程如下图所示。

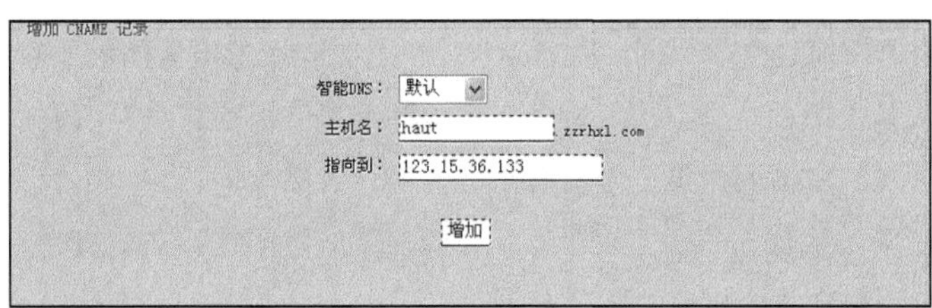

进行 DNS 解析记录管理操作后需要等待一段时间（不同服务器等待时间有所不同）方能生效，操作生效后在浏览器地址栏中输入 http://haut.zzrhxl.com（河南工业大学的一个二级域名）就可访问到相应主机了。增加邮件，即添加 MX（邮件交换），记录操作同上述操作相似，这里不再赘述。解析记录增加后还可根据需要进行更改或删除。

4.3.2 域名的买卖与转让

域名的买卖和转让也叫域名的交易，域名的买卖和转让是指域名的拥有者将自己对域名的使用和拥有权通过有偿或无偿的方式转移给他人的一种行为。

域名交易需要熟悉域名交易规则，各个域名注册商的交易规则有时候是不同的，有的只是一方将管理权转交给另一方，有的则是将管理权和所有权同时转出给另一方。读者需要注意的是，第二种交易方式是有一定风险的，如果域名是被盗用又进行交易的那就有可能被索回。

域名的买卖和转让通常有三种方式：域名经纪服务、域名中介服务和域名自助交易。其中，域名经纪服务是指个人或企事业团体全权委托专门提供域名交易服务的第三方进行评估、分析、谈判、收购域名的全过程服务；域名中介服务是指进行域名买卖和转让的个人或团体委托第三方为其交易的全过程提供安全保障服务，其交易的全过程主要由双方完成；域名自助交易是指域名的买卖和转让过程完全由交易的双方完成没有第三方参与，其优势在于操作安全、简便、快捷。

4.3.3 通过软件管理域名

一般域名注册商都会提供专门的 Web 管理接口供用户对自己的域名进行管理，一些域名注册提供商也会提供专门的域名管理软件供用户使用，用户能够通过专门的域名管理软件进行更加方便、安全的域名管理。这种管理方式同 Web 方式管理的方法类似，这里不再赘述。

高手私房菜

技巧：域名价值评估的方法

一个好的域名可能蕴含着巨大的商业价值，所以进行域名的购买前只有经过有效的评估后才能更好地发挥其价值。那么，如何进行域名的评估呢?

域名价值评估三要素：域名的结构、域名中单词的影响力和域名的市场性。域名的结构是指域名的后缀、长度等特性，一般来说“.com”后缀的域名被认为是最好的，其他域名根据所在地区的不同其所具有的价值也有所不同；域名的长度也是影响域名价值的最大因素之一，一般来说，一个域名长度越短其价值就越高。决定域名中单词影响力的因素有是否容易被理解、是否与业务相关联、发音清晰度、单词的语调、是否容易记忆等，当然单词影响力越大其价值也就越高。决定域名市场性的主要因素有域名的发展潜力、稀缺程度、访问量和被链接数（指以前被使用过的访问量大、在搜索引擎中排名靠前的域名）等。

只有在购买域名前综合考虑以上因素并结合前述域名选取的原则才能够得到对自己来说具有较高价值的域名。

第 5 章

本章教学录像：22 分钟

备案网站

为贯彻落实国家关于加强互联网基础管理、净化网络环境、促进行业发展的总体要求，进一步向网站主办者提供更加便捷、高效的网站备案服务，提高网站备案工作效率，中华人民共和国工业和信息化部先后出台了一系列的法律法规。

本章要点（已掌握的在方框中打勾）

☐ 相关法规解读

☐ ICP 用户自行备案

☐ ICP 用户 / 通信管理局用户导入备案

☐ 网站所有者自行备案

5.1 相关法规解读

本节视频教学录像：8 分钟

我国互联网进入快速发展期，各种新鲜事物如雨后春笋般涌出。为了营造一个和谐、健康、有秩序的网络环境，中华人民共和国工业和信息化部根据中共中央的指示，制定了维护互联网安全的法律法规，包括《互联网信息服务管理办法》、《非经营性互联网信息服务备案管理办法》、《经营性互联网信息服务备案管理办法》、《互联网 IP 地址备案管理办法》、《互联网上网服务营业场所管理条例》等。

5.1.1 《互联网信息服务管理办法》

为了规范互联网信息服务活动，促进互联网信息服务健康有序发展，2000 年 9 月 20 日国务院第 31 次常务会议通过了《互联网信息服务管理办法》。

《互联网信息服务管理办法》所称互联网信息服务，是指通过互联网向上网用户提供信息的服务活动。《互联网信息服务管理办法》规定在中华人民共和国境内从事互联网信息服务活动，必须遵守本办法。

《互联网信息服务管理办法》把互联网信息服务分为经营性和非经营性两类。经营性互联网信息服务，是指通过互联网向上网用户有偿提供信息或者网页制作等服务活动。非经营性互联网信息服务，是指通过互联网向上网用户无偿提供具有公开性、共享性信息的服务活动。国家对经营性互联网信息服务实行许可制度；对非经营性互联网信息服务实行备案制度。未取得许可或者未履行备案手续，不得从事互联网信息服务。并且规定了从事新闻、出版、教育、医疗保健、药品和医疗器械等互联网信息服务，依照法律、行政法规以及国家有关规定须经有关主管部门审核同意，在申请经营许可或者履行备案手续前，应当依法经有关主管部门审核同意。

《互联网信息服务管理办法》规定了从事经营性互联网信息服务，除应当符合《中华人民共和国电信条例》规定的要求外，还应当具备下列条件：

（一）有业务发展计划及相关技术方案；

（二）有健全的网络与信息安全保障措施，包括网站安全保障措施、信息安全保密管理制度、用户信息安全管理制度；

（三）服务项目属于本办法第五条规定范围的，已取得有关主管部门同意的文件。

对于从事经营性互联网信息服务，应当向省、自治区、直辖市电信管理机构或者国务院信息产业主管部门申请办理互联网信息服务增值电信业务经营许可证（以下简称“经营许可证”）。省、自治区、直辖市电信管理机构或者国务院信息产业主管部门应当自收到申请之日起 60 日内审查完毕，作出批准或者不予批准的决定。予以批准的，颁发经营许可证；不予批准的，应当书面通知申请人并说明理由。申请人取得经营许可证后，应当持经营许可证向企业登记机关办理登记手续。

对于从事非经营性互联网信息服务，应当向省、自治区、直辖市电信管理机构或者国务院信息产业主管部门办理备案手续。办理备案时，应当提交下列材料：

（一）主办单位和网站负责人的基本情况；

（二）网站网址和服务项目；

（三）服务项目属于本办法第五条规定范围的，已取得有关主管部门的同意文件。省、自治区、直辖市电信管理机构对备案材料齐全的，应当予以备案并编号。

《互联网信息服务管理办法》还规定互联网信息服务提供者应当按照经许可或者备案的项目提供服务，不得超出经许可或者备案的项目提供服务。非经营性互联网信息服务提供者不得从事有偿服务。

互联网信息服务提供者变更服务项目、网站网址等事项的，应当提前 30 日向原审核、发证或者备案机关办理变更手续。互联网信息服务提供者应当在其网站主页的显著位置标明其经营许可证编号或者备案编号。互联网信息服务提供者应当向上网用户提供良好的服务，并保证所提供的信息内容合法。

《互联网信息服务管理办法》规定互联网信息服务提供者不得制作、复制、发布、传播含有下列内容的信息：

（一）反对宪法所确定的基本原则的；

（二）危害国家安全，泄露国家秘密，颠覆国家政权，破坏国家统一的；

（三）损害国家荣誉和利益的；

（四）煽动民族仇恨、民族歧视，破坏民族团结的；

（五）破坏国家宗教政策，宣扬邪教和封建迷信的；

（六）散布谣言，扰乱社会秩序，破坏社会稳定的；

（七）散布淫秽、色情、赌博、暴力、凶杀、恐怖或者教唆犯罪的；

（八）侮辱或者诽谤他人，侵害他人合法权益的；

（九）含有法律、行政法规禁止的其他内容的。

并且《互联网信息服务管理办法》规定国务院信息产业主管部门和省、自治区、直辖市电信管理机构，依法对互联网信息服务实施监督管理。

新闻、出版、教育、卫生、药品监督管理、工商行政管理和公安、国家安全等有关主管部门，在各自职责范围内依法对互联网信息内容实施监督管理。

5.1.2 《非经营性互联网信息服务备案管理办法》

为保证互联网用户的合法权利，促进互联网服务业的健康发展，落实《互联网信息服务管理办法》的有关规定，完善非经营性服务备案及备案管理制度，根据《互联网信息服务管理办法》、《中华人民共和国电信条例》及其他相关法律、行政法规的规定，2005 年 1 月 28 日中华人民共和国工业和信息化部第十二次部务会议审议通过了《非经营性互联网信息服务备案管理办法》，并自 2005 年 3 月 20 日起施行。

中华人民共和国工业和信息化部对全国非经营性互联网信息服务备案管理工作进行监督指导，省、自治区、直辖市通信管理局（以下简称“省通信管理局”）具体实施非经营性互联网信息服务的备案管理工作。拟从事非经营性互联网信息服务的，应当向其住所所在地省通信管理局履行备案手续。省通信管理局在备案管理中应当遵循公开、公平、公正的原则，提供便民、优质、高效的服务。非经营性互联网信息服务提供者从事非经营性互联网信息服务时，应当遵守国家的有关规定，接受有关部门依法实施的监督管理。

在中华人民共和国境内提供非经营性互联网信息服务，应当依法履行备案手续。未经备案，不得在中华人民共和国境内从事非经营性互联网信息服务。本办法所称在中华人民共和国境内提供非经营性互联网信息服务，是指在中华人民共和国境内的组织或个人利用通过互联网域名访问的网站或者利用仅能通过互联网 IP 地址访问的网站，提供非经营性互联网信息服务。

拟从事非经营性互联网信息服务的，应当通过工业和信息化部备案管理系统如实填报《非经营性互联网信息服务备案登记表》（以下简称“《备案登记表》”，格式见本办法附录），履行备案手续。工业和信息化部根据实际情况，对《备案登记表》进行调整和公布。拟通过接入经营性互联网络从事非经营性互联网信息服务的，可以委托因特网接入服务业务经营者、因特网数据中心业务经营者和以其他方式为其网站提供接入服务的电信业务经营者代为履行备案、备案变更、备案注销等手续。拟通过接入中国教育和科研计算机网、中国科技网、中国国际经济贸易网、中国长城互联网等公益性互联网络从事非经营性互联网信息服务的，可以由为其网站提供互联网接入服务的公益性互联网络单位代为履行备案、备案变更、备案注销等手续。拟从事新闻、出版、教育、医疗保健、药品和医疗器械、文化、广播电影电视节目等互联网信息服务，根据法律、行政法规以及国家有关规定应经有关主管部门审核同意的，在履行备案手续时，还应向其住所所在地省通信管理局提交相关主管部门审核同意的文件。拟从事电子公告服务的，在履行备案手续时，还应当向其住所所在地省通信管理局提交电子公告服务专项备案材料。

非经营性互联网信息服务提供者应当在其网站开通时在主页底部的中央位置标明其备案编号，并在备案编号下方按要求链接工业和信息化部备案管理系统网址，供公众查询核对。非经营性互联网信息服务提供者应当在其网站开通时，按照工业和信息化部备案管理系统的要求，将备案电子验证标识放置在其网站的指定目录下。非经营性互联网信息服务提供者在备案有效期内需要变更其《备案登记表》中填报的信息的，应当提前 30 日登录工业和信息化部备案系统向原备案机关履行备案变更手续。非经营性互联网信息服务提供者在备案有效期内需要终止提供服务的，应当在服务终止之日登录工业和信息化部备案系统向原备案机关履行备案注销手续。

本办法所称非经营性互联网信息服务提供者提供的信息内容，是指互联网信息服务提供者的网站的互联网域名或 IP 地址下所包括的信息内容。

省通信管理局应当建立信誉管理、社会监督、情况调查等管理机制，对非经营性互联网信息服务活动实施监督管理。

非经营性互联网信息服务备案登记表

主办单位名称	
主办单位性质	
主办单位有效证件号码	
投资者或上级主管单位	
主办单位所在省	
主办单位所在市	
主办单位所在县 / 区	
主办单位通信地址	
网站负责人姓名	
网站负责人有效证件号码	
网站负责人办公电话	
网站负责人手机号码	
网站负责人电子邮箱	
网站接入方式	
服务器放置地	
网站名称	
网站首页网址	
网站域名列表	
IP 地址列表	
网站接入服务提供单位名称	
涉及需前置审批或专项审批的内容	

注：

⑴“主办单位名称”栏：若网站为组织开办，则应填写组织名称；若为个人开办，则应填写个人姓名。

⑵“主办单位有效证件号码”栏：若网站为组织开办，则该栏应填写有关部门核发的单位代码，并注明有关单位名称，例如，需工商注册的，应填写工商部门核发的企业或事业法人营业执照上的注册号，或是有效期内的企业名称预先核准通知书上的编号。若网站为个人开办，则该栏应填写个人有效证件号码（例如身份证号码），并注明证件核发单位名称。

⑶“网站接入方式”栏应当填写专线接入、主机托管和虚拟主机等接入方式。

⑷“网站名称”、“网站首页网址”、“网站域名列表”、“IP 地址列表”等栏应按照实际情况如实填写。其中，“网站首页网址”栏应填写网站首页的域名或 IP 地址。仅能通过互联网 IP 地址访问的网站，“网站域名列表”栏可不填报。

⑸“服务器放置地”栏填写网站服务器或租用的服务器空间所在的省（自治区、直辖市）或其他地点。

⑹“网站接入服务提供单位名称”栏应填写与其签订网站接入服务合同的互联网接入服务提供者的名称。

⑺“涉及需前置审批或专项审批的内容”栏：若网站涉及新闻、出版、教育、医疗保健、药品和医疗器械、文化、广播电影电视节目等需前置审批和电子公告服务等需专项审批的互联网信息服务内容，应在本栏注明。

5.1.3 《互联网 IP 地址备案管理办法》

为加强对互联网 IP 地址资源使用的管理，保障互联网络的安全，维护广大互联网用户的根本利益，促进互联网业的健康发展，2005 年 1 月 28 日中华人民共和国工业和信息化部第十二次部务会议审议通过了《互联网 IP 地址备案管理办法》。

该办法规定在中华人民共和国境内直接从亚太互联网信息中心等具有 IP 地址管理权的国际机构获得 IP 地址的单位和具有分配 IP 地址供其他单位或者个人使用的单位，适用本办法。直接从亚太互联网信息中心等具有 IP 地址管理权的国际机构获得 IP 地址自用或分配给其他用户使用的单位统称为第一级 IP 地址分配机构。直接从第一级 IP 地址分配机构获得 IP 地址除自用外还分配给本单位互联网用户以外的其他用户使用的单位为第二级 IP 地址分配机构（以下各级 IP 地址分配机构的级别依此类推）。

国家对 IP 地址的分配使用实行备案管理。中华人民共和国工业和信息化部对基础电信业务经营者、公益性互联网络单位和中国互联网络信息中心的 IP 地址备案实施监督管理。各省、自治区、直辖市通信管理局（以下简称“省通信管理局”）对本行政区域内其他各级 IP 地址分配机构的 IP 地址备案活动实施监督管理。工业和信息化部统一建设并管理全国的互联网 IP 地址数据库，制定和调整 IP 地址分配机构需报备的 IP 地址信息；各省通信管理局通过使用全国互联网 IP 地址数据库管理本行政区域内各级 IP 地址分配机构报备的 IP 地址信息。

各级 IP 地址分配机构应当通过工业和信息化部指定的网站，按照 IP 地址备案的要求以电子形式报备 IP 地址信息；在进行 IP 地址备案时，应当如实、完整地报备 IP 地址信息；应自取得 IP 地址之日起 20 个工作日内完成 IP 地址信息的第一次报备；申请和分配使用的 IP 地址信息发生变化的，IP 地址分配机构应自变化之日起 5 个工作日内通过工业和信息化部指定的网站，按照 IP 地址备案的要求以电子形式提交变更后的 IP 地址信息；各级 IP 地址分配机构的联系人或联系方式发生变更的，应自变更之日起 10 个工作日内报备变更后的信息。

基础电信业务经营者 IP 地址信息的报备，由各基础电信业务经营者集团公司（总公司）和基础电信业务经营者的省级公司（省级分支机构）共同完成。各基础电信业务经营者集团公司（总公司）按照本办法的规定完成由其申请、使用和分配到省级公司（省级分支机构）的 IP 地址信息的报备。各基础电信业务经营者的省级公司（省级分支机构）按照本办法的规定统一完成该省级公司（省级分支机构）及其所属公司（分支机构）申请、使用和分配的 IP 地址信息的报备。

需报备的 IP 地址信息包括如下几点：

一、备案单位基本情况

包括备案单位名称、备案单位地址、备案单位性质、电信业务经营许可证编号、联系人姓名、联系人电话、联系人电子邮件等。

二、备案单位的 IP 地址来源信息

包括 IP 地址来源机构名称、IP 地址总量、各 IP 地址段起止地址码等。

三、备案单位的 IP 地址分配使用信息

⑴ 本单位自用的 IP 地址信息，包括 IP 地址总量、各 IP 地址段起止地址码、IP 地址使用方式、网关 IP 地址、网关所在地址；

⑵ 尚未分配的 IP 地址信息，包括 IP 地址总量、各 IP 地址段起止地址码；

⑶ 向其他用户分配的 IP 地址信息，包括所分配的用户基本信息（包括用户名称、单位类别、单位所属行业、单位详细地址、联系人姓名、联系人电话、联系人电子邮件）、所分配的 IP 地址总量、各 IP 地址段起止地址码、网关 IP 地址、网关所在地址、IP 地址使用方式。

四、自带 IP 地址的互联网接入用户信息

包括用户基本信息（含用户名称、单位类别、单位所属行业、单位详细地址、联系人姓名、联系人电话、联系人电子邮件）、自带 IP 地址总量、IP 地址段起止地址码、自带 IP 地址的来源、网关 IP 地址、网关所在地址、IP 地址使用方式等。

各级 IP 地址分配机构应自取得 IP 地址之日起 20 个工作日内完成 IP 地址信息的第一次报备。各级 IP 地址分配机构申请和分配使用的 IP 地址信息发生变化的，IP 地址分配机构应自变化之日起 5 个工作日内通过工业和信息化部指定的网站，按照 IP 地址备案的要求以电子形式提交变更后的 IP 地址信息。各级 IP 地址分配机构的联系人或联系方式发生变更的，应自变更之日起 10 个工作日内报备变更后的信息。

5.2 ICP 备案流程

本节视频教学录像：6 分钟

各非经营性网站，根据《非经营性互联网信息服务备案管理办法》第三条“拟从事非经营性互联网信息服务的，应当向其住所所在地省通信管理局履行备案手续”，及时到当地相关部门办理或完善相关的备案工作。非经营性互联网信息服务提供者应当在其网站开通时，按照工业和信息化部备案管理系统的要求，将备案电子验证标识放置在其网站的指定目录下，以备审查。

注 意

ICP(Internet Content Provider) 网络内容服务商，即向广大用户综合提供互联网信息业务和增值业务的网络运营商。ICP 备案是工业和信息化部对网站的一种管理，为了防止非法网站，就像是官方认可的网站，就好像开个门面需要办营业执照一样。

5.2.1 ICP 用户自行备案

登录工业和信息化部 ICP/IP 地址 / 域名信息备案管理系统（http://www.miibeian.gov.cn/ ）对网站提交备案申请；大概需要 2~10 天得到审批；如果审核通过，需要根据提示将证书放在网站的指定位置。

1. ICP 信息报备流程图（见下图）

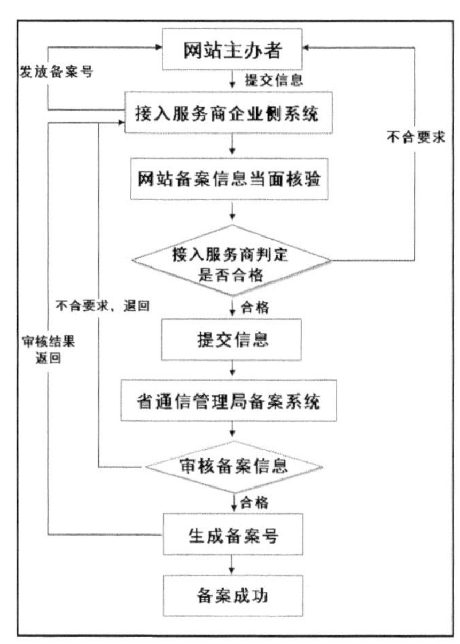

2. ICP 信息报备流程

⑴ 网站主办者登录接入服务商企业侧系统

网站主办者进行网站备案时可有以下三种供选择的登录方式。

方式一：网站主办者登录部级系统，通过主页面“自行备案导航”栏目获取为网站提供接入服务的企业名单（只能选择一个接入服务商），并进入企业侧备案系统办理网站备案业务。

方式二：网站主办者登录住所所在地省通信管理局系统，通过主页面“自行备案导航”栏目获取为网站提供接入服务的企业名单（只能选择一个接入服务商），并进入企业侧备案系统办理网站备案业务。

方式三：网站主办者直接登录到接入服务商企业侧系统。

⑵ 网站主办者登录接入服务商企业系统自主报备信息或由接入服务商代为提交信息

网站主办者通过三种登录方式（详见⑴）登录到企业侧系统，注册用户▶填写备案信息▶接入服务商校验所填信息，反馈网站主办者。

网站主办者委托接入服务商代为报备网站的全部备案信息并核实信息真伪→接入服务商核实备案信息→将备案信息提交到省通信管理局系统。

⑶ 接入服务商核实备案信息流程

接入服务商对网站主办者提交的备案信息进行当面核验：当面采集网站负责人照片；依据网站主办者证件信息核验提交至接入服务商系统的备案信息；填写《网站备案信息真实性核验单》。如果备案信息无误，接入服务商提交给省通信管理局审核；如果信息有误，接入者在备注栏中注明错误信息提示后退回给网站主办者进行修改。

⑷ 网站主办者所在省通信管理局审核备案信息流程

网站主办者所在地省通信管理局对备案信息进行审核，审核不通过，则退回企业侧系统由接入服务商修改；审核通过，生成的备案号、备案密码（并发往网站主办者邮箱）和备案信息上传至部级系统，并同时下发到企业侧系统，接入服务商将备案号告知网站主办者。

5.2.2 ISP 用户 / 通信管理局用户 / 电信管理局用户导入备案

ISP 用户 / 通信管理局用户 / 电信管理局用户导入备案的流程如下图所示。

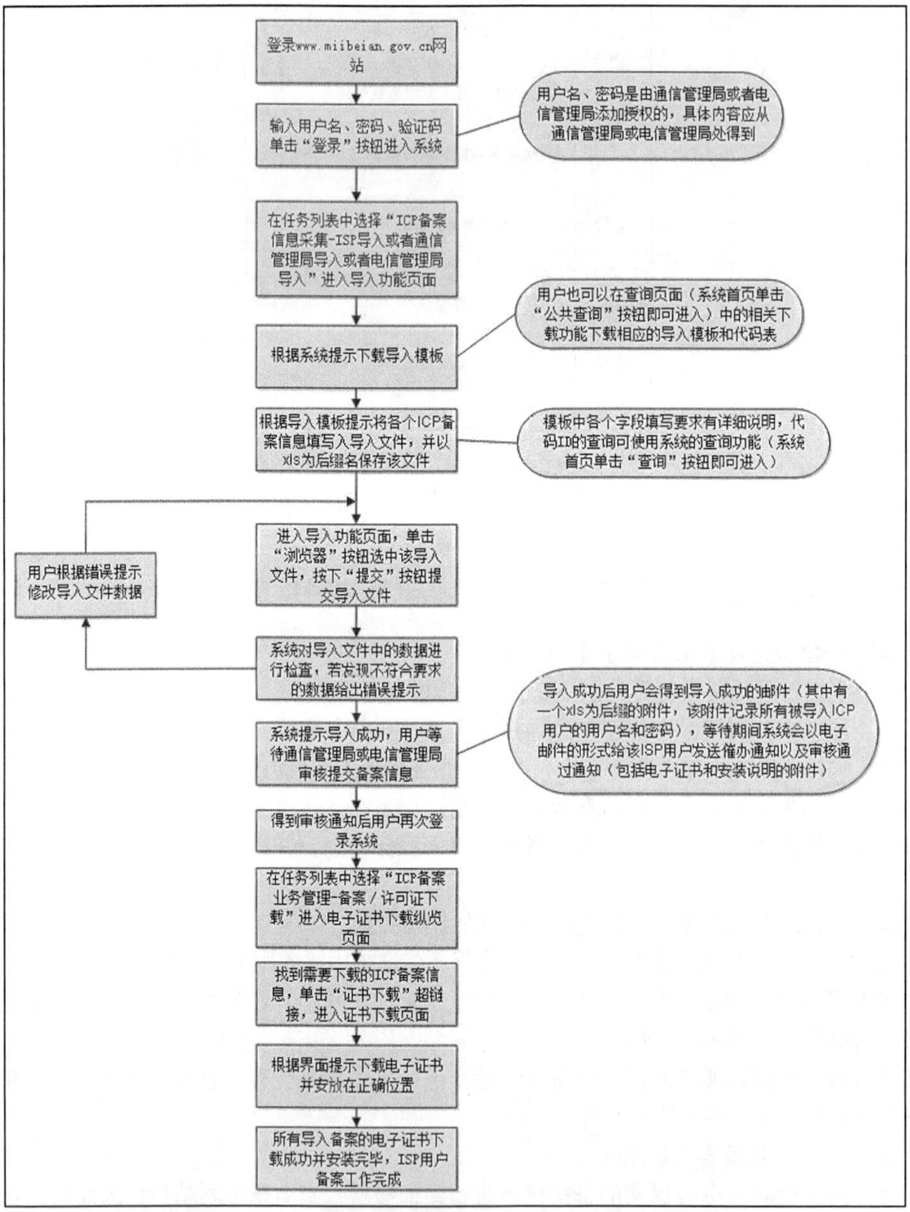

登录www.miibeian.gov.cn网站

输入用户名、密码、验证码单击“登录”按钮进入系统

用户名、密码是由通信管理局或者电信管理局添加授权的，具体内容应从通信管理局或电信管理局处得到

在任务列表中选择“ICP备案信息采集-ISP导入或者通信管理局导入或者电信管理局导入”进入导入功能页面

用户也可以在查询页面（系统首页单击“公共查询”按钮即可进入）中的相关下载功能下载相应的导入模板和代码表

根据系统提示下载导入模板

根据导入模板提示将各个ICP备案信息填写入导入文件，并以xls为后缀名保存该文件

模板中各个字段填写要求有详细说明，代码ID的查询可使用系统的查询功能（系统首页单击“查询”按钮即可进入）

进入导入功能页面，单击“浏览器”按钮选中该导入文件，按下“提交”按钮提交导入文件

用户根据错误提示修改导入文件数据

系统对导入文件中的数据进行检查，若发现不符合要求的数据给出错误提示

系统提示导入成功，用户等待通信管理局或电信管理局审核提交备案信息

导入成功后用户会得到导入成功的邮件（其中有一个xls为后缀的附件，该附件记录所有被导入ICP用户的用户名和密码），等待期间系统会以电子邮件的形式给该ISP用户发送催办通知以及审核通过通知（包括电子证书和安装说明的附件）

得到审核通知后用户再次登录系统

在任务列表中选择“ICP备案业务管理-备案/许可证下载”进入电子证书下载纵览页面

找到需要下载的ICP备案信息，单击“证书下载”超链接，进入证书下载页面

根据界面提示下载电子证书并安放在正确位置

所有导入备案的电子证书下载成功并安装完毕，ISP用户备案工作完成

5.3 典型实例——网站所有者自行备案

本节视频教学录像：8 分钟

网站备案，指的是 ICP 备案。网站备案包括服务商帮助备案和自行备案。下面将以佛山市亿动网络有限公司的网站备案为例，详细介绍网站所有者登录工业和信息化部 ICP/IP 地址 / 域名信息备案管理系统（http://www.miitbeian.gov.cn/）进行自行备案的全过程。

5.3.1 准备工作

在网站正式备案之前首先应做好一些相关的准备工作，主要包括以下几点。

1. 网站名称

网站备案之前最好确定网站的名称，虽然备案成功之后可以进行修改，但是其修改后的信息还需要重新审核，这会给用户带来一些不必要的麻烦。

2. 域名

为网站申请一个顶级域名。

3. 网站空间

购买好网站空间，或者自行架设服务器。若购买的是虚拟主机，还应该知道服务商的名称、服务器所在地和 IP 地址等。

4. 相关资料

整理好网站所有者和网站负责人的相关资料以及联系方式。

5. 手机

准备一部能收发短信的手机，用于接收系统发送的手机验证码，接收手机验证码是免费的，不收取任何费用。

6. 邮箱

准备一个邮箱用于接收邮件验证码，邮箱可以是收费的也可以是免费的，只要能正常接收邮件即可。

5.3.2 网站备案所需资料

（一）单位主办网站，除如实填报备案管理系统要求填写的各备案字段项内容之外，还应提供如下备案材料。

⑴ 网站备案信息真实性核验单。

⑵ 单位主体资质证件复印件（加盖公章），如工商营业执照、组织机构代码、社团法人证书等。

⑶ 单位网站负责人证件复印件，如身份证（首选证件）、户口薄、台胞证、护照等。

⑷ 接入服务商现场采集的单位网站负责人照片。

⑸ 网站从事新闻、出版、教育、医疗保健、药品和医疗器械、文化、广播电影电视节目等互联网信息服务，应提供相关主管部门审核同意的文件复印件（加盖公章）；网站从事电子公告服务的，应提供专项许可文件复印件（加盖公章）。

⑹ 单位主体负责人证件复印件，如身份证、户口薄、台胞证、护照等。

⑺ 网站所使用的独立域名注册证书复印件（加盖公章）。

（二）个人主办网站，除如实填报备案管理系统要求填写的各备案字段项内容之外，还应提供如下备案材料。

⑴ 网站备案信息真实性核验单。

⑵ 个人身份证件复印件，如身份证（首选证件）、户口簿、台胞证、护照等。

⑶ 接入服务商现场采集的个人照片。

⑷ 网站从事新闻、出版、教育、医疗保健、药品和医疗器械、文化、广播电影电视节目等互联网信息服务，应提供相关主管部门审核同意的文件（加盖公章）；网站从事电子公告服务的，应提供专项许可文件（加盖公章）。

⑸ 网站所使用的独立域名注册证书复印件。

5.3.3 具体操作

❶ 登录 http://www.miitbeian.gov.cn/ 工业和信息化部官网，在工业和信息化部官网右边自行备案导航那里填写网站服务器的服务商，如下图所示，进入该服务商备案系统（1. 接入商所在省：广东，2. 接入商名称：佛山市亿动网络有限公司）。

❷ 进入服务商佛山市亿动网络有限公司备案管理系统的界面，如下图所示。先了解备案流程，下载相关文档；然后注册用户，使用用户登录。

❸ 单击【用户】按钮登录后，使用刚注册的用户名和密码登录网站备案系统，如下图所示。

❹ 登录之后，选择“新网站 ICP 备案”，如下图所示。

❺ 按照上图和下图红色字迹填写资料，提交审核即可。

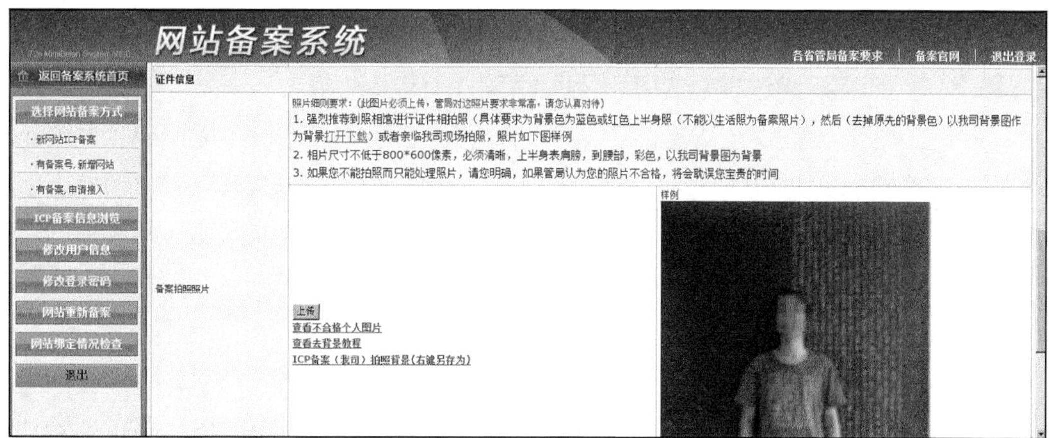

高手私房菜

>>

技巧 1：不同的公司能不能备案在同一个单位下

(1) 管局要求，不同的单位主体需分开备案，不得一起备案，所以，请分别注册不同的备案账号提交相对应的单位主体信息。

(2) 若将其他单位的网站备在自己单位主体下，会出现一定的风险，若对方的网站内容出现违法信息，作为备案的网站主办者将会是首先被调查的对象，因此，请慎重对待，不要把朋友或他人的网站备在自己的主体下！

(3) 若自己的网站备案在别人的主体下，别人随时都可以联系省通信管理局注销自己的网站，影响自己的网站访问，因此，请不要把网站备在他人的主体下！

技巧 2：提交备案信息的注意事项

⑴ 域名在提交备案信息前需绑定并指向主管部门空间（虚拟主机、服务器、VPS、智能建站、企业邮箱、代理平台）才可提交成功。

⑵ 备案资料填写必须真实、详细、有效。

⑶ 代理商协助备案：不允许同一个网站负责人 / 手机号码 / 办公电话 / 邮箱提交多个单位主体信息，否则会被视为虚假备案信息注销备案号。

⑷ 禁止域名在我司备案成功之后改用其他服务商的空间，否则取消备案号。

⑸ 企业性质网站禁止以个人名义提交备案，否则备案不通过。

⑹ 备案纸质资料一定要等我司审核通过后再邮寄我司或管局，否则造成资料有误，需重新邮寄提交。

各省管局要求请查看 http://ba.72dns.com/shenghelp.html。

技巧 3：接到备案通过信息却查不到备案号的情况说明

由于全国各地相继出现企业备案系统和工业和信息化部系统无法同步链接的情况，因此，很多用户接收到企业系统发去的【通过备案】的信息，但是在省通信管理局系统和工业和信息化部却查不到备案信息，这种情况一般需缓冲 4~24 小时后便能与工业和信息化部同步，查到备案信息。目前这个问题普遍存在于全国，各地省通信管理局已经将情况告知工业和信息化部，现在在处理之中。

技巧 4：备案期间是否要关闭网站，备案什么时候能下来

目前除了广东省和辽宁省在备案期间一定要将未备案的网站关闭之外，其余省份，只要网站内容与主办单位内容一致，且没有在网站里放任何备案号，都无需关网站，但个人备案，建议在备案期间关网站。

全国通信管理局给的审核时间都是 20 个工作日，节假日和双休除外，具体看省通信管理局的审核进度，如审核通过后省通信管理局会将备案号和密码发到主体信息填写的邮箱里和手机中。

本章教学录像：29 分钟

第6章 网站的测试与发布

做好一个网站后，需保证在浏览器中页面的内容能正常显示、其链接能正常跳转等，在上传之前需要对网站进行本地测试。基于所有测试的功能和内容的不同，其测试方法也有很多种，下面将以使用网页制作工具 Dreamweaver 8 测试 Web 站点为例，介绍网站的测试与发布。

本章要点（已掌握的在方框中打勾）

- □ 检查链接
- □ 站点报告
- □ 清理文档
- □ 结束线程
- □ 使用网页制作工具
- □ 虚拟主机管理面板
- □ 使用专门的 FTP 工具

6.1 网站的测试

本节视频教学录像：15 分钟

在站点中有成百上千个超链接，在发布网站之前，需要对网页中的这些链接进行测试。

6.1.1 检查链接

❶ 在 Dreamweaver 8 窗口中的导航栏中左击【窗口 (W)】菜单，在弹出的下拉列表中选择【结果】菜单项如下图（上）所示，弹出如下图（下）所示的面板对话框。

❷ 在【结果】面板中切换到【链接检查器】选项卡，如下图所示。

❸ 单击面板左边的【检查连接】按钮，在弹出的菜单中选择【检查整个当前本地站点的链接（E）】菜单项，如下图所示。

❹ 此时 Dreamweaver 8 会自动地检测站点里的所有链接，结果也会显示在面板中，如下图所示。

❺ 在【显示】下拉列表中可以选择检查连接的类型。在此将链接分为三大类：断掉的链接、外部链接和孤立的文件，如下图所示。

❻ 对于断掉的链接，可以在列表中双击文件名，打开文件对链接进行修改；对于外部链接，只能在网络中测试其是否好用；孤立的文件不是错误，不必对其修改。将所有的检查结果修改完毕后，对链接再进行一次检查，直到没有错误为止，如下图所示。

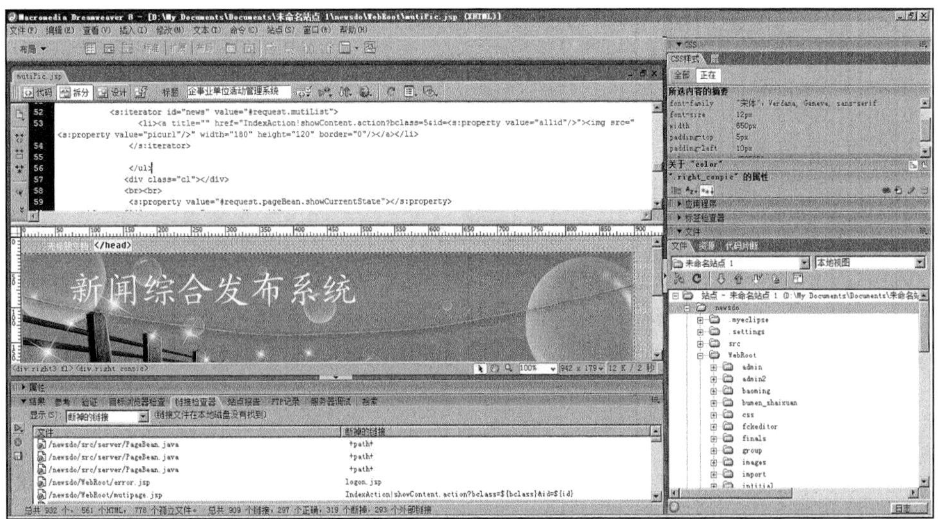

6.1.2 站点报告

在上传站点之前需要对站点中的文件逐一进行检查，在本地计算机中调试网页以防止网页中有错。由于一个网站包含成千上万的文件，如果手工操作会非常浪费时间，难免会有遗漏。Dreamweaver 8 提供了一种快速有效的功能来检查文件，这就是站点报告功能。

使用站点报告功能的具体步骤如下。

❶ 打开【结果】面板并切换到【站点报告】选项卡，如下图所示。

❷ 单击面板左上角的【报告】按钮，打开【报告】对话框，如下图（左）所示。

❸ 在【报告在】下拉列表中选择【整个当前本地站点】选项。在【选择报告】列表框中可以看到两大选项，即工作流程和HTML报告，其中【工作流程】选项与团队制作网页有关，一般个人不需要选择。将【HTML报告】选项下的6个复选框全部选中，如下图（右）所示。

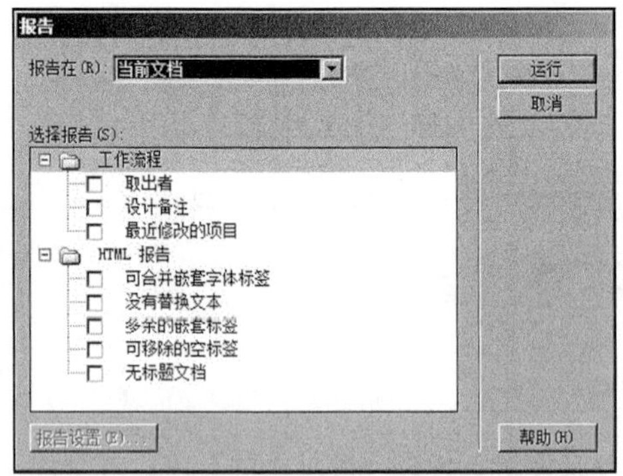

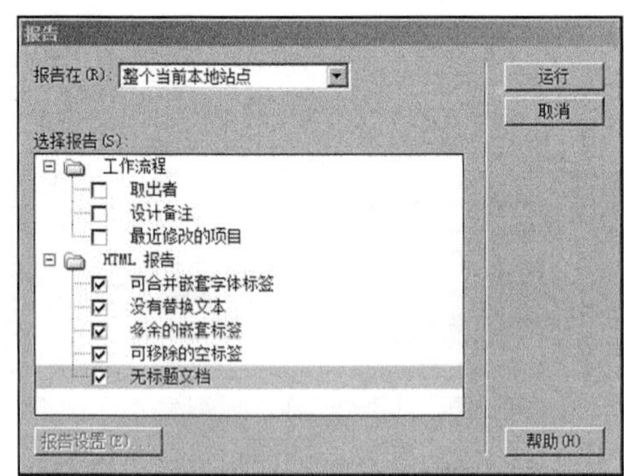

❹ 然后单击【运行】按钮，开始制作报告工作，如下图所示。

❺ 报告完成以后，系统会将其结果显示在【站点报告】面板中，如下图所示。

❻ 在列表中选择文件，然后通过单击按钮来查看详细出错信息，单击按钮可以将报告以文件形式保存，双击列表中的文件名会打开该文档，而且文档的代码窗口中会将要修改的标签加亮显示。

6.1.3 清理文档

清理文档是将制作完成的网页上传到服务器端之前，需要做的另一项重要工作。清理文档也就是清理一些空标签或者在Word中编辑HTML文档所产生的一些多余的标签，最大限度地减少错误的发生，以便更好地被浏览者访问。

❶ 打开需要清理的文档，如下图（左）所示。

❷ 单击【命令】按钮，在下拉列表中选中【清除XHTML】菜单项打开【清理HTML/XHTML】对话框，如下图（右）所示。

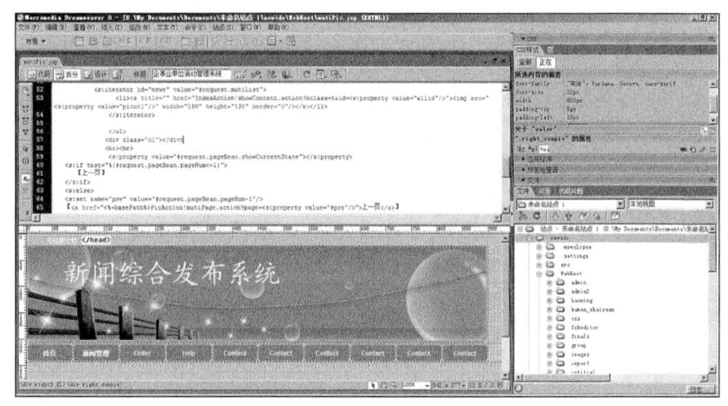

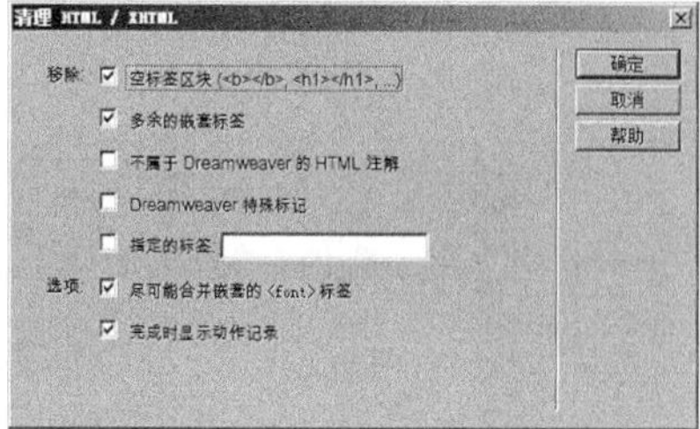

❸ 在【移除】选项组中，选中【空标签区块】和【多余的嵌套标签】复选框，或者在【指定的标签】文本框中输入所要删除的标签。在【选项】选项组中选中【尽可能合并嵌套的 <font> 标签】和【完成时显示记录】复选框，然后单击【确定】按钮，Dreamweaver 8 自动开始清理工作。清理完毕弹出一个对话框，报告清理工作的结果，如下图（左）所示，然后单击【确定】按钮即可。

❹ 接着单击【命令】按钮，在下拉列表中选中【清理 Word 生成的 HTML】菜单项打开【清理 Word 生成的 HTML】对话框，如下图（右）所示。

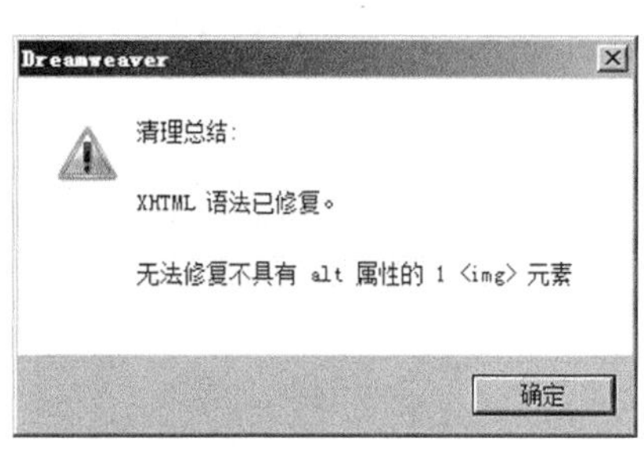

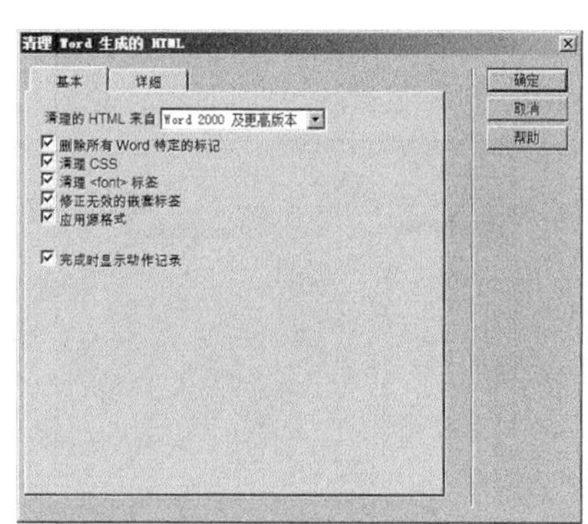

❺ 在对话框中进行相应的设置之后，单击【确定】按钮即可。

6.2 网站的发布

本节视频教学录像：14 分钟

在站点进行测试完毕并申请好了网站空间后，接下来可以将站点中的网页文档放置到自己的网站空间上，供上网者浏览，这个过程就是上传，即网站的发布。网站的发布通常有三种方式，一种是使用虚拟主机关机面板的“上传文件”功能，一种是使用专业的 FTP 上传工具，还有一种就是使用网页制作工具（如 Dreamweaver）的上传 / 下载功能。

6.2.1 使用网页制作工具

大多数的网页制作工具都具有上传网站的功能，如 FrontPage、Dreamweaver 等。下面将以 Dreamweaver 8 为例介绍其上传网站的方法。

Dreamweaver 8 中的站点管理器相当于一款优秀的 FTP 软件，支持断点续传功能，可以批量上传、下载文件和目录，具有克服因闲置太久而中断的特点。使用 Dreamweaver 上传站点的具体步骤如下。

❶ 在 Dreamweaver 8 中依次单击【站点】▶【管理站点】菜单项，打开【管理站点】对话框，如下图（左）所示。

❷ 在对话框中单击要上传的【未命名站点 1】站点，然后单击【编辑】按钮，打开【未命名站点 1 的站点定义为】对话框，如下图（右）所示。

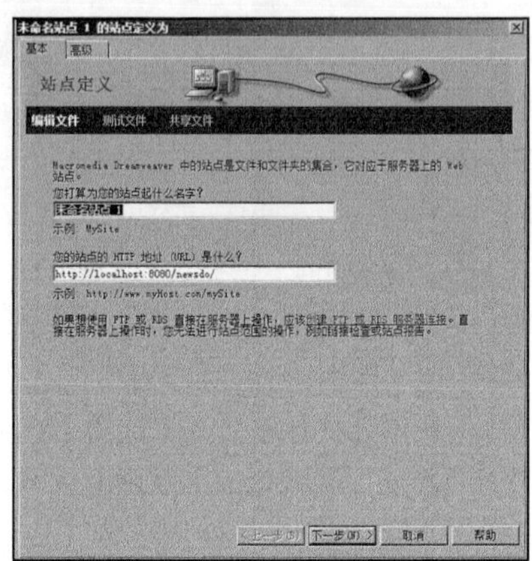

❸ 在【分类】列表框中选择【远程信息】选项，其界面如下图（左）所示。在【访问】下拉列表中选择【FTP】选项；在【FTP 主机】文本框中输入 FTP 主机的名称（可以是域名也可以是 IP 地址），在此输入所申请虚拟主机的 FTP 服务器地址“127.0.0.1”，如下图（右）所示。

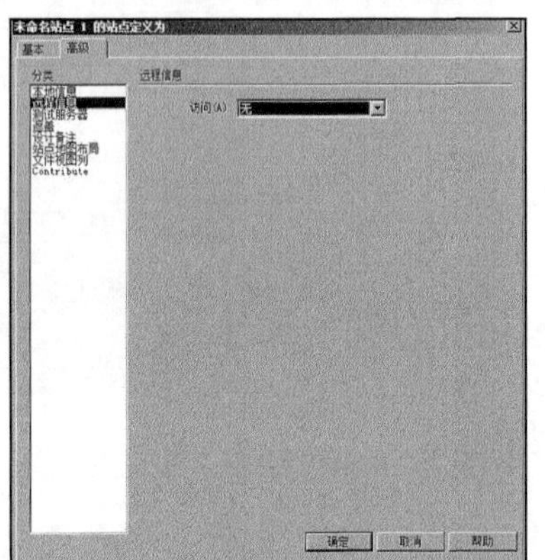

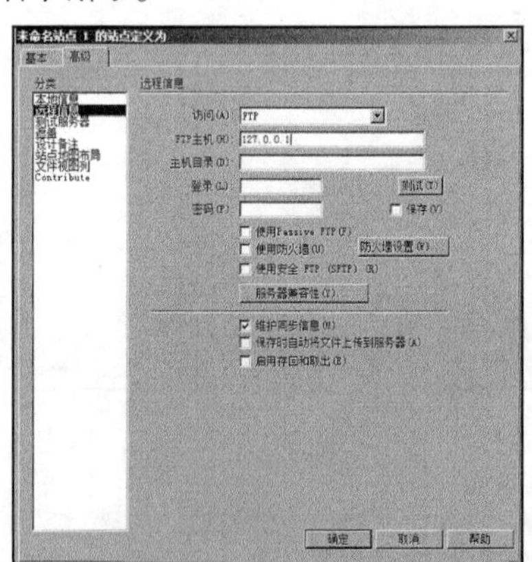

❹ 在【登录】和【密码】文本框中输入用于连接到 FTP 服务器的登录名和密码，即虚拟主机的 FTP 账号和密码，如下图（左）所示。此时可以单击【测试】按钮进行测试，若弹出如下图（右）所示对话框，则表示设置成功，单击【确定】按钮即可。

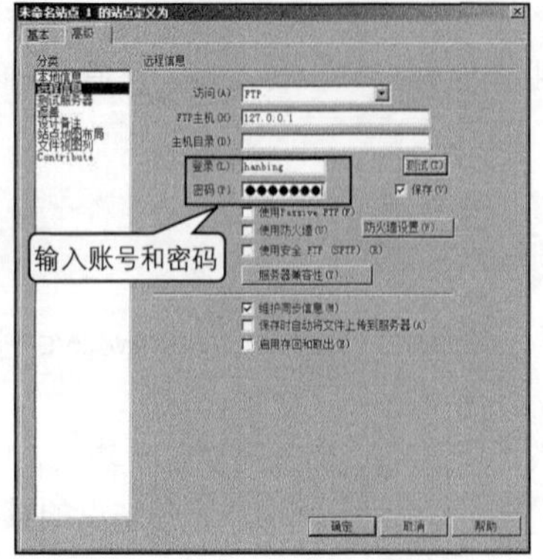

❺ 然后设置【测试服务器】的【访问】为【无】，如下图（左）所示。

❻ 在【未命名站点 1 的站点定义为】对话框中单击【确定】按钮完成设置，此时在 Dreamweaver 8 的【文件】面板中将会打开【未命名站点 1】站点，如下图（右）所示。

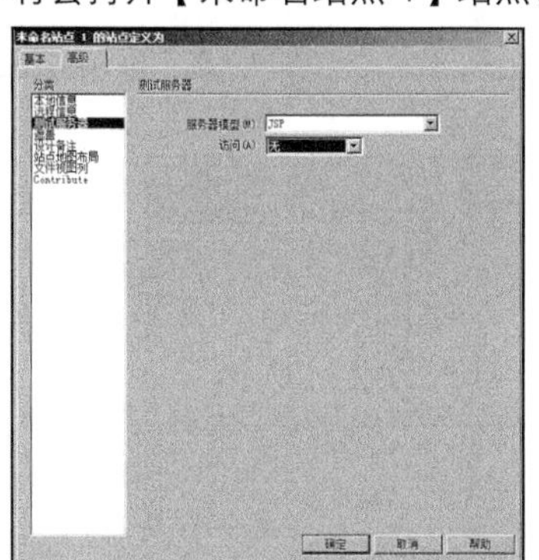

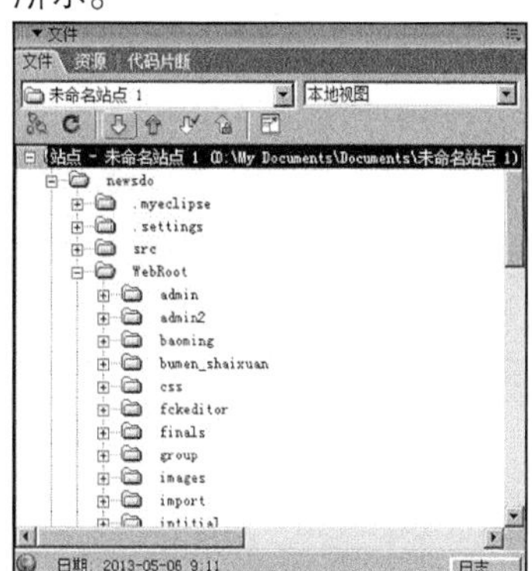

❼ 在【文件】面板中单击【展开以显示本地和远程站点】按钮，展开站点管理器，如下图（上）所示。在站点管理器中单击【连接到远端主机】按钮，开始连接 FTP 主机，如下图（下）所示。

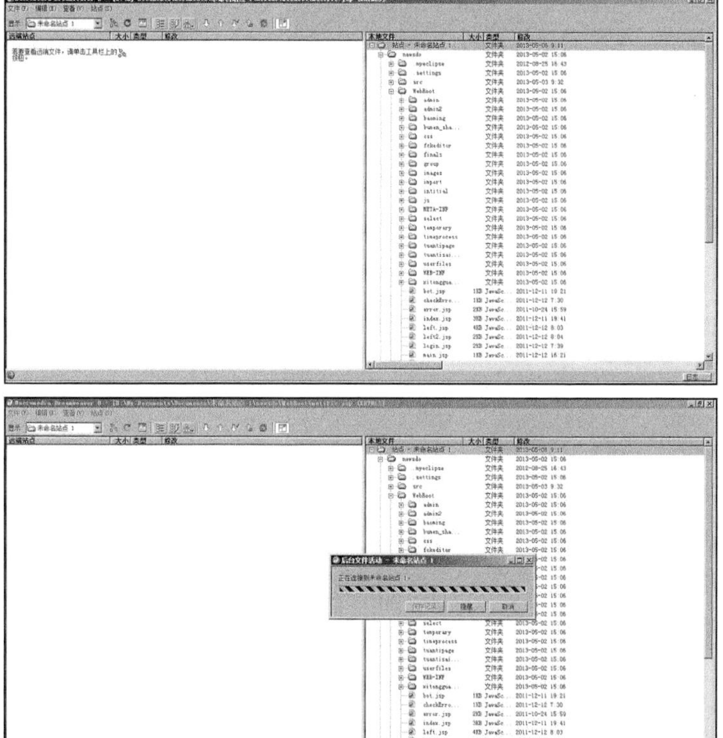

❽ 在站点管理器中单击【上传文件】按钮，将弹出如下图（左）所示的对话框，提示是否上传整个站点，单击【确定】按钮开始向服务器端发送网页；如果只想上传某个特定文件或者文件夹，可以在【本地文件】列表框中选中该文件或者文件夹后，再单击【文件上传】按钮。

❾ 由于虚拟主机一般要求将网站文件上传到某个特定文件目录下，如“www”文件目录。此时可以先选中本地站点中的所有要上传的文件，按下【Ctrl+C】组合键复制到剪贴板，然后在远端站点中选中要上传的目录文件夹，接着按下【Ctrl+V】组合键即可开始上传，如下图（右）所示。

❿ 站点上传完毕的界面如下图所示。

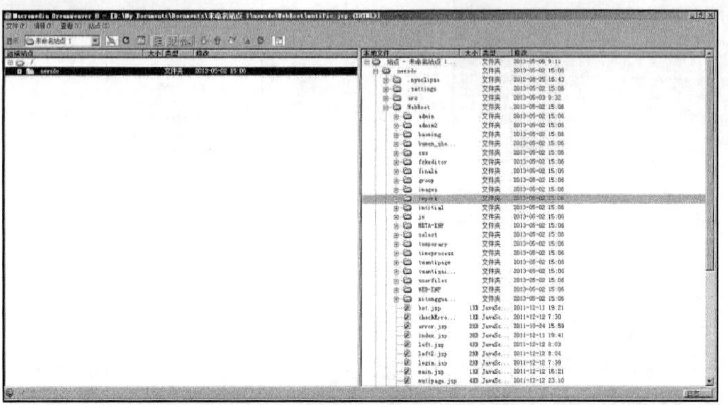

6.2.2 虚拟主机管理面板

大多数服务商提供的虚拟主机在管理面板中都有上传站点的功能，并且其操作方法也基本相似。下面将以“五洲互联虚拟主机”为例，介绍在虚拟主机管理面板中上传站点的具体步骤。

❶ 登录虚拟主机服务商网站，如下图（左）所示。

❷ 单击右边【管理中心】选项，登录系统，进入虚拟主机管理系统，如下图（右）所示。

❸ 单击站点名“xiaohan”，进入站点管理，如下图所示。

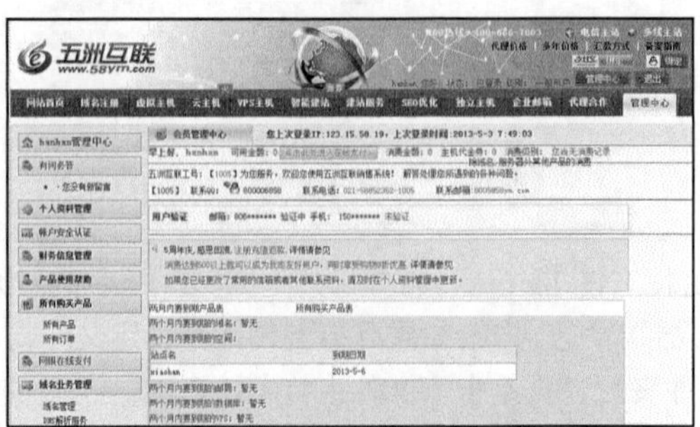

❹ 输入 FTP 用户名和密码，单击【上传】按钮，将开始连接 FTP 服务器，如下图（左）所示；连接成功后将会看到 FTP 服务器中默认存在的一些文件，如下图（右）所示。

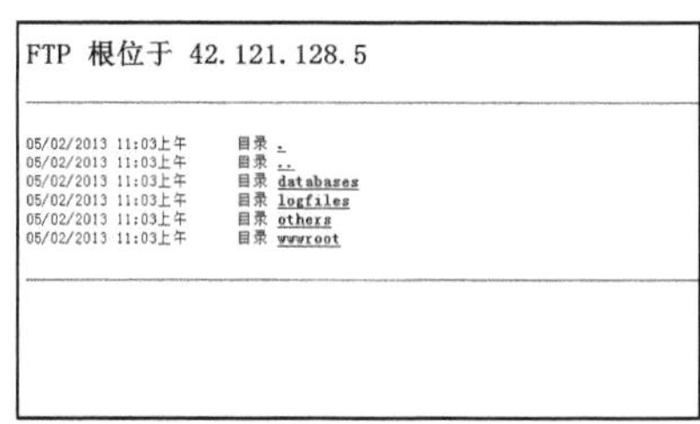

❺ 双击打开【wwwroot】列表项，然后将网站的所有文件复制到其中即可完成站点的上传，如下图所示。

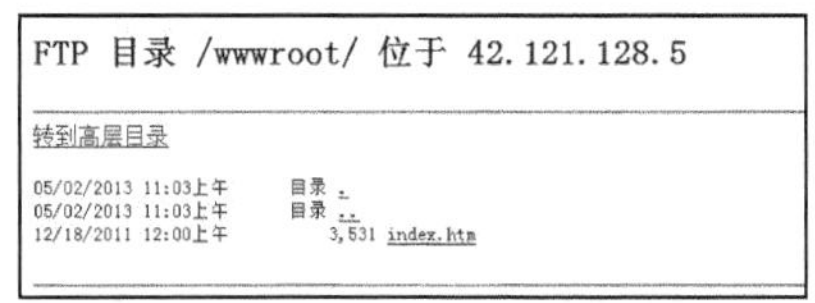

完成站点的上传之后，可以立即通过虚拟主机服务商赠送的免费域名（一般为 2 级、3 级或者 4 级免费域名）来访问自己的网站了。

6.2.3 使用专门的 FTP 工具

上传网站也可以使用专门的 FTP 工具，其操作方法基本相同，首先启动 FTP 工具软件，然后设置好 FTP 用户名和密码，连接成功后就可以上传了。关于 FTP 工具的具体使用方法这里就不详细介绍了，感兴趣的用户可以参照相关书籍自行研究。

下面简单介绍几种常见的 FTP 工具。

1. CuteFTP

CuteFTP 是一款基于文件传输协议的简单易用的 FTP 管理器软件。下载文件支持续传，可下载或者上传整个目录，不会因闲置过久而被服务器踢出，可以上载 / 下载队列、下载断点续传、整个目录覆盖和删除等。而 CuteFTP 的远程编辑功能使用户能够在服务器上直接修改文件，而不需要再像平时那样为了修改主页而要进行下载、编辑、保存、上传等繁琐的工作了。

CuteFTP 最新 Pro 版是最好的 FTP 客户程序之一，如果是 CuteFTP 老版本的用户，会发现很多有用的新特色，如目录比较、目录上传和下载、远端文件编辑及 IE 风格的工具条，可按所编列顺序一次下载或上传同一站台中不同目录下的文件。下图为 CuteFTP 的软件界面。

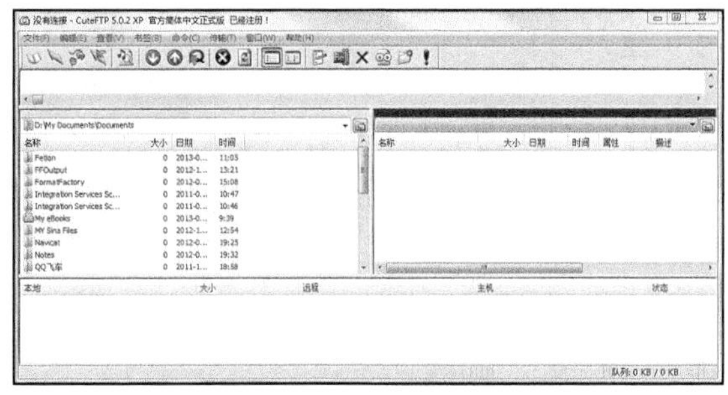

2. Xlight FTP

Xlight FTP 服务器是非常容易使用的 FTP 服务器。为了保证高性能，FTP 服务器程序全部用 C 语言写成，服务器运行时占用很少的系统资源。它具有高效网络算法，在大量用户情况下，可以充分利用 FTP 服务器带宽，能够轻松处理数千用户的同时下载。下图为 Xlight FTP 的软件界面。

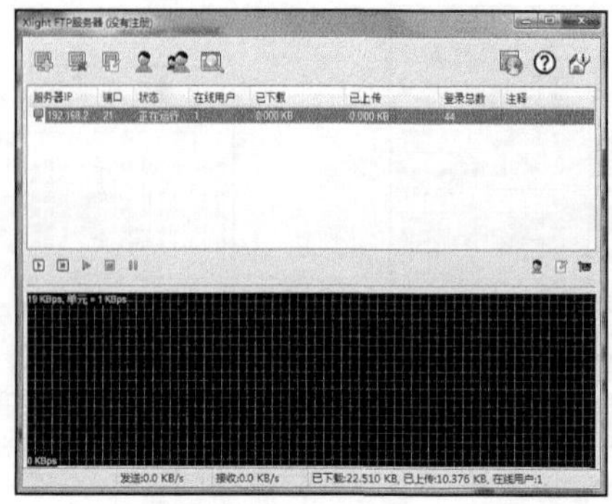

3. FlashFXP

FlashFXP 是一款功能强大的 FXP/FTP 软件，集成了其他优秀的 FTP 软件的优点，如 CuteFTP 的目录比较，支持彩色文字显示；如 BpFTP 支持多目录选择文件，暂存目录；又如 LeapFTP 的界面设计。FlashFXP 支持目录（和子目录）的文件传输，删除；支持上传，下载，以及第三方文件续传；可以跳过指定的文件类型，只传送需要的文件；可自定义不同文件类型的显示颜色；暂存远程目录列表，支持 FTP 代理及 Socks 3&4；有避免闲置断线功能，防止被 FTP 平台踢出；可显示或隐藏具有“隐藏”属性的文档和目录；支持每个平台使用被动模式等。下图为 FlashFTP 的软件界面。

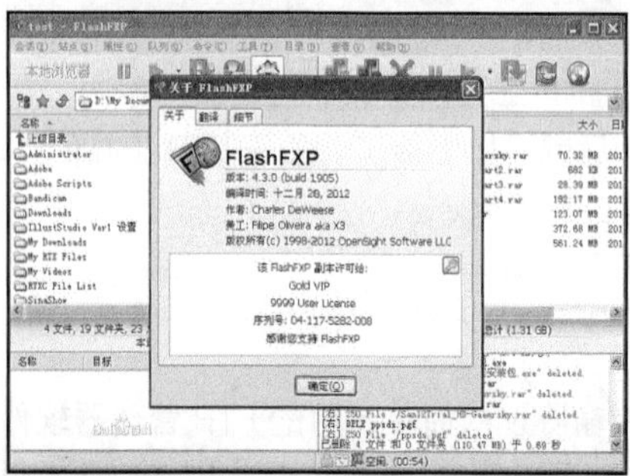

高手私房菜

>>

技巧：FTP 服务器不能连接的问题

FTP 常常会出现已经正确输入登录信息而无法连接的情况。这是因为 FTP 服务器可能有不同的服务软件与工作模式。FTP 客户端需要更改相关的设置才可以正常登录 FTP。

FTP 登录最常用的设置是 PORT（主动）与 PASV（被动）两种模式。

PORT 方式的连接过程，是客户端向服务器的 FTP 端口发送连接请求，服务器接受连接，主动连接客户端，建立一条命令链路。

PASV 方式的连接过程，是客户端向服务器的 FTP 端口发送连接请求，服务器被动接受连接，建立一条命令链路。

如果登录模式没有正确设置可能无法正常登录 FTP。如果无法登录服务器，可以选中【使用 PASV 模式】复选框。还有一种情况是可以登录网站，但是无法登录 FTP 管理。这种情况可能与本地网络设置有关，也可能是服务器的 FTP 服务原因。

第 2 篇

配置篇

本篇主要介绍 Web 服务器、FTP 服务器、电子邮件服务器、DNS 服务器、DHCP 服务器、文件与打印服务器、传真服务器、数据库服务器、流媒体服务器、证书服务器与 PKI 应用等的安装与配置，以及终端服务器的相关知识。

第 7 章

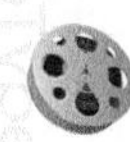

本章教学录像：40 分钟

Web 服务器的安装与配置

Web 服务器也称为 WWW(World Wide Web) 服务器，是 Microsoft Internet Information Server 的重要组成部分，主要功能是提供网上信息浏览服务。WWW 是 Internet 的多媒体信息查询工具，是 Internet 上近年才发展起来的服务，也是发展最快和目前用的最广泛的服务。正是因为有了 WWW 工具，才使得近年来 Internet 迅速发展，且用户数量飞速增长。

本章要点（已掌握的在方框中打勾）

□ Web 服务器概念

□ 其他服务器

□ 配置基于 Windows 平台的 IIS 服务器

□ 使用 SSL 保护服务器的通信安全

□ 安装与配置 Apache 服务器

□ 配置基于 UNIX/Linux 平台的 Apache 服务器

7.1 Web 服务器概述

 **本节视频教学录像：10 分钟**

Web 服务器是指驻留于因特网上某种类型计算机的程序。当 Web 浏览器（客户端）连到服务器上并请求文件时，服务器将处理该请求并将文件反馈到该浏览器上，附带的信息会告诉浏览器如何查看该文件（即文件类型）。服务器使用 HTTP（超文本传输协议）与客户机浏览器进行信息交流，这就是人们常把它们称为 HTTP 服务器的原因。

7.1.1 IIS 简介

IIS 是 Internet Information Server 的缩写，它是微软公司主推的 Web 服务器，现在用户一般常用的版本是 Windows 2003 里面包含的 IIS 6 或者是更早的 IIS 5。IIS 与 Window NT Server 完全集成在一起，因而用户能够利用 Windows NT Server 和 NTFS（NT File System，NT 的文件系统）内置的安全特性，建立强大、灵活而安全的 Internet 和 Intranet 站点。IIS 支持 ISAPI，使用 ISAPI 可以扩展服务器功能。IIS 的设计目的是建立一套集成的服务器服务，用以支持 HTTP、FTP 和 SMTP，它能够提供快速且集成了现有产品同时可扩展的 Internet 服务器。

新的 IIS 7 在 Windows Server 2008 中加入了更多的安全方面的设计，用户现在可以通过微软的 .Net 语言来运行服务器端的应用程序。除此之外，通过 IIS 7 新的特性来创建模块将会减少代码在系统中的运行次数，将遭受黑客脚本攻击的可能性降至最低。从安全的观点来考虑，这是 IIS 所涉及的一个新领域。 如此多的新特性，让人们对 Windows Server 2008 中的 IIS 7 充满了渴望，下面介绍 IIS 中五个最为核心的增强特性。

1. 完全模块化的 IIS

IIS 7 从核心层讲被分割成了 40 多个不同功能的模块，像验证、缓存、静态页面处理和目录列表等功能全部被模块化。这意味着 Web 服务器可以按照运行需要来安装相应的功能模块。可能存在安全隐患和不需要的模块将不会再加载到内存中去，程序的受攻击面减小了，同时性能方面也得到了增强。

2. 通过文本文件配置的 IIS 7

IIS7 另一大特性就是管理工具使用了新的分布式 web.config 配置系统。IIS 7 不再拥有单一的 metabase 配置储存，而将使用和 ASP.NET 支持的同样的 web.config 文件模型，这样就允许用户把配置和 Web 应用的内容一起存储和部署，无论有多少站点，用户都可以通过 web.config 文件直接配置。这样当公司需要挂接大量的网站时，可能只需要很短的时间，因为管理员只需要复制之前做好的任意一个站点的 web.config 文件，然后把设置和 Web 应用一起传送到远程服务器上就完成了，没必要再写管理脚本来定制配置了。

3. MMC 图形模式管理工具

在 IIS 7 中，用户现在可以用管理工具在 Windows 客户机器上创建和管理任意数目的网站，而不再局限于单个网站，同时相比 IIS 之前的版本，IIS 7 的管理界面也更加的友好和强大。此外，IIS 7 的管理工具是用 .NET 和 Windows Forms 写成的，是可以扩展的。这意味着用户可以添加自己的 UI 模块到管理工具里，为自己的 HTTP 运行时模块和配置设置提供管理支持。

4. IIS 7 安全方面的增强

安全问题永远是微软被攻击的重中之重，其实并非微软对安全漠不关心，实在是因为微软这艘巨型战舰过于庞大，难免百密一疏，好在微软积极地响应着每一个安全方面的意见与建议。IIS 的安全问题则主要集中在有关 .NET 程序的有效管理以及权限管理方面的问题。而 IIS 7 正是针对 IIS 服务器遇到安全问题做了相应的增强。

在新版本中 IIS 和 ASP.NET 管理设置集成到了单个管理工具里。这样，用户就可以在一个地方查看和设置认证及授权规则，而不是像以前那样要通过多个不同的对话框来做。这给管理人员提供了一个更加一致和清晰的用户界面，以及 Web 平台上统一的管理体验。

5. IIS 7 的 Windows PowerShell 管理环境

相信关注脚本编程或者是 Exchange Server 2007 的朋友都不会对 Windows PowerShell 感到陌生， Windows PowerShell 是一个特为系统管理员设计的 Windows 命令行 shell 。在这个 shell 中包括一个交互提示和一个可以独立，或者联合使用的脚本环境。对于热爱脚本管理的 IT 朋友们 Windows PowerShell 必将让他们爱不释手。而对于 IIS 服务器，Windows PowerShell 同样可以提供全面的管理功能。

7.1.2 Apache 简介

Apache HTTP Server（简称 Apache）是 Apache 软件基金会的一个开放源码的网页服务器，可以在大多数计算机操作系统中运行，由于其多平台和安全性被广泛使用，是最流行的 Web 服务器端软件之一。它快速、可靠并且可通过简单的 API 扩展，而且将 Perl/Python 等解释器编译到服务器中。

Apache 源于 NCSAhttpd 服务器，经过多次修改，成为世界上最流行的 Web 服务器软件之一。Apache 取自“a patchy server”的读音，意思是充满补丁的服务器，因为它是自由软件，所以不断有人来为它开发新的功能、新的特性，修改原来的缺陷。Apache 的特点是简单、速度快、性能稳定，并可做代理服务器来使用。

本来 Apache 只用于小型或试验 Internet 网络，后来逐步扩充到各种 UNIX 系统中，尤其对 Linux 的支持相当完美。Apache 有多种产品，可以支持 SSL 技术，支持多个虚拟主机。Apache 是以进程为基础的结构，进程要比线程消耗更多的系统开支，不太适合于多处理器环境，因此，在一个 Apache Web 站点扩容时，通常是增加服务器或扩充群集节点而不是增加处理器。到目前为止 Apache 仍然是世界上用的最多的 Web 服务器，市场占有率达 60% 左右。世界上很多著名的网站如 Amazon、Yahoo!、W3 Consortium、Financial Times 等都是 Apache 的产物，它的成功之处主要在于它的源代码开放、有一支开放的开发队伍、支持跨平台的应用（可以运行在几乎所有的 UNIX、Windows、Linux 系统平台上）以及它的可移植性等方面。

Apache 的诞生极富有戏剧性。当 NCSA WWW 服务器项目停顿后，那些使用 NCSA WWW 服务器的人们开始交换他们用于该服务器的补丁程序，他们也很快认识到成立管理这些补丁程序的论坛是必要的。就这样，诞生了 Apache Group，后来这个团体在 NCSA 的基础上创建了 Apache。

Apache Web 服务器软件拥有以下特性。

(1) 支持最新的 HTTP/1.1 通信协议。

(2) 拥有简单而强有力的基于文件的配置过程。

(3) 支持通用网关接口。

(4) 支持基于 IP 和基于域名的虚拟主机。

(6) 支持多种方式的 HTTP 认证。

(7) 集成 Perl 处理模块。

(8) 集成代理服务器模块。

(9) 支持实时监视服务器状态和定制服务器日志。

(10) 支持服务器端包含指令 (SSI)。

(11) 支持安全 Socket 层 (SSL)。

(12) 提供用户会话过程的跟踪。

(13) 支持 FastCGI。

(14) 通过第三方模块可以支持 Java Servlets。

如果准备选择 Web 服务器，毫无疑问 Apache 是最佳选择。

7.1.3 其他服务器

在 UNIX 和 Linux 平台下使用最广泛的免费 HTTP 服务器是 W3C、NCSA 和 Apache 服务器，而 Windows 平台 NT/2000/2003/2008 使用 IIS 的 Web 服务器。在选择使用 Web 服务器时应考虑的本身特性因素有性能、安全性、日志和统计、虚拟主机、代理服务器、缓冲服务和集成应用程序等，下面再介绍几种常用的 Web 服务器。

1. IBM WebSphere

IBM WebSphere 应用服务器是一种功能完善、开放的 Web 应用程序服务器，是 IBM 电子商务计划的核心部分，通过基于标准的消息传递和对最新 Web 服务标准的支持，使人们能够重用现有资产并帮助增加现有投资的回报。

IBM WebSphere 应用服务器基于 Java 和 Servlets 的 Web 应用程序运行环境，为开发 Servlets 和 Javabeans 提供了多种向导，可以减少网络服务器的拥挤现象，扩大容量，提高 Web 服务器性能。

IBM WebSphere 应用服务器协同并扩展 Apache、Netscape、 IIS 和 IBM 的 HTTPWeb 服务器，因此可以成为强大的 Web 应用服务器，同时包含了 eNetworkDispatcher、WebTrafficeExpress 代理服务器和 AFS 分布式文件系统，可以提供可伸缩的 Web 服务器环境。

2. BEA Weblogic

BEA WebLogic Server 是一种多功能、基于标准的 Web 应用服务器，为企业构建自己的应用提供了坚实的基础。各种应用开发、部署所有关键性的任务，无论是集成各种系统和数据库，还是提交服务、跨 Internet 协作，起始点都是 BEA WebLogic Server。由于它具有全面的功能、对开放标准的遵从性、多层架构、支持基于组件的开发，基于 Internet 的企业都选择它来开发、部署最佳的应用。

BEA WebLogic Server 在使应用服务器成为企业应用架构的基础方面继续处于领先地位。BEA WebLogic Server 为构建集成化的企业级应用提供了稳固的基础，它们以 Internet 的容量和速度，在连网的企业之间共享信息、提交服务，实现协作自动化。

3. Tomcat

Tomcat 是一个开放源代码、运行 Servlet 和 JSP Web 应用软件的基于 Java 的 Web 应用软件容器。Tomcat Server 是根据 Servlet 和 JSP 规范进行执行的，因此可以说 Tomcat Server 也实行了 Apache-Jakarta 规范且比绝大多数商业应用软件服务器要好。

Tomcat 是 Java Servlet 2.2 和 Java Server Pages 1.1 技术的标准实现，是基于 Apache 许可证下开发的自由软件。Tomcat 是完全重写的 Servlet API 2.2 和 JSP 1.1 兼容的 Servlet/JSP 容器。Tomcat 使用了 JServ 的一些代码，特别是 Apache 服务适配器。随着 Catalina Servlet 引擎的出现，Tomcat 第四版号的性能得到提升，使得它成为一个值得考虑的 Servlet/JSP 容器，因此目前许多 Web 服务器都是采用 Tomcat。

4. Lighttpd

Lighttpd 是一款德国人领导的开源 Web 服务器软件，其根本的目的是提供一个专门针对高性能网站，安全、快速、兼容性好并且灵活的 Web Server 环境。它具有非常低的内存开销、CPU 占用率低、效能好以及丰富的模块等特点。

Lighttpd 是众多 OpenSource 轻量级的 Web Server 中较为优秀的一个。它支持 FastCGI、CGI、Auth、输出压缩 (output compress)、URL 重写、Alias 等重要功能；而 Apache 之所以流行，很大程度也是因为功能丰富，在 Lighttpd 上很多功能都有相应的实现，这点对于 Apache 的用户是非常重要的，因为迁移到 Lighttpd 就必须面对这些问题。

5. Nginx

Nginx（发音同 engine x）是一款轻量级的 Web 服务器 / 反向代理服务器及电子邮（IMAP/POP3）代理服务器，并在一个 BSD-like 协议下发行。它由俄罗斯的程序设计师 Lgor Sysoev 所开发，供俄罗斯大型的入口网站及搜寻引擎 Rambler（俄文：Рамблер）使用。其特点是占用内存少、并发能力强，事实上 Nginx 的并发能力确实在同类型的网页服务器中表现较好。

7.2 配置基于 Windows 平台的 IIS 服务器

本节视频教学录像：29 分钟

IIS(Internet Information Services, Internet 信息服务管理器) 是一个用于配置应用程序池或网站、FTP 站点、SMTP 或 NNTP 站点基于 MMC 控制台的管理程序。它是 Windows Server 2003/2008 操作系统自带的组件，无须安装第三方程序即可用来搭建各种网站并管理服务器中的所有站点。

IIS 服务器不仅提供了 FTP 服务、SMTP 服务、NNTP 服务以及 IIS 管理服务，还可以实现信息发布、文件传输及用户通信，并管理这些服务。

7.2.1 安装与配置 Web 服务器（IIS 组件）

在 Windows Server 2008 服务器中安装 IIS 之前，应确认以下几个准备事项。

(1) 为 IIS 服务器指定 IP 地址。

(2) 为 Web 网站指定 DNS 域名，并注册到 DNS 服务器内。

(3) Web 网页最好保存在 NTFS 格式的分区内，这样可以通过设置 NTFS 格式的权限来增加网站的安全性，下面开始安装配置 IIS。

❶ 运行【开始】▶【程序】▶【管理工具】▶【服务器管理器】命令，打开【服务器管理器】窗口，如下图（左）所示。

❷ 单击左侧列表中的【角色】选项，再单击右侧出现的【添加角色】按钮，如下图（右）所示。

❸ 选择【Web 服务器（IIS）】复选框，如下图（左）所示。

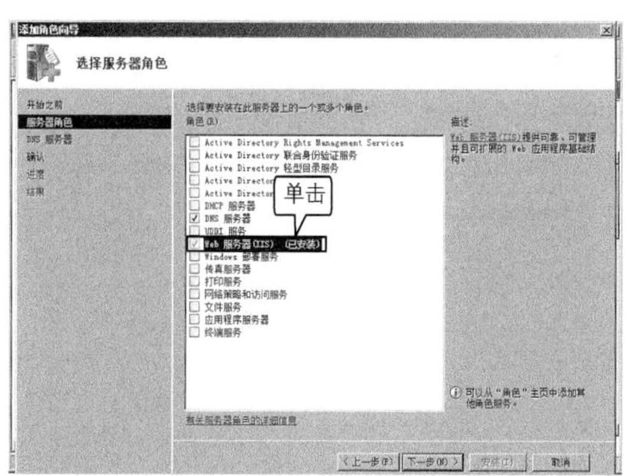

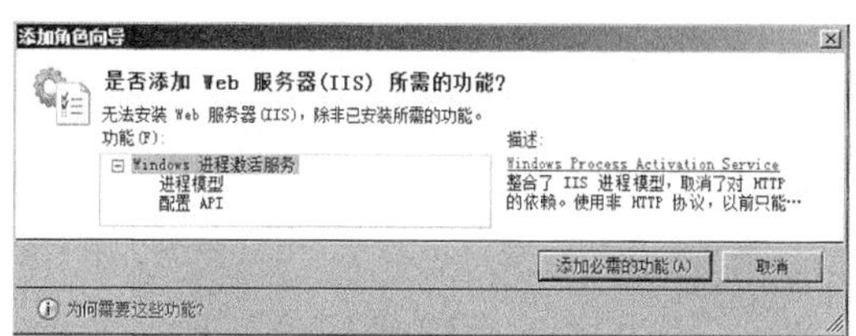

首次安装 IIS 时，当单击【下一步】按钮后会出现【是否添加 Web 服务器所需的功能】对话框，如上图（右）所示。提示在安装 IIS 时，必须同时安装【Windows 进程激活服务】功能项。

注 意

❹ 单击【添加必须的功能】按钮安装该功能，并选中【Web 服务器】选项，如下图（左）所示，单击【下一步】按钮。

❺ 这里无需进行选择，直接使用默认的勾选项即可，继续单击【下一步】按钮，如下图（右）所示。

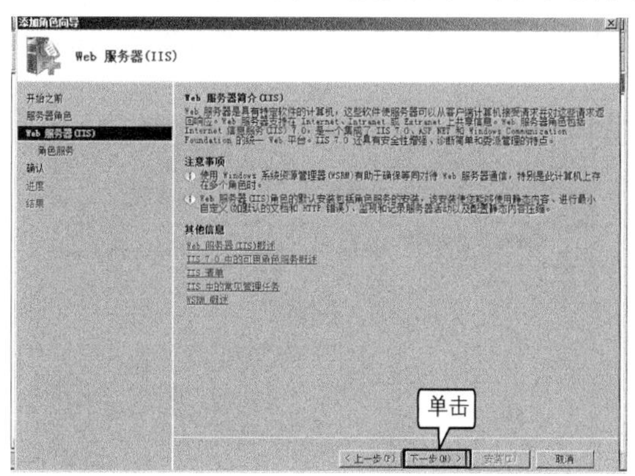

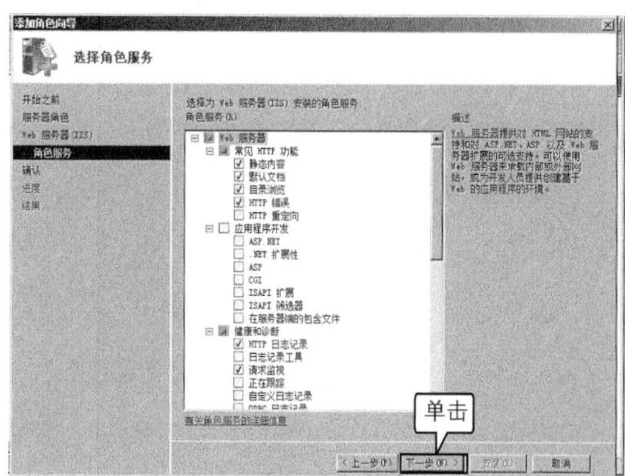

❻ 单击【安装】按钮，开始安装 Web 服务器，如下图（左）所示。

❼ 如下图（右）所示，显示安装的进度。

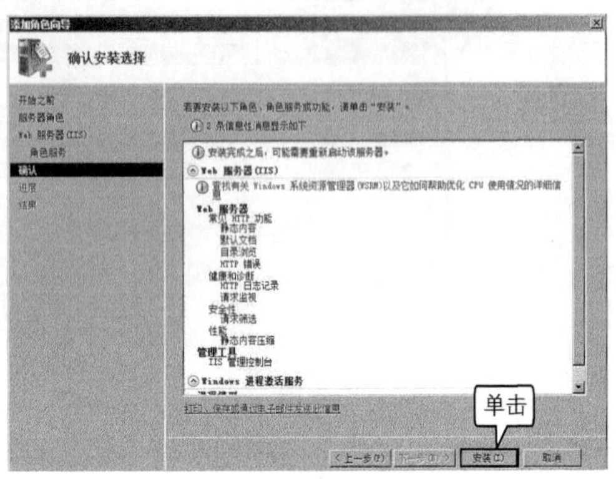

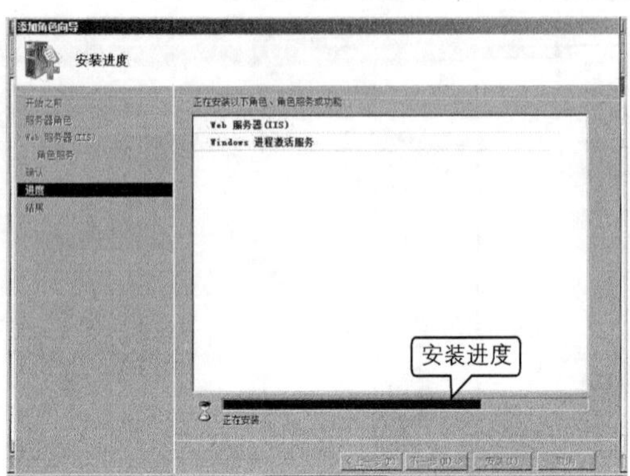

❽ 安装完成后，显示如下图（左）所示的【安装结果】对话框。

❾ 安装完成，单击【关闭】按钮，打开【开始】▶【管理工具】▶【Internet 信息服务管理器】窗口，如下图（右）所示，即可看到已安装的 Web 服务器及默认创建的 Web 站点。

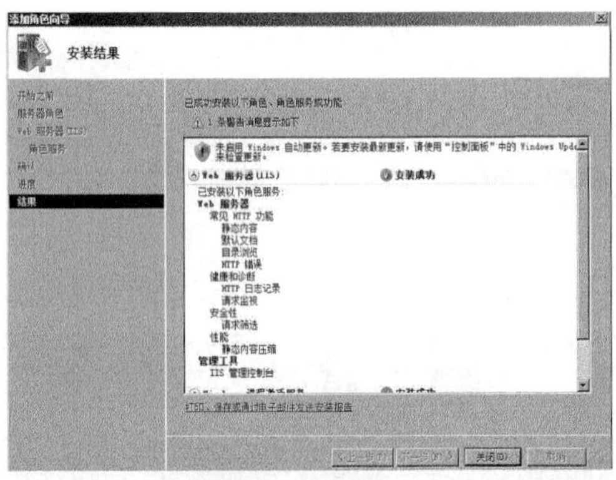

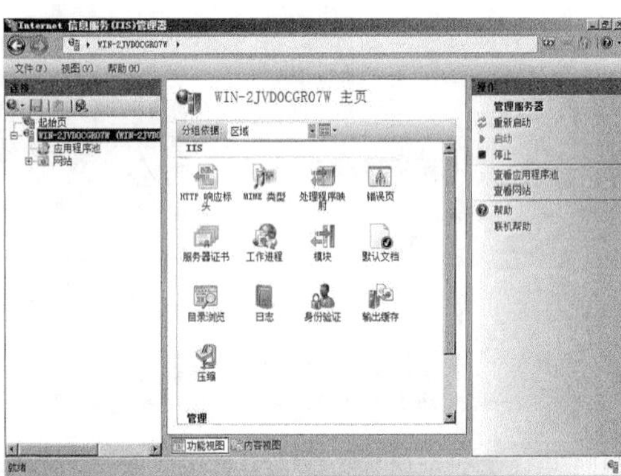

7.2.2 运行单一网站

在一台服务器上，一次只上传一个站点。

❶ IIS 安装完成后，请选择【开始】▶【程序】▶【管理工具】▶【服务器管理器】命令，进入【服务器管理器】界面，如下图（左）所示。

❷ 在【服务器管理器】界面中，展开左侧的【角色】▶【Web 服务器（IIS）】▶【Internet 信息服务（IIS）管理器】节点，如下图（右）所示。

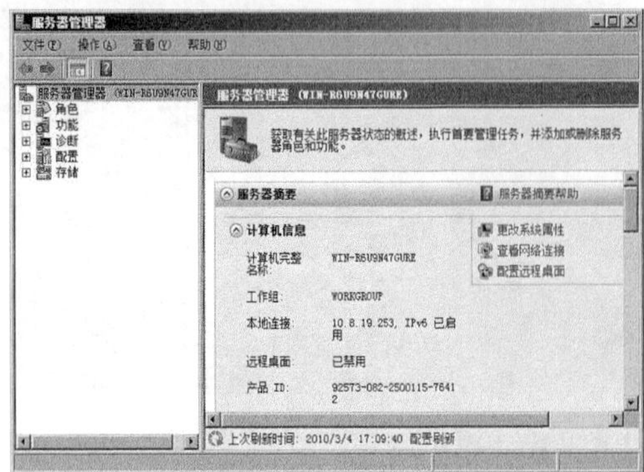

❸ 在【服务器管理器】界面中，选择中间的【 Default Web Site】节点，然后双击【ASP】图标，如下图（左）所示。

❹ IIS 中 ASP 父路径默认是没有启用的，要开启父路径，请选择启用父路径后面的下拉【True】选项，如下图（右）所示。

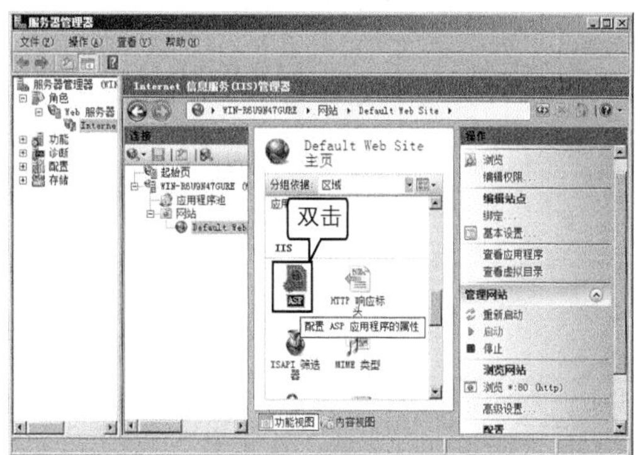

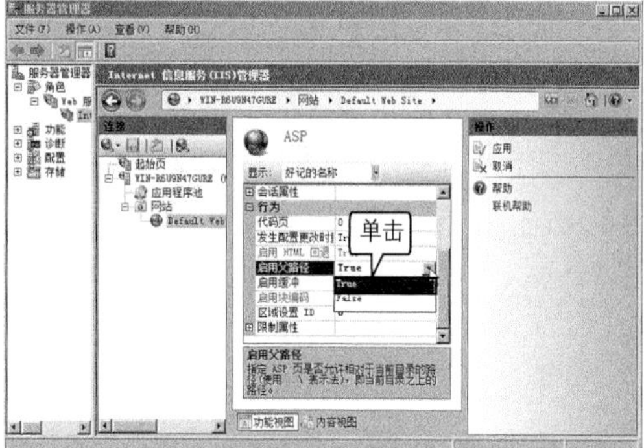

❺ 返回到配置“Default Web Site”站点，单击右边的【高级设置】选项，可以设置网站的物理路径，即是网站存放的目录，如下图（左）所示。

❻ 返回到配置“ Default Web Site”站点，单击右边的【绑定】选项，设置网站的端口，默认端口号为 80，然后单击【编辑】按钮，将端口“80”改为“8081”，如下图（右）所示。

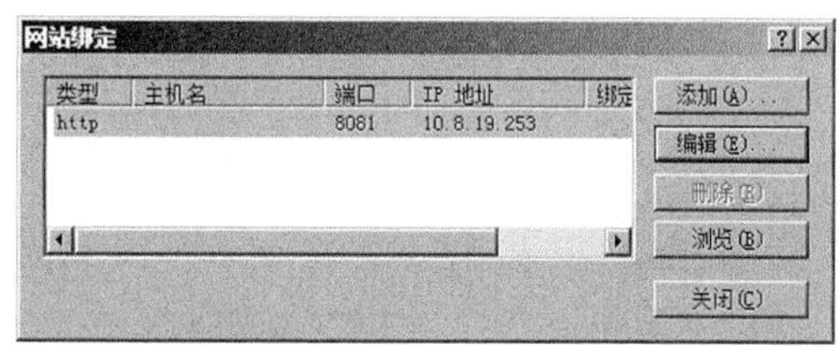

❼ 双击【默认文档】►【添加】按钮，就可以添加网站的默认被访问的页面，如下图所示。

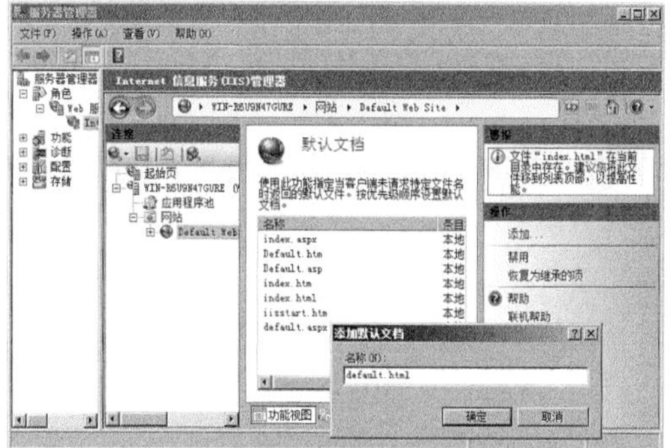

至此，Windows Server 2008 的 IIS 设置已经基本完成了，下面就来测试刚才发布的网站是否能访问。

访问“物理目录”下的网站，如下图所示。在浏览器地址栏中输入“http://10.8.19.253:8081”，将出现博客网站的首页，可以看到博客网站已顺利运行。

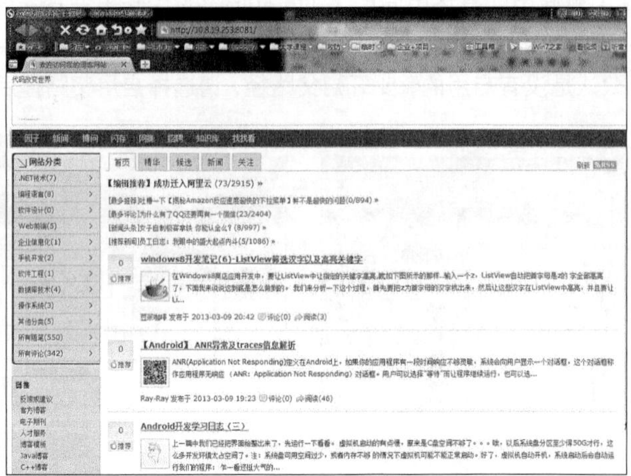

7.2.3 同时运行多个网站

7.2.2 小节使用的是物理目录来发布博客网站。如果要发布多个网站，那么就需要添加“虚拟目录”，右键单击【 Default Web Site 】节点，在出现的下拉菜单中，选择【 添加虚拟目录 】选项，然后在出现的界面中，按如下图所示设置虚拟目录，最后单击【 确定 】按钮，虚拟目录设置完成。

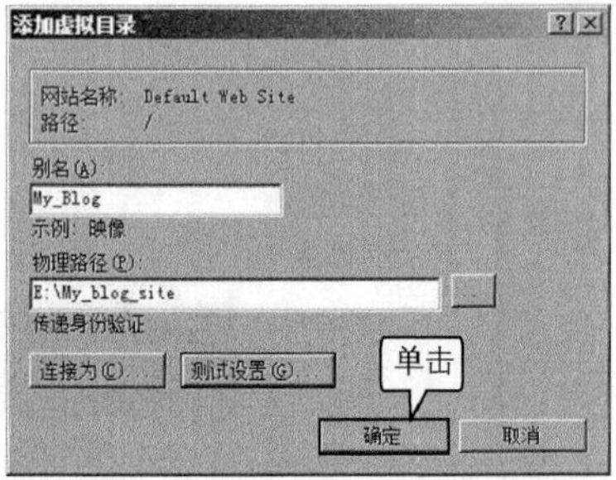

设置完成，下面测试刚才发布的网站是否能访问。

访问“虚拟目录”下的网站，如下图所示。在浏览器地址栏中输入“http://10.8.19.253:8081/My_Blog”，将出现博客网站的首页，可以看到博客网站已顺利运行。

7.2.4 使用 SSL 保护服务器的通信安全

要想成功架设 SSL 安全站点关键要具备以下几个条件。

(1) 需要从可信的证书颁发机构 CA 获取服务器证书。

(2) 必须在 Web 服务器上安装服务器证书。

(3) 必须在 Web 服务器上启用 SSL 功能。

(4) 客户端（浏览器端）必须同 Web 服务器信任同一个证书认证机构，即需要安装 CA 证书。

下面，对照上面的四步，进行一步一步的操作。

首先，需要从可信的证书颁发机构 CA 获取服务器证书（由于是在本地做测试环境，而不是实际操作，所以这里自己创建一个证书。如果是实际的操作，需要通过域名商，来获取一个证书，这是要花钱的）。

这里准备三台虚拟机。

1. DC/CA/win2008-1

操作系统为 win2008，域控制器，IP 地址为 192.168.0.20，网卡连接交换机 VMNet2，已安装 Web 服务器，并安装 DNS 服务器，并维护一条 A 记录即 www.web.com 对应 Web 服务器 IP 地址为 192.168.0.21，方便后面客户机访问时使用。

2. Web 服务器 /win2008-2

操作系统为 win2008，工作组环境，IP 地址为 192.168.0.21，网卡连接交换机 VMNet2，安装 IIS 服务，新建个网站，并创建首页。

3. 客户机 /winxp-1

操作系统为 winxp，工作组环境，IP 地址为 192.168.0.14，网卡连接交换机 VMNet2。

详细的安装步骤如下。

(1) 在 DC/CA/win2008-1 上安装证书服务，配置成一台 CA

在服务器管理器中选择安装“AD 证书服务”，注意安装时必须选择组件【证书颁发机构 Web 注册】，将 win2008-1 配置为一台企业根 CA。

注 意

在此之前请确认如下图所示的几项已安装，以免影响之后程序的正常安装与运行。

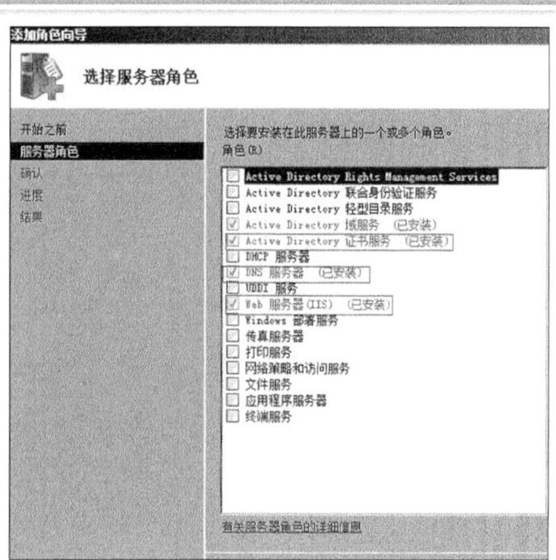

(2) 在 Web 服务器上生成证书申请

❶ 打开【Internet 信息服务（IIS）管理器】窗口，选中【WIN2008-2】配置【服务器证书】创建证书申请，注意创建申请时要求输入“通用名称”，如下图（左）所示。这里可以写 win2008-2 的 IP 地址即 192.168.0.21 或网站的名称 www.web.com，保存生成的证书到桌面。

❷ 填完信息后，直接单击【下一步】按钮，如下图（右）所示。

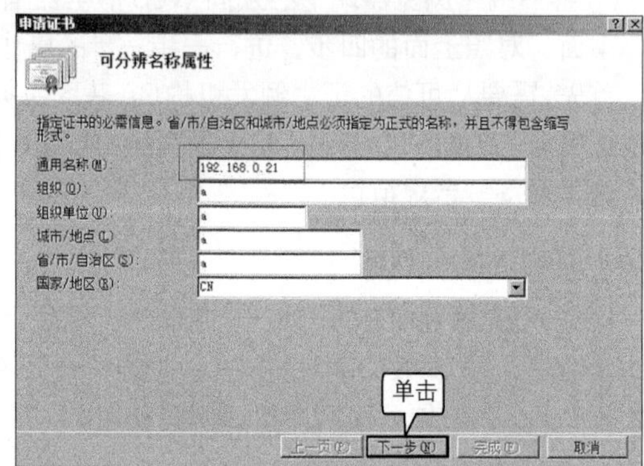

❸ 选中如下图（左）所示的选项，单击【下一步】按钮。

❹ 然后为证书申请指定一个文件名，如下图（右）所示。

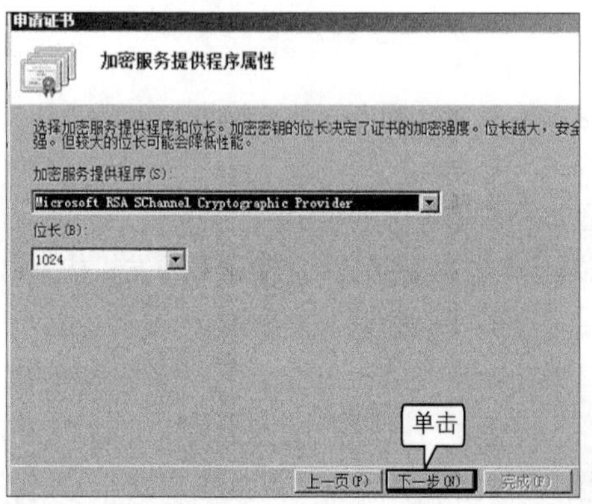

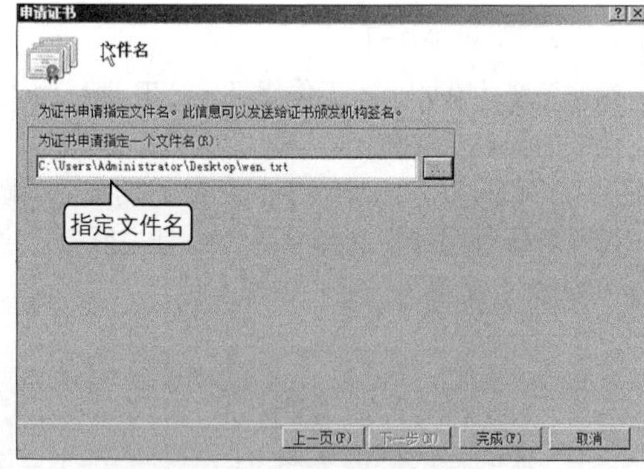

(3) 在 Web 服务器上向 CA（即 DC）提交证书申请

❶ 使用记事本打开在前面的过程中生成的证书文件，将它的整个内容复制到剪贴板。

❷ 打开 IE 浏览器，导航到 http://192.168.0.20/certsrv（提示输入用户名和密码，此时可以输入 administrator 和相应密码），如下图（左）和下图（右）所示。

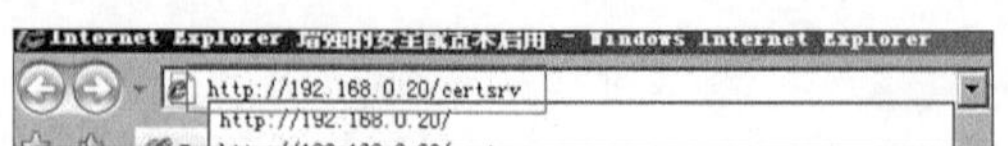

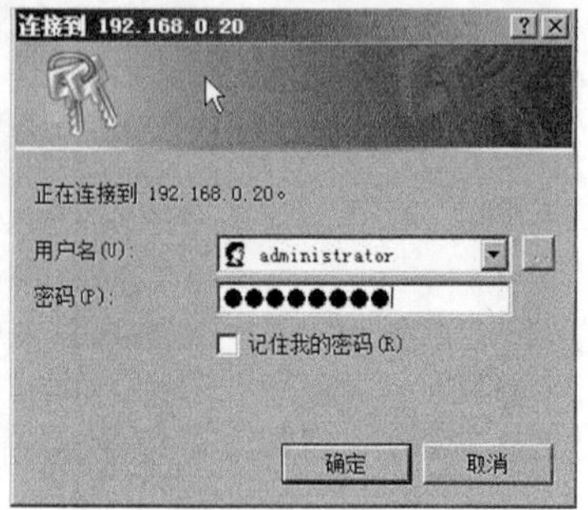

❸ 单击【申请证书】按钮，如下图（左）所示；出现【证书服务】窗口，单击【高级证书申请】超链接，如下图（右）所示。

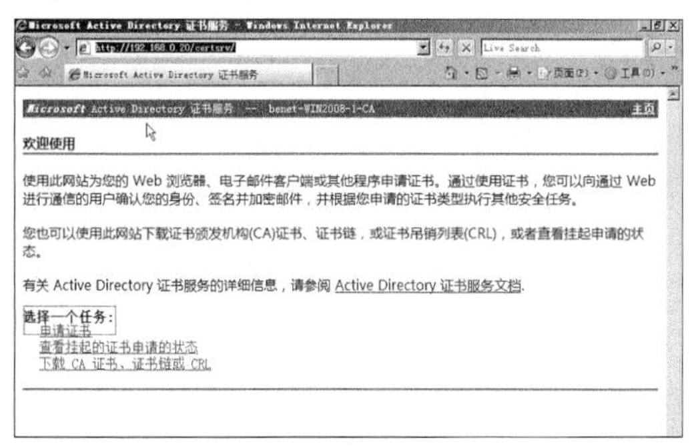

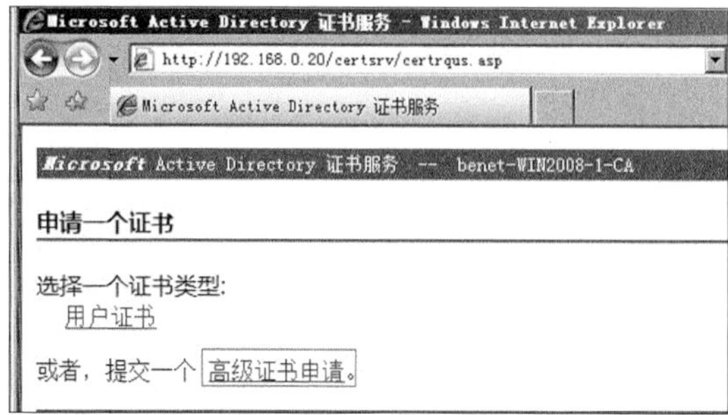

❹ 在【高级证书申请】页中，选择【使用 base64 编码的 CMC 或 PKCS#10 文件提交一个证书申请，或使用 base64 编码的 PKCS#7 文件续订证书申请】选项，然后单击【下一步】按钮，如下图（左）所示。

❺ 在【提交一个证书申请】页中，单击【Base64 编码的证书申请（CMC 或 PKCS#10 或 PKCS#7）】文本框，按住【Ctrl+V】组合键粘贴先前复制到剪贴板上的证书申请。在【证书模板】下拉列表框中，选择【Web 服务器】选项，如下图（右）所示，单击【提交】按钮，转到【证书已颁发】窗口。

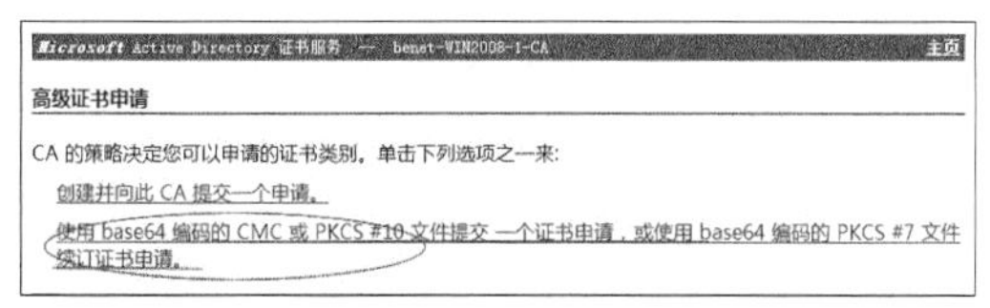

(4) 在 Web 服务器上操作从 CA（即 DC）下载证书

在【证书已颁发】窗口中，选择【Base64 编码】单选按钮，单击【下载证书】超链接，将证书文件保存在本地计算机上，如下图所示。

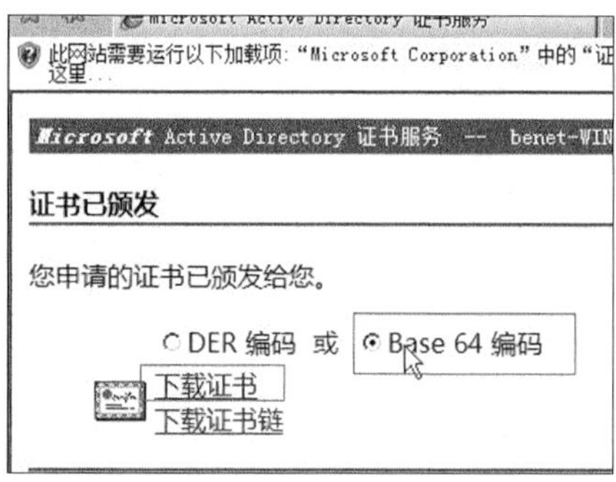

(5) 在 Web 服务器上安装证书

打开【Internet 信息服务（IIS）管理器】窗口，选中【WIN2008-2】选项，配置服务器证书，完成证书申请导入刚才下载的证书即可，如下图（左）和下图（右）所示。

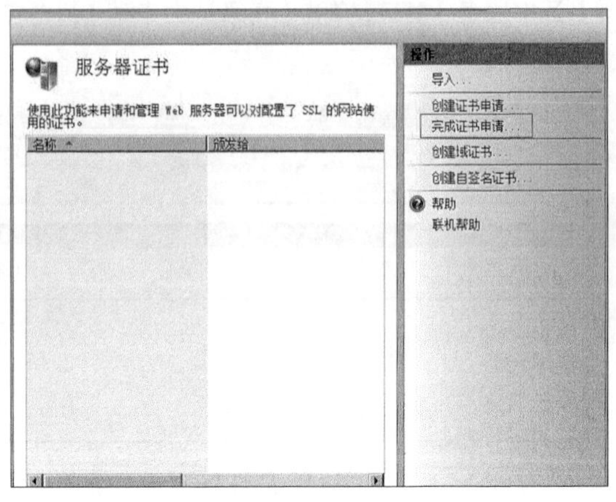

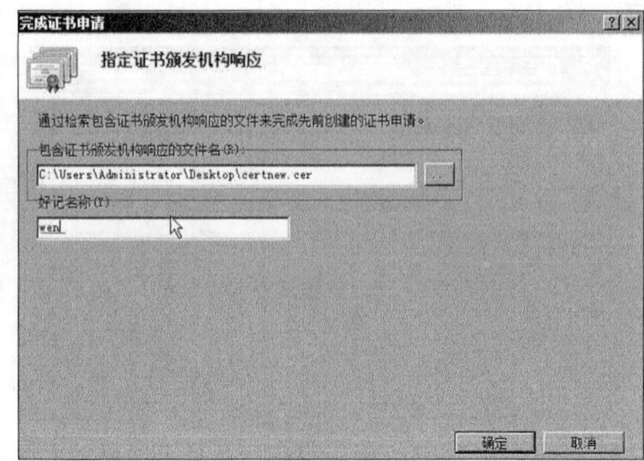

(6) 针对网站设置 SSL

打开【Internet 信息服务（IIS）管理器】窗口，单击【网站】节点，再单击【绑定】选项，添加类型选择、https 及 SSL 证书，并删除原本的 http 绑定，如下图（上左）、下图（上右）、下图（下左）、下图（下右）所示。

注 意

如果不删除掉原本的 http 绑定的话，在客户机上访问网站时无法观察到区别。

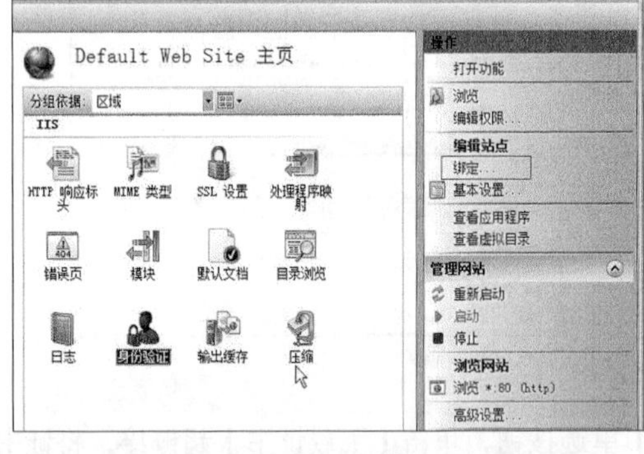

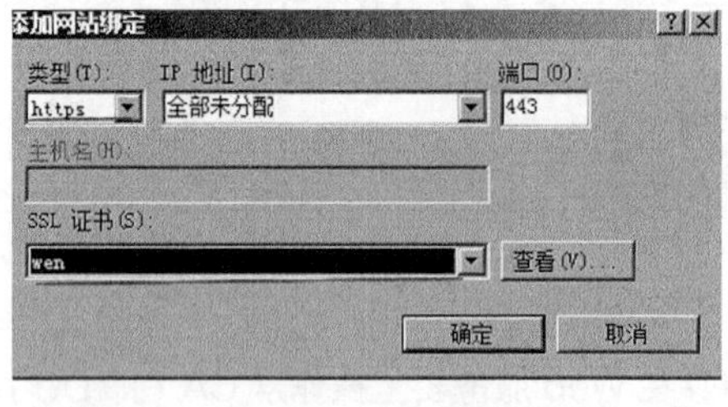

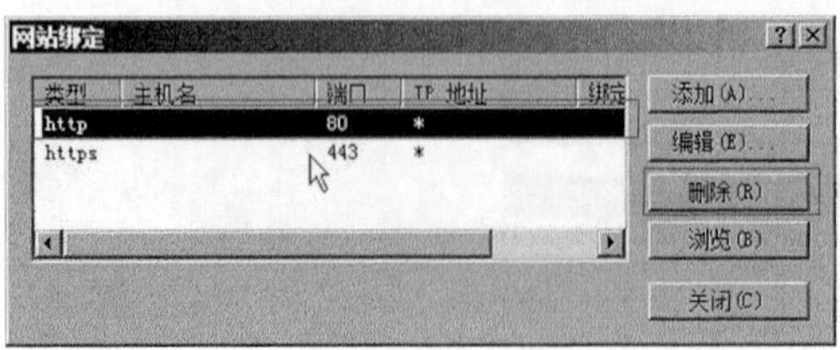

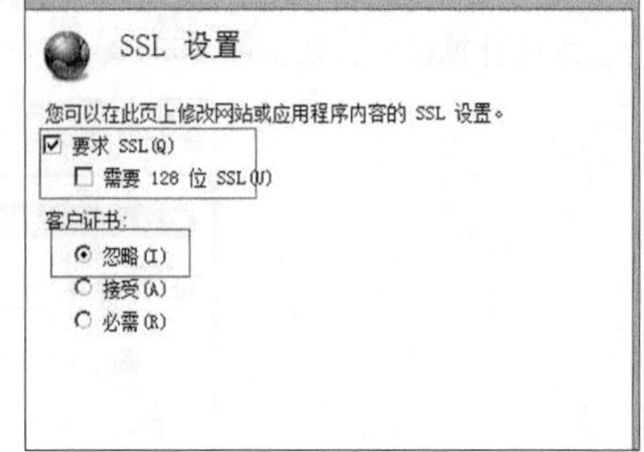

(7) 在 Client 上使用 HTTPS 协议访问网站

在客户机上，打开 IE 浏览器，输入路径 http://192.168.0.21 或 http://www.web.com，访问网站，如下图（左）所示，看有什么提示；再次输入 https://192.168.0.21，如下图（右）所示，看能否打开。

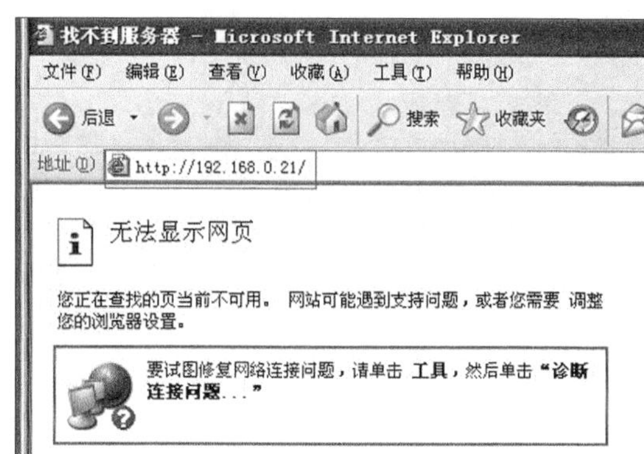

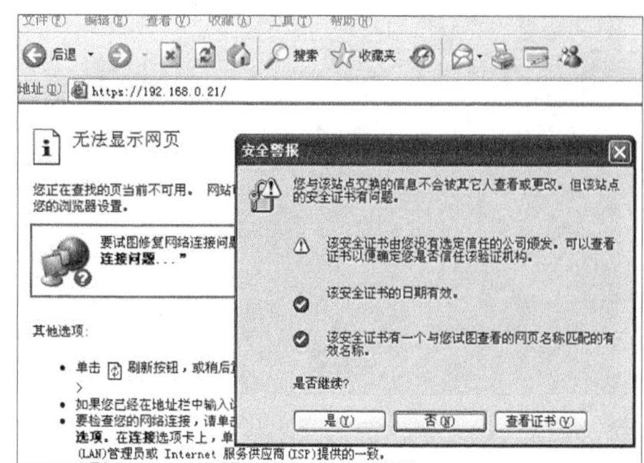

7.3 配置基于 UNIX/Linux 平台的 Apache 服务器

本节视频教学录像：1 分钟

基于 Apache 的 Web 服务器是 Internet 中应用非常广泛的一种 Web 平台，因为 Apache 在可靠性、安全性等方面具有相当大的优势。另外，Apache 开始从 UNIX 平台逐渐移植到服务器领域占有一席之地的 Linux 平台和大众化的 Windows 平台。本节将以 Linux 平台为基础，介绍 Apache 的安装、配置、使用和管理方法。

7.3.1 安装与配置 Apache 服务器

下面介绍 Apache 服务器安装与配置的操作步骤。

1. 安装 Apache 服务器

❶ 在 Linux 操作系统 Ubuntu 下，打开 shell(终端)，如下图（左）所示。

❷ 在终端中运行命令 sudo apt-get install apache2（意思是从源里安装 apache2），输入密码，如下图（右）所示。

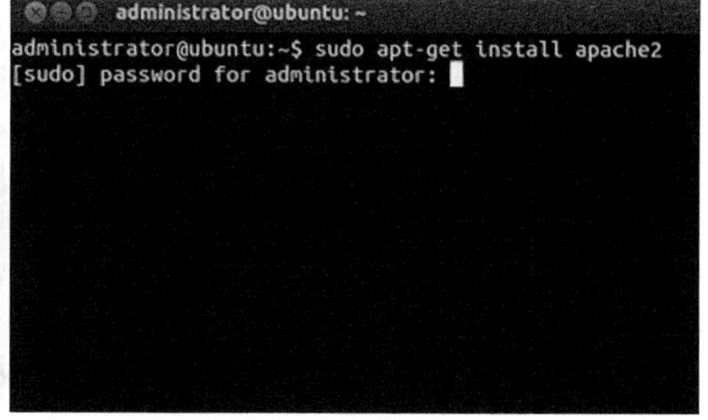

❸ 按下回车键，运行命令，出现如下图（左）所示的命令行界面。

❹ 这里在命令行输入“Y”，继续执行。执行过程，如下图（右）所示。

```
administrator@ubuntu: ~
administrator@ubuntu:~$ sudo apt-get install apache2
[sudo] password for administrator:
正在读取软件包列表... 完成
正在分析软件包的依赖关系树
正在读取状态信息... 完成
将会安装下列额外的软件包:
  apache2-mpm-worker apache2-utils apache2.2-bin apache2.2-common libapr1
  libaprutil1 libaprutil1-dbd-sqlite3 libaprutil1-ldap
建议安装的软件包:
  apache2-doc apache2-suexec apache2-suexec-custom
下列【新】软件包将被安装:
  apache2 apache2-mpm-worker apache2-utils apache2.2-bin apache2.2-common
  libapr1 libaprutil1 libaprutil1-dbd-sqlite3 libaprutil1-ldap
升级了 0 个软件包，新安装了 9 个软件包，要卸载 0 个软件包，有 0 个软件包未被升级
。
需要下载 1,833 kB 的软件包。
解压缩后会消耗掉 5,221 kB 的额外空间。
您希望继续执行吗？[Y/n]
```

```
administrator@ubuntu: ~
91.3 kB]
获取：2 http://cn.archive.ubuntu.com/ubuntu/ precise/main libaprutil1 i386 1.3.1
2+dfsg-3 [75.4 kB]
获取：3 http://cn.archive.ubuntu.com/ubuntu/ precise/main libaprutil1-dbd-sqlite
3 i386 1.3.12+dfsg-3 [10.2 kB]
获取：4 http://cn.archive.ubuntu.com/ubuntu/ precise/main libaprutil1-ldap i386
1.3.12+dfsg-3 [7,962 B]
获取：5 http://cn.archive.ubuntu.com/ubuntu/ precise-updates/main apache2.2-bin
i386 2.2.22-1ubuntu1.3 [1,327 kB]
获取：6 http://cn.archive.ubuntu.com/ubuntu/ precise-updates/main apache2-utils
i386 2.2.22-1ubuntu1.3 [91.2 kB]
获取：7 http://cn.archive.ubuntu.com/ubuntu/ precise-updates/main apache2.2-comm
on i386 2.2.22-1ubuntu1.3 [226 kB]
获取：8 http://cn.archive.ubuntu.com/ubuntu/ precise-updates/main apache2-mpm-wo
rker i386 2.2.22-1ubuntu1.3 [2,288 B]
获取：9 http://cn.archive.ubuntu.com/ubuntu/ precise-updates/main apache2 i386 2
.2.22-1ubuntu1.3 [1,490 B]
下载 1,833 kB，耗时 7秒 (232 kB/s)
Selecting previously unselected package libapr1.
(正在读取数据库 ... 系统当前共安装有 198810 个文件和目录。)
正在解压缩 libapr1 (从 .../libapr1_1.4.6-1_i386.deb) ...
Selecting previously unselected package libaprutil1.
正在解压缩 libaprutil1 (从 .../libaprutil1_1.3.12+dfsg-3_i386.deb) ...
```

❺ 等待执行完毕，执行完之后的命令行界面，如下图（左）所示。

❻ 此时，Apache 服务器安装完成。下一步测试 Apache 是否安装成功，打开浏览器，在地址栏输入 http://127.0.0.1 或者 http://localhost，显示结果如下图（右）所示。

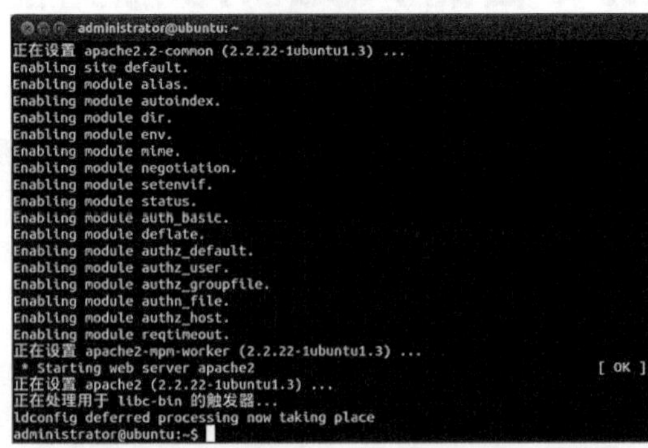

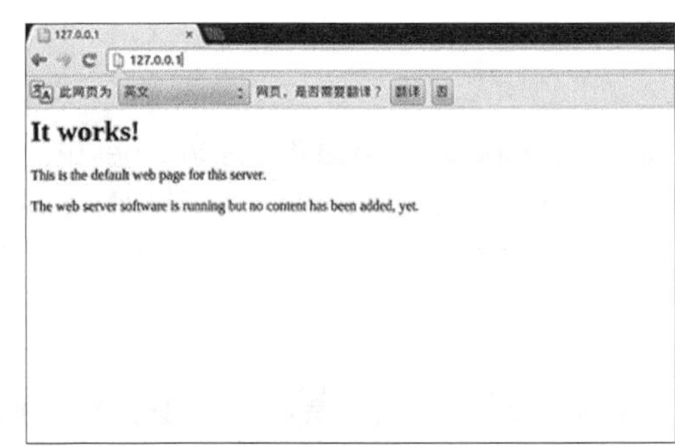

2. 配置 Apache 服务器

❶ 下面开始配置 Apache 服务器，在终端中输入命令 sudo vim /etc/apache2/conf.d/charset，如下图（左）所示。

❷ 输入密码后，按回车键，进入如下图（右）所示界面。将其中的“# AddDefaultCharset”的“#”号去掉，后面字段使用 UTF-8（若不是 UTF-8，则改之）。

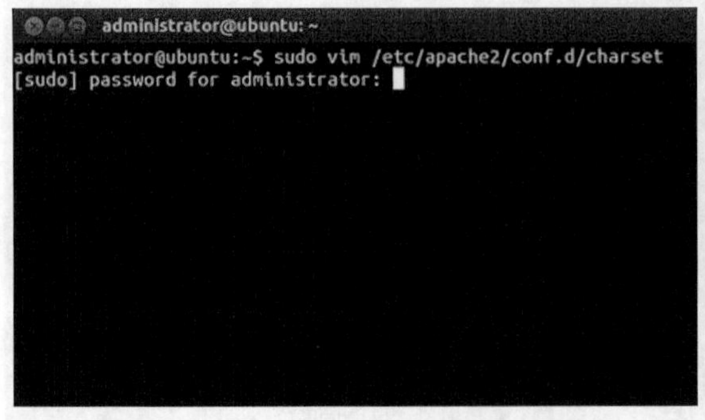

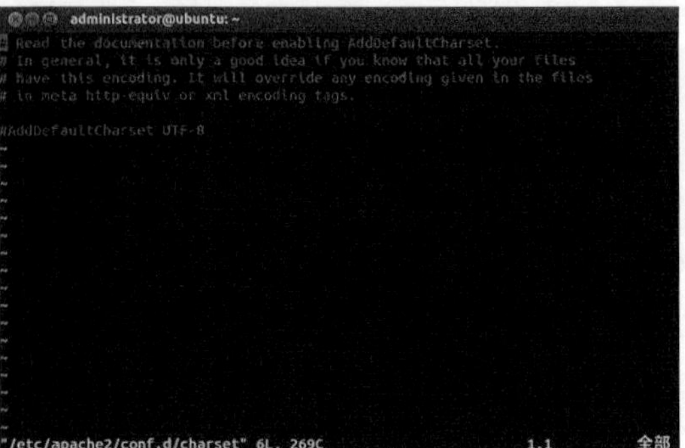

❸ 添加支持文件类型与网站地址。在终端中使用命令 sudo vim /etc/apache2/apache2.conf，如下图（左）所示。

❹ 输入密码之后，打开如下图（右）所示的文件。

❺ 在配置文件最后面加入下面几行，添加文件类型支持 AddType application/x-httpd- php. php.htm.html.jsp.java，添加首页文件 <IfModule dir_module>DirectoryIndex index.htm index.html index.php index.jsp</IfModule>，更改服务器地址 ServerName 127.0.0.1(这里改为本机)，如下图 (左) 所示。

❻ 修改 Apache 的根目录 DocumentRoot，在终端命令行输入 sudo nano /etc/apache2/sites-enabled/ 000-default，如下图 (右) 所示。

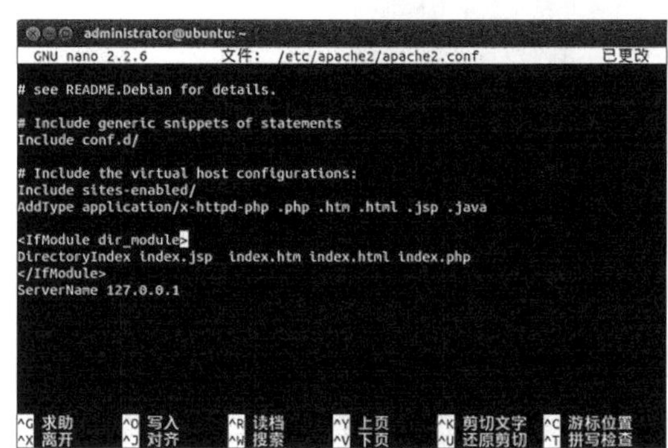

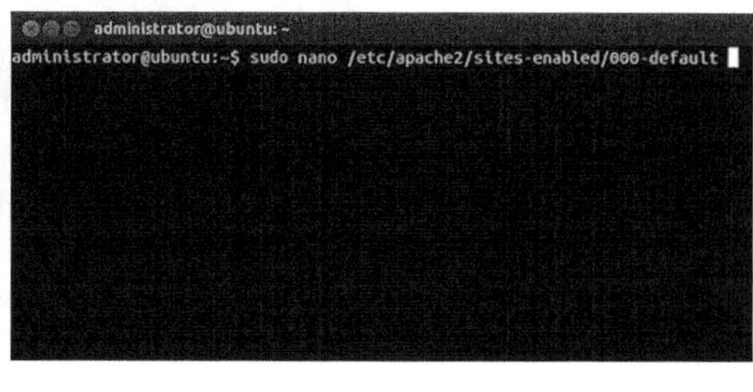

❼ 按回车键，打开文档，如下图所示，对文档进行修改。

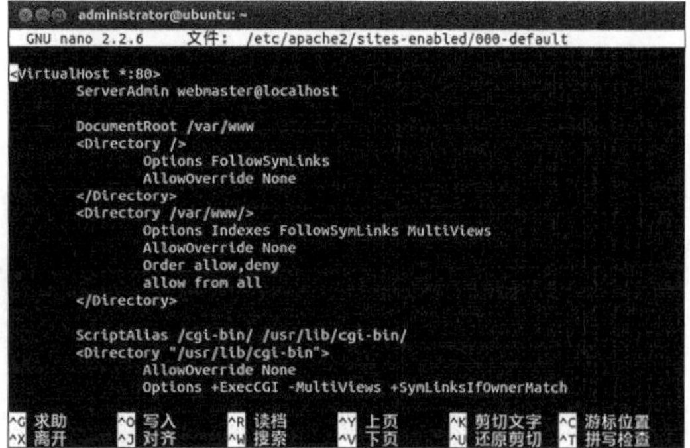

❽ 重启 Apache，即可完成 Apache 服务器的当前配置。下面使用终端命令行输入 sudo nano /etc/apache2/ports.conf，修改端口号，把 NameVirtualHost *:80 改为 NameVirtualHost 127.0.0.1:80，如下图 (左) 和下图 (右) 所示。

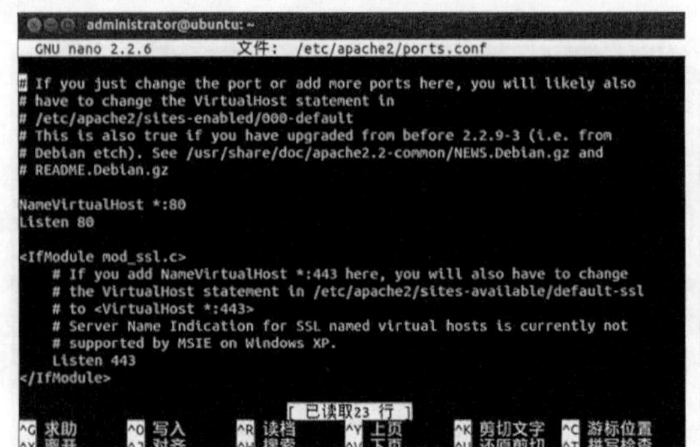

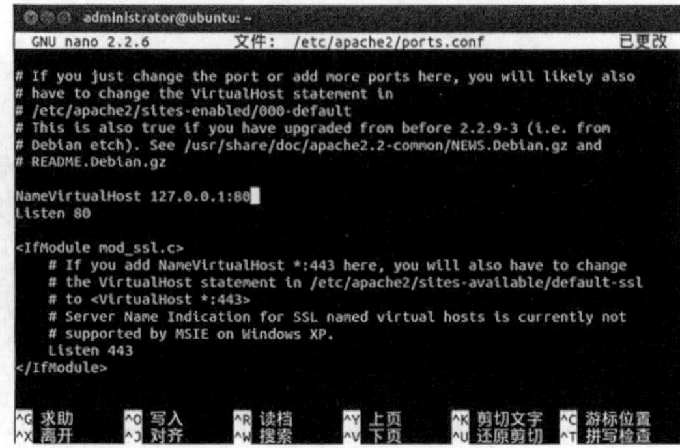

❾ 保存后，使用命令“sudo /etc/init.d/apache2 restart”重启 Apache 服务器，完成对 Apache 服务器的配置工作，如下图所示。

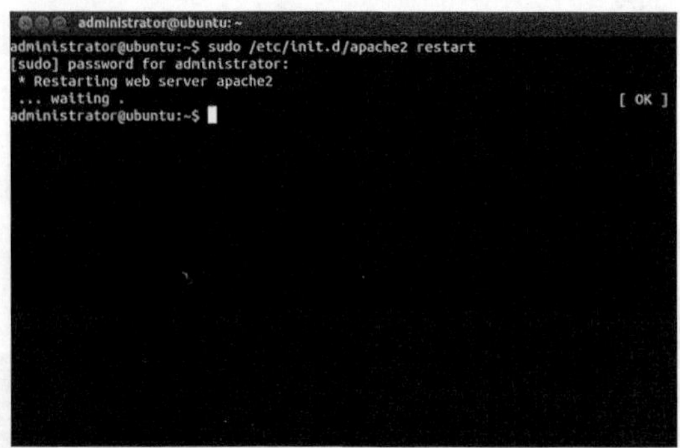

7.3.2 在 Apache 服务器中运行网站

在 Apache 服务器中运行网站的操作步骤如下。

❶ 当前站点“X”在 Ubuntu 操作系统的根目录下，将其复制到 Apache 服务器的根目录下。在系统根目录下，使用命令行“sudo cp –r x /var/www”进行复制，如下图（左）所示。

❷ 在终端命令行下，转到 /var/www 目录（Apache 服务器站点存放目录）下，如下图（右）所示，可以看到“X”站点已经复制到该目录下。

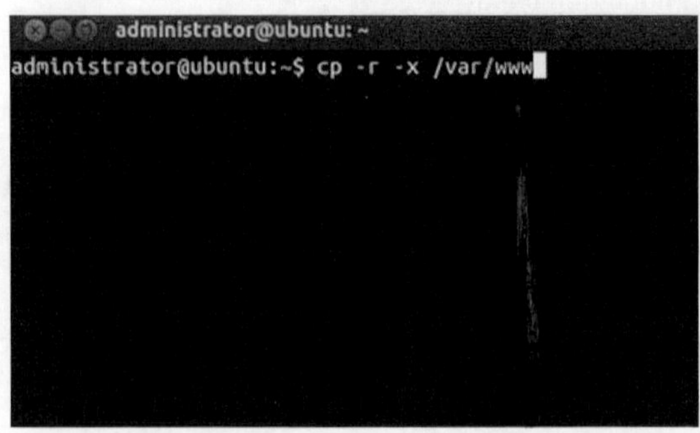

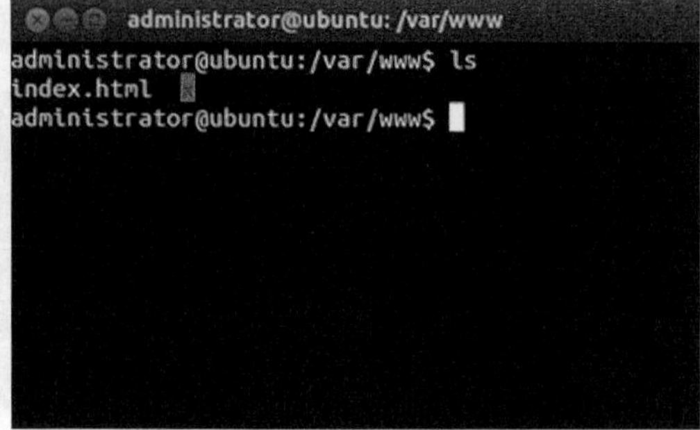

❸ 打开浏览器，输入 http://127.0.0.1/x，如下图（左）所示，已经可以通过浏览器访问 X 站点的内容。

❹ 单击目录下的 index.html，如下图（右）所示。

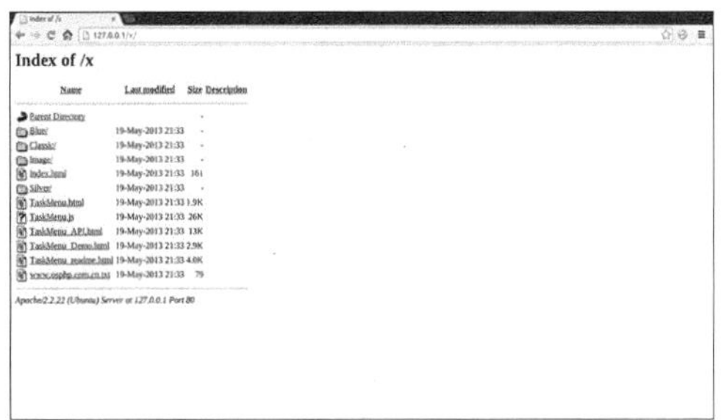

可以看到，已经能够通过浏览器正常访问站点内的网页。

7.3.3 启动或者停止 Apache 服务

启动或停止 Apache 服务的操作步骤如下。

❶ 关闭 Apache 服务器，命令为 sudo /etc/init.d/apache2 stop，如下图（左）所示。

❷ 启动 Apache 服务器，命令为 sudo /etc/init.d/apache2 start，如下图（右）所示。

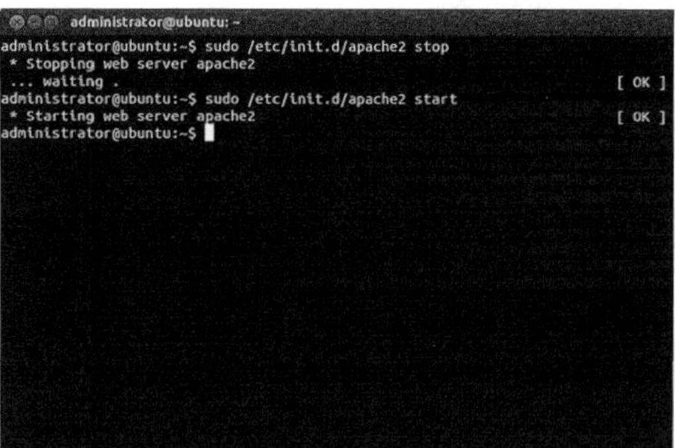

❸ 重启 Apache 服务器，命令为 sudo /etc/init.d/apache2 restart，如下图所示。

高手私房菜

技巧：解决用户目录出现错误的问题

Ubuntu 下更改 Apache DocumentRoot 到用户目录，出现 403 错误。

```
403 Forbidden
Forbidden
You don' t have permission to access / on this server
```

多数情况下，这个消息的出现是由于 DocumentRoot 的相关配置错误。

这一部分定义网站或虚拟主机的根目录

DocumentRoot /var/www

这一部分给出前面定义根目录的访问权限和所有特性，因此，两部分的变更是同步的。

```
<Directory /var/www/>
Options Indexes FollowSymLinks MultiViews
AllowOverride None
Order allow,deny
allow from all
</Directory>
```

将 DocumnetRoot 定义的目录更改为 /home/user/public_html（假定用户名为 user），<Directory…部分也作出相应的更改，按照以往的经验，这样就已经可以了。但是在 Ubuntu Server10.04 上遭遇了 403 Forbidden。按笔者的想法 <Directory…部分就是赋予访问网站的用户访问 /home/user/public_html 目录的权限，这又是哪里的权限限制了呢？由于想不到别的可能性，所以“Google it”。

综合搜索结果最有力的说法是赋予 /home/user/public_html Apache 运行用户 www-data 的组权限 $sudo chown user:www-data /home/user/public_html。

然而故障依旧。最后决度自己仔细分析，由于仍然可以肯定是目录访问权限的问题，是不是 Ubuntu 给了 /var/www 特定的权限，或者是给 /home/user 目录设定了特殊的权限。于是尝试将 DocumentRoot 定义到 /usr/www 来测试是否给了 /var/www 特定的权限，没有收到 403 错误，因此排除，然后才想到查阅 /home/user 的权限 ls -ld /home/user。

反馈的权限是 700，原来新装 Ubuntu 除了 root 用户外，第一个默认用户 user 被设为私有用户，其他用户（包括 Apache 的运行用户 www-data ）没有进入 /home/user 的权限，即使将 /home/user/public_html 赋予 www-data 组，也会收到 403 错误。

解决办法有两种：

一是赋予其他用户进入 /home/user 目录的权限 sudo chmod a+x /home/user。

二是新建一个普通用户（不属于 admin 组）专门用于存放虚拟主机的文档，通过 adduser 新建的用户默认 home 目录的权限为 755，自然不会出现上述问题。

因为默认安装的用户 user 在 admin 组，可以使用 sudo 命令，开放目录保护提高了风险，而新增的普通用户不存在这个问题，因此第二种方法更加实用。

第 8 章

本章教学录像：33 分钟

FTP 服务器的安装与配置

随着网络的发展，出现了各种各样的文件传输工具，而且通常具有较好的可用性。不过，FTP 仍以其方便和安全可靠的特点为广大用户广泛使用。使用架设的 FTP 服务器可以实现将文件从 FTP 服务器下载到客户端，也可以将文件从客户端上传到 FTP 服务器，而且可以借助 NTFS 设置严格、灵活的访问权限。在维护 Web 网站、远程上传文件等方面，FTP 服务器仍作为首选工具。

本章要点（已掌握的在方框中打勾）

- □ FTP 服务器概述
- □ 安装 Serv-U 软件
- □ 使用 Serv-U 创建 FTP 服务器
- □ 为用户分配 FTP 账户和空间
- □ 设置 FTP 服务器账户权限
- □ 建立账户虚拟目录
- □ 管理 Serv-U 服务器

8.1 FTP 服务器概述

本节视频教学录像：8 分钟

FTP（File Transfer Protocol）即文件传输协议，FTP 服务被广泛用于软件下载服务、Web 网站更新服务以及不同类型计算机间的文件传输服务。软件下载服务可以由 Web 服务代替，不同类型计算机间的文件传输服务可以由电子邮件部分替代，但 Web 网站的更新服务即文件的上传服务，仍然需要借助于 FTP。

8.1.1 三个方面的应用

1. 软件下载服务

与超文本传输协议（HTTP）不同，FTP 服务使用两个端口进行传输，一个端口用于发送文件，另一个端口用于接收文件。所以，对于文件传输而言，FTP 要比 HTTP 的效率高得多。因此，即使在 Web 服务能够提供软件下载的今天，FTP 服务依然是各专业软件下载站点提供下载服务的主要方式。

用户登录至 FTP 服务器后，将直接显示所有文件和文件夹列表，用户可以像在 Windows 界面中那样浏览网站的目录结构，并根据自己的需要直接下载；向 FTP 站点添加文件时，只需将其复制到相应的目录即可。

2. Web 网站更新

Web 网站中内容的更新有多种解决方案，但其中最安全、最方便的当属 FTP 方式，这也是当前虚拟主机技术使用的方式。只需将 Web 站点的主目录和 FTP 站点的主目录设置为同一个目录，并为该目录设置访问权限，远程计算机即可向 Web 站点上传修改后的 Web 文件。

3. 不同类型计算机间的文件传输

FTP 和所有的 TCP/IP 家族成员一样，都是与平台无关的。也就是说，无论是什么样的计算机，无论使用什么操作系统，只要计算机安装有 TCP/IP 协议，那么，这些计算机之间即可实现 FTP 通信。

8.1.2 构建 FTP 服务器

FTP 服务是 IIS 中的一个组件。首先需要先安装 FTP 服务，才能创建 FTP 服务器，下面以 Windows Server 2008 为例，介绍 FTP 服务器的搭建过程。

首先，按以下步骤安装 FTP 服务。

❶ 在【服务器管理器】控制台中选中【角色】选项，然后单击【Web 服务器（IIS）】窗口中的【添加角色服务】超链接，打开如下图所示的【添加角色服务】向导窗口，并选中【FTP 服务器】选项。

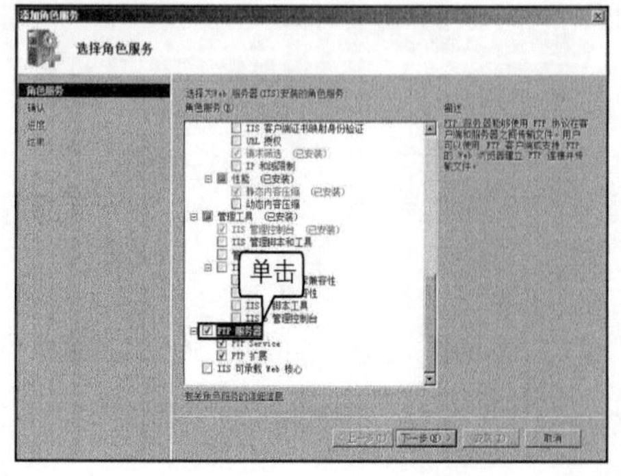

注 意

如果没有安装过 Web 服务，则可按照安装 Web 服务的步骤，到达左图所示窗口后选中【FTP 服务器】选项即可。

❷ 单击【下一步】按钮，打开如下图（左）所示窗口；单击【安装】按钮，执行安装过程，如下图（右）所示。

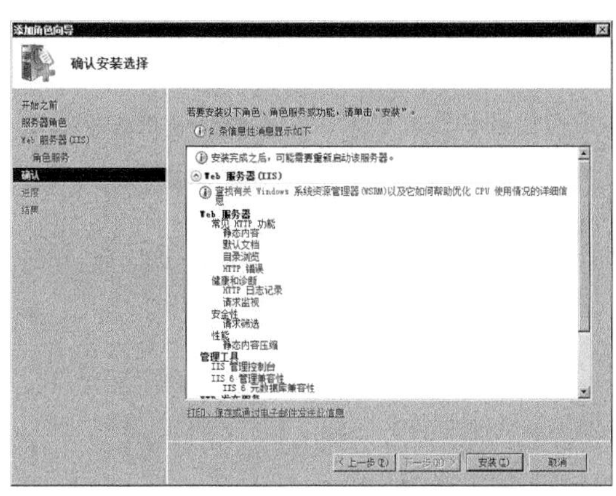

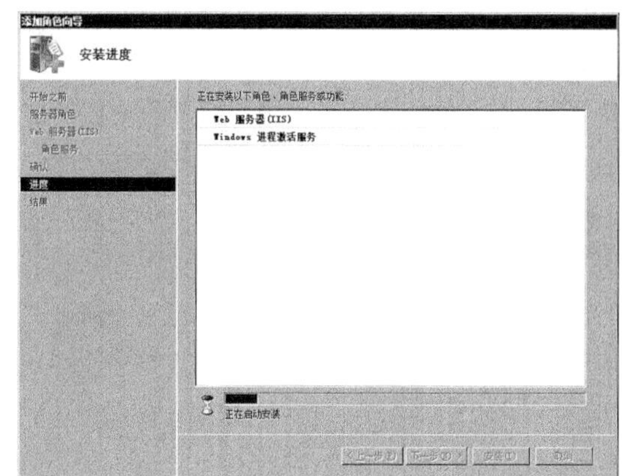

❸ 安装结束后，出现如下图所示窗口，显示安装结果。

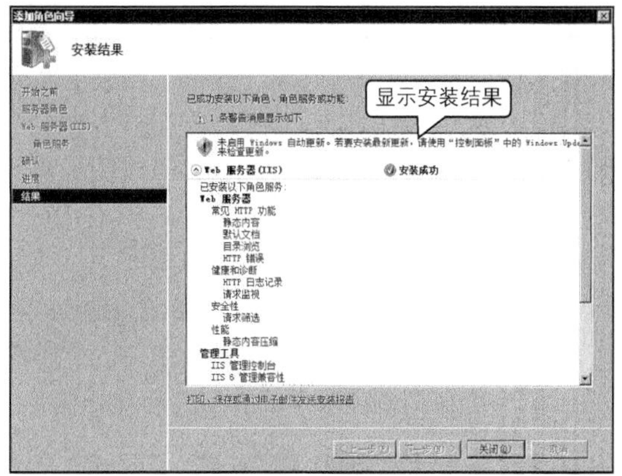

当 FTP 服务器安装完成以后，默认没有创建 FTP 站点。因此，需要用户手动添加 FTP 站点。

❶ 依次单击【开始】▶【管理工具】▶【Internet 信息服务 (IIS) 管理器】命令，打开【Internet 信息服务（IIS）管理器】窗口，如下图（左）所示。默认状态下，只有一个 Web 站点。

❷ 选中【网站】节点，单击右侧【操作】栏中的【添加 FTP 站点】链接，启动【添加 FTP 站点】向导。首先显示如下图（右）所示【站点信息】对话框，在【FTP 站点名称】文本框中输入一个名称，在【物理路径】文本框中指定 FTP 站点的路径。

❸ 单击【下一步】按钮，显示如下图（左）所示的【绑定和 SSL 设置】对话框。在【绑定】下拉列表中为 FTP 站点指定一个 IP 地址；在【端口】文本框中设置端口号，默认为 21；默认选中【自动启动 FTP 站点】复选框，添加成功后 FTP 站点会自动启动；在【SSL】区域中，选择是否使用 SSL 方式，这里选择【无】单选按钮，不使用 SSL。

❹ 单击【下一步】按钮，显示如下图（右）所示【身份验证和授权信息】对话框，设置如下选项。

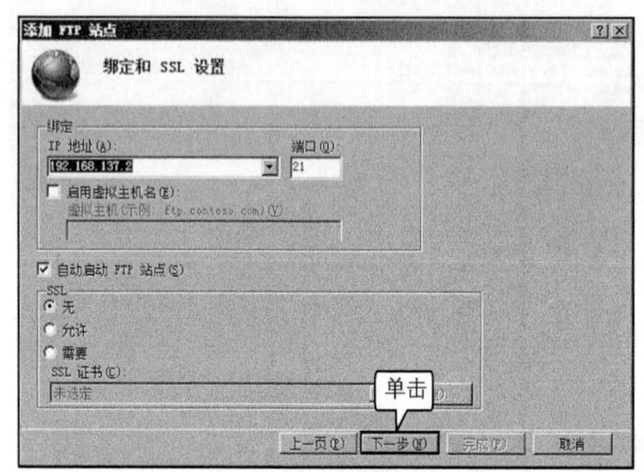

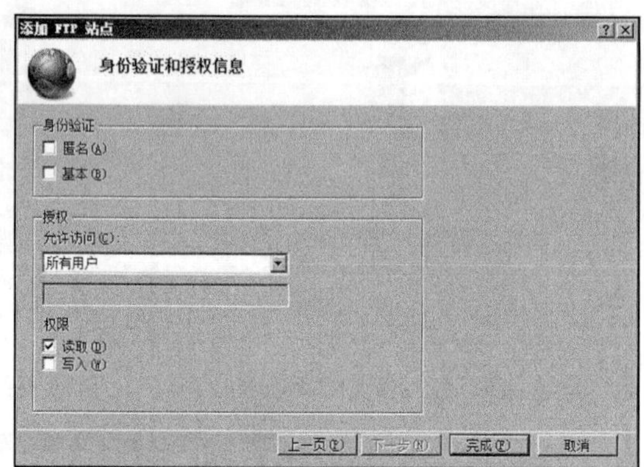

① 在【身份验证】选项区域中，可以选择【匿名】或者【基本】选项，即匿名身份验证和基本身份验证。如果不选中则默认不启用相应的验证方式。

② 在【授权】选项区域中，选择允许访问的用户类型，可以是所有用户、匿名用户、制定用户或者用户组。

③ 在【权限】选项区域中则可为用户选择读取或者写入权限。

❺ 单击【完成】按钮，FTP 站点添加完成，和原有的 Web 站点排列在一起。在【FTP 主页】窗口中，则可以对当前站点进行各种设置。FTP 站点添加完成后，用户即可以使用指定的 IP 地址访问 FTP 网站，格式为“ftp://IP 地址”，如 ftp://192.168.137.2。至此，FTP 服务器搭建完成。

8.2 使用 Serv-U 搭建 FTP 服务器

本节视频教学录像：25 分钟

Serv-U 是 Windows 平台的一个优秀的 FTP 服务器软件 。通过使用 Serv-U，用户能够将任何一台 PC 设置成一个 FTP 服务器，这样，用户或其他使用者就能够使用 FTP 协议通过在同一网络上的计算机与 FTP 服务器连接，进行文件或目录的复制、移动、创建和删除等操作。

8.2.1 安装 Serv-U 软件

Serv-U 软件可以登录 Serv-U 官方网站 http://www.Serv-U.com/ 下载，分为免费版本和收费版本，免费版本使用时间为 30 天，如下图所示。

单击 FREE for 30 Days 区域的【DOWNLOAD】按钮，在打开的页面要求输入电子邮箱，输入电子邮箱后，单击【Download】按钮，打开下载页面，如下图所示。

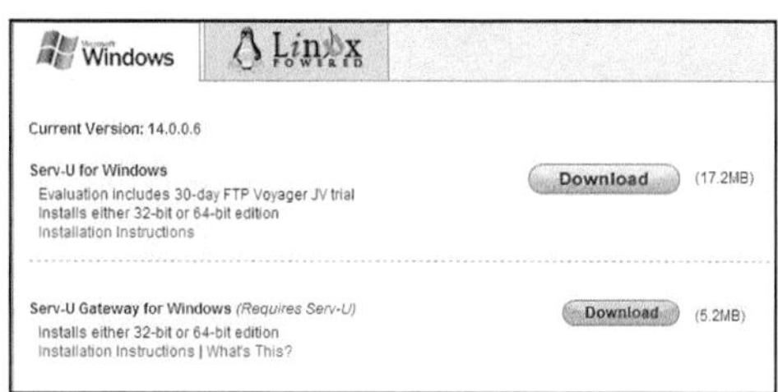

如果是 Windows 操作系统，单击 Serv-U for Windows 的【Download】按钮即可下载。安装 Serv-U 服务器可以按照以下步骤进行。

❶ 双击下载的安装文件，首先出现如下图（左）所示的【选择安装语言】对话框，默认使用【中文（简体）】选项。

❷ 单击【确定】按钮，出现如下图（右）所示的【欢迎使用 Serv-U 安装向导】窗口，显示了安装的版本号以及安装的一些注意事项。

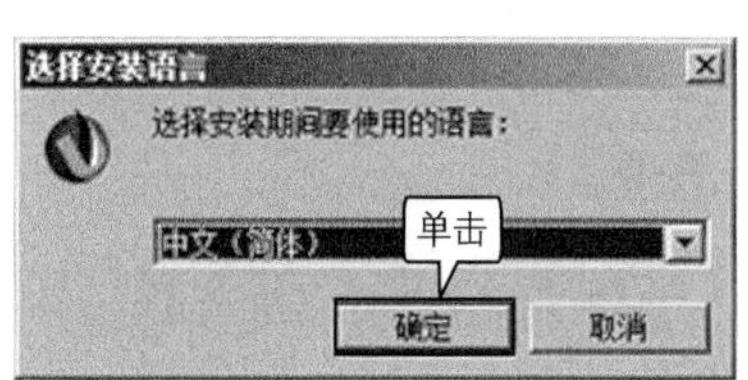

❸ 单击【下一步】按钮，显示如下图（左）所示的【许可协议】对话框，选择【我接受协议】单选项。

❹ 单击【下一步】按钮，显示如下图（右）所示的【选择目标位置】对话框。可以选择 Serv-U 的安装位置，默认安装到 C:\Program Files\ 路径下，这里使用默认安装。

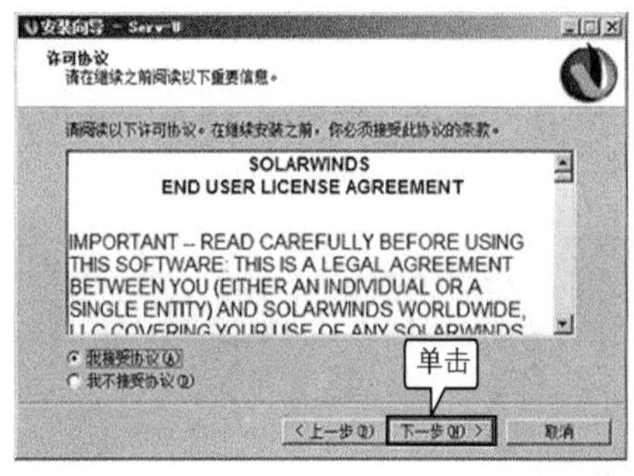

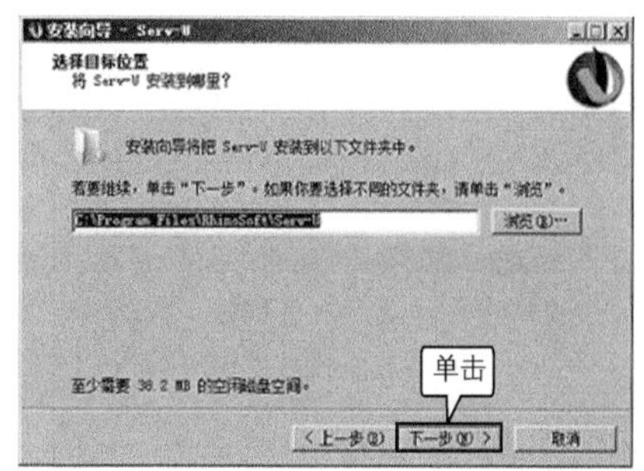

❺ 单击【下一步】按钮，显示如下图（左）所示的【选择开始菜单文件夹】对话框。可以选择程序快捷方式在开始菜单中的位置；可以单击【浏览】按钮选择；也可以选中【不创建开始菜单文件夹】复选框，不创建开始菜单。

❻ 单击【下一步】按钮，显示如下图（右）所示的【选择附加任务】对话框，使用默认设置。选中【将 Serv-U 作为系统服务安装】复选框，可以保证即使没有用户登录到服务器控制台，Serv-U 仍然可以运行。

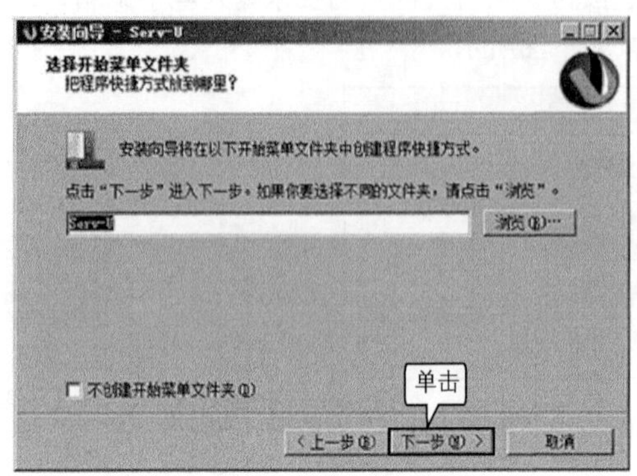

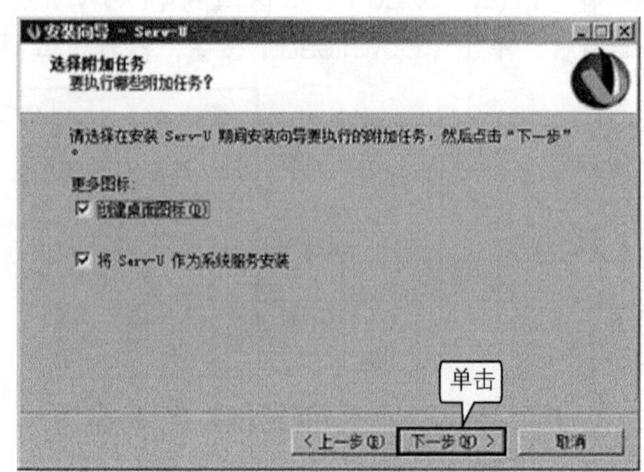

❼ 单击【下一步】按钮，显示如下图（左）所示的【准备安装】对话框。该对话框显示了之前的配置信息，如果想要修改之前的配置，可以单击【上一步】按钮返回进行修改。

❽ 单击【安装】按钮，开始安装 Serv-U。如果本机安装了防火墙，安装完成后显示如下图（右）所示的【Windows 防火墙】对话框。选中【添加 Serv-U 到 Windows 防火墙的例外列表中】复选框，以使其他计算机可以连接到 FTP 服务器。

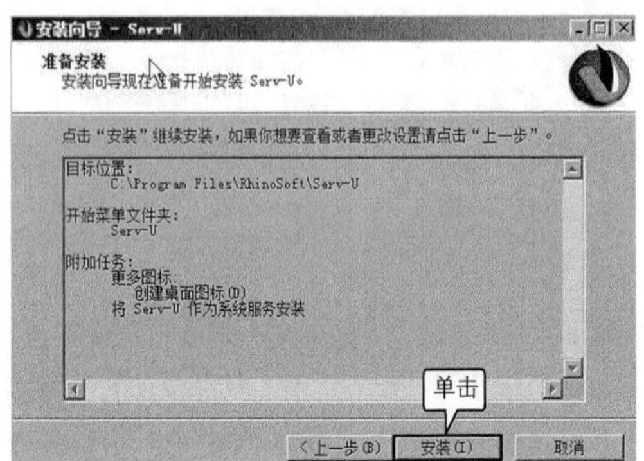

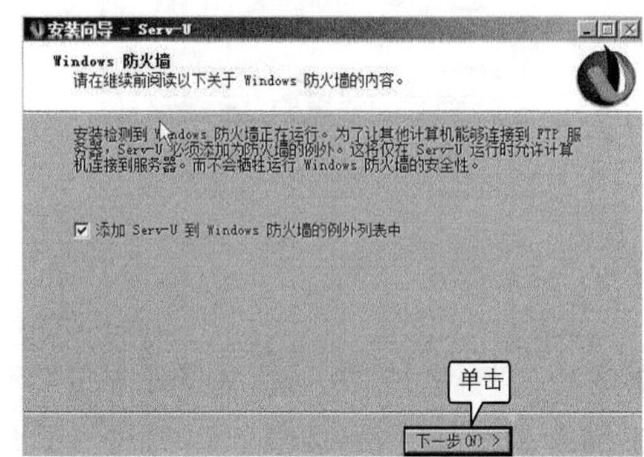

❾ 单击【下一步】按钮，显示如下图（左）所示的【完成 Serv-U 安装】对话框，选中【启动 Serv-U 管理控制台】复选框，单击【完成】按钮，完成 Serv-U 的安装。同时打开 Serv-U 管理控制台，自动弹出如下图（右）所示的对话框，提示新建一个域。可以根据提示新建域；这里选择【否】选项，在下面的章节将详细介绍新建域的方法。

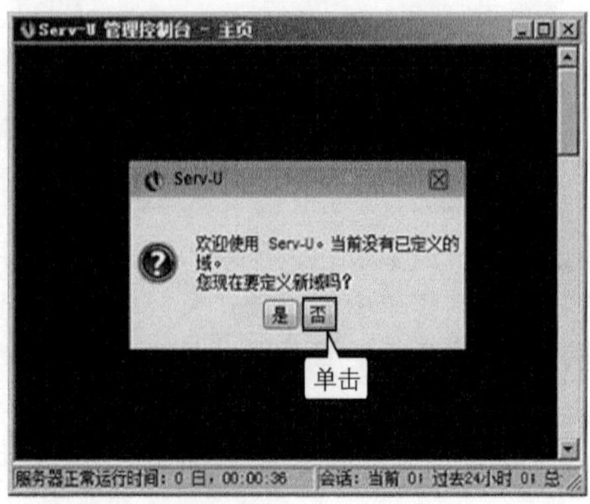

8.2.2 使用 Serv-U 创建 FTP 服务器

双击桌面上的 Serv-U 图标，打开 Serv-U 主界面，如下图所示，列出了 Serv-U 管理控制台的相关操作。

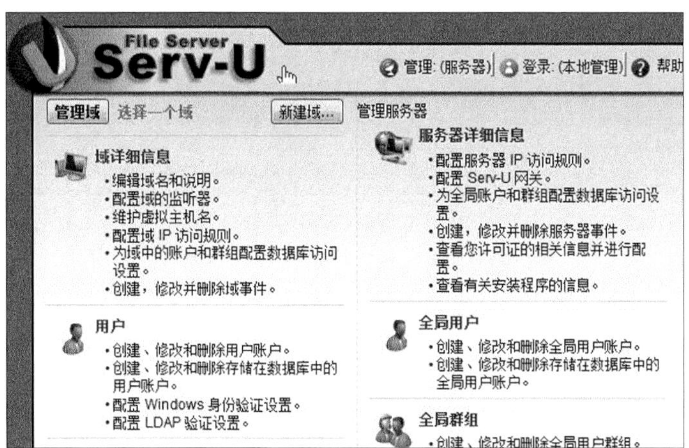

❶ 单击【新建域】按钮，打开【域向导 - 步骤 1】对话框，如下图（左）所示，要求输入域名。

❷ 输入域名，单击【下一步】按钮，打开【域向导 - 步骤 2】对话框，如下图（右）所示，选择默认设置即可。在这里只选中第一项，即设置 FTP 服务使用端口 21。

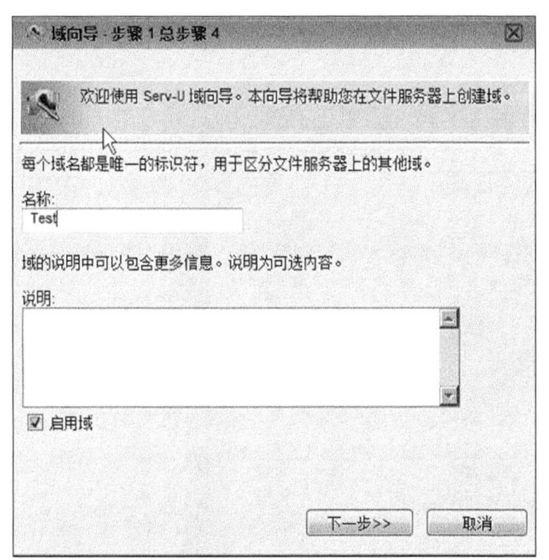

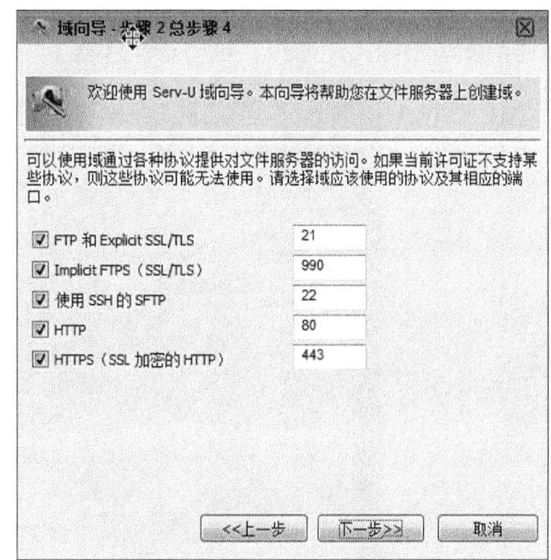

❸ 单击【下一步】按钮，打开【域向导 - 步骤 3】对话框，如下图（左）所示，设置 FTP 服务器的 IP 地址。

❹ 单击【下一步】按钮，打开【域向导 - 步骤 4】对话框，如下图（右）所示，选中【允许用户恢复密码】复选框。如果需要使用密码恢复功能，应将【密码加密模式】设置为【简单的双向】以允许 Serv-U 为用户恢复密码。大多数情况下建议使用服务器默认值。

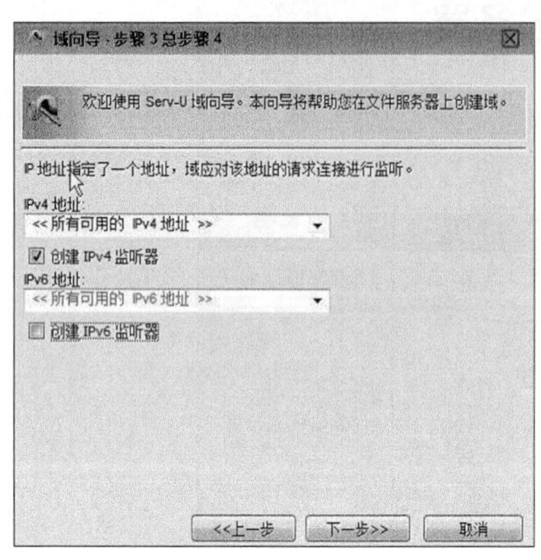

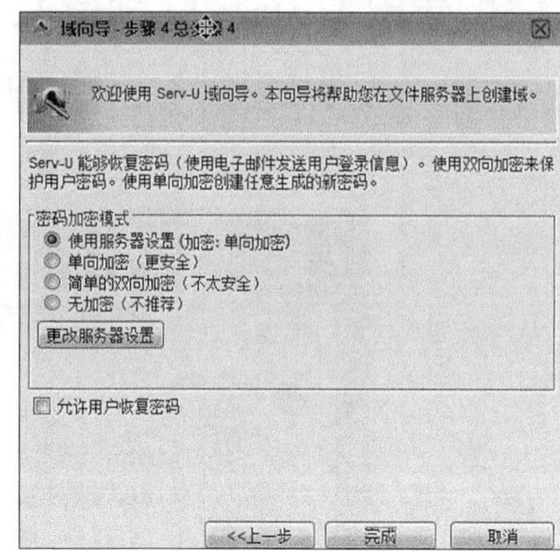

❺ 单击【完成】按钮，完成 FTP 服务器的创建。创建完成后，提示是否马上创建用户账户，可以按照提示创建用户账户；这里选择【否】选项，在后面手工进行创建。

8.2.3 为用户分配 FTP 账户和空间

打开 Serv-U 主界面，默认会弹出已创建的域服务器，如果没有弹出，可以单击☑按钮打开域服务器列表，如下图所示。

Serv-U 用户是拥有访问权限的唯一账户，可以访问由管理员定义的一组特定文件夹和文件。如果要快速简便地创建用户账户，执行如下步骤。

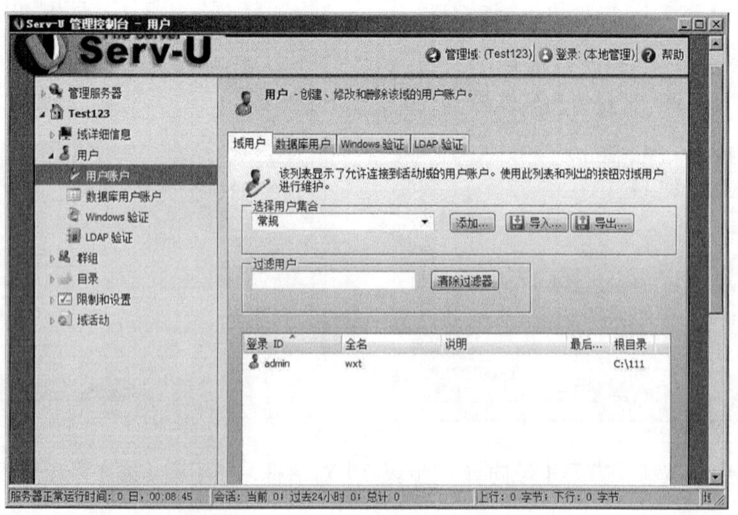

❶ 单击右侧【域用户】标签页上的【向导】按钮，打开【用户向导 - 步骤 1】对话框，如下图（左）所示。输入登录 ID（又称用户名），并可以指定完整的名称和邮件地址（用于密码恢复或电子邮件事件）。

❷ 单击【下一步】按钮，打开【用户向导 - 步骤 2】对话框，如下图（右）所示，用来设置用户密码。默认会随机生成一个密码，可以将随机密码改为容易记忆的密码。

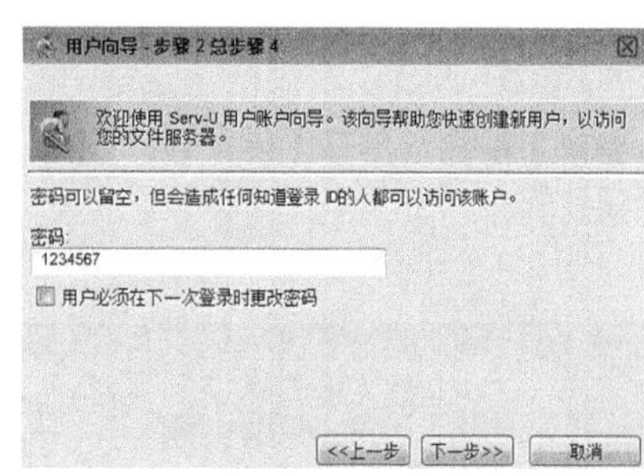

❸ 单击【下一步】按钮，打开【用户向导 – 步骤 3】对话框，如下图（左）所示，用来设置文件服务器的物理位置。

❹ 单击【下一步】按钮，打开【用户向导 – 步骤 4】对话框，如下图（右）所示，用来设置用户对 FTP 服务器的访问权限。

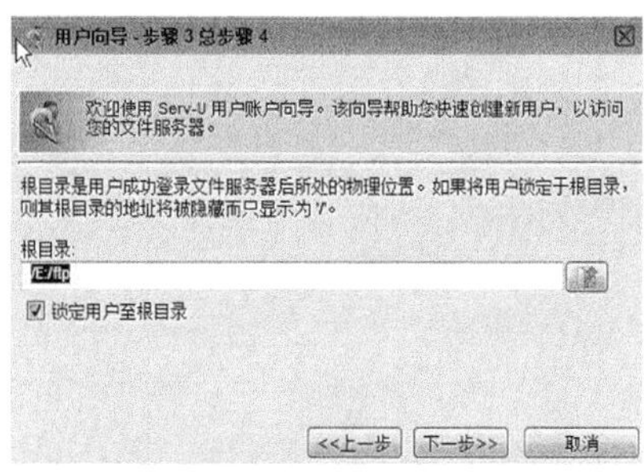

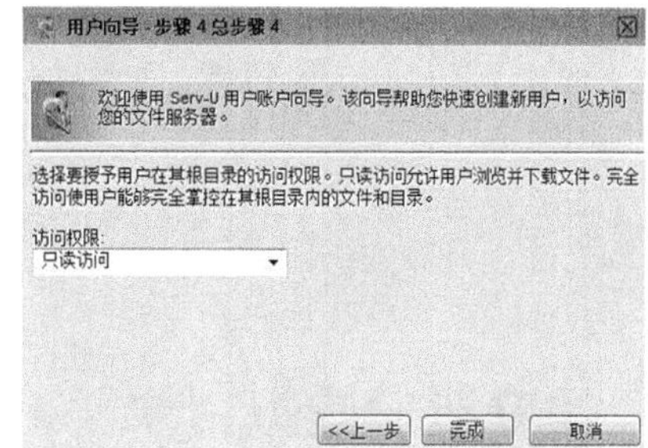

❺ 单击【完成】按钮，完成用户账户的创建。

技 巧

在浏览器地址栏中输入“ftp://192.168.0.103”，弹出对话框，提示输入用户名和密码，说明 FTP 服务器创建成功，输入用户名和密码即可访问 FTP 服务器。

8.2.4 设置 FTP 服务器账户权限

创建用户账户后，可以给用户账户设置权限。创建域服务器和用户账户后，主界面如下图所示。

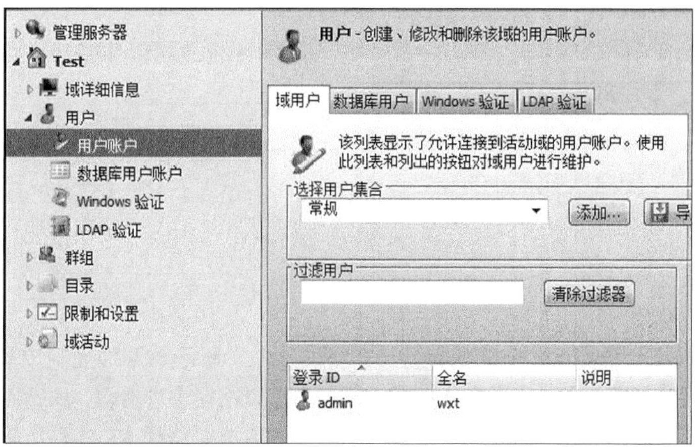

❶ 选择创建的用户 admin，单击【编辑】按钮，打开【用户属性】窗口，如下图（左）所示，选择【目录访问】标签。

❷ 单击【编辑】按钮，打开【目录访问规则】对话框，如下图（右）所示。该对话框用来设置对当前目录的访问规则。

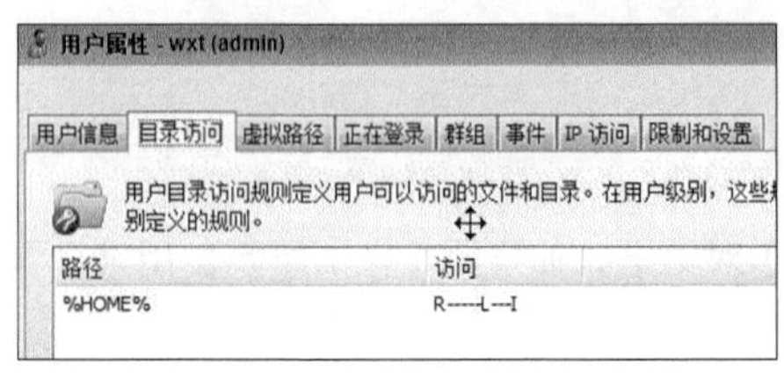

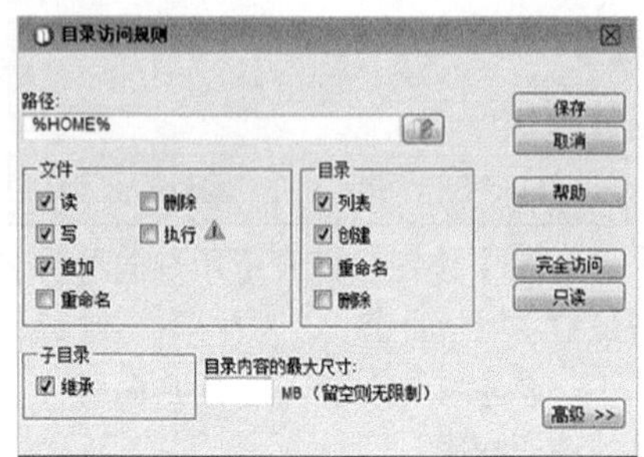

❸ 编辑当前目录的访问规则，比如，给文件添加【写】操作和【追加】操作，可以向当前目录上传文件；给目录添加【创建】操作，可以创建文件夹。设置好访问规则后保存即可。

注 意

单击【完全访问】按钮将得到对当前目录操作的最大权限；单击【只读】按钮只能读取文件；具体的访问规则可以单击【帮助】按钮，查看帮助文档。

8.2.5 建立账户虚拟目录

虚拟路径允许用户访问根目录以外的文件和文件夹。虚拟路径仅定义一种方式，使用户能够在其可访问的目录结构中看到根目录以外的文件。例如，admin 用户访问的根目录是 "F:\ftp" 即域根目录，如果还需要访问位于 "E:\xnml" 的文件夹，必须配置虚拟路径使 "E:\xnml" 文件夹看起来好像包含在域的根目录中。可以将 "E:\xnml" 指定为物理路径，同时将 "F:\ftp\xnml" 指定为虚拟路径。请确保为 "E:\xnml" 添加了目录访问规则，具体操作如下。

❶ 选中域服务器下的【目录】选项，默认选中该项下的第一项【目录访问权限】，如下图（左）所示。

❷ 选中右侧的【目录访问】标签，单击【添加】按钮，打开【目录访问规则】对话框，如下图（右）所示。选择欲通过 FTP 访问的根目录以外的目录，即要添加的虚拟目录对应的物理路径，添加相应的权限。

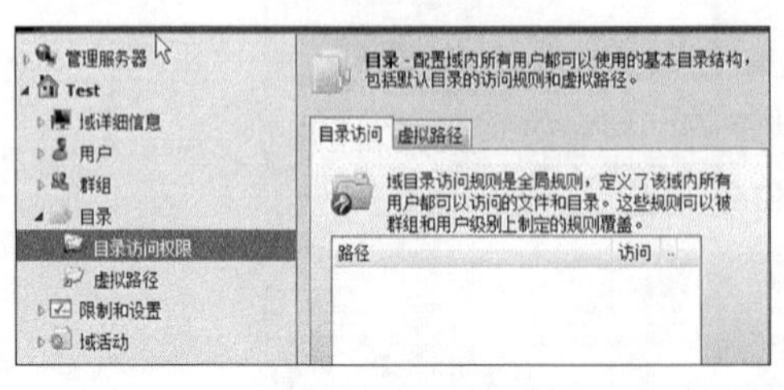

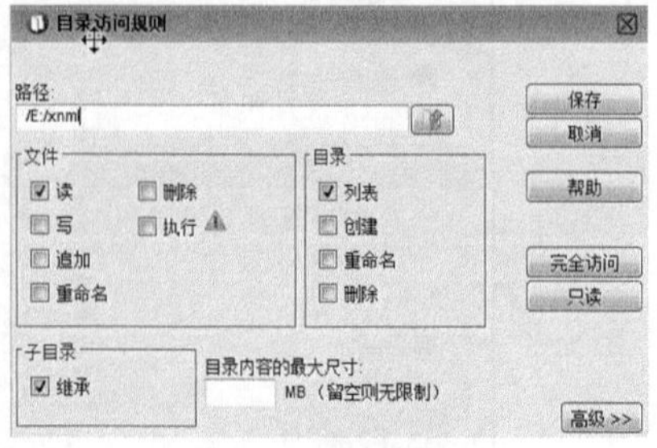

❸ 单击【保存】按钮，返回 Serv-U 控制台，如下图（左）所示，添加规则成功。

❹ 选中【虚拟路径】标签，单击【添加】按钮，打开【虚拟路径】对话框，如下图（右）所示。在【物理路径】文本框中填入虚拟目录要映射目录的真实路径；在【虚拟路径】文本框中输入要映射到的目录，此处 "F:\ftp" 即为 FTP 服务器的根目录，"xnml" 为虚拟目录的名称。

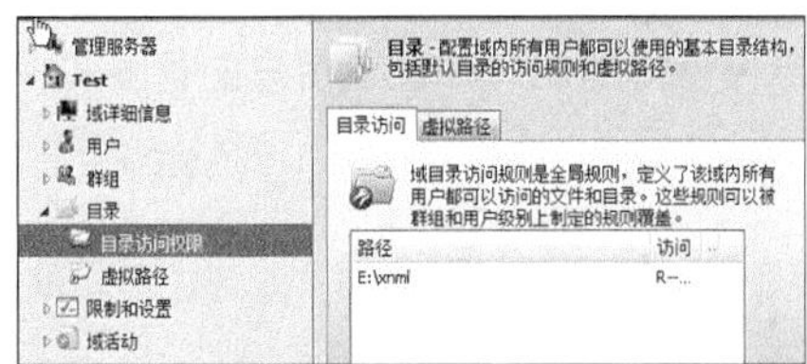

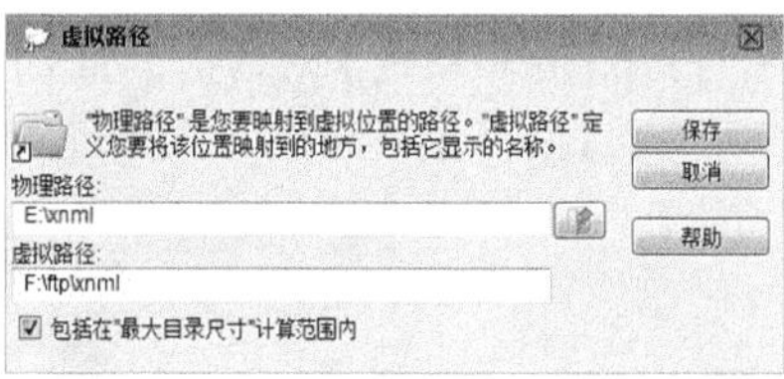

选中【包括在最大目录尺寸计算范围内】复选框时，在最大目录大小计算中包含虚拟路径；取消选中此复选框时，在最大目录大小计算中不包含虚拟路径。

❺ 单击【保存】按钮，完成虚拟目录的设置。通过地址栏输入“ftp://192.168.0.103/xnml/”，即可访问虚拟目录。

如果 FTP 服务器根目录被重新安排到其他驱动器，则不仅需要更新其根目录，还需要更新虚拟路径以反映这一更改。要避免此问题，可以使用 %HOME% 宏创建相对虚拟路径位置，便无需在根目录更改时更新虚拟路径了，即将“F:\ftp\xnml”更改为“%HOME%\xnml”。

8.2.6 管理 Serv-U 服务器

在【Serv-U 管理控制台】窗口中，单击【Test】域下方的【域详细信息】选项，如下图所示。现将常用配置介绍如下。

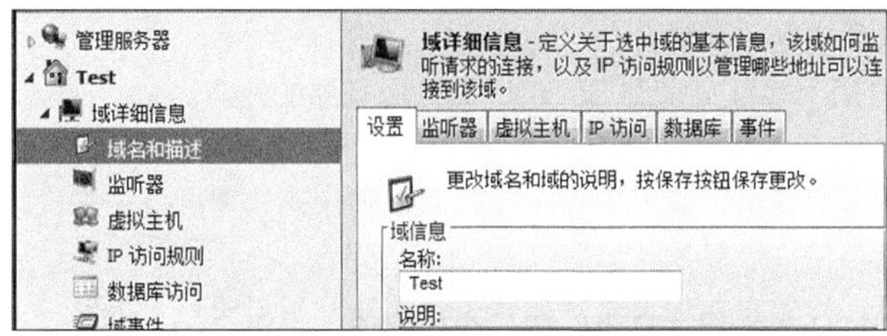

❶ 选中【设置】标签，可以修改域名或者说明信息，以及修改域根目录等信息，如上图所示。单击【保存】按钮应用更改。

❷ 选中右侧的【IP 访问】标签，单击【添加】按钮，打开【IP 访问规则】对话框，如下图所示。输入拒绝或者允许访问的 IP 地址，单击【保存】按钮实现添加一条规则。

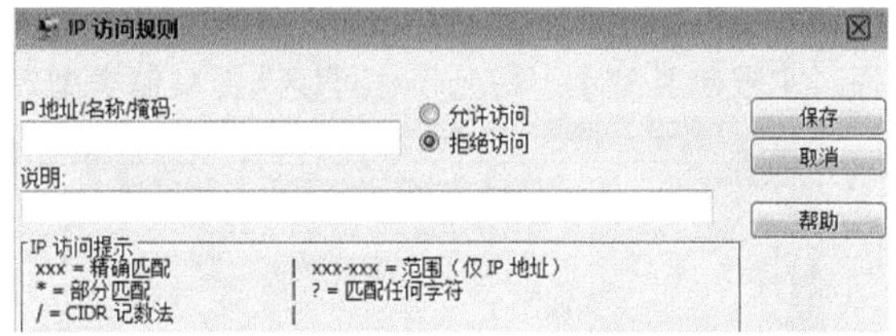

特殊格式允许使用范围和通配符，如下所示。

特定 IP: 类似于 192.168.1.1 这样的特定匹配；范围 : 类似于 192.168.1.10-19 这样的 IP 地址特定范围。通配符 *: 任何有效的 IP 地址值，如 192.168.1.*，它类似于 192.168.1.0-255。

❸ 展开步骤❶中图的【用户】列表，选中【用户账户】选项，再选中右侧的【域用户】标签，单击【添加】按钮，打开【用户属性】对话框，如下图所示。这里可以添加用户并设置用户的权限和相关信息，设置完成后单击【保存】按钮即可添加一个账户。

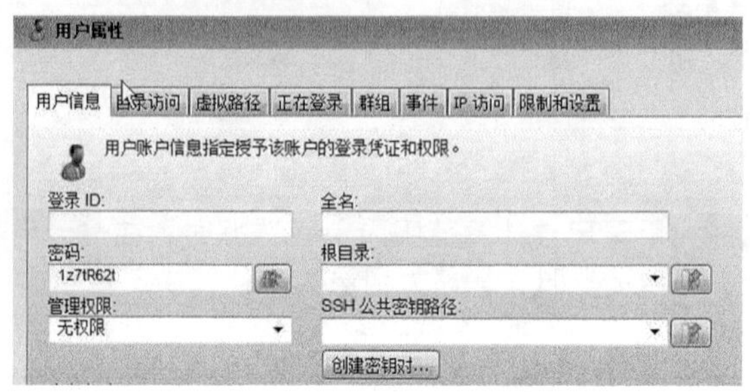

主要参数分别介绍如下。

登录 ID：每个账户必须使用唯一的登录 ID。登录 ID 不得包含以下任一特殊字符：\、/、<、>、|、:、?、*。有两种特殊登录即“匿名”和“FTP”。这两个登录 ID 含义相同，可供访客访问文件服务器。这些用户无需密码，因此密码部分应该留空。

密码：可以输入登录 ID 对应的密码，紧挨“密码”字段的【锁定】图标允许用户生成新的随机密码。

管理权限：用来设置用户对目录的操作权限，有以下几种情况。

(1) 无权限：无权限的用户账户就是一般的用户账户，只能从文件服务器上传和下载文件。这些用户账户无法使用 Serv-U 管理控制台。

(2) 系统管理员：系统管理员可以执行任何的文件服务器管理活动，包括创建和删除域、用户账户，甚至可以更新文件服务器的许可证。

域管理员：只能管理其账户所属域中的事务。

根目录：用户登录后访问的目录。

SSH 公共密钥：可用于验证登录到 Serv-U 文件服务器的用户。

账户类型：默认情况下所有账户都是永久账户，除非手动将其删除或禁用，否则将一直保留在文件服务器上。可以配置账户在指定的日期被自动禁用或删除，只需配置账户类型即可实现。

电子邮件地址：用于密码恢复操作。

锁定用户至根目录：被锁定在根目录的用户无法访问其根目录以上的路径。

启用账户：取消选择该对话框将禁用当前账户。禁用的账户仍然保留在文件服务器上，不过不能用来登录。

说明：添加域说明以供管理员查看。

可用性：该功能限制用户何时可以连接到此服务器。可以精确到每一天的某一个时间段。

❹ 选中步骤❶中图的【限制和设置】选项，再选中右侧的【限制】标签，可以对服务器的相关属性进行设置，如下图所示，通过【限制类型】下拉列表框可以选择限制类型。

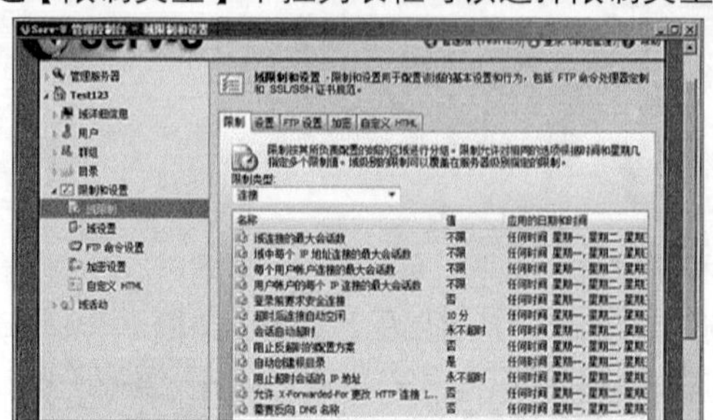

“连接”类型限制的说明如下。

域连接最大会话数：该域同一时刻最多可以有多少会话。

域中每个 IP 最大连接会话数：一个 IP 地址可以打开的最大并发会话数。

每个用户账户最大连接会话数：指定一个用户账户可以打开的最大并发会话数。

用户账户的每个 IP 连接的最大会话数：指定用户从一个 IP 地址可以打开的最大并发会话数。

会话自动超时：指定会话被服务器断开前允许持续的分钟数。

“数据传输”类型限制的说明如下。

删除部分上传的文件：指示 Serv-U 删除未完整上传的文件。如果启用该选项，用户就不能使用 REST（重启）FTP 命令重启中断的上传。

每个会话的最快下载速度：为每个单独的会话限制最大下载带宽。设置 0KB/s 表示无限带宽。

每个会话的最快上传速度：为每个单独的会话限制最大上传带宽。设置 0KB/s 表示无限带宽。

用户账户的最快下载速度：限制与单个用户账户相关的所有会话间共享的最大下载带宽。设置 0KB/s 表示无限带宽。

用户账户的最快上传速度：限制与单个用户账户相关的所有会话间共享的最大上传带宽。设置 0KB/s 表示无限带宽。

最大上传文件大小 ：限制用户可以上传至 Serv-U 的最大文件大小。文件大小的单位是千字节（KB）。

❺ 选中步骤❶中图的【域活动】选项，再选中【已连接的用户】选项，默认选中右侧的【会话】标签，如下图所示。【域会话】选项卡显示了当前的文件服务器会话活动，可以查看某个会话的当前状态、连接状况和传输信息等。【活动会话信息】组内包含了当前选中的会话详情。对会话的相关操作如下。

断开：单击【断开】按钮，可以随时断开任何类型的会话。

探查和聊天：单击【探查和聊天】按钮，可以探查任何类型的会话，也可以查看会话日志以及相关信息。

广播：单击【广播】按钮，可以向当前所有连接的 FTP 会话发送消息。

中止：如果会话正在执行文件传输，通过单击【中止】按钮无需断开会话连接就可以终止文件传输。

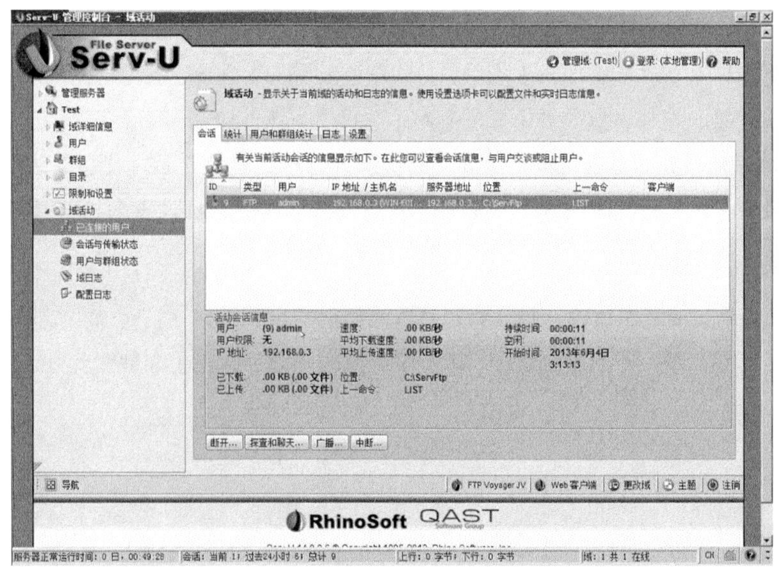

❻ 选中【统计】标签，显示当前域统计信息，如下图所示。

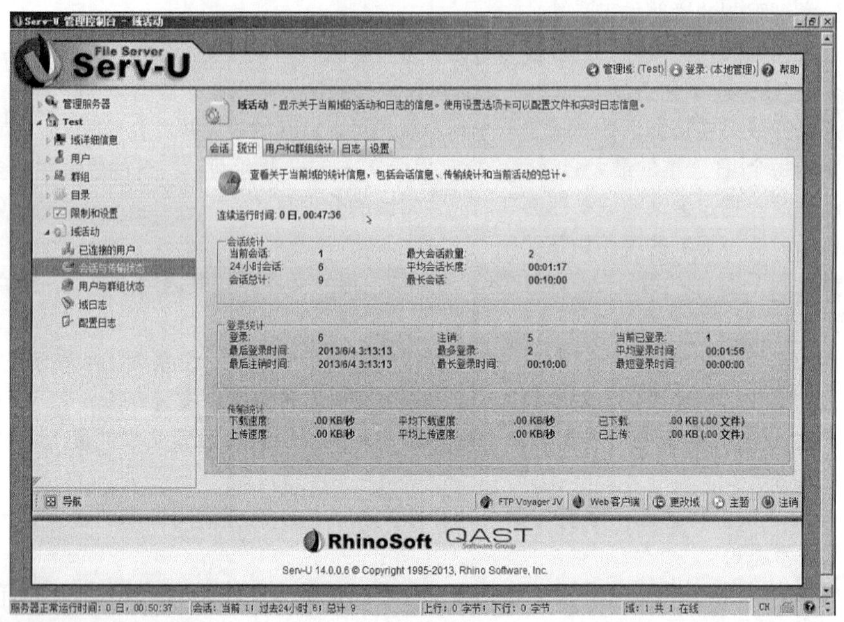

高手私房菜

技巧 1：不登录系统启动 FTP 服务

在使用 Serv-U 时，有的读者希望不登录操作系统就能够启动 FTP 服务，也就是说在机器运行到 Windows 登录界面后，系统登录到桌面之前这个阶段启动 FTP 服务。如何才能实现这个功能呢?

其实 Serv-U 自身就带有这个功能，并且是默认安装的。这个就是 Service 模式。通过【开始】▶【运行】▶【输入 services.msc】菜单项，回车进入服务管理器，在服务列表中找到【Serv-U FTP 服务器】选项，选择右键属性【登录】▶【选择】▶【这个账号】，输入可登录的系统用户名和密码，最后启动该服务就可以了。这样每次系统运行到登录界面时就会自动地启动 Serv-U 服务，从而开启了本机的 FTP 服务器。省去了登录系统，再手工启动 Serv-U 的操作。

技巧 2：支持断点续传

Serv-U 本身支持断点续传，只需要在目录访问的权限里面加上“追加”权限就可以了。可以针对用户、群组、域，不同级别来做权限。设置好权限之后，上传文件时就可以断点续传了。

第9章

本章教学录像：24 分钟

电子邮件服务器的安装与配置

电子邮件是当前最重要的通信方式，是 Internet 应用最广泛的服务之一。通过网络的电子邮件系统，用户可以用非常低廉的价格，以非常快速的方式，与世界上任何一个角落的网络用户联系。电子邮件的内容可以是文字、图像、声音等。此外，用户可以通过电子邮件订阅大量免费的新闻咨询，以及有利于企业进行营销活动等。

本章要点（已掌握的在方框中打勾）

- ☐ 电子邮件服务器概述
- ☐ 邮件服务器介绍
- ☐ 搭建 U-mail 邮件服务器
- ☐ 邮件服务器方案介绍
- ☐ 配置 DNS 服务器
- ☐ 使用管理账户配置邮件服务器
- ☐ 反垃圾邮件和个人邮件限制

9.1 电子邮件服务器概述

本节视频教学录像：2 分钟

要配置邮件服务器需要网络管理员对邮件服务器有一个基础的认识，本节将对邮件服务器做基本介绍。

9.1.1 邮件服务器介绍

电子邮件服务器是用来收发邮件的软硬件设施的总称，包括服务器设备、电子邮件程序、电子邮件箱等。它是为用户提供 E-mail 收发服务的电子邮件系统，人们通过访问服务器实现邮件的收取与发送。服务器程序通常不能由用户启动，而是一直在系统中运行，它一方面负责把本机上发出的 E-mail 发送出去，另一方面负责接收其他主机发过来的 E-mail，并把各种电子邮件分发给每个用户。

9.1.2 搭建邮件服务器前的准备工作

解析好域名，将域名 mydomain.com 的 MX 记录和 mail.mydomain.com 的 A 记录解析到邮件服务器的 IP 地址（详细配置的步骤可以参考第 10 章 DNS 服务器的安装与配置）。

如果是将邮件服务器放置在内网，通过端口映射的方式将外网 IP 的服务端口映射到内网，那么必须映射端口 25、110、80 等。

在安装系统之前，还必须选定操作系统平台，可以安装在 Windows 2000、Windows Server 2003、Windows Server 2008 操作系统上（建议打全所有的操作系统补丁）。

9.2 搭建 U-mail 邮件服务器

本节视频教学录像：22 分钟

搭建邮件服务器前，管理员首先需要明确使用的是哪个类型的邮件服务器软件，该软件有什么特点，本节将详细介绍 U-mail 服务器方案、U-mail 服务器的特点以及如何搭建 U-mail 服务器等。

9.2.1 邮件服务器方案介绍

这里采用 U-mail 邮件系统来搭建邮件服务器，U-mail 邮件系统主要有以下特点。

(1) 强大的后台管理功能，无论是分域管理（独立管理单个域），还是超域管理后台（管理所有域），都具备功能强大的用户管理、部门管理、邮件列表管理、地址簿管理、公告、操作日志、欢迎信、定制域名模板、域签名、批量添加域名、邮件监控管理等。

(2) 企业信息化紧密结合（强大的地址簿、邮件群发、域签名、网络文件柜、我的书签等）。

(3) 多模板（多个漂亮模板界面自由切换，外加自定义模板可以自己定义 Logo 和 Banner）。

(4) 多语言（简体、繁体、英文）支持。

(5) 多域名支持（域名的时间有效性控制，用户数、空间大小等管理）。

(6) 软件安全性高（除强劲的反垃圾、病毒邮件外，系统前后台管理都支持 128 位 SSL 安全连接）。

(7) 系统高度自动化管理，自动升级病毒代码库，垃圾邮件过滤规则。

(8) 多登录页面，用户自定义选择登录页面。

9.2.2 配置 DNS 服务器

在 DNS 服务器上做好邮件服务器的域名解析工作，是搭建邮件服务器之前最重要的准备工作之一。工作虽然重要，其实配置却是很简单的，假设使用的域名是 mydomain.com，邮件服务器名为 mail，现只需在 DNS 服务器上将域名 mydomain.com 的 MX 记录和 mail.mydomain.com 的 A 记录解析到邮件服务器的 IP 地址即可。读者可以在第 10 章 DNS 服务器的安装与配置中学习到如何配置 DNS。

9.2.3 安装 U-mail 邮件服务器

要安装 U-mail 邮件服务器就需要先到其官网上下载安装软件，然后再进行安装。以下将对 U-mail 服务器的下载、安装做详细介绍。

❶ 获取 U-mail 软件，可以登录到 U-mail 官方网站 http://www.comingchina.com/html/，打开其中的下载专区页面下载最新的 U-mail 程序，目前最新的版本是 V9.8.49，如下图（左）所示。

❷ 安装 U-mail 之前，需要先选定 U-mail 的安装平台，可以是 Linux 平台，也可以是 Windows 平台，本章以 Windows Server 2003 平台为例，讲述 U-mail 的安装与配置。下载完成 U-mail 软件并解压后双击安装程序，弹出安装向导，如下图（右）所示。

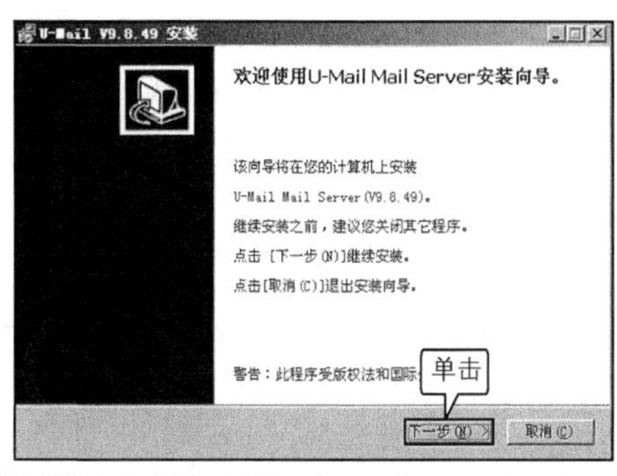

注 意

U-mail 官方会不定时发布新版本 U-mail 软件，其安装和配置的方法可能与本章所描述的大同小异，所以用户在安装时要仔细查阅新版 U-mail 的发行说明。

❸ 单击【下一步】按钮，进入许可证协议授权界面，此时该界面中【下一步】按钮是灰色的，想要激活该按钮，需要单击【我接受“许可证协议”中的条款】复选框，如下图（左）所示。

❹ 单击【下一步】按钮，安装该邮件服务器所需要的功能组件，如果这些必须的组件没有安装则组件名称前的勾是灰色的不能去掉，而部分功能组件如果已经安装的则可将该组件名称前的勾去掉，如下图（右）所示。

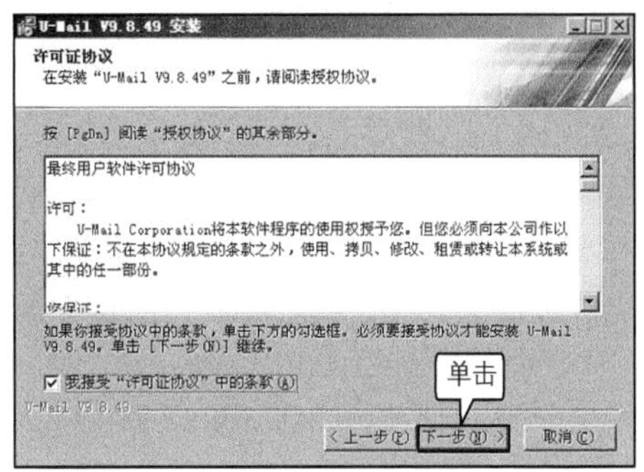

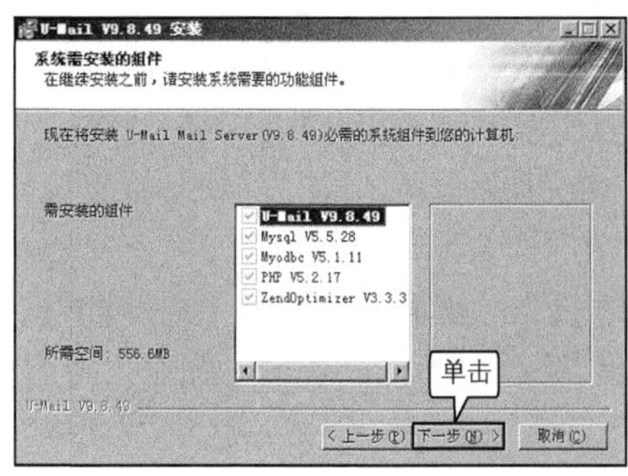

❺ 单击【下一步】按钮，选择 U-mail 的安装路径，默认安装路径为 C:\umail，本例直接安装在默认路径下，用户也可根据方便管理的原则指定安装路径，如下图（左）所示。

❻ 单击【下一步】按钮，进入【U-Mail 邮件系统主域名设置】对话框，这里需要将 DNS 服务器上该域名的 MX 记录和 mail 的 A 记录解析到邮件服务器的 IP 地址。本例中使用域名 为 mydomain.com，邮件服务器 IP 地址为 192.168.0.128，IIS 端口即 Web 访问的端口设置为 80 端口，设置信息如下图（右）所示。

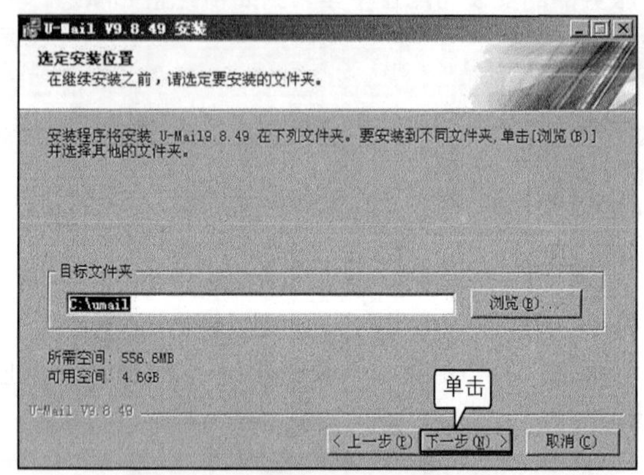

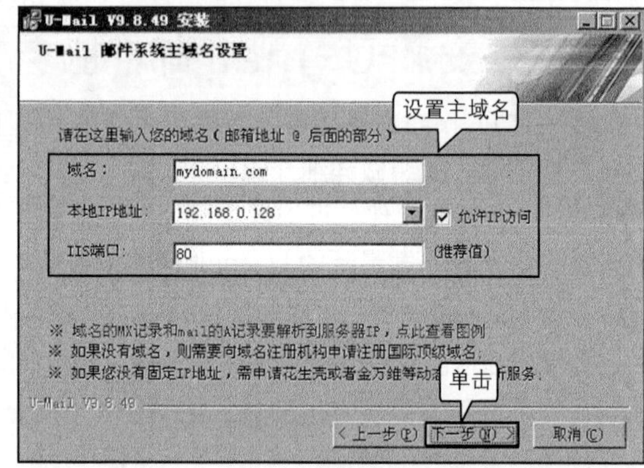

❼ 设置各个邮件系统管理账号的密码，这里域名管理员（admin）的主要功能是管理本域名的邮箱用户、机构、邮件列表、审批开通用户、域地址簿、定制域名模板、登录页面设置、账号数据导入等，如下图（左）所示。

❽ 单击【下一步】按钮，再单击【安装】按钮就开始了 U-mail 的安装，如下图（右）所示。

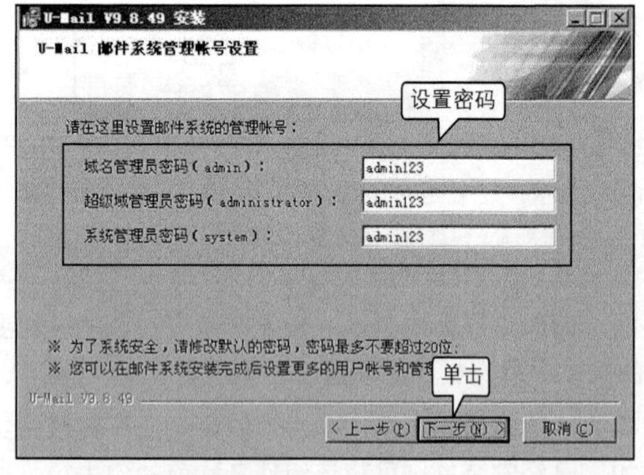

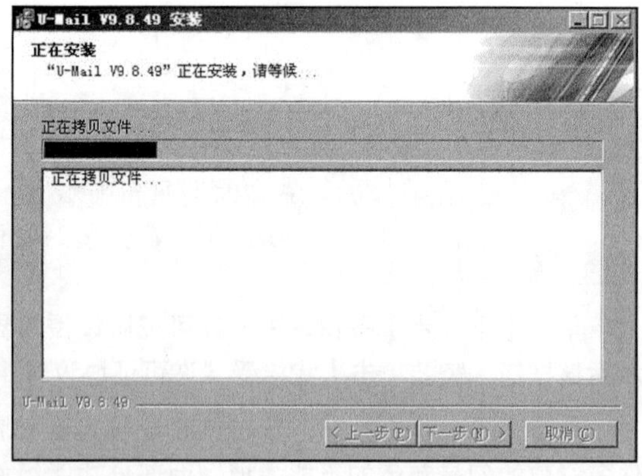

注 意

输入的密码不能是小于 8 位的纯数字和字母，为简单起见本例将这三个账号设置成相同的密码，实际环境中三个账号密码尽量不要一致。

❾ 安装完成后会弹出窗口提示是否要下载更新邮件系统的文件，由于下载的是最新的版本把勾去掉即可，如下图（左）所示。

❿ 单击【下一步】按钮，进入完成向导界面，单击【完成】按钮就全部完成了 U-mail 的安装工作，如下图（右）所示。

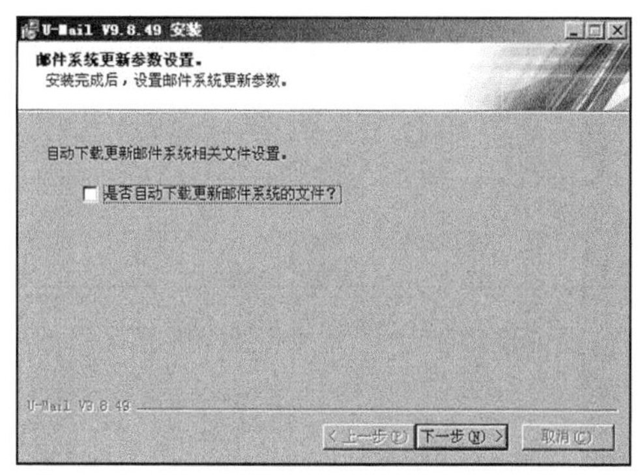

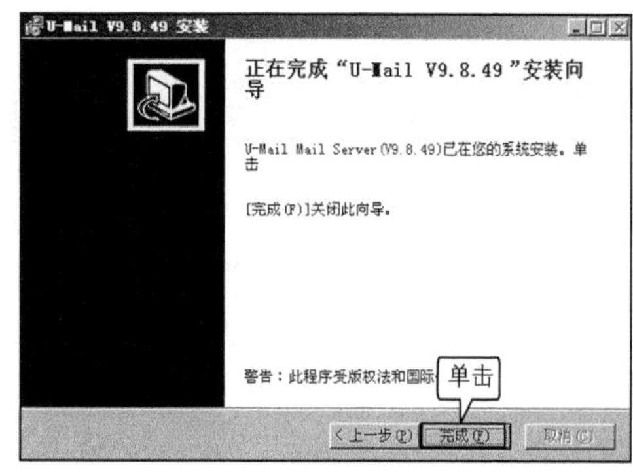

9.2.4 使用管理账户配置邮件服务器

U-mail 是纯 Web 管理的邮件系统，该服务器所有的配置都可以通过 Webmail 来便捷的完成。它有三个不同的系统管理账号，每个账号负责管理不同的系统功能。

域管理员账号为 admin，这个后台是分配给企业管理员使用的，用来管理指定域下面的所有功能。它主要对单个域信息中企业名称，联系方式，邮箱用户添加、删除和编辑，邮件列表等进行操作管理。

超级域管理员账号为 administrator ，这个是系统管理员使用的，用来管理所有的域和整个邮件系统。它主要对整个邮件系统上的所有域名进行管理，如添加、删除一个域名，管理员的添加、密码修改，其他邮件系统的数据导入等。

系统管理员账号为 system ，这个是系统管理员用来配置邮件服务器的各项运行参数的，如反垃圾设置、监控设置等各项操作。

本小节以域管理员（admin）为例，介绍域管理员权限下各项功能的配置。

❶ 输入网址 http://mail.domain.com/webmail/admin/，打开邮件系统管理页面，输入用户名 admin 和密码 admin123 进行登录，如下图（左）所示。

❷ 成功登录后进入邮件系统域管理后台页面，如下图（右）所示。

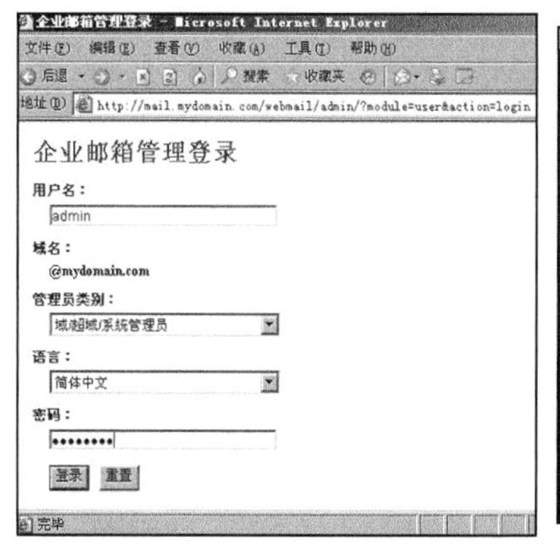

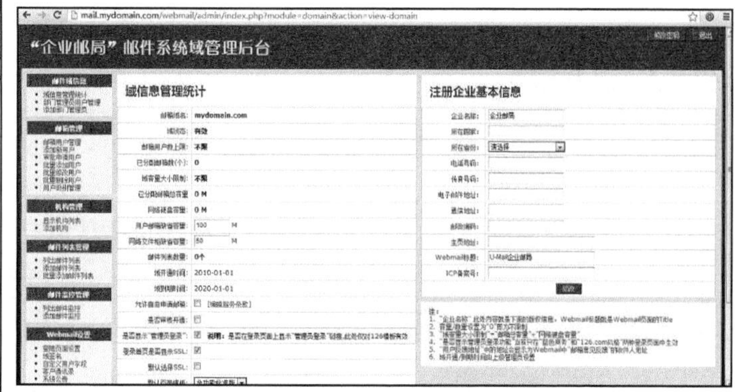

❸ 邮件域信息中，可以修改用户邮箱默认容量、允许自由申请邮箱、是否显示管理员登录和企业基本信息等，可以查看已分配邮箱总容量等，可以添加和管理部门管理员等，如下图（左）所示。

❹ 在邮箱管理部分，可以进行添加新用户、批量添加用户、审批申请用户、批量修改用户和批量删除用户等操作，如下图（右）所示。

❺ 对于机构管理部分，机构管理的是“组织架构”，可以很方便地新建部门并且把相应账号添加进来，如下图（左）所示。

❻ 邮件列表与群组功能相似，新建一个邮件列表就相当于建立一个群组，建立后可自由地把邮箱账号添加进来。例如，可以新建一个名称为 managers@mydomain.com 的邮件列表，然后把公司所有高管的邮箱账号添加进来，以后发送邮件给他们只需要在收件人位置输入这个邮件列表地址即可，而不需要输入每个高管的邮件地址。此外，邮件系统默认创建一个邮件列表地址 everyone@mydomain.com，在“域管理后台（admin）”是不显示的，如果需要发送邮件给本域下所有用户就填入这个邮件列表地址，如下图（右）所示。

❼【邮件监控管理】选项区域中的【添加邮件监控】选项可灵活添加各种邮件监控的策略，以达到监控邮件的目的。单击【邮件监控管理】选项区域中的【列出邮件监控】选项，可查看、修改、删除策略，如下图（左）所示。

❽ Webmail 设置中，用户可以设置登录页面、域签名、自定义字段、客户通讯录等，而【系统维护工具】选项区域中的【管理员操作日志】选项，可查看管理员的操作日志，如登录、修改用户等，如下图（右）所示。

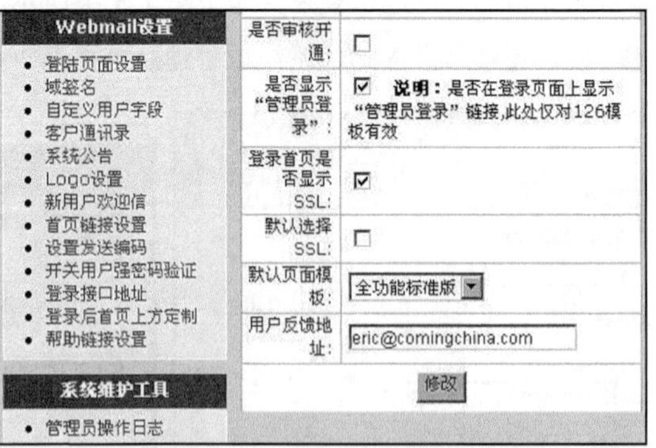

9.2.5 为员工分配邮件账户

为员工创建邮件账户的方式有两种：第一，可以逐个添加，逐个添加的好处就是可以将用户的信息完整地填写上；第二，可以批量添加用户账户，这样的添加方式适合一次添加大量的用户。下面介绍这两种添加用户的方式。

(1) 单个用户添加，单击【邮箱管理】选项区域中的【添加新用户】选项，添加新用户时要求输入账户名称、密码、邮箱容量、真实姓名、选择部门等参数，还可设置该账号显示不显示在企业通讯录中等。务必把账号密码设置成复杂密码（数字加字母）形式，不能使用类似于 123456 或 111111 这样的弱密码，因为这样的密码很容易被暴力破解，被破解以后很可能会被黑客用来发垃圾邮件，如果不重视这个问题，邮件账户的公网 IP 地址会进入“国际反垃圾组织”、“对方邮件系统”或者“ISP（电信）”的黑名单中，从而影响收发正常的邮件，影响办公效率，因此需要重视这个问题，并做好服务器安全方面设置和密码保护。在添加邮箱账号界面，填上相关信息单击【添加】按钮即可，如下图所示。

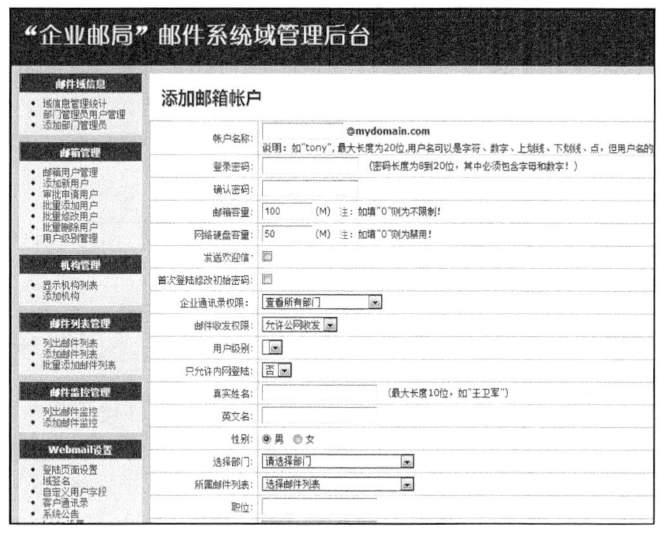

(2) 批量添加用户，使用批量添加用户功能可以单击【邮箱管理】选项区域中的【批量添加用户】选项，可同时添加多个用户，操作步骤如下。

❶ 使用 Excel 先进行数据处理，处理成范例文件格式，如下图（左）所示。

❷ 然后将 Excel 文件内容复制到文本文件，目的是使得相邻的两个数据是用一个【Tab】键隔开的，如下图（右）所示。

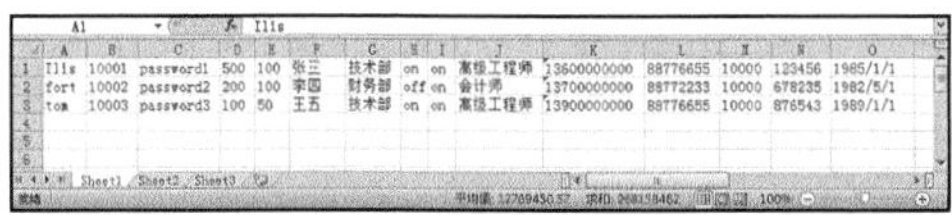

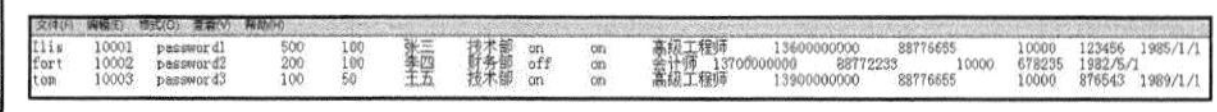

❸ 在邮箱管理页面中单击【邮箱管理】选项区域中的【批量添加用户】选项，如下图（左）所示。

❹ 然后将文本文件内容复制到批量添加用户页面的文本框中，如下图（右）所示。

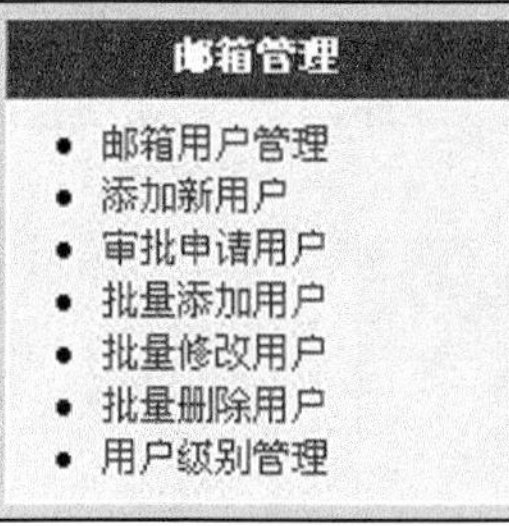

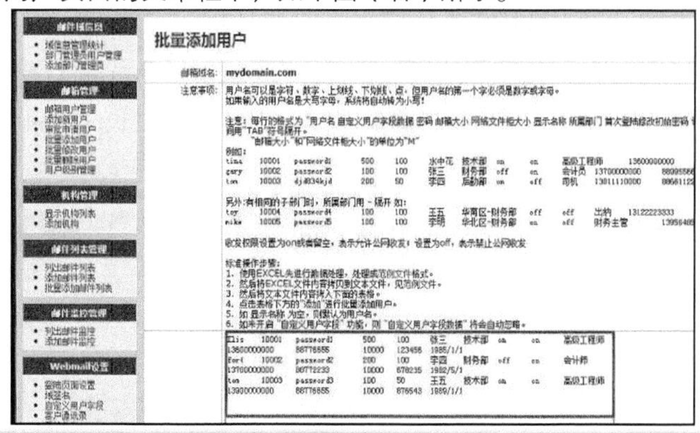

注　意

为了快捷起见也可直接将数据批量添加到红色的框中，数据间用【Tab】键将其隔开，只是这样会增加出错的几率，尽量少用。

❺ 单击页面下方的【添加】按钮就可以批量添加用户了，批量添加成功后页面上方提示“批量添加操作已完成！”，如下图所示。

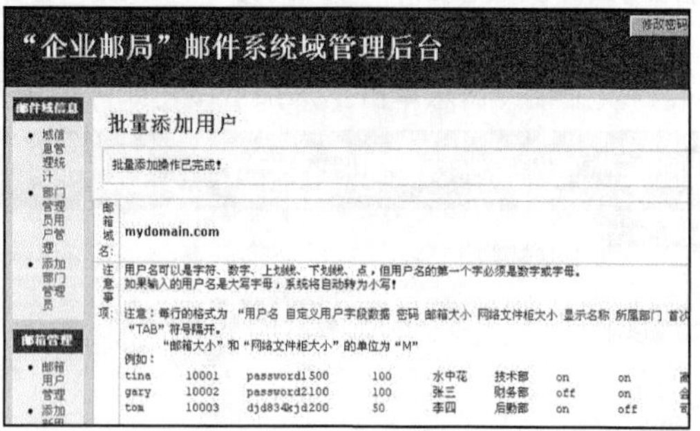

❻ 如显示名称为空，则默认为用户名。如未开启“自定义用户字段”功能，则“自定义用户字段数据”将会自动忽略。

9.2.6 反垃圾邮件和个人邮件限制

U-mail 提供了很强大的反垃圾邮件功能和个人邮件限制功能，即垃圾邮件过滤器，其主要过滤功能包括启发式、贝叶斯、自动列入白名单、白名单（按收件人）、白名单（按发件人）、黑名单（按发件人）和其他选项等。要进入垃圾邮件过滤器界面需要使用 system 用户进行登录，登录后页面如下图所示。

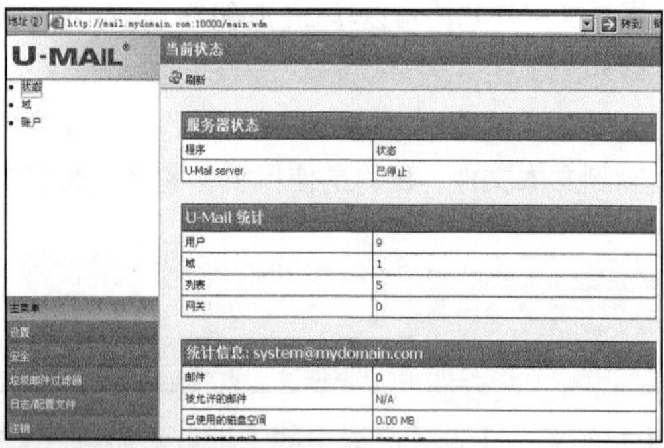

以下介绍垃圾邮件过滤器的几个主要功能。

1. 垃圾邮件过滤器

U-mail 的垃圾邮件过滤器包含启发式分析与贝叶斯学习技术，用于检测垃圾邮件并为其评定总值。启发式系统依赖于一套规则集，而贝叶斯系统通过长时间采样大量垃圾邮件，“学习”如何判别垃圾邮件，服务器默认启用“垃圾邮件过滤器”，如下图所示。

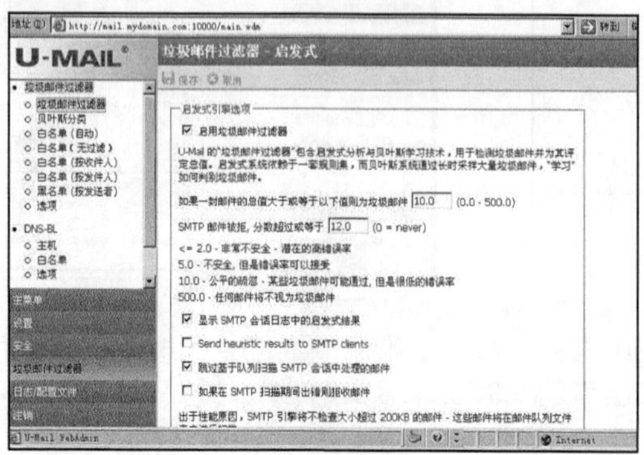

2. 贝叶斯分类

贝叶斯分类是一个统计学习和统计的过程，通过分析成百上千的垃圾邮件和非垃圾邮件，随着时间的推移，不断地进行统计使得检测这两类邮件越来越准确。可以为垃圾邮件和非垃圾邮件指定文件夹存储。建议一般不要启用贝叶斯分类功能，如下图（左）所示。

3. 白名单（自动）

可以允许账户使用其地址簿作为垃圾邮件过滤器的白名单，如下图（右）所示。

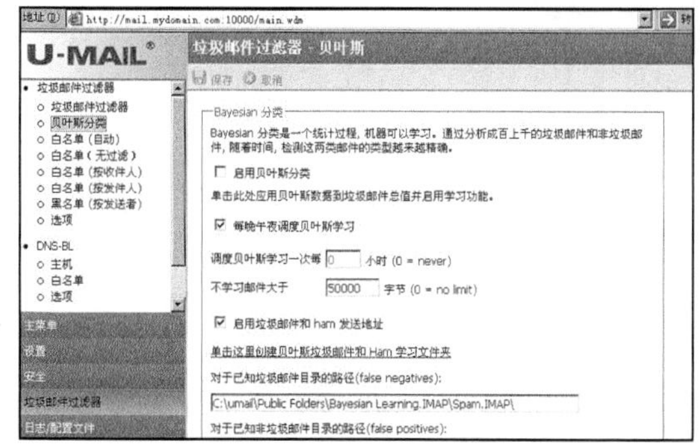

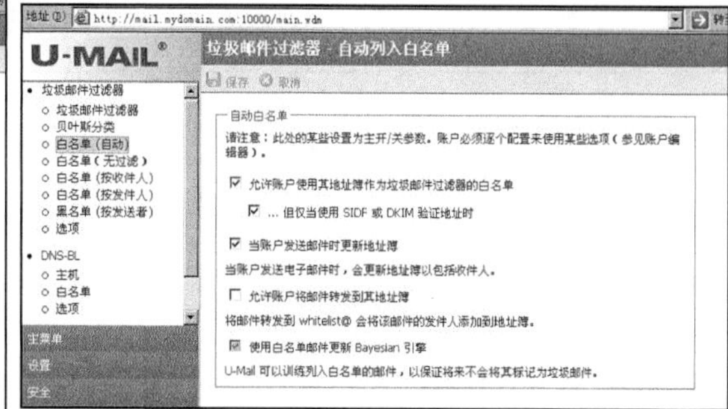

4. 白名单（无过滤）

发送到白名单列表中的这些地址的邮件免于邮件过滤，这里面有设置范例，如下图（左）所示。

5. 白名单（按收件人）

入站邮件中，如果邮件“收件人地址”在白名单列表中，那么该邮件不视为垃圾邮件。除非入站邮件的垃圾邮件分值非常非常高，减去“垃圾邮件过滤器 – 选项”中设置的“匹配白名单分值”还超过了垃圾邮件设置的阈值，那该邮件仍会被视为垃圾邮件，不过这种情况很少，如下图（右）所示。

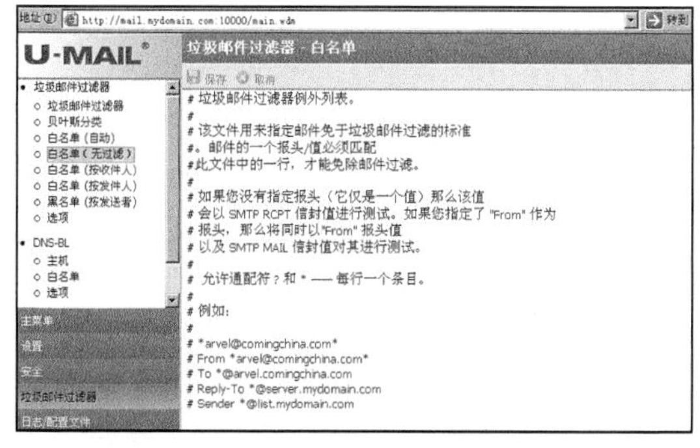

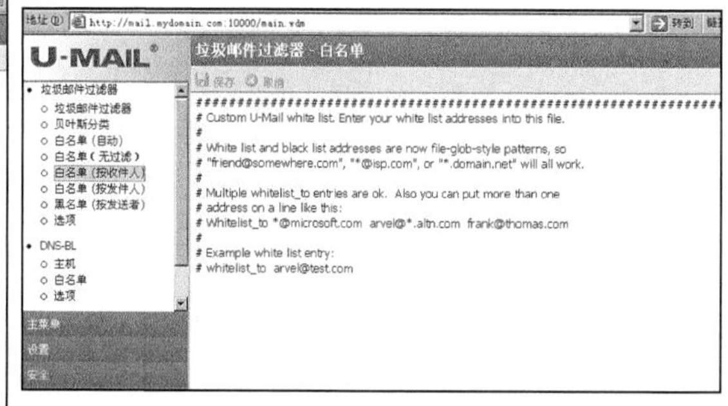

6. 黑名单（按发送者）

入站邮件中，如果邮件“发件人地址”在黑名单列表中，那么该邮件将视为垃圾邮件，并且在该邮件加上“垃圾邮件过滤器 – 选项”中设置的“匹配黑名单分值”，如下图（左）所示。

7. 选项

在【如何处理垃圾邮件】区域中，默认选择【标志垃圾邮件但允许其继续向后投递】单选按钮，也可更改成【立即删除垃圾邮件】或【将垃圾邮件置于垃圾邮件陷阱公共文件夹】单选按钮。在【选项】区域中按照默认设置即可，如下图（右）所示。

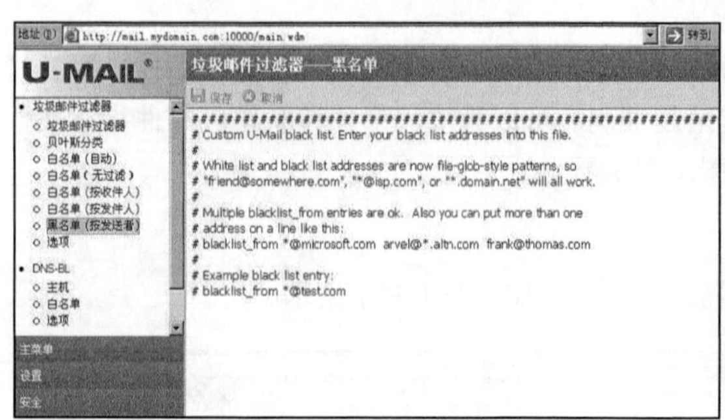

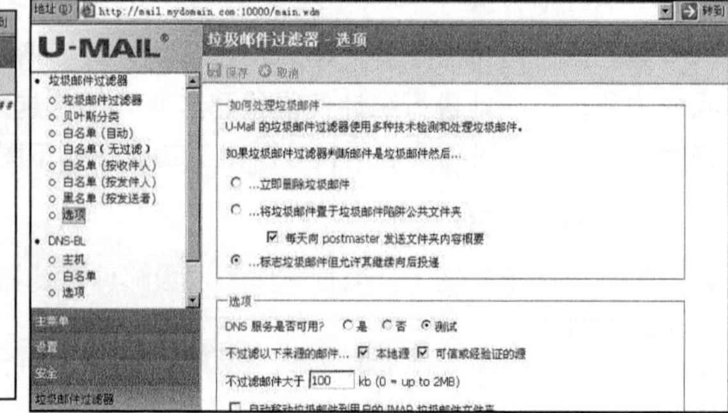

8. DNS-BL

(1) 主机

DNS-BL 即实时黑名单，这是一项反垃圾邮件技术。可以通过使用国际反垃圾邮件组织等提供的 RBL 数据库来有效地阻止垃圾邮件，比较出名也是常用的反垃圾邮件组织如 Spamhaus，下面就以此为例介绍反垃圾邮件组织。

首先选中【启用 DNS-BL 查询】复选框，然后在【DNS-BL 主机名】文本框中输入 zen.spamhaus.org，最后在【要返回的邮件】文本框中输入 IP listed at spamhaus,see http://www.spamhaus.org/，输入完成后单击【添加】按钮即可，如下图所示。

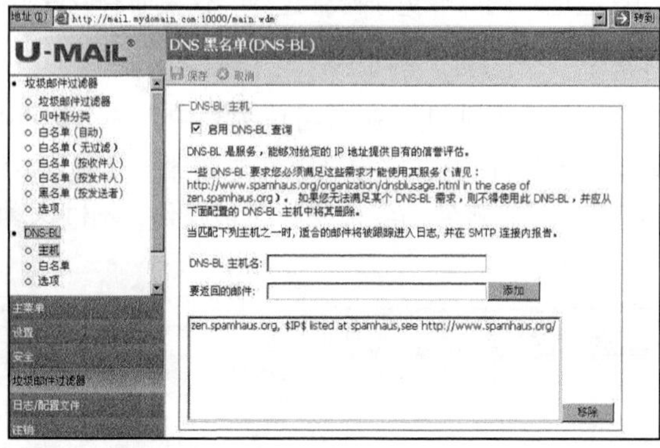

(2) 白名单

在白名单列表中可以设置不经过 DNS-BL 动作的 IP 地址，如下图（左）所示。

(3) 选项

这里是一些关于 DNS-BL 的选项，一般情况下请使用默认的设置，如下图（右）所示。

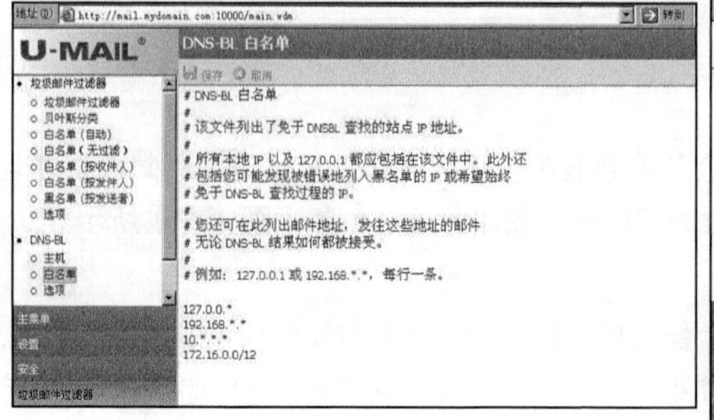

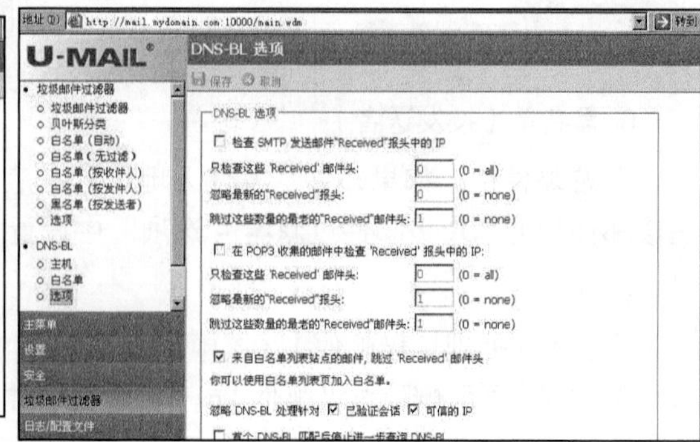

9. 垃圾邮件陷阱

垃圾邮件陷阱是设计一个本地的邮件地址用来收集垃圾邮件。但是这些邮件地址是没有分配给实际用户的，即不存在的账号，是一个陷阱。发送到垃圾邮件陷阱的邮件将直接路由到贝叶斯垃圾邮件学习文件夹中，如下图所示。

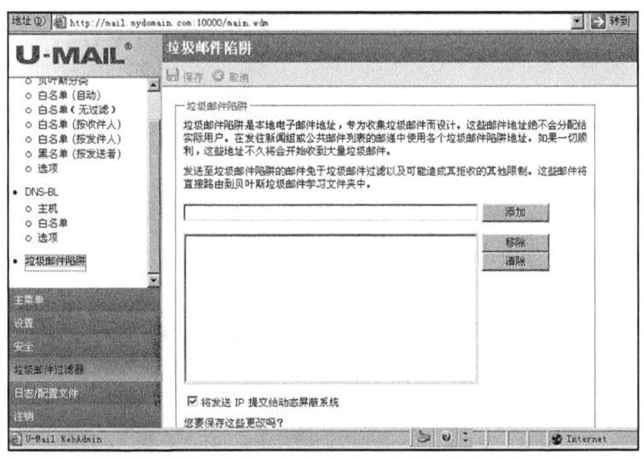

高手私房菜

>>

技巧：测试域名解析

一个邮件服务器能否正常工作，首先要确保收件人的域名的 MX 与 A 记录可以被正常解析，以下介绍这两个记录的测试方法。

1. 测试 MX 记录

❶ 依次打开【开始】▶【运行】窗口，输入 cmd 后单击【确定】按钮，打开命令提示符窗口，先输入 nslookup，如下图（左）所示。

❷ 然后将 Excel 文件内容复制到文本文件，目的是使得相邻的两个数据是用一个【Tab】键隔开的，如下图（右）所示。

```
C:\Users\Administrator>nslookup
默认服务器:  server.haut.edu.cn
Address:  202.196.16.3

> set type=mx
> 163.com
服务器:  server.haut.edu.cn
Address:  202.196.16.3

非权威应答:
163.com MX preference = 10, mail exchanger = 163mx01.mxmail.netease.com
163.com MX preference = 10, mail exchanger = 163mx02.mxmail.netease.com
163.com MX preference = 10, mail exchanger = 163mx03.mxmail.netease.com
163.com MX preference = 50, mail exchanger = 163mx00.mxmail.netease.com

163.com nameserver = ns1.nease.net
163.com nameserver = ns4.nease.net
163.com nameserver = ns3.nease.net
163.com nameserver = ns2.nease.net
ns1.nease.net   internet address = 114.113.197.14
ns2.nease.net   internet address = 114.113.197.12
ns3.nease.net   internet address = 220.181.28.4
ns4.nease.net   internet address = 61.135.255.140
>
```

❸ 如果出现类似下图中的任何一行信息即代表 MX 记录解析成功。

```
163.com MX preference = 10, mail exchanger = 163mx01.mxmail.netease.com
163.com MX preference = 10, mail exchanger = 163mx02.mxmail.netease.com
163.com MX preference = 10, mail exchanger = 163mx03.mxmail.netease.com
163.com MX preference = 50, mail exchanger = 163mx00.mxmail.netease.com
```

2. 测试 A 记录

❶ 打开命令提示符窗口，先输入 nslookup，与测试 MX 记录的第 1 步相同，然后输入 set type=a，接着输入 MX 记录中的“mail exchanger =”后的值，如下图所示。

```
非权威应答:
163.com MX preference = 10, mail exchanger = 163mx01.mxmail.netease.com
163.com MX preference = 10, mail exchanger = 163mx02.mxmail.netease.com
163.com MX preference = 10, mail exchanger = 163mx03.mxmail.netease.com
163.com MX preference = 50, mail exchanger = 163mx00.mxmail.netease.com

163.com nameserver = ns1.nease.net
163.com nameserver = ns4.nease.net
163.com nameserver = ns3.nease.net
163.com nameserver = ns2.nease.net
ns1.nease.net    internet address = 114.113.197.14
ns2.nease.net    internet address = 114.113.197.12
ns3.nease.net    internet address = 220.181.28.4
ns4.nease.net    internet address = 61.135.255.140
> set type=a
> 163mx01.mxmail.netease.com
服务器:  server.haut.edu.cn
Address:  202.196.16.3

非权威应答:
名称:    163mx01.mxmail.netease.com
Addresses:  220.181.14.142
          220.181.14.143
          220.181.14.135
          220.181.14.136
          220.181.14.137
          220.181.14.138
          220.181.14.139
          220.181.14.140
          220.181.14.141

>
```

❷ 如果出现相应 IP 地址，即表示 A 记录解析成功，如下图所示。

```
非权威应答:
名称:    163mx01.mxmail.netease.com
Addresses:  220.181.14.142
          220.181.14.143
          220.181.14.135
          220.181.14.136
          220.181.14.137
          220.181.14.138
          220.181.14.139
          220.181.14.140
          220.181.14.141
```

第 10 章

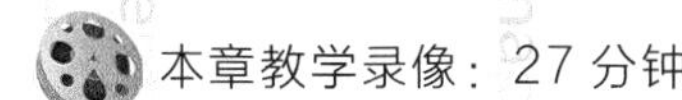
本章教学录像：27 分钟

DNS 服务器的安装与配置

DNS 是域名系统（Domain Name System）的英文缩写，是互联网最重要的服务之一。它拥有一个可以将域名和 IP 地址相互映射的分布式数据库，能够使人更方便地使用域名（如 www.baidu.com）的方式访问互联网，而不用去记住那些能够被计算机网络所直接认识的 IP 地址串。

本章要点（已掌握的在方框中打勾）

- ☐ DNS 服务器概述
- ☐ DNS 服务器工作原理
- ☐ 安装 DNS 服务器
- ☐ 配置 DNS 服务器
- ☐ 创建正向及反向查找区域
- ☐ 测试 DNS 服务器
- ☐ 备份与恢复 DNS 服务器

10.1 DNS 服务器概述

本节视频教学录像：3 分钟

在互联网时代 DNS 服务器有着举足轻重的作用，学习它首先需要认识它，这里将带大家认识什么是 DNS、它的工作原理是什么以及都有什么类型的 DNS。

10.1.1 什么是 DNS 服务器

DNS 服务器通常也称为域名服务器，它是指保存有该网络中所有主机的域名和对应 IP 地址，并具有将域名转换为 IP 地址功能的服务器。其中域名必须对应一个 IP 地址，而 IP 地址不一定有域名。域名系统采用类似目录树的等级结构。域名服务器为客户机 / 服务器模式中的服务器方，它主要有两种形式：主服务器和转发服务器。将域名映射为 IP 地址的过程就称为“域名解析”。

10.1.2 DNS 服务器工作原理

DNS 可以分为客户端和服务端，客户端扮演发问者的角色，即向 DNS 服务器询问域名，DNS 服务器必须要回答此域名的真正 IP 地址。DNS 服务器得到一个提问请求，它会先查自己的资料库。如果自己的资料库没有，则会往该 DNS 服务器上所设的上一级 DNS 服务器询问，依次得到答案之后，将收到的答案存起来，并回答客户。DNS 服务器会根据不同的授权区（zone），记录所属该网域下的各名称资料，这个资料包括网域下的次网域名称及主机名称。

在每一个 DNS 服务器中都有一个快取缓存区（cache），这个快取缓存区的主要目的是将该 DNS 服务器所查询出来的名称及相对的 IP 地址记录到快取缓存区中，这样当下一次还有另外一个客户端到此服务器上去查询相同的名称时，服务器就不用再到别台主机上去寻找了，而直接可以从缓存区中找到该笔名称记录资料，传回给客户端，加速客户端对名称查询的速度。

10.1.3 DNS 服务器类型

按照 DNS 服务器的具体功能做区分，DNS 服务器又可以分为以下 3 类。

⑴ 主服务器（primary name server）：每个域中的主服务器都是唯一的，它从域管理员构造的本地磁盘文件中加载域信息，该文件（区文件）包含着该服务器具有管理权的一部分域结构的最精确信息。主服务器是一种权威性服务器，因为它以绝对的权威去回答对其管辖域的任何查询。

⑵ 辅助服务器（secondary name server）：它可从主服务器中复制一整套域信息。区文件是从主服务器中复制出来的，并作为本地磁盘文件存储在辅助服务器中。

⑶ 高速缓存服务器（caching-only server）：高速缓存服务器与主、辅服务器不同，它没有 DNS 数据文件，没有任何原始的 DNS 数据，如果客户机向它查询域名，它就会从某个远程 DNS 服务器取得查询的结果，一旦取得一个，就将结果放在高速缓存中，以后查询相同的信息时就用它予以回答。高速缓存服务器不是权威性服务器，因为它提供的所有信息都是间接信息。对于高速缓存服务器只需要配置一个高速缓存文件，但最常见的配置还包括一个回送文件，这或许是最常见的域名服务器配置。

10.2 安装 DNS 服务器

本节视频教学录像：3 分钟

默认情况下，Windows Server 2003 服务器没有安装 DNS 服务，想要使用 DNS 服务就必须先安装该服务，下面详细介绍 DNS 服务的安装步骤。

❶ 依次单击【开始】►【所有程序】►【管理工具】►【配置您的服务器向导】命令，打开如下图所示界面。

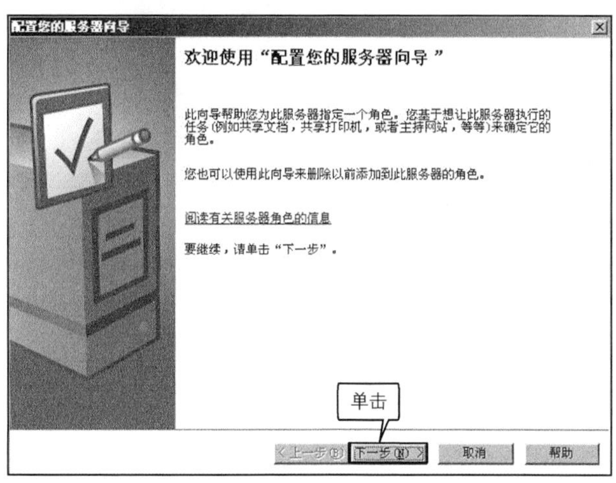

❷ 在打开的向导页中，单击【下一步】按钮，配置向导自动检测所有网络连接的设置情况，若没有发现问题则进入【服务器角色】向导页，如下图（左）所示。

❸ 选择【DNS 服务器】选项，单击【下一步】按钮进入【选择总结】界面，在该界面中显示在上一步中所选择的内容，如下图（右）所示。

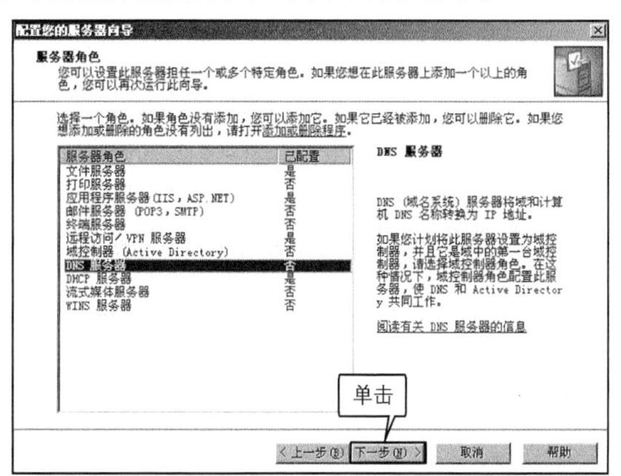

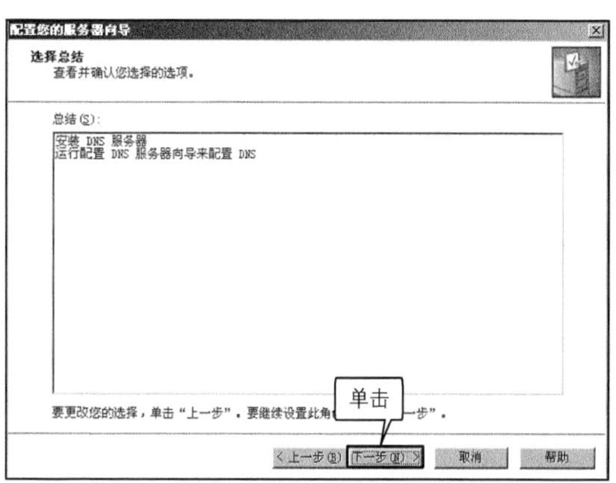

技 巧

第一次使用配置向导，会出现一个【配置选项】向导页，单击【自定义配置】单选框即可。

❹ 单击【下一步】按钮，向导开始安装 DNS 服务器，安装的过程中有可能会弹出对话框提示插入 Windows Server 2003 的安装光盘或指定安装源文件，如下图（左）所示。

❺ 单击【确定】按钮开始安装 DNS 服务器，成功安装 DNS 服务器时会出现如下图（右）所示的 DNS 服务器配置向导界面。

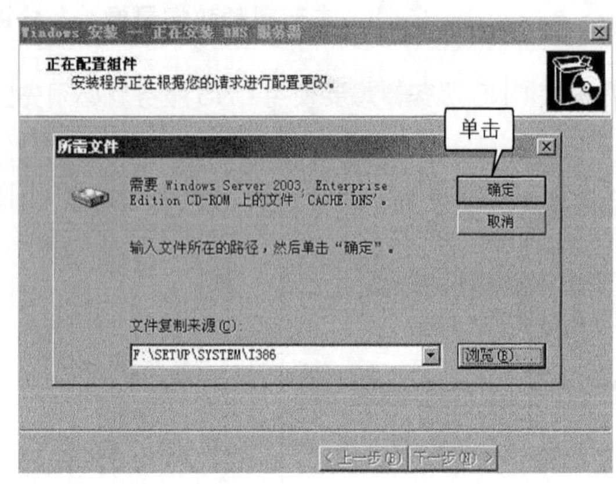

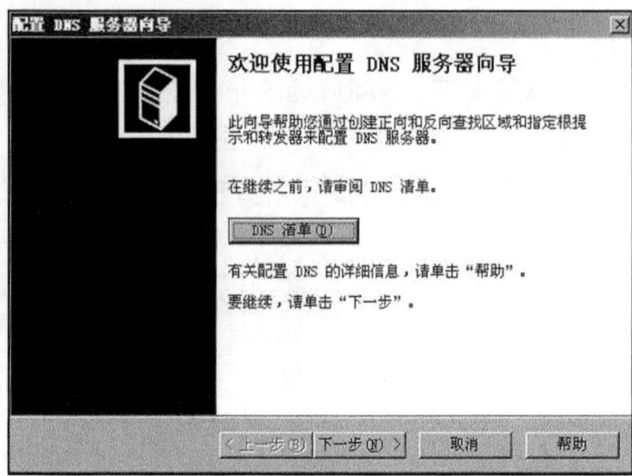

注 意

如果操作系统安装的是 Windows Server 2003 企业版就不会在安装各种服务器时再弹出需要插入光盘的提示。

10.3 配置 DNS 服务器

本节视频教学录像：10 分钟

刚刚装好的 DNS 服务器需要被正确配置，才能有效地运行。以下将对 DNS 服务器一些重要配置进行详细的介绍。

10.3.1 创建正向及反向查找区域

正向查找区域是名称到地址的数据库，即将域名转换成 IP 地址；反向查找区域是地址到名称的数据库，即将计算机的 IP 地址转换成对应的域名。以下将对这两项配置进行详细的介绍。

1. 创建正向查找区域

❶ 依次单击【开始】▶【控制面板】▶【管理工具】▶【DNS】命令，出现 DNS 控制台，对 DNS 的主要配置都需要在 DNS 控制台中完成，如下图所示。

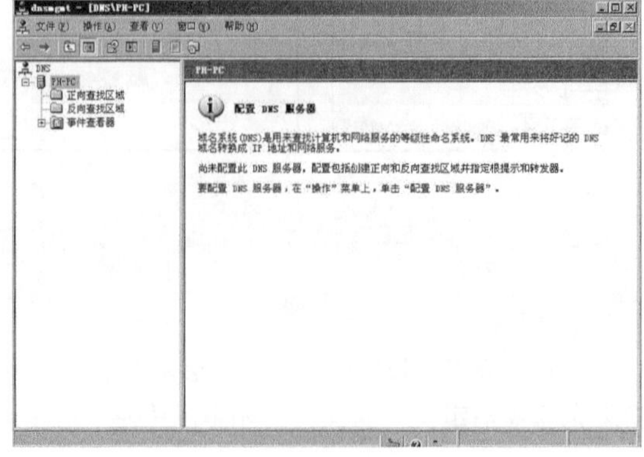

❷ 在上图所示的左侧区域右键单击其中的【正向查找区域】目录项，在弹出的快捷菜单中单击【新建区域】命令，如下图（左）所示。

❸ 单击【新建区域】命令后弹出【新建区域向导】界面，通过该向导可以为 DNS 服务器创建一个新区域，如下图（右）所示。

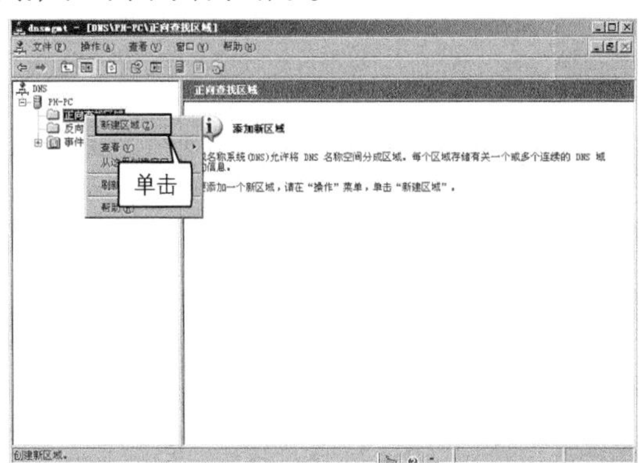

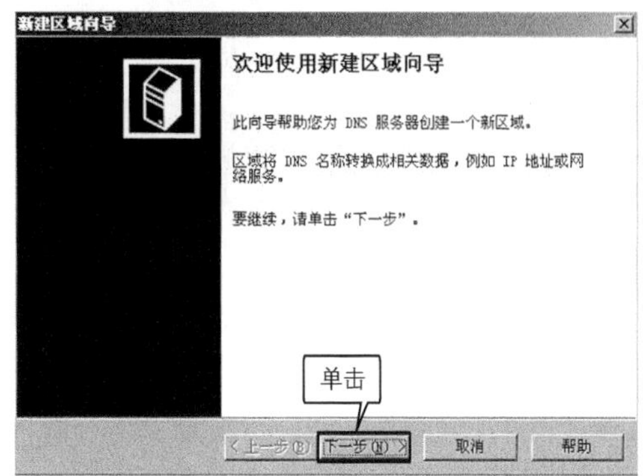

❹ 单击【下一步】按钮，进入【区域类型】选项界面，需要创建一个主要区域，这里单击【主要区域】选项，如下图（左）所示。

❺ 单击【下一步】按钮，进入【区域名称】设置界面，区域名称可以是域名（如 mydomain.com），也可以是域名的一部分（如 ftp.mydomain.com），如下图（右）所示。

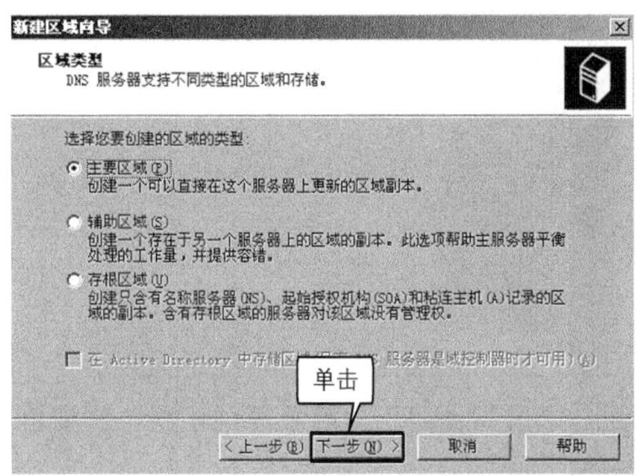

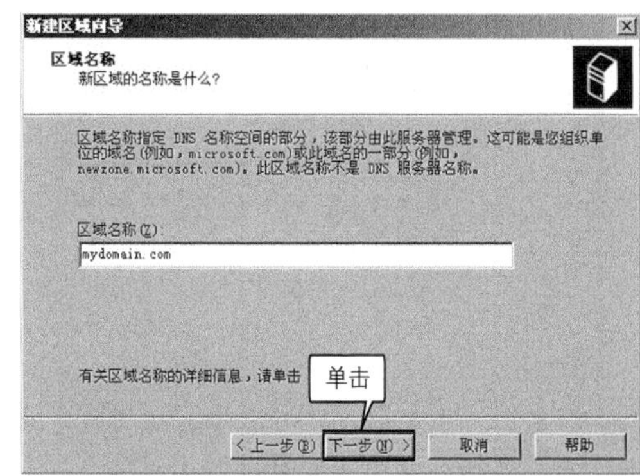

❻ 单击【下一步】按钮，进入【区域文件】创建界面，默认选择【创建新文件，文件名为】选项，系统根据上一步输入的区域名称自动新建一个文件名，这里使用默认设置即可，如下图（左）所示。

❼ 单击【下一步】按钮，进入【动态更新】界面，为了 DNS 服务器的安全，必须让管理员手动更新这些记录，这里选择【不允许动态更新】选项，如下图（右）所示。

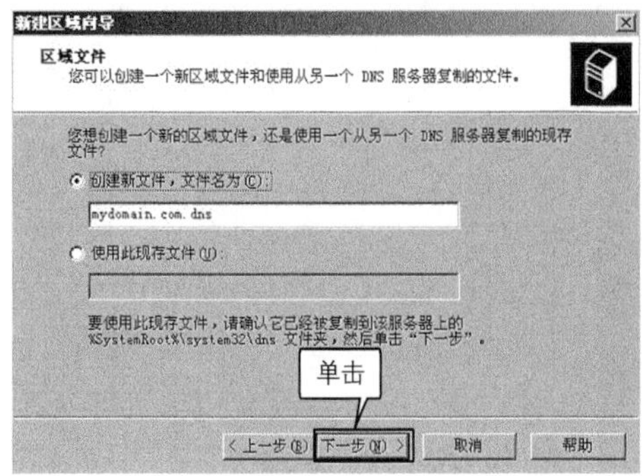

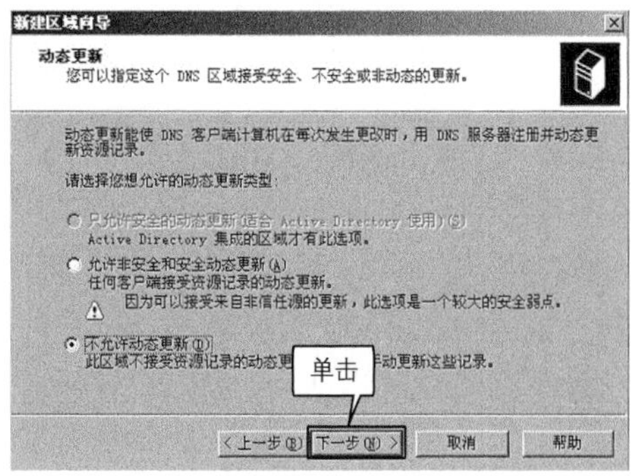

❽ 单击【下一步】按钮，进入最后的确认配置信息，如果配置正确则单击【完成】按钮，即可完成正向查找区域的创建，如下图所示。

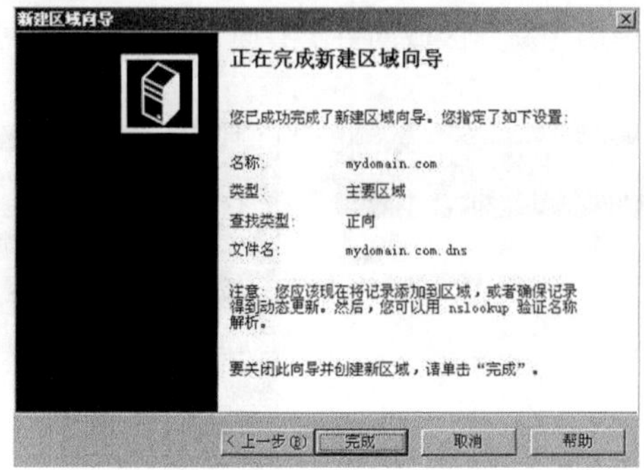

2. 创建反向查找区域

通过创建反向查找区域，DNS 服务器可以将 IP 地址解析为域名。其创建步骤如下。

❶ 打开 DNS 控制台，在左侧区域右键单击其中的【反向查找区域】目录项，在弹出的快捷菜单中单击【新建区域】命令，如下图（左）所示。

❷ 单击【新建区域】命令后弹出【新建区域向导】界面，通过该向导可以为 DNS 服务器创建一个新的反向查找区域，如下图（右）所示。

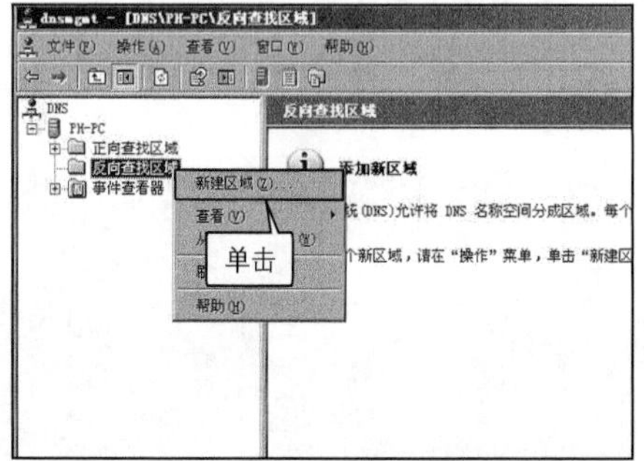

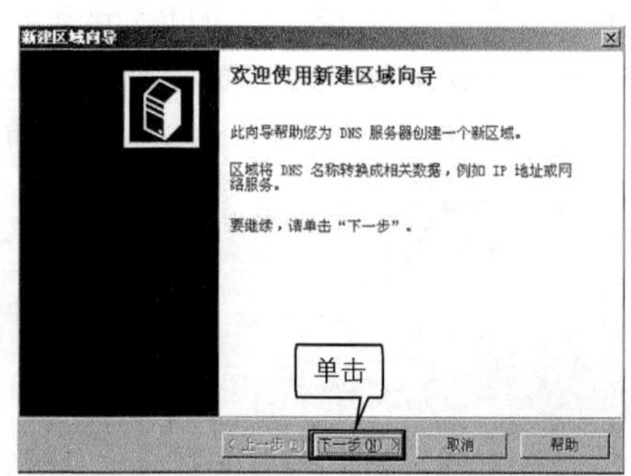

❸ 单击【下一步】按钮，进入【区域类型】选项界面，这里与创建正向查找区域相同，需要创建的是一个主要区域，单击【主要区域】选项，如下图（左）所示。

❹ 单击【下一步】按钮，出现【反向查找区域名称】界面，反向查找区域是用网络 ID 表示的。例如，本机的 IP 地址是 192.168.0.128，子网掩码是 255.255.255.0，则应该输入的网络 ID 是 192.168.0，输入完毕后会自动产生反向查找区域名称，即 0.168.192.in-addr.arpa，它是由网络 ID 的倒置与 in-addr.arpa 组成的，如下图（右）所示。

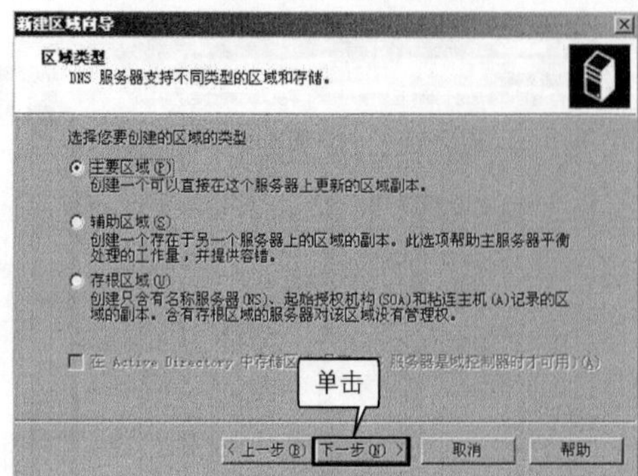

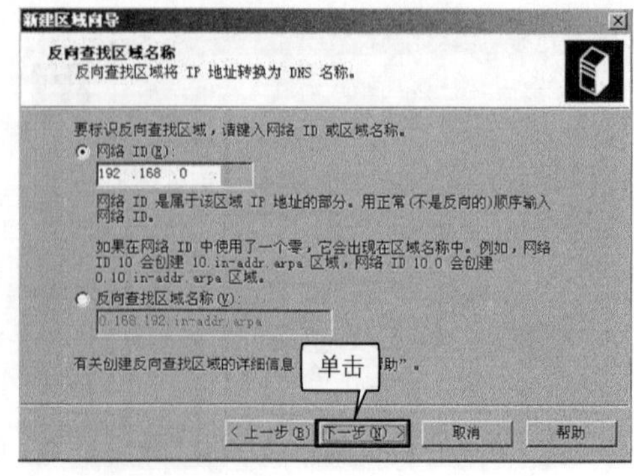

❺ 单击【下一步】按钮，进入【区域文件】创建界面，这里创建新建区域的区域文件，按照默认设置即可，如下图（左）所示。

❻ 单击【下一步】按钮，进入【动态更新】界面，为了 DNS 服务器的安全，必须让管理员手动更新这些记录，这里选择【不允许动态更新】选项，如下图（右）所示。

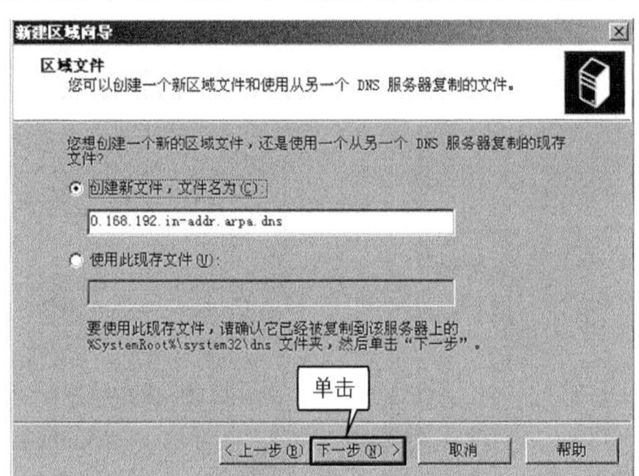

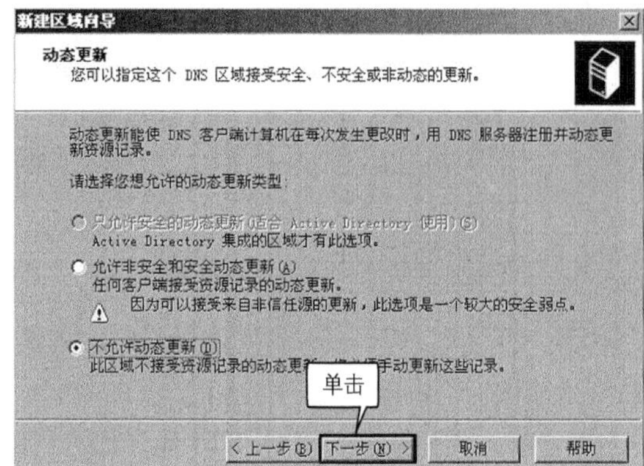

❼ 单击【下一步】按钮，进入如下图（左）所示界面，该界面中显示创建反向查找区域的基本信息，信息确认无误后单击【确定】按钮即可完成反向查找区域的创建。

❽ 完成反向查找区域的创建后，在控制台中的左侧区展开反向查找区域可以看到 192.168.0.x Subnet，如下图（右）所示。

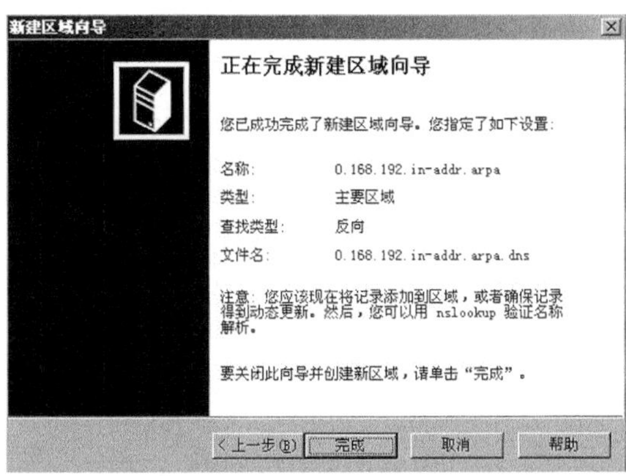

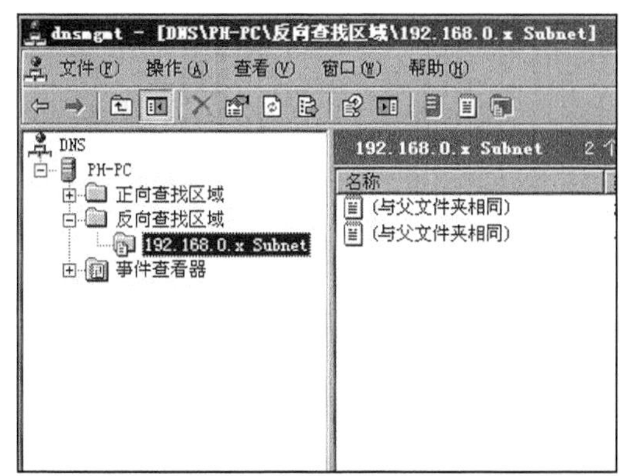

10.3.2 新建主机

完成主要区域的创建后，DNS 服务器还不能马上实现域名解析。用户还需要在 DNS 服务器中创建指向不同服务器的主机名，另外还要将 DNS 主机域名与其 IP 地址对应起来，实现主机域名和服务器 IP 地址的映射，这些操作可以通过 DNS 控制台的新建主机功能来完成。下面详细介绍新建主机的步骤。

❶ 打开 DNS 控制台，展开【正向查找区域】目录项下的“mydomain.com”，然后右键单击该域名，并在弹出的快捷菜单中单击【新建主机】命令，如下图（左）所示。

❷ 单击【新建主机】命令后，弹出【新建主机】界面，在该界面中的【名称】文本框中输入计算机名称“ph”，在【完全合格的域名（FQDN）】文本框中会自动生成域名“ph.mydomain.com”，输入 ph 主机对应的 IP 地址“192.168.0.128”，选中【创建相关的指针（PTR 记录）】复选框，如下图（右）所示。

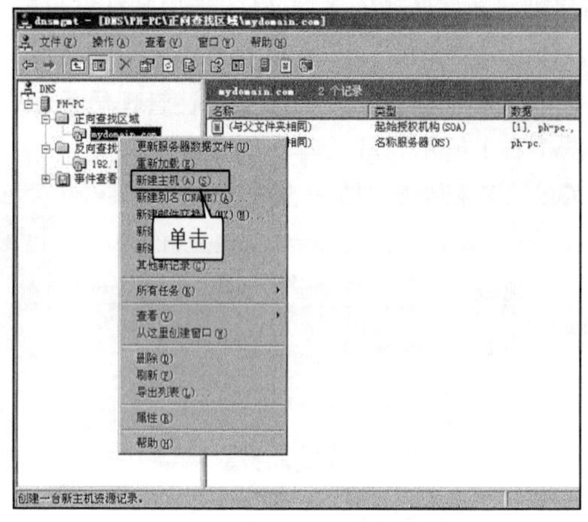

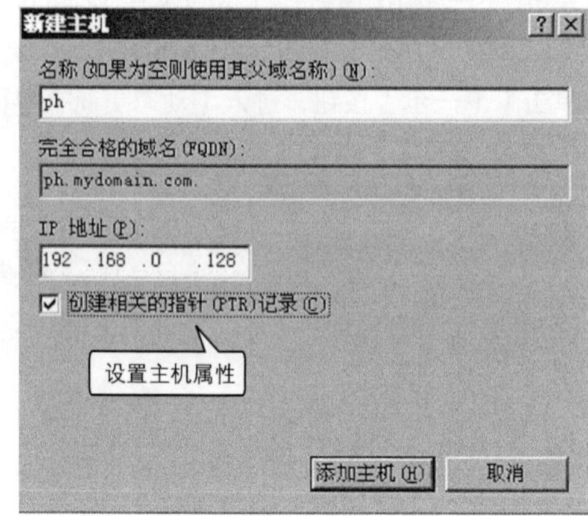

❸ 单击【添加主机】按钮，出现如下图所示界面，表示添加主机记录成功，如果需要继续添加单击【确定】按钮后，再输入主机名称和 IP 地址即可再继续添加，否则单击【完成】按钮直接返回控制台界面即可。

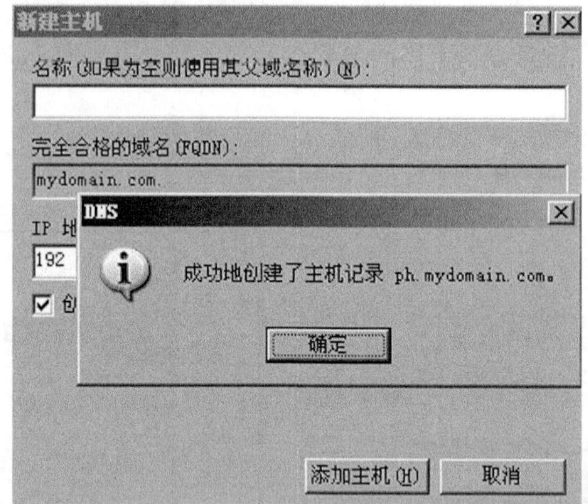

10.3.3 创建别名记录

在大多数情况下，域名并不是用计算机名本身来创建的，而是以别名来创建的，如作为 Web 服务的主机会以 www 作为别名，以便在互联网上能被更多人直观地了解。本小节详细介绍创建别名记录的步骤。

❶ 打开 DNS 控制台，展开【正向查找区域】目录项下的“mydomain.com”，然后右键单击该域名，并在弹出的快捷菜单中单击【新建别名】命令，如下图（左）所示。

❷ 单击【新建别名】命令后，弹出【新建资源记录】界面，在【别名】文本框中输入“www”，表示这台主机将提供 Web 服务，完全合格的域名就是 www.mydomain.com，如下图（右）所示。

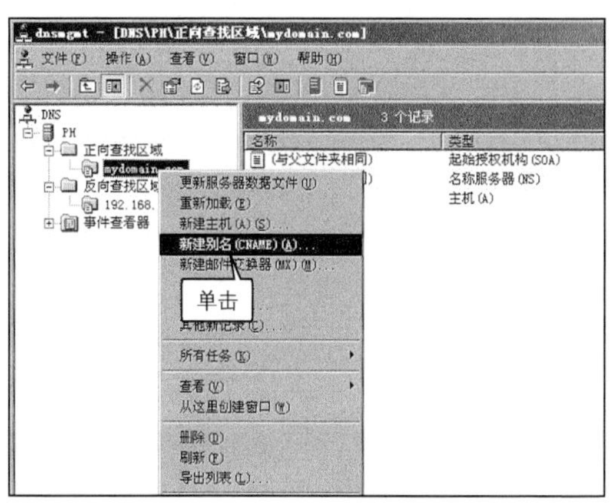

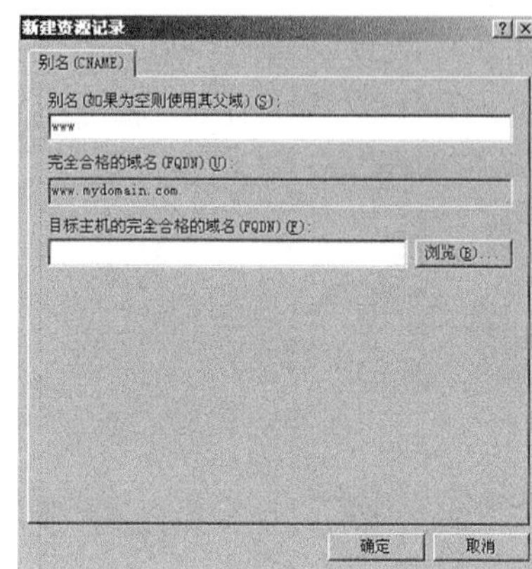

❸ 单击【浏览】按钮，出现【浏览】界面，用于选择需要建立别名的主机，如下图（左）所示。

❹ 选中【记录】列表框中的【PH】选项，单击【确定】按钮，进入正向查找区域的选择界面，如下图（右）所示。

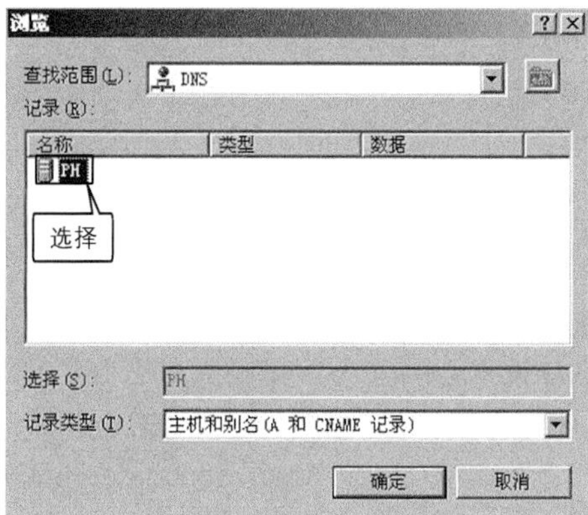

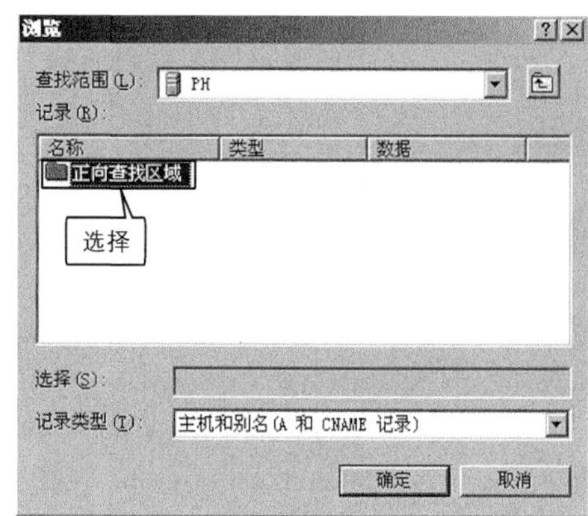

❺ 选中【记录】列表框中的【正向查找区域】选项，单击【确定】按钮，进入选择正向查找区域中域名记录的界面，如下图（左）所示。

❻ 选中【记录】列表框中的【mydomain.com】选项，单击【确定】按钮，进入选择该域名下对应主机的界面，如下图（右）所示。

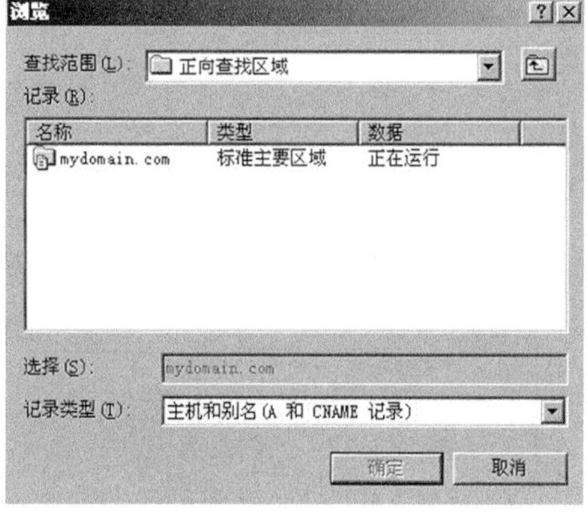

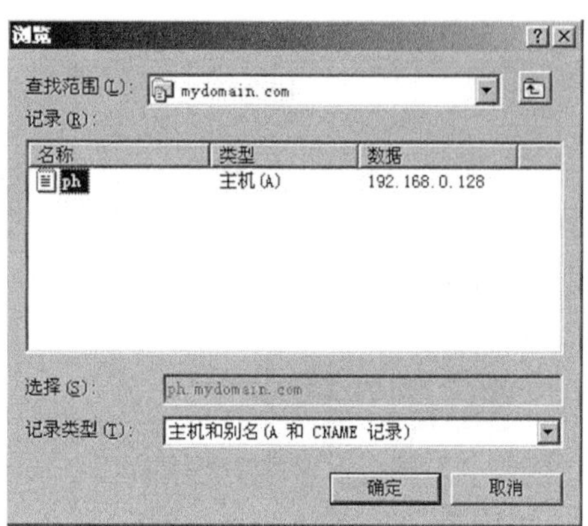

❼ 单击【确定】按钮，返回【新建资源记录】界面，如下图（左）所示；再单击【新建资源记录】界面中的【确定】按钮，返回 DNS 控制台，新建别名记录成功。

❽ 创建成功后可以在 DNS 控制台看到该别名记录，如下图（右）所示。

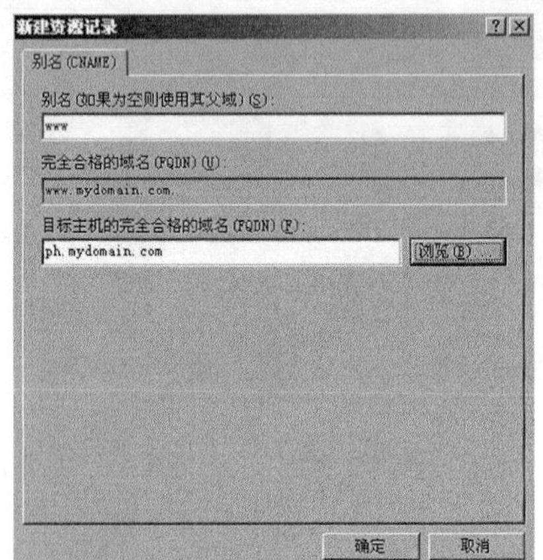

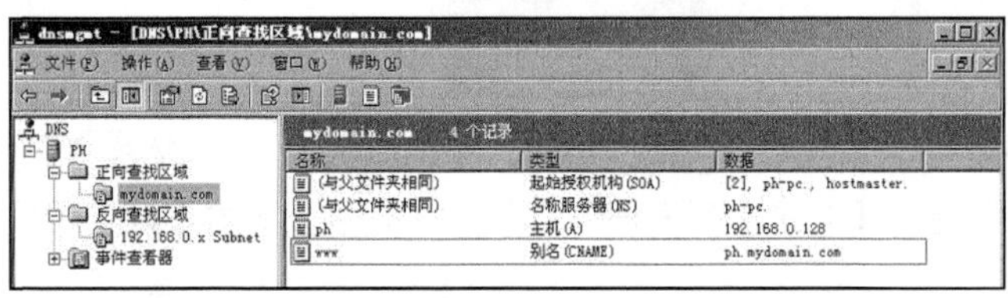

说 明

通过浏览功能新建目标主机虽可确保其准确性，但操作比较繁琐，实际工作中只要管理员比较熟练，可以手工输入目标主机域名直接单击【确定】按钮来快速完成操作。

10.3.4 创建泛域名记录

泛域名指的是利用通配符“ *（星号）”来做次级域名以实现所有的次级域名均指向同一 IP 地址的目的。假定用户的域名是 mydomain.com，将主机名称设置为“*”，IP 解析到 192.168.0.128，大家都知道“*”是通配符，它表明将 mydomain.com 之前的所有子域名解析到 192.168.0.128，这就意味着无论输入 www.mydomain.com 或者 ftp.mydomain.com 或者 aaa.bbb.mydomain.com 都将解析到 192.168.0.128。这里需要说明的是，在系统里面如果单独设置一个子域名解析，比如将主机名设置为 mail，单独解析到 192.168.0.120, 那么该解析记录优先。

以下将对泛域名记录的创建步骤进行详细介绍。

❶ 打开 DNS 控制台，展开【正向查找区域】目录项下的“mydomain.com”, 然后右键单击该域名，并在弹出的快捷菜单中单击【新建域】命令，如下图（左）所示。

❷ 单击【新建域】命令之后，出现【新建 DNS 域】对话框，这里直接输入“*”，如下图（右）所示。

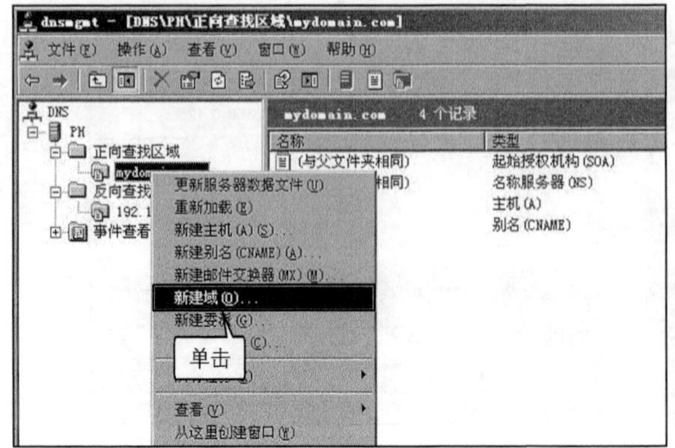

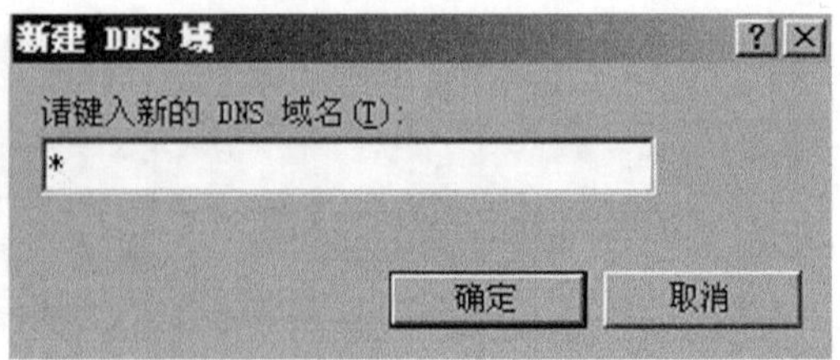

❸ 单击【确定】按钮，在 mydomain.com 下就成功新建了"*"这个子域，如下图（左）所示。

❹ 展开 mydomain.com 下的"*"，并右键单击它，在弹出来的快捷菜单中单击【新建主机】命令，如下图（右）所示。

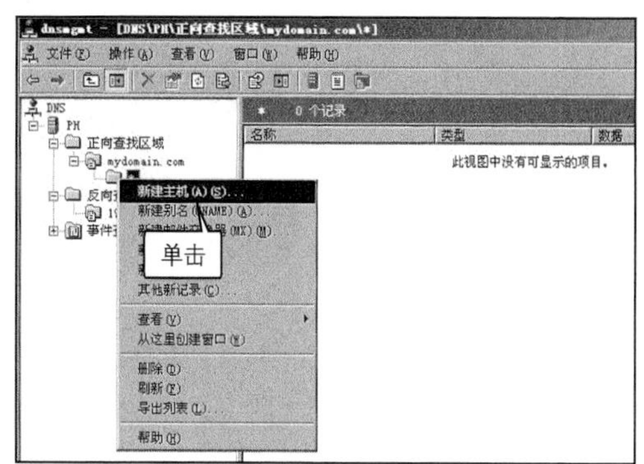

❺ 单击【新建主机】命令以后，弹出【新建主机】界面，这里的【名称】文本框中不用输入任何内容，在【IP 地址】文本框中输入泛域名解析指向的 IP 地址即可，这里输入"192.168.0.128"，选中【创建相关的指针（PTR）记录】复选框，如下图（左）所示。

❻ 单击【添加主机】按钮，系统会弹出成功创建主机记录的提示对话框，单击该对话框中的【确定】按钮，返回新建主机的界面，再单击界面上的【完成】按钮即可。新建主机完成以后在控制台右侧会出现如下图（右）所示记录。

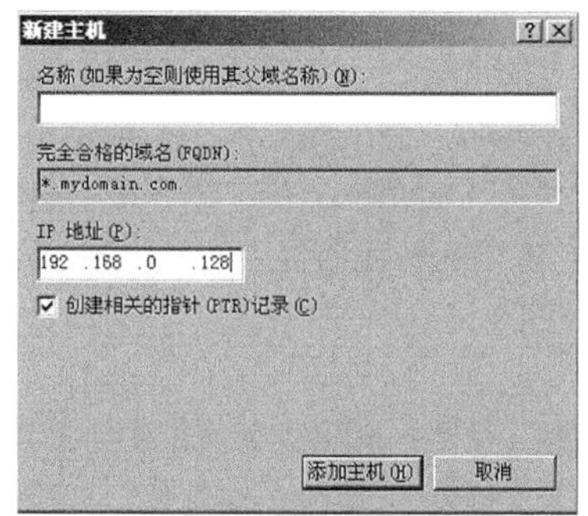

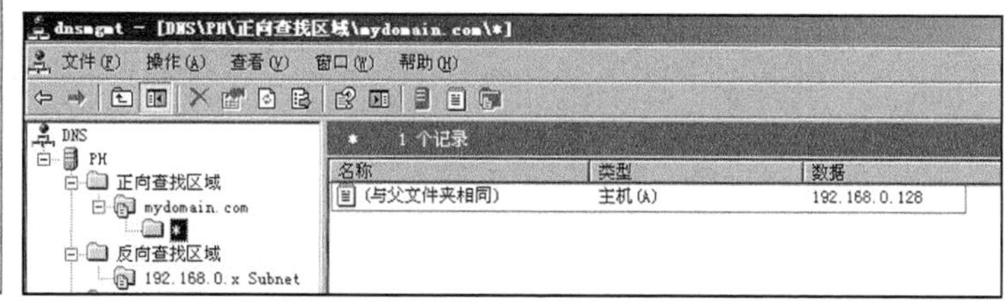

10.3.5 事件查看器

DNS 服务器中集成了事件查看器，利用事件查看器可以查看 DNS 服务器运行时关于硬件、软件和系统问题的信息。在日常操作服务器时遇到系统错误，利用事件查看器，再加上适当的网络资源，可以很好地解决大部分的系统问题。

打开 DNS 控制台，在左侧窗口中展开 DNS 服务器【PH】目录，可以看到列表的最下端有一个事件查看器，如下图所示。

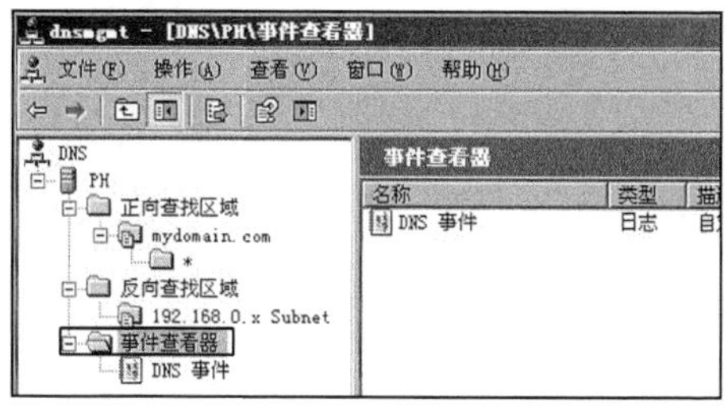

单击上图中的【DNS 事件】选项，在右边的窗口就会出现当前 DNS 事件信息（包括信息、警告、错误等）的列表，双击右边列表中的条目就可查看具体内容，如下图所示。

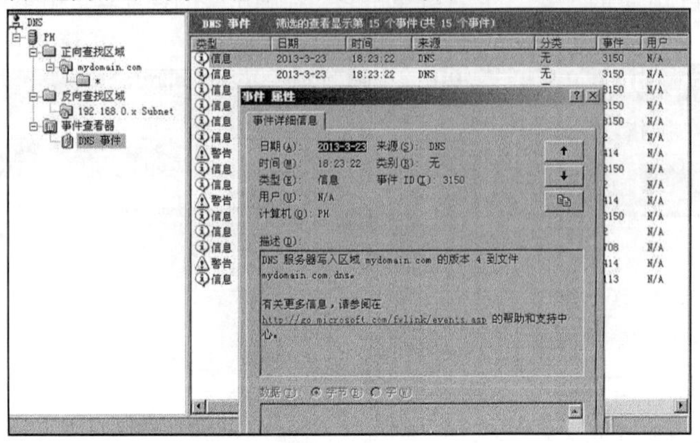

10.4 测试 DNS 服务器

本节视频教学录像：5 分钟

已经安装与配置好的 DNS 服务器需要经过一系列的测试，以确保安装的正确性。下面介绍 DNS 服务器的测试方法。

1. 配置 DNS 客户端

建好 DNS 服务器以后，就需要配置 DNS 客户端，本例中的域名服务器是建立在内部网络中的，解析的域名（mydomain.com）是网络内部域名，所以为了能解析该域名，位于内部网络中的主机的首选 DNS 必须是直接指向新建的 DNS 服务器。如果域名服务是建立在 Internet 上的，就需要将客户端的 DNS 地址指向 Internet 上的 DNS 服务器，一般情况下都是指向电信运营商所提供的 DNS 服务器地址。

以下介绍 DNS 客户端的配置步骤。

❶ 在桌面上右击【网上邻居】图标，在弹出的快捷菜单中单击【属性】命令，会出现一个【网络连接】界面，右键单击【本地连接】选项，选择【属性】命令，从而打开【本地连接 属性】对话框，如下图（左）所示。

❷ 选中【本地连接 属性】对话框的【常规】选项卡中的【Internet 协议（TCP/IP）】复选框，单击【属性】按钮，打开【Internet 协议（TCP/IP）属性】对话框，在该对话框中用户可以选择自动获得 IP 地址和 DNS 服务器地址，也可以对它们的任何一项进行手工配置。一般来说网络管理员会把 DNS 服务器的地址配置到 DHCP 服务器上，让用户自动获取即可，如下图（右）所示。

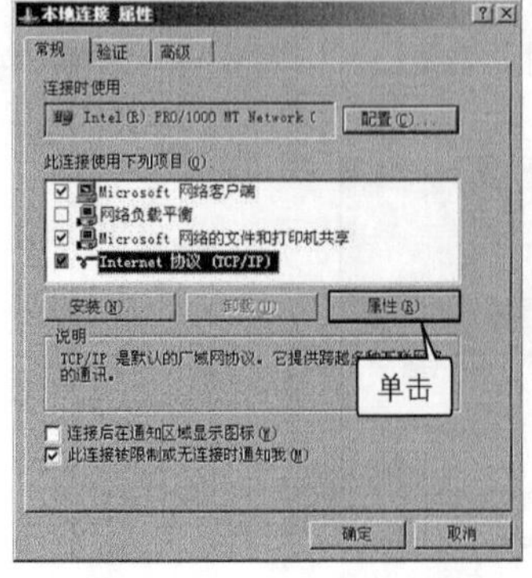

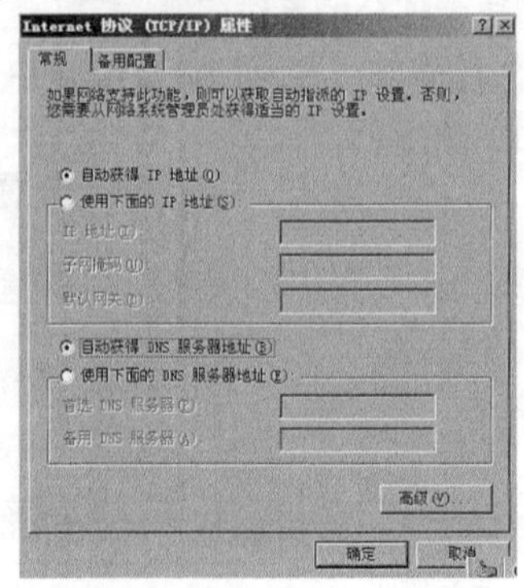

❸ 本例中对客户机的 IP 地址和 DNS 服务器地址进行手工配置，手工配置 IP 地址需要选中【使用下面的 IP 地址】单选按钮，再输入 IP 地址、子网掩码、默认网关；手工配置 DNS 服务器地址需要选中【使用下面的 DNS 服务器地址】单选按钮，然后输入 DNS 服务器地址，单击【确定】按钮即可完成手工配置的全部操作，如下图所示。

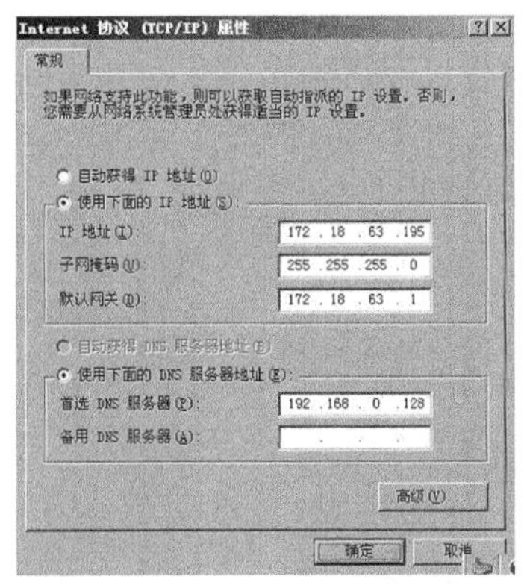

2. DNS 正向解析测试

DNS 的正向解析测试就是测试 DNS 服务器能否将域名解析为正确的 IP 地址，通常使用的测试命令包括 ipconfig、ping 以及 nslookup 等，具体测试步骤如下。

❶ 首先单击客户机左下角的【开始】按钮，选择【运行】命令，输入 cmd 后单击【确定】按钮，弹出【命令提示符】窗口，如下图（左）所示。

❷ 输入“ipconfig /all”，按回车键，即可查看 DNS 的配置情况，该客户机首选 DNS 是 192.168.0.128，是位于内网中的 DNS 服务器，如下图（右）所示。

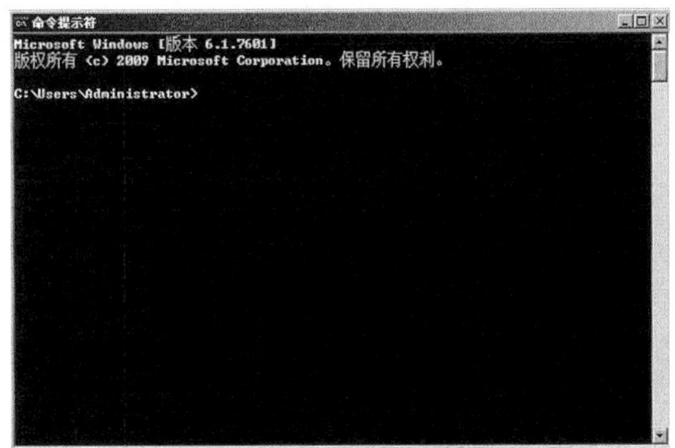

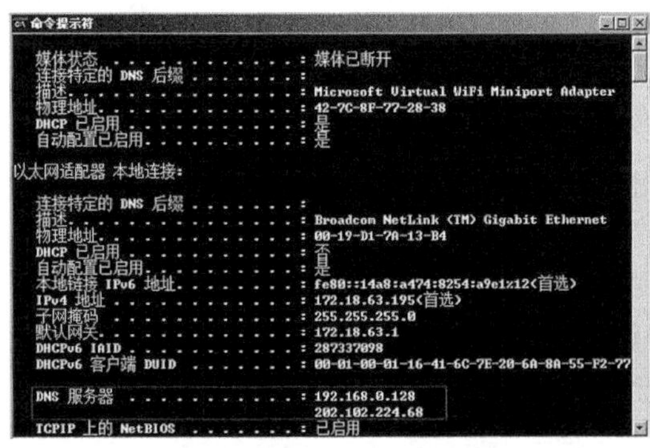

❸ 可以使用 nslookup 命令进行正向解析测试。首先，在命令提示符界面输入 nslookup 后按回车键，再输入需要解析的域名后按回车键。这里输入 www.mydomain.com，如果 DNS 服务器能够正确解析，则会返回该域名的 IP 地址，如下图所示。

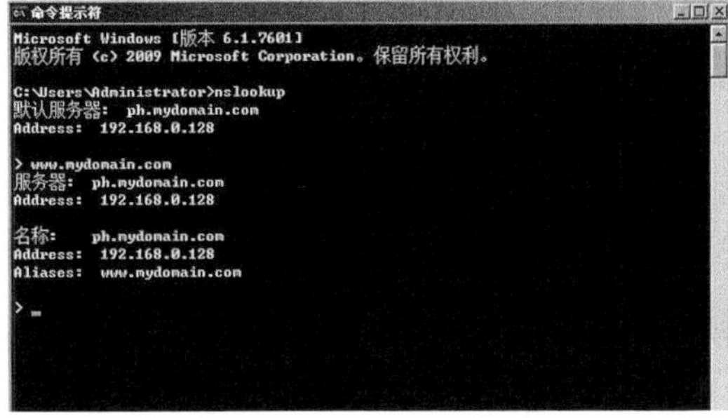

3. DNS 反向解析测试

❶ DNS 反向解析指的是将 IP 地址解析为域名的过程，测试首先要打开【命令提示符】窗口，输入命令“ping –a 192.168.0.128”，检查 DNS 服务器能否将 IP 地址解析成域名，如下图（左）所示，成功返回“*.mydomain.com”，说明反向解析是成功的。

❷ 除了用 ping 命令以外，也可以使用 nslookup 命令进行反向解析测试。在命令提示符界面输入 nslookup 后按回车键，再输入需要反向解析的 IP 地址后按回车键。这里输入 192.168.0.128，如果 DNS 服务器能够正确解析，则会返回该 IP 地址对应的域名，如下图（右）所示。

10.5 备份与恢复 DNS 服务器

本节视频教学录像：6 分钟

DNS 服务器搭建好可以正常运行以后，需要做的一个最重要的工作就是备份，备份 DNS 服务器才能确保其灾难恢复前后数据的一致性。本节主要对 DNS 服务器的备份与恢复步骤进行详细介绍。

1. 备份 DNS 服务器

❶ 先停止 DNS 服务，单击服务器左下角的【开始】按钮，选择【运行】命令，输入 regedit，单击【确定】按钮，打开【注册表编辑器】窗口，找到键值“HKEY_LOCAL_MACHINE\System\CurrentControlSet\Services\ DNS”，如下图（左）所示。

❷ 右键单击 DNS 文件夹并且选择【导出】命令，把文件命名为 DNS_backup，然后按【Enter】键导出，如下图（右）所示。

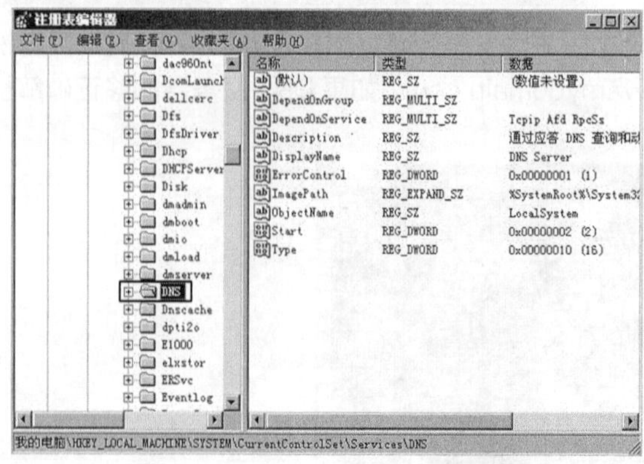

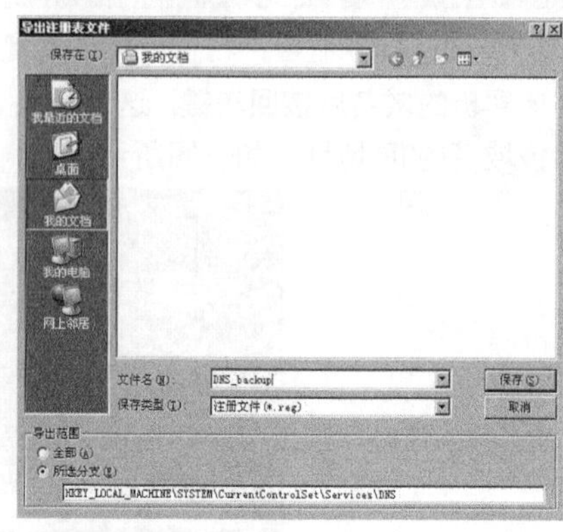

❸ 找到注册表中的另一个键值“HKEY_LOCAL_MACHINE \ SOFTWARE \ Microsoft \ Windows NT \ CurrentVersion \ DNS Server”，如下图（左）所示。

❹ 右键单击 DNS Server 文件夹并且选择【导出】命令，把文件命名为 DNS Server_backup，然后按【Enter】键导出，如下图（右）所示。

❺ 除了需要备份刚才导出的两个注册表文件以外，还需要备份系统分区中的 Windows\System32\DNS 文件夹里面所有后缀为 .dns 的文件，如下图所示。

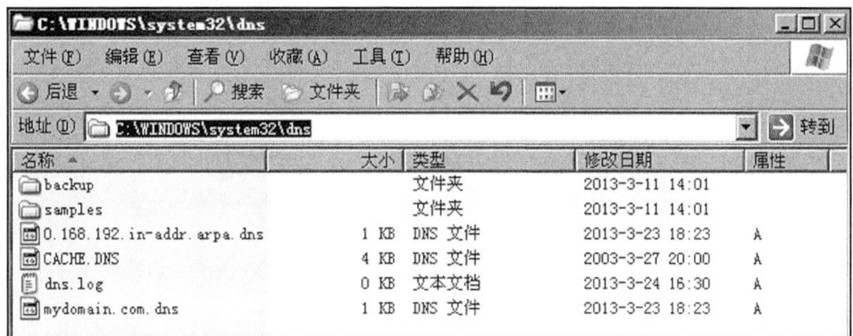

2. 还原 DNS 服务器

❶ 当 DNS 服务器出现问题时，可以通过重建 DNS 服务器，还原 DNS 的配置信息来让它重新工作。首先，将刚才备份的 DNS 注册文件复制到服务器上，双击注册表文件即可将注册信息还原到注册表中，如下图所示。

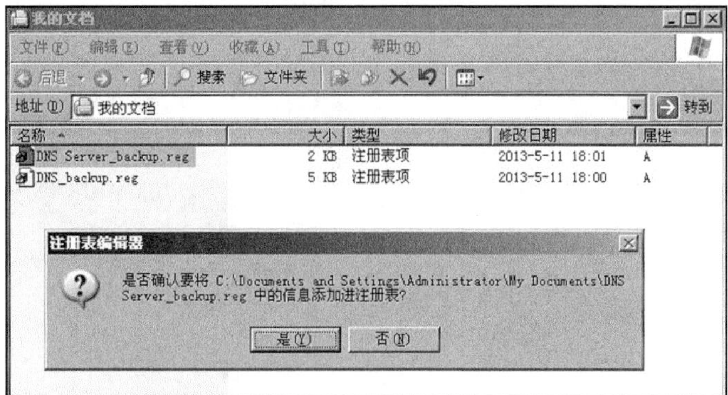

❷ 将备份的“.dns”文件复制到系统分区的 Windows\System32\DNS 文件夹中，就可以完成 DNS 配置信息的还原工作了。

高手私房菜

技巧：DNS 转发器

DNS 转发器是为其他 DNS 服务器完成 DNS 查询的 DNS 服务器。使用 DNS 转发器的主要目的是减轻 DNS 处理的压力，把查询请求从 DNS 服务器转给转发器，从 DNS 转发器潜在的更大 DNS 高速缓存中受益。下面介绍如何使用 DNS 转发器。

❶ 打开 DNS 控制台，在左侧窗口中的服务器 PH 上右键单击，在弹出的快捷菜单中选择【属性】命令，如下图所示。

❷ 在弹出的【属性】对话框中，选择【转发器】选项卡，如下图（左）所示。

❸ 在【所选域的转发器的 IP 地址列表】文本框中输入电信运营商提供的 DNS 服务器的 IP 地址，并单击【添加】按钮，这样就可以成功将 DNS 查询转发至其他 DNS 服务器，如下图（右）所示。

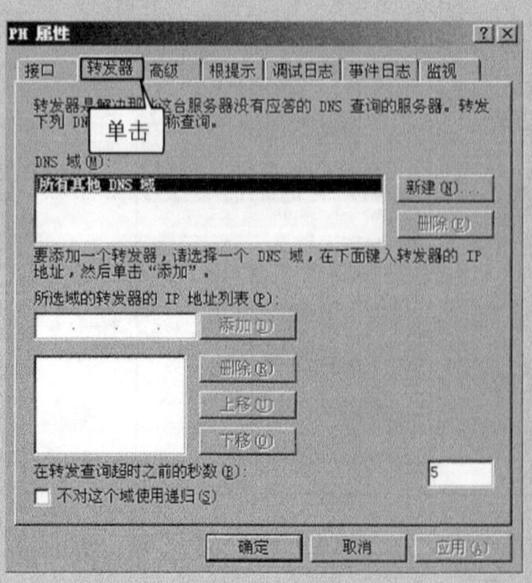

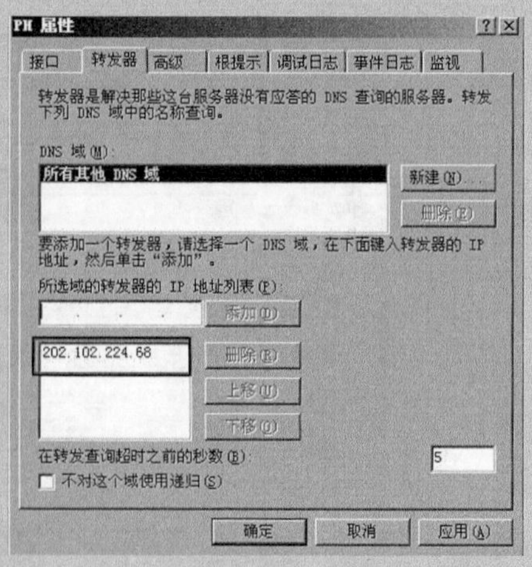

第 11 章

本章教学录像：20 分钟

DHCP 服务器的安装与配置

在使用 TCP/IP（协议）的网络上，每一台计算机都拥有唯一的计算机名和 IP 地址。当计算机加入一个新的网络时，使用手工配置 IP 地址方式将会给一般的用户带来很大的麻烦。另外，当用户将计算机从一个子网移动到另一个子网的时候，IP 地址很可能发生变化。例如，采用静态 IP 地址的分配方法，就需要重新配置 IP 地址，这将增加网络管理员的负担，而在拥有 DHCP 服务器的网络中，计算机就可以动态获取 IP 地址，不再需要手动进行配置。

本章要点（已掌握的在方框中打勾）

☐ DHCP 服务器概述

☐ 使用 DHCP 服务器的优点

☐ 安装和配置 DHCP 服务器

☐ DHCP 服务的高级管理

11.1 DHCP 服务器概述

本节视频教学录像：1 分钟

DHCP 又叫动态主机分配协议，是一个简化主机 IP 地址分配管理的 TCP/IP 标准协议。DHCP 服务器控制一段 IP 地址范围，客户机登录服务器时就可以自动获得服务器分配的 IP 地址和子网掩码。此外，DHCP 服务器还必须是一台安装有 Windows Server 2003/ 2008 系统等的计算机，并且它还需要安装 TCP/IP（协议），以及要为其设置静态 IP 地址、子网掩码、默认网关等；使用 DHCP 功能获取 IP 的计算机也必须设置成利用 DHCP 动态获得 IP 地址模式。下图所示是一个支持 DHCP 的网络实例。

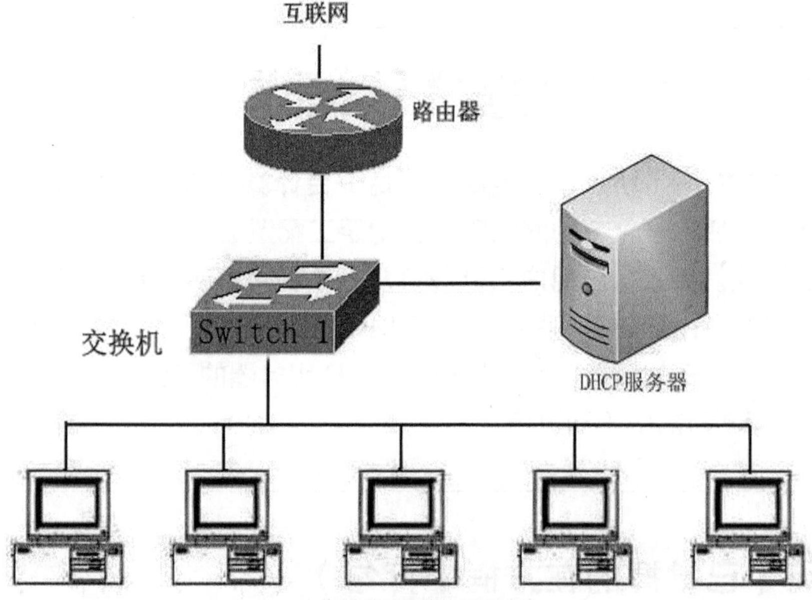

11.2 使用 DHCP 服务器的优点

本节视频教学录像：2 分钟

为网络配置 DHCP 服务器有下列优点。

⑴ 管理员可集中指派和指定全局的和子网特有的 TCP/IP 参数供整个网络使用。

⑵ 客户端计算机不需要手动配置 TCP/IP。

⑶ 客户端计算机在子网之间移动时，旧的 IP 地址将被释放以便重用。当计算机在其新位置重新启动时，客户端自动重新配置其 TCP/IP 设置。

⑷ 大多数路由器都可转发 DHCP 和 BOOTP 配置请求，所以在网络中的每个子网上不需要 DHCP 服务器。

11.3 安装和配置 DHCP 服务器

本节视频教学录像：8 分钟

安装和配置 DHCP 服务器是本章也是本节介绍的重点，下面首先介绍 DHCP 的适用范围，然后对 DHCP 安装和配置的每一个步骤进行详细介绍。

11.3.1 DHCP 服务器适用的范围

DHCP 是 TCP / IP 协议簇中的一种，它可以为客户机分配动态的 IP 地址，所以它适用于较多计算机的局域网，以减轻网络管理人员的负担；另外，DHCP 存在较多的广播开销，对于用户量较多的城域网会造成网络运行效率下降和配置困难，所以它不适用于城域网。

11.3.2 DHCP 服务的安装

DHCP 服务器的安装步骤如下。

❶ 打开控制面板中的【添加或删除程序】对话框，如下图（左）所示。

❷ 单击【添加/删除 Windows 组件(A)】选项，进入【Windows 组件向导】对话框，如下图(右)所示。

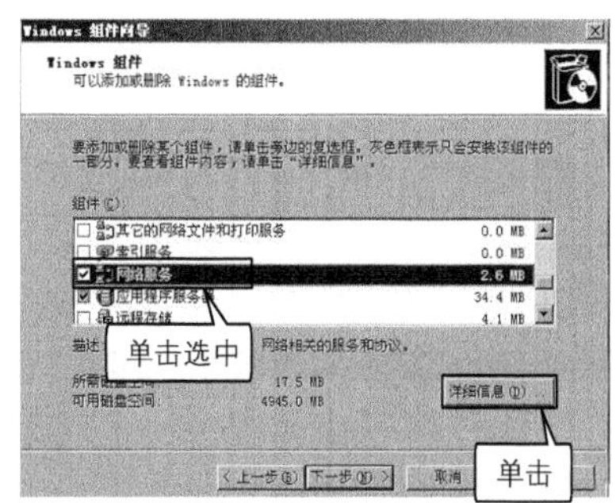

❸ 选中【组件】列表框中的【网络服务】复选框，单击【详细信息】按钮，如下图（左）所示。

❹ 选中【网络服务的子组件】列表框中的【动态主机配置协议（DHCP）】复选框，单击【确定】按钮，返回步骤 ❷ 界面中，单击【下一步】按钮，就可以完成 DHCP 服务安装了，如下图（右）所示。

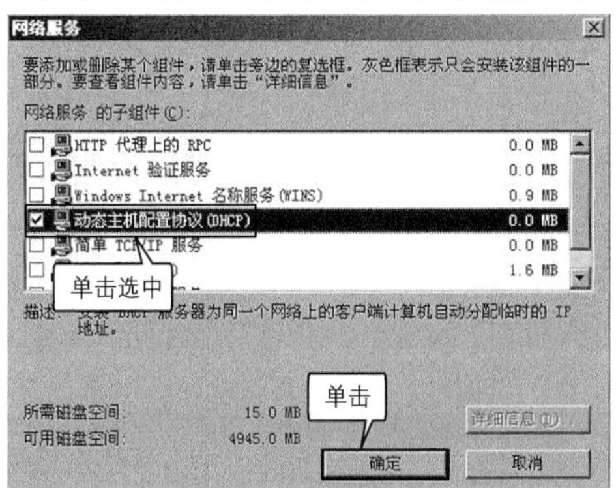

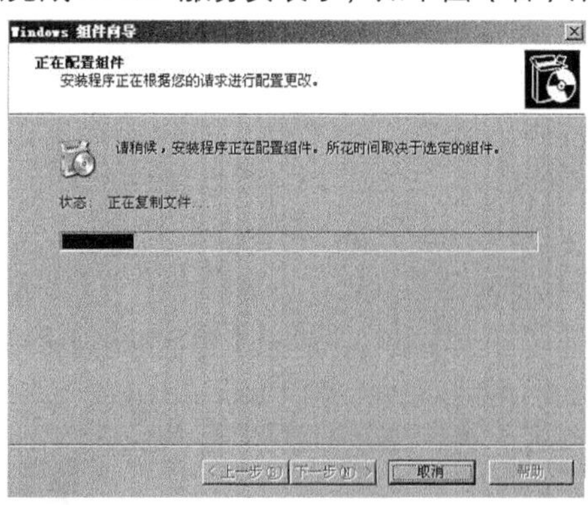

注　意

如果服务器本身没有配置静态 IP 地址，服务器在安装过程中会弹出先完成本机静态 IP 地址配置的要求，只有符合该要求才能继续。

11.3.3 添加 IP 地址范围

以下是对添加 IP 地址范围的步骤进行详细介绍。

❶ 单击【开始】▶【管理工具】▶【DHCP】命令，即可打开 DHCP 服务器的控制台，如下图（左）所示。

❷ 右键单击【ph-pc[192.168.1.1]】目录项，选择【新建作用域】命令，进入【新建作用域向导】界面，如下图（右）所示。

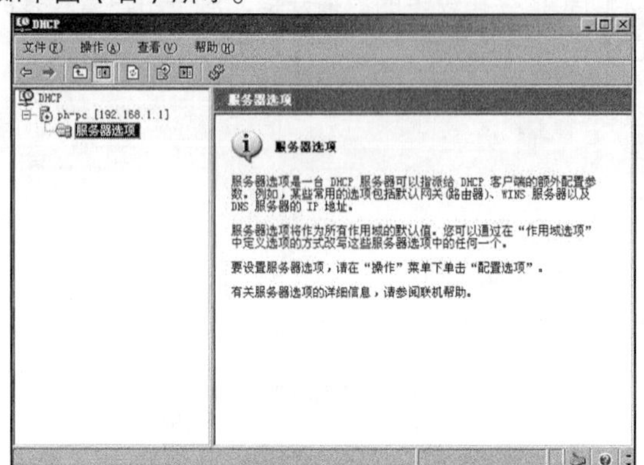

❸ 单击【下一步】按钮，输入该作用域的名称和描述，如下图（左）所示。

❹ 输入完作用域名后，单击【下一步】按钮，进入【IP 地址范围】输入界面，这里 IP 地址范围也叫 IP 地址池，DHCP 客户机可以从地址池里获取一个 IP 地址，作为自己的 IP 地址，如下图（右）所示。

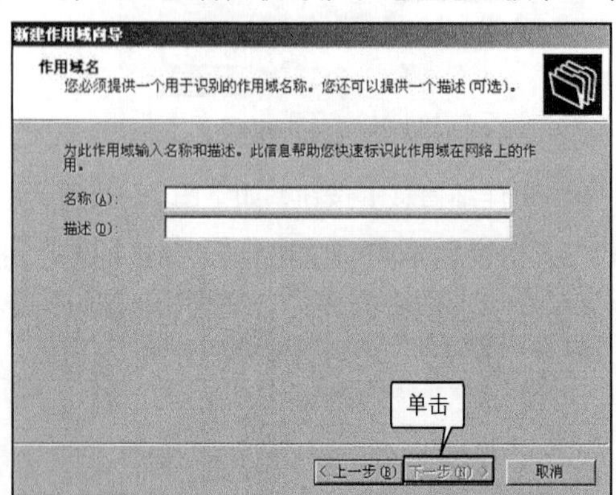

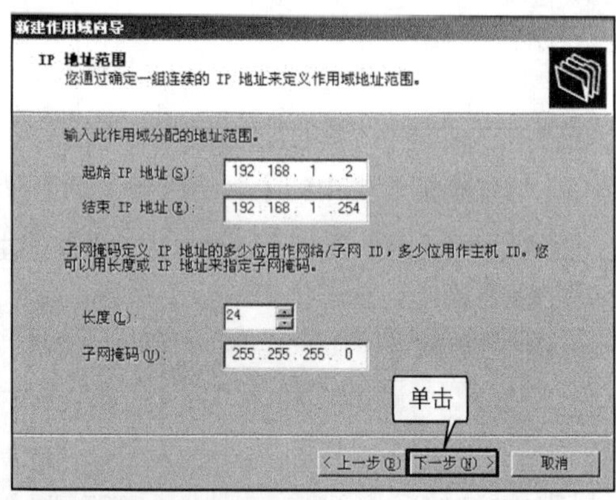

❺ 完成 IP 地址范围的输入后单击【下一步】按钮，进入【添加排除】界面，它的功能是可以将地址池里面的 IP 地址排除在外，不被 DHCP 客户机获取到，如下图（左）所示。

❻ 单击【下一步】按钮，进入【租约期限】界面，租约期限指的是 DHCP 客户端在此作用域中可以使用 IP 地址的时间长短，如下图（右）所示。

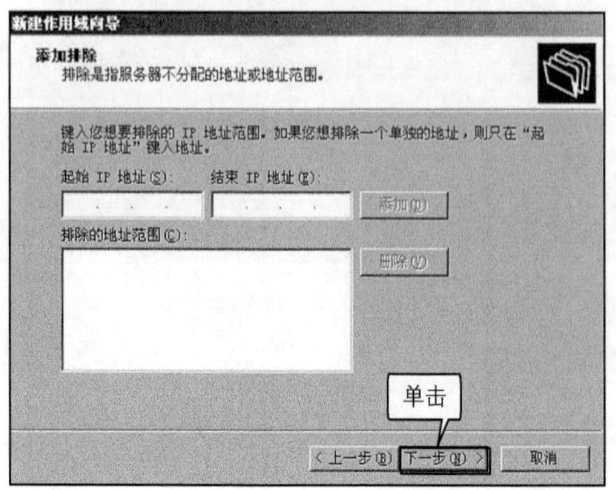

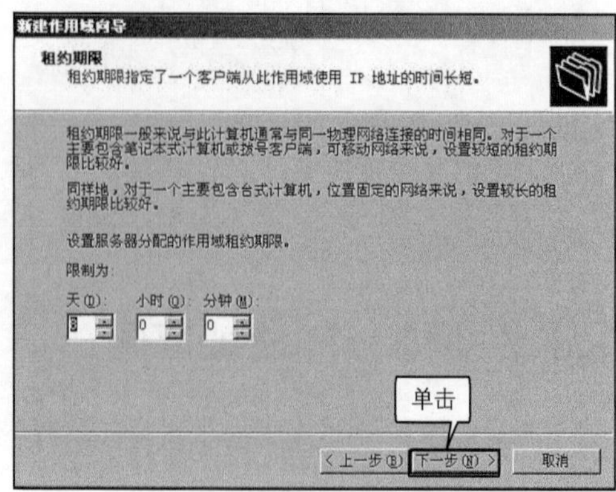

❼ 单击【下一步】按钮，进入【配置 DHCP 选项】界面，这里选中【是，我想现在配置这些选项】单选按钮，进一步配置 DHCP 客户端可以获取的 DNS、WINS、默认网关等，如下图（左）所示。

❽ 单击【下一步】按钮，进入【路由器（默认网关）】配置界面，根据实际网络情况来配置默认网关，如下图（右）所示。

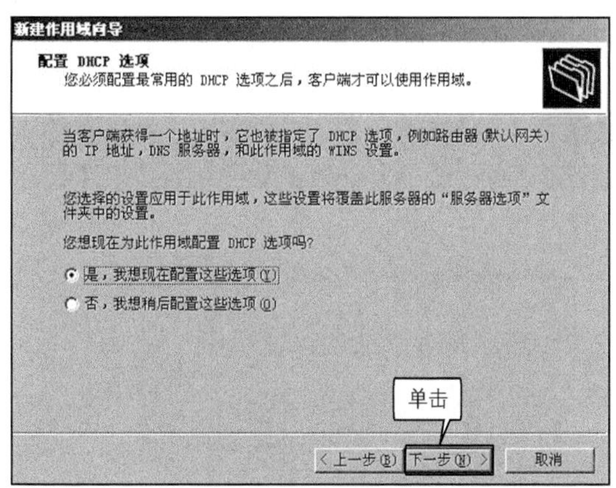

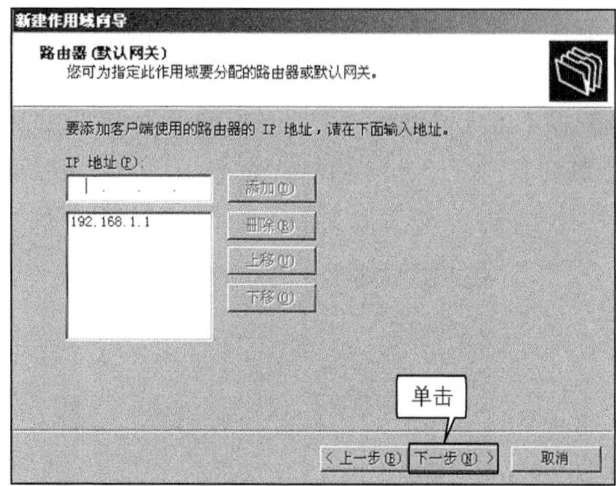

❾ 单击【下一步】按钮，配置域名称和 DNS 服务器，设置分配给客户机的域名、DNS 服务器地址信息，服务器名处设置 DNS 服务器的计算机名，IP 地址处设置 DNS 服务器的 IP 地址，如下图所示。

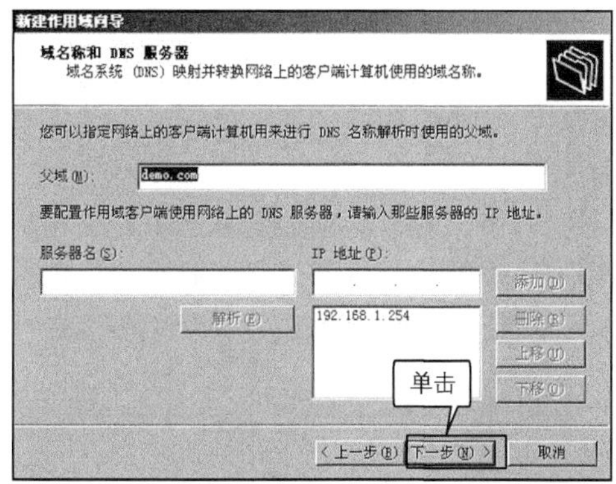

❿ 单击【下一步】按钮，设置分配给 DHCP 客户机的 WINS 服务器 IP 地址，操作方法类似于上一步，如下图（左）所示。单击【下一步】按钮，在弹出的对话框中选中【是，我想现在激活此作用域】单选按钮。单击【下一步】按钮，在弹出的对话框中单击【完成】按钮即可。普通作用域建立完成，可以在主界面左侧看到刚才建立的作用域，如下图（右）所示。

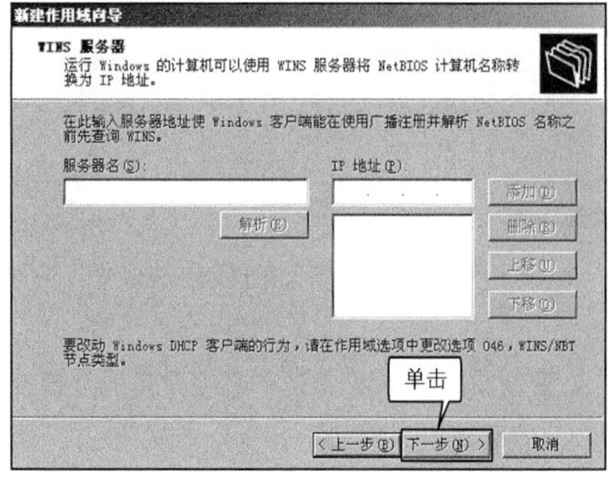

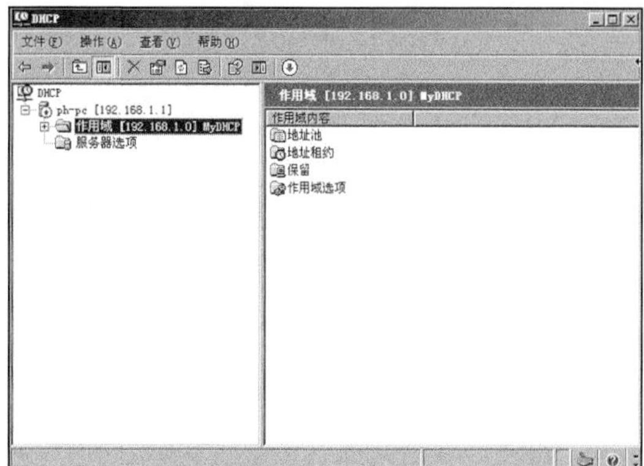

11.3.4 DHCP 服务的测试

测试 DHCP 服务则需要在此拥有 DHCP 服务器的网络内连接一台计算机作为客户机，在此客户机上的操作如下。

❶ 右键单击【网上邻居】图标，选择【属性】命令，再右键单击【本地连接】选项，选择【属性】命令，弹出【本地连接属性】对话框，如下图（左）所示。

❷ 在【本地连接属性】对话框的【常规】选项卡中选中【Internet 协议（TCP/IP）】复选框，单击【属性】按钮，进入【Internet 协议（TCP/IP）属性】对话框，选中【自动获得 IP 地址】和【自动获得 DNS 放服务器地址】单选按钮，如下图（右）所示。

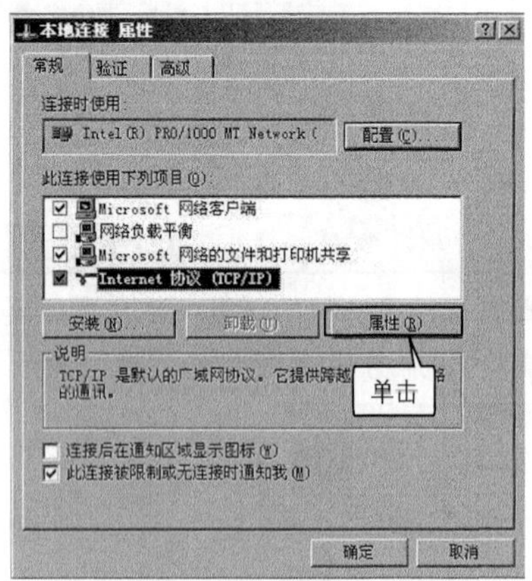

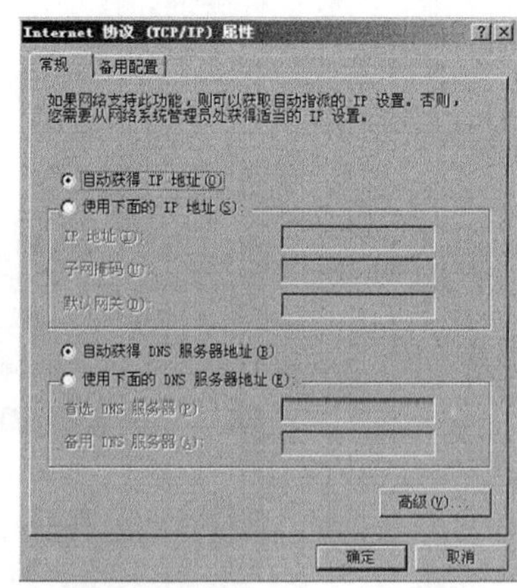

❸ 通过双击【本地连接】选项，在弹出的【本地连接 状态】对话框中选择【支持】选项卡，单击其中的【详细信息】按钮，在弹出的对话框中可以看到 DHCP 客户获取的 IP 地址，如下图所示。

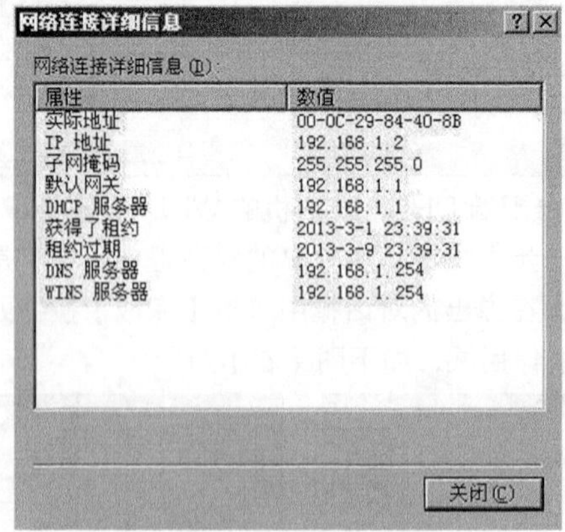

11.4 DHCP 服务的高级管理

本节视频教学录像：9 分钟

本节介绍用于 DHCP 管理的几项主要技术，这是网络管理员在 DHCP 管理中必须具备的几项技能。

11.4.1 添加排除范围

在设置好 DHCP 后，如果想要保留一部分 IP 地址池中的地址，留给服务器使用或者作为其他用途，则可以将这部分 IP 地址排除在外，以免被其他计算机获取到。排除 IP 地址的操作如下。

❶ 打开 DHCP 控制台，展开【作用域】目录后，右键单击左侧窗口的【地址池】选项，选择【新建排除范围】命令，如下图（左）所示。

❷ 单击【新建排除范围】命令后，弹出【添加排除】对话框，将想要排除的 IP 地址范围填入，如下图（右）所示。

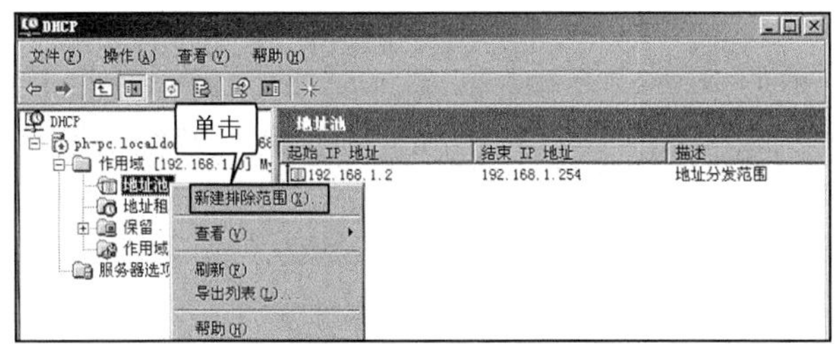

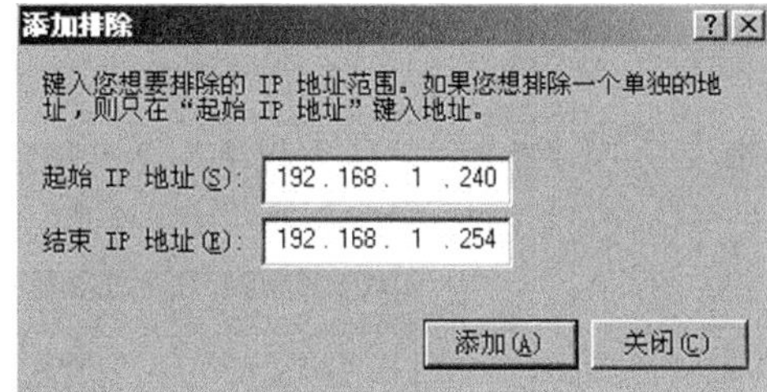

❸ 单击【添加排除】对话框中的【添加】按钮，则可成功添加。添加排除范围成功后，在 DHCP 控制台的地址池中则可以看到要排除的 IP 地址范围，如下图所示。

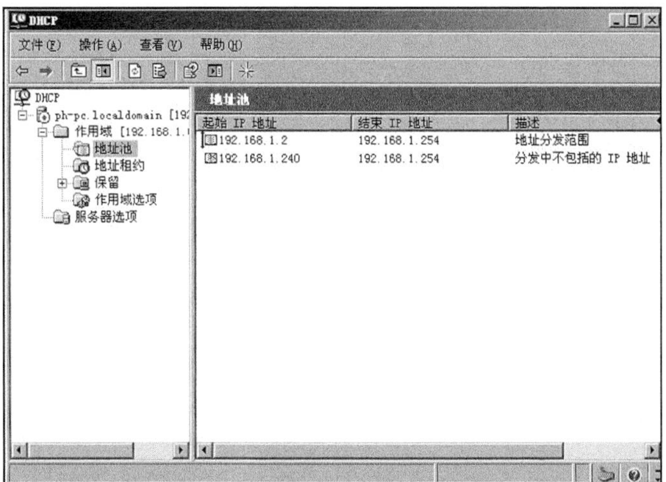

11.4.2 建立保留

在一个局域网环境中，如果客户想要每次启动时都想要获取相同的 IP 地址，则需要将该 IP 地址保留给特定的计算机，建立保留的具体操作如下。

❶ 打开 DHCP 控制台，展开【作用域】目录后，右键单击左侧窗口的【保留】选项，选择【新建保留】命令，如下图（左）所示。

❷ 单击【新建保留】命令后，显示【新建保留】对话框，首先输入保留名称，然后在【IP 地址】文本框中输入要保留的 IP 地址，这里输入为文件服务器保留的 IP 地址“192.168.1.10”，在【MAC 地址】文本框中输入该文件服务器的地址，这里通过在文件服务器中执行 ipconfig 指令查询到的 MAC 地址为 0019D17A13B4，如下图（右）所示。

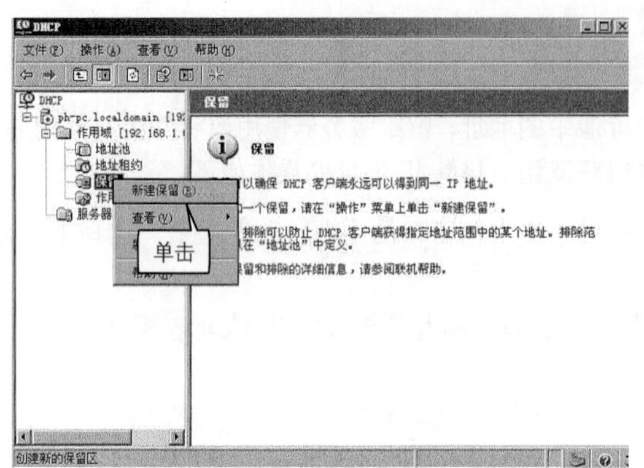

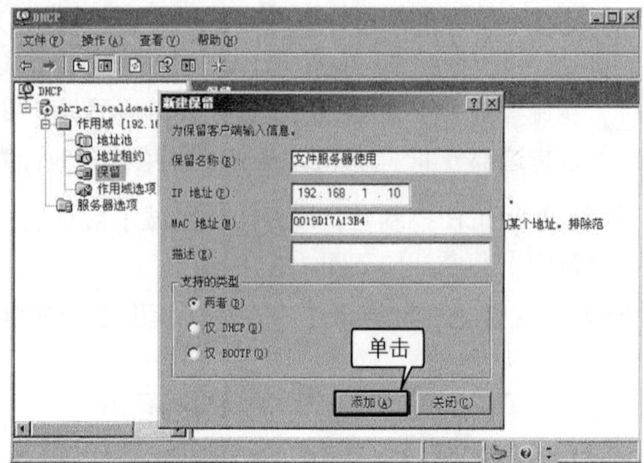

❸ 输入完信息后单击【添加】按钮，保留的 IP 地址就会成功添加，此后在保留的界面中就会出现【[192.168.1.10] 文件服务器使用】选项，如下图所示。

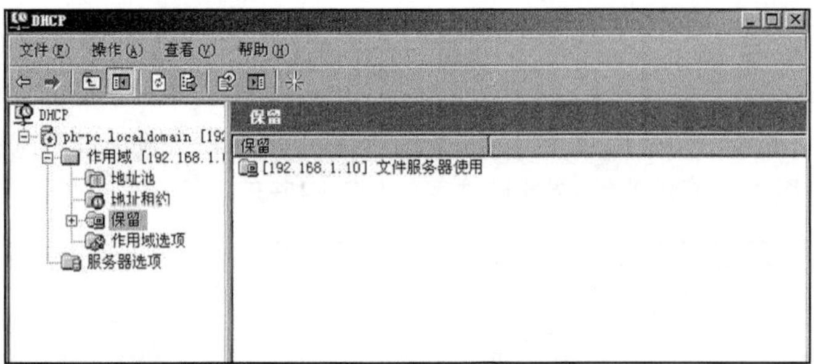

11.4.3 修改租约期限

DHCP 客户端在获取一个 IP 地址后默认情况下只有 8 天的使用期限，即一段时间以后客户端需要重新申请 IP 地址。如果不希望客户端计算机在租约期限内更换 IP 地址，则可以通过修改租约期限参数，使得客户端在获取一个 IP 地址后用于较长的使用期限。修改租约期限的方法如下。

❶ 打开 DHCP 控制台，右键单击【作用域】选项，如下图（左）所示。

❷ 单击【属性】命令，打开作用域的属性对话框，如下图（右）所示。

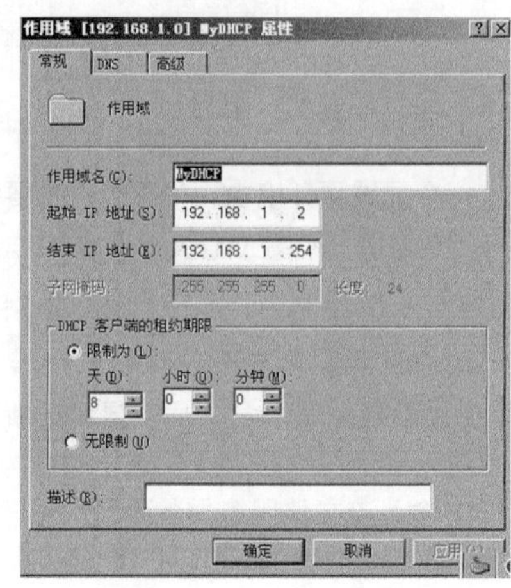

❸ 在作用域属性对话框中修改租约天数，这里将租约天数修改为 30 天，如下图所示。

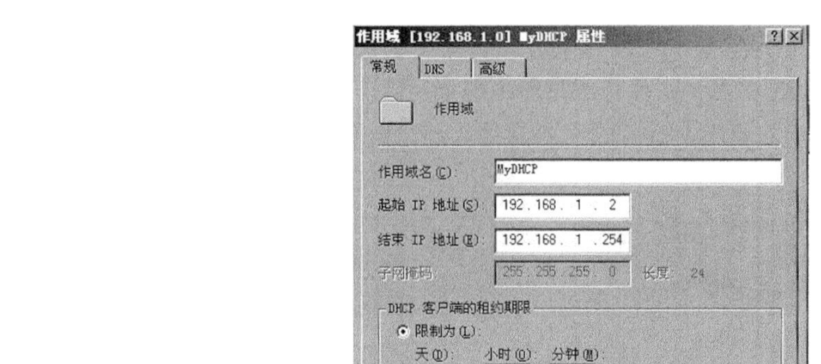

修改完成后，DHCP 客户机的租约期限就变成了 30 天，这样可以避免客户机频繁地改变自己的 IP 地址。

11.4.4 备份及还原 DHCP 服务器的配置信息

在服务器的管理中备份服务器的信息是一项很重要的工作，备份可以保证服务器出现故障后将服务器信息还原到备份时的状态，保障网络的正常运行。在配置完成 DHCP 服务器后可以利用其备份功能将配置信息备份。以下介绍 DHCP 服务器的备份与还原操作。

1. DHCP 服务器配置备份

❶ 打开 DHCP 控制台，展开【DHCP】目录，右键单击已经建好的 DHCP 服务器，选择快捷菜单中的【备份】命令，如下图（左）所示。

❷ 单击【备份】命令后，出现【浏览文件夹】对话框，它是用来选择保存 DHCP 服务器配置信息路径的，默认情况下路径是 C：\windows\system32\dhcp\backup，管理员可以根据实际的需求手动更改备份路径，选择完路径后单击【确定】按钮即可成功备份 DHCP 服务器信息，如下图（右）所示。

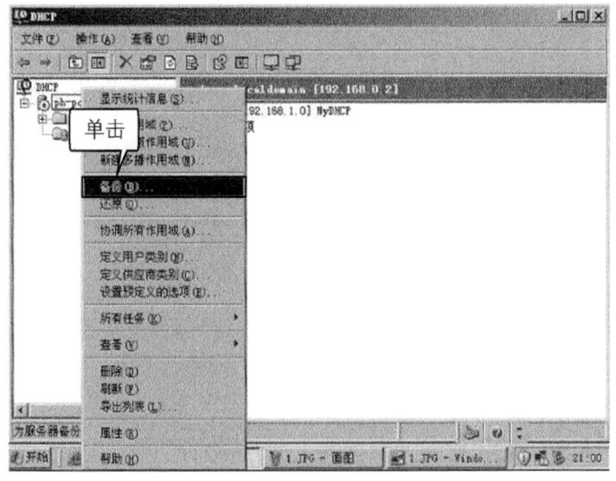

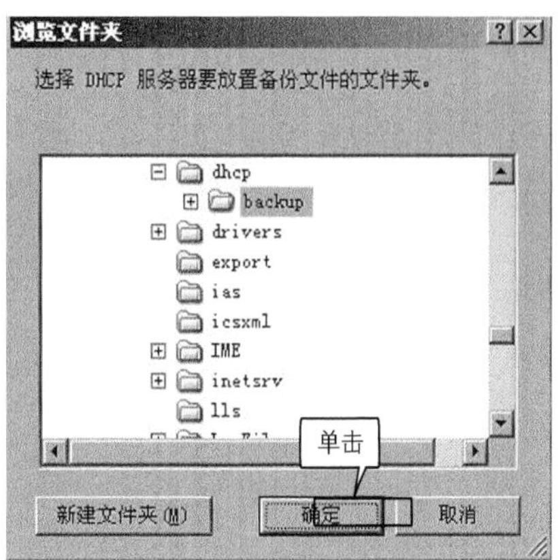

2. 还原 DHCP 服务器配置

❶ 当 DHCP 服务器出现故障时，可以通过还原 DHCP 服务器的配置信息让 DHCP 服务器正常运行。首先在 DHCP 控制台右键单击服务器名，选择快捷菜单中的【还原】命令，如下图（左）所示。

❷ 单击【还原】命令后，出现【浏览文件夹】对话框，选择原来备份的路径，单击【确定】按钮即可还原，如下图（右）所示。

❸ 单击【确定】按钮后为让配置信息生效需要重启 DHCP 服务，至此配置信息还原成功，如下图所示。

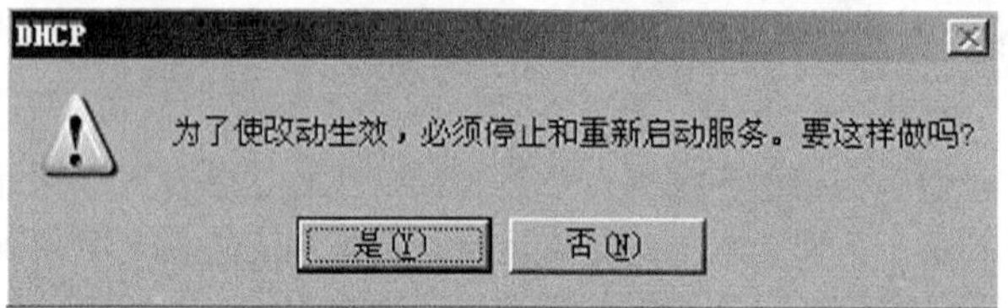

11.4.5 配置 DHCP 中继代理服务器

随着网络规模的扩大，为了方便网络管理，一个网络通常会被划分成若干个子网，如果每一个子网架设一台 DHCP 服务器则会增加管理的复杂度同时也会造成资源的浪费，为了使一台 DHCP 服务器为多个子网服务，需要配置 DHCP 服务器的中继代理功能，具体的配置步骤如下。

❶ 依次单击【开始】▶【控制面板】▶【管理工具】▶【路由和远程访问】命令，打开路由和远程访问的控制台，如下图（左）所示。

❷ 右键单击【PH-PC（本地）】选项，选择快捷菜单中的【配置并启用路由和远程访问】命令，成功配置好路由和远程访问服务，如下图（右）所示。

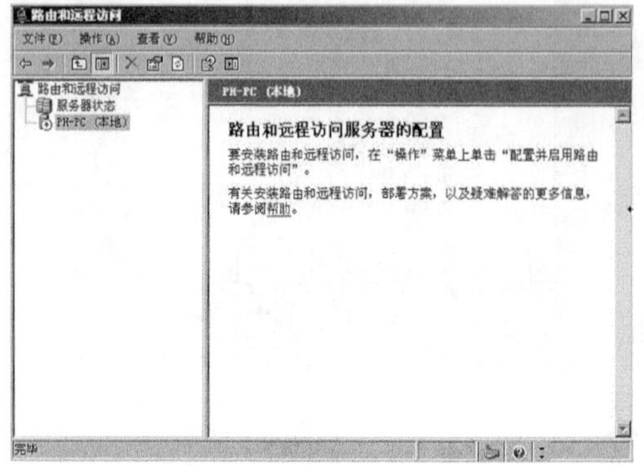

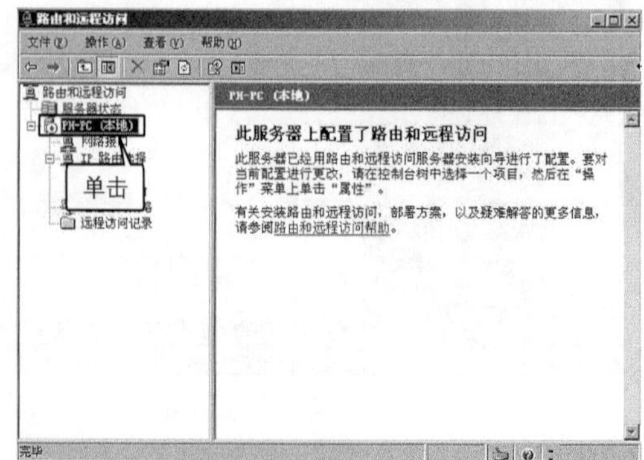

❸ 展开【IP 路由选择】目录，右键单击【常规】选项，选择快捷菜单中的【新增路由协议】命令，如下图（左）所示。

❹ 在显示的【新路由协议】对话框中选择【DHCP 中继代理程序】选项，然后单击【确定】按钮，开始安装 DHCP 中继代理，如下图（右）所示。

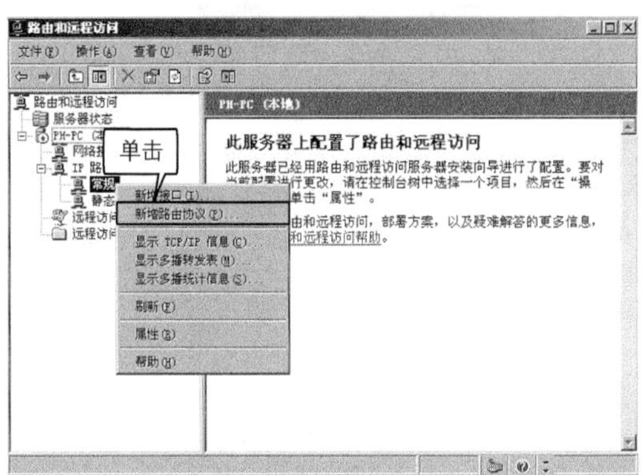

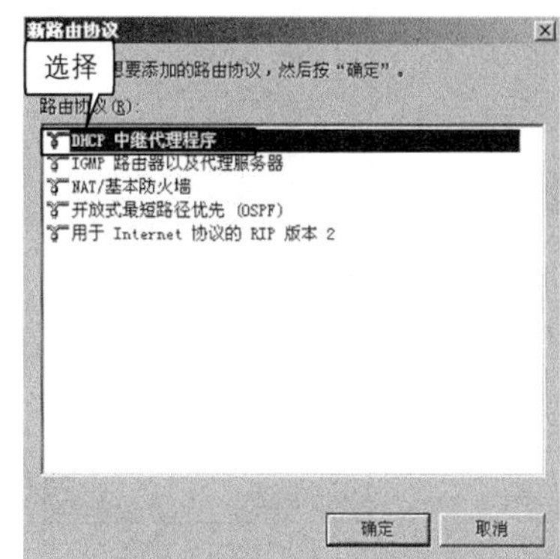

❺ 安装完成后，在【IP 路由选择】目录下就多了一个【DHCP 中继代理程序】选项，右键单击该选项，选择弹出的快捷菜单中的【属性】命令，如下图（左）所示。

❻ 在【DHCP 中继代理程序属性】对话框中添加 DHCP 服务器的地址，本例输入的 DHCP 服务器 IP 地址为 192.168.1.1，输入完后单击【添加】按钮，如下图（右）所示。

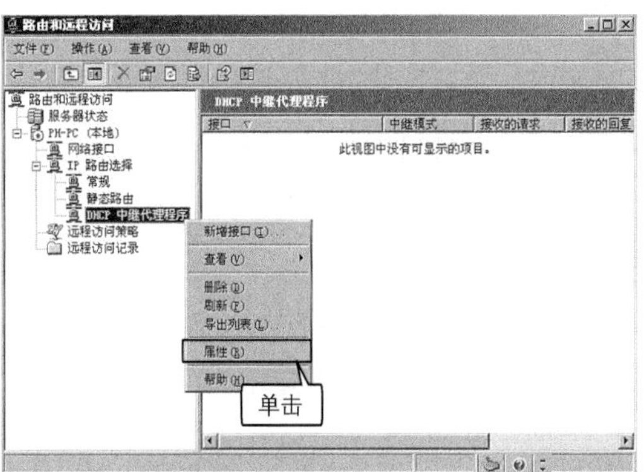

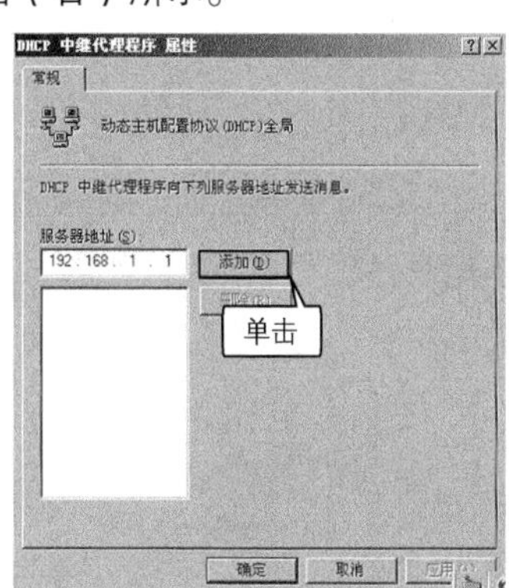

❼ 单击【确定】按钮后，右键单击【DHCP 中继代理程序】选项，选择【新增接口】命令，如下图（左）所示。

❽ 在打开的【DHCP 中继代理程序的新接口】对话框中将 DHCP 服务器中继到一个接口中，该接口是本机中的另一个网卡，即本地连接 2，如下图（右）所示。

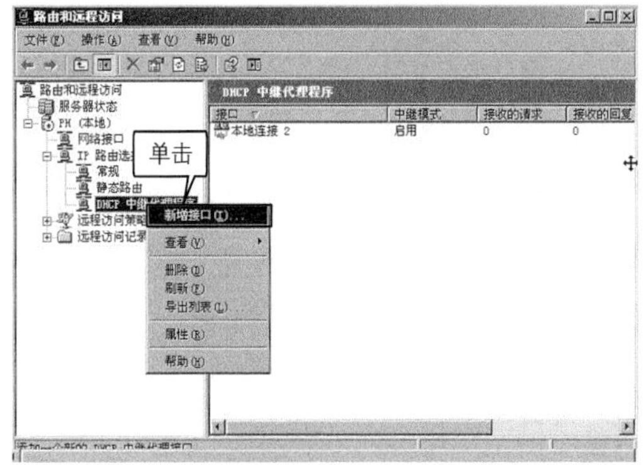

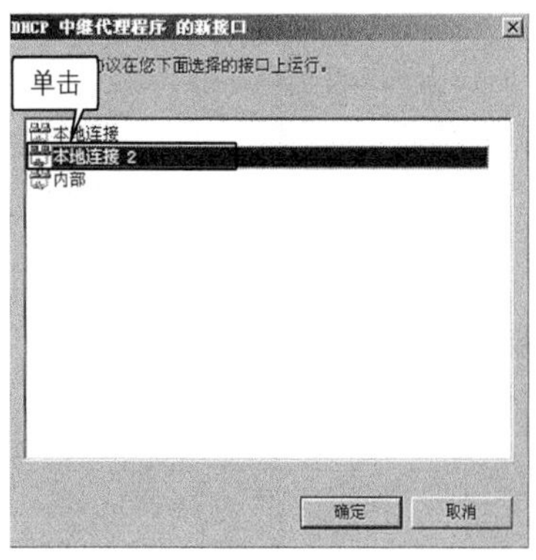

❾ 单击【确定】按钮，创建 DHCP 中继完毕，如下图所示。

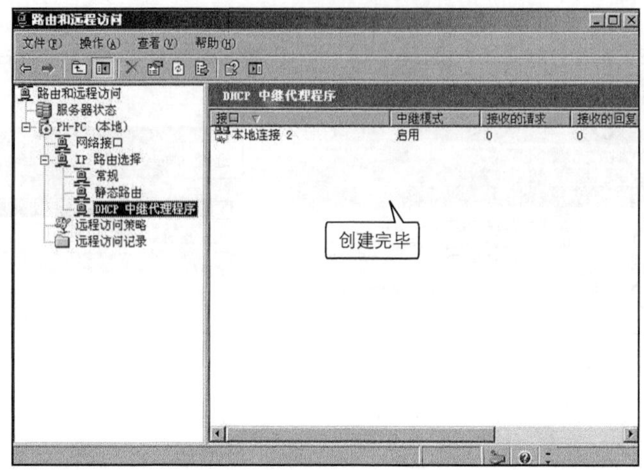

高手私房菜

\>>

技巧：DHCP 服务器的迁移

DHCP 服务器迁移并不是简单地将 DHCP 备份信息还原到新的服务器中，因为其中有一些服务器信息是保存在注册表中的，这一部分信息在做 DHCP 备份时并没有将其备份下来，这样，迁移时就需要备份 DHCP 的注册表信息，具体操作如下。

❶ 在【运行】对话框中输入“regedit”并按【Enter】键打开【注册表编辑器】窗口，展开注册表项“HKEY_LOCAL_MACHINE / SYSTEM / CurrentControlSet / Services / DHCPServer”，如下图（左）所示。

❷ 再打开【注册表】菜单，选择【导出注册表文件】命令，就可将当前分支导出，再将该注册表文件复制到新的服务器中双击该文件即可导入，如下图（右）所示。

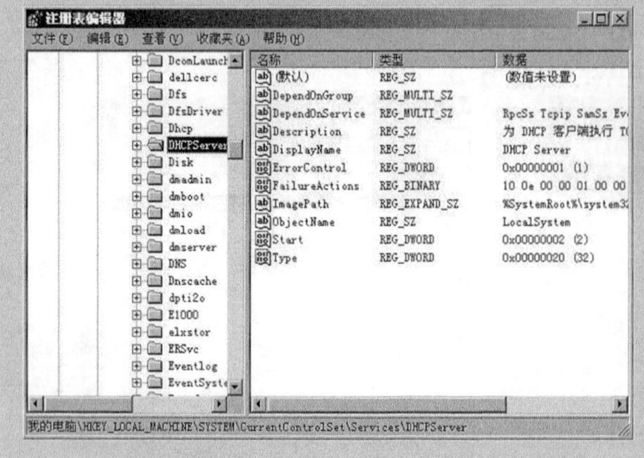

第 12 章

本章教学录像：17 分钟

文件与打印服务器的安装与配置

文件与打印服务器多应用于局域网中，其主要功能是为特定的用户提供文件共享和网络打印服务，并按照一定的权限机制对用户的访问进行控制。本章主要向读者介绍如何配置、管理及访问文件与打印服务器。

本章要点（已掌握的在方框中打勾）

- □ 认识文件与打印服务器
- □ 配置文件服务器
- □ 创建共享文件夹
- □ 共享权限与 NTFS 权限
- □ 配置打印服务器
- □ 安装打印机
- □ 配置打印机属性

12.1 认识文件与打印服务器

 **本节视频教学录像：2 分钟**

文件服务器是一种专供其他计算机检索文件和存储文件的特殊计算机。文件服务器通常比一般的个人计算机拥有更大的存储容量，并具有一些其他功能，如磁盘镜像、多个网络接口卡、热备援多电源供应器。现在，文件服务器逐渐进化成带有 RAID 存储子系统和其他高可用特性的高性能系统。

打印服务器是为网络中其他客户机提供打印服务的计算机，它必须既连接到网络上，同时也必须连接着打印机，用户可以通过访问共享的方式来访问它。

安装文件与打印服务器的前提是用户已经在本机上安装了网络文件和打印机共享协议，同时访问服务器的客户机也必须安装了该协议。另外，客户机在访问时如果启用了 TCP/IP 上的 NetBIOS 协议则可以通过计算机名来访问文件与打印服务器，否则只能通过 IP 地址来访问。

12.2 配置文件服务器

 **本节视频教学录像：10 分钟**

创建文件共享服务器本质就是将位于服务器上的文件夹设置成共享状态，使得用户可以通过网络访问或者存取位于这个文件夹下的文件。本节主要介绍如何配置文件服务器，包括共享文件夹的创建、访问、隐藏及权限控制等详细的操作步骤。通过本例的练习，读者可以轻松创建属于自己的文件服务器。

12.2.1 新建主机

这里首先学习如何创建共享文件夹，下图中有一个位于服务器 D 盘的待设置成共享的文件夹。

通过以下步骤可以创建共享文件夹。

❶ 右键单击共享文件夹，在弹出的快捷菜单中选择【属性】命令，并在打开的【共享属性】对话框中选择【共享】选项卡，如下图（左）所示。

❷ 设置该文件夹的共享属性，首先单击【共享此文件夹】单选按钮，然后在【共享名】文本框中输入“共享”，在【注释】文本框中输入“用于局域网文件共享”，如下图（右）所示。

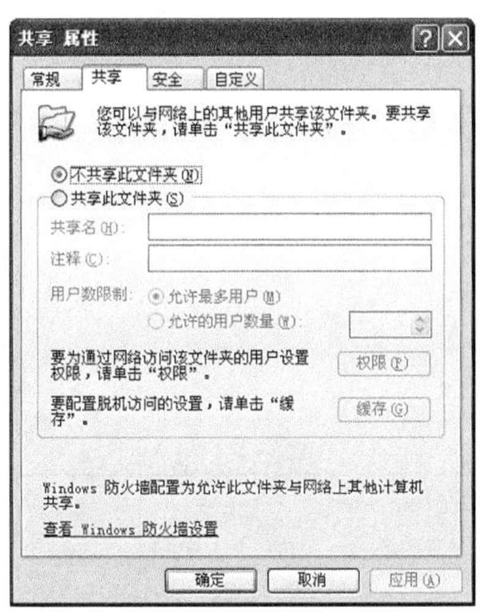

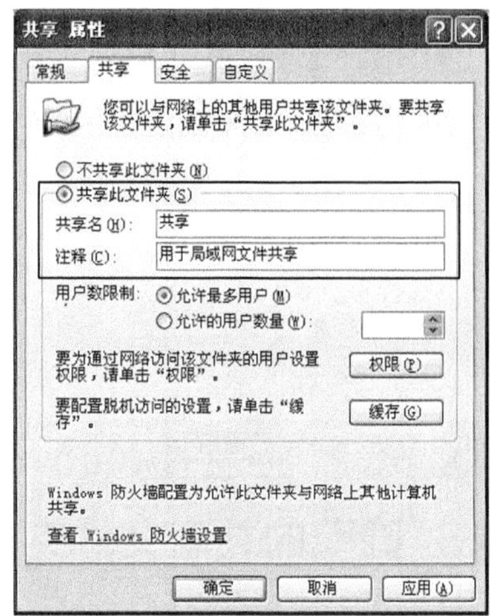

❸ 输入完成后，单击【确定】按钮即可。通过以上几步操作即可成功创建共享文件夹，创建成功的文件夹如下图所示。

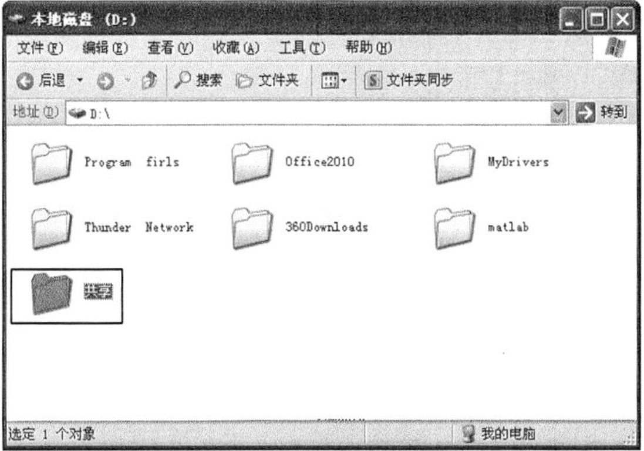

12.2.2 访问共享文件夹

位于局域网内的主机可以通过网上邻居搜索到文件服务器进而访问共享文件夹，也可通过 IP 地址对文件服务器直接进行访问，下面对后一种方法进行详细介绍。

访问共享文件夹步骤如下。

❶ 首先单击客户机左下角的【开始】按钮，选择【运行】命令，如下图（左）所示。

❷ 在弹出的【运行】对话框中输入文件服务器的 IP 地址，IP 地址前需加上双反斜杠，如下图（右）所示。

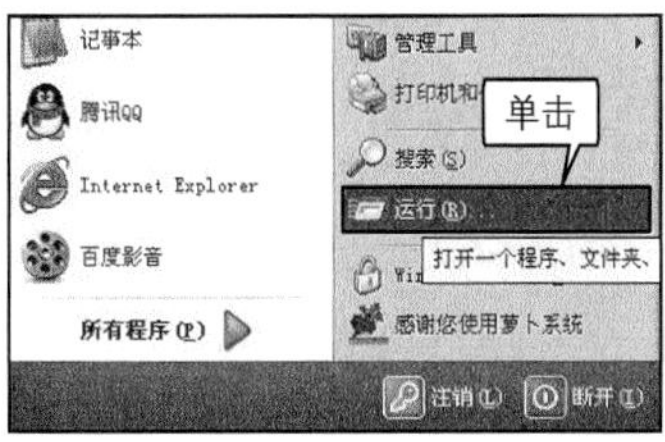

❸ 输入完成后，单击【确定】按钮，然后输入文件服务器的用户名和密码，即可打开共享界面，如下图（左）和下图（右）所示。

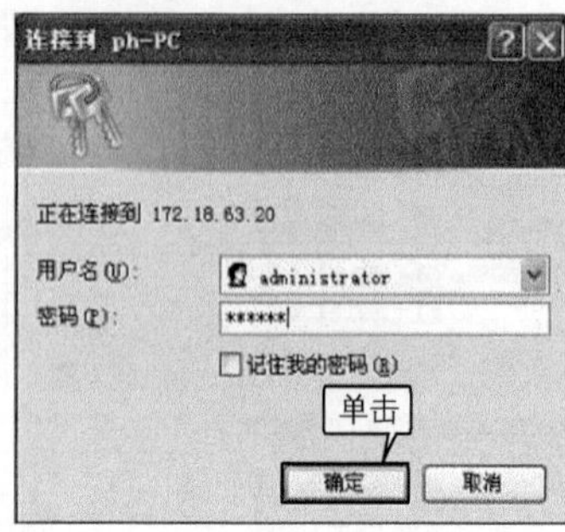

12.2.3 隐藏的共享文件夹

出于安全的目的，文件服务器将一些共享文件夹设置成隐藏模式，对所有用户都是不可见的，访问时要求用户知道文件夹的名称并且需要为输入的路径加上特定的符号才可以访问。下面介绍隐藏共享文件夹的创建与访问。

❶ 隐藏共享文件夹创建的基本步骤与一般共享文件夹创建的基本步骤相似，只是在输入共享名时需要在后面加上一个“$”符号，如下图（左）所示。

❷ 以上共享名设置为“共享 $”，即在共享名后加上了“$”，单击【确定】按钮，再一次访问该共享文件夹，如下图（右）所示。

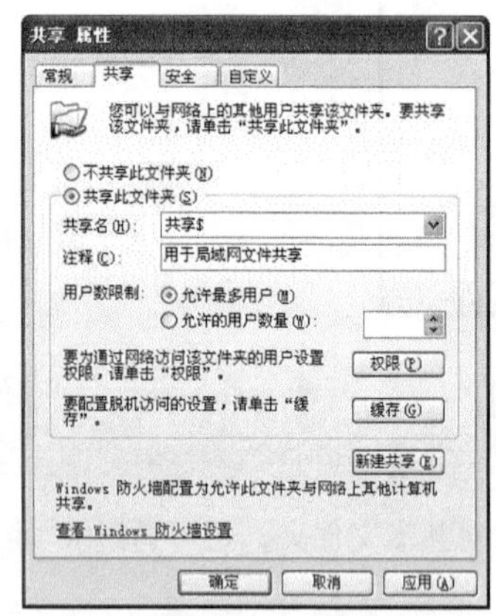

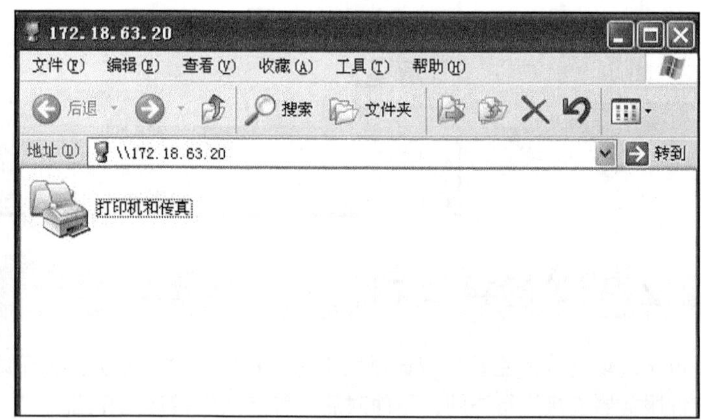

❸ 由于此时该共享文件夹对所有用户是不可见的，导致直接输入文件服务器的 IP 地址是无法访问该共享文件夹的，这时可以通过“\\IP\ 共享文件名 $”的方式访问隐藏的共享文件夹，如下图（左）所示。

❹ 单击【确定】按钮，直接进入该共享文件夹，如下图（右）所示。

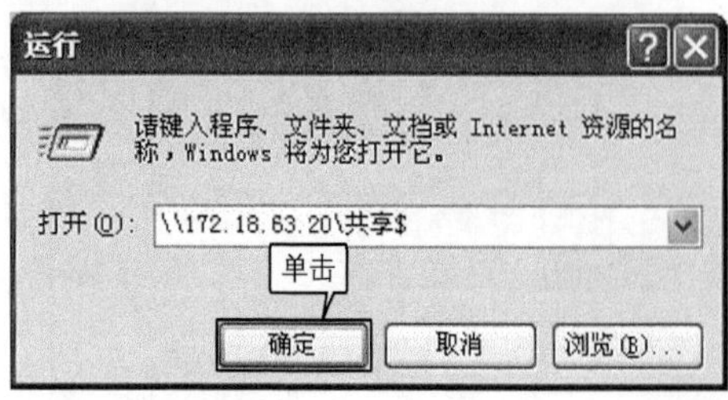

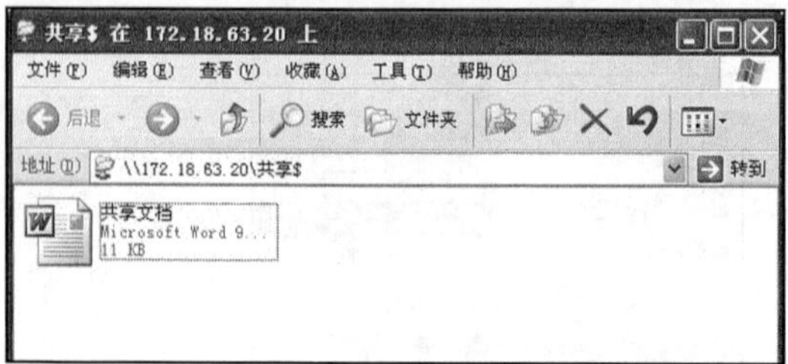

12.2.4 共享权限与 NTFS 权限

共享权限指的是用户从网络访问共享文件夹所具备的权限，只能控制用户从网络访问时所能执行的操作。

NTFS 权限指的是用户访问 NTFS 分区的文件夹所具有的权限，既能控制用户从本地访问时可以执行的操作也能控制用户从网络访问时的操作。另外，NTFS 权限的优先级比共享权限的要高，因此存放在 NTFS 分区的共享文件夹既要考虑共享权限的设置也要考虑 NTFS 权限的设置。下面介绍这两种权限的设置方法。

对已共享的文件夹设置共享权限为读写。

❶ 右击共享文件夹，选择【属性】命令，再选择【共享】选项卡，单击【权限】按钮，打开【共享的权限】对话框，如下图（左）所示。

❷ 在这个界面中可以对访问的用户所拥有的权限进行限制，如当前系统中有一个名为 test 的用户，现给 test 用户赋予更改、读取权限，需要先删除 Everyone，因为 Everyone 的存在使得每个用户都拥有与其一样的权限，之后再添加用户 test 即可，如下图（右）所示。

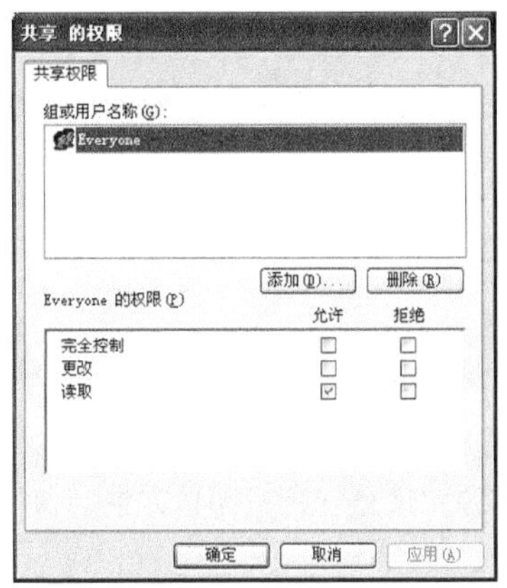

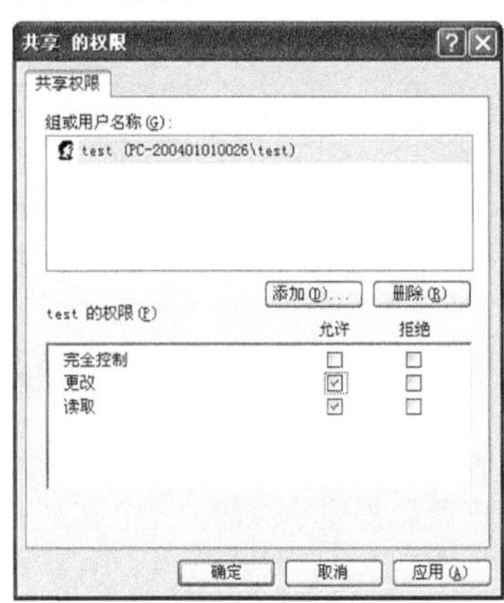

这时用户使用 test 账号通过网络即可访问该共享文件夹，并且拥有读写权限，如果想设置 test 的 NTFS 权限可以通过如下方法进行设置。

❶ 右击共享文件夹，单击【属性】命令，再选择【安全】选项卡，打开如下图所示界面。

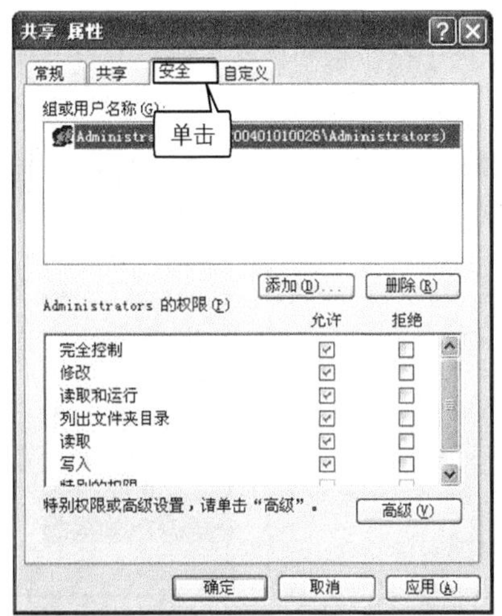

❷ 单击【添加】按钮，可以添加 test 用户，再勾选允许读取，单击【确定】按钮，如下图（左）所示。这样的话无论 test 用户从网络访问还是从本地登录都是只能读取其中的文件，而不能删除或更改，如下图（右）所示。

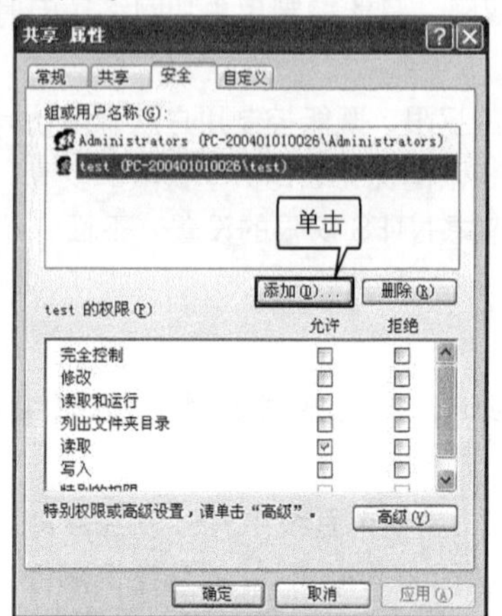

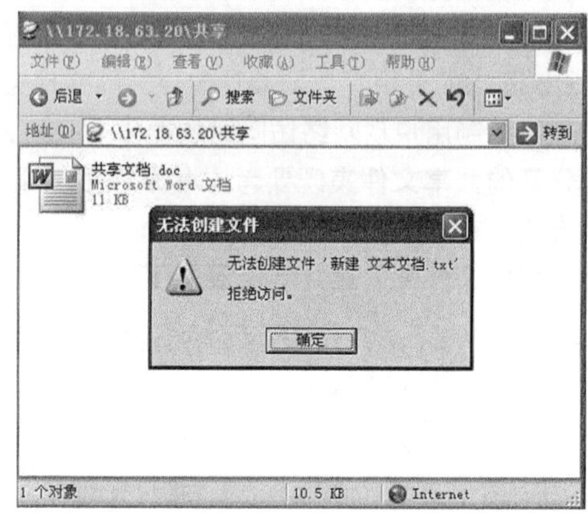

12.3 配置打印服务器

本节视频教学录像：5 分钟

本节主要介绍如何配置打印服务器，包括对打印服务器的介绍、安装及属性设置等，使读者对打印服务器有一个直观地认识，不仅能安装也能配置一些简单的属性。

12.3.1 打印服务器基本概念

打印服务器是指位于网络上具有固定 IP 地址的，能为网络中其他客户机提供打印服务的计算机，它是网络共享资源的重要组成部分。它能有效地节省资源，使得一台打印机方便、快捷地为更多的用户提供服务。

12.3.2 安装打印机

以下将详细介绍打印机的安装步骤。

❶ 单击【开始】▶【控制面板】▶【打印机和传真】命令，打开如下图（左）所示界面。

❷ 单击窗体中的【添加打印机】选项，打开打印机安装向导，如下图（右）所示。

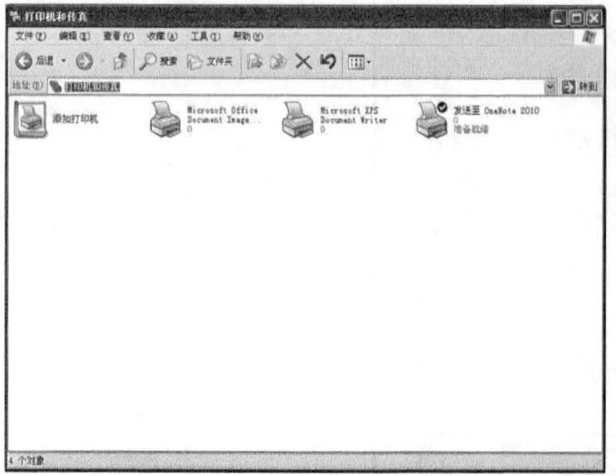

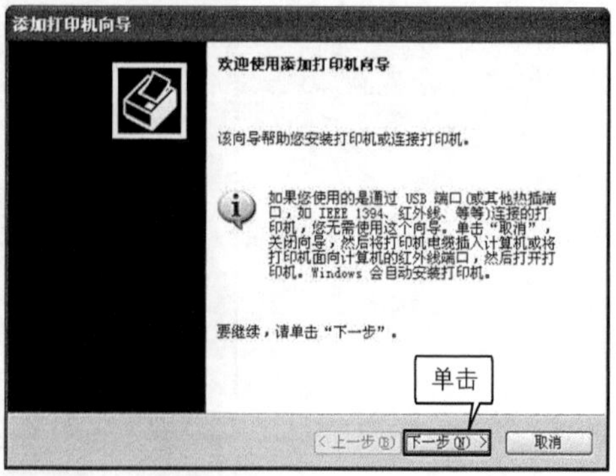

❸ 单击【下一步】按钮，选择连接打印机的类型，默认选择【连接到此计算机的本地打印机】单选按钮和【自动检测并安装即插即用打印机】复选框，如下图（左）所示。

❹ 单击【下一步】按钮，进入【选择打印机端口】界面，选择当前打印机连接的端口，如下图（右）所示。

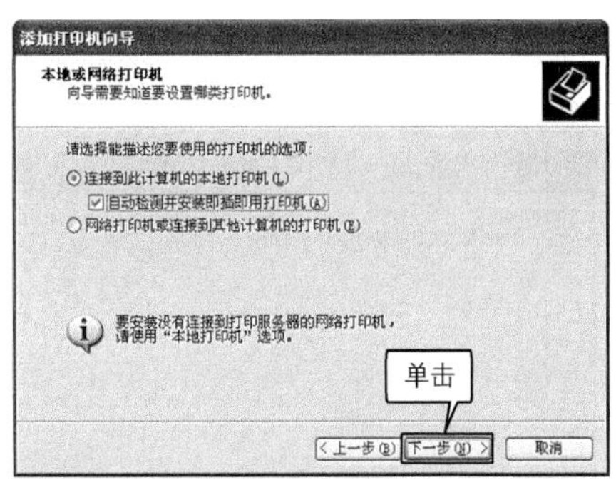

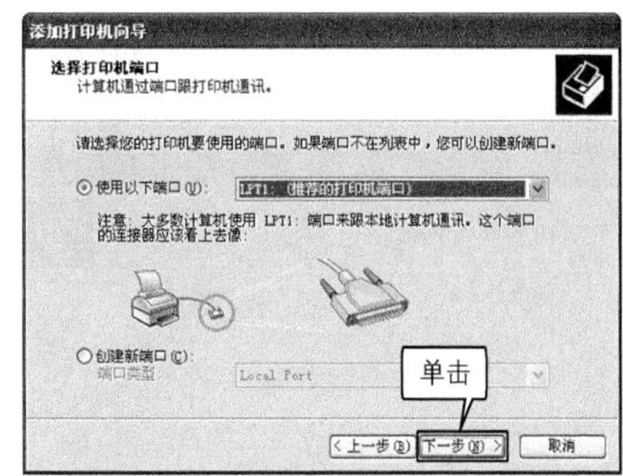

❺ 选择完正确的端口后，单击【下一步】按钮，进入【安装打印机软件】界面，在此界面中可以选择列表中符合要求的打印机驱动，如果列表中没有则必须通过磁盘来安装打印机驱动，如下图所示。

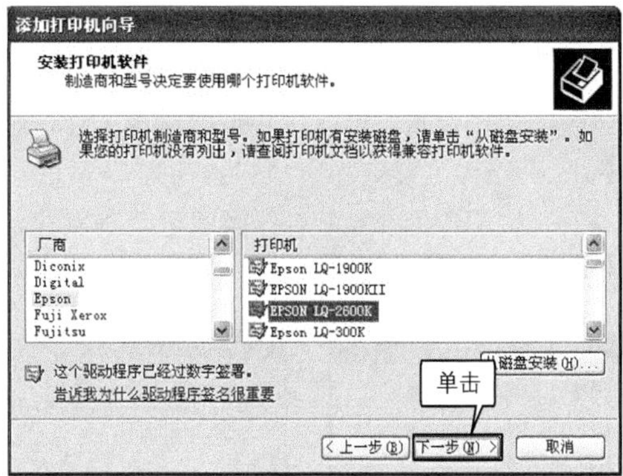

注　意

如果列表中没有相应的驱动，则单击【从磁盘安装】按钮，然后将厂商提供的驱动光盘放入到光驱中来安装驱动。

❻ 单击【下一步】按钮，设置打印机名，如下图（左）所示。单击【下一步】按钮，设置是否共享该打印机，以及设置该打印机的共享名，如下图（右）所示。

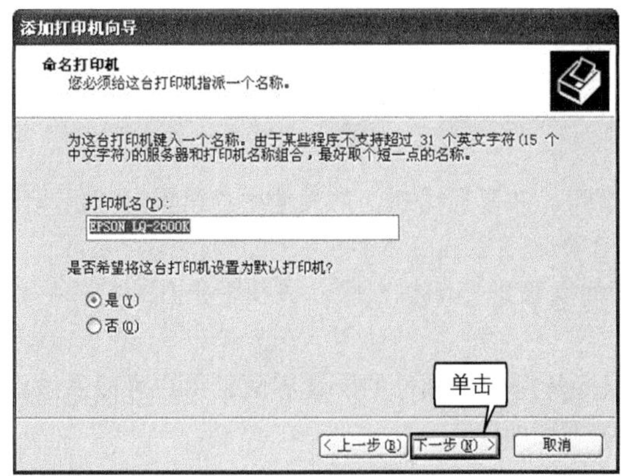

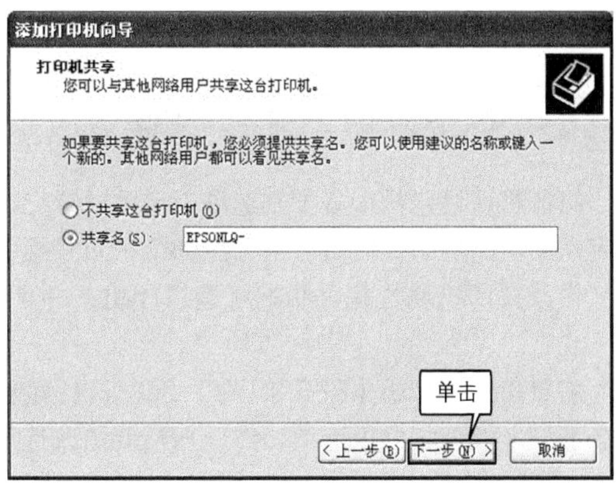

❼ 把共享设置完成之后单击【下一步】按钮，可以进入【位置和注解】界面，在【位置】和【注释】文本框中输入打印机的位置与注释，可以让用户理解这台打印机在哪里、主要用途是什么等，如下图（左）所示。

❽ 单击【下一步】按钮，进入【打印测试页】界面，选择打印测试页可以帮助确认打印机的安装是否正确，如下图（右）所示。

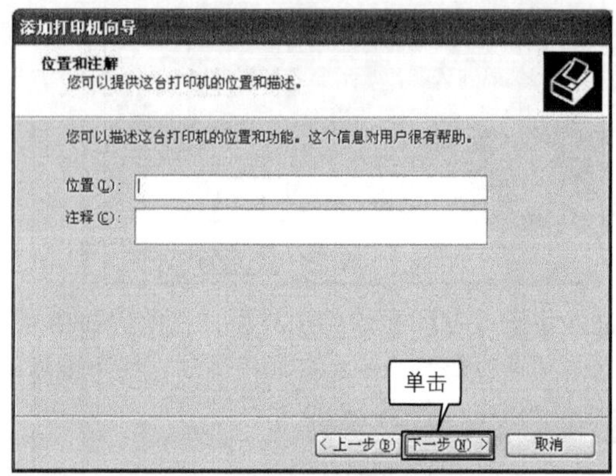

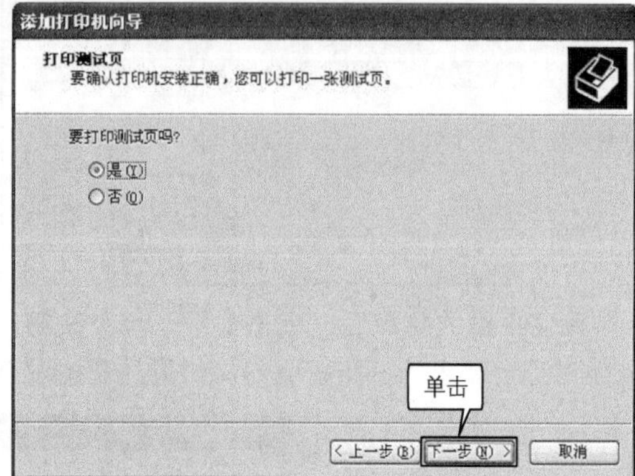

❾ 单击【下一步】按钮，确认打印机的设置，完成打印机的添加工作，如果设置信息无误单击【完成】按钮即可，如下图（左）所示。

❿ 完成打印机添加向导后，打开【打印机和传真】界面即可看到刚才添加的打印机，并且该打印机目前是共享的，自此打印机的安装工作已经全部完成了，如下图（右）所示。

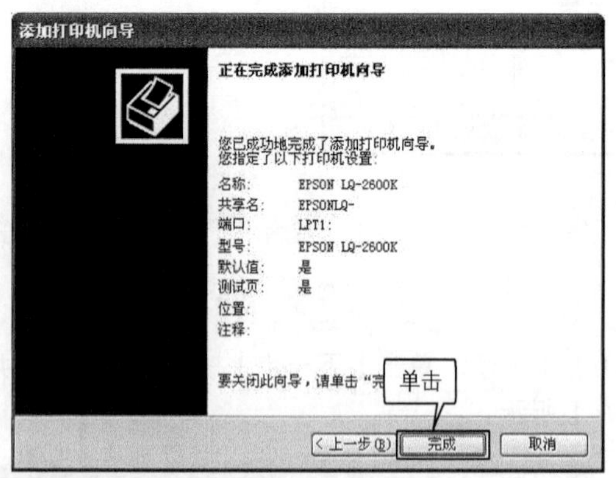

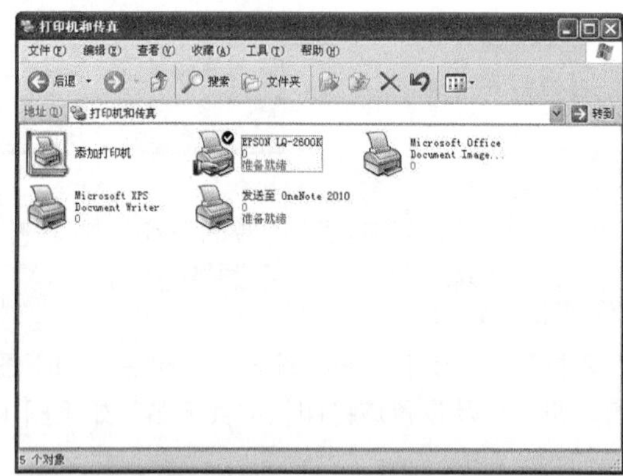

12.3.3 配置打印机属性

打印机属性包括很多类别选项，包括设置打印机端口、共享打印机、为其他用户设置打印机权限、决定网络上的打印机何时可用、打印测试页等相关的选项。

更改打印机属性将只影响所选打印机，并且必须拥有管理打印机权限，该权限是几个打印机权限之一。

右键单击打印机【EPSON LQ-2600K】图标可以打开打印机属性的配置界面，用户可以通过单击每个选项卡以查看可用选项，然后按需要更改选项，如下图所示。

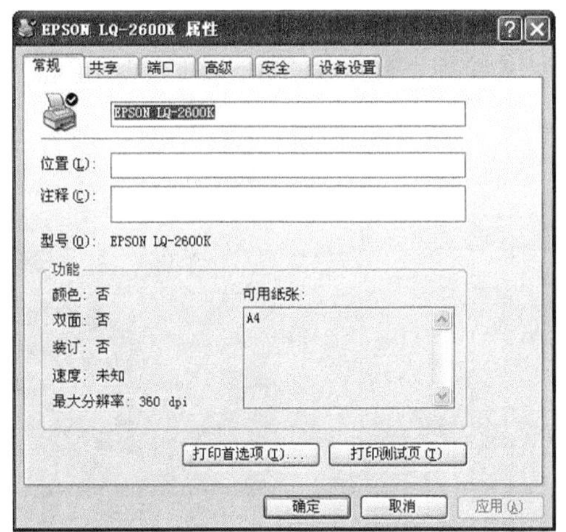

以下对几个常用的打印机属性选项进行介绍。

⑴ 设置打印共享，单击【共享】选项卡，管理员可以在这个页面将打印机设置成共享状态，如下图（左）所示。

⑵ 安全设置，单击【安全】选项卡，在这里管理员可以将该打印机的使用权限指派给特定的用户和组，如下图（中）所示。

⑶ 纸张设置，单击【设备设置】选项卡，在这里管理员可以设置当前送纸器所使用的纸张，如下图（右）所示。

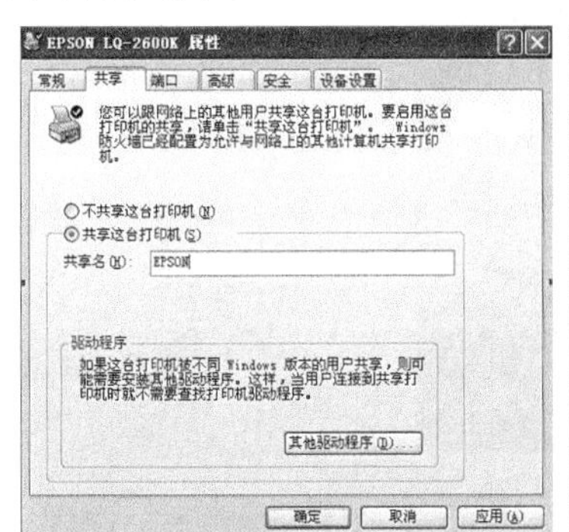

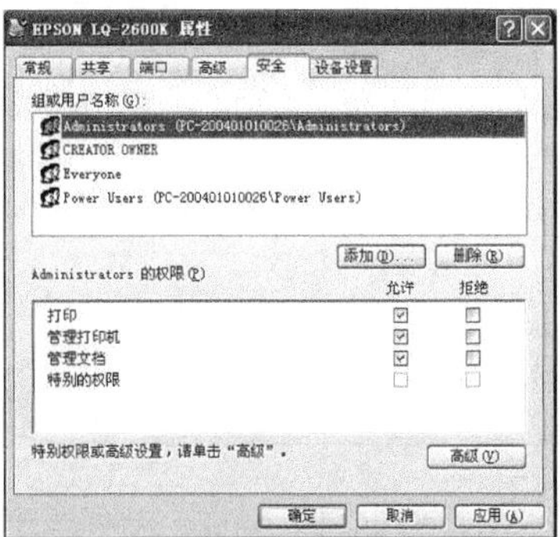

高手私房菜

>>

技巧：映射网络驱动器

映射网络驱动器可以将文件服务器上的共享文件夹映射为一个本地的盘符，对于用户经常访问的一些共享文件夹，这样的方式将能提供极大的便利。

最快速地实现映射网络驱动器的方式是使用 net use 命令，操作步骤如下。

❶ 依次单击【开始】▶【运行】命令，打开【运行】对话框，如下图（左）所示。

❷ 单击【确定】按钮，弹出命令提示符窗口，如下图（右）所示。

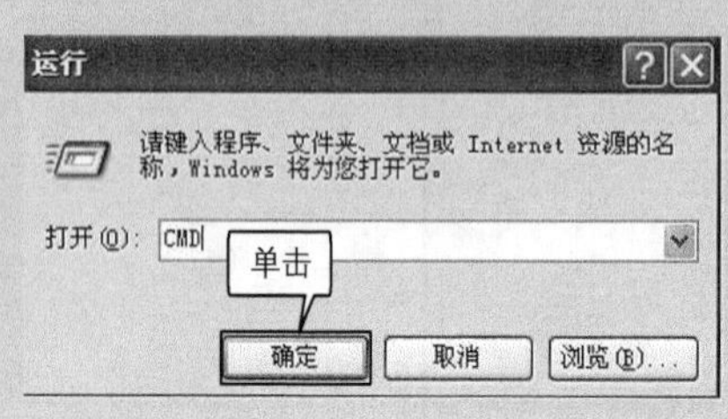

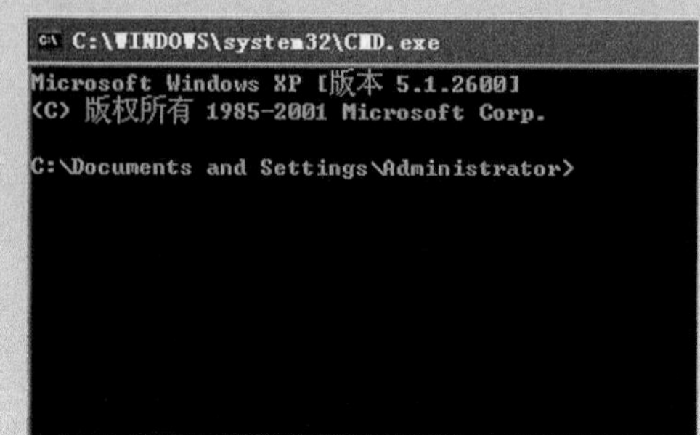

❸ 要映射网络驱动器，使用 net use 命令，其命令格式为“ net use 盘符 \\IP\ 共享名称 密码 /user：用户名”，其中盘符指的是要分配给共享资源的驱动器号，用户名和密码指的是登录共享文件服务器的用户名和密码，如“net use g: \\172.18.63.195\share 123456 /user:administrator”，如下图所示。

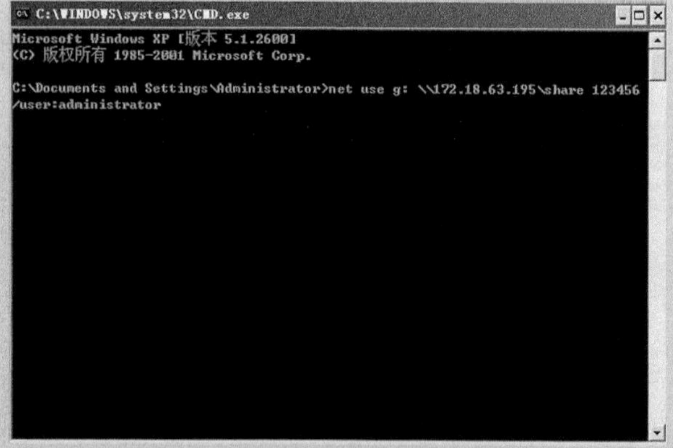

❹ 成功映射网络驱动器后，打开【我的电脑】窗口，就能看到一个 G 盘，打开 G 盘就等同打开了共享服务器路径“\\172.18.63.195\share”，如下图所示。

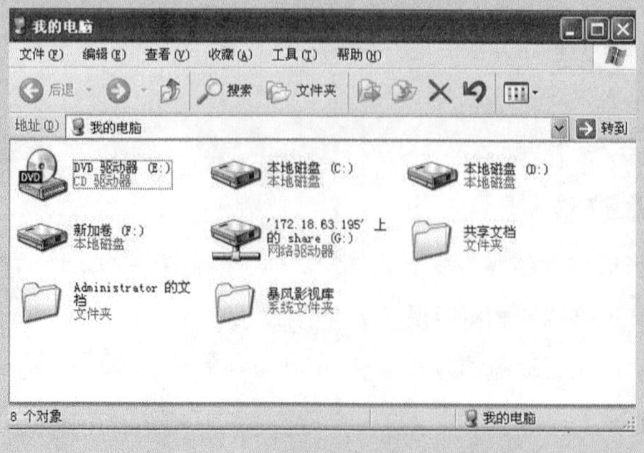

第 13 章

本章教学录像：20 分钟

传真服务器的安装与配置

随着网络的发展，无纸化办公时代已经来临，但传真仍然是不可或缺的文件传递方式。传真服务器常用来为用户直接利用计算机收发传真文件提供服务，让用户不用传真机一样可以收发传真。一旦 Windows Server 计算机将其传真打印机共享，该计算机就成为传真服务器。网络用户可创建一个与网络传真服务器上的远程传真打印机的连接，使用位于该服务器上的共享传真设备来发送和接收传真，从而达到传真机的共享。本章会带领读者构造一个局域网条件下的虚拟传真机网络，实现传真机的共享，主要内容包括传真机服务器的认识、配置、使用和管理等。

本章要点（已掌握的在方框中打勾）

- □ 认识传真服务器
- □ 配置传真服务器
- □ 使用传真服务器
- □ 管理传真服务器

13.1 认识传真服务器

本节视频教学录像：4 分钟

传真服务器是一种替代传真机设备的软件解决方案，相当于虚拟传真机，便于用户利用具备传真功能的调制解调器（Modem）或专门传真卡，直接在计算机上收发传真，就像收发电子邮件或打印文件一样简单，而且其功能比硬件传真机更强大，其最突出的优点是网络用户共享传真和群发传真。有的传真服务器还提供强大的传真管理功能，可以对传真通信进行控制和优化，还可以将电子邮件和传真通信结合起来。与普通传真机相比，传真服务器具备更为完善的传真功能，可对传真资源进行有效地管理，降低办公费用，提高办公效率。

部署传真服务器需要一定的硬件环境，以下是相关硬件。

(1) 传真设备：一般传真服务器需要支持具备传真功能的 Modem。如果是需要支持多路传真的传真服务器，应该选择专用传真卡。

(2) 传真线路：普通电话线或 ISDN 线路。

(3) 打印机：可选设备，用于打印收到的传真文件。

(4) 扫描仪：可选设备，用于将原始文件扫描为图像文件再发送传真。

建立传真服务器的关键是选择传真服务器软件，根据功能传真服务器软件可分为以下三种类型。

(1) 单机版：最简单的传真服务器软件，只是用于替代传真机设备，使用计算机收发传真，不支持网络功能。

(2) 多用户：可提供共享服务，让局域网中的计算机共享传真服务器。

(3) 网络版：功能最强，除共享传真外，还包括传真管理功能和系统集成功能。

多用户共享版一般缺乏接收传真管理的功能，不能直接将接收的传真分发给收件人，所有网络用户都能访问接收的传真相当于打印机共享；而网络版可支持传真自动分发，将接收的传真自动分发到接收人的传真信箱里。

Windows Server 2003 提供传真服务，用来部署共享传真资源，并为其他 Windows 操作系统提供传真共享客户端软件，特别适合小型单位或部门的传真共享。SYMANTEC 的 WinFax 是用于在 PC 上实现软件收发传真的经典软件，可运行在 Windows 95 以上的平台中，具有支持网络多用户共享传真、通过 E-mail 发送和转发传真、支持附件传真、支持托放式传真、支持电话卡使用、支持传真统计报告等功能，并有很强的适用性。下面主要以 Windows Server 2003 为例介绍传真服务器的配置和使用。

13.2 配置传真服务器

本节视频教学录像：2 分钟

传真服务器的配置和管理工作包括管理和控制传真服务、配置和管理传真设备、管理传入和传出路由规则、配置传真活动日志记录、配置传真存档等，这需要通过传真服务管理器来进行。从【程序】菜单中选择【附件】▶【通讯】▶【传真】▶【传真服务管理器】命令，即可打开传真服务管理器，用户必须以 Administrators 组成员身份登录才能执行此过程。

传真组件识别所有即插即用设备，传真设备会自动出现在传真服务管理器控制台树的【设备和提供程序】目录下面的【设备】节点中，如下图（左）所示。右键单击要设置的传真设备，在快捷菜单中选择相应的命令，可设置该设备是否启用发送、自动接收或手动接收功能，默认情况下将启用发送传真功能。

选择【属性】命令，打开如下图（右）所示界面，进一步设置该设备的发送和接收功能。其中，【传输用户 ID（TSID）】文本框用于标识传真发件人，发送传真时，该 ID 将被传输给收件人，并可能出现在收件人传真机的显示屏上;【接收用户 ID(CSID)】文本框用于标识传真收件人，检测到有传真传入时，向发件人发送该 ID，并可能出现在发件人传真机的显示屏上。这两个 ID 都不能超过 20 个字符。选中【接收传真】复选框后，如果选择【自动应答】选项，则表示该设备启动自动接收功能，可在【应答前响铃次数】微调框中设置自动接收传真之前的响铃次数。

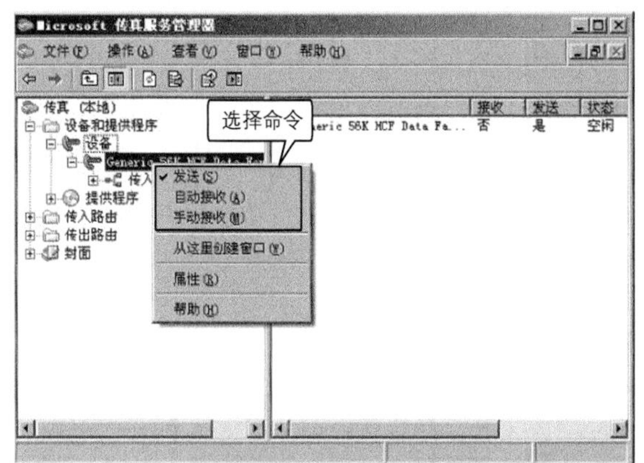

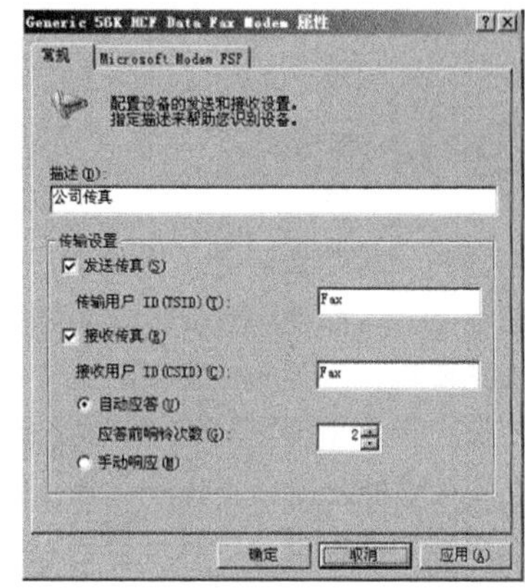

13.3 使用传真服务器

本节视频教学录像：8 分钟

安装配置传真机的目的就是要使用传真机，而传真机的使用对没有接触过传真机的用户而言，又有一定的困难，因此这里会带领读者一起学习这方面的知识。传真机的使用包括传真回复、传真接收、传真发送、传真广播、语音信箱、语音布告等内容，其中传真回复、接收和发送是经常要用到的技术。

13.3.1 传真回复

用户通过语音提示，利用传真机或电话索取所需的书面传真资料。例如，公司提供可供客户索取的产品目录及报价单，电视台提供观众索取的节目表，厂家提供代理商新产品发布及代理价格变更，政府机关提供公众政策法规、申办手续等。

以前利用传真机发送资料的方法是听取客户需求—选取所需资料—拨通客户传真电话—发送传真资料。这种方法需要专人负责，且办公效率低。有了传真资料自动回复系统，无需专人看管，资料索取者只要拨通系统电话，在清晰、友好的系统提示语指导下，通过电话直接或间接地获得所需的资料。

⑴ 即时索取传真：资料索取者须使用传真机并通过系统语音的提示输入所需的资料代码，并按下传真机的开始（START）键，启动传真机，传真可以即刻发送。

⑵ 授权索取传真：对于一些加密文档，只有授权用户（比如代理、分销商、分公司、会员等）才有权索取，这时资料索取者通过系统语音的提示输入自己的账号及密码，系统验证账号、密码合法后，才可以索取。

对于以上两种索取方式，用户可以先索取传真回复目录表，可以一次索取一份资料，也可以一次索取多份资料。

13.3.2 传真接收

传入传真由传真设备接收，有自动接收和手动接收两种方式。采用自动接收方式，当发送方呼叫时，传真服务器自动接收发送的传真。采用手动接收方式，当发送方呼叫时，用户接到传真信号后，必须在传真服务器上执行“立即接收”命令才能接收传真。

在传真服务器（连接传真设备）上可以跟踪传入传真的进度。成功接收的传真将出现在传真控制台的“收件箱”文件夹中，右键单击要处理的传真文件（TIFF 文件格式），从快捷菜单中选择命令来处理传真。选择【查看】命令或双击该传真文件，会自动调用 Windows 图片和传真查看器来阅读、打印传真文件；选择【另存为】命令将传真文件保存到其他文件夹；选择【发送到】命令将传真文件发送到某个电子邮件信箱；选择【打印】命令直接将传真文件打印出来。

13.3.3 传真发送

用户可通过本地传真设备发送传真，也可通过网络使用服务器端共享传真设备发送传真。发送传真主要有三种方式，即使用传真发送向导发送封面传真、在 Windows 应用程序中发送传真、通过电子邮件程序发送传真，还有一种情况是发送扫描文档。

这里主要介绍使用传真发送向导发送封面传真。

❶ 启动传真发送向导。从【程序】▶【附件】▶【通讯】▶【传真】菜单中选择【发送传真】命令将直接发送传真；或选择【传真控制台】命令打开传真控制台，然后从中选择【文件】▶【发送传真】命令发送传真。如果安装了多个传真打印机，就需要选择用来发送传真的传真打印机。

❷ 在如下图所示的界面中，设置收件人信息。输入收件人名称和传真号码，单击【添加】按钮将其添加到收件人列表中，也可单击【通讯簿】按钮从现有通讯簿中选择收件人。若要同时设置多个收件人，只需将他们添加到收件人列表中，就可实现传真群发。

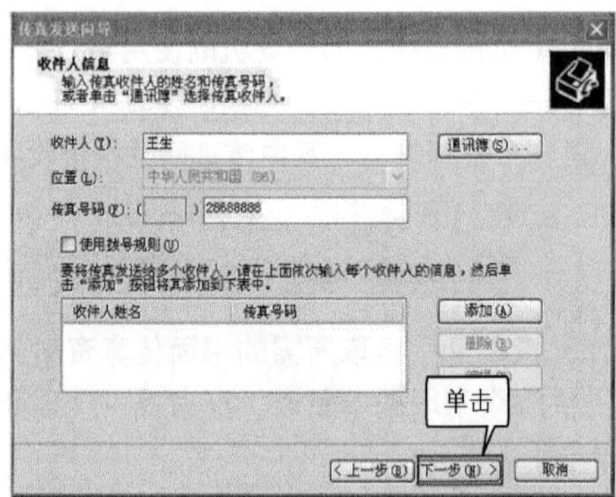

❸ 单击【下一步】按钮，出现【准备封面】对话框，选择封面模板，设置主题，在【说明】区域输入传真内容。

❹ 单击【下一步】按钮，出现【计划】对话框，设置计划、优先级。

❺ 单击【下一步】按钮，出现【完成传真发送向导】界面，如下图所示，单击【预览传真】按钮可查看传真格式和内容，确认后单击【完成】按钮，开始发送传真。

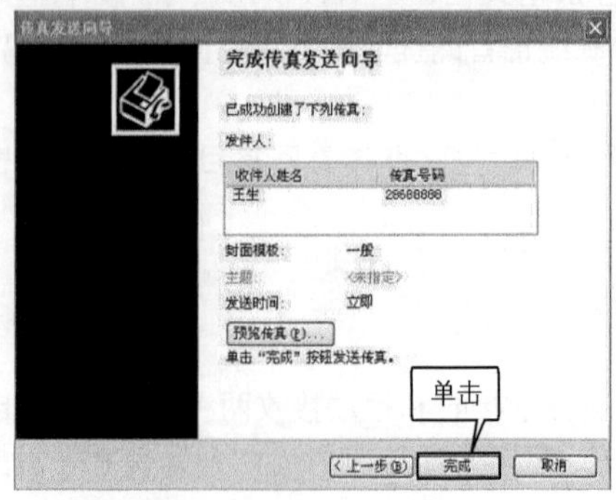

正在发送的传真可通过传真控制台中的“收件箱”文件夹进行监视和管理，该文件夹是待发送和正在发送的所有传真(包括多个传真设备)的存档位置。成功发送传真后，传真就被移动到“已发送邮件”文件夹。在用来发送传真的本地传真设备的计算机上，可启用传真监视器来查看发送传真的进度。

13.3.4 传真广播

大家经常会遇到这样一些问题，很多时候需要给多个用户发送同样一批传真文件，如传真广告函、邀请函等，此时就需要设置专人依次拨打电话逐一发送传真。传真服务特为此开发了批量传真管理程序，管理员只需选择好要发送的传真用户或传真用户组，并设置好要发送的传真文件，按下发送键，即可自动发送，而且系统会自动返回发送成功及失败的记录，便于管理者及时处理补发。

13.3.5 语音信箱

对于一些外企单位，由于时差不同给工作带来诸多不便，而语音信箱正是解决这一问题的最佳方式。语音信箱相当于一部高度智能的留言电话，每一信箱主人皆拥有一个信箱号码，来话方可将口信留在此信箱中。信箱主人可以远程控制语音信箱，如听取留言、修改密码、改变问候语，另外还具有追踪功能，一旦有客人留言，立即自动拨叫追踪电话，使留言及时通知主人。

本系统可设置语音信箱，每个信箱最多可存储 20 条留言，信箱主人可随时听取留言并可随时修改密码，管理员可根据需求开关信箱，或为信箱主人查询密码。语音信箱的功能很多，例如，可作为社会承诺的窗口，提供投诉信箱；可为各个部门设置信箱，方便用户留言，提出自己的需求及建议，便于管理者掌握市场；可设立多个私人信箱，保证信息不致丢失。

13.3.6 语音布告

语音布告栏可以作为企业对外宣传的一个窗口，是树立企业形象、推销企业产品最有效的途径。语音布告栏服务允许将事前预录的信息存入系统，使用者可依照系统提示获取所需的资讯，这些资讯可以是公司介绍、客户产品介绍、产品价格表、天气预报、报时、股市行情、列车时刻表等。语音布告栏的级数可以由管理员通过系统参数进行设定。

13.4 管理传真服务器

本节视频教学录像：6 分钟

本节介绍管理传真服务器的方法。

1. 管理传入传真

启用接收传真功能的传真设备可接收传入传真。传入传真的管理包括两个方面，一是管理传真服务，二是管理传真传入路由。

打开传真服务管理器，在控制台树中右键单击【传真】节点，在快捷菜单中选择【属性】命令，打开【传真属性】对话框，在【常规】选项卡中选中【禁止接收新传真】选项，将禁止接收新的传真。也可通过停止传真服务来阻止传真接收，方法是在传真服务管理器中右键单击【传真】节点，在快捷菜单中选择【停止】命令。

当有传入传真到达时，首先进入“传入”队列，传入路由决定传真接收完毕后如何处理传真。例如，可配置传入路由自动向网络中的收件人传送传入传真。有两个层次，一个是作用于所有传真设备的全局方法，另一个是作用于特定传真设备的传入方法。要查看和配置全局路由，可在传真服务器的控制台树中展开【传入路由】▶【全局方法】节点，右侧的详细信息窗格中将显示 3 种传入路由方法，设置应用于传入传真方法的优先顺序。右键单击其中的方法，在快捷菜单中选择【上移】或【下移】命令调整优先顺序。

可为每个设备配置传入方法，应用于传入传真的传入方法不止一种，如果禁用了一种传入方法，则设备跳过该方法，按照全局路由的优先级处理传入传真。配置传入方法后，在详细信息窗格中右键单击该方法，在快捷菜单中选择【启用】或【禁用】命令来启用或禁用该方法。选择【属性】命令可进一步设置路由目的地，如下图所示，共有 3 种选择："通过电子邮件路由"、"存储到文件夹"和"打印"。

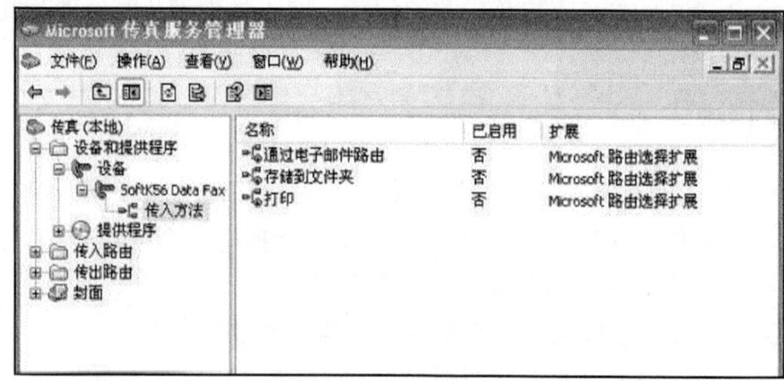

全局方法决定优先级，而设备的传入方法设置具体的路由目的地。默认情况下，上述传入方法都未启用。如果启用了传入传真存档功能，则成功接收的传真将被移动到"收件箱"存档。

2. 管理传出传真

传真配置决定如何发送传真，其管理包括以下几个方面。

(1) 停止和启动传出传真

在传真服务管理器控制台树中右键单击【传真】节点，在快捷菜单中选择【属性】命令，打开【传真属性】对话框，如下图所示。在【常规】选项卡中选中【禁止提交新的传出传真】选项，阻止用户提交新传真到"发件箱"文件夹；选中【禁止传输传出传真】选项，则阻止传真从"发件箱"文件夹中发送。

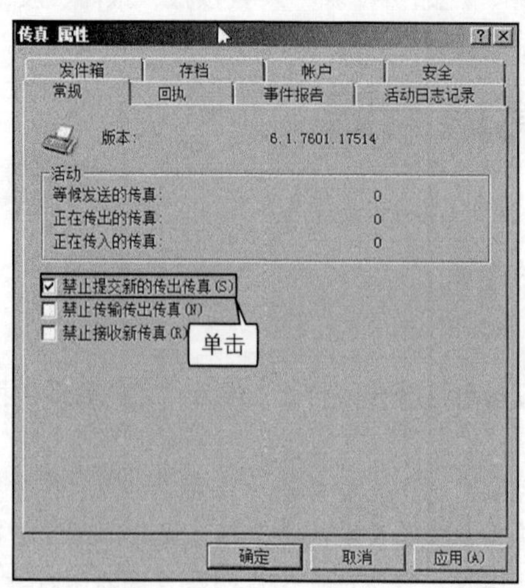

(2) 配置传出传输和发件箱

打开【传真属性】对话框，切换到【发件箱】选项卡，设置发送传真的重试次数、重试间隔和折扣时段，如下图（左）所示。

还可设置发送的传真是否包括标题、是否允许使用个人封面，如下图（右）所示。

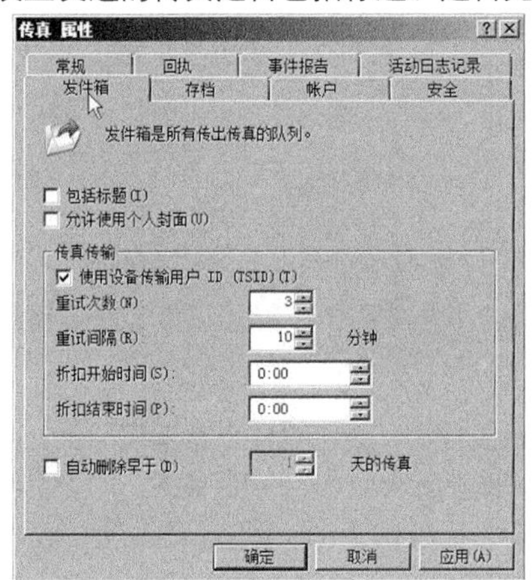

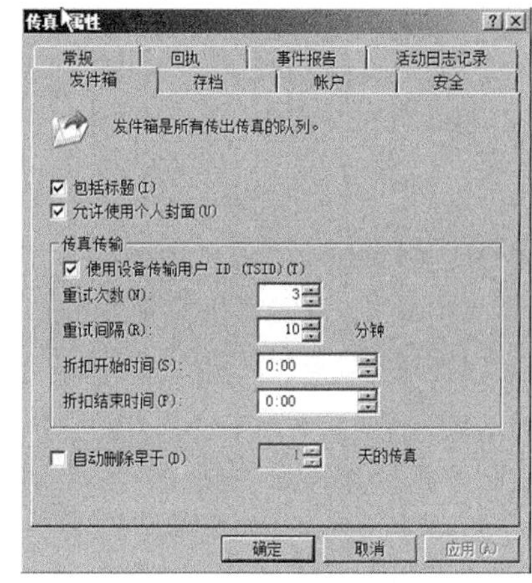

⑶ 配置送达回执

可设置获得传真是否发送成功的方式。打开【传真属性】对话框，切换到【回执】选项卡，如果选用【启用消息框作为回执】选项，用户将通过【消息】对话框获知传真是否发送成功；如果要通过电子邮件回执来确认是否成功发送，应选中【启用 SMTP 电子邮件回执】选项，则在下图所示的几个文本框中设置用户电子邮件的地址、SMTP 服务器地址和端口。

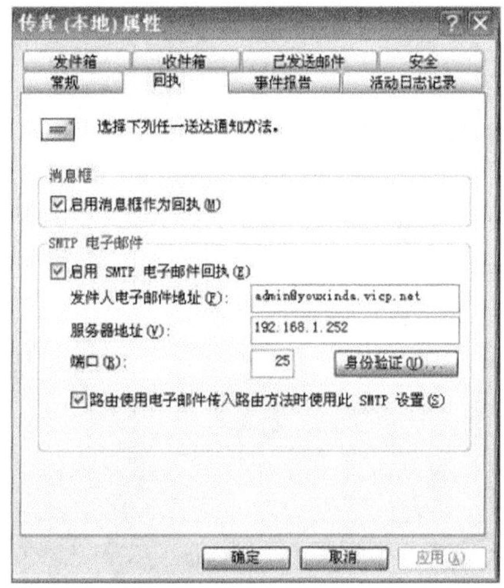

⑷ 管理传出路由

传出路由定义发送传真的规则，用于控制基于服务器的传真资源的使用，目的是优化可用传真设备的使用。通过创建规则，使一个设备（或一组设备）与发送到特定国家或地区的传真相关联。如果仅有一个传真设备，就没有必要创建传出路由规则。传出路由规则可作用于某个传真设备，也可作用于某个设备组。

默认有一个包含所有设备的“所有设备”组，该组不能删除。用户可根据需要创建自定义个设备组，将一个或多个传真设备添加到该组中。一个设备也可以同时属于一个或多个组。在传真服务器控制台树中，右键单击【传出路由】节点下面的【组】节点，在快捷菜单中选择【新建】▶【设备】命令，定义组名即可。右键单击【组】节点下面的【特定组】节点，在快捷菜单中选择【新建】▶【设备】命令，选择要添加的设备，即可将其添加到组中。组中的传真设备可以按优先级顺序排列，组内优先级高的设备将优先尝试发送传真。

高手私房菜

技巧：配置传真机

配置传真机设置是在传真机的属性中进行的，配置传真服务器设置是在传真服务器属性中进行的。必须以管理员或管理员组的成员身份登录，才能执行以下步骤。

❶ Windows Server 服务器默认都没有安装“传真机组件”，因此需要自己安装。依次单击【开始】▶【控制面板】▶【添加/删除 Windows 组件】▶【Windows 组件向导】命令，打开【Windows 组件向导】对话框，选中【传真服务】复选框，如下图（左）所示。单击【下一步】按钮，选择【共享传真打印机】选项，为了能使其他客户计算机都能发送传真。接着系统会提示插入光盘（Windows Server 2003 安装光盘），选择必需安装文件，如下图（右）所示。这样就完成了传真服务器组件的安装与配置。

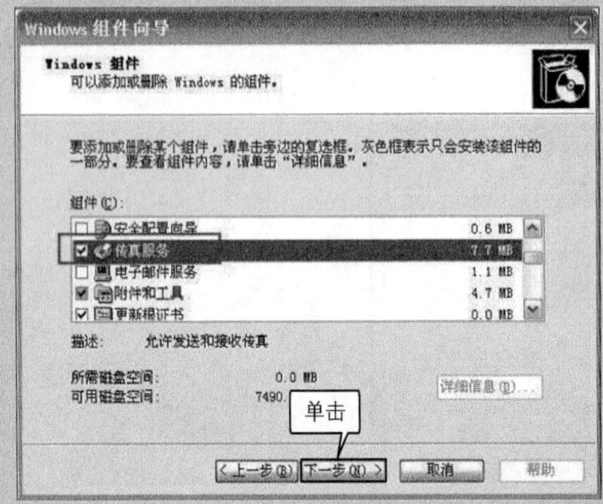

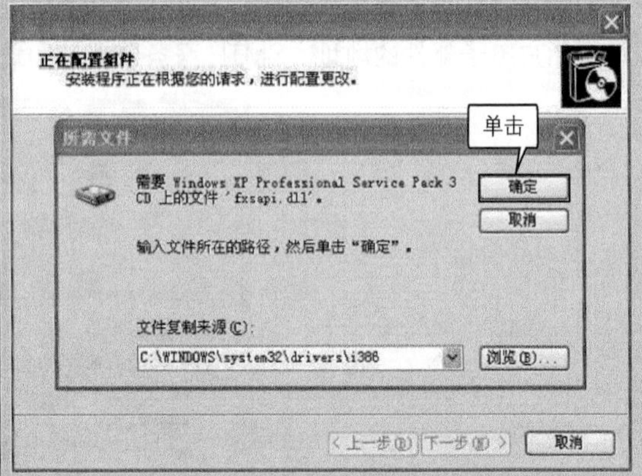

❷ 为了实现传真服务器合理的共享性访问，设置传真权限是一个不可避免的问题。在传真服务管理器控制台树中，右键单击【传真】节点，在快捷菜单中选择【Fax 属性】命令，切换到【安全】选项卡，如下图所示，显示当前的权限设置，可设置用户或组的权限。

第14章

本章教学录像：18 分钟

数据库服务器的安装与配置

数据库服务器是当今应用最为广泛的一种服务器类型，许多企业在信息化建设过程中都要购置数据库服务器。数据库服务器主要用于存储、查询、检索企业内部的信息，因此需要搭配专用的数据库系统，对服务器的兼容性、可靠性和稳定性等方面都有很高的要求。

本章要点（已掌握的在方框中打勾）

- □ 认识数据库服务器
- □ 数据库服务器的选配
- □ 安装数据库服务器
- □ 配置数据库服务器
- □ 保护数据库服务器

14.1 认识数据库服务器

 **本节视频教学录像：2 分钟**

数据库服务器是指由运行在局域网中的一台或多台计算机和数据库管理系统软件共同构成的服务器。数据库服务器为客户应用提供服务，这些服务包括查询、更新、事务管理、索引、高速缓存、查询优化、安全及多用户存取控制等。本章主要向读者介绍如何选配、安装、配置、管理、保护数据库服务器。

14.2 数据库服务器的选配

 **本节视频教学录像：1 分钟**

本节主要介绍各种企业网络数据库服务器的配置。通过本节的学习，希望大家能够根据条件掌握基本网络数据库服务器的选配。

14.2.1 小型企业网络数据库服务器的选配

对于一般的小型企业而言，低成本、高效益是其最大的目标。目前的 SQL Server 数据库服务器拥有完全免费的版本，小型企业可以利用免费的数据库服务器去开发自己的项目。就 SQL Server 数据库服务器而言，其安全性和可靠性也很稳定。SQL Server 是客户机 / 服务器关系型数据库管理系统(RDBMS), 它使用扩展的 SQL 语言 Transact_SQL 在客户机和服务器之间发送请求。客户机 / 服务器体系结构把整个任务划分为在客户机上完成的任务和在服务器上运行的任务。一般在一个或多个网络中可有多个 SQL Server 服务器，用户可以将在逻辑上作为一个整体的数据库的数据分别存放在各个不同的 SQL Server 服务器上，成为分布式数据库结构。客户端还可分别或同时向多个 SQL Server 服务器存取数据，这样可以降低单个 SQL Server 服务器的处理负担，提高系统执行效率。因此，大多数小型企业的网络数据库服务器一般都是选配 SQL Server 数据库服务器。

14.2.2 中型企业网络数据库服务器的选配

MySQL 和 SQLServer 数据库一样，也是一个关系型数据库管理系统，它是由瑞典 MySQL AB 公司开发的，目前属于 Oracle 公司。MySQL 是一种关联数据库管理系统，关联数据库将数据保存在不同的表中，而不是将所有数据放在一个大仓库内，这样就加快了访问速度并提高了灵活性。MySQL 分为社区版和商业版，由于其体积小、速度快、总体拥有成本低，尤其是开放源码这一特点，一般中小型网站的开发都选择 MySQL 作为网站数据库。由于 MySQL 社区版的性能卓越，搭配 PHP 和 Apache 可组成良好的开发环境。

与其他大型数据库如 Oracle、DB2、SQL Server 等相比，虽然 MySQL 有许多不足之处，但是这丝毫也没有影响它受欢迎的程度。对于一般的个人使用者和中小型企业来说，MySQL 提供的功能已经够用了，而且由于 MySQL 是开放源码软件，大大降低了企业的成本。

MySQL 数据库服务器的可靠性，安全性及可用性都很好，数据处理的能力也很强大，还拥有良好的可扩展性及管理性，对于中型企业而言，MySQL 数据库服务器的功能及各方面的特性已经能够满足开发需求了。因此，中小型企业一般都会选择 MySQL 数据库服务器作为自己的开发数据库。

14.2.3 大型企业网络数据库服务器的选配

大型企业对于网络数据库服务器的选配非常严谨，因为他们经常接触非常庞大的数据，这就需要数据库服务器拥有很强大的数据处理能力。另外，对于数据的安全性，也是一项需要重点考虑的因素。一般大型企业在选择数据库服务器时，主要考虑数据库服务器的数据处理能力、安全性、可靠性、可扩展性、成本等因素。下面将以 Oracle 数据库服务器作为大型企业常用的数据库服务器来介绍其性能和特点。

Oracle 是以高级结构化查询语言 (SQL) 为基础的大型关系数据库，通俗地讲它是用方便逻辑管理的语言操纵大量有规律数据的集合，是目前最流行的客户 / 服务器体系结构。Oracle 数据库在运行时效率是非常高的，这其实是因为它非常巧妙而合理地使用了系统内存，当然，它同时也大量地使用了系统内存，至于其目的究竟是为了缓解硬盘缓存压力还是基于其他因素，就不深入探讨了。可以明确的一点是，Oracle 数据库要有足够容量的系统内存进行支持才能较好地发挥其性能优势。大型企业基于大数据的考虑，大都会选择 Oracle 作为数据库服务器。

14.3 安装数据库服务器

本节视频教学录像：1 分钟

本节以 Oracle 9i 数据库服务器软件的安装过程为例，介绍数据库服务器的安装过程。

14.3.1 安装数据库服务器系统环境

数据库服务器安装之前，一般都需要检测系统安装环境，以避免系统不支持、内存不够、硬盘空间不足等情况发生。

下面从四个主要方面阐述 Oracle 9i 对硬件环境的要求。

(1) 对 CPU 的要求：CPU 最低配置到 Pentium 166 就可以。

(2) 对内存的要求：内存容量最低为 64MB，最好在 256MB 以上。现在的内存一般都在 2GB 以上，所以一般可以不用考虑这种情况。

(3) 对硬盘的要求：建议配置 8GB 容量以上的硬盘。现在的硬盘价格比较便宜，容量一般都在 200GB 以上，所以对系统进行配置的时候，最好是选择容量大一点的硬盘，为以后的扩展等需求做好准备。

(4) 对网卡的要求：一般可以选用 10/100MB 自适应网卡。这对网络数据库服务器也是很重要的一项。

下面再从三个主要方面阐述 Oracle 9i 对软件环境的要求。

(1) 对操作系统的要求：建议在全新安装的 Windows Server 2000 上安装数据库服务器，在 Windows Server 2000 上安装管理客户机，也可以在 Windows XP 上安装。在网上一般都会有安装的视频教程。

(2) 对虚拟内存的要求：建议将虚拟内存适当地进行调整以加快安装速度，主要是针对系统内存不足的情况。

(3) 安装的网络环境要求：一般安装 Oracle 9i 数据库服务器，至少需要有两台计算机，通过交换机或集线器构成局域网。

14.3.2 安装数据库软件

本小节主要介绍 Windows XP 环境（其他环境相似）下 Oracle 9i 服务器和客户端软件的安装配置方法。

1. 安装 Oracle 9i 服务器软件

❶ 将 Oracle 9i 的第 1 号安装盘放入光驱，双击【setup】选项，将弹出如下图（左）所示的【Oracle Universal Installer：欢迎使用】对话框。

❷ 单击【下一步】按钮，出现如下图（右）所示的【Oracle Universal Installer：文件定位】对话框，在【路径】文本框中输入“E:\Oracle\ora92”，其他取默认值。

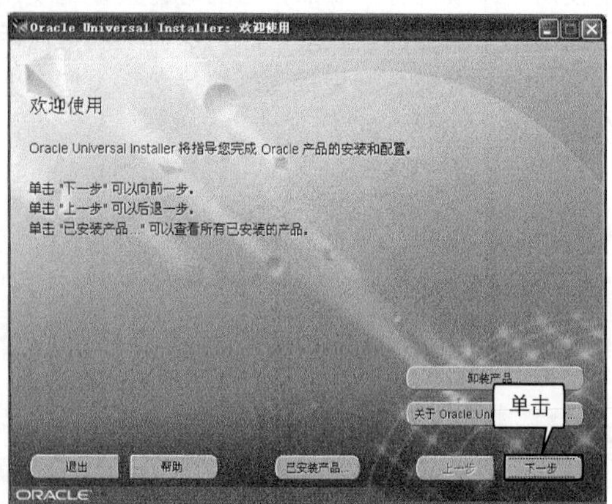

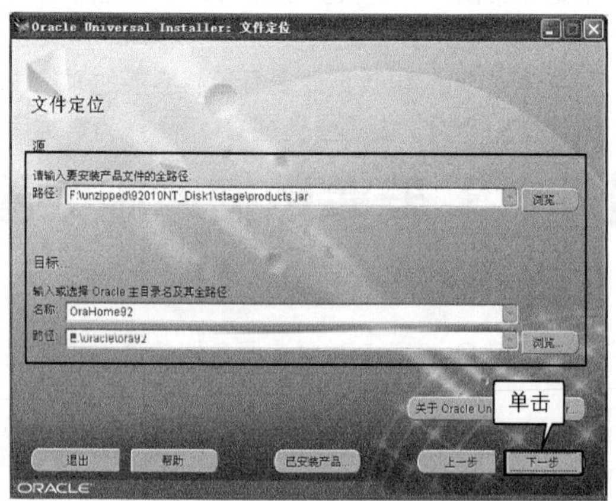

❸ 单击【下一步】按钮，出现如下图（左）所示的【Oracle Universal Installer：可用产品】对话框。单击【下一步】按钮，出现如下图（右）所示的【Oracle Universal Installer：安装类型】对话框。

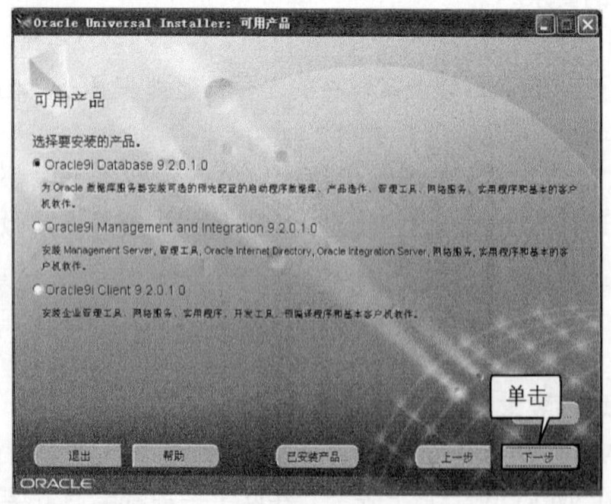

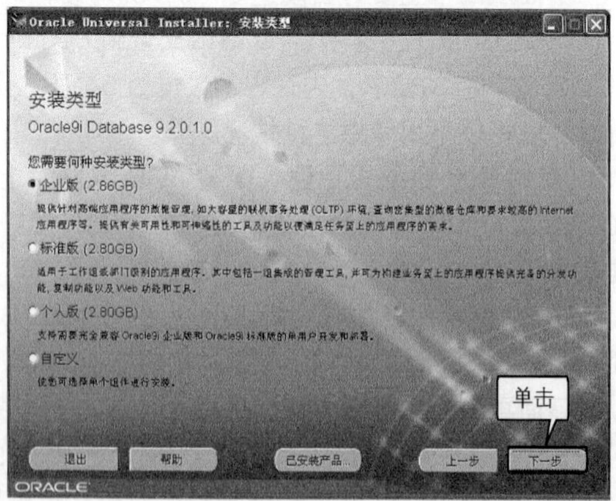

❹ 单击【下一步】按钮，出现如下图（左）所示的【Oracle Universal Installer：Oracle Services for Micorsoft Transaction Server】对话框。单击【下一步】按钮，出现如下图（右）所示的【Oracle Universal Installer：数据库标识】对话框。输入全局数据库名为“test”，此名不能与局域网上其他 Oracle 数据库重名；输入 SID 为“test”，此名不能与局域网上其他 Oracle 数据库的 SID 重名。

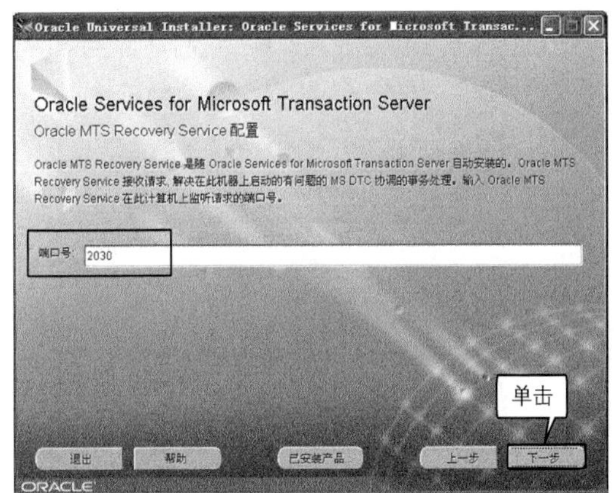

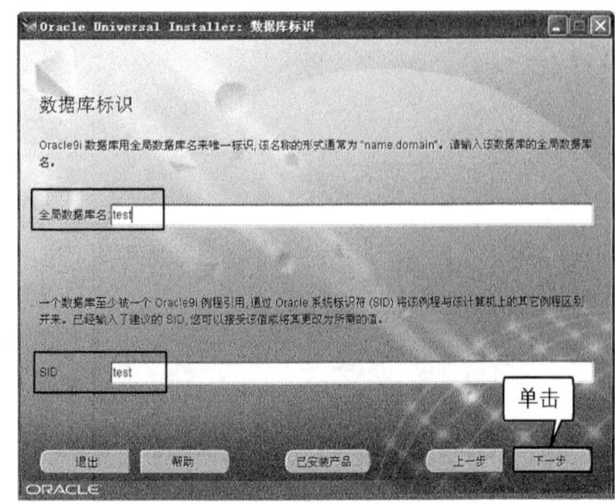

❺ 单击【下一步】按钮，出现如下图(左)所示的【Oracle Universal Installer: 数据库文件位置】对话框。单击【下一步】按钮，出现如下图(右)所示的【Oracle Universal Installer：数据库字符集】对话框。

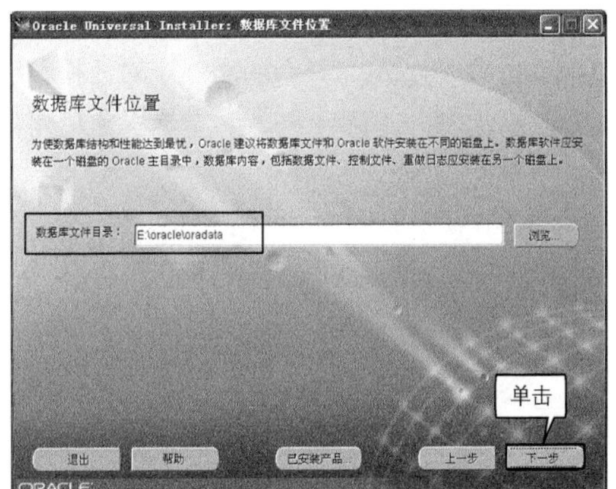

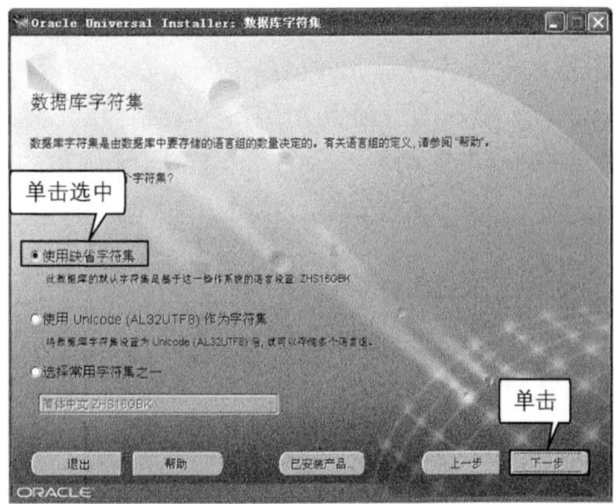

❻ 单击【下一步】按钮，出现如下图所示的【Oracle Universal Installer：摘要】对话框。

❼ 单击【下一步】按钮，出现如下图（左）所示的【Oracle Universal Installer：安装】对话框。整个安装过程需要 30 ~ 40min，中间会提示插入第 2 盘(如下图(右上)所示)和插入第 3 盘(如下图(右下)所示)。

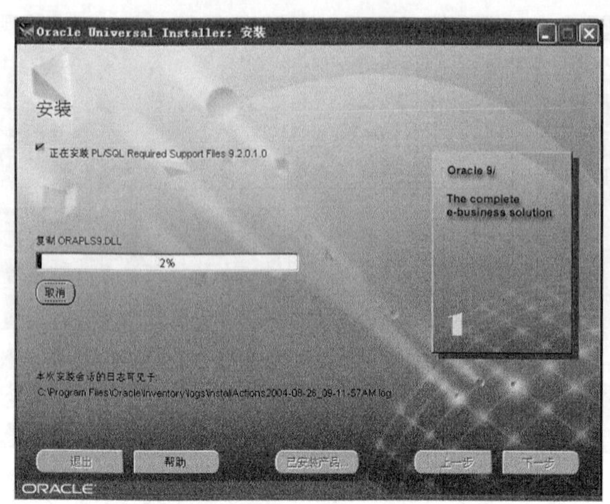

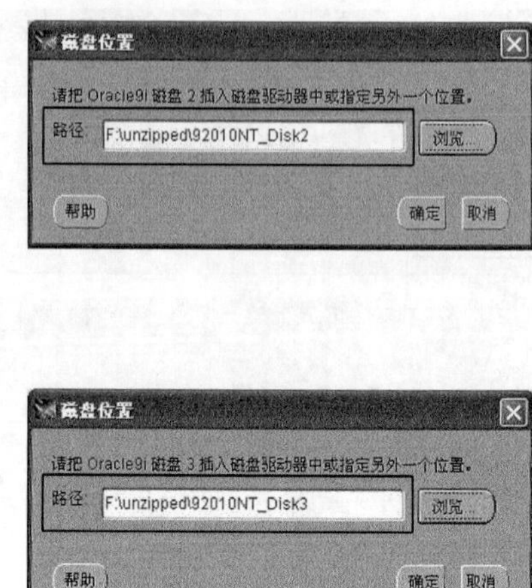

❽ 安装结束后，弹出如下图（左）所示的【Oracle Universal Installer：配置工具】对话框。

❾ 安装配置完成后，弹出如下图（右）所示的【Database Configuration Assistant】对话框。系统默认 SYS 和 SYSTEM 用户的口令分别为“change_on_install”和“manager”，若要改变口令，则在该对话框中重新输入 SYS 和 SYSTEM 用户的口令。

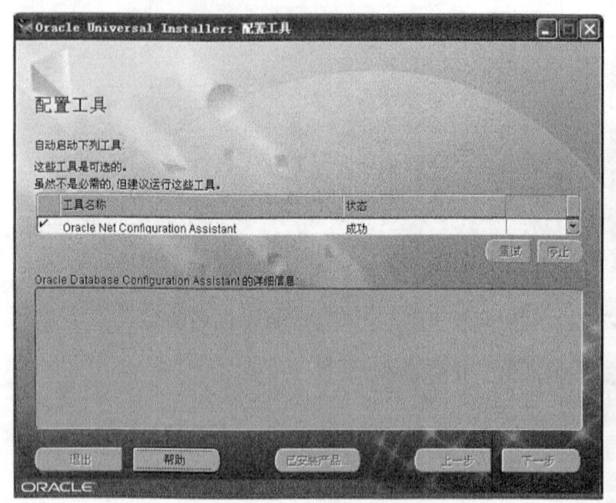

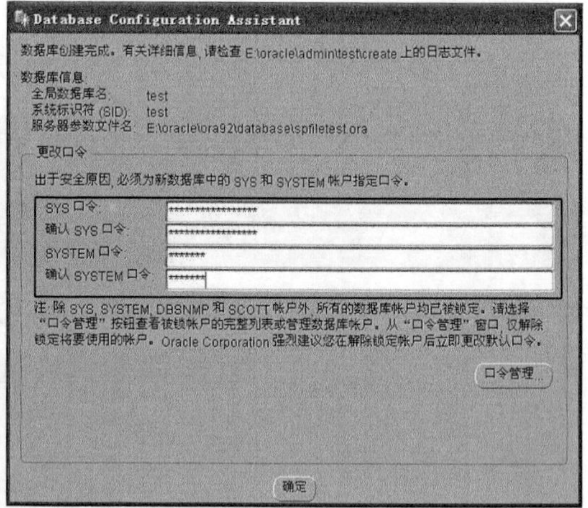

至此，Oracle 9i 服务器软件的安装配置工作就全部完成了。

2. 安装配置 Oracle 9i 客户端软件

为了从局域网环境下的客户端能访问服务器上所建的数据库实例 test，必须在客户端上安装配置 Oracle 9i 的客户端软件，其步骤如下。

❶ 启动磁盘 1 的安装程序 setup，具体方法同安装 Oracle 9i 服务器，不同的是在选择安装产品时选中【Oracle9i Client 9.2.0.1.0】单选按钮，如下图所示。

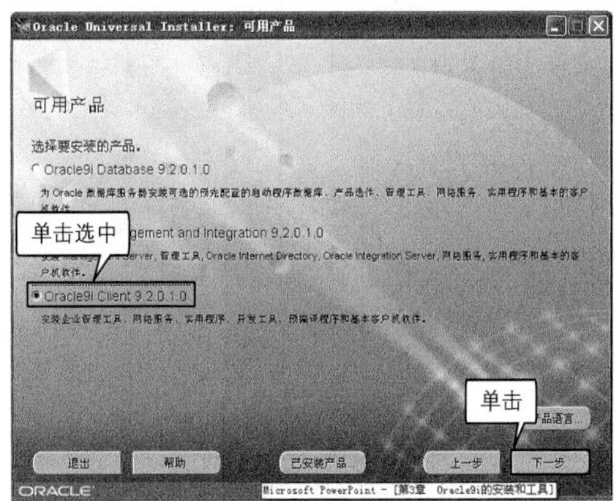

❷ 单击【下一步】按钮，出现如下图（左）所示的【Oracle Universal Installer：安装类型】对话框，选中【管理员】单选按钮。单击【下一步】按钮，出现如下图（右）所示的【Oracle Universal Installer: 摘要】对话框。

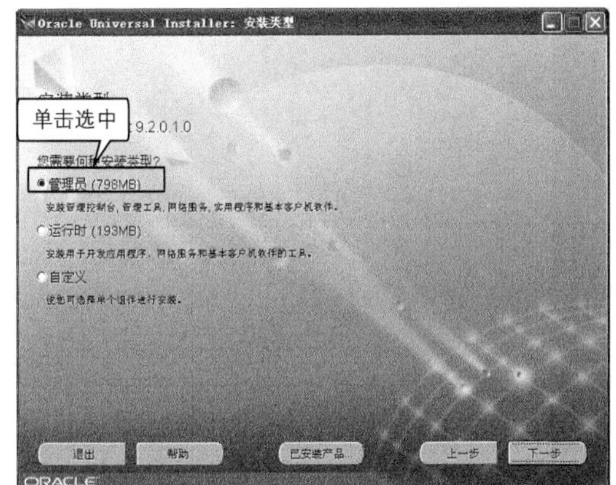

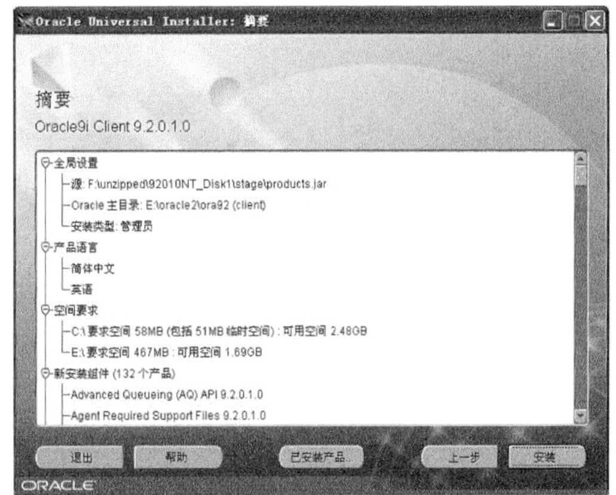

❸ 单击【安装】按钮，开始 Oracle 9i 客户端软件的安装过程，安装时也会像安装服务器软件一样提示插入磁盘 2 和磁盘 3，整个安装过程约 30min。安装结束后，弹出如下图所示的【Oracle Net Configuration Assistant：欢迎使用】对话框，取默认值。

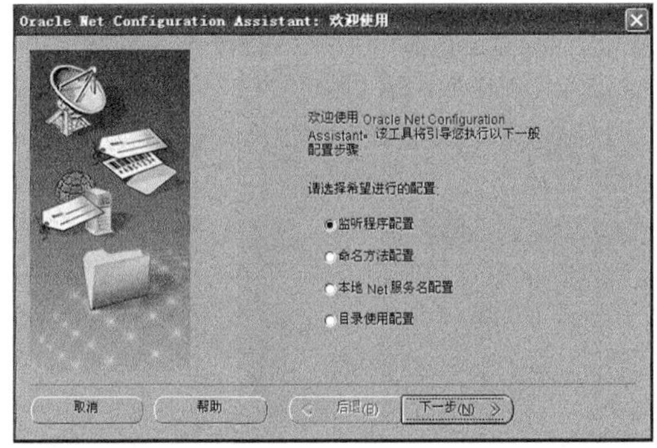

❹ 单击【下一步】按钮，出现如下图（左）所示的【Oracle Net Configuration Assistant：监听程序配置，监听程序】对话框。单击【下一步】按钮，出现如下图（右）所示的【Oracle Net Configuration Assistant：监听程序配置，监听程序名】对话框，取默认值。

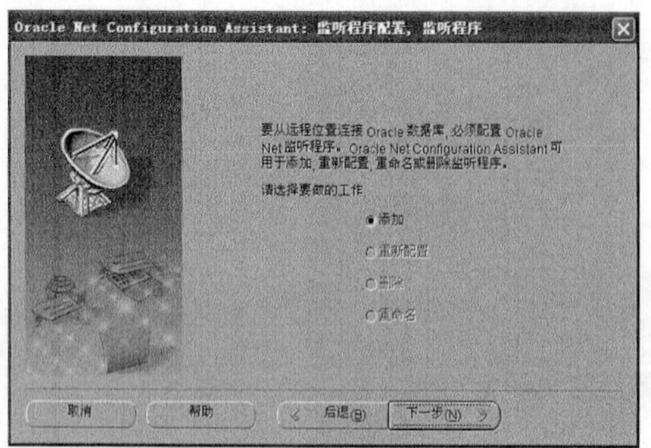

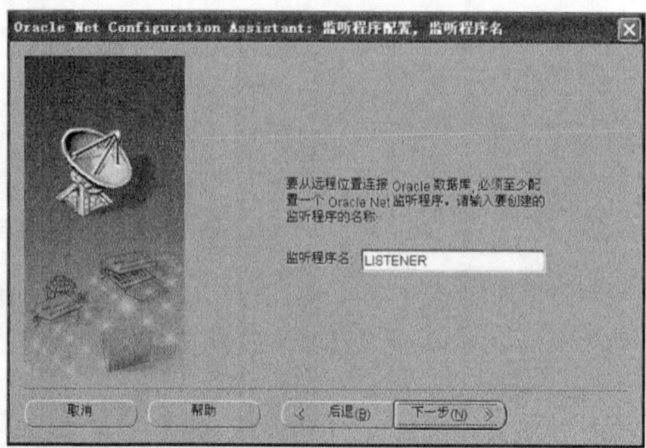

❺ 单击【下一步】按钮，出现如下图（左）所示的【Oracle Net Configuration Assistant：监听程序配置，选择协议】对话框，取默认值。单击【下一步】按钮，出现如下图（右）所示的【Oracle Net Configuration Assistant：监听程序配置，ICP/IP 协议】对话框，取默认值。

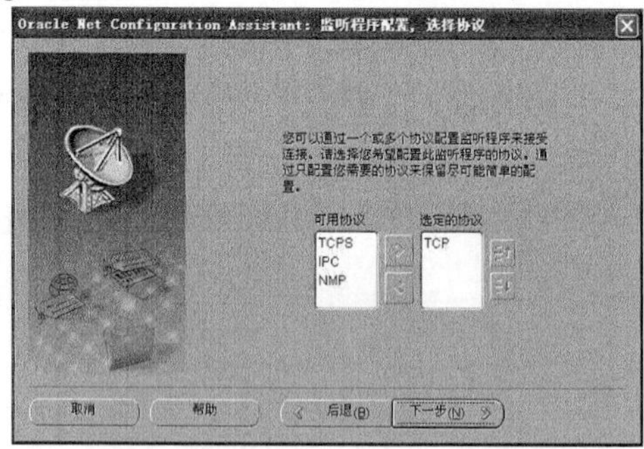

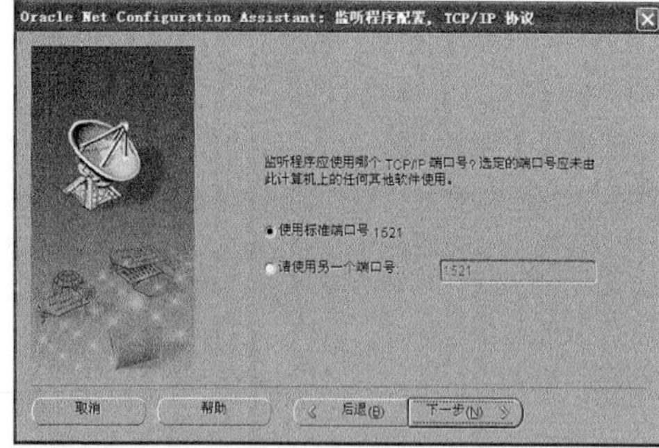

❻ 单击【下一步】按钮，出现如下图（左）所示的【Oracle Net Configuration Assistant：监听程序配置完成】对话框。单击【下一步】按钮，系统返回步骤❸所示的【Oracle Net Configuration Assistant：欢迎使用】对话框，选中【本地 Net 服务名配置】单选按钮，如下图（右）所示。

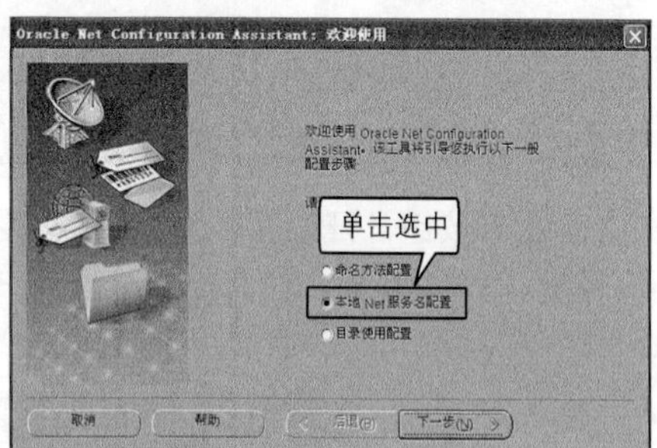

❼ 单击【下一步】按钮，出现如下图（左）所示的【Oracle Net Configuration Assistant：Net服务名配置】对话框。单击【下一步】按钮，出现如下图（右）所示的【Oracle Net Configuration Assistant：Net 服务名配置，数据库版本】对话框。

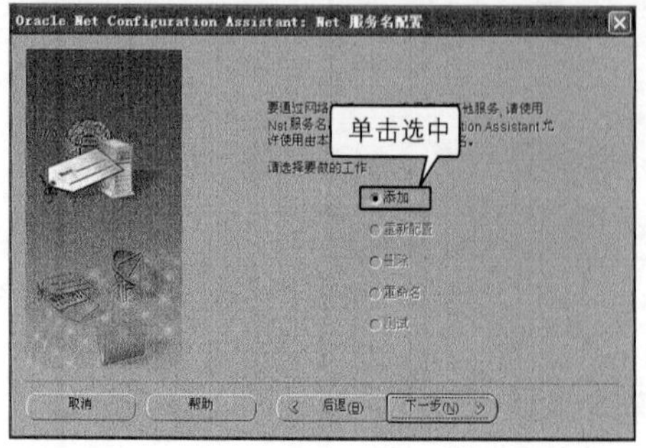

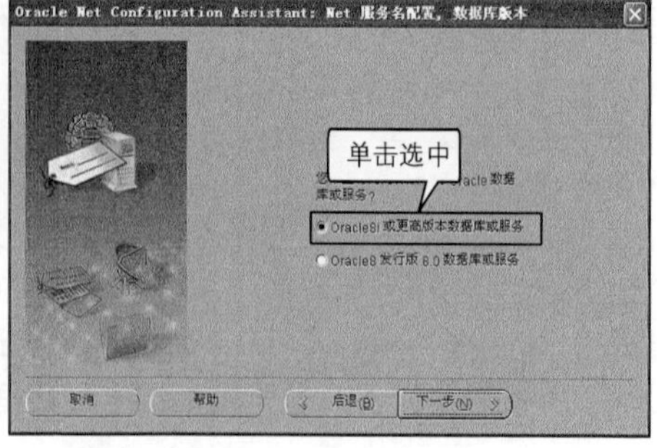

❽ 单击【下一步】按钮，出现如下图（左）所示的【Oracle Net Configuration Assistant：Net 服务名配置，服务名】对话框，输入“test”，单击【下一步】按钮，出现如下图（右）所示的【Oracle Net Configuration Assistant：Net 服务名配置，请选择协议】对话框，取默认值。

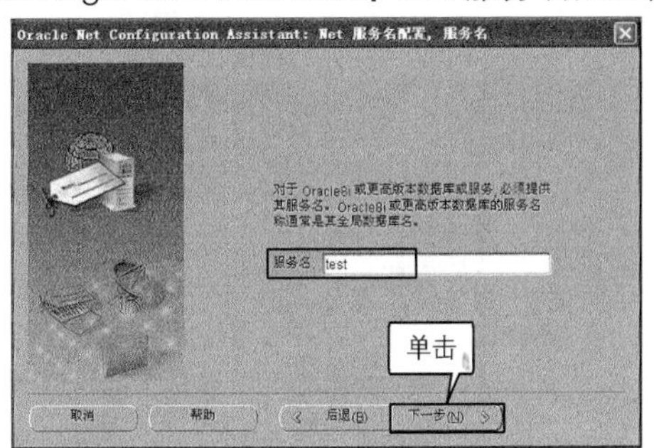

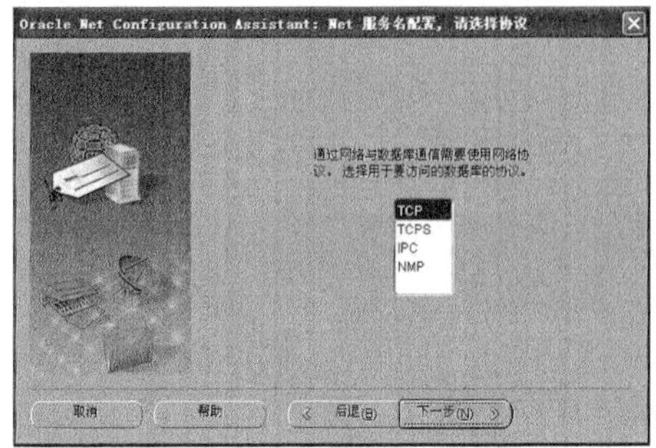

❾ 单击【下一步】按钮，出现如下图（左）所示的【Oracle Net Configuration Assistant：Net 服务名配置，ICP/IP 协议】对话框，输入主机名为“zhs”，选中【使用标准端口号】单选按钮。单击【下一步】按钮，出现如下图（右）所示的【Oracle Net Configuration Assistant：Net 服务名配置，测试】对话框。

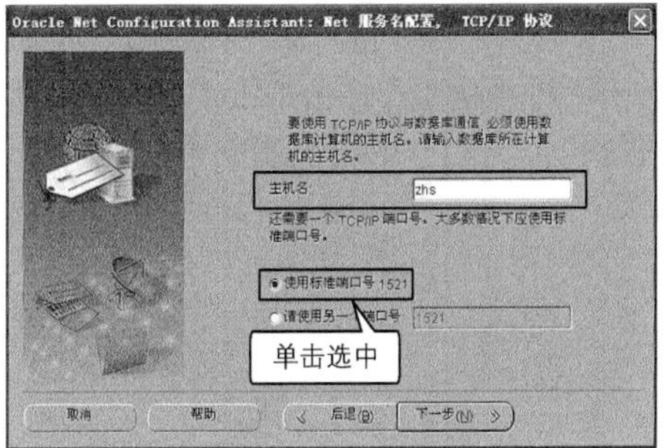

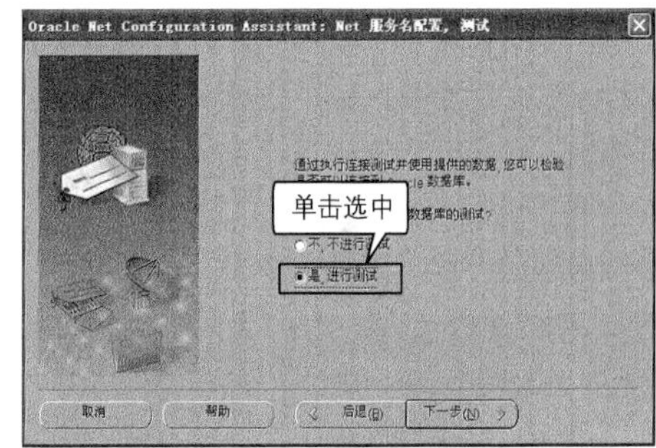

❿ 单击【下一步】按钮，即可进行与数据库连接的测试。若测试成功，会弹出相应消息框。

至此，Oracle 9i 客户端软件的安装配置工作就全部完成了。

3. 登录数据库服务器

数据库服务器安装成功之后，就需要登录服务器。接下来我们就简单的介绍一下数据库服务器的登录过程。详细步骤如下。

❶ 单击【开始】▶【所有程序】▶【Oracle-OraHome92】▶【Enterprise Manager Console】命令，如下图所示。

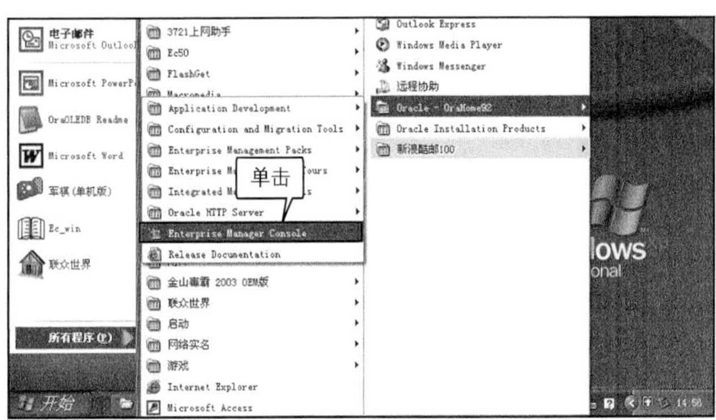

❷ 系统出现如下图（左）所示的【Oracle Enterprise Manager Console 登录】对话框，选中【独立启动】单选按钮。

❸ 单击【确定】按钮，出现如下图（右）所示的【Oracle Enterprise Manager】主界面。

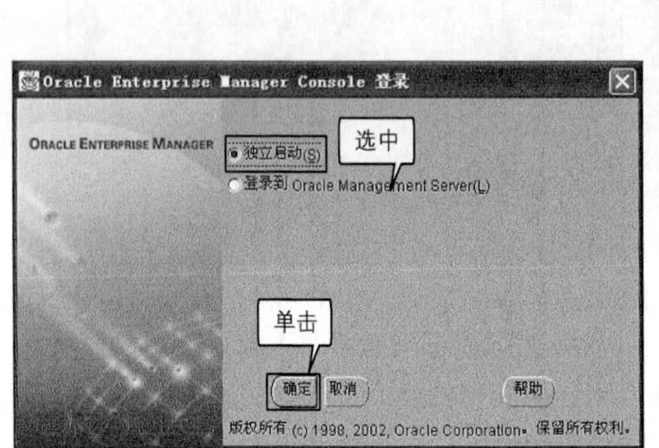

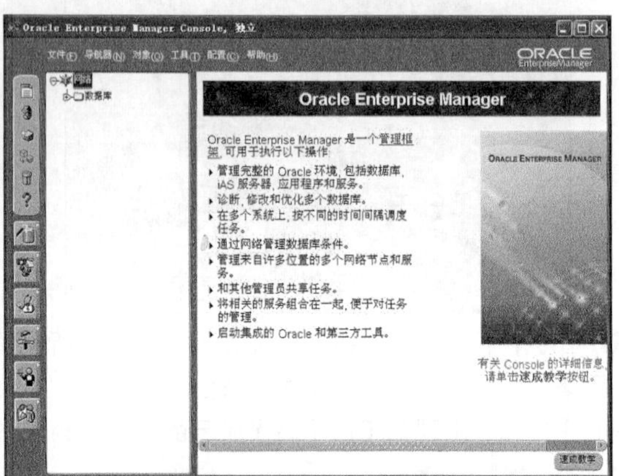

❹ 展开左侧的【数据库】节点，右击欲登录的数据库 TEST，弹出如下图（左）所示的快捷菜单。

❺ 在快捷菜单中单击【连接】命令，弹出如下图（右）所示的【数据库连接信息】对话框。在【用户名】文本框中输入“system”（这是 Oracle 9i 的默认管理员账号），在【口令】文本框中输入“system”，选择连接身份为“Normal”、“SYSOPER”、“SYSDBA”三者之一（若要启动和关闭数据库，则连接身份必须是“SYSDBA”）。

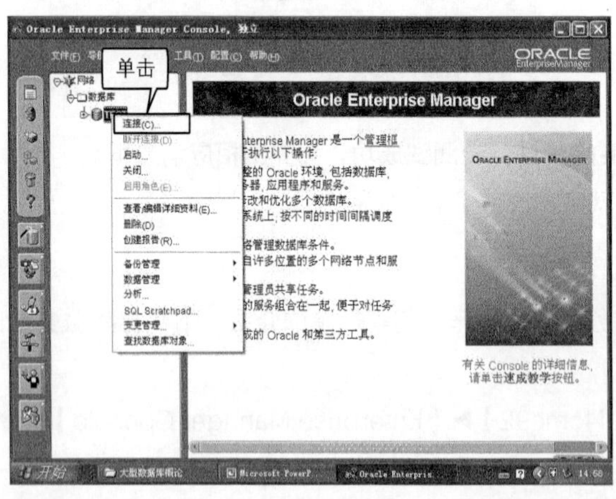

说 明

(1) Normal：以只读形式打开数据库，不能修改数据库的结构和数据。
(2) SYSOPER：以只读形式打开数据库，不能修改数据库的结构和数据，但可以执行某些特殊的操作。
(3) SYSDBA：打开数据库，可以执行数据库的所有操作。

❻ 单击【确定】按钮，即完成了登录数据库的工作。

另外，也可以从 Oracle 9i 提供的【SQL *Plus】工具中登录数据库。

14.3.3 安装数据库服务器辅助软件

现在网络资源丰富，数据库服务器的辅助软件有许多，本小节主要给大家介绍数据库服务器辅助软件——Oracle 数据库辅助工具 OraSQL 1.7.5，其下载地址为 http://down.tech.sina.com.cn/page/40557.html。打开软件即可使用，不需安装。

OraSQL 是一款完全免费而且非常简单实用的对 SQL 语句进行编辑、删除、添加的工具，通过 TCP/IP（协议）直接连接到 Oracle 数据库服务器而不需要另外安装 Oracle 客户端。

它的主要功能如下。

(1) TNSNMES.ORA 同 Oracle 客户端一样的网络配置。

(2) 执行 SQL 命令。

(3) 执行一个脚本文件。

(4) 执行一个过程。

软件运行图如下图所示。

14.4 配置数据库服务器

 **本节视频教学录像：1 分钟**

本节主要介绍如何为用户分配账户和空间以及如何设置权限。

14.4.1 为用户分配账户及空间

数据库服务器软件和管理软件安装好之后，接下来就是为用户分配账户和空间了。本小节将详细介绍为用户分配账户和空间的操作。

1. 数据库用户的创建及权限的分配

数据库安装完成后，有以下两个系统级的用户。

(1) system：默认密码为 manager。

(2) sys：默认密码为 change_on_install。

在安装的数据库目录中找到 \oracle\product\9.2\bin 中的 sqlplus 程序，运行 ./sqlplus system/

manager@ora9i。

用户可以使用 system 创建自己的用户、权限，SQL 语句如下。

(1) 创建用户：

create user username identified by pwd default tablespace users Temporary TABLESPACE Temp;

(2) 用户授权：

grant connect,resource,dba to username;

(3) 提交：

commit;

2. 用数据库脚本创建数据库

如上面所述利用 sqlplus 以 username 用户登录，输入“@ 创建数据库的脚本名称 .sql”后，按回车键，即可创建数据库中的表、视图、存储过程等。

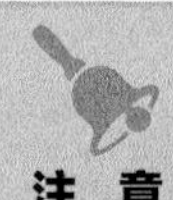

注 意 以上创建用户的过程可以使用户的表中不会自动产生临时表。

创建表空间的 SQL 语句：

CREATE TABLESPACE "MSNROBOT"

LOGGING

DATAFILE '/opt/ora9/oradata/oracle/MSNROBOT.dbf' SIZE 10M

EXTENT MANAGEMENT LOCAL SEGMENT SPACE MANAGEMENT AUTO

14.4.2 设置账户权限

Oracle 有 3 个默认用户：

sys change_on_install [as sysdba]；

system manager；

scott tiger。

sqlplus 显示当前用户拥有哪些系统权限的命令：

select * from user_sys_privs;

sqlplus 显示当前用户拥有哪些表权限的命令：

select * from user_tab_privs;

下面将以创建用户 small 且密码为 small 为例来介绍权限的设置。

创建用户 small 且用户密码为 small 的 SQL 语句：

create user small identified by small;

在 small 用户下对权限的授权以及回收操作如下。

授权 small 创建会话权限的 SQL 语句：grant create session to small;

授权 small 建表权限的 SQL 语句：grant create table to small;

授权 small 无限制表空间权限的 SQL 语句：grant unlimited tablespace to small;

授权给所有用户的 SQL 语句：grant create session to public;

回收 small 创建会话权限的 SQL 语句：revoke session from small;

回收 small 建表权限的 SQL 语句：revoke create table from small;

回收 small 无限制表空间权限的 SQL 语句：revoke unlimited tablespace from small;

对象权限（以另一个用户 lee 为对象 ,lee 有一个 mytable 表）如下。

赋予 small 查询 mytable 表权限的 SQL 语句：grant select on mytable to small;

撤销 small 查询 mytable 表权限的 SQL 语句：revoke select on mytable from small;

Oracle 在对象权限中可以将权限限制在列上。

只允许插入 id：grant insert(id) on mytable to small;

只允许更新 name：grant update(name) on mytable to small;

此时 select * from user_tab_privs; 无法显示出结果，因为只对表的一部分操作进行了授权，可用 select * from user_cul_privs; 显示权限信息。

14.5 使用数据库服务器

 **本节视频教学录像：1 分钟**

数据库服务器安装完成之后，接下来将介绍如何正确有效地使用数据库服务器。本节将介绍如何运行与测试安装好的数据库服务器、如何建立账户管理机制、如何管理数据库服务器以及检测数据库服务器的运行状态。

14.5.1 运行与测试数据库服务器

Oracle 9i 开始，取消了服务器管理器（svrmgl）和 internal 用户，数据库的启动和停止都是通过 SQL*plus 来完成的。这里主要介绍 Oracle 9i 下的启动和停止服务。

要启动或者停止服务，必须拥有 sysdba 的权限，可以使用两种方式连接 。

第一种：以 sys 用户连接

c:>sqlplus sys/change_on_install as sysdba;

进入 SQL*plus 环境；

注 意 Oracle 9i 在安装的时候需要设定 sys 和 system 的口令，并且不能采用 Oracle 9i 以前这两个用户的默认口令，这主要是为了保证数据库系统的安全。笔者为了好记忆，在安装完成后立刻恢复了默认的口令。

第二种：

C:>sqlplus /nolog

SQL*Plus: Release 9.2.0.1.0 – Production on 星期一 4 月 26 09:42:00 2004

Copyright (c) 1982, 2002[/img][/img], Oracle Corporation. All rights reserved.

SQL> connect /as sysdba

已连接。

SQL>

在进入后就可以进行下面的操作了。

1. 关闭数据库

shutdown 有四个参数，四个参数的含义如下。

normal ：需要等待所有的用户断开连接 。

immediate ：等待用户完成当前的语句。

transactional：等待用户完成当前的事务。

abort ：不做任何等待，直接关闭数据库。

前三种方式不会丢失用户数据。第四种在不得已的情况下，不建议采用！

2. 数据库的启动

数据库启动使用 startup 命令，它有以下三种方式。

(1) 不带参数：启动数据库实例并打开数据库，以便用户使用数据库。在多数情况下，使用这种方式。

(2) 带 nomount 参数：只启动数据库实例，但不打开数据库。在希望创建一个新的数据库时使用，或者在需要这样的时候使用。

(3) 带 mount 参数：在进行数据库更名的时候采用。这个时候数据库就打开并可以使用了。

3. 测试数据库服务器

测试数据库服务器可采用第三方客户端工具，如 PL/SQL Developer，最方便的是用 Oracle 自带的 SQL*Plus 工具。下面是用 SQL*Plus 进行的测试。

```
C:sqlplus /nolog
SQL>conn wf@myORACLE
```

如果现实已连接，就说明数据库服务器可以连接。

14.5.2 建立账户管理机制

1. 建立用户

```
create user angeos identified by angeos;
```

建立了用户 angeos，密码为 angeos。

2. 对用户授权

```
grant connect,resource to angeos;
```

对用户 angeos 授予了连接数据库和访问资源的权限。

3. 对用户授权

```
grant create session,dba to angeos;
```

CREATE SESSION 是一个系统特权，它可以为用户提供连接数据库的能力。

4. 改变用户的密码

```
alter user angeos identified by oracle;
```

将用户 angeos 的密码改变为 oracle。

5. 锁定账号以及解锁

```
alter user oe account unlock;
```

用用户 oe 登录数据库服务器，密码为 oe。

需要注意的是用户解锁后，要重启服务器。

6. 修改表空间的设置

默认情况下，会使用表空间 SYSTEM 和 TEMP(用于存放临时数据)。

不推荐采用这种方法，所以需要改变表空间。

7. 通过系统用户连接数据库服务器

```
conn sys/sysadmin@hostname_services as sysdba;
```

然后查看表空间。

```
select tablespace_name,contents from dba_tablespaces order by tablespace_name;
```

使用 USER 表空间代替 SYSTEM 表空间。

```
alter user angeos default tablespace users temporary tablespace temp;
```

尝试建立一张表。

```
create table table1
(
    fieldA varchar2(10)
)
```

8. 删除用户 angeos

```
drop user angeos;
```

由于用户 angeos 有一张表 table1, 所以删除用户时，需要指定关键字 CASCADE。

```
drop user angeos cascade;
```

在 Oracle 数据库中有两类特权：

(1) 对象级别特权是由用户赋予的访问或者操作数据库对象的特权。

(2) 系统特权不是控制对指定数据库对象的访问，而是用来许可对各种特性的访问，或者许可 Oracle 数据库中的特定任务。

9. 查询特权

```
connect system/sysadmin desc dba_sys_privs;
```

10. 查询

```
select distinct privilege from dba_sys_privs order by privilege;
```

11. 赋予系统特权的语句

```
GRANT system_priviege to username [with admin option];
```

12. 撤销系统特权的语句

```
REVOKE system_priviege from username;
```

技 巧 在任何用户能够连接到 Oracle 数据库之前，都需要向他们赋予 CREATE SESSION 特权，为他们提供连接许可。

14.5.3 管理服务器

数据库服务器安装好之后，最频繁的操作就是对数据库的操作了。本小节将简单地介绍一些管理方法。

首先，管理 Oracle 数据库服务器的方式有以下几种。

(1) 命令行。

(2) 企业管理器。

(3) 管理服务器集中管理。

(4) 基于 Web 的管理。

接下来主要以前两种方式为例简单介绍其功能。

命令行管理的特点：只能在本地服务器上使用，客户端不能使用。

命令行应用程序打开位置：oracle/ora92/bin/dgmgrl.exe。

提示符：DGMGRL。

如果不熟悉命令的话，可以输入 Help 命令显示常用的命令。

企业管理器直接管理方式：打开管理器的步骤如下。

❶ 运行【开始】▶【oracle-oracle9i】▶【Enterprise Manager Consle】命令会出现如下图所示的界面。

❷ 选中【独立启动】单选按钮，并单击【确定】按钮，出现管理器连接信息界面，如下图所示。

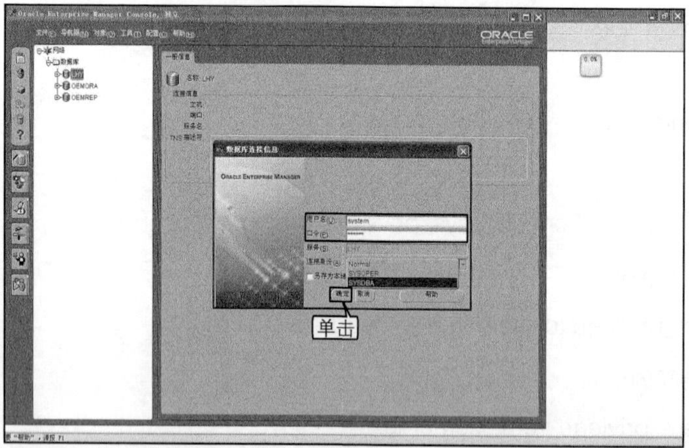

❸ 输入用户名和口令，连接身份选择 SYSDBA，单击【确定】按钮，会出现管理器主界面，如下图所示。

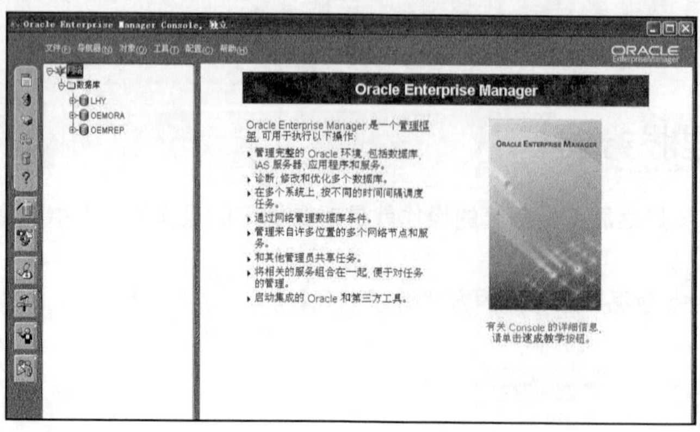

❹ 打开管理器之后，就可以对数据库服务器进行一系列的管理操作了，如创建数据库、备份、恢复等操作。

14.6 保护数据库服务器

本节视频教学录像：12 分钟

本节将介绍数据库安全保护软件 Oracle Secure Backup 以及备份和恢复数据。本节内容，对于数据库的操作来说非常重要，尤其是备份数据对于保护数据来说是最基本也是最重要的。

14.6.1 安装安全保护软件

运行 Oracle 安全备份的 Windows Installer，完成以下步骤，在 Windows 主机上安装 Oracle 安全备份。

❶ 启动 Oracle 安全备份安装向导，出现【Welcome】屏幕，如下图（左）所示。

❷ 单击【Next】按钮继续，如果已经在开始安装之前卸载了 Oracle 安全备份软件，或者如果从来没有在这台计算机上安装，然后会出现【Clean Install】页面，如下图（右）所示。

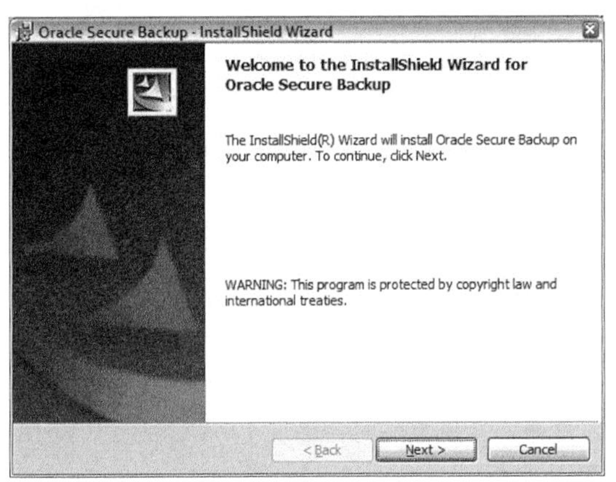

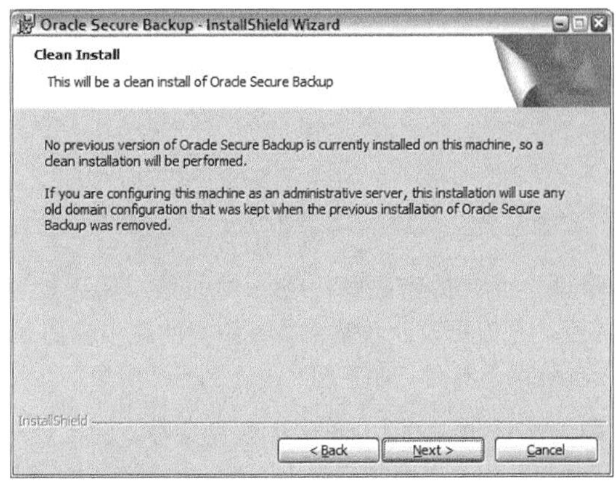

❸ 单击【Next】按钮继续，出现【Customer Information】页面，如下图（左）所示。

❹ 单击【Next】按钮继续，显示【Oracle Secure Backup Setup】界面，如下图（右）所示。

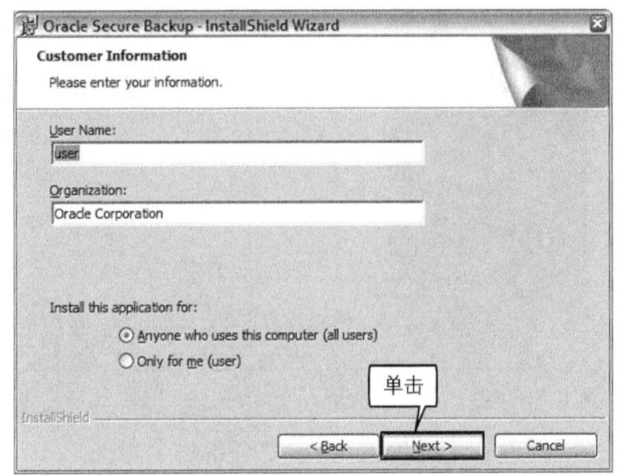

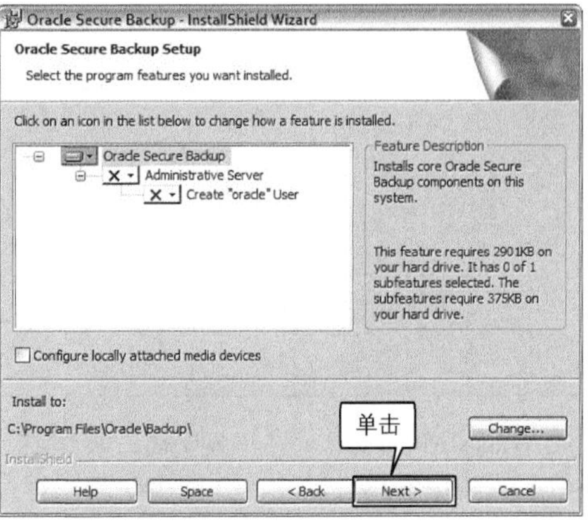

说 明 在上图（左）中输入客户信息如下。

(1) 在【User Name】文本框中输入一个用户名。

(2) 在【Organization】文本框中输入公司名称。

(3) 选择下列选项之一：

① Anyone who users this computer（此选项允许任何有访问这台计算机的用户使用 Oracle 安全备份）。

② Only for me。

❺ 单击【Next】按钮继续，显示 Oracle 安全备份加密金钥储存密码界面，如下图（左）所示。

❻ 在 Oracle 安全备份加密钱包密码加密钱夹领域输入密码，再次输入密码重新输入密码验证字段。单击【Next】按钮，出现 Oracle 安全备份管理员用户密码和电子邮件界面，如下图（右）所示。

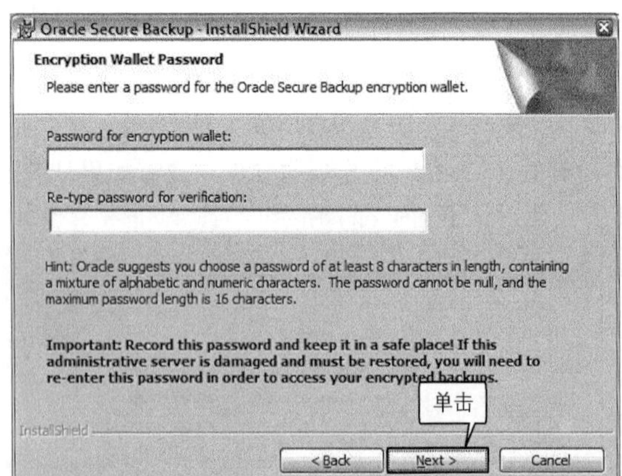

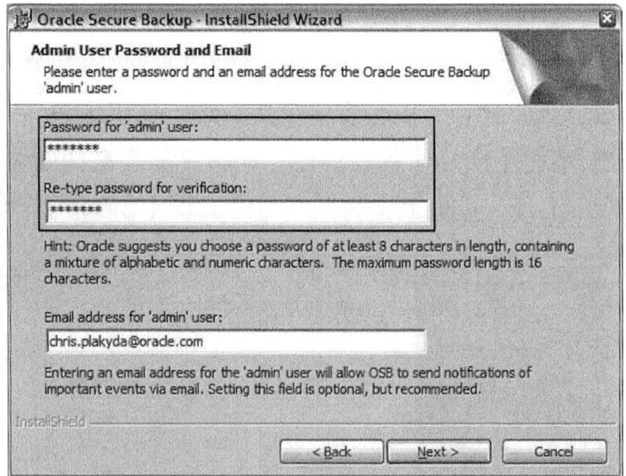

❼ 输入用户的密码和 E-mail 地址最小密码长度，在安装时其值是 0，这意味着允许空密码。安装完成后，可以更改此政策，执行不同的最小密码长度。单击【Next】按钮，出现【Ready to Install the Program】界面，如下图（左）所示。

❽ 单击【 Install】按钮开始复制文件，会出现一个进度条。复制文件时会出现【Installshield Wizard Completed】界面，单击【Finish】按钮，如下图（右）所示。

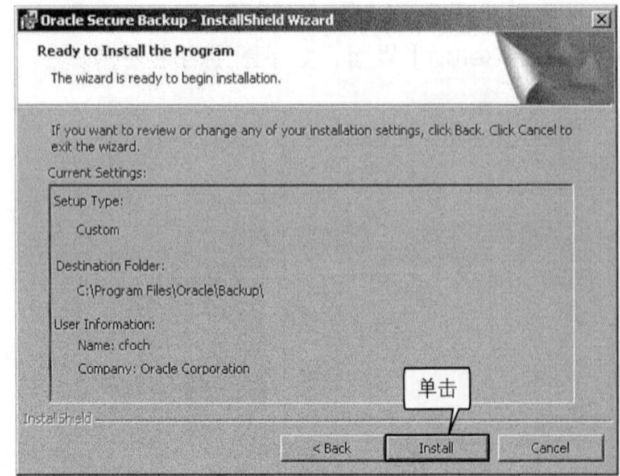

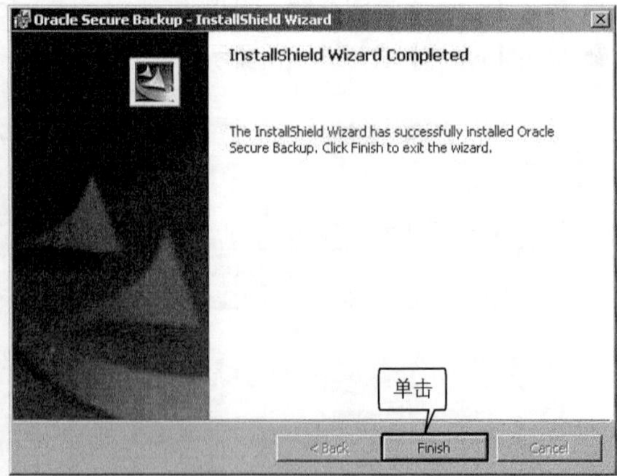

此 Windows 主机上的 Oracle 安全备份软件的安装就完成了。现在可以配置安装，使用 Oracle 安全备份配置实用程序自动启动，使用此实用程序的说明出现在【配置 Oracle 安全备份】界面。

14.6.2 备份数据

当使用一个数据库时，总希望数据库的内容是可靠的、正确的，但由于计算机系统的故障（包括机器故障、介质故障、误操作等），数据库有时也可能遭到破坏，这时如何尽快恢复数据就成为当务之急。如果平时对数据库做了备份，那么此时恢复数据就显得很容易。由此可见，做好数据库的备份是多么重要。

Oracle 数据库有三种标准的备份方法，分别为导出 / 导入（EXPORT/IMPORT）、冷备份、热备份。导出备份是一种逻辑备份，冷备份和热备份是物理备份。在 Oracle 8i 以前这些操作都是用命令来执行的，要求具有一定的 Oracle 维护经验。自 Oracle 8i 以后，特别是 Oracle 9i 的 OEM（Oracle Enterprise Management）以图形化的方式就可以在向导的指引下，完成数据的备份 / 恢复、导入 / 导出操作，但是由于Oracle技术对OEM的支持力度比较小，使得配置和如何正确使用OEM的介绍非常少。

1. 创建 OEM 资料档案库

要进行备份和恢复，必须在连接到 Oracle Manager Server 后才能进行。如果未创建资料档案库，在使用 Oracle Management Server 时将会出现错误“无法连接到 Management server。请验证您已输入 Oracle Management Server 的正确主机名和状态”，因此，必须先创建 Oracle Enterprise Manager 资料档案库，以便能连接到 Oracle Management Server。创建 Oracle Enterprise Manager 资料档案库的步骤如下。

“开始►程序► Oracle ► OraHome92 ► Configuration and Migration”，使用其中的“Enterprise Manager Configuration Assistant”程序配置本机的 Oracle Management Server，创建一个新的档案资料库。

2. 登录 Oracle Management Server

建立完资料档案库后，就可以使用 OEM 了。请按如下步骤进行操作。

“开始►程序► Oracle ► OraHome92 ► Enterprise Manager Console”，登录方式不选择独立启动，要选择登录到 Oracle Management Server。激活 Oracle Enterprise Manager Console 的登录窗口后，在该窗口中用户要提供相应的管理员名称、口令和 Management Server。Enterprise Manager 有一默认管理员 sysman, 口令为 oem_temp，Management Server 请填写主机名或计算机 IP 地址。

登录成功后，Oracle 提示更改 sysman 用户口令。如果登录不成功，请检查在控制面板中的【服务】选项中 Oracle Management Server 服务是否已启动，如未启动请手动启动。

3. 连接到要操作的数据库

在 OEM 左侧的目录树中，单击要备份的数据库名，在随后出现的登录框中输入正确的用户名、口令及连接身份，此时该数据库已与管理服务器连接了。

4. 建立首选身份证明

首选身份证明的作用是配置一个数据库用户执行数据库维护操作，在对数据库进行备份与恢复等操作的过程中，用户不必输入用户名及口令。在 OEM 中打开配置菜单，选择【首选身份证明】选项，打开【编辑管理员首选项】窗口，选择管理服务器节点 Win2000(Win2000 为主机名)，在节点身份证明子窗口中输入用户名如 system, 在【口令】和【确认口令】文本框中输入 manager，单击【确认】按钮，完成首选身份证明。

5. 逻辑备份与恢复的前提

逻辑备份与恢复的前提是数据库必须工作在归档状态，如果处理不当会造成数据库的故障，因此 Oracle 只允许通过命令方式修改数据库工作模式。

查看数据库是否已经启动归档日志。

SQL>archive log list;

如果归档日志没有启动，先关闭数据库。

SQL>shutdown immediate;

然后用下面命令启动数据库。

SQL>startup mount;

使数据库处于归档日志模式。

SQL>alter database archivelog;

使数据库处于打开状态。

SQL>alter database open;

6. 建立备份管理员账户

在建立首选身份证明后还不能进行数据库的备份与恢复工作，否则会出现错误提示，报错提示是“VNI2015 验证错误”。在作业的历史记录中可以看到更详细的出错提示“VNI2015 目标节点首选身份证明无效或具有的权限不足已完成该操作”。错误原因：目标节点（数据库服务器）的操作系统用户身份证明不正确，OEM 智能代理验证并使用这个信息运行作业。

解决办法：OEM 管理员用户应具有“作为批处理作业登录”的权限。“作为批处理作业登录”是 Windows NT 用户的操作系统高级权限。解决办法是在操作系统用户中新建一个与 OEM 管理员用户同名，密码一致的用户，如 sysman 用户。具体操作方法：① 顺序在菜单中选择【开始】▶【程序】▶【附件】▶【管理工具】▶【计算机管理】命令，建立用户 SYSMAN，使其属于组 ADMINISTRATORS，ORA—DBA。② 顺序在菜单中选择【开始】▶【程序】▶【附件】▶【管理工具】▶【本地安全策略】命令，在【本地安全设置】窗口的左侧栏目找到“安全设置”、“本地策略”、“用户权利指派”，在相应的右侧栏目找到“作为批处理作业登录”策略项，在此策略中增加用户 sysman。

7. 在 OEM 中备份与恢复数据

具体的 OEM 备份与恢复的方法是进入 OEM 管理器后，在【工具】▶【数据库工具】菜单中选择相应的操作（如数据管理：导入、导出、装载；备份恢复：备份、恢复、维护等）。每个具体的数据维护操作都是图形化的向导方式，操作十分简单，这里不再赘述。至于操作的状态，如是否已执行、已完成、失败等可以在作业列表中查询历史操作记录。

14.6.3 恢复数据

相对于备份数据而言，数据的恢复也是很重要的一步。如果大量的数据备份之后却不能够恢复到数据库中，将是灾难性的事件。本小节将介绍数据库的恢复操作。

❶ 单击【开始】菜单，选择【Oracle-oracle9i】▶【Configuration and Migration Tools】▶【Datsbase Configuration Assistant】命令，如下图所示。

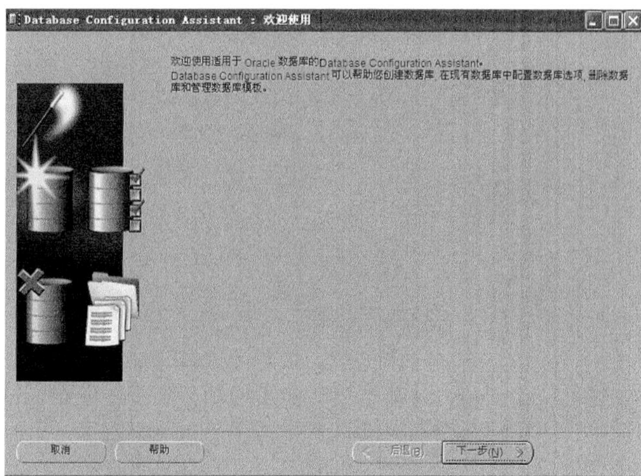

❷ 单击【下一步】按钮，如下图所示。

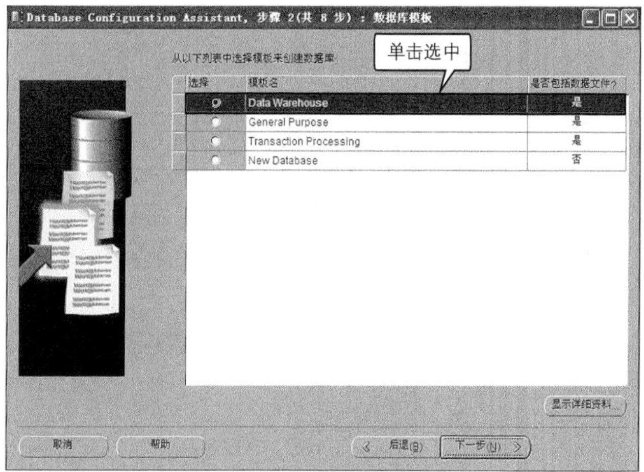

❸ 选择第一项，继续单击【下一步】按钮，如下图所示。

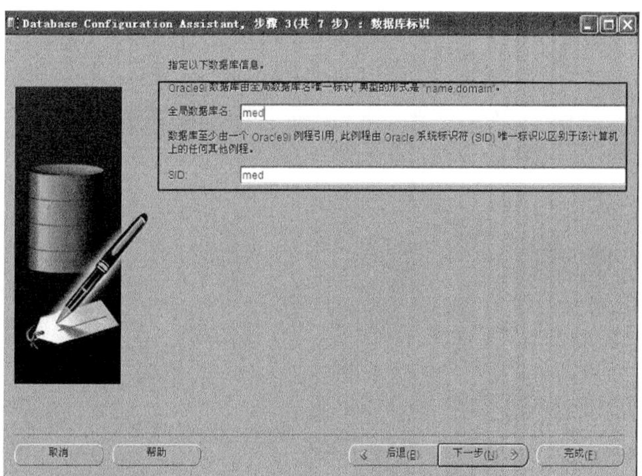

❹ 输入需要恢复的数据库名，继续单击【下一步】按钮，如下图所示。

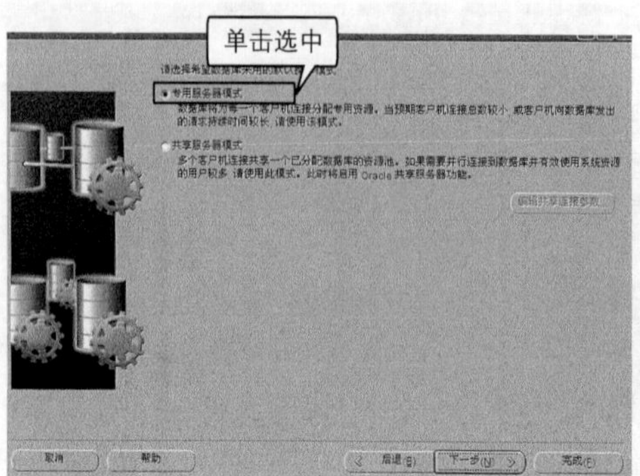

❺ 选择【专用服务器模式】单选按钮，单击【下一步】按钮，如下图所示。

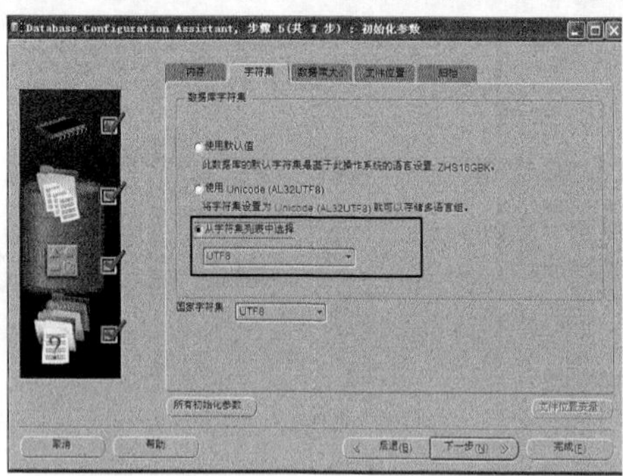

❻ 选择【从字符集列表中选择】单选项，选择字符集编码为“UTF8”，单击【下一步】按钮，如下图所示。

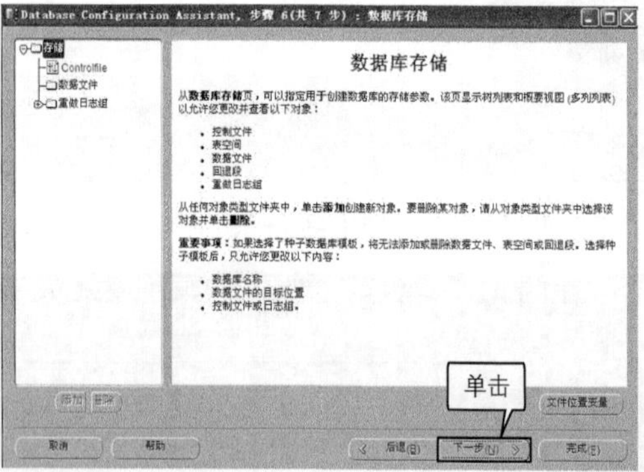

高手私房菜

技巧：安装数据库软件需要注意的问题

在安装数据库服务器时，务必要检查系统环境。在创建用户和空间时，最好是按照本书上的步骤去做以免出错。安装数据库安全软件时，大家要详细阅读安装说明，因为里面牵涉很多细节的东西需要去设置。最后备份和恢复数据库时，这些操作相对而言非常的重要，务必谨慎操作。

第 15 章

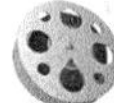 本章教学录像：12 分钟

流媒体服务器的安装与配置

流媒体服务器主要是用于在网路中传送音频、视频以及其他多媒体文件。流媒体的典型特征是把音频和视频信息压缩后放到网络服务器上，用户可以一边下载一边观看。流媒体技术现在已经应用在很多领域，如视频会议、远程医疗、在线直播等。本章将介绍一系列的流媒体知识。

本章要点（已掌握的在方框中打勾）

□ 流媒体服务器的介绍

□ 流媒体服务器的特点

□ 配置服务器

□ 流媒体管理器

15.1 流媒体服务器的介绍

本节视频教学录像：2 分钟

随着网络技术的发展，流媒体技术现今已经被应用到很多领域，尤其是最近几年发展非常迅速。而流媒体服务器又是整个流媒体应用的核心系统，是运营商向用户提供视频服务的关键平台，它的主要功能是对媒体内容进行采集、缓存、调度和传输播放。流媒体应用系统的主要性能体现都取决于流媒体服务器的性能和服务质量。因此，流媒体服务器是流媒体应用系统的基础，也是其最主要的组成部分。本章主要向读者介绍流媒体服务器的特点、支持流媒体服务器的传输协议以及服务器的配置。

15.2 流媒体服务器的特点

本节视频教学录像：1 分钟

现如今流媒体对于人们不在陌生，几乎每天都在接触它，比如每天都会准时播放的新闻联播，网络上的电影、音乐等，它在人们的生活中已经是不可或缺的一部分。

现在人们所采用的流式媒体技术主要由最具代表性的 Real Media 技术以及微软公司推出的 Windows Media 技术两大系列构成，与传统的多媒体技术比较而言，它们在技术上有以下几个共同特点。

1. 采用高压缩率、高品质的音视频编码器

浏览过视频的人都知道，一般在网上传输音视频信号需要消耗很大的流量，这就要求编解码器对音视频内容进行高压缩率的编解码，并且还应在带宽允许的范围内充分保证音视频品质不受影响。显然传统的多媒体技术已不能胜任，而较新的流媒体编解码技术便能解决这个问题。在视频方面，新技术采用了较 MPEG4 更为先进的编码技术，同时具备了动态位速率编码、二次编码和关键帧控制等高级功能，使得编码内容的压缩率远高于 MPEGl 文档而品质却能接近 MPEG2 的视频效果；音频方面，高级的音频编码器同样能提供高压缩率以及高品质、高保真的音频流。

2. 具备多重比特率的编码方式

除了高压缩率、高品质的音视频编码器技术外，流媒体的另一核心技术在于如何根据不同的网络连接来确定音视频信号的编解码，具体来讲就是需要编解码器根据不同的连接对象确定生成影音文件的输出质量和可用带宽。在流媒体技术中，其编码器允许在一个流文件中对视频流进行多重编码的创建和传输，通常应用的带宽范围可从 28.8kbit/s 到 500kbit/s 不等，可使客户端播放器能根据实际的连接带宽选择一个最适合的视频流进行播放。除此之外，音频流所占用的网络带宽相对较小，因此其音频编码器被设计为仅支持单一的编码方式。

3. 具备智能流的控制技术

由于不同的网络连接实际能达到的传输量和连接速度存在较大的差异，而这种差异不利于接收流式媒体，于是就产生了智能流控制技术，该技术能根据客户和服务器间彼此的通信状况来建立实际的网络吞吐量，能自动检测网络状况并将视频流的属性调整到最佳品质；同时根据提示自动进行一系列的调整以使流的整体质量达到最佳，使用户最终收到与其连接速度相符的连续的内容流。

4. 支持脚本命令传送模式

流媒体编码器除了可以选择一个最合适的视频流进行播放之外，还允许向编码内容插入脚本命令，脚本将作为流的一部分进行保存和传送。常见的脚本命令包括字幕显示、URL 跳转以及自定义脚本命令，使用脚本可用于事件通知、自动地址链接和插入广告等功能。

5. 有别于 Web 的服务器方式

Web 服务器主要用于发送包含静态图像、文本和 Web 页面脚本的数据包，因此被设计为尽快、尽可能多地发送数据。流媒体应该被实时传送，而不是以大量的字符组来传送，播放器应该在播放它们之前收到数据包。

Web 服务器不支持多比特率视频，这意味着将不能对客户端进行智能流控制，也就不能监视传送质量和调整比特率。更为重要的是，Web 服务器不支持用户数据报传送协议 (UDP) 也不具备对传送协议进行转换，因此，在客户端播放器受到网络状况的影响时，可能会出现既无音频也无视频而最终导致数据流传送中断的现象。

由于流媒体服务器是专门为传输基于流的内容所设计的，刚好弥补了 Web 服务器功能上的不足，它能根据向某个客户端播放器发送流时收到的反馈信息来衡量数据包的发送，并确定合适的客户端传输协议及连接带宽，所以当播放器以这种方式收到数据包时，图像将更平滑和流畅。此外，当网络带宽受限时，流媒体服务器可以将流进行多重广播，让更多的用户同时连接并持续地接收流；而当进行网上实况转播时，也只有流媒体服务器才能配置实况流的传送，因为 Web 服务器是不支持多播和实况流传送的。

15.2.1 支持流媒体传输的网络协议

支持流媒体传输的网络协议总共有四种：实时传输协议 RTP、实时传输控制协议 RTCP、实时流协议 RTSP、RSVP。本小节将逐一介绍每种协议的概念以及特点。

1. 实时传输协议 RTP

实时传输协议 RTP（Real-time Transport Protocol）是用于在因特网上针对多媒体数据流的一种传输协议。RTP 是在一对一或一对多的传输情况下工作的，它主要提供时间信息和实现流同步。RTP 通常使用网络层协议 UDP 来传送数据。当应用程序开始一个 RTP 会话时将使用两个端口：一个给 RTCP，一个给 RTP。RTP 只保证实时数据的传输，并不能为按顺序传送数据包提供可靠的传送机制，也不提供流量控制或拥塞控制的服务。通常 RTP 算法并不作为一个独立的网络层来实现，而是作为应用程序代码的一部分。

2 . 实时传输控制协议 RTCP

实时传输控制协议 RTCP(Real-time Transport Control Protocol) 和 RTP 一起提供流量控制服务和拥塞控制服务。在 RTP 会话期间，各参与者周期性地传送 RTCP 包，RTCP 包中含有已发送的数据包的数量、丢失的数据包的数量等统计资料，服务器可以利用这些统计资料来动态地改变传输速率，甚至可以改变有效载荷类型。一般 RTP 和 RTCP 都会配合使用，这样它们就能够以有效的反馈和最小的开销使传输效率最佳化，特别适合传送网上的实时数据。

3. 实时流协议 RTSP

实时流协议 RTSP(Real Time Streaming Protocol) 是一种实时流协议，该协议定义了一对多应用程序如何有效地通过 IP 网络传送多媒体数据。RTP 和 RTCP 在体系结构上在 RTSP 之下，这是因为 RTSP 使用 TCP 或 RTP 完成数据传输。HTTP 传送 HTML，而 RTSP 传送的是多媒体数据。由客户机发出的 HTTP 请求，只有服务器作出响应，而使用 RTSP 时，客户机和服务器都可以发出请求，即 RTSP 可以是双向的，HTTP 只是单向的。

4. RSVP

RSVP(Resource Reserve Protocol) 是一种最新的在因特网上预定资源的协议，使用 RSVP 能在一定程度上为流媒体的传输提供 QoS。在某些试验性的系统如网络视频会议工具 vic 中就集成了 RSVP。

15.2.2 流媒体播放方式

流媒体的播放方式包括四种：单播、组播、点播和广播。本小节主要介绍这四种播放方式的概念以及特点。

1. 单播

单播方式就是在客户端与媒体服务器之间需要建立一个单独的数据通道，从一台服务器送出的每个数据包只能传送给一台客户机。每个用户必须分别对媒体服务器发送单独的查询，而媒体服务器必须向每个用户发送所申请的数据包拷贝。这种巨大冗余首先造成服务器沉重的负担，响应需要很长时间，甚至停止播放。这种问题是非常头疼的，以至于管理人员也被迫购买硬件和带宽来保证一定的服务质量。

2. 组播

单播方式是在客户端和媒体服务器之间建立一个独立的数据通道，而如果采用组播方式的话，单台服务器就能够对几十万台客户机同时发送连续数据流而无延时，这样媒体服务器只需要发送一个信息包，而不是多个，而且所有发出请求的客户端共享同一信息包。信息可以发送到任意地址的客户机，减少网络上传输的信息包的总量，网络利用效率大大提高，成本大为下降。

3. 点播

相对于单播和组播方式而言，点播连接是客户端与服务器之间的主动连接。在点播连接中，用户可以通过选择内容项目来初始化客户端连接。用户可以开始、停止、后退、快进或暂停流等操作。点播连接提供了对流的最大控制，但这种方式由于每个客户端各自连接服务器，会迅速用完网络带宽。

4. 广播

以上三种方式都是用户主动接收流，而广播则是用户被动接收流。在广播过程中，客户端接收流，但不能控制流。例如，用户不能暂停、快进或后退流。和其他三种方式不同，广播方式中数据包的单独一个拷贝将发送给网络上的所有用户。

使用单播发送时，需要将数据包复制多个拷贝，以多个点对点的方式分别发送到需要它的那些用户；而使用广播方式发送时，数据包的单独一个拷贝将发送给网络上的所有用户；而不管用户是否需要。上述两种传输方式会非常浪费网络带宽。组播吸收了上述两种发送方式的长处，克服了上述两种发送方式的弱点，将数据包的单独一个拷贝发送给需要的那些用户。组播不会复制数据包的多个拷贝传输到网络上，也不会将数据包发送给不需要它的那些用户，保证了网络上多媒体应用占用网络的最小带宽。

15.2.3 ASF 文件及其应用

1. 简介

ASF 是 Advanced Streaming Format 的缩写，是 Windows 98 系统中所包含的串流多媒体文件格式。ASF 是微软公司 Windows Media 的核心，是一种包含音频、视频、图像以及控制命令脚本的数据格式。ASF 当前可和 WMA 及 WMV 互换使用。

ASF 是一个开放性的标准，它可以依靠多种协议在多种网络环境下支持数据的传送。同 JPG、MPG 文件一样，ASF 文件也是一种文件类型，但它是专为在 IP 网上传送有同步关系的多媒体数据而设计的，所以 ASF 格式的信息特别适合在 IP 网上传输。ASF 文件的内容既可以是人们熟悉的普通文件，也可以是一个由编码设备实时生成的连续数据流，所以 ASF 既可以传送人们事先录制好的节目，也可以传送实时产生的节目。

ASF 主要的功能是排列、组织、同步多媒体数据。它也可用于指定实况演示。ASF 最适于通过网络发送多媒体流，也同样适于在本地播放。任何压缩 / 解压缩运算法则（编解码器）都可用来编码 ASF 流。

Windows Media Service 的核心是 ASF。音频、视频、图像以及控制命令脚本等多媒体信息通过 ASF 格式，以网络数据包的形式传输，实现流式多媒体内容发布。其中，在网络上传输的内容就称为 ASF Stream。ASF 支持任意的压缩 / 解压缩编码方式，并可以使用任何一种底层网络传输协议，具有很大的灵活性。

2. 应用

ASF 流文件的数据速率在 28.8kbit/s~3Mbit/s 之间，用户可以根据自己的应用环境和网络条件选择一个合适的速率，实现 VOD（Video On Demand）点播和直播。下面介绍它的几个主要功能。

(1) 点播功能

ASF 技术支持任意的压缩 / 解压缩编码，可以使用任何一种底层网络传输协议，就是这一特点使得它既能在高速的局域网内使用，也可以在拨号方式连接的低带宽 Internet 环境下使用。在点播服务方式下，用户之间互不干扰，可以对点播内容的播放进行控制。这种方式最为灵活，但是占用服务器、网络资源多。

ASF 的点播内容均存放在 VOD 服务器上，建立 VOD 站点进行网页发布，多台计算机可在不同的地点、不同的时刻，实时、交互式地点播同一个或者不同的 ASF 流文件，用户可以通过上网查看和选择内容进行点播。播放过程中可实现播放、停止、暂停、快进、后退等功能，播放速率达到 25 帧 /s，1h 的视频信息按照 300kbit/s 采集，只占 108MB 的空间，1 张 640MB 的光盘可存放将近 6h 的 ASF 文件。

(2) 直播功能

在直播服务下，用户只能观看播放的内容，与点播功能不同，直播功能下不能对媒体进行控制。可以使用 ASF 文件作为媒体内容的来源，实时的多媒体内容最适合使用直播服务方式。通过视频捕捉卡把摄像机、麦克风记录的内容输入到计算机，进行编码生成 ASF 流，然后通过该机把信号传送到网络上，用户通过网页收看直播内容。

计算机可同时接收相同或不同的节目频道，直播计算机可作为一个小电视台，连在网上的每一台计算机都可实时接收 9 个不同的节目频道。

(3) 远程教育

远程教育系统由制作计算机、VOD 服务器、用户机组成。制作计算机安装视频采集卡、声卡及摄像机，用于制作流媒体文件；VOD 服务器用于存储和发布流媒体信息；用户机是连在网上的普通多媒体计算机，用户可以在网上观看视频、音频等资源进行学习。现在的网络资源非常丰富，有教员授课的视频文件、多媒体课件、学习内容提要、参考资料、复习 / 练习题、作业等信息，人们需要的东西应有尽有。

15.2.4 ASX 文件

ASX 是一种视频文件格式，一般可以用最新的 Media Player 做音乐。当使用用户计算机上的 Real Player 和 Windows Media 播放器进行在线 " 流 " 播放时，应进行 *.rm-->*.ram，*.asf-->*.asx 的文件生成转换，而且在生成的文件中还要包含指定的 URL *.rm 和 URL *.asf 或 URL *.smil 的内容。如果单个地创建文件，再录入 URL，既费时又辛苦，而且易出错。对于大批量的文件处理，那就更苦不堪言了。

现在有了 ASX，只要将批量的 rm 或 asf 文件放入同一文件夹，然后录入该文件夹名，再填上 ram 或 asx 文件内包含的 URL 目录名，单击转换生成，就一切 OK 了。 批处理转换就这么简单，真是网站人员一大福音。ASX 文件是一个文本文件，它主要的目的是对流信息进行重定向，类似 RPM（RM 的中转文件）文件。

当在 HTML 中让一个 HYPERLINK 与 ASX 联系时，浏览器会直接将 ASX 中包含了媒体内容对应的 URL 送给 Media Player，Media Player 会根据 ASX 文件的信息用相应的协议去打开指定位置上的多媒体信息流或多媒体文件。利用 ASX 文件来重定向流信息的原因主要是，目前通用的浏览器通常均不能直接支持用于播放流信息的协议 MMS。

采用 ASX 文件以后，当浏览器发现一个连接与 ASX 有关时，它知道需要用 Media Player 来播放流信息，于是就会启动 Media Player，Media Player 就可以用 MMS 协议来播放流信息了。

15.3 配置服务器

本节视频教学录像：1 分钟

流媒体文件是目前非常流行的网络媒体格式之一，这种文件允许用户一边下载一边播放，从而大大减少了用户等待播放的时间。另外，通过网络播放流媒体文件时，文件本身不会在本地磁盘中存储，这样就节省了大量的磁盘空间开销。正是这些优点，使得流媒体文件被广泛应用于网络播放。

Windows Server 2003 系统内置的流媒体服务组件 Windows Media Services（Windows 媒体服务，简称 WMS）就是一款通过 Internet 或 Intranet 向客户端传输音频和视频内容的服务平台。WMS 支持 .asf、.wma、.wmv、.mp3 等格式的媒体文件，能够像 Web 服务器发布 HTML 文件一样发布流媒体文件和从摄像机、视频采集卡等设备传来的实况流，而用户可以使用 Windows Media Player 9 及以上版本的播放器收看这些媒体文件。本节以 Windows Server 2003（SP1）系统为例，介绍如何使用 WMS 打造网络媒体中心。

默认情况下，Windows Server 2003（SP1）没有安装 Windows Media Services 组件，用户可以通过使用“Windows 组件向导”和“配置您的服务器向导”两种方式来安装该组件。下面以使用“配置您的服务器向导”安装为例，介绍操作步骤。

❶ 在【开始】菜单中依次单击【管理工具】▶【配置您的服务器向导】命令，打开【配置您的服务器向导】对话框，在【欢迎】界面中直接单击【下一步】按钮。

❷ 配置向导开始检测网络设备和网络设置是否正确，若未发现错误则打开【配置选项】对话框，选中【自定义配置】单选钮，并单击【下一步】按钮。

❸ 打开【服务器角色】对话框，在【服务器角色】列表中显示出所有可以安装的服务器组件，选中【流式媒体服务器】选项，并单击【下一步】按钮，如下图所示。

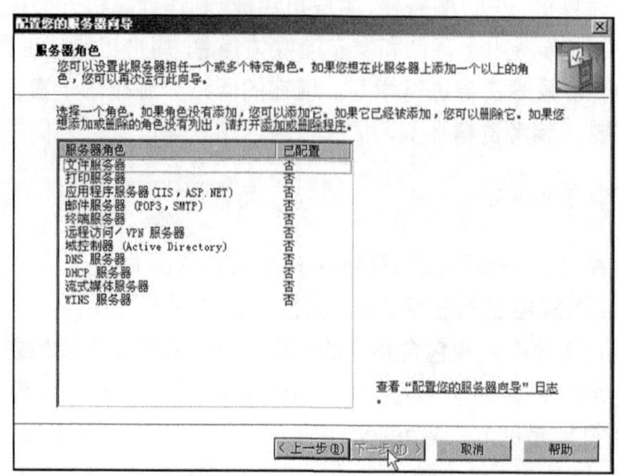

❹ 在打开的【选择总结】对话框中直接单击【下一步】按钮，配置向导开始安装 Windows Media Services 组件。在安装过程中会要求插入 Windows Server 2003（SP1）系统安装光盘或指定系统安装路径，安装结束以后在【此服务器现在是流式媒体服务器】对话框中单击【完成】按钮。

成功安装 Windows Media Services 组件以后，用户可以测试流媒体能不能被正常播放，以便验证流媒体服务器是否运行正常。测试流媒体服务器的步骤如下所述。

❶ 在【开始】菜单中依次单击【管理工具】▶【Windows Media Services】命令，打开【Windows Media Services】窗口。

❷ 在左窗格中依次展开服务器和【发布点】目录，默认已经创建“< 默认 >（点播）”和“Sample_Broadcast”两个发布点。选中“< 默认 >（点播）”发布点，在右窗格中切换到【源】选项卡。在【源】选项卡中单击【允许新的单播连接】按钮以接受单播连接请求，然后单击【测试流】按钮，如下图（左）所示。

❸ 打开【测试流】窗口，在窗口内嵌的 Windows Media Player 播放器中将自动播放测试用的流媒体文件。如果能够正常播放，则说明流媒体服务器运行正常。单击【退出】按钮关闭【测试流】窗口，如下图（右）所示。

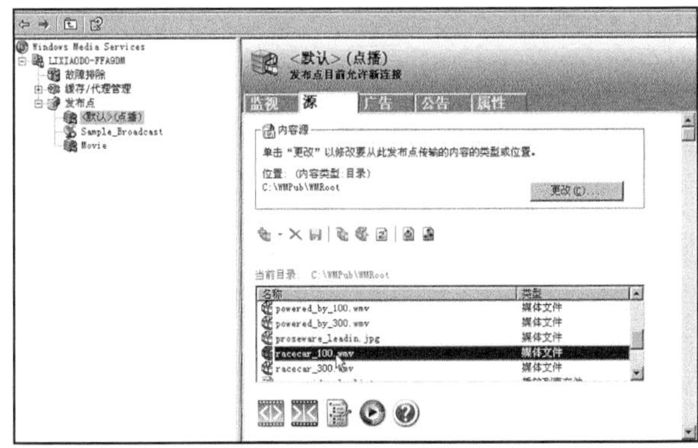

注 意 用户可以重复上述步骤测试“Sample_Broadcast”广播发布点是否正常。另外，在 Windows Server 2003（SP1）系统中，即使安装了声卡驱动程序，系统依然没有启动音频设备。用户需要在【控制面板】窗口中打开【声音和音频设备】对话框，并选中【启用 Windows 音频】复选框。

就像 Web 站点向网络上发布网页一样，流媒体服务器是通过建立发布点来发布流媒体内容和管理用户连接的。流媒体服务器能够发布从视频采集卡或摄像机等设备中传来的实况流，也可以发布事先存储的流媒体文件，并且可发布实况流和流媒体文件的结合体。一个媒体流可以由一个媒体文件构成，也可以由多个媒体文件组合而成，还可以由一个媒体文件目录组成。

流媒体服务器能够通过点播和广播两种方式发布流媒体。其中，点播方式允许用户控制媒体流的播放，具备交互性；广播方式将媒体流发送给每个连接请求，用户只能被动接收而不具备交互性。每种发布方式又包括单播和多播两种播放方式。其中，单播方式是为每个连接请求建立一个享有独立带宽的点对点连接；而多播方式则将媒体流发送到一个 D 类多播地址，允许多个连接请求同时连接到该多播地址共享一个媒体流，属于一对多连接。发布方式和播放方式可以组合成四种发布点类型，即“广播—单播”、“广播—多播”、“点播—单播”和“点播—多播”。

1. 创建发布点

创建“点播—单播”类型发布点的步骤如下所述。

❶ 打开【Windows Media Services】窗口，在左窗格中展开服务器目录，并选中【发布点】选项，然后在右窗格空白处单击鼠标右键，选择【添加发布点（向导）】命令，如下图（左）所示。

❷ 打开【添加发布点向导】对话框，在【欢迎】对话框中直接单击【下一步】按钮。打开【发布点名称】对话框，在【名称】文本框中输入能够代表发布点用途的名称（如 Movie），并单击【下一步】按钮，如下图（右）所示。

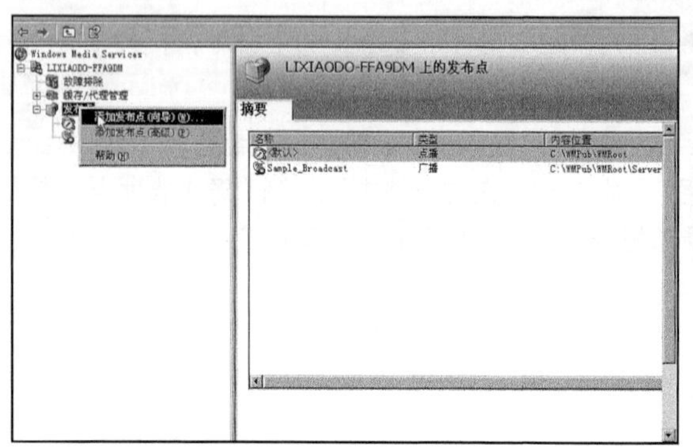

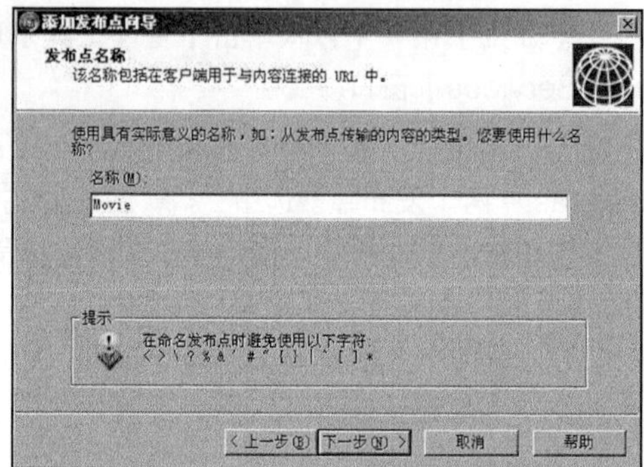

❸ 在打开的【内容类型】对话框中，用户可以选择要发布的流媒体类型。这里选中【目录中的文件】单选钮，并单击【下一步】按钮，如下图所示。

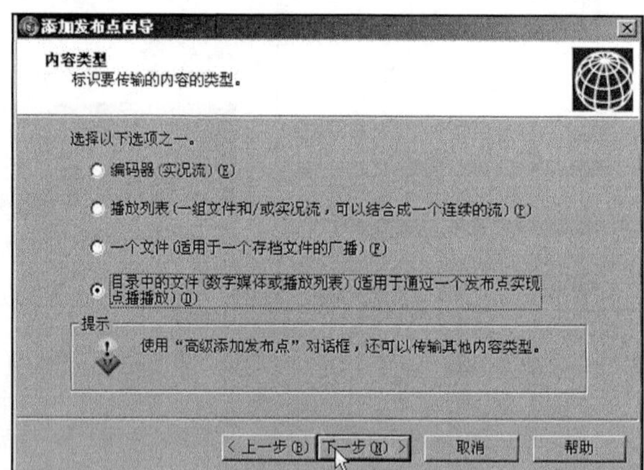

【编码器（实况流）】选项将流媒体服务器连接到安装有 Windows Media 编码器的计算机上。Windows Media 编码器可以将来自视频采集卡、电视卡、摄像机等设备的媒体源转换为实况流，然后通过发布点广播。该选项仅适用于广播发布点。

【播放列表】选项创建能够添加一个或多个流媒体文件的发布点，以便发布一组已经在播放列表中指定的媒体流。

【一个文件】选项创建发布单个文件的发布点。默认情况下，Windows Media Services 支持发布 .wma、.wmv、.asf、.wsx 和 .mp3 格式的流媒体文件。

【目录中的文件】选项创建能够实现点播播放多个文件的发布点，使用户能够将流媒体文件名包含在网址中来播放单个文件，或者按既定顺序播放多个文件。

❹ 在打开的【发布点类型】对话框中，选中【点播发布点】单选钮，并单击【下一步】按钮，如下图所示。

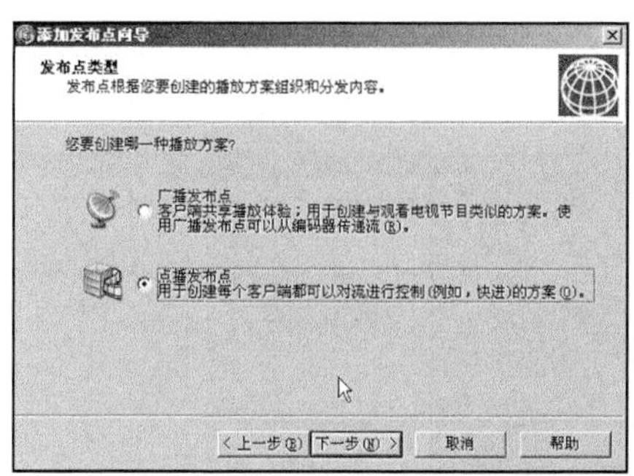

选中【广播发布点】单选按钮，流媒体服务器主动向客户端发送媒体流数据，而客户端被动接收媒体流，不能对媒体流进行控制。广播发布点的优点是对所有的客户端只发布一条媒体流，从而节省网络带宽。

选中【点播发布点】单选按钮，客户端主动向流媒体服务器发出连接请求，流媒体服务器响应客户端的请求并将媒体流发布出去。用户能够像在本机播放媒体文件一样控制媒体流的开始、停止、后退、快进或暂停操作。点播发布点的特点是给每个客户端发布一条单独的媒体流，且每个客户端独享一条网络带宽。

❺ 在创建的点播发布点中按照顺序发布主目录中的所有文件，则可以选中【允许使用通配符对目录内容进行访问】复选框，设置完毕单击【下一步】按钮，如下图（左）所示。

❻ 在打开的【内容播放】对话框中，用户可以选择流媒体文件的播放顺序。选中【循环播放】和【无序播放】复选框，从而实现无序循环播放流媒体文件，单击【下一步】按钮，如下图（右）所示。

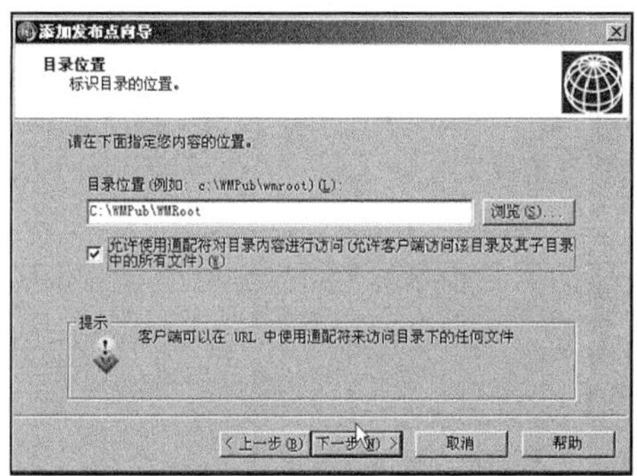

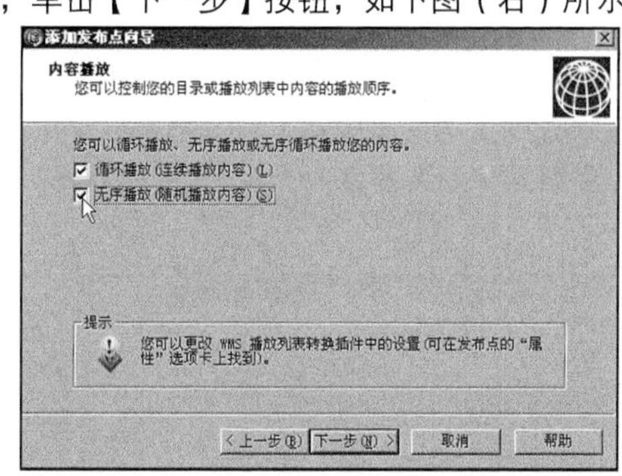

❼ 打开【单播日志记录】对话框，选中【是，启用该发布点的日志记录】单选按钮启用单播日志记录，借助于日志记录可以掌握点播较多的流媒体文件以及点播较为集中的时段等信息，单击【下一步】按钮，如下图（左）所示。

❽ 在打开的【发布点摘要】对话框中会显示所设置的流媒体服务器参数，确认设置无误后单击【下一步】按钮，如下图（右）所示。

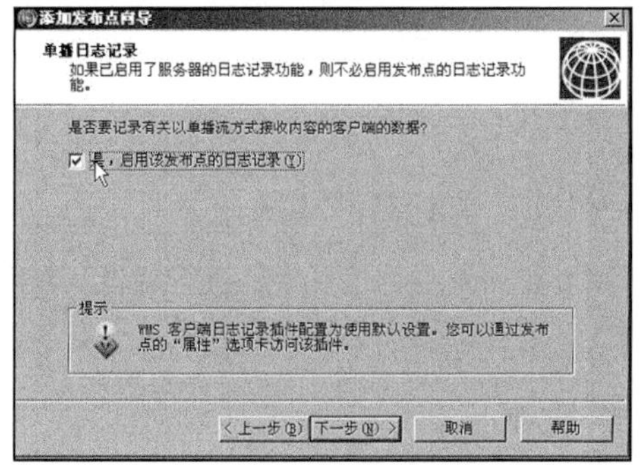

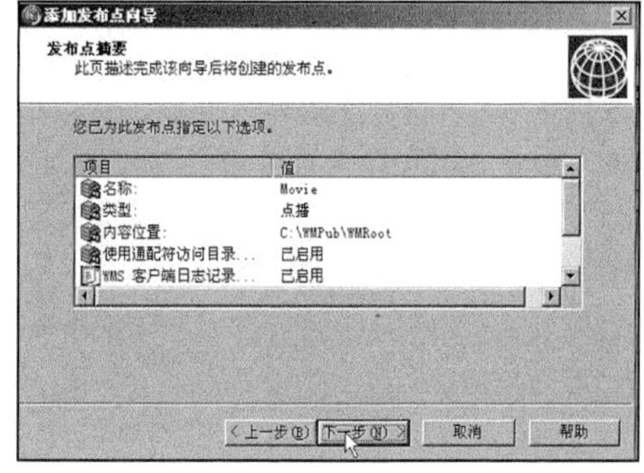

❾ 打开【正在完成“添加发布点向导”】对话框，选中【完成向导后】复选框，并选中【创建公告文件（.asx）或网页（.htm）】单选钮，最后单击【完成】按钮，如下图所示。

2. 创建发布点单播公告

成功创建发布点后，为了能让用户知道已经发布的流媒体内容，应该创建发布公告告诉用户，操作步骤如下所述。

❶ 在完成添加发布点向导时选中了【创建公告文件（.asx）或网页（.htm）】单选按钮，因此会自动打开【单播公告向导】对话框，在【欢迎】对话框中直接单击【下一步】按钮。

❷ 打开【点播目录】对话框。因为在前面步骤❺图中所示的【目录位置】对话框中选中了【允许使用通配符对目录内容进行访问】复选框，所以可以选中【目录中的所有文件】单选按钮，并单击【下一步】按钮，如下图（左）所示。

❸ 在打开的【访问该内容】对话框中显示出连接到发布点的网址，用户可以单击【修改】按钮将原本复杂的流媒体服务器修改为简单好记的名称，并依次单击【确定】►【下一步】按钮，如下图（右）所示。

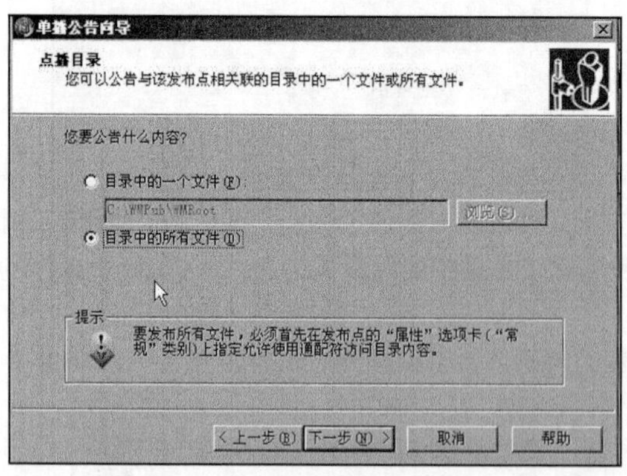

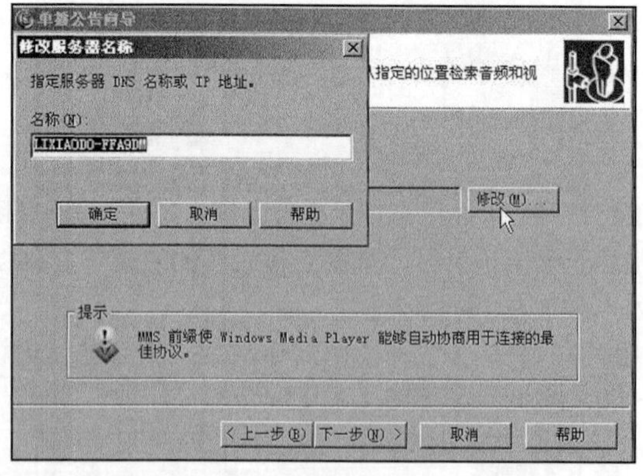

❹ 打开【保存公告选项】对话框，用户可以指定保存公告和网页文件的名称和位置。选中【创建一个带有嵌入的播放机和指向该内容的链接的网页】复选框，然后单击【浏览】按钮选择 Web 服务器的主目录作为公告和网页文件的保存位置，设置完毕单击【下一步】按钮，如下图（左）所示。

❺ 在打开的【编辑公告元数据】对话框中，单击每一项名称所对应的值并对其进行编辑。在用户使用 Windows Media Player 播放流媒体中的文件时，这些信息将出现在标题区域。设置完毕单击【下一步】按钮，如下图（右）所示。

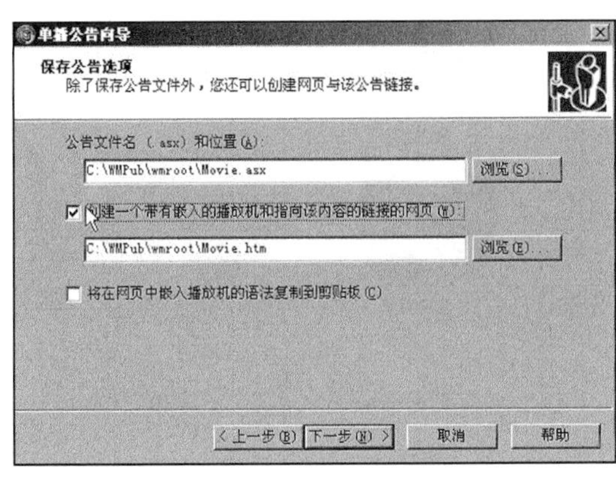

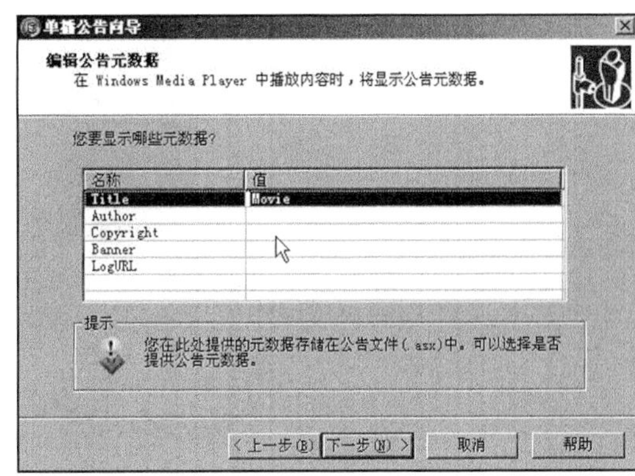

❻ 打开【正在完成“单播公告向导”】对话框，提示用户已经为发布点成功创建了一个公告。选中【完成此向导后测试文件】复选框，并单击【完成】按钮。打开【测试单播公告】对话框，分别单击【测试】按钮测试公告和网页，如下图（左）所示。

❼ 通过测试公告和带有嵌入的播放机的网页，如果都能正常播放媒体目录中的流媒体文件，则说明流媒体服务器已经搭建成功，如下图（右）所示。

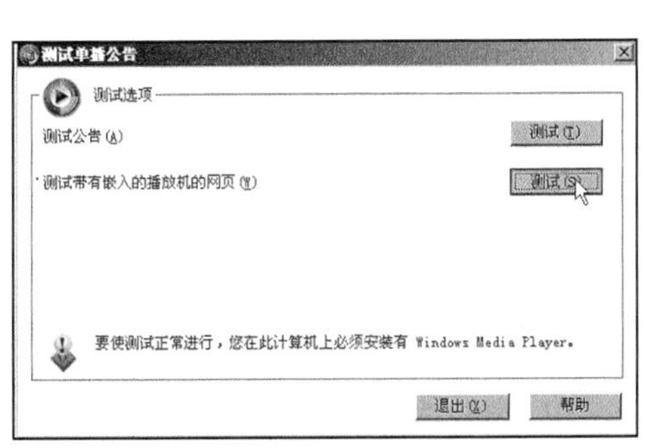

注 意 在测试网页文件时可能会打开【信息栏】对话框，提示用户 Internet Explorer 阻止了可能不安全的弹出窗口。用户只需单击【确定】按钮关闭该对话框，然后右键单击靠近浏览器顶端的信息栏，选择【允许组织的内容】命令即可。

15.4 流媒体管理器

 **本节视频教学录像：8 分钟**

随着科技的发展，现在的流媒体管理器有很多种，本节就以流媒体转发管理服务器为例来简单说明其功能。

下图是流媒体转发服务器的结构图，主要包括流媒体服务器和客户端以及流媒体数据接收器。

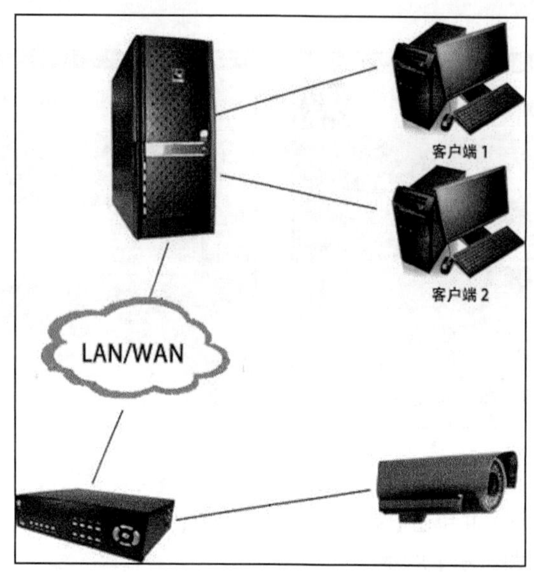

一般在大型的网络监控系统里，流媒体服务器都包括三个部分：流媒体转发器、流媒体网关、流媒体路由。

流媒体服务器的主要功能包括以下几个方面。

⑴ 在 1MB 的单路码流，单播转发 3000 路的情况下，CPU 占用在 20% 以下，音视频都很流畅，拥有很高的效率。

⑵ 流媒体服务器能够根据交换机的性能、网络结构，自动启动单播或者组播转发，不需要人工干预，拥有很强大的网络功能。

⑶ 流媒体服务器支持主流的 PC 系列监控设备的接入，还支持主流嵌入式监控设备的接入，能够支持很多的异构设备。

 高手私房菜

技巧：安装流媒体服务器注意的问题

在安装流媒体服务器时，选择文件目录的时候，如果选择不正确的话，会出现【下一步】按钮处于不能点击的状态。在创建网站发布点时，有一些选择的设置是必须的，如 15.3 节中“2. 创建发布点单播公告”下步骤❸和步骤❹，最好按照图中的选项设置，否则在测试的时候会出现错误。

第 16 章

本章教学录像：18 分钟

证书服务器的安装与配置

本章主要介绍公钥基础结构和 CA 证书，通过本章的学习，了解公钥基础结构和证书的申请、颁发以及证书的安装等。

本章要点（已掌握的在方框中打勾）

□ 理解 PKI 与证书服务器

□ 在 Web 服务器上设置 SSL

□ 了解 CA 证书

□ 了解公钥基础结构

16.1 理解 PKI 与证书服务器

本节视频教学录像：2 分钟

PKI（Public Key Infrastructure ）即公钥基础结构，是一种遵循标准的利用公钥加密技术为电子商务的开展提供一套安全基础平台的技术和规范。它能够为所有网络应用提供加密和数字签名等密码服务及所必需的密钥和证书管理体系。

简单来说，PKI 就是利用公钥理论和技术建立的提供安全服务的基础设施。用户可利用 PKI 平台提供的服务进行安全的电子交易、通信和互联网上的各种活动。

证书服务器主要用来管理数字证书，数字证书就是人们在网络环境中的身份证，由第三方权威机构 CA 颁发。只有有了“数字证书”这张身份证，别人才会信任。由此可见数字证书在网络环境的重要性。

16.2 在 Web 服务器上设置 SSL

本节视频教学录像：8 分钟

在讲解如何在 Web 服务器上设置 SSL 之前，先来了解什么是 SSL 和 SSL 的功能。SSL 是安全套接字层的英文缩写。安全套接字层 (SSL) 是一套提供身份验证、保密性和数据完整性的加密技术。SSL 最常用来在 Web 浏览器和 Web 服务器之间建立安全通信通道。它也可以在客户端应用程序和 Web 服务之间使用。为支持 SSL 通信，必须为 Web 服务器配置 SSL 证书。

下面讲解如何在 Web 服务器上设置 SSL。Web 服务器上设置 SSL 主要分为七个方面的设置，分别为生成证书申请、提交证书申请、颁发证书、在 Web 上安装证书、启动安全通道、使用 HTTPS 协议访问网站和证书的导入与导出，下面将逐一进行讲解。

16.2.1 生成证书申请

如果想要有自己的一张数字证书就需要向 CA 提出证书申请，然后 CA 审核申请人的信息后，就会给申请人颁发数字证书，下面讲解如何生成证书申请。

❶ 要生成证书的申请，就要先打开 IIS 服务器，单击【开始】▶【管理工具】菜单中的 IIS 服务器，即可打开 IIS 服务器，如下图（左上）和下图（右上）所示，右击【默认网站】▶【属性】命令，然后选择【目录安全性】选项卡，如下图（下）所示。

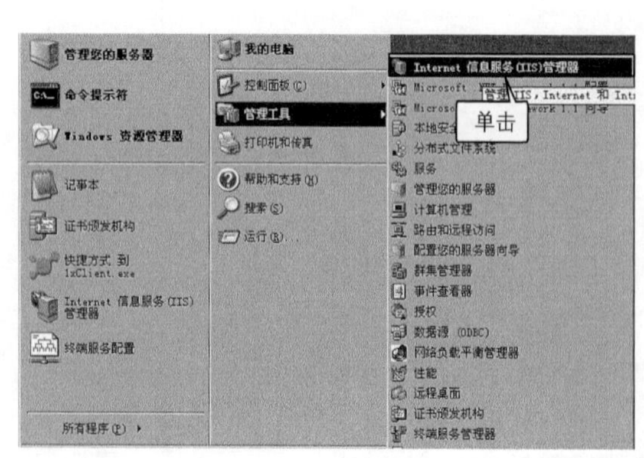

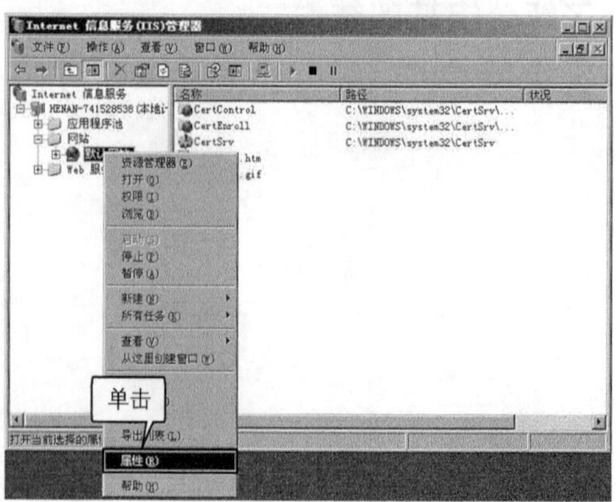

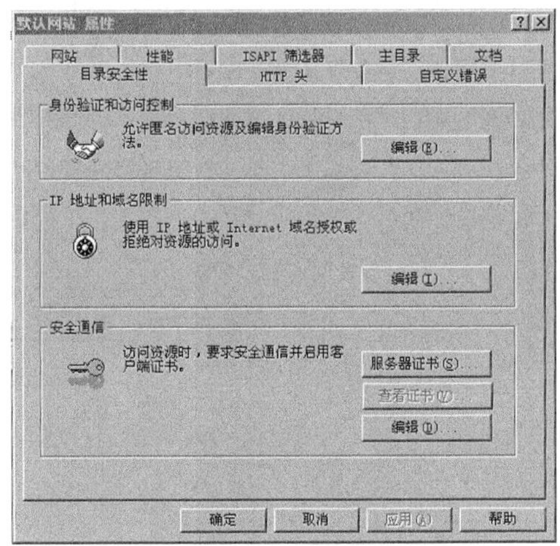

❷ 单击【服务器证书】按钮，进入 Web 服务器证书申请向导页面，开始申请证书，如下图(左)所示。

❸ 单击【下一步】按钮，进入【服务器证书】页面，选中【新建证书】单选按钮，如下图(右)所示。

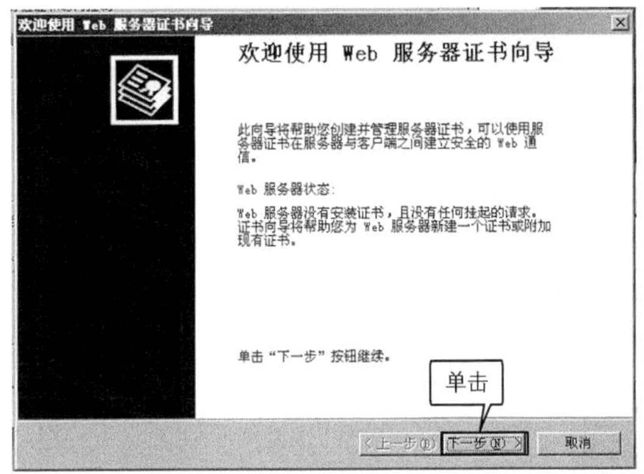

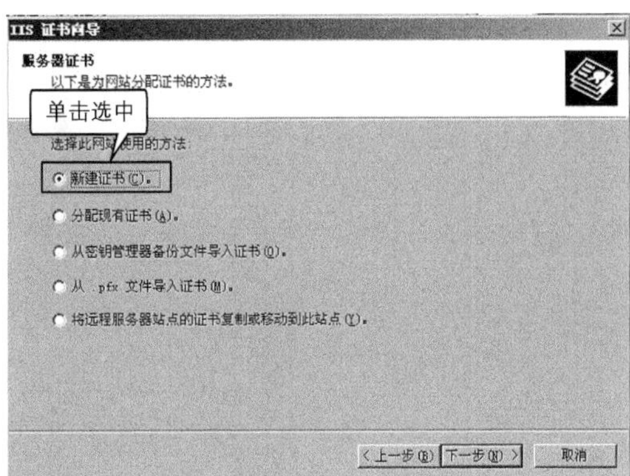

❹ 单击【下一步】按钮，进入【延迟或立即请求】页面，选中【现在准备证书申请，但稍后发送】单选按钮，如下图(左)所示。

❺ 单击【下一步】按钮，进入【名称和安全性设置】页面，在【名称】文本框内输入新证书的名称，在【位长】下拉列表框中选择密钥的位长，本小节就以选择 512 位为例，如下图(右)所示。

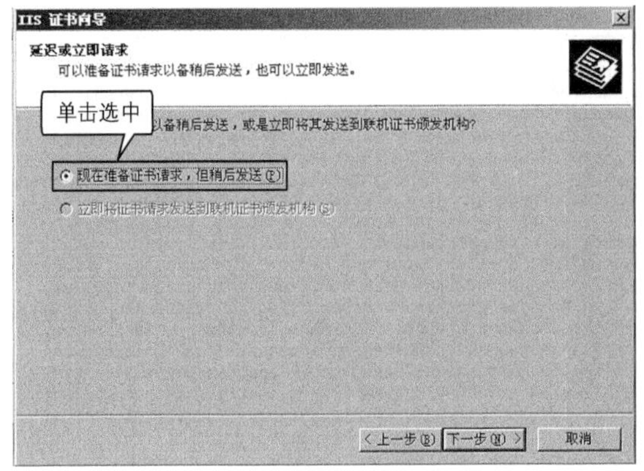

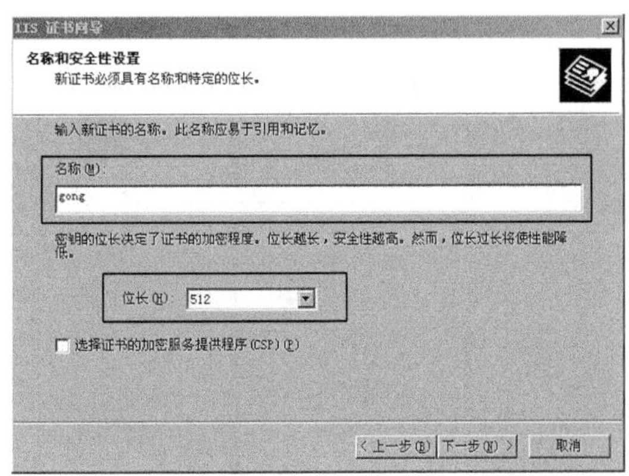

❻ 单击【下一步】按钮，进入【单位信息】页面，输入单位名称和部门名称，如下图（左）所示。

❼ 单击【下一步】按钮，进入【站点公用名称】页面，输入站点的公用名称，如下图（右）所示。

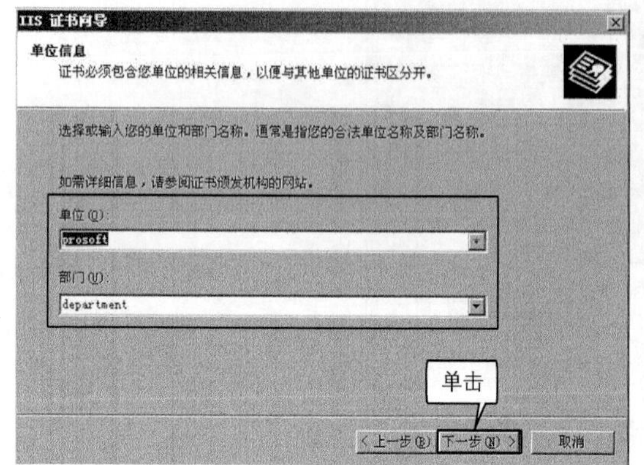

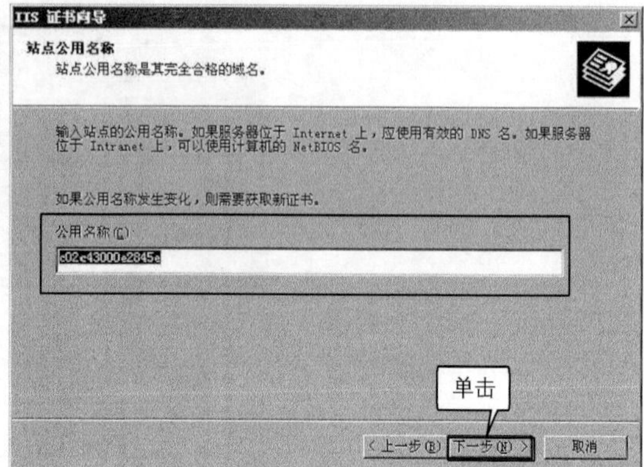

说 明

如果读者有自己的域名可以输入自己的域名，如果没有，输入读者自己的计算机名称即可。

❽ 单击【下一步】按钮，进入【地理信息】页面，输入读者所在城市信息即可，如下图所示。

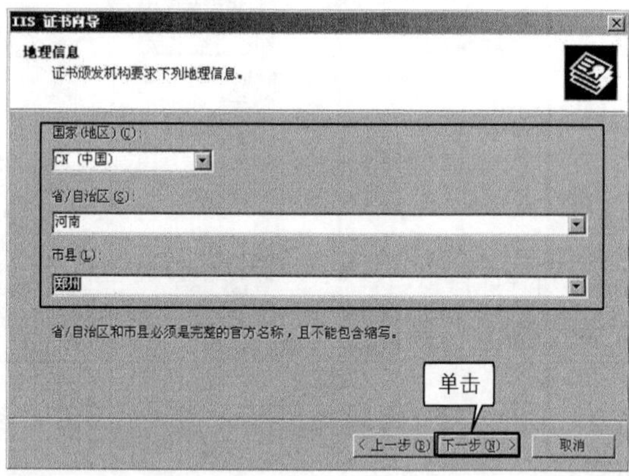

❾ 单击【下一步】按钮，进入【证书请求文件名】页面，系统会自动给出一个命名，读者自己也可以按照自己喜欢的名称进行命名，如下图（左）所示。证书请求文件中保存着证书的信息，读者可以按生成文件路径查看证书内容，如下图（右）所示。

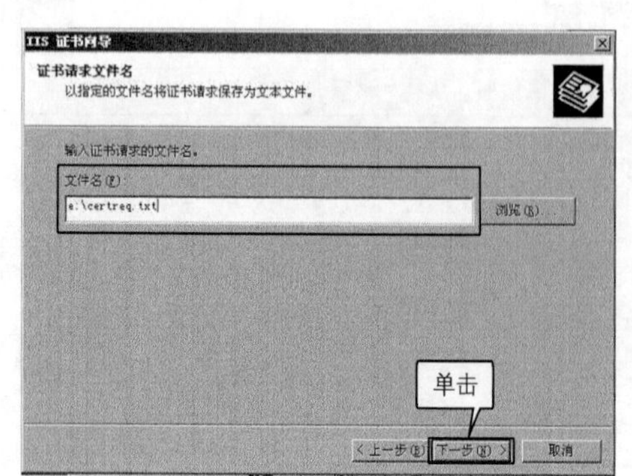


```
-----BEGIN NEW CERTIFICATE REQUEST-----
MIIDRzCCArACAQAwbDELMAkGA1UEBhMCQ04xDTALBgNVBAgeBGyzU1cxDTALBgNV
BAceBJDRXd4xEDAOBgNVBAoTB3Byb3NvZnQxEzARBgNVBAsTCmRlcGFydG1lbnQx
GDAWBgNVBAMTD2MwMmM0MzAwMGUyODQ1ZTCBnzANBgkqhkiG9w0BAQEFAAOBjQAw
gYkCgYEAnJmP+UmhoWLk4eotbgnfhUiTBFwWzf89IH6go9awUZf1Tg0RakFPFefa
aJcG1lO/x4sScgr9REDwuvlV5ffIS4LD64+QGKq18QkYaGqOUVKR95mJJKqd6wc7
5A3j/Tqneb5lYzpE+FcuirFGZWOsvW6jDt0ZRsql0U7pifkY7pUCAwEAAaCCAZkw
GgYKKwYBBAGCNw0CAzEMFgo1LjIuMzc5MC4yMHsGCisGAQQBgjcCAQ4xbTBrMA4G
A1UdDwEB/wQEAwIE8DBEBgkqhkiG9w0BCQ8ENzA1MA4GCCqGSIb3DQMCAgIAgDAO
BggqhkiG9w0DBAICAIAwBwYFKw4DAgcwCgYIKoZIhvcNAwcwEwYDVR01BAwwCgYI
KwYBBQUHAwEwgf0GCisGAQQBgjcNAgIxge4wgesCAQEeWgBNAGkAYwByAG8AcwBv
AGYAdAAgAFIAUwBBACAAUwBDAGgAYQBuAG4AZQBsACAAQwByAHkAcAB0AG8AZwBy
AGEAcABoAGkAYwAgAFAAcgBvAHYAaQBkAGUAcgOBiQAAAAAAAAAAAAAAAAAAAAAA
AAAAAAAAAAAAAAAAAAAAAAAAAAAAAAAAAAAAAAAAAAAAAAAAAAAAAAAAAAAAAAAA
AAAAAAAAAAAAAAAAAAAAAAAAAAAAAAAAAAAAAAAAAAAAAAAAAAAAAAAAAAAAAAAA
AAAAAAAAAAAAAAAAAAAAAAAAAAAAAAAAMA0GCSqGSIb3DQEBBQUAA4GBABa+bz07
L1GlVxXZZzTycQZHVfRKJvDP4OZpbvWmN+CZNW04ixtBtZOPfxqqKgvd6gOrducq
nK9Z4IuACSOwftg1A2mDPnlzw8j0U/4Uz2ld6JUx9Mgr+fPgCXAUnYw3VyUsNynY
ZHhgsCEBEgMpdRJ3czozCKKFVoiCPUSJTaDB
-----END NEW CERTIFICATE REQUEST-----
```

❿ 单击【下一步】按钮，读者会看到所申请的证书的信息，如下图（左）所示。然后，单击【下一步】按钮，再单击【完成】按钮即可，如下图（右）所示。

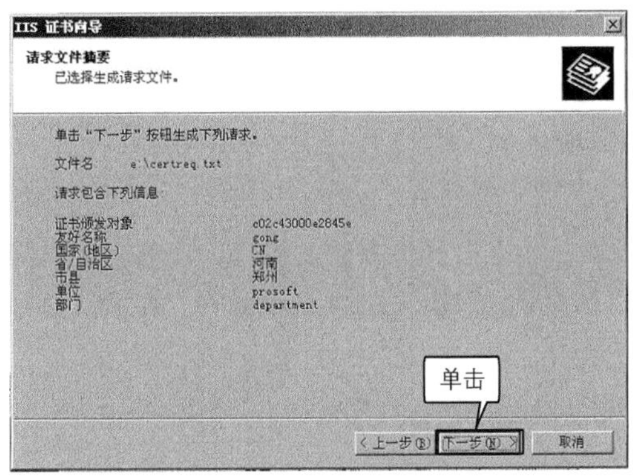

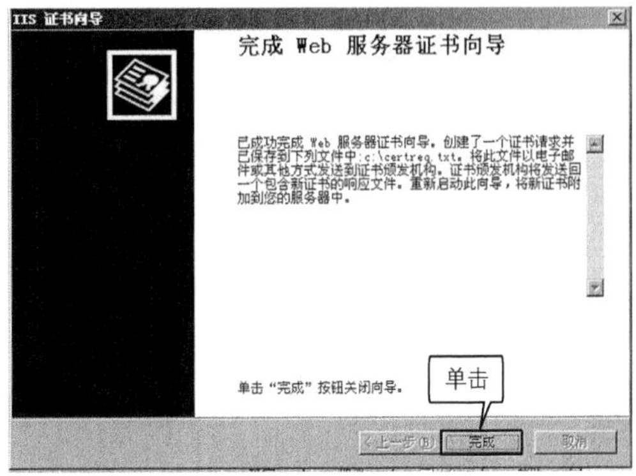

到此为止，就完成了证书的申请。

16.2.2 提交证书申请

16.2.1 小节中，已经生成了证书的申请，接下来需要把它发给 CA 审核。审核无误后，CA 就会给申请人颁发数字证书。所以本小节讲解如何提交证书申请。

❶ 打开浏览器，在浏览器中输入“http://ip/certsrv”（ip 是读者自己的 IP 地址），进入证书操作页面，如下图（左）所示。

❷ 单击【申请一个证书】链接，进入申请页面，然后再单击【高级证书申请】链接，进入【高级证书申请】页面，如下图（右）所示。

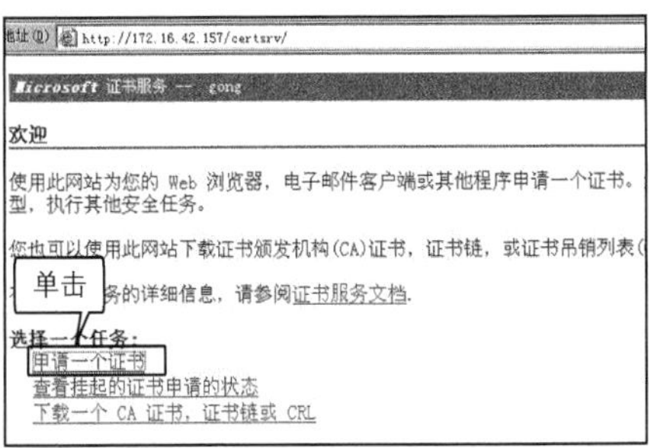

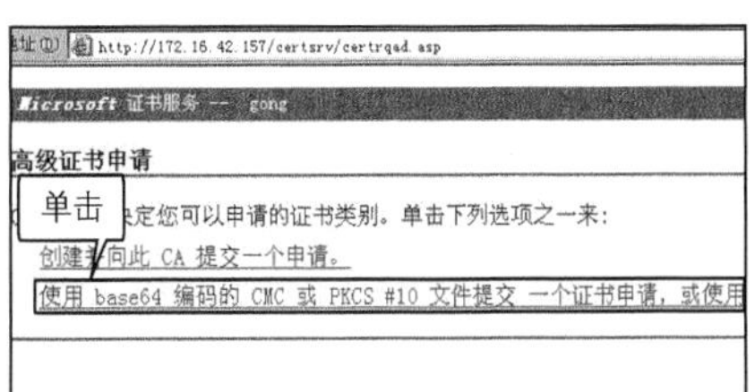

❸ 单击【使用 base64 编码的 CMC 或 PKCS #10 文件提交 一个证书申请】链接，进入【提交证书】页面，读者将证书文件内的内容复制到【保存的申请】文本框内，单击【提交】按钮即可，如下图（左）和下图（右）所示。

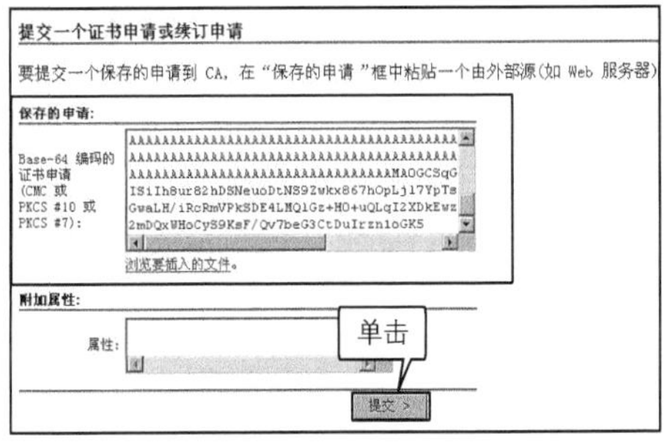

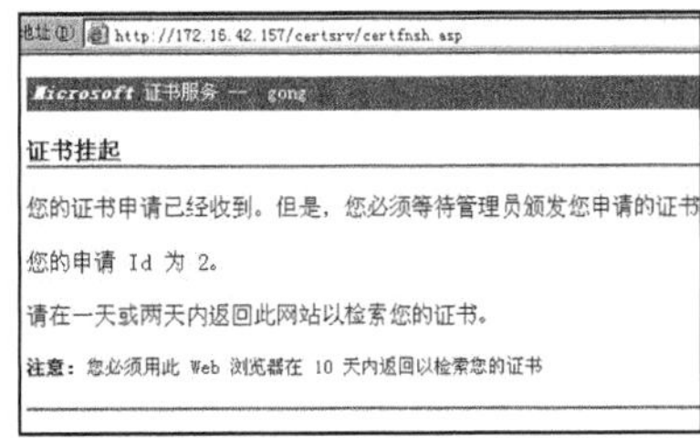

16.2.3 颁发证书

16.2.2 小节中，完成了证书申请的提交，提交证书申请后，CA 就会审核证书的信息，只有在证书信息无误后，CA 才会颁发数字证书，也只有在 CA 颁发了申请人的数字证书后，申请人的身份才会得以证明。所以本小节就简要讲解如何颁发证书。

证书的颁发很简单，只需要以下两个步骤。

❶ 按路径【控制面板】▶【管理工具】▶【证书颁发机构】打开证书颁发机构，读者会看到自己命名的节点。选择【挂起的申请】节点，读者会看到在 16.2.2 小节提交的证书申请的内容，右键单击所申请的证书，然后颁发即可，如下图所示。

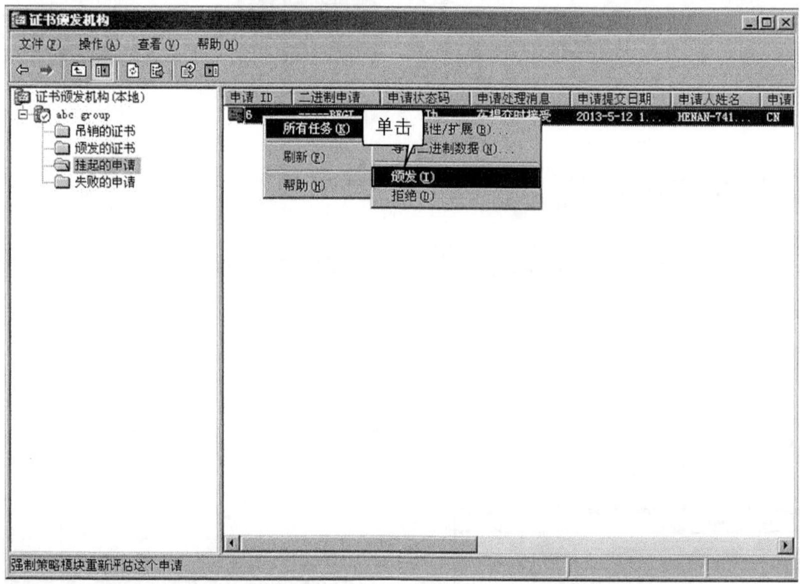

❷ 在【颁发的证书】节点中，读者可以查看到刚才所颁发的证书，如下图所示。

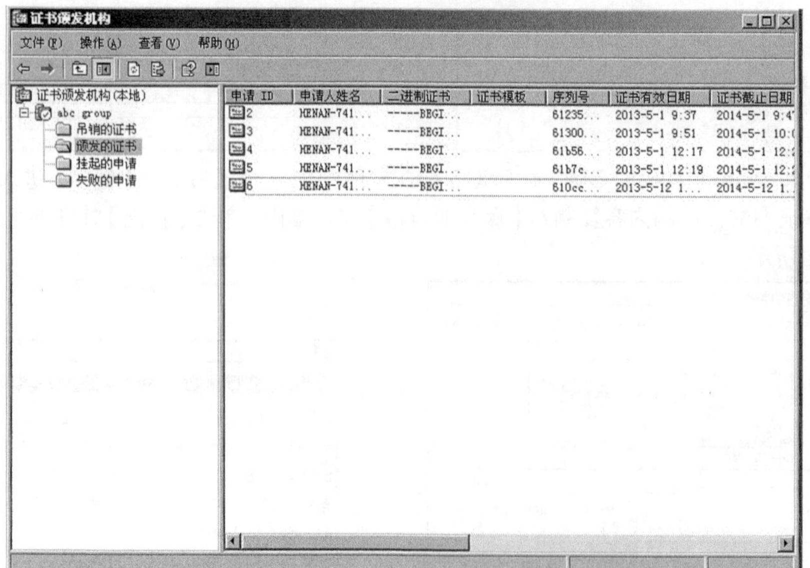

16.2.4 在 Web 上安装证书

证书的申请、提交和颁发已经简要地讲解了，证书一经颁发就可以下载安装并使用了。只有安装了某个网站的证书之后，才能安全地访问该网站，否则就会提示用户该网站是不安全的。本小节简要讲解如何在 Web 上安装证书。

❶ 下载在 16.2.3 小节所颁发的证书。在浏览器中输入“http://ip/certsrv”（ip 是读者自己的 IP 地址），进入证书操作页面，如下图（左）所示。

❷ 单击【查看挂起的证书申请的状态】链接，会看到要查看的证书申请，然后单击下载即可，如下图（右）所示。

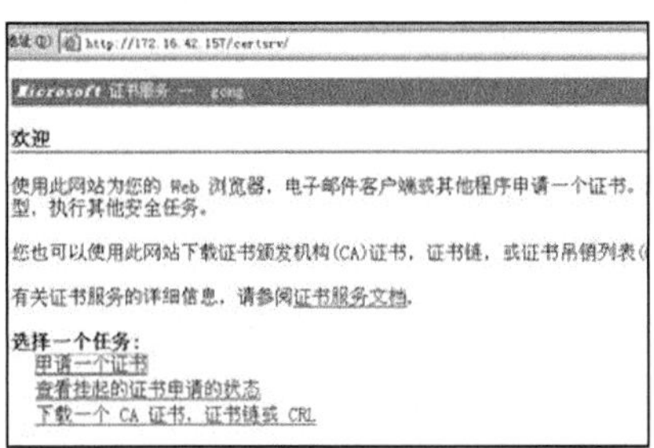

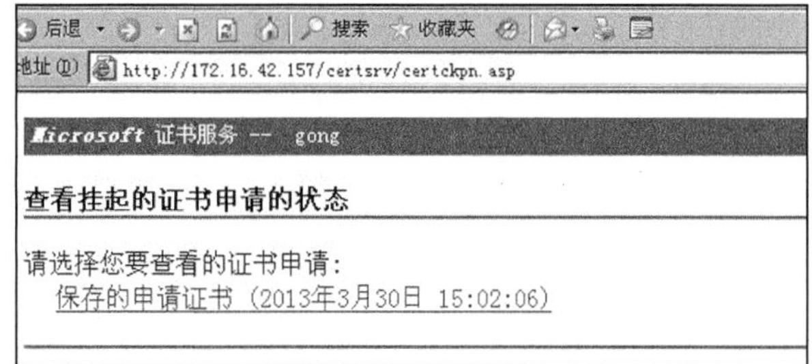

❸ 打开 IIS 服务器，右击【默认网站】▶【属性】命令，然后选择【目录安全性】选项卡并单击【服务器证书】按钮，进入【挂起的证书请求】页面，如下图（左）所示。

❹ 选择【处理挂起的证书并安装证书】单选按钮，单击【下一步】按钮，将刚才下载的证书的路径填入即可，如下图（右）所示，然后单击【下一步】按钮，直至完成即可。

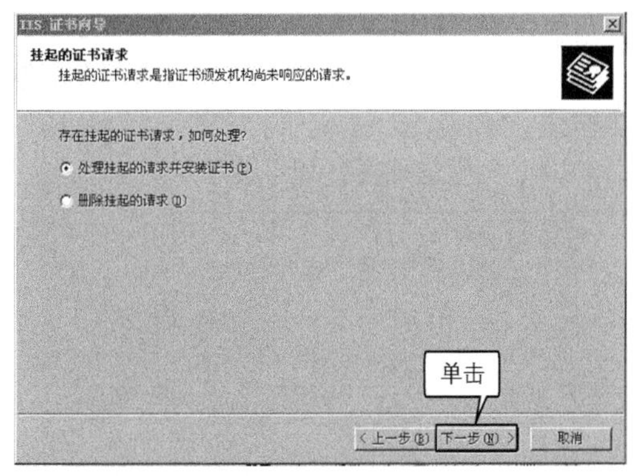

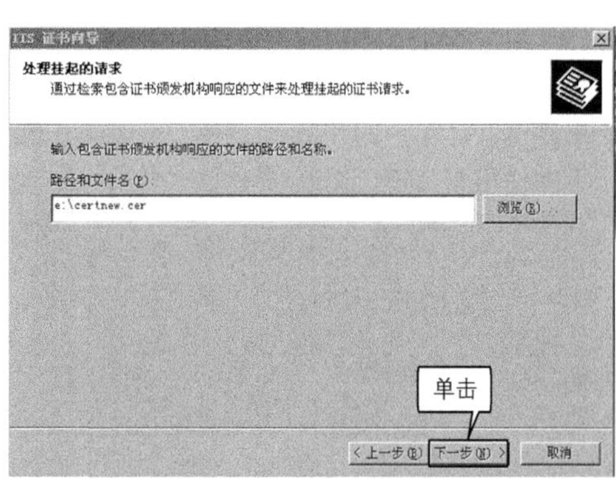

16.2.5 启动安全通道

前面已经简单地讲解了有关证书方面的知识，本小节讲解如何启动安全通道。

安全通道 (SSL) 是运行在传输层上的一个协议，全称为“安全套接层协议”。它通过底层和上层两层实现两个应用实体之间安全可靠的通信，如客户机和服务器之间。SSL（安全套接层）通常是与 HTTP 一起使用的，通过在客户机与 Web 服务器之间实行加密和交换密钥（数字证书）从而实现双方的安全通信。由于采用了 SSL，HTTPS 的端口为 443，与 HTTP 的 80 端口不同，这样也保证了 Web 服务器的安全。

下面讲解如何启动安全通道。

❶ 打开 IIS 服务器，右击【默认网站】▶【属性】命令，然后选择【目录安全性】选项卡，单击【编辑】按钮，如下图（左）所示。

❷ 选中【要求安全通道（SSL）】复选框，再选中【忽略客户端证书】单选按钮，单击【确定】按钮即可完成，如下图（右）所示。

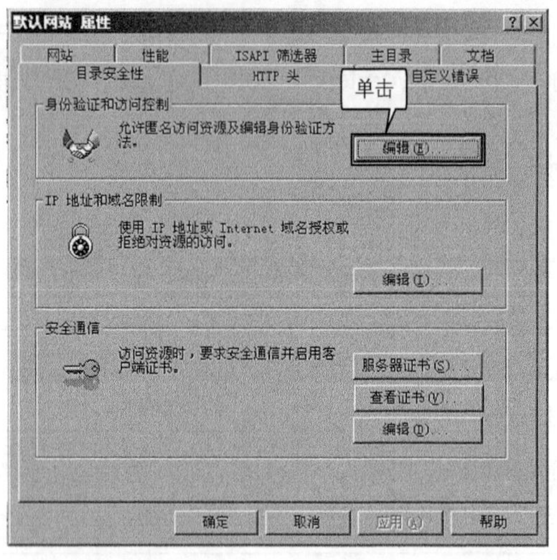

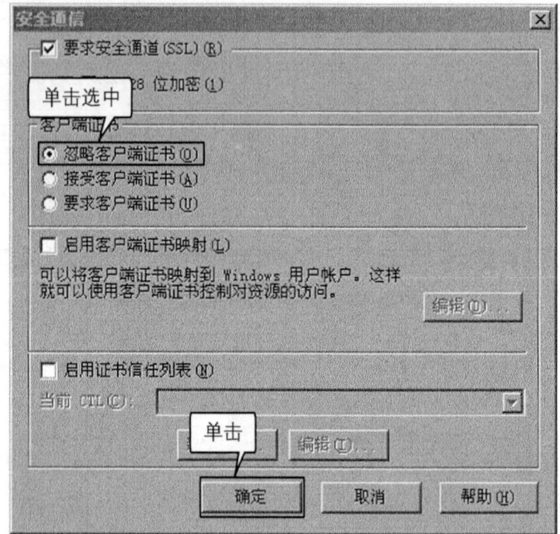

16.2.6 使用 HTTPS 协议访问网站

16.2.6 小节已经启动了安全通道，启用安全通道后，网站的域名会和普通网站的域名不一样，如普通网站的域名开头为 http://，启用安全通道 (SSL) 后就为 https://。

这是因为 SSL 采用了不同的协议，即 HTTPS 与 HTTP 为两个不同的协议。HTTPS 协议相较 HTTP 来说要更安全，因为它支持“数字证书”认证，客户通过认证服务器的“数字证书”可以防止被服务器欺骗，服务器通过认证客户的“数字证书”可以阻止假冒的客户进行访问。

下面使用 HTTPS 协议访问网站，打开浏览器，输入主机 IP 地址即可，如下图所示。

16.2.7 证书的导入与导出

本小节简要讲解证书的导入与导出，证书的导入与导出就是为了备份证书信息，其操作很简单。

❶ 单击【开始】▶【运行】命令，输入“certmgr.msc”，打开控制台，如下图（左）所示。

❷ 选择【个人】▶【证书】节点，然后右键单击【Adminstrator】▶【所有任务】▶【导出】命令，就完成了证书的导出，如下图（右）所示。

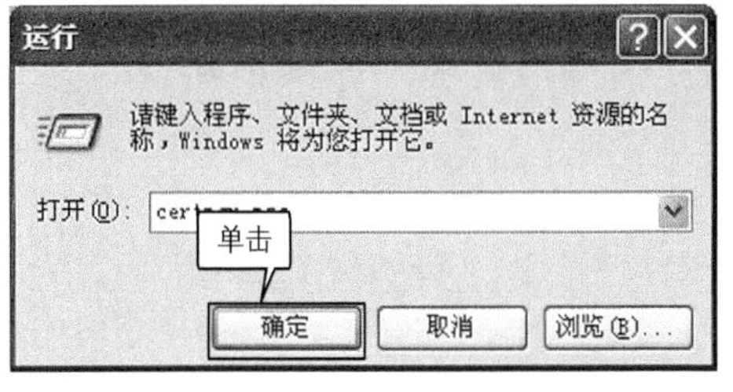

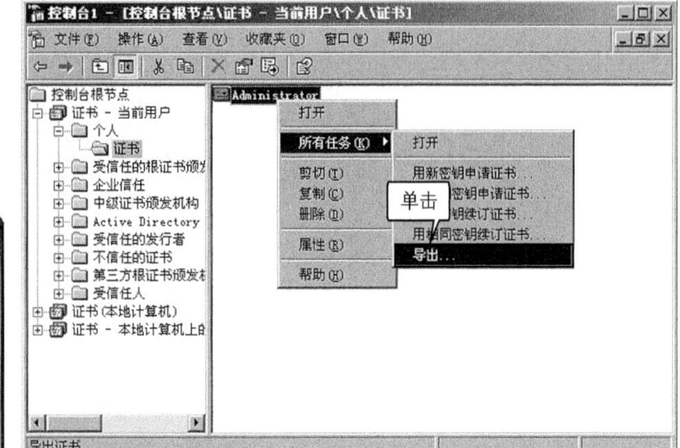

❸ 右键单击【证书】▶【所有任务】▶【导入】命令，就完成了证书的导入，如下图所示。

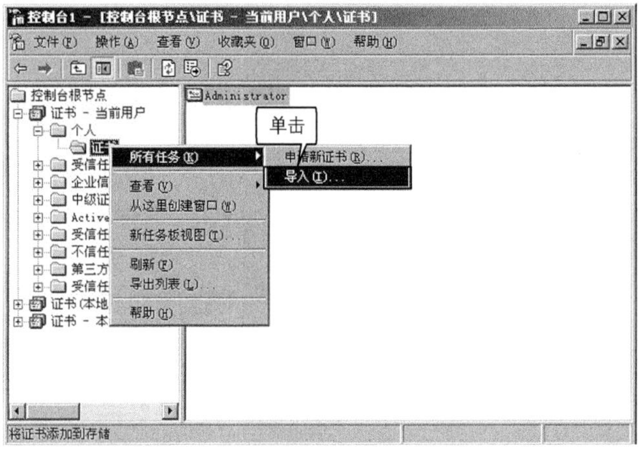

16.3 CA 证书

本节视频教学录像：5 分钟

证书就是网络社会中的“身份证”，统一由第三方权威机构 CA 颁发，当然数字证书的吊销和更新也是由 CA 负责的。本小节分别讲解什么是证书和 CA 的作用。

16.3.1 什么是证书

证书是 PKI 系统中数字证书的简称，由权威公正的第三方机构 CA 签发，相当于网络社会中的身份证。它以数字签名的方式通过第三方权威认证，因此，通过数字证书可以有效地进行网上身份认证，识别对方身份，当然通过数字证书也可以表明自己的身份。

证书主要包括了使用者的公钥信息、使用者的标识信息（电子邮件）、有效期（证书的有效时间）、颁发者标识信息和颁发者的数字签名 5 个方面的内容，所以数字证书在网络安全方面有很多的应用，如 Web 用户身份验证、Web 服务器身份验证、安全电子邮件和 Internet 协议的安全等领域。

16.3.2 CA 的作用

在讲解 CA 的作用之前，先来简单了解一下 CA。CA 是授权中心（Certification Authority）的英文缩写。CA 是网络营销交易中受信任的第三方，主要是用来解决公钥体系中公钥的合法性检验问题。而且，CA 还是承担网上安全交易认证服务、签发数字证书、确认用户身份的服务机构，是一个具有权威性和公正性的第三方。

下面讲解 CA 的作用。其实，CA 的核心功能是颁发和管理数字证书，其具体功能的描述如下。

(1) 处理证书的申请。

(2) 鉴定申请者是否有资格接收证书。

(3) 证书的发放。

(4) 证书的更新。

(5) 接收最终用户数字证书的查询和撤销。

(6) 产生和发布证书吊销列表（CRL）。

(7) 数字证书的归档。

(8) 密钥归档。

(9) 历史数据归档。

16.3.3 证书的发放过程

前两小节已经简要地讲解了有关数字证书和证书颁发机构 CA 的内容。本小节结合下图来讲解证书是怎么由 CA 发放的。

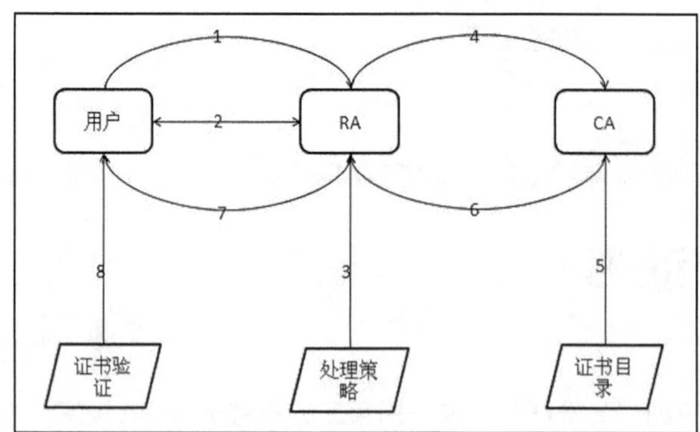

1. 证书申请

用户根据个人信息填好申请证书的信息并提交证书申请信息。

2. RA 确认用户

在企业内部网中，一般使用手工验证的方式，这样更能保证用户信息的安全性和真实性。

3. 证书策略处理

如果验证请求成功，那么，系统指定的策略就被运用到这个请求上，比如名称的约束、密钥长度的约束等。

4. RA 提交用户申请信息到 CA

RA 用自己的私钥对用户申请信息签名，保证用户申请信息是 RA 提交给 CA 的。

5. 生成电子证书

CA 为用户生成密钥对，并用 CA 的签名密钥对用户的公钥和用户信息 ID 进行签名，生成电子证书。这样，CA 就将用户的信息和公钥捆绑在一起了，然后 CA 将用户的数字证书和用户的公用密钥公布到目录中。

6. CA 将电子证书传送给批准该用户的 RA。

7. RA 将电子证书传送给用户（或者用户主动取回）。

8. 用户验证 CA 颁发的证书

确保自己的信息在签名过程中没有被篡改，而且通过 CA 的公钥验证这个证书确实由所信任的 CA 机构颁发。

16.3.4 安装证书服务

前面已经讲过了证书和证书的作用，本小节讲解证书服务在 Windows Server 2003 系统上是怎么安装的。在本小节中使用【添加或删除程序】工具启动证书服务安装向导进行安装。

❶ 在【开始】菜单中单击【控制面板】▶【添加或删除程序】命令，打开【添加或删除程序】窗口，如下图（左）所示。

❷ 单击【添加 / 删除 Windows 组件】按钮，打开【Windows 组件向导】对话框，在【组件】列表中选中【证书服务】复选框，如下图（右）所示。

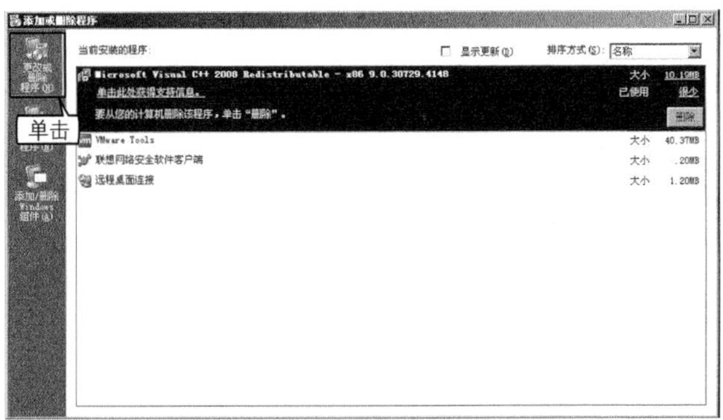

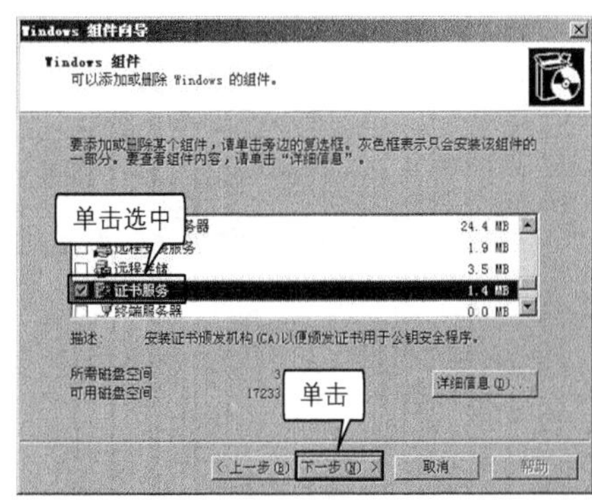

注 意　安装之前应确认计算机名称和域成员身份，因为安装证书服务后，计算机名和域成员身份就都不能更改了。返回【Windows 组件向导】对话框，并单击【下一步】按钮即可，如下图所示。

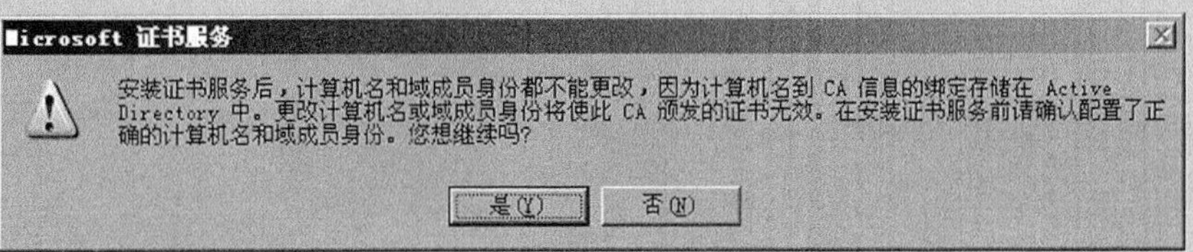

❸ 在打开的【组件】列表中选中【证书服务CA】复选框和【证书服务Web注册支持】复选框，如下图（左）所示。

❹ 单击【确定】按钮，在CA类型的选择页面中，选中【企业根CA】单选按钮，如下图（右）所示。

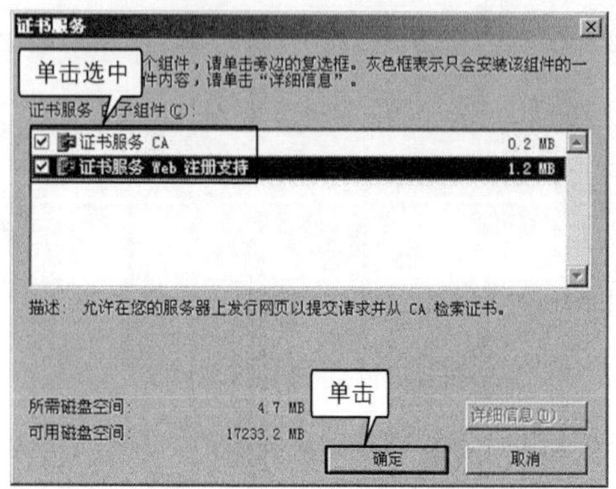

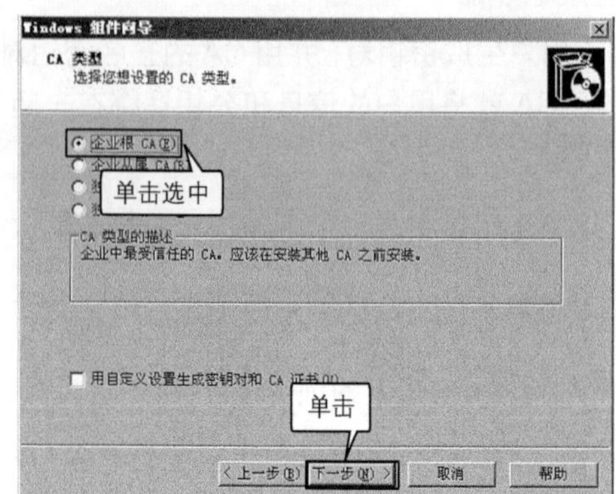

❺ 单击【下一步】按钮，在打开的【CA识别信息】页面中，需要输入CA的名称和可分辨名称后缀并设置有效期限，然后单击【下一步】按钮，如下图（左）所示。

❻ 在打开的【证书数据库设置】页面中，单击【浏览】按钮，找到certlog文件，一般都是存放在2003系统的“系统盘\windows\system32\”路径下，然后单击【下一步】按钮，如下图（右）所示。

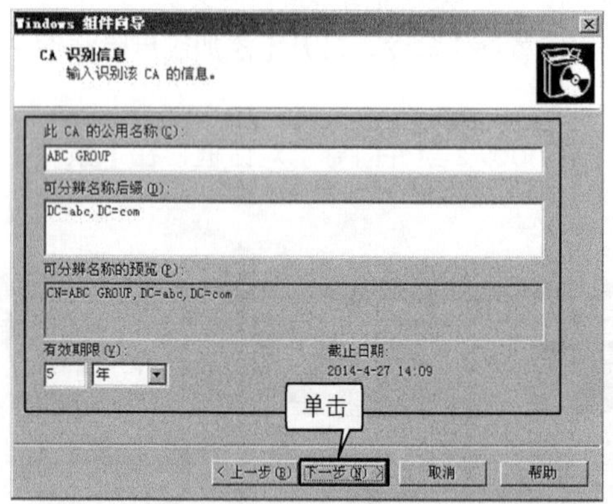

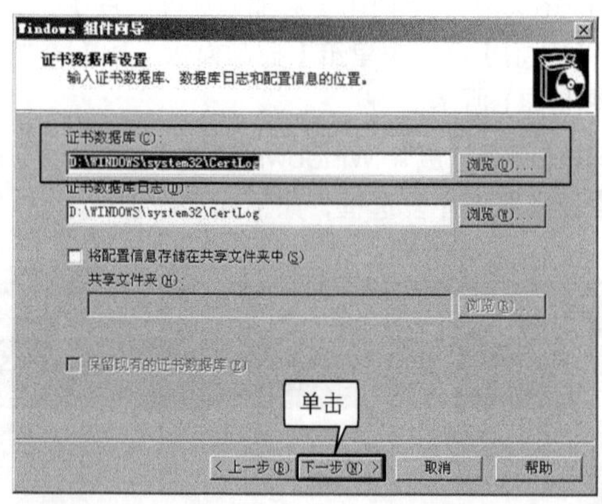

❼ Windows组件向导开始安装证书服务组件，在安装过程中提示关闭Internet信息服务，完成安装后单击【完成】按钮关闭Windows组件向导，并按照提示重新启动计算机，如下图（左）和下图（右）所示。

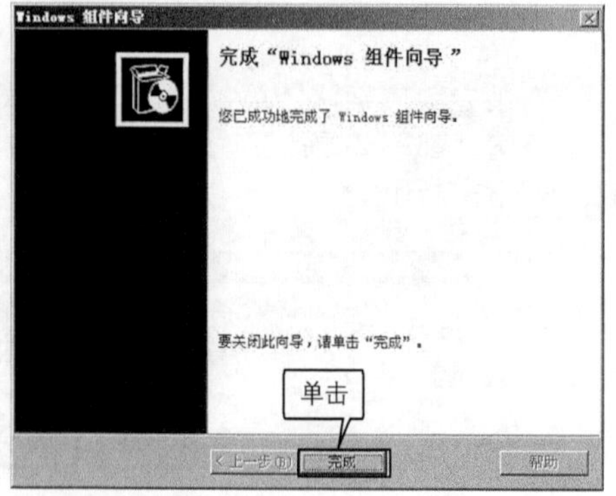

16.4 公钥基础结构

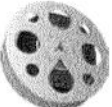

本节视频教学录像：3 分钟

公钥基础结构是一套基于公钥加密技术，为电子商务、电子政务提供安全服务的技术和规范。其实，它就是一套规范，目的是为用户建立一个安全的网络运行环境。

16.4.1 什么是 PKI

PKI 就是公钥基础结构的英文缩写。前面已经说过，PKI 是为了给用户建立一个安全的网络运行环境而制定的。那么，它是怎么保护网络的呢?

其实，PKI 是由公钥加密技术、数字证书、证书颁发机构 (CA) 和注册机构 (RA) 四部分共同组成的。其中，公钥加密技术就是一种加密技术，在下一小节会详细讲解；前面讲过，数字证书就是网络环境中的“身份证”，其主要功能是用于身份的验证和识别；CA 是一个可信任第三方权威机构，主要用于证书的发布、更新和吊销；而 RA 主要用于接收用户的请求、核实用户的申请信息。只有这四部分协同工作，PKI 才能为用户建立一个安全的网络运行环境。

那么，PKI 又能实现什么功能呢?

首先是身份的认证，有了数字证书就等于有了“身份证”，让用户在网络社会中得以信任；然后是数据的机密性，因为 PKI 的公钥加密技术会对用户发送的信息加密，不让别人看到；接着是数据的完整性，因为信息在传送的过程中不会被第三方篡改；最后是操作的不可否认性，因为有了数字证书的存在，用户所进行的操作都会被识别，无法进行抵赖。

16.4.2 公钥加密技术

首先，用打比方的方法来了解公钥加密技术的思想：一个人制作了很多相同的锁，并把它们分发给需要给他保密邮寄东西的人，任何其他人需要保密邮寄给他包裹，则要将包裹装到一个箱子中，并用锁锁上，这样只有发放锁的人才能打开锁并取出箱子中的东西。

这就是公钥加密的思想，很显然，“锁”称为公钥——公开的密钥，用于加密密文；而“钥匙”称为私钥——私有的保密密钥（只有开锁人自己有），用于解密密文。整个过程如下图所示。

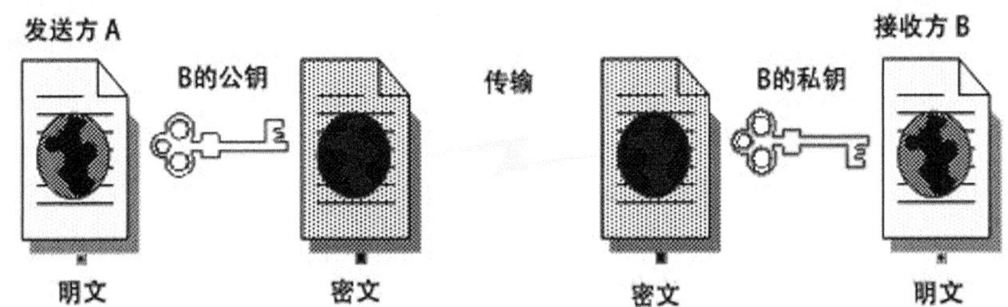

从上面的过程可以看出：

(1) 密钥是成对生成的，这两个密钥互不相同，两个密钥可以互相加密和解密。

(2) 不能根据一个密钥来推算得出另一个密钥。

(3) 公钥对外公开；私钥只有私钥的持有人才知道。

(4) 私钥应该由密钥的持有人妥善保管 。

通过以上讲解，已经了解了公钥加密技术的原理。现实中实现公钥加密技术有很多方法，如 RSA 基本算法、Diffie-Hellman 密钥协商机制等。这里就不介绍它们的实现原理和具体内容了，有兴趣的读者可以自己上网搜索一下。

高手私房菜

技巧：高强度加密 Gmail

HTTPS 加密访问：

使用这个服务，需要使用自动判断脚本，自动判断 Secure connections on sites，此脚本需要 Greasemonkey 配合。

AES-256 256 位强加密：

将 Gmail 的加密级别从 RC4-128 调整为 AES-256。其方法：Firefox 下，在地址栏中输入 about:config，在过滤器输入 rc4，将所有 true 手动调为 false，清除浏览器缓存，打开 Gmail，查看证书，如下图（上）、下图（下）所示。

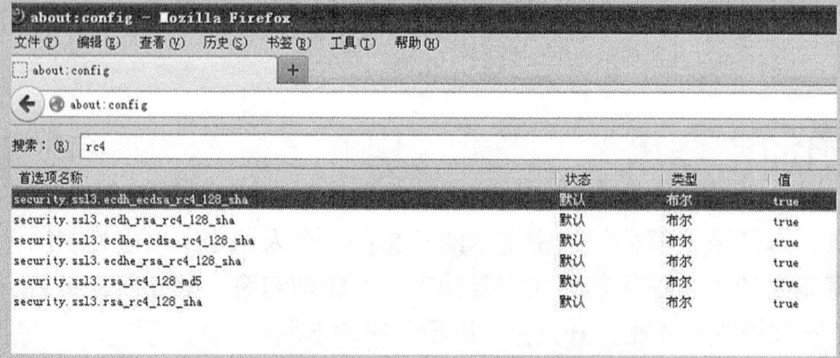

技术细节

连接已加密：强加密（AES-256 256位）

您当前查看的页在传送到因特网之前就已加密。

加密可以使未经授权的人查看那些在计算机之间

时候不太可能被人看到。

从此，不仅仅是 Gmail，所有的 https 加密访问都将强制使用 AES-256 高强度加密，使读者在访问外部网站时更加安全。

技 巧

并不是所有的网站都使用 HTTPS 协议，所以本技巧仅适合在火狐浏览器上使用。

第 17 章

本章教学录像：20 分钟

终端服务器的安装与配置

本章介绍终端服务器，包括终端服务器的架设、连接配置、工作方式、通信模式以及管理等，通过终端服务器可以让生活更加轻松、便捷。

本章要点（已掌握的在方框中打勾）

- □ 终端服务器概述
- □ 终端服务器的架设和连接配置
- □ 终端服务器的设置
- □ 终端服务器的工作方式
- □ 终端服务器的通信模式
- □ 终端服务器的管理

17.1 终端服务器概述

本节视频教学录像：2 分钟

讲解终端服务器之前先来了解一下终端服务。终端服务是指用户通过客户端软件，被授权远程访问 Windows 桌面的过程。而终端服务器就是是终端服务的一种。简而言之，通过终端服务器，用户可以远程访问 Windows 桌面。

那么终端服务器是如何实现这样的功能的呢？其实，终端服务器通过网络服务器提供一种有效和可靠的方法来分发基于 Windows 的程序。通过终端服务器，允许多个用户同时访问运行 Windows Server 2003 家族操作系统之一的服务器上的桌面。用户可以运行程序、保存文件和使用网络资源，就像其坐在那台计算机前一样。

17.2 终端服务器的架设和连接配置

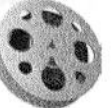

本节视频教学录像：5 分钟

简单了解了终端服务器的概念，下面讲解终端服务器的架设和连接配置。要想使用终端服务，首先应当安装终端服务器，其实就是管理终端服务器，这也需要安装远程桌面连接，只有这两部分都安装好了，才可以更好地来管理和使用服务器。本节主要介绍如何安装终端服务器和客户端安装远程桌面连接，通过本节的学习，读者可以轻松完成终端服务器的架设和连接配置。

17.2.1 安装终端服务器

安装终端服务器的具体操作步骤如下。

❶ 在【开始】菜单中依次单击【控制面板】▶【添加或删除程序】命令，打开【添加或删除程序】窗口。

❷ 单击【添加 / 删除 Windows 组件】按钮，打开【Windows 组件】对话框，在【组件】列表中选中【终端服务器】复选框，如下图（左）所示。

> **说 明**
> 单击【添加 / 删除 Windows 组件】按钮，打开【配置警告】对话框，提示用户关于 IE 安全配置方面的信息。因为配置终端服务器的目的主要是为了远程管理 Windows Server 2003 服务器，对于浏览 Internet 方面的要求并不高，所以直接单击【是】按钮。返回【Windows 组件】对话框，选中【终端服务器授权】复选框，并单击【下一步】▶【下一步】按钮即可，如下图（右）所示。

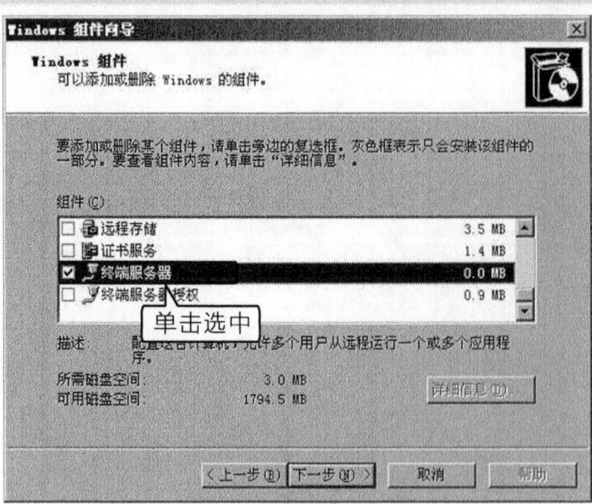

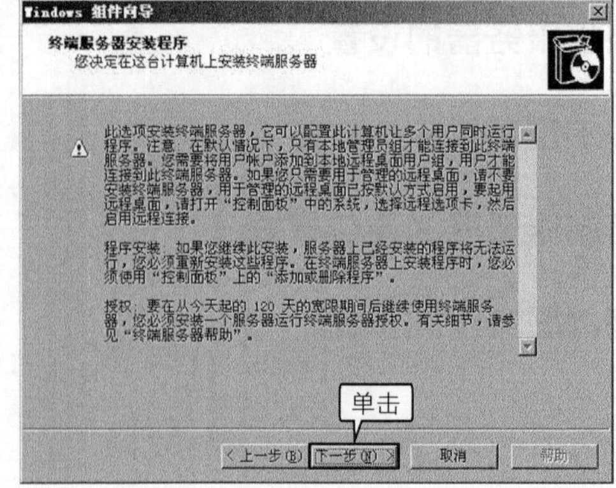

❸ 在打开的【为应用程序兼容性选择默认权限】对话框中，选中【完整安全模式】单选项，并单击【下一步】按钮，如下图（左）所示。

说 明　【为应用程序兼容性选择默认权限】对话框中列出了两种安装模式，即“完整安全模式”和“宽松安全模式”。选择不同的模式会应用到 Windows Server 2003 系统的不同安全级别。

❹ 打开【指定终端服务器许可证服务器】对话框，选中【使用下列许可证服务器】单选项，并在文本框中输入这台服务器的名称或 IP 地址，设置完毕单击【下一步】按钮，如下图（右）所示。

说 明　用户的终端服务器必须在 120 天内与 Windows Server 2003 终端服务器许可证服务器连接才能保证正常使用。由于在【Windows 组件】对话框中选中了【终端服务器授权】复选框，意味着这台 Windows Server 2003 终端服务器将同时作为许可证服务器。

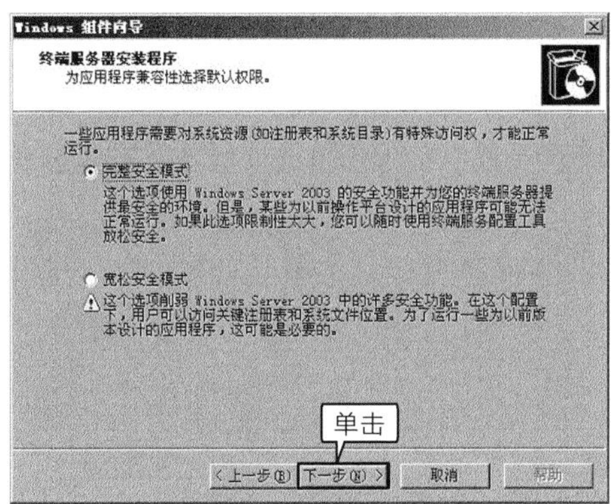

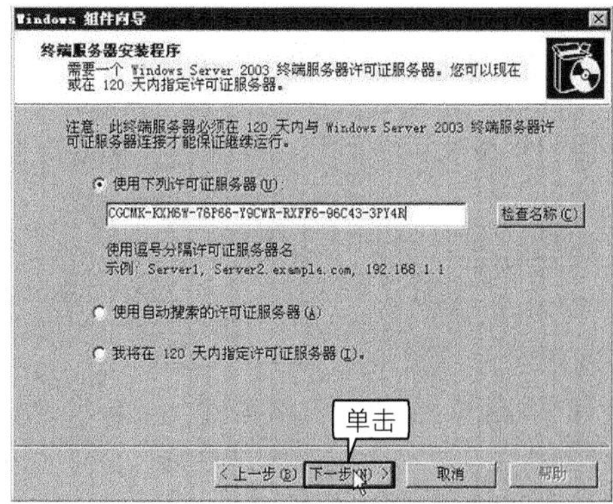

❺ 在打开的【终端服务器授权模式】对话框中，要求用户指定这台终端服务器使用的授权模式。选中【每设备授权模式】单选项，并单击【下一步】按钮，如下图（左）所示。

❻ 打开【提供需要将这台计算机设置成许可证服务器的信息】对话框，此时用户可以选择安装许可证服务器数据库的路径，也可以保持默认路径，并单击【下一步】按钮，如下图（右）所示。

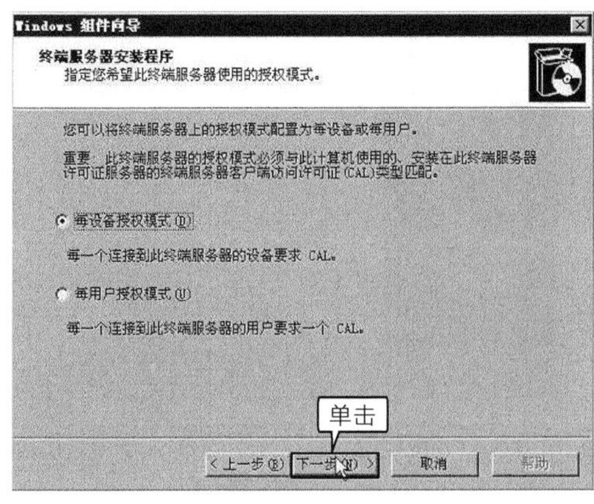

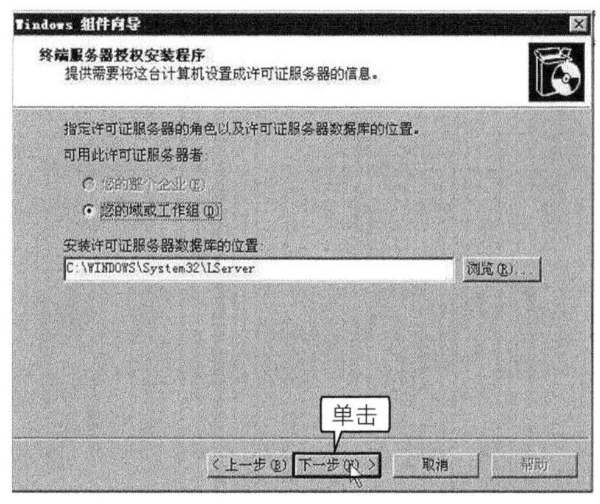

❼ Windows 组件向导开始安装终端服务器和终端服务器授权组件，在安装过程中要求提供 Windows Server 2003 系统的安装光盘或指定安装程序路径。完成安装后单击【完成】按钮关闭 Windows 组件向导，并按照提示重新启动计算机，如下图所示。

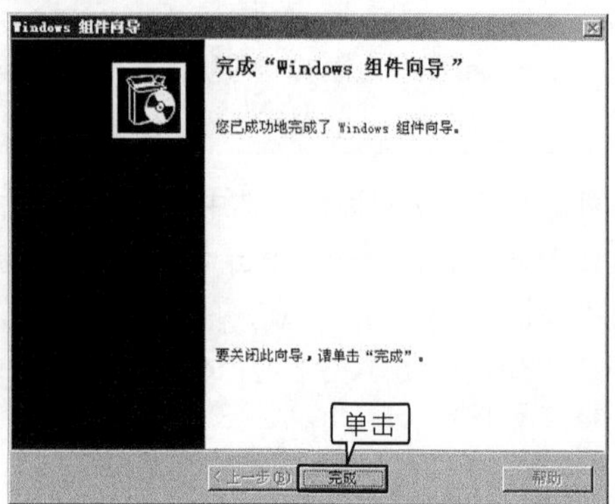

17.2.2 安装远程桌面连接

使用“管理远程桌面”终端服务，可以方便网络管理员远程管理服务器。其实，安装远程桌面连接很简单。

终端服务客户端的安装软件位于运行终端服务的服务器上，在终端服务器的 %systemroot%\system32\clients\tsclint\Win32 文件夹内。用户直接执行 setup.exe 来安装终端服务客户端。下面简要介绍客户端安装“远程桌面连接”的过程。

❶ 打开 Windows 2003 系统所在的分区，然后按照上述路径找到 setup.exe，打开运行即可，如下图所示。

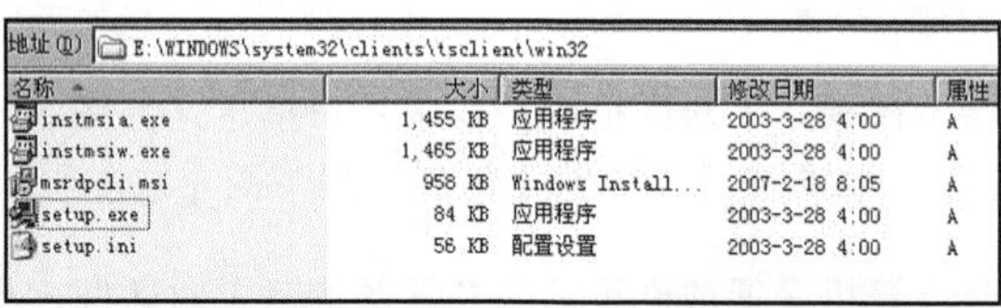

❷ 按照提示，单击【下一步】按钮继续，直至完成，如下图所示。

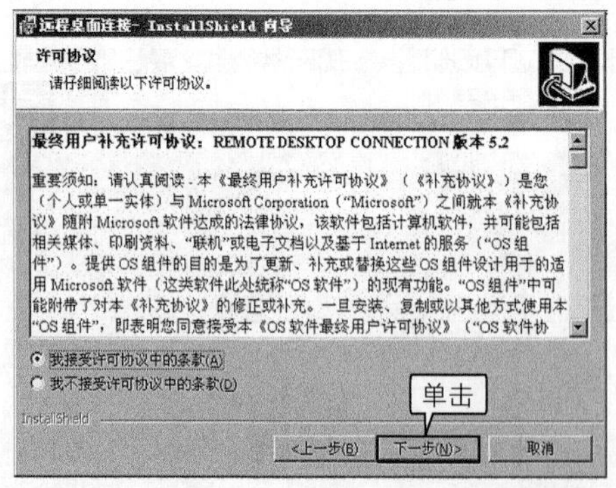

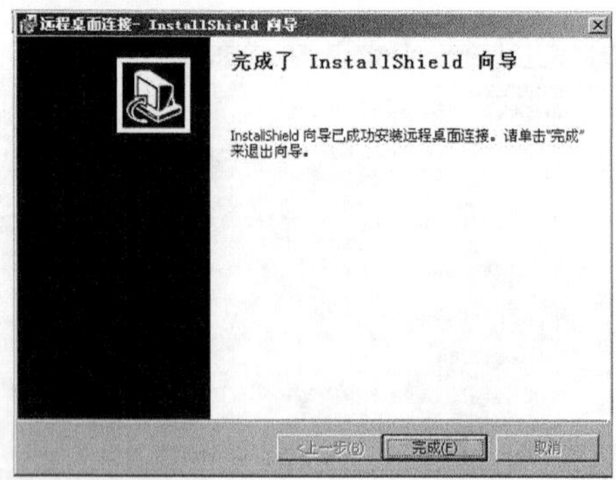

17.2.3 赋予用户通过终端服务登录的权限

在安装完远程桌面连接以后，需要赋予用户登录终端服务器的权限，否则用户将无法进行登录。

默认情况下只有系统管理员组用户（Administrators）和系统组用户（SYSTEM）拥有访问和完全控制终端服务器的权限，另外远程桌面用户组（Remote Desktop Users）的成员只拥有访问权限而不具备完全控制权。而在很多时候，默认的权限设置往往并不能完全满足用户的实际需求。因此还需要赋予某些特殊用户远程连接的权限，操作步骤如下所述。

❶ 右击【我的电脑】▶【属性】▶【远程】命令，选中【启用这台计算机上的远程桌面】复选框，如下图（左）所示。

❷ 单击【选择远程用户】按钮，添加用户，单击【确定】按钮，即可完成赋予某些特殊用户远程连接的权限，如下图（右）所示。

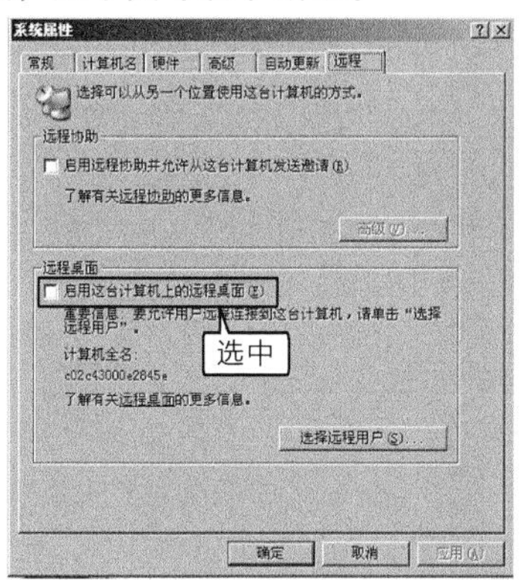

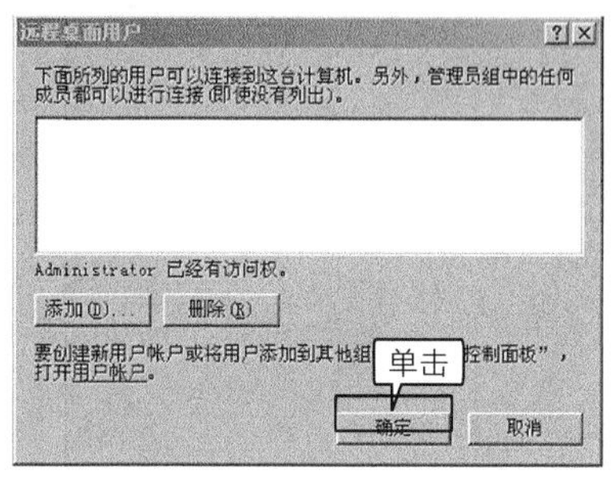

17.3 终端服务器的设置

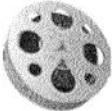

本节视频教学录像：5 分钟

终端服务器的设置主要包括 5 个方面，分别为服务器与客户机会话的加密、远程控制的设置、登录设置、权限设置、用户工作环境的设置。下面简要介绍这 5 个方面的设置。

单击【开始】▶【管理工具】▶【终端服务器配置】命令，在打开的【终端服务器配置\连接】页面中，再单击右键选择【RDP-Tcp】▶【属性】命令，会进入终端服务器的配置页面，如下图所示。

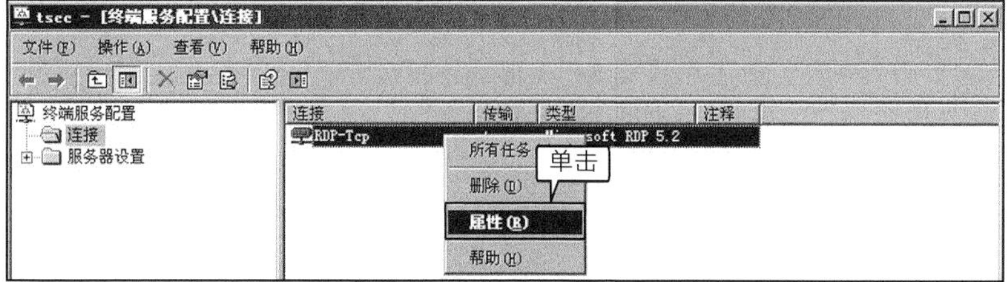

17.3.1 服务器与客户机会话的加密

单击【常规】选项卡，然后选择加密级别，即可设置加密，如下图所示。

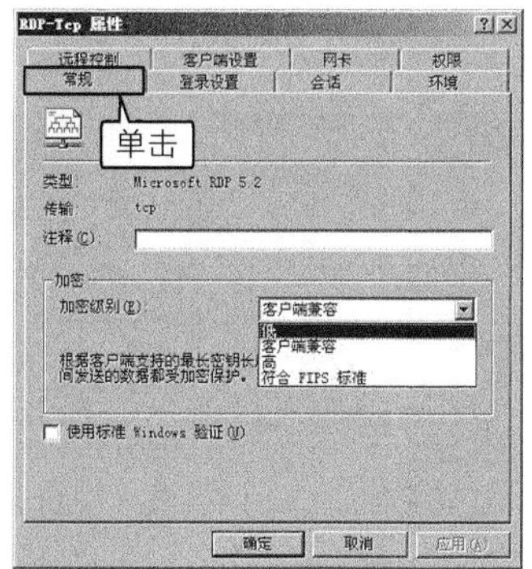

低——只加密客户端发往服务器端的数据，采用 40 或 56 位的密钥。

客户端兼容——双向加密客户端和服务器端的数据，采用 40 或 56 位的密钥。

高——双向加密客户端和服务器端的数据，采用 128 位的密钥。

符合 FIPS 标准——只加密客户端发往服务器端的数据，以客户端支持的最大加密强度进行加密。

17.3.2 远程控制的设置

单击【远程控制】选项卡，通过选择用户能否被远程控制，即可完成对远程控制的设置，如下图所示。

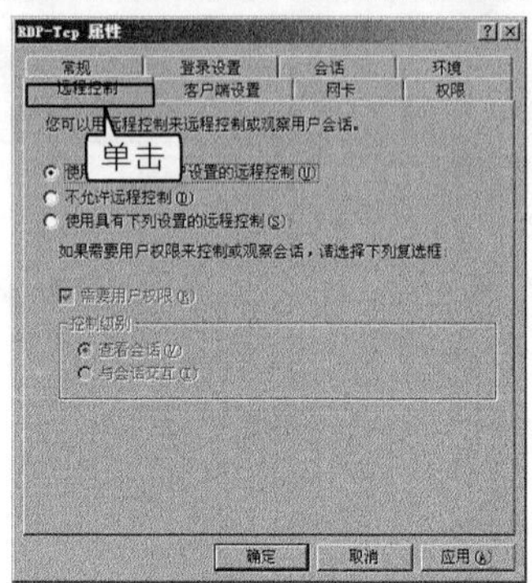

不允许远程控制——不允许控制其他客户端与服务器之间的操作。

使用具有下列设置的远程控制——可以对其他客户端与服务器之间的操作做一定的控制。

17.3.3 登录设置

单击【登录设置】选项卡，可以对用户登录服务器时是否输入用户信息进行设置，如下图所示。

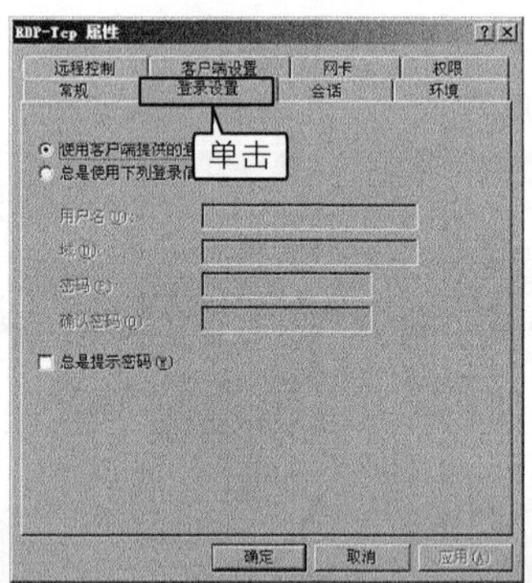

17.3.4 用户权限的设置

单击【权限】选项卡，可以添加要控制的用户或组，并对其设置权限，如下图所示。

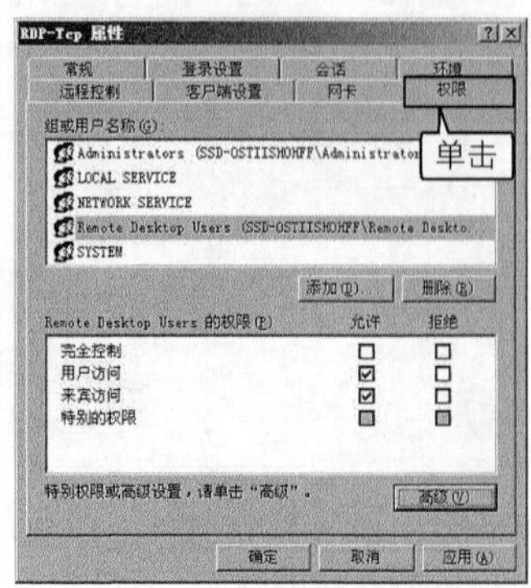

17.3.5 用户工作环境的设置

单击【环境】选项卡，开始对用户工作环境进行设置，如下图所示。在【环境】选项卡中，可以设置用户登录服务器时自动启动的应用程序，来替代用户的设定。

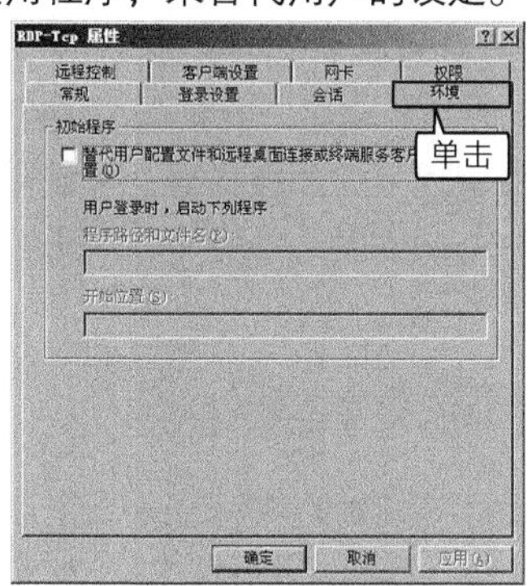

17.4 终端服务器的工作方式

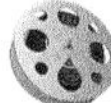

本节视频教学录像：2 分钟

由于网络环境的特殊性，一台计算机可以根据不同的需要担任不同的角色。所以终端服务器的工作方式有两种，分别为客户端方式和服务器方式。当一台计算机需要从别的计算机获取服务时，就充当客户端的角色；当然，当计算机向外界提供服务时，就充当服务器的角色。简而言之，就是不同的角色决定不同的工作方式。下面就简要阐述这两种方式。

客户端方式：在该工作方式下，终端服务器作为 TCP 客户端，转换器上电时主动向平台程序请求连接。该方式比较适合于多个转换器同时向一个平台程序建立连接，这时候终端服务器就从别的服务器获取服务。

服务器方式：在该工作方式下，终端服务器作为 TCP 服务器端， 转换器在指定的 TCP 端口上监听平台程序的连接请求。该方式比较适合于一个转换器与多个平台程序建立连接，这时候终端服务器就向别的服务器提供服务。

所谓两种工作方式，其实就是在“连接”的两台终端服务器中，选择一个角色而已。读者理解了这句话，就能很好理解终端服务器的两种工作方式。

17.5 终端服务器的通信模式

本节视频教学录像：2 分钟

终端服务器的通信模式有三种，分别为虚拟串口通信模式、点对点通信模式和基于网络通信模式。在讲解这三种通信模式之前，先来了解什么是透明传输和串口通信。

透明模式首要的特点就是对用户是透明的，即用户意识不到防火墙的存在。要想实现透明模式，防火墙必须在没有 IP 地址的情况下工作，不需要对其设置 IP 地址，用户也不知道防火墙的 IP 地址。透明模式的防火墙就好像是一台网桥（非透明的防火墙好像一台路由器），网络设备（包括主机、路由器、工作站等）和所有计算机的设置（包括 IP 地址和网关）无须改变，同时解析所有通过它的数据包，既增加了网络的安全性，又降低了用户管理的复杂程度。

所谓串口就是串行接口的简称，串行接口是一种可以将接收来自 CPU 的并行数据字符转换为连续的串行数据流发送出去，同时可将接收的串行数据流转换为并行的数据字符供给 CPU 的器件。而串口通信是指外设和计算机间，通过数据信号线 、地线、控制线等，按位进行数据传输的一种通信方式。

17.5.1 虚拟串口通信模式

所谓虚拟串口通信，就是在操作系统中安装一个驱动软件，让操作系统以为有一个物理上的串口能够操作和通信，但是这个串口在物理上并不存在。这个虚拟串口的数据来源可以是来自网络上的，或者是来自文件的，或者是来自其他物理设备然后被软件转发到这个虚拟串口上的。

虚拟串口通信模式：该模式下，一个或者多个转换器与一台计算机建立连接，实现数据的双向透明传输。由计算机上的虚拟串口软件管理下面的转换器，可以实现一个虚拟串口对应多个转换器，*N* 个虚拟串口对应 *M* 个转换器（$N \leqslant M$）。该模式适用于串口设备由计算机控制的 485 总线或者 232 设备连接。

17.5.2 点对点通信模式

点对点通信模式：该模式下，转换器成对的使用，一个作为服务器端，一个作为客户端，两者之间建立连接，实现数据的双向透明传输。该模式适用于将两个串口设备之间的总线连接改造为 TCP/IP 网络连接。

17.5.3 基于网络通信模式

基于网络通信模式：该模式下，计算机上的应用程序基于 SOCKET 协议编写了通讯程序，在转换器设置上直接选择支持 SOCKET 协议即可。SOCKET 是一种网络编程技术，在很多的软件和网站中都有应用，读者如果有兴趣的话可以上网自学。

17.6 终端服务器的管理

本节视频教学录像：4 分钟

终端服务器的管理主要是两个方面，分别是远程控制和安装应用程序。所谓远程控制就是使用别的计算机来远程操作服务器，来管理服务器资源，很多公司和机构就是采用这种方式来管理服务器的。安装应用程序是为了满足用户的各种需求，也是为了更好地管理服务器。下面详细讲解这两方面的内容。

17.6.1 远程控制

在讲解远程控制之前，先了解“会话”的概念。会话就是终端客户机与终端服务器之间建立的连接。简而言之，就是两台计算机进行通信。远程控制就是在客户端用管理员账户进行登录，并管理服务器资源的操作，下面介绍如何建立远程控制。

❶ 赋予管理员远程登录的权限，右击【我的电脑】图标，按照路径“管理 - 本地用户和组 - 组”找到 Remote Desktop Users 并双击，会出现如下图（左）所示的界面。可以看到图中已有两个用户，单击【添加】按钮。

❷ 弹出【选择用户】对话框，将管理员用户添加至 Remote Desktop Users 组中，单击【确定】按钮，如下图（右）所示。这样就赋予了管理员远程登录服务器的权限。

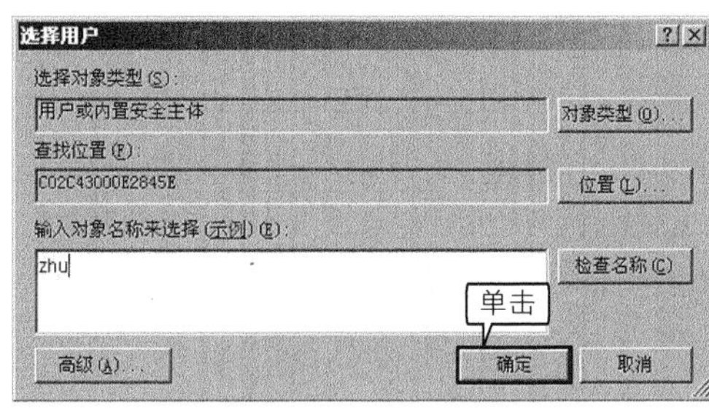

❸ 打开 Windows 系统的远程桌面连接，输入服务器的 IP 地址进行连接即可。如下图所示，输入管理员账号和密码即可登录。

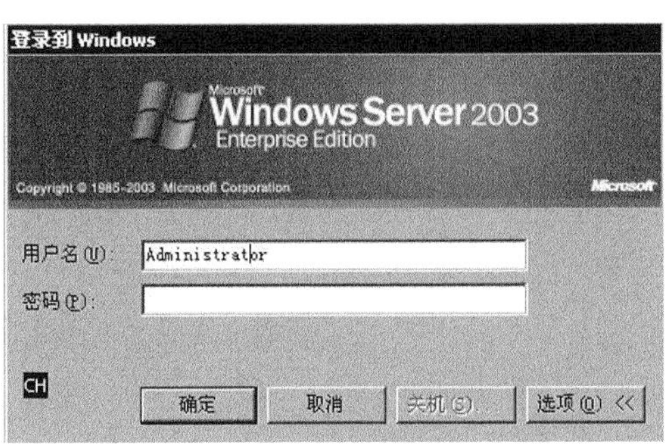

通过以上操作步骤就可以让管理员所在的客户端控制服务器了，完成远程控制的建立。

说 明 如果遇到类似“由于账户限制你无法登录”的提示，这是由于所使用的登录账号的密码为空，并且所要登录的远程计算机中的“组策略”禁止空密码用户通过网络登录引起的。只要修改该配置即可，一种方法是在远程计算机上启动“组策略编辑器”（开始 - 运行 -GPEDIT.MSC），在“Windows 设置 - 安全设置 - 本地策略 - 安全选项”中找到“使用空白密码的本地账户只允许进行控制台登录”，将其设置为“已停用”就可以了；另一种方法则是把所使用的登录账号设置为非空密码。

17.6.2 在终端服务器上安装应用程序

安装应用程序的方法如下。

1. 利用 change user 命令

```
change user/install
change user/execute
```

change user/install：禁止 .ini 文件映射到主目录。读取所有的 .ini 文件，并写入系统目录。在终端服务器上安装应用程序时，必须禁用 .ini 文件映射。

change user/execute：允许 .ini 文件映射到主目录。这是默认设置。

在安装应用程序之前，使用 change user/install 在系统目录中创建应用程序的 .ini 文件。这些文

件作为用户特定 .ini 文件的主副本使用。在安装应用程序之后，使用 changeuser/execute 恢复为标准 .ini 文件映射。

2. 利用“控制面板”内的“添加 / 删除程序”

Microsoft 已经为一些应用程序编写了所谓的“应用程序兼容性命令文件”，如 Microsoft Office 95、Microsoft Office 97 等，这些命令文件位于终端服务器的 % system root %\Application Compatibility Scripts\Install 文件夹内。只要运行相应的命令文件，它就会自动修改应用程序，使其更加适合于终端服务器的共享应用。

高手私房菜

\>

技巧：解决认证限制

用 Windows Server 2003 做服务器的人都知道其安全性能比以前的 Windows 版本高出很多，但是也带来很多麻烦，其中终端授权就是一例。在 Windows Server 2003 中服务器最重要的远程管理“终端服务”居然要求授权，要许可证，否则 120 天过期需要购买授权。这是让管理员们非常郁闷的事情，其实这个问题可以得到很好的解决，通过如下操作即可解除该认证限制。

在 Windows Server 2003 上首先开启终端服务，然后依次执行【控制面板】►【添加删除程序】►【添加 / 删除 Windows 组件】命令，在【Windows 组件向导】窗口的【组件】列表下取消对【终端服务器】和【终端服务器授权】复选框的选中，然后单击【下一步】按钮删除这两个系统组件。在删除完成后，系统会提示重新启动计算机，这时候千万不要重启一定要单击【否】按钮，否则操作就前功尽弃了。

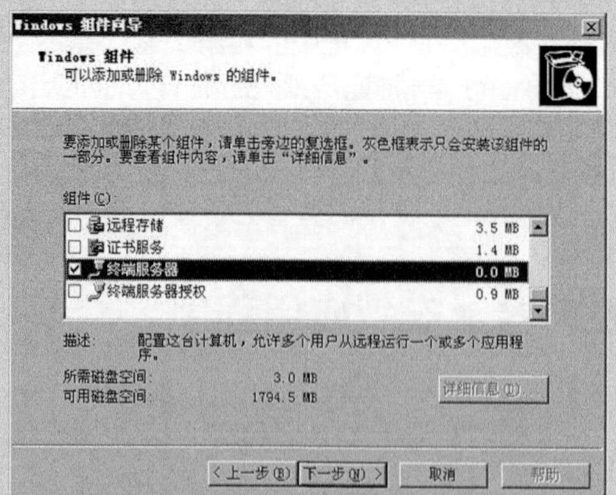

然后右键单击【我的电脑】图标选择【属性】命令，依次单击定位到【远程】►【远程桌面】对话框，选中【启用这台计算机上的远程桌面】复选框，之后会得到提示，单击【确定】按钮应用即可。现在，重新启动计算机大功告成，不用任何第三方破解软件轻松破解了 Windows Server 2003 的终端服务器许可。

第 3 篇

建设篇

本篇介绍网站建设中网页制作的相关内容，包括网站的制作技术、网站制作的高级技术及大型电子商务网站建设。学习完本篇，读者需要掌握网页的制作方法。

第 18 章

本章教学录像：1 小时 8 分钟

网站的制作技术

随着网站的普遍应用，越来越多的网站制作技术也随之出现，制作网站用到的技术主要有 HTML、CSS、Dreamweaver、ASP 语言和 SQL 数据库等。

本章要点（已掌握的在方框中打勾）

☐ 使用表格布局页面

☐ 在页面中使用图像

☐ 在页面中使用 CSS 样式

☐ 在页面中使用表单

☐ 在页面中使用 Flash 动画

☐ 在页面中使用多媒体

18.1 使用表格布局页面

本节视频教学录像：27 分钟

使用表格除了可以制作一般意义上的表格外，另外一个重要作用就是对网页进行布局。

使用表格对网页进行布局可以使页面在形式上丰富多彩、条理清晰，在组织上井然有序而又不显单调。下面以婴幼教育网站为例讲解如何巧用表格布局网页。

18.1.1 创建婴幼教育网站页面

婴幼教育网站主要是为广大婴幼儿父母提供儿童教育的相关信息，推广所需要的一些活动。此类网站在页面视觉效果上一定要给人以充满活力的感觉，内容上要主次分明，所做出来的页面才能引起浏览者的关心和注意。页面要着重表现自由安定的感觉，应用很简单常见的页面布局，简单地处理网页中的文本和图像，使整个页面条理很清楚，如下图所示。

18.1.2 页面的制作

本案例采用了“同”字型的布局方式，为页面充分留出余白，将网站 LOGO 放在最能加深初始记忆的页面左上角，使网站的形象深深地留在浏览者的心中。制作页面的具体操作步骤如下。

1. 制作顶部 LOGO

❶ 执行【文件】▶【新建】命令，新建一个空白的 HTML 文档，再执行【文件】▶【保存】命令，保存页面为“D:\婴幼儿网站\index.html”，如下图（左）所示。

❷ 单击【插入】面板上的【表格】按钮，弹出【表格】对话框，如下图（右）所示。

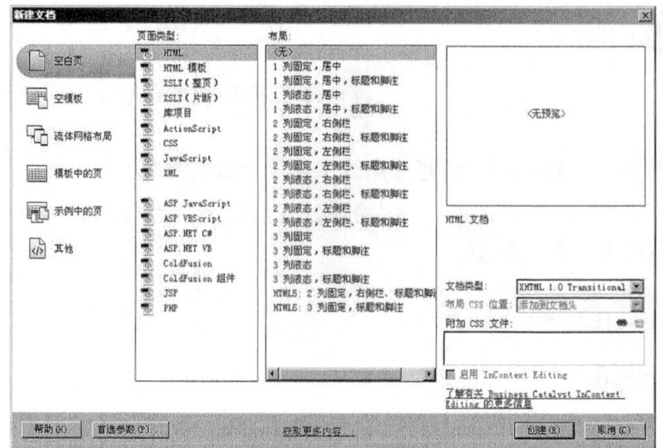

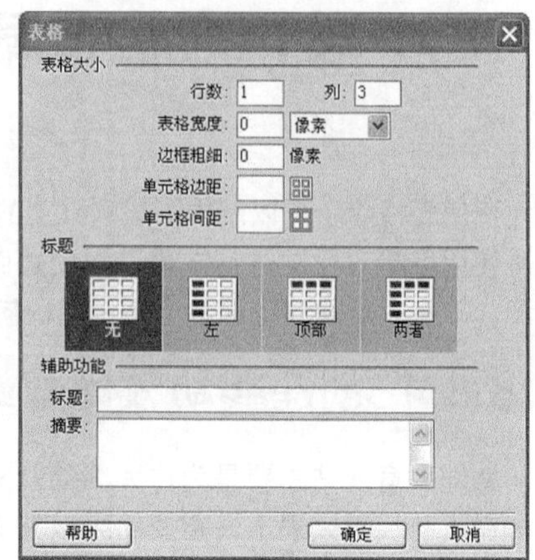

❸ 在工作区插入一个1行3列，“表格宽度”为100%，“单元格间距”、“单元格边距”、“边框粗细”均为0的表格，效果如下图所示。

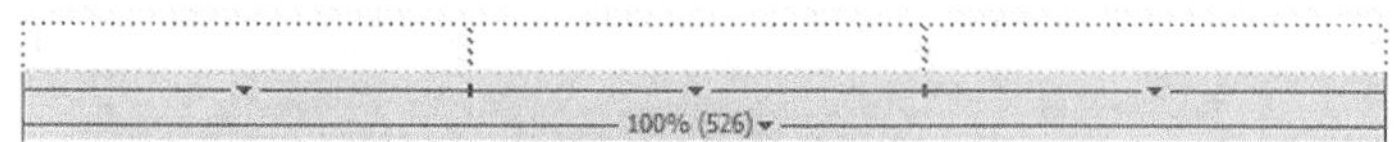

① 行、列数：插入表格是几行几列，输入数字为整数。

② 表格宽度：定义表格的总宽度，可直接填入数值，后面的宽度选项，分为像素和百分比，当宽度单位为百分比时，表格的宽度可以根据浏览器的宽度自动伸展。

③ 边框粗细：定义表格的外边框宽度。

④ 单元格边距：定义单元格中的内容与单元格边框的宽度，也就是单元格内的空白。

⑤ 单元格间距：定义单元格与单元格之间的间隙。

⑥ 标题：表格的标题，显示这个表格的主题，让别人知道它是做什么的。 对齐标题定义表格标题的对齐方式，有默认、顶部、底部、左、右五个选项，一般保持默认就可以了。

⑦ 摘要：可以将表格和它所要表述的内容做简要地描述，这样做应该有利于搜索引擎的抓取。

❹ 选中第一列的单元格，单击菜单中【插入】选项，在弹出的下拉菜单中选择【图像】命令，打开【选择图像源文件】对话框，如下图所示。

❺ 在【查找范围】列表框中选择 image 文件夹，如下图（左）所示，选择图像文件“logo”，弹出【图像标签辅助功能属性】页框，如下图（右）所示，其作用是在图片加载的过程中，替换文本先代替图片显示，解释这个是什么图片 。

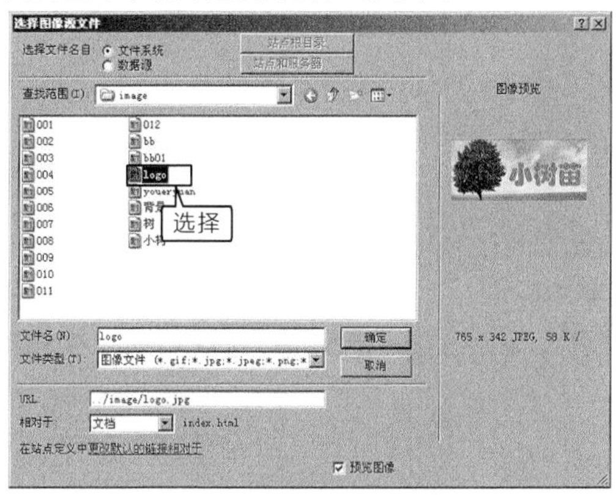

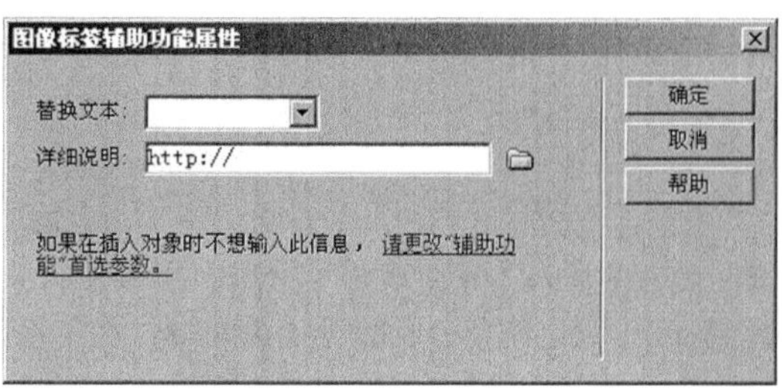

❻ 选择【插入】▶【表格】命令，插入一个 1 行 8 列的菜单表格，并设置背景色为“#FF9900”，如下图（上）所示，并输入相应文字，如下图（下）所示。

首页　取名　早教　喂养　亲子游戏　幼儿园　童书推荐　购物街

❼ 插入 1 行 3 列表格，将光标移到第一列单元格，插入嵌套表格，插入 2 行 1 列表格，按照步骤❸～❺分别插入图片，如下图所示。

❽ 将光标移到第二列，插入 6 行 1 列表格，并分别输入相应文字，设置文字颜色为“#FF0099”，如下图（上）所示，效果如下图（下）所示。

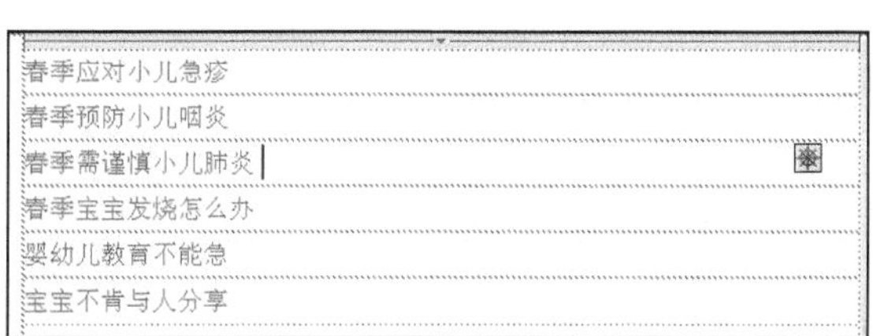

❾ 将光标移到第三列按照步骤❸ ~ ❺插入图片，效果如下图所示。

❿ 选择【插入】▶【表格】命令，插入 1 行 6 列的菜单表格，并设置背景色为“#FF9900”，如步骤 ❻ 图（上）所示，并输入相应文字，如下图（左）所示。然后按照步骤 ❼ ~ ❿，插入相应图片和文字，效果如下图（右）所示。

学前教育	教学方法	幼教课程	幼教文案	幼教资源	幼儿作息

⓫ 光标移到表格下方，选择【插入】▶【表格】命令，插入 1 行 7 列的菜单表格，并输入相应文字，如下图所示。

网站首页	关于我们	联系我们	友情链接	版权声明	广告预定	在线咨询

⓬ 最后在 IE 浏览器中打开该网页，效果如下图所示。

18.2 在页面中使用图像

本节视频教学录像：20 分钟

利用表格可以使得页面整齐，但是吸引浏览者眼球的往往是漂亮的图片，所以在利用表格布局好页面之后，就可以将一些资源（如图像）添加到页面了。在 Dreamweaver 中可使用多种方法向 Web 页面添加图像。

18.2.1 创建旅游信息网站页面

旅游信息网站的一个很重要的功能是能够突出旅游的气氛，增加旅游者的兴趣，其中一个关键的表现方法就是通过一些图像来吸引客户眼球，使潜在客户在打开网页后有继续浏览的欲望，所以旅游网站的定位应该是“明快”、“轻松”的。旅游就是在旅途中感受一切的过程，如何在旅游网站的设计中带给用户相同的感受，是应该首先考虑的因素。一张心旷神怡的图片比得上千百文字，能瞬间让浏览者神往，需要思考的是如何把这些图片自然地融入到网站设计当中，传递给用户。

18.2.2 页面的制作

在页面的设计上，本案例采用“国”字型也可以称为“同”字型，是一些大型网站所喜欢的类型，即最上面是网站的标题以及横幅广告条，接下来是网站的主要内容，左右分列一些小条内容，中间是主要部分，与左右一起罗列到底，最下面是网站的一些基本信息、联系方式、版权声明等，效果如下图所示。

1. 网站顶部制作过程

❶ 插入一个 1 行 3 列表格，在第 1 列插入艺术字，第 2、3 列分别插入相应文字，如下图 (左) 所示。因 Dreavweaver 中不能直接插入艺术字，所以可以在 Word 工具中制作出艺术字效果，然后直接复制到 Dreavweaver 中，那么该艺术字就会以图片形式直接插入其中。

❷ 插入一个 1 行 1 列表格，并插入图片，如下图 (右) 所示。

❸ 插入一个 1 行 8 列表格，并设置背景色，输入相应文字，如下图所示。

首页 旅游线路 酒店预定 机票预订 签证 旅游攻略 我爱自驾 景点门票

2. 制作页面内容

插入一个 1 行 3 列表格，向表格中添加图片，并为图片添加文字说明。在 Dreamweaver CS6 中可以先将图片作为单元格的背景，然后将文字作为前景，即可完成为图片添加文字的目的，具体方法如下。

❶ 选中单元格，在【属性】面板中选择 CSS 样式并“编辑规则”（CSS 规则具体内容将在 18.3 节中详细介绍），如下图所示。

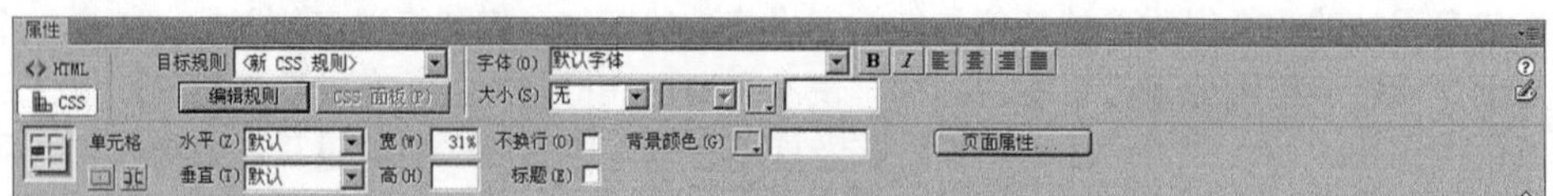

❷ 弹出【新建 CSS 规则】对话框，如下图所示，在【选择或输入选择器名称】下拉列表框下的文本框内填写规则名称并单击【确定】按钮。

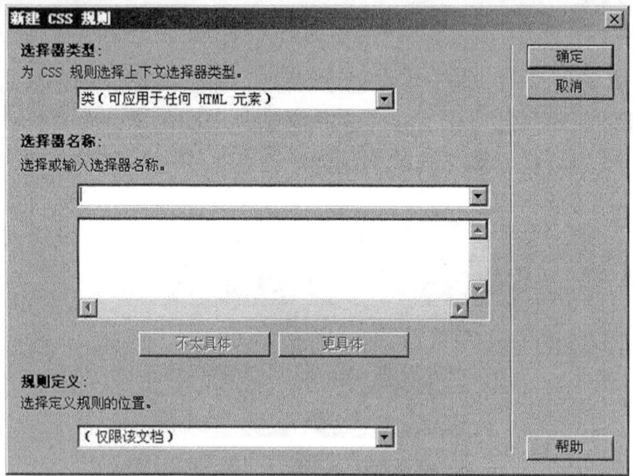

❸ 弹出【.td1 的 CSS 规则定义】页框，单击【背景】选项并单击在【Background-image】下拉列表后的【浏览】按钮选择要加入的背景图片，如下图（左）、下图（右）所示。

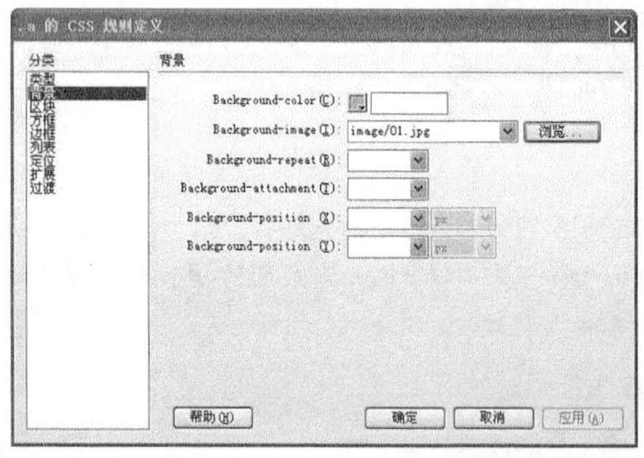

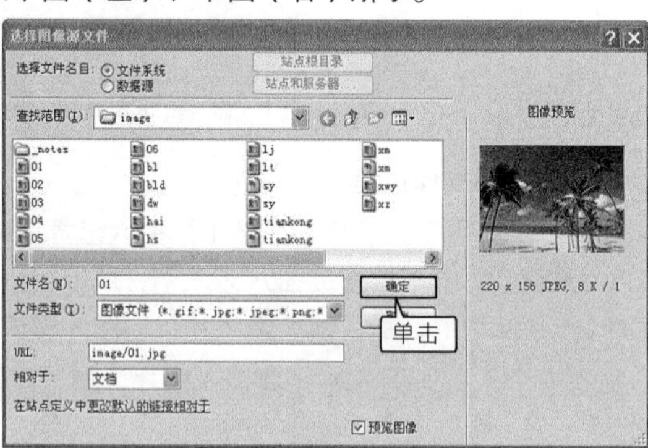

❹ 在单元格内直接输入文字“令人神往的蓝天椰树”，将“垂直”对齐方式改为“底部”，效果如下图（左）所示。

❺ 按照步骤 ❸ 和 ❹ 为另外两个单元格插入背景图片和文字，效果如下图（右）所示。

❻ 插入 1 行 2 列表格，将第 1 列分成两行，其中第 1 行输入相应文字，第 2 行插入一个 .gif 文件：将光标移到相应单元格，单击【插入】▶【图像】命令，选择相应 .gif 文件即可。再在第 2 列单元格中插入 3 行 3 列表格，在第 1 行输入文字，其余单元格插入图片，效果如下图所示。

❼ 插入 1 行 5 列表格并输入相应文字，效果如下图（上）所示。网站整体效果如下图（下）所示。

市场合作　广告投放　服务条款　联系我们　网站地图

18.3 在页面中使用 CSS 样式

本节视频教学录像：3 分钟

CSS 是 Cascading Style Sheet 的缩写，意为“层叠样式表”或“级联样式表”。它可以使网页中的对象产生动态效果，且可以实现很多漂亮的效果，应用 CSS 样式制作出的网页会给人一种条理清晰、格式漂亮、布局统一的感觉，加上多种字体的动态效果，会使网页变得更加生动有趣。

使用 CSS 样式可以一次对若干个文档的样式进行控制，当 CSS 样式更新后，所有应用了该样式的文档都会自动更新。CSS 样式可指定类似定位、特殊效果和鼠标热区等独特的 HTML 属性，充分地弥补了 HTML 的不足，简化了网页的源代码，避免了重复劳动，减轻了工作量。可以说，CSS 在现代网页设计中是必不可少的工具之一。

18.3.1 创建电子商务网站页面

电子商务类网站在配色上多以动感且有活力的颜色为主，如蓝色、洋红、橙色和黄色等，并且整体页面的明度较高。由于电子商务类网站的产品图片比较多，图片本身的色彩就十分丰富，所以网站的配色应当尽量简单。网站整体样式的好坏，会占浏览者整体印象的 20% 左右。在电子商务网站建设方面，一定要做到精、细、美，能够站在客户的角度上去想，这样客户看着心里舒服，成交的几率自然就大。网页制作者不能因为制作出精美的网页而不注重产品的介绍，因为关于产品的信息才是用户浏览网页的目的。网页制作者有很多的方法和元素可以使这些页面看起来更加赏心悦目，同时也能让用户得到需要的产品信息，如多角度拍摄的产品图片和分类明晰的产品信息。

18.3.2 页面的制作

电子商务类网站一般侧重于向用户传达企业信息，主要是产品信息、热卖产品、联系方式等，让用户快速了解企业的最新产品，为用户咨询信息提供联系方式。本案例使用粉蓝色的主色调，让用户打开页面就会产生记忆识别。整个页面以产品为重点，舒适的主题色加上精美的产品图片，可深深打动用户的心。页面效果如下图所示。

页面的具体制作过程如下。

1. CSS 样式制作

为了保持整个网站颜色、格调的一致性，本案例定义了 CSS 样式，即 style.css 和 lightbox.css。style.css 的代码如下：

```
#lightbox{
        position: absolute;
        left: 0;
        width: 100%;
        z-index: 100;
        text-align: center;
        line-height: 0;
        }
#lightbox a img{ border: none; }
#outerImageContainer{
        position: relative;
        background-color: #fff;
        width: 250px;
        height: 250px;
        margin: 0 auto;
        }
#imageContainer{
        padding: 10px;
        }
#loading{
```

```
        position: absolute;
        top: 40%;
        left: 0%;
        height: 25%;
        width: 100%;
        text-align: center;
        line-height: 0;
        }
#hoverNav{
        position: absolute;
        top: 0;
        left: 0;
        height: 100%;
        width: 100%;
        z-index: 10;
        }
#imageContainer>#hoverNav{ left: 0;}
#hoverNav a{ outline: none;}
#prevLink, #nextLink{
        width: 49%;
        height: 100%;
        background: transparent url(../images/blank.gif) no-repeat; /* Trick IE into showing hover */
        display: block;
        }
#prevLink { left: 0; float: left;}
#nextLink { right: 0; float: right;}
#prevLink:hover, #prevLink:visited:hover { background: url(../images/prevlabel.gif) left 15% no-repeat; }
#nextLink:hover, #nextLink:visited:hover { background: url(../images/nextlabel.gif) right 15% no-repeat; }
#imageDataContainer{
        font: 10px Verdana, Helvetica, sans-serif;
        background-color: #fff;
        margin: 0 auto;
        line-height: 1.4em;
        overflow: auto;
        width: 100%
        }
#imageData{ padding:0 10px; color: #666; }
#imageData #imageDetails{ width: 70%; float: left; text-align: left; }
#imageData #caption{ font-weight: bold; }
#imageData #numberDisplay{ display: block; clear: left; padding-
```

```
bottom: 1.0em;     }
#imageData #bottomNavClose{ width: 66px; float: right;  padding-bottom: 0.7em;     }
#overlay{
        position: absolute;
        top: 0;
        left: 0;
        z-index: 90;
        width: 100%;
        height: 500px;
        background-color: #000;
        }
lghtbox.css的代码如下
#lightbox{
        position: absolute;
        left: 0;
        width: 100%;
        z-index: 100;
        text-align: center;
        line-height: 0;
        }
#lightbox a img{ border: none; }
#outerImageContainer{
        position: relative;
        background-color: #fff;
        width: 250px;
        height: 250px;
        margin: 0 auto;
        }
#imageContainer{
        padding: 10px;
        }
#loading{
        position: absolute;
        top: 40%;
        left: 0%;
        height: 25%;
        width: 100%;
        text-align: center;
        line-height: 0;
        }
#hoverNav{
        position: absolute;
```

```
        top: 0;
        left: 0;
        height: 100%;
        width: 100%;
        z-index: 10;
        }
#imageContainer>#hoverNav{ left: 0;}
#hoverNav a{ outline: none;}
#prevLink, #nextLink{
        width: 49%;
        height: 100%;
        background: transparent url(../images/blank.gif) no-repeat; /* Trick IE into showing hover */
        display: block;
        }
#prevLink { left: 0; float: left;}
#nextLink { right: 0; float: right;}
#prevLink:hover, #prevLink:visited:hover { background: url(../images/prevlabel.gif) left 15% no-repeat; }
#nextLink:hover, #nextLink:visited:hover { background: url(../images/nextlabel.gif) right 15% no-repeat; }
#imageDataContainer{
        font: 10px Verdana, Helvetica, sans-serif;
        background-color: #fff;
        margin: 0 auto;
        line-height: 1.4em;
        overflow: auto;
        width: 100%
        }
#imageData{ padding:0 10px; color: #666; }
#imageData #imageDetails{ width: 70%; float: left; text-align: left; }
#imageData #caption{ font-weight: bold; }
#imageData #numberDisplay{ display: block; clear: left; padding-bottom: 1.0em;     }
#imageData #bottomNavClose{ width: 66px; float: right;  padding-bottom: 0.7em;     }
#overlay{
        position: absolute;
        top: 0;
        left: 0;
        z-index: 90;
        width: 100%;
        height: 500px;
```

```
        background-color: #000;
        }
#lightbox{
        position: absolute;
        left: 0;
        width: 100%;
        z-index: 100;
        text-align: center;
        line-height: 0;
        }
#lightbox a img{ border: none; }
#outerImageContainer{
        position: relative;
        background-color: #fff;
        width: 250px;
        height: 250px;
        margin: 0 auto;
        }
#imageContainer{
        padding: 10px;
        }
#loading{
        position: absolute;
        top: 40%;
        left: 0%;
        height: 25%;
        width: 100%;
        text-align: center;
        line-height: 0;
        }
#hoverNav{
        position: absolute;
        top: 0;
        left: 0;
        height: 100%;
        width: 100%;
        z-index: 10;
        }
#imageContainer>#hoverNav{ left: 0;}
#hoverNav a{ outline: none;}
#prevLink, #nextLink{
        width: 49%;
        height: 100%;
```

```
        background: transparent url(../images/blank.gif) no-repeat; /* Trick IE into showing hover */
        display: block;
        }
#prevLink { left: 0; float: left;}
#nextLink { right: 0; float: right;}
#prevLink:hover, #prevLink:visited:hover { background: url(../images/prevlabel.gif) left 15% no-repeat; }
#nextLink:hover, #nextLink:visited:hover { background: url(../images/nextlabel.gif) right 15% no-repeat; }
#imageDataContainer{
        font: 10px Verdana, Helvetica, sans-serif;
        background-color: #fff;
        margin: 0 auto;
        line-height: 1.4em;
        overflow: auto;
        width: 100%
        }
#imageData{ padding:0 10px; color: #666; }
#imageData #imageDetails{ width: 70%; float: left; text-align: left; }
#imageData #caption{ font-weight: bold; }
#imageData #numberDisplay{ display: block; clear: left; padding-bottom: 1.0em;   }
#imageData #bottomNavClose{ width: 66px; float: right;  padding-bottom: 0.7em;   }
#overlay{
        position: absolute;
        top: 0;
        left: 0;
        z-index: 90;
        width: 100%;
        height: 500px;
        background-color: #000;
        }
```

lightbox.css 的代码如下：

```
#lightbox{
        position: absolute;
        left: 0;
        width: 100%;
        z-index: 100;
        text-align: center;
        line-height: 0;
```

```
        }
#lightbox a img{ border: none; }
#outerImageContainer{
        position: relative;
        background-color: #fff;
        width: 250px;
        height: 250px;
        margin: 0 auto;
        }
#imageContainer{
        padding: 10px;
        }
#loading{
        position: absolute;
        top: 40%;
        left: 0%;
        height: 25%;
        width: 100%;
        text-align: center;
        line-height: 0;
        }
#hoverNav{
        position: absolute;
        top: 0;
        left: 0;
        height: 100%;
        width: 100%;
        z-index: 10;
        }
#imageContainer>#hoverNav{ left: 0;}
#hoverNav a{ outline: none;}
#prevLink, #nextLink{
        width: 49%;
        height: 100%;
        background: transparent url(../images/blank.gif) no-repeat; /* Trick IE into showing hover */
        display: block;
        }
#prevLink { left: 0; float: left;}
#nextLink { right: 0; float: right;}
#prevLink:hover, #prevLink:visited:hover { background: url(../images/prevlabel.gif) left 15% no-repeat; }
#nextLink:hover, #nextLink:visited:hover { background: url(../images/
```

```
nextlabel.gif) right 15% no-repeat; }
#imageDataContainer{
        font: 10px Verdana, Helvetica, sans-serif;
        background-color: #fff;
        margin: 0 auto;
        line-height: 1.4em;
        overflow: auto;
        width: 100%
        }
#imageData{ padding:0 10px; color: #666; }
#imageData #imageDetails{ width: 70%; float: left; text-align: left; }
#imageData #caption{ font-weight: bold; }
#imageData #numberDisplay{ display: block; clear: left; padding-bottom: 1.0em;    }
#imageData #bottomNavClose{ width: 66px; float: right;  padding-bottom: 0.7em;    }
#overlay{
        position: absolute;
        top: 0;
        left: 0;
        z-index: 90;
        width: 100%;
        height: 500px;
        background-color: #000;
        }
```

2. 页面制作

(1) 页面顶部使用 style 样式制作并插入制作好的 LOGO，再插入导航栏，效果如下图所示。其代码如下：

```
<head>
<meta http-equiv="Content-Type" content="text/html; charset=windows-1252" />
<title> 开心购 </title>
<link rel="stylesheet" type="text/css" href="style.css" />
</head>
<body>
<div id="wrap">
      <div class="header">
            <div class="logo"><a href="index.html"><img src="images/logo.png" alt="" title="" border="0" /></a></div>
      <div id="menu">
          <ul>
```

```
            <li class="selected"><a href="index.html">&#20027;&#39029;</a></li>
            <li><a href="about.html">&#20851;&#20110;&#25105;&#20204;</a></li>
            <li><a href="category.html">&#20135;&#21697;&#20998;&#31867;</a></li>
            <li><a href="specials.html">&#29305;&#21035;&#25512;&#33616;</a></li>
            <li><a href="myaccount.html">&#25105;&#30340;&#35746;&#21333;</a></li>
            <li><a href="register.html">&#27880;&#20876;</a></li>
            <li><a href="details.html">&#28909;&#21334;&#20135;&#21697;</a></li>
            <li><a href="contact.html">&#32852;&#31995;&#25105;&#20204;</a></li>
            </ul>
        </div>
```

⑵ 特色产品栏制作，效果如下图所示。其代码如下：

```
<div class="center_content">
        <div class="left_content">
            <div class="title"><span class="title_icon"><img src="images/bullet1.gif" alt="" width="38" height="24" title="" /></span>&#29305;&#33394;&#20135;&#21697;</div>
        <div class="feat_prod_box">
                <div class="prod_img"><a href="details.html"><img src="images/prod1.gif" alt="" width="104" height="110" title="" border="0" /></a></div>
              <div class="prod_det_box">
                <div class="box_top"></div>
                <div class="box_center">
                <div class="prod_title">&#31616;&#20171;</div>
                  <p class="details"> &#32043;&#32599;&#20848;&#65292;&#21407;&#20135;&#22320;&#20013;&#28023;&#27839;&#23736;&#12290;&#30446;&#21069;&#25105;&#22269;&#21335;&#37096;&#22320;&#21306;&#24191;&#27867;&#26685;&#22521;&#12290;</p>
                <p class="details">&#20026;&#21313;&#23383;&#33457;&#31185;&#32043;&#32599;&#20848;&#23646;&#19979;&#30340;&#21508;&#20010;&#31181;&#30340;&#26893;&#29289;&#30340;&#32479;&#31216;&#12290; </p>
```

```
                    <a href="details.html" class="more">- &#35814;&#32454; -</a>
                    <div class="clear"></div>
                    </div>
                    <div class="box_bottom"></div>
                </div>
            <div class="clear"></div>
            </div>
          <div class="feat_prod_box">
                    <div class="prod_img"><a href="details.html"><img src="images/prod2.gif" alt="" width="94" height="136" title="" border="0" /></a></div>
                <div class="prod_det_box">
                    <div class="box_top"></div>
                    <div class="box_center">
                    <div class="prod_title">&#31616;&#20171;</div>
                      <p class="details"> &#37057;&#37329;&#39321;&#30340;&#26412;&#24847; &#26159;&#19968;&#31181;&#33457;&#21321;&#65292;&#22312;&#26893;&#29289;&#20998;&#31867;&#23398;&#19978;&#65292;&#26159;&#19968;&#31867;&#23646;&#20110;&#30334;&#21512;&#31185;&#37057;&#37329;&#39321;&#23646;&#30340;&#20855;&#29699;&#33550;&#33609;&#26412;&#26893;&#29289;&#12290;&#26159;&#33655;&#20848;&#30340;&#22269;&#33457;&#12290;&#20063;&#26377;&#20197;&#37057;&#37329;&#39321;&#20026;&#39064;&#30340;&#35799;&#35789;&#12290; </p>
                    <a href="details.html" class="more">- &#35814;&#32454; -</a>
                    <div class="clear"></div>
                    </div>

                    <div class="box_bottom"></div>
                </div>
            <div class="clear"></div>
            </div>
                  <div class="title"><span class="title_icon"><img src="images/bullet2.gif" alt="" width="52" height="29" title="" /></span>&#26032;&#21697;</div>
```

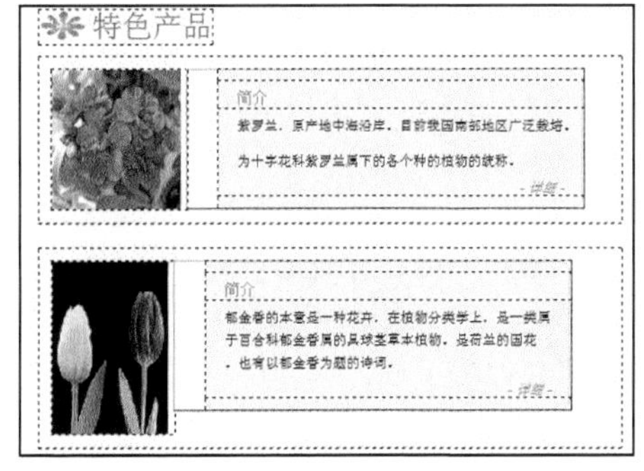

(3) 新上产品栏制作，效果如下图所示。其代码如下：

```
<div class="feat_prod_box">
            <div class="prod_img"><a href="details.html"><img src="images/prod2.gif" alt="" width="94" height="136" title="" border="0" /></a></div>

        <div class="prod_det_box">
            <div class="box_top"></div>
            <div class="box_center">
            <div class="prod_title">&#31616;&#20171;</div>
             <p class="details"> &#37057;&#37329;&#39321;&#30340;&#26412;&#24847; &#26159;&#19968;&#31181;&#33457;&#21321;&#65292;&#22312;&#26893;&#29289;&#20998;&#31867;&#23398;&#19978;&#65292;&#26159;&#19968;&#31867;&#23646;&#20110;&#30334;&#21512;&#31185;&#37057;&#37329;&#39321;&#23646;&#30340;&#20855;&#29699;&#33550;&#33609;&#26412;&#26893;&#29289;&#12290;&#26159;&#33655;&#20848;&#30340;&#22269;&#33457;&#12290;&#20063;&#26377;&#20197;&#37057;&#37329;&#39321;&#20026;&#39064;&#30340;&#35799;&#35789;&#12290; </p>
            <a href="details.html" class="more">- &#35814;&#32454; -</a>
            <div class="clear"></div>
            </div>
            <div class="box_bottom"></div>
        </div>
    <div class="clear"></div>
    </div>
          <div class="title"><span class="title_icon"><img src="images/bullet2.gif" alt="" width="52" height="29" title="" /></span>&#26032;&#21697;</div>
   <div class="new_products">
            <div class="new_prod_box">
                <a href="details.html">&#29233;&#24515;&#31881;&#29611;&#29808;</a>
                <div class="new_prod_bg">
                 <span class="new_icon"><img src="images/new_icon.gif" alt="" title="" /></span>
                  <a href="details.html"><img src="images/thumb1.gif" alt="" width="131" height="98" class="thumb" title="" border="0" /></a>
                </div>
            </div>
            <div class="new_prod_box">
              <a href="details.html">&#29233;&#24515;&#24039;&#20811;&#21147;&#29611;&#29808;</a>
                <div class="new_prod_bg">
```

```
                <span class="new_icon"><img src="images/new_icon.gif" alt="" title="" /></span>
                 <a href="details.html"><img src="images/thumb2.gif" alt="" width="132" height="103" class="thumb" title="" border="0" /></a>
              </div>
            </div>
            <div class="new_prod_box">
               <a href="details.html">&#22823;&#26463;&#32418;&#29611;&#29808;</a>
              <div class="new_prod_bg">
                <span class="new_icon"><img src="images/new_icon.gif" alt="" title="" /></span>
                 <a href="details.html"><img src="images/thumb3.gif" alt="" width="130" height="103" class="thumb" title="" border="0" /></a>
              </div>
            </div>
            <div class="new_prod_box">
               <a href="details.html">&#29233;&#24515;&#24039;&#20811;&#21147;2</a>
              <div class="new_prod_bg">
                <span class="new_icon"><img src="images/new_icon.gif" alt="" title="" /></span>
                 <a href="details.html"><img src="images/thumb2.gif" alt="" width="128" height="98" class="thumb" title="" border="0" /></a>
              </div>
            </div>
            <div class="new_prod_box">
               <a href="details.html">&#29233;&#24515;&#24039;&#20811;&#21147;3</a>
              <div class="new_prod_bg">
                <span class="new_icon"><img src="images/new_icon.gif" alt="" title="" /></span>
                 <a href="details.html"><img src="images/thumb2.gif" alt="" width="129" height="88" class="thumb" title="" border="0" /></a>
              </div>
            </div>
            <div class="new_prod_box">
               <a href="details.html">&#31881;&#33394;&#29233;&#24515;</a>
              <div class="new_prod_bg">
                <span class="new_icon"><img src="images/new_icon.gif" alt="" title="" /></span>
```

```
                    <a href="details.html"><img src="images/thumb1.gif" alt="" width="134" height="96" class="thumb" title="" border="0" /></a>
                  </div>
                </div>
```

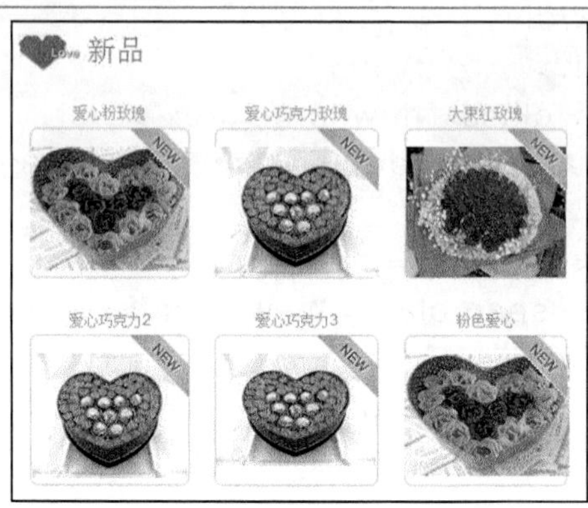

(4) 网站右侧制作，效果如下图所示。其代码如下：

```
<div class="clear"></div>
    </div><!--end of left content-->
    <div class="right_content">
     <div class="languages_box"></div>
        <div class="currency"></div>
       <div class="cart">
                 <div class="title"><span class="title_icon"><img src="images/cart.gif" alt="" title="" /></span>&#36141;&#29289;&#36710;</div>
         <div class="home_cart_content"></div>
       </div>
      <div class="about">
      <p>
        <img src="images/about.gif" alt="" width="55" height="122" class="right" title="" />&#29611;&#29808;&#21407;&#20135;&#20013;&#22269;&#65292;&#26685;&#22521;&#21382;&#21490;&#24736;&#20037;&#12290;&#22312;&#26893;&#29289;&#20998;</p>
       <p>&#31867;&#23398;&#19978;&#26159;&#19968;&#31181;&#34103;&#34183;&#31185;&#34103;&#34183;&#23646;&#28748;&#26408;(Rosa rugosa)&#65292;&#22312;&#26085;&#24120;&#29983;&#27963;&#20013;&#26159;&#34103;&#34183;&#23646;&#19968;&#31995;&#21015;</p><p>&#33457;&#22823;&#33395;&#20029;&#30340;&#26685;&#22521;&#21697;&#31181;&#30340;&#32479;&#31216;&#65292;&#36825;&#20123;&#26685;&#22521;&#21697;</p>
       <p>&#31181;&#20134;&#21487;&#31216;&#20570;&#26376;&#23395;&#25110;&#34103;&#34183;&#12290; </p>
      </div>
```

```
        <div class="right_box">
            <div class="title"><span class="title_icon"><img src="images/bullet4.gif" alt="" width="61" height="30" title="" /></span>&#20419;&#38144;</div>
            <div class="new_prod_box">
                <a href="details.html">&#29233;&#24515;&#31881;&#29611;&#29808;</a>
                <div class="new_prod_bg">
                    <span class="new_icon"><img src="images/promo_icon.gif" alt="" title="" /></span>
                    <a href="details.html"><img src="images/thumb1.gif" alt="" width="133" height="115" class="thumb" title="" border="0" /></a>
                </div>
            </div>
            <div class="new_prod_box">
                <a href="details.html">&#24039;&#20811;&#21147;&#29233;&#24515;</a>
                <div class="new_prod_bg">
                    <span class="new_icon"><img src="images/promo_icon.gif" alt="" title="" /></span>
                    <a href="details.html"><img src="images/thumb2.gif" alt="" width="135" height="115" class="thumb" title="" border="0" /></a>
                </div>
            </div>
            <div class="new_prod_box">
                <a href="details.html">&#32418;&#29611;&#29808;</a>
                <div class="new_prod_bg">
                    <span class="new_icon"><img src="images/promo_icon.gif" alt="" title="" /></span>
                    <a href="details.html"><img src="images/thumb3.gif" alt="" width="119" height="92" class="thumb" title="" border="0" /></a>
                </div>
            </div>
```

18.4 在页面中使用表单

本节视频教学录像：12 分钟

表单是用于实现网页浏览者与服务器之间信息交互的一种页面元素，表单把来自用户的信息提交给服务器，在网站管理者与浏览者之间进行交互，在 WWW 上广泛用于各种信息的搜集和反馈。

表单有两个重要的组成部分：一是描述表单的 HTML 源代码；二是客户端脚本，如 ASP 和 CGI 等。

通过表单收集到的用户反馈信息通常是一些用分隔符（如逗号、分号等）分隔的文字资料，这些资料可以导入到数据库或电子表格中进行统计、分析，从而成为具有重要参考价值的信息。

18.4.1 创建商城网站注册页面

一个好的注册表单设计应该是自信的、冷静的，然而，一个好的注册页面也应该是很简洁的并且可以提供一个有创意的亮点来让用户注意到这个设计。下面给出页面的制作过程。

18.4.2 页面的制作

❶ 单击【插入】▶【表单】命令，插入一个表单，效果如下图所示。

❷ 光标移到红色框内，插入 2 行 2 列表格，并调整表格，在第 1 行第 2 列中输入文字，如下图所示。

用户注册

93% (531)

100% (570)

❸ 将光标移到第 2 行第 2 列内插入一个 8 行 2 列的表格，并分别设置“边框粗细”、“单元格边距”、“单元格间距”为“1”、“2”、“3”，调整表格宽度，如下图所示。

488

114　351

❹ 在第 1 列单元格中分别输入相应的文字，并调整文字为合适大小，将“水平”对齐方式设置为“右”对齐，“垂直”对齐方式为“居中”，如下图（左）所示。

❺ 将光标放置在第 1 行的第 2 列单元格中，选择【插入】▶【表单】▶【文本域】命令，插入文本域。在下方的【属性】面板中，设置文本域的“字符宽度”及“最多字符数”为合适数字，“类型”为“单行”，如下图（右）所示。

账号

账号

❻ 重复步骤 ❺ 分别对第 2、3、5、6、7、8 行的第 2 列进行相同操作。

❼ 将光标移到第 4 行第 2 列，单击【插入】▶【表单】▶【单选按钮】按钮，插入单选按钮，在单选按钮的右侧输入“男”。按照同样的方法再插入一个单选按钮，输入“女”。在【属性】面板中，将这两个单选按钮的“初始状态”分别设置为“已选中”和“未选中”，效果如下图（左）所示。

❽ 在下方插入 1 列表格，并将表格的“水平”对齐方式设为“居中”，单击【插入】▶【表单】▶【按钮】命令，插入一个按钮，并在【属性】面板中设置值为“创建账号”。整个注册页面的效果如下图（右）所示。

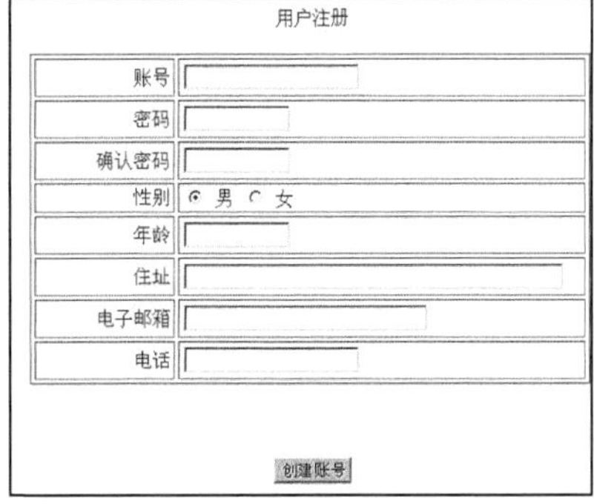

18.4.3 登录页面的制作

应用系统或网站后台都会用到登录页面，因为只有通过这个页面的用户名及密码信息的验证才能登录系统做必要的操作，所以这个页面的关键性及重要性不言而喻。

具体制作过程：插入一个 4 行 3 列表格，在第 1 行第 2 列输入“用户登录”文字信息，在第 2、3 行第 1 列分别输入相应文字信息，在第 2、3 行第 2 列分别插入文本域，并在下方的【属性】面板中，设置文本域的“字符宽度”及“最多字符数”为合适数字，“类型”为“单行”，在第 4 行第 2 列插入按钮，如下图（左）所示。运行效果如下图（右）所示。

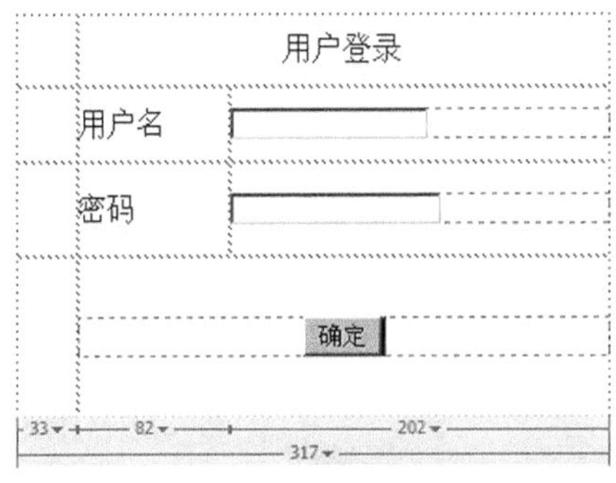

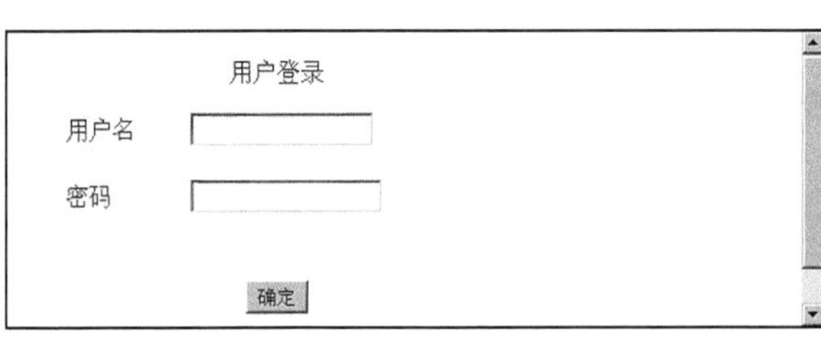

18.5 在页面中使用 Flash 动画

本节视频教学录像：2 分钟

Flash 动画可以增强网页的动态效果，同时增加网页的趣味性，进而增强用户对页面的浏览欲望。所以在网页中适当增加些 Flash 动画，会使网页看起来更为美观。

18.5.1 创建休闲游戏网站页面

随着网页开发技术的发展，涌现出了大量休闲游戏网站，这些游戏网站大多结构简单、色调明快，看上去就很有放松身心的作用。

18.5.2 页面的制作

页面的制作过程如下。

首先以表格布局整个页面，然后插入相应文字，效果如下图所示。

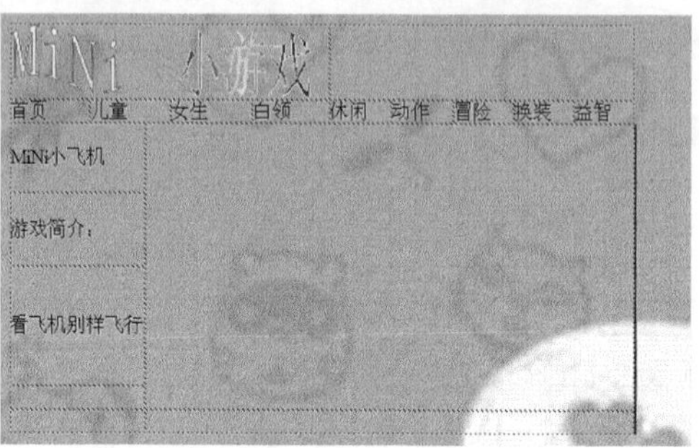

18.5.3 插入 Flash

插入 Flash 动画的具体方法如下。

❶ 选择需要插入网页游戏的位置，并单击菜单【插入】▶【媒体】▶【SWF】命令，在弹出的对话框中选择要插入的 SWF 文件即可，如下图所示。

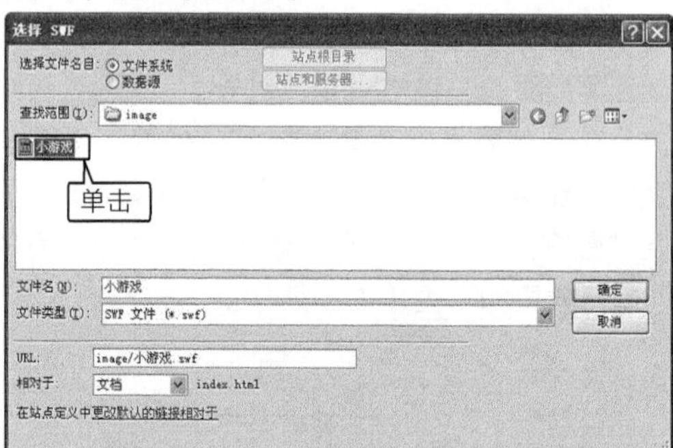

❷ 在【属性】页框中可以修改宽、高及对齐方式等属性，如下图所示。

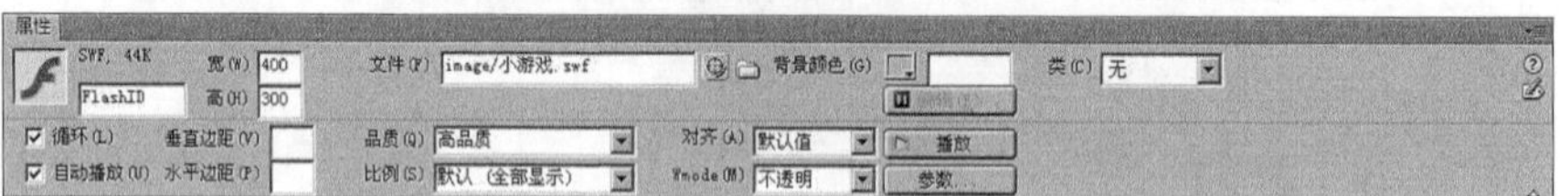

❸ 预览效果如下图所示。

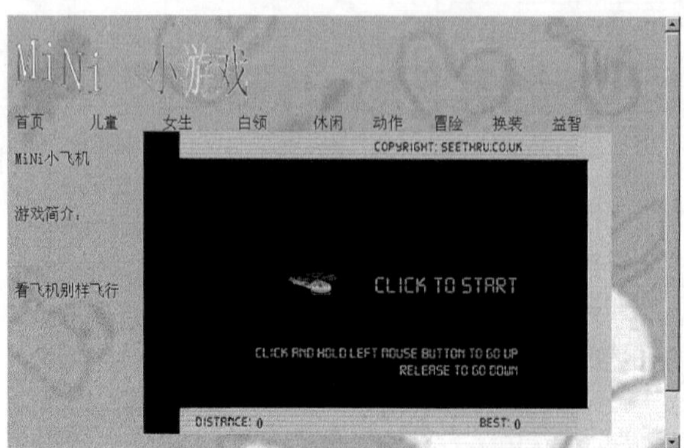

18.6 在页面中使用多媒体

本节视频教学录像：4 分钟

在网页中应用多媒体对象可以增强网页的娱乐性和感染力，多媒体已成为增加网页可浏览性的最有魅力的方式之一，也是潮流的方向。网页中常用的多媒体对象主要分为 Flash 类、Java applets、ActiveX 类，以及各种音频和视频文件（如 RM、MP3 等）。

18.6.1 创建儿童乐园网站页面

好的儿童网站无疑是可以帮助儿童学习到不同知识的。但是，好的儿童网站的制作是不同于成人网站的，其内容必须立足于儿童，且必须具有儿童网站的趣味性和知识性。

18.6.2 页面的制作

1. 创建表格

首先以表格对网页进行布局，并输入相应文字信息，如下图（左）所示。

2. 插入 Flash 多媒体文件

将光标移到空白表格的第 1 行第 1 列，选择菜单【插入】▶【媒体】▶【SWF】命令，弹出如下图（右）所示的对话框，从中选择要插入的文件，可以在【属性】面板中设置各项属性。

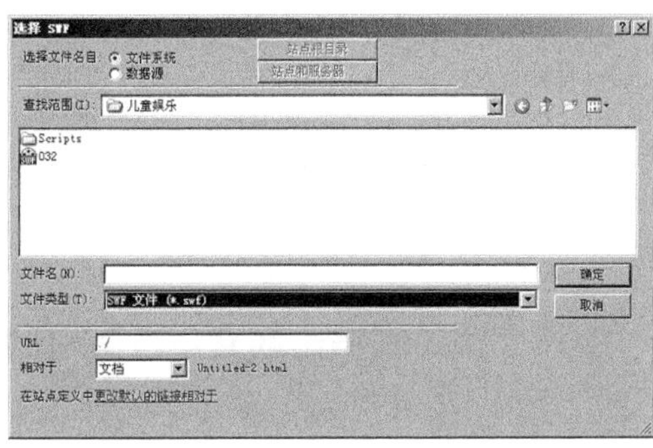

3. 插入 FLV 文件

将光标移到空白表格的第 1 行第 2 列、第 2 行第 1 列，分别选择菜单【插入】▶【媒体】▶【FLV】▶【Shockwave】命令，弹出如下图（左）所示的对话框，从中选择要插入的文件，设置其外观大小即可。

4. 插入插件

在第 2 行第 2 列单元格中插入音乐，选择【插入】▶【媒体】▶【插件】命令，如下图（右）所示。

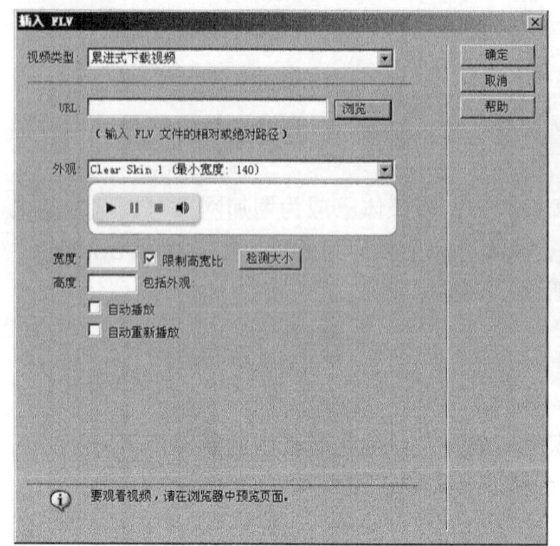

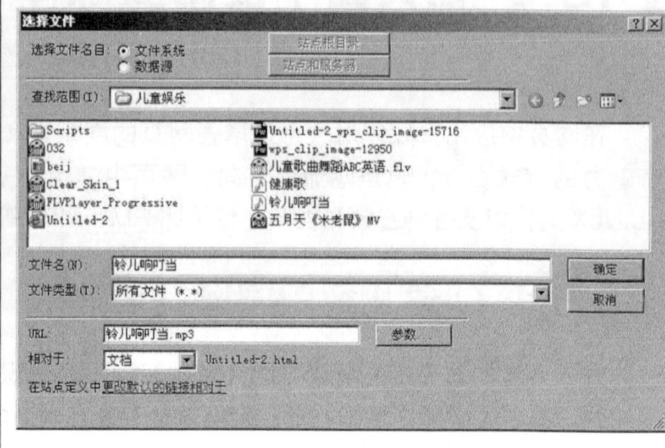

插入后，页面如下图所示。

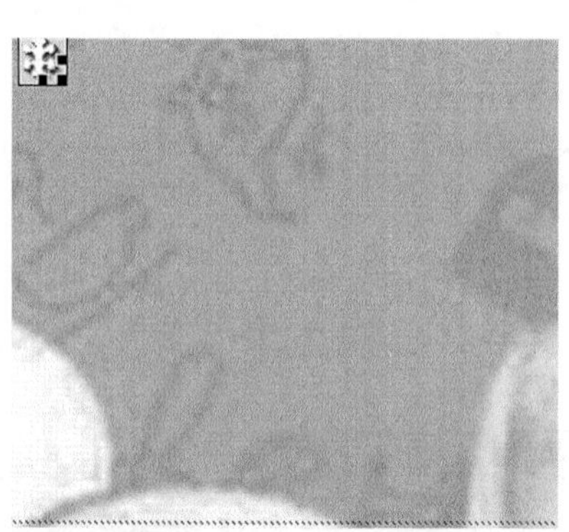

高手私房菜

技巧：解决表格内部文字没有自动换行问题

表格中文字自动换行的情况有两种可能。

第一种，用 CSS 把表格内文字的字体设置成英文字体，这样在 Dreamweaver 里表格内的文字不会自动换行，但这仅是 Dreamweaver 里的显示效果，在 IE 浏览器里其实是可以正常换行的。如果希望在 Dreamweaver 的编辑状态也能使文字自动换行，把表格内文字的字体设置为中文字体（如“宋体”）即可。

第二种，在表格中输入了一连串无空格的英文或数字，它们被 IE 浏览器识别为一个完整的单词，所以不会自动换行，遇到这种情况，可以通过 CSS 把文字强行打散。

提示是否重新启动计算机，这时候千万不要重启一定要单击【否】按钮，否则操作就前功尽弃了。

第 19 章

本章教学录像：36 分钟

网站制作的高级技术

本章介绍网站制作的高级技术，包括框架、浮动框架、DIV、模板、库、超链接。使用框架和浮动框架技术可以使网页的结构规整、清晰，便于对网页进行分区；使用 DIV 可以对页面进行布局；使用模板、库等技术则可使网站内的页面具有统一的风格，且可以大大提高网页的制作效率并方便后期的修改；使用超链接技术可以方便地在不同网页之间进行跳转，超链接是在不同网页之间跳转时必不可少的工具。

本章要点（已掌握的在方框中打勾）

□ 使用框架布局页面

□ 使用浮动框架布局页面

□ 使用 DIV 布局页面

□ 使用模板制作网页

□ 使用库制作网页

□ 使用超链接

19.1 使用框架布局页面

本节视频教学录像：9 分钟

框架是设计网页时经常用到的一种布局技术。框架可以方便地实现网页定位，与其他定位方式不同的是使用框架可以将一个浏览器窗口划分为多个区域，在每个区域里显示不同的页面。

建立一个框架文件，在这个文件页面中分成多少个框，就有多少个“框架文件”。除了这几个框架文件外，还有一个文件并不包含要显示的页面内容，而只是定义在哪个区域里显示什么页面、每个区域的位置与尺寸等信息，这个文件叫做“框架组文件”。

框架大多数用于网站的导航。网页可以使用一个框架包含导航菜单，另一个框架包含页面内容。由于导航菜单包含在一个独立的框架中，网站的访问者单击菜单项，相应的内容就会显示在内容框架中，而导航菜单不会发生任何变化，这就使得用户可以在网站中正确定位。

19.1.1 创建珠宝首饰网站页面

考虑到珠宝首饰类网站面向的对象多为女性用户，所以，页面风格要温婉，颜色搭配要柔和，加入框架元素使页面整齐美观。

19.1.2 页面的制作

1. 选择【插入】▶【HTML】▶【框架】子菜单中预定义的框架集，并调整格式如下图所示。在【框架标签辅助功能属性】对话框中，用户可以为每个框架完成对话框的设置，然后单击【确定】按钮即可。

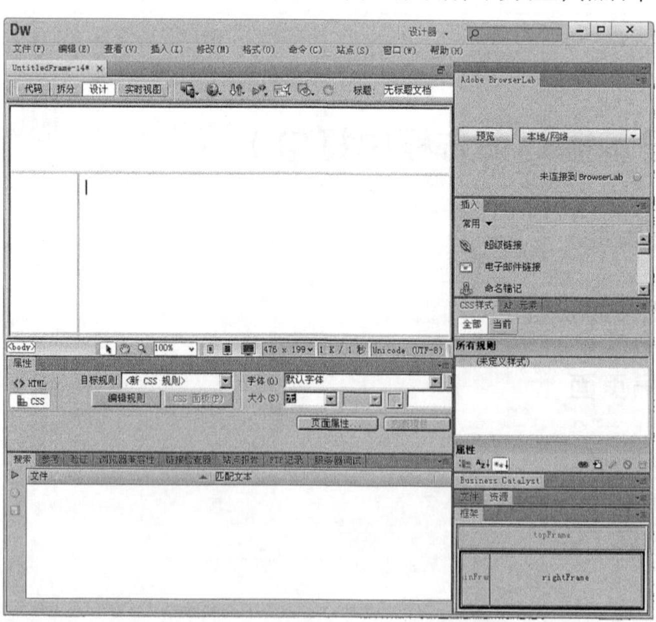

2. 框架创建完成后，就可以往里面添加内容了。每个框架都是一个文档，可以直接向框架里添加内容，也可以在框架中打开已经存在的文档，具体的操作步骤如下。

❶ 将光标置于顶部框架中，选择【修改】▶【页面属性】菜单命令，弹出【页面属性】对话框，从中将“左边距”和“上边距”都设置为 0，然后单击【确定】按钮，即可将页面设置成靠左和顶部了，如下图（左）所示。

❷ 选择【插入】▶【表格】菜单命令，在顶部框架中插入一个 1 行 2 列的表格，并在每列单元格中插入相应的图像，在左侧框架中插入 5 行 1 列表格并输入相应文字，在右侧框架中插入表格并插入图片和文字，页面效果如下图（右）所示。

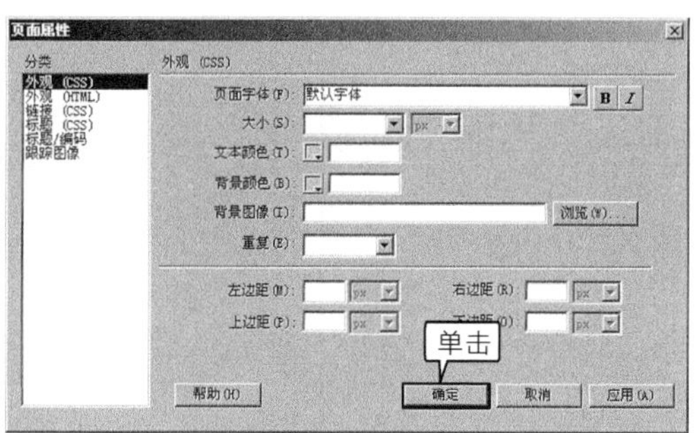

19.2 使用浮动框架布局页面

本节视频教学录像：3 分钟

浮动框架是一种较为特殊的框架，它是在浏览器窗口中嵌套的子窗口，也就是整个页面并不是框架页面，但是却包含一个框架窗口，在框架窗口内显示相应的页面内容。

19.2.1 创建搬家公司网站页面

本案例使用浮动框架制作搬家公司页面，搬家公司页面的一般特点是简洁，能够使用户轻松找到自己所需要的信息，页面中没有过多冗余信息。

19.2.2 页面的制作

因为主要是为了使用浮动框架，前期利用表格布局页面的制作部分略去。利用浮动框架制作页面的步骤如下。

❶ 打开利用表格工具布局好的基本页面，如下图所示。

❷ 将光标移到最下面一个单元格，单击【插入】▶【HTML】▶【框架】▶【IFRAME】命令，在【HTML】属性框设置“链接”、“宽”、“高”及“ID”属性，如下图所示。

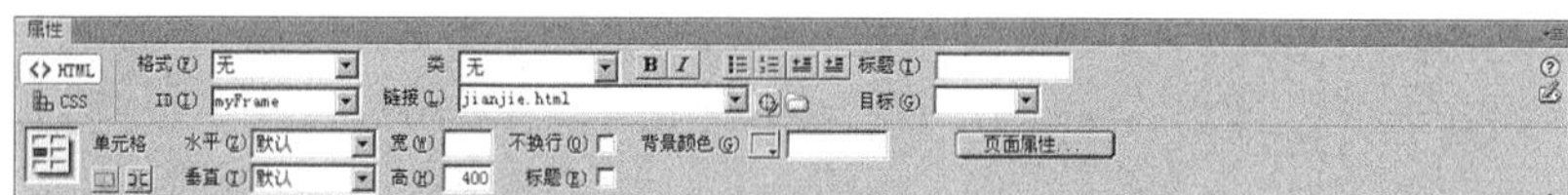

❸ 分别设置“公司简介”、“联系我们”、“关于收费”三项的超链接及目标属性，如下图（上）、下图（中）、下图（下）所示。

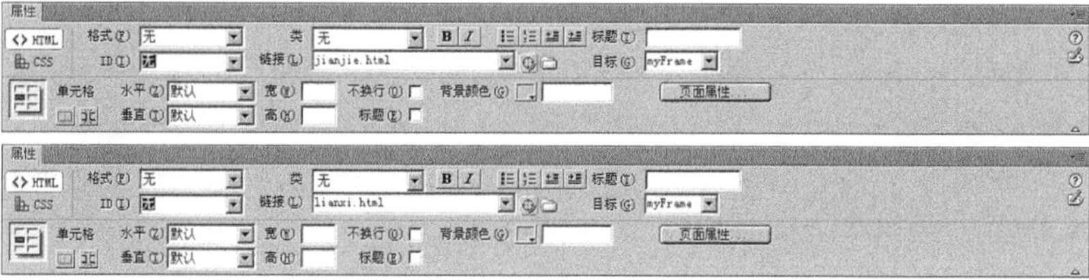

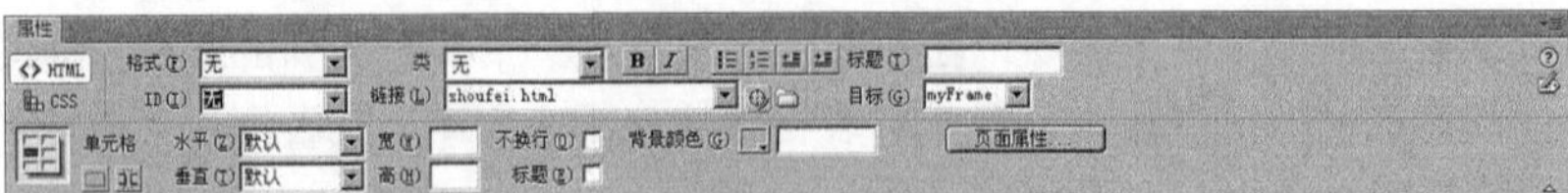

❹ 网页预览效果如下图所示。

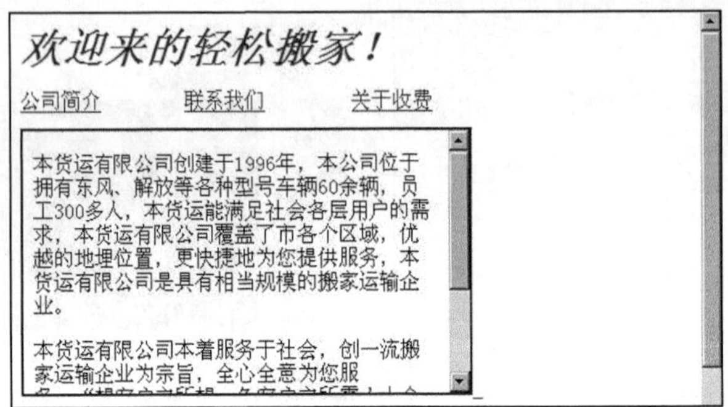

19.3 使用 DIV 布局页面

 **本节视频教学录像：2 分钟**

<div>（division）简单而言就是一个区块容器标记，即 <div> 与 </div> 之间相当于一个容器，可以容纳段落、标题、表格、图片，乃至章节、摘要和备注等各种 HTML 元素。因此，可以把 <div> 与 </div> 中的内容视为一个独立的对象，用于 CSS 的控制。声明时只需要对 <div> 进行相应的控制，其中的各标记元素都会因此而改变。

19.3.1 创建游戏网站页面

时下有很多游戏网站，在工作、学习的闲暇时间，很多人都是以打游戏消遣的，很多的游戏网站多是此目的。

19.3.2 页面的制作

首先以框架将页面分成左、右上、右下三块。整理好页面的框架后便可以利用 CSS 对各个块进行定位，以实现对页面的整体规划。CSS 代码如下：

```
body {
    font-family: tahoma, helvetica, arial, sans-serif;
    font-size: 10px;
    text-align: center;
    background: #5d5d5d url(images/page_bg.gif);
    margin: 0px;
    padding: 10px;
}
html, #wrapper, h1 {
    margin: 0px;
    padding: 0px;
}
img { border: 0px; }
```

```
#wrapper {
    margin: auto;
    text-align: left;
    width: 710px;
    position: relative;
}
h1, h2, h3 {
    font-size: 10px;
}
h1 {
    line-height: 1;
    position: absolute;
    top: 0px;
    left: 0px;
}
h2 {
    margin: 0px 0px 5px 0px;
    padding: 0px;
}
h3 {
    padding: 4px 0px 0px 0px;
}
.block {
    display: block;
}
.clear {
    clear: both;
    height: 10px;
}
.left {
    float: left;
    margin: 5px 20px 0px 0px;
}
.right {
    float: right;
    margin: 0px 0px 0px 20px;
}
.readmore {
    text-align: right;
}
 /* page structure */
#wrapper {
    background: url(images/body_t.gif) top no-repeat;
```

```
    padding-top: 20px;
}
#body {
    background: url(images/body_bg.gif) repeat-y;
    padding-bottom: 10px;
}
#body p {
    background: white;
}
#nav {
          position: absolute;
          top: 26px;
          left: 258px;
          width: 450px;
          height: 35px;
          background: url(images/nav.gif) repeat-x;
}
#nav ul{
          padding: 0px;
          margin: 0px;
          list-style-type: square;
          list-style-position: inside;
}
#nav li{
          padding: 7px 16px 0px 16px;
          margin: 0px;
          height:35px;
          list-style-type: square;
          list-style-position: inside;
          float:left;
          border-right: 1px solid #FFFFFF;
……  此处代码省略
```

下面对网页按照创建的框架分别插入 <div>。

1. 左侧框架插入 <div>，代码如下，效果如下图所示。

```
<h2 id="currenttitle"> </h2>
          <div id="body">
                    <div id="current">
                              <a href="#"><img src="images/logo.jpg" width="235" height="78" alt="logo" /></a>
                              <div class="nav">
                              <ul>
```

```
                <li><a href="#"> 连连看 </a></li>
                <li><a href="#"> 捕鱼达人 </a></li>
                <li><a href="#"> 王子和公主 </a></li>
                <li><a href="#"> 赛车 </a></li>
                <li><a href="#">3D 弹球 </a></li>
                <li><a href="#"> 射击 </a></li>
                <li class="readmore"><a href="#"> 更多游戏 </a></li>
                </ul>
            </div><!-- end .nav -->
        </div>
```

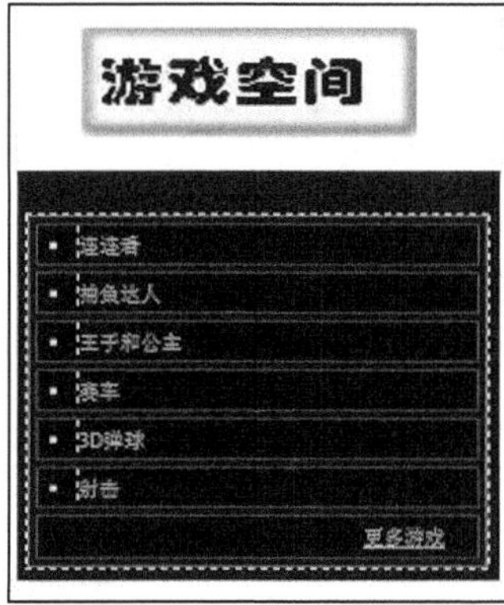

2. 导航栏设计，代码如下，效果如下图所示。

```
<div id="wrapper">

        <div id="nav">
            <ul>
            <li><a href="#"> 主页 </a></li>
            <li><a href="#"> 新品推荐 </a></li>
            <li><a href="#"> 热玩排行 </a></li>
            <li><a href="#"> 论坛 </a></li>
            <li class="lastchild"><a href="#"> 联系我们 </a></li>
            </ul>
        </div><!-- end nav -->
```

主页 新品推荐 热玩排行 论坛 联系我们

3. 右下方框架设计，代码如下，效果如下图所示。

```
<div id="content">
                <h2><img src="images/title_video_games.gif" width="450" height="37"  /></h2>
                <div class="contentbox">
                <img src="images/picture_1.jpg" width="143" height="97" alt="nintendo ds" class="right" />
```

```
<h3> 连连看 </h3>
<p> 游戏《连连看》，只要将相同的两张牌用三根以内的直线连在一起就可以消除，规则简单容易上手。游戏速度节奏快，画面清晰可爱，适合细心的 <a href="/view/300241.htm" target="_blank"> 玩家 </a>。</p>
<p class="readmore"><a href="#"> 更多 </a></p>
<img src="images/picture_2.jpg" width="143" height="97" alt="controller" class="right" />
<h3> 赛车 </h3>
<p> 一款 3D 休闲竞速游戏，Q 版 <a href="/view/4532.htm" target="_blank"> 卡通 </a> 是它的另类特点，而作为竞速赛车游戏，它更是包容了现在市面上各种赛车游戏的所有技巧。</p>
<p class="readmore"><a href="#"> 更多 </a></p>
</div><!-- end .contentbox -->
```

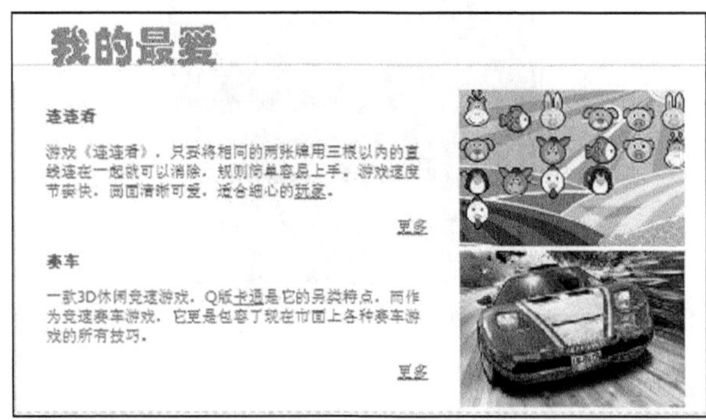

4. 网页整体效果如下图所示。

19.4 使用模板制作网页

本节视频教学录像：8 分钟

在构建一个网站时，通常会根据网站的需要设计出一些风格一致、功能相似的页面。使用 Dreamweaver CS4 的模板功能就可以创建出具有相同页面布局、设计风格一致的网页。通过模板来创建和更新网页不仅可以提高工作效率，而且还能为后期维护网站提供方便，可以快速改变整个站点的布局和外观。

模板的功能就是把网页布局和内容分离，在布局设计好之后将其保存为模板，这样，相同布局的页面就可以通过模板创建，从而极大地提高了工作效率。

使用模板创建文档可以使网站和网页具有统一的结构和外观。模板实质上就是创建其他文档的基础文档。在创建模板时，可以说明哪些网页元素应该长期保留、不可编辑，哪些元素可以编辑修改。

模板具有以下几个优点。

⑴ 风格一致、系统性强，省去了制作同一页面的麻烦。

⑵ 如果要修改共同的页面元素，不必一个一个地修改，只要更改它们应用的模板即可。

⑶ 解决了以前没有此功能时还要常常“另存为”，一不小心就会覆盖重要档案的难题。

模板也不是一成不变的，即使是在已经使用一个模板创建文档之后，也还可以对该模板进行修改。在更新使用模板创建的文档时，那些文档中的对应内容也会被自动更新，并与模板的修改相匹配。

19.4.1 创建音像商品网站页面

音像网站的浏览者多为青年人，故以清新颜色作为底色，并设计简单的框架以适应青年人的个性。

19.4.2 页面的制作

1. 模板的具体制作过程

❶ 打开素材“\音像网站\index.htm”文件，如下图所示。

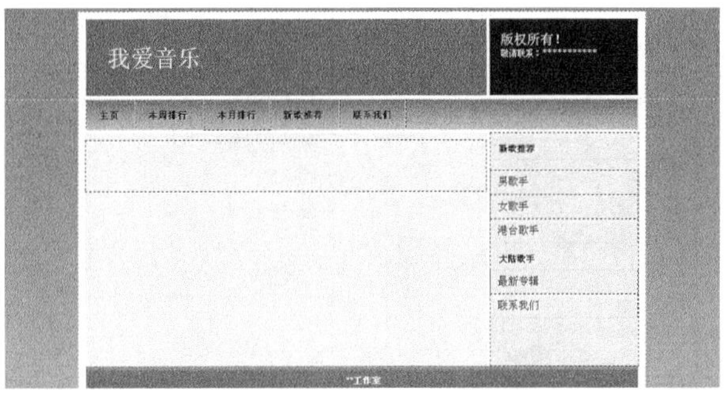

❷ 选择【文件】▶【另存模板】菜单命令，弹出【另存模板】对话框，在【站点】下拉列表框中选择保存的站点，在【另存为】文本框中输入模板名“moban”，如下图（左）所示。

❸ 单击【保存】按钮，弹出提示框，如下图（右）所示，单击【是】按钮，将网页文件保存为模板。

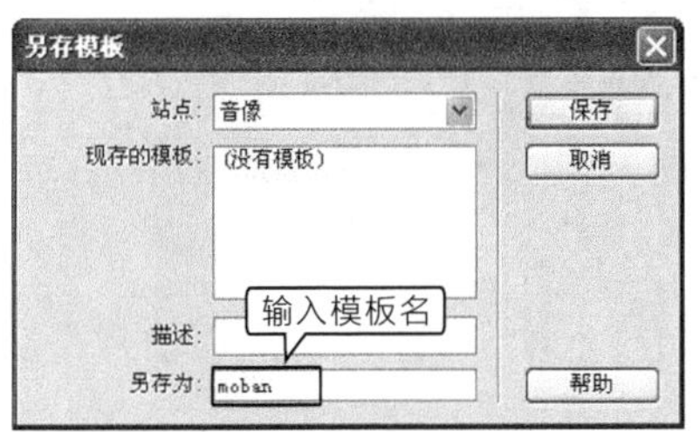

❹ 将光标放置在要插入可编辑区域的位置，选择【插入】▶【模板对象】▶【可编辑区域】菜单命令，弹出【新建可编辑区域】对话框，在【名称】文本框中输入名称“neirong”，如下图所示。

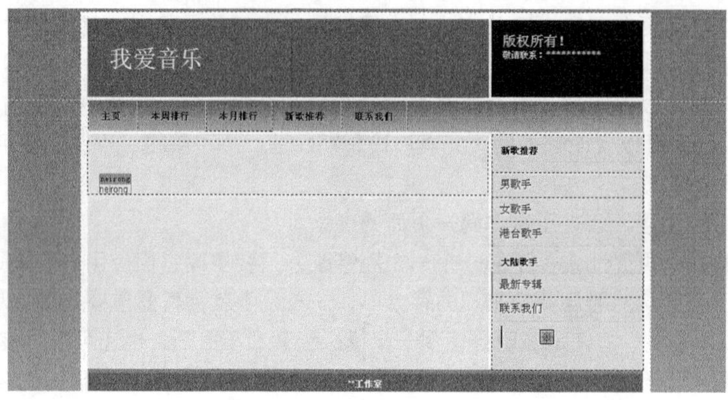

模板创建完成后，用户根据实际需要可以随时更改模板样式、内容。更新过模板后，Dreamweaver 对应用该模板的所有网页会同时更新。

2. 页面的制作过程

❶ 选择【文件】▶【新建】菜单命令，打开【新建文档】对话框，如下图（左）所示。

❷ 在【新建文档】对话框中选择【模板中的页】选项卡，在【站点】列表中选择【yinxiang】选项，再选择【站点“yinxiang”的模板】列表中的模板文件“moban”，如下图（右）所示。

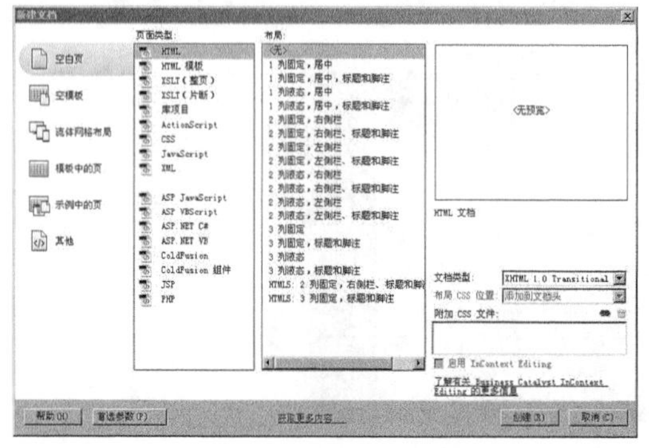

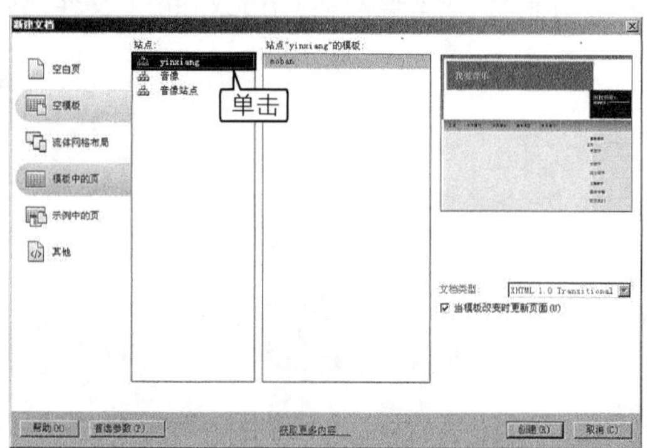

❸ 单击【创建】按钮，创建一个基于模板的网页文档，如下图所示。此文档中除了以“neirong”命名的可编辑区域外，其余均为不可编辑区。

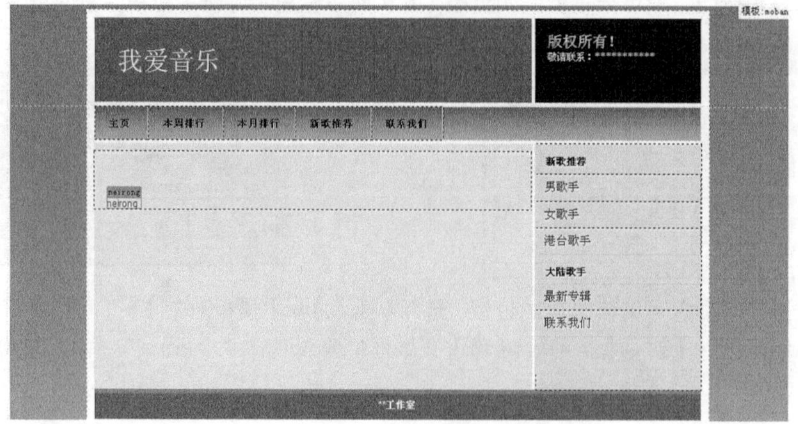

❹ 将光标放置在可编辑区域中，选择【插入】▶【表格】菜单命令，插入表格，再将光标放置在表

格中，输入文字。选择【文件】▶【保存】菜单命令，打开【另存为】对话框，输入文件名“index.html”，然后单击【保存】按钮，完成页面设计，效果如下图所示。

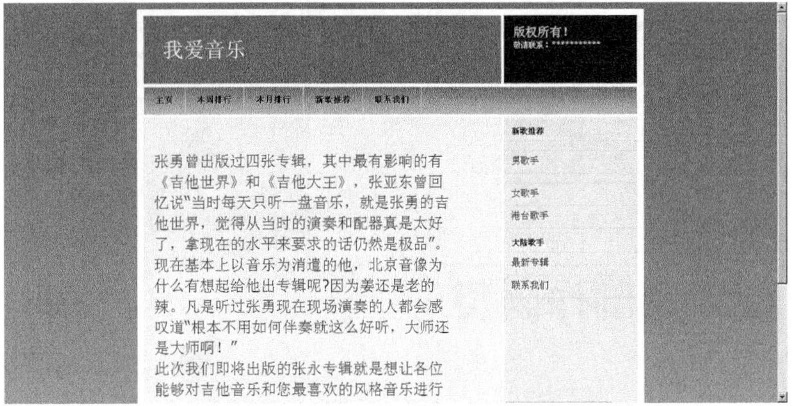

3. 通过更新模板进行整个网站页面的更新

❶ 打开“moban.dwt”文件，将光标置于模板文件的右上方，修改“版权所有”文字为“由 ** 工作室开发，版权所有”，如下图所示。

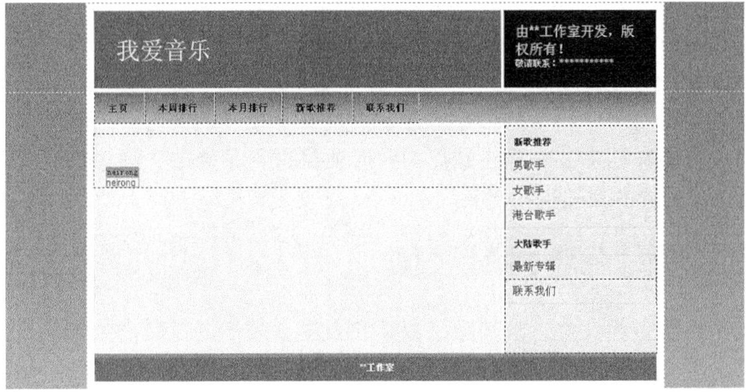

❷ 选择【文件】▶【保存】命令，弹出【更新模板文件】对话框，如下图所示，单击【更新】按钮。

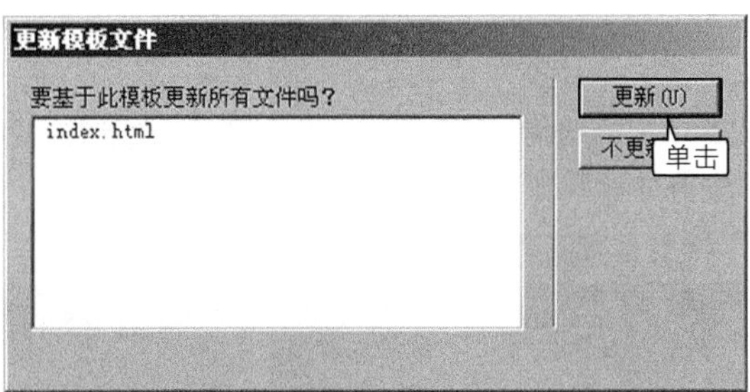

❸ 弹出【更新页面】对话框，如下图（上）所示，单击【关闭】按钮关闭对话框，然后打开应用该模板的网页文件，可以看到更新后的网页如下图（下）所示。

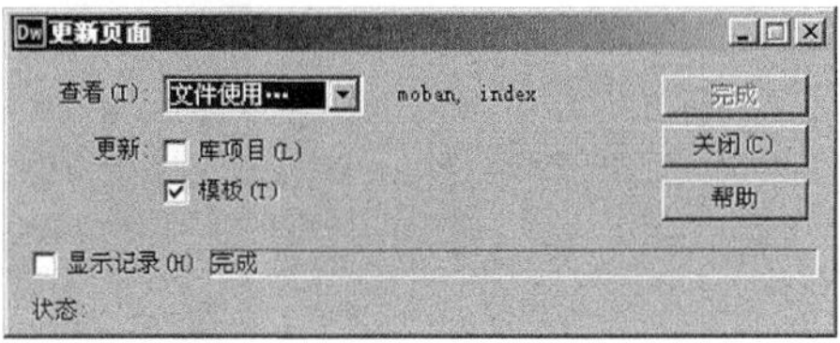

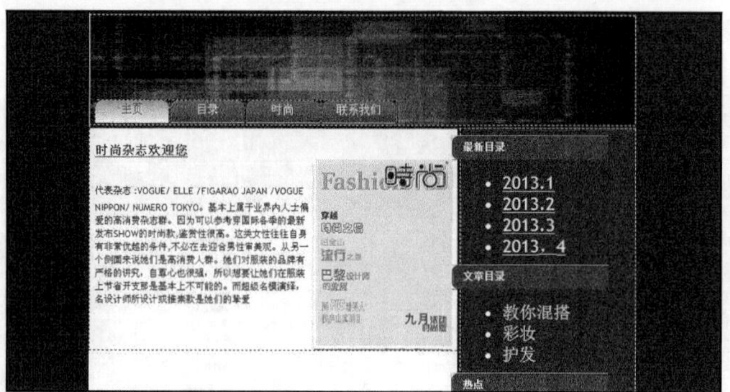

19.5 使用库制作网页

本节视频教学录像：6 分钟

库是一种特殊的 Dreamweaver 文件，其中包含已创建并可放在 Web 页上的单独资源或资源副本的集合，库里的这些资源称为库项目。库可以包含 body 中的任何元素，如文本、表格、表单、图像、Java 小程序、插件和 ActiveX 元素等。Dreamweaver CS6 保存的只是对被链接项目（如图像）的引用，原始文件必须保留在指定位置，这样才能保证对库项目的正确引用。

库项目也可以包含行为，但是在库项目中编辑行为有一些特殊的要求。库项目不能包含时间轴或样式表，因为这些元素的代码是 head 的一部分，而不是 body 的一部分。

利用库项目可以实现对文件风格的维护。很多网页带有相同的内容，将这些文档中的共有部分内容定义为库，然后放置到文档中，一旦在站点中对库项目进行了修改，通过站点管理特性，就可以实现对站点中所有放入库元素的文档进行更新。

19.5.1 创建时尚杂志网站页面

时尚杂志的浏览人群多为女性，故其颜色以柔和为主。人们浏览时尚杂志的目的多以娱乐、休闲为主，故页面要简洁明快。

19.5.2 页面的制作

1. 创建库项目

创建库项目时，应首先选取文档 body（主体）的某一部分，然后由 Dreamweaver CS6 将这部分转换为库项目。创建库项目的具体步骤如下。

❶ 打开素材“index.htm”文件，如下图所示。

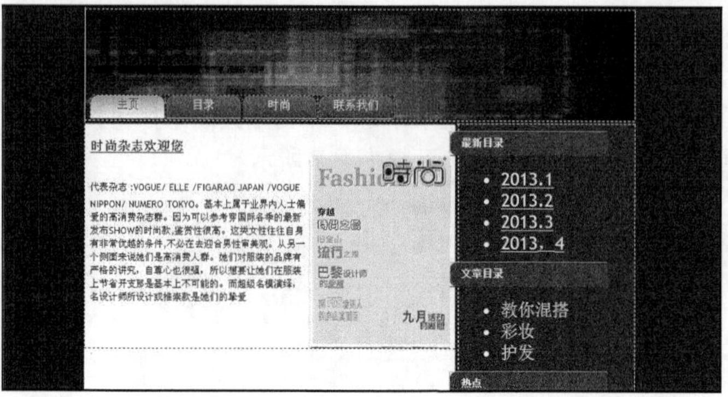

❷ 选择网页上面红色头部作为创建库项目的内容。

❸ 选择【窗口】▶【资源】菜单命令，打开【资源】面板，从中单击【库】按钮，如下图所示。

❹ 打开【库】面板，在该面板中单击【新建库项目】按钮，新的库项目即出现在【库】面板中，如下图(左)所示，新的库项目名称处于可编辑状态，然后可以对库名称重命名，本例重命名为“test”。

❺ 单击【文件】面板，从中打开根目录下的Library 文件夹，可以看到新建的库项目文件，如下图(右)所示。

2. 应用库到网页中

❶ 打开“ku.htm”文件，如下图所示。

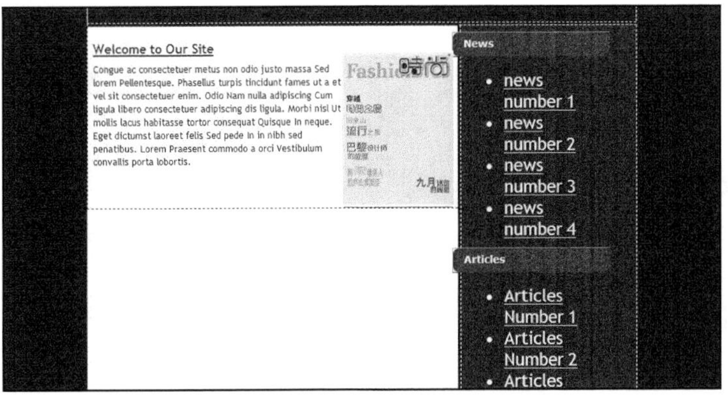

❷ 将光标置于文档窗口中要插入库项目的位置，选择【窗口】▶【资源】菜单命令，打开【资源】面板，单击【库】按钮，显示库项目。

❸ 从【库】面板中选定库项目，单击面板左下角的【插入】按钮，将库项目插入到文档中。浏览效果如下图所示。

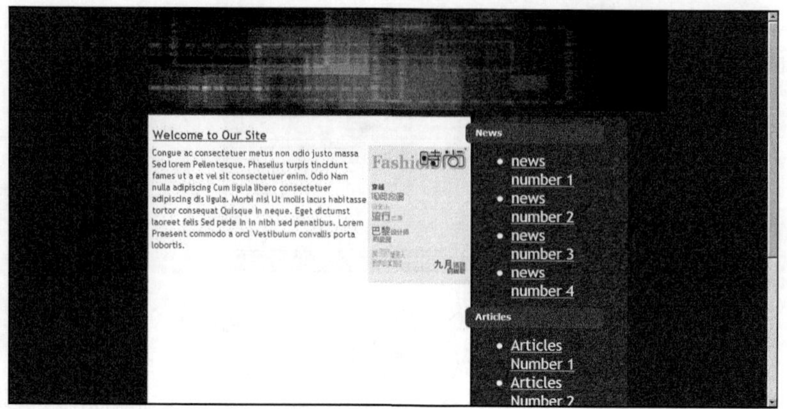

3. 编辑库文件

❶ 打开“test.lbi”文件，选定图像，单击【插入】▶【布局对象】▶【AP Div（A）】菜单命令，在图像上按住鼠标左键拖动十字光标到要插入文字的位置，然后输入文字，并修改文字属性。效果如下图所示。

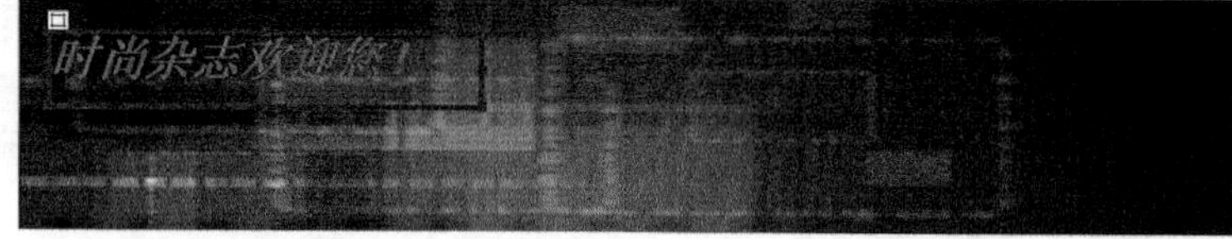

❷ 选择【文件】▶【保存】菜单命令，保存库项目，弹出【更新库项目】对话框，如下图（左）所示。

❸ 在【更新库项目】对话框中，单击【更新】按钮，将更新本地站点中所有包含编辑过的库项目的文档；单击【不更新】按钮，将不更改任何文档。这里单击【不更新】按钮。

❹ 选择【修改】▶【库】▶【更新页面】菜单命令，弹出【更新页面】对话框，如下图（右）所示。

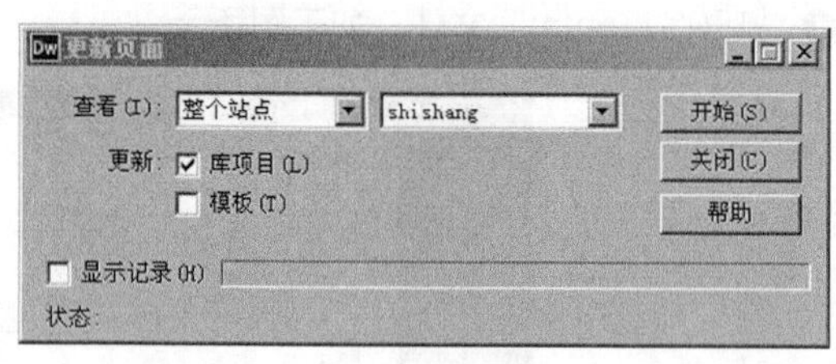

❺ 在【查看】下拉列表框中选择【整个站点】选项，在【更新】选项组中选中【库项目】复选框，并选中【显示记录】复选框。

❻ 单击【开始】按钮，Dreamweaver CS6 将按照指示对文件进行更新。更新完毕，对话框中将显示更新结果，如下图所示。

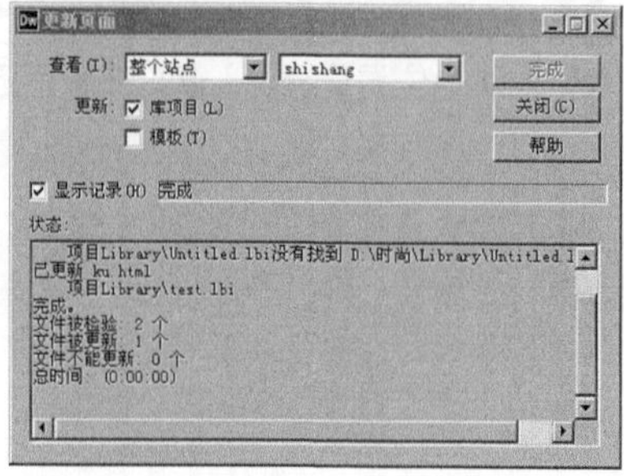

打开应用库项目的网页文件，可以看到更新后的效果，如下图所示。

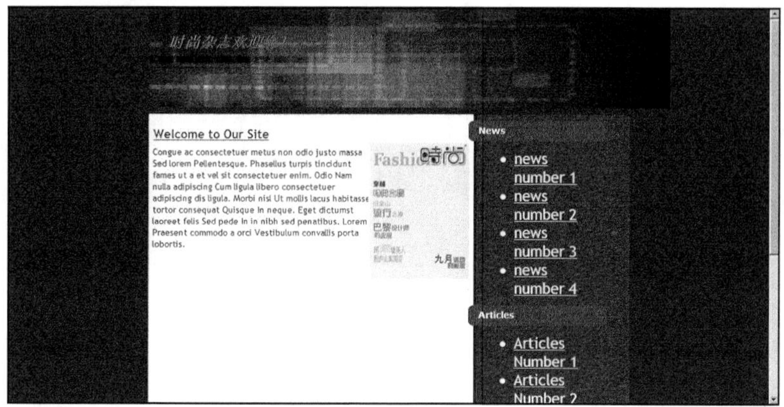

19.6 网站超链接

**本节视频教学录像：8 分钟**

超链接是网页中极为重要的部分，单击网页中的超链接，即可跳转至相应的位置。网站中正是有了超链接，才可以在网站中进行相互跳转而方便地查阅各种各样的知识，享受网络带来的无穷乐趣。可以说，浏览网页就是从一个文档跳转到另一个文档，从一个位置跳转到另一个位置，从一个网站跳转到另一个网站的过程，而这些过程都是通过超链接来实现的。

利用超链接可以实现在文档间或文档中的跳转。超链接由两个端点（也称锚）和一个方向构成，通常将开始位置的端点称为源端点（或源锚），而将目标位置的端点称为目标端点（或目标锚），超链接就是由源端点到目标端点的一种跳转。目标端点可以是任意一种网络资源，如一个页面、一幅图像、一段声音、一段程序，甚至可以是页面中的某个位置，如下图所示。

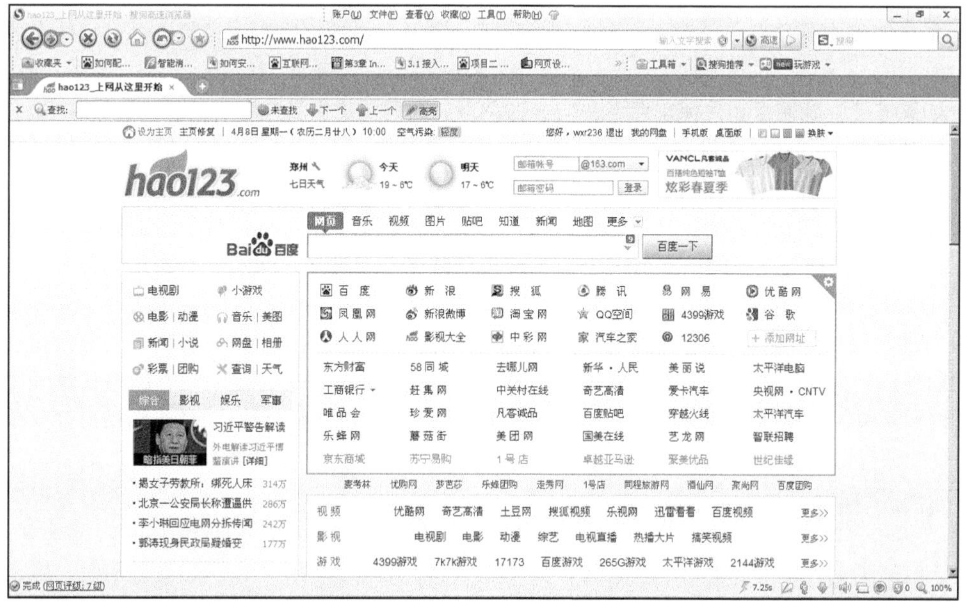

打开的每个网页都有一个唯一的地址，称为统一资源定位符（Uniform Resource Locator，URL）。在超链接中就是以 URL 的表达方式来书写链接路径的。URL 地址通常由 4 部分组成，分别是文件传输协议、域名（或 IP 地址）、文件路径和文件名，如下图所示。

Dreamweaver 允许使用的链接路径有 3 种：绝对路径、文档相对路径和根相对路径。

(1) 绝对路径。如果在链接中使用完整的 URL 地址，这种链接路径就称为绝对路径。绝对路径的特点是路径同链接的源端点无关。采用绝对路径有两个缺点，一是这种方式的链接不利于测试，二是采用绝对路径不利于移动站点。

为了克服绝对路径的缺陷，对于在本地站点之中的链接来说，使用相对路径是一个很好的方法。

(2) 文档相对路径。文档相对路径是指以当前文档所在位置为起点到被链接文档经由的路径。使用文档相对路径有以下 3 种情况。

① 如果链接中源端点和目标端点在同一目录下，那么在链接路径中，只需提供目标端点的文件名即可。

② 如果链接中源端点和目标端点不在同一目录下，则需要提供目录名、前斜杠和文件名。

③ 如果链接指向的文档没有位于当前目录的子级目录中，则可利用“../”符号来表示当前位置的上级目录。

采用相对路径的特点是只要站点的结构和文档的位置不变，那么链接就不会出错，否则链接就会失效。在把当前文档与处在同一文件夹中的另一文档链接，或把同一网站下不同文件夹中的文档相互链接时，就可以使用相对路径。

(3) 根相对路径。可以将根相对路径看作是绝对路径和相对路径之间的一种折中，它是指从站点根文件夹到被链接文档经由的路径。在这种路径表达式中，所有的路径都是从站点的根目录开始的，同源端点位置无关，通常用一个斜杠“/”来表示根目录。根相对路径同绝对路径非常相似，只是省去了绝对路径中带有协议地址的部分。

19.6.1 创建餐饮网站页面

餐饮网站浏览人群的浏览目的性较强，即发现美食、品尝美食，所以网站力求简单，将自己的特色尽快地让浏览者发现。

19.6.2 页面的制作

页面的具体制作步骤如下。

❶ 打开“index.htm”文件，如下图所示。

❷ 选定“企业简介”这几个字，将其作为建立链接的文本，然后单击【属性】面板中的【浏览文件】图标，打开【选择文件】对话框，选择网页文件“qiyejianjie.htm”，单击【确定】按钮，如下图（左）所示。

❸ 也可以使用拖动的方法来创建超链接。选定文本后，在【属性】面板中单击【指向文件】图标，将其拖动到右面【文件】面板中的网页“qiyejianjie.htm”上，然后松开鼠标，也可建立链接。还可以使用【属性】面板直接输入链接地址的方法来创建链接。选定文本后，选择【窗口】▶【属性】菜单命令，打开【属性】面板，然后在【链接】文本框中直接输入链接文件名“qiyejianjie.htm”即可。

❹ 选定“鱼香肉丝”菜式的图片，单击【属性】面板中的【浏览文件】图标，打开【选择文件】对话框，如下图（右）所示。

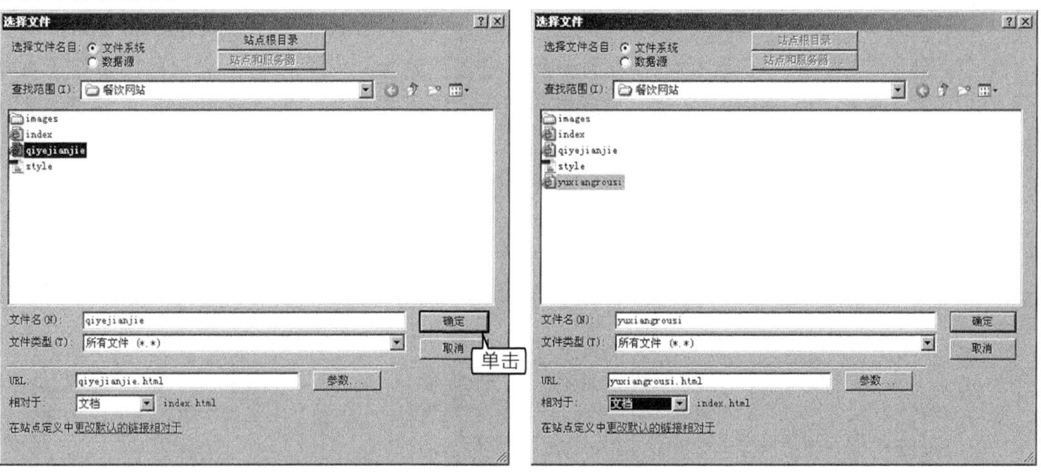

技 巧

与文本链接一样，也可以使用拖动或直接输入链接地址的方法来创建图像链接。

❺ 选定“中国餐饮网”，在【属性】面板的【链接】文本框中输入中国餐饮网的网址“http://www.canyin.com/index.html”。

❻ 将光标放置到网页右侧“企业文化”处，或选中“企业文化”文本，将其作为要命名锚记的位置。

说 明

锚记（也称锚点）就是在文档的指定位置设置标记，给该标记一个名称以便引用。通过创建锚点，可以使链接指向当前文档或不同文档中的指定位置。锚点常常被用来实现到特定的主题或文档顶部的跳转链接，以使访问者能够快速地浏览到选定的位置，加快信息检索的进度。

❼ 在【插入】面板的【常用】选项卡中单击【命名锚记】图标，或单击菜单【插入】▶【命名锚记】命令，或按【Ctrl+Alt+A】组合键，弹出【命名锚记】对话框，在【锚记名称】文本框中输入锚记名称“qiyewenhua”，如下图所示。

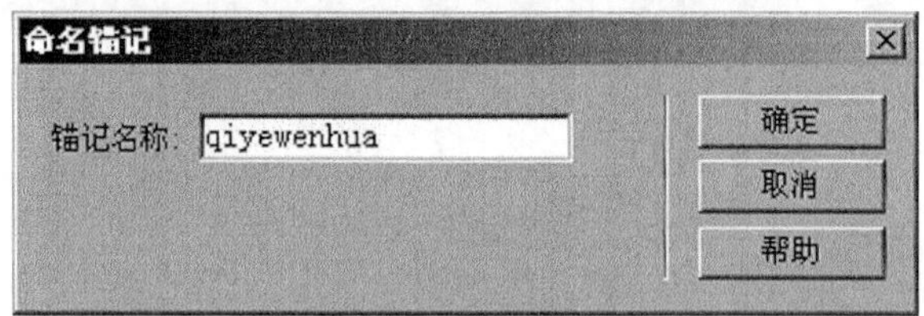

然后单击【确定】按钮，此时即可在文档窗口中看到锚记，如下图所示。

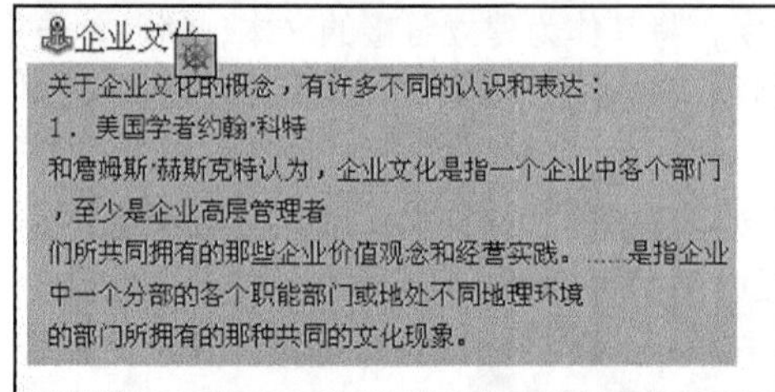

说 明

在一篇文档中，锚记名称是唯一的，不允许在同一篇文档中出现相同的锚记名称。锚记名称中不能含有空格，而且不应置于层内。锚记名称区分大小写。

❽ 选定左侧导航栏内的“企业文化”作为添加超链接的对象，在【属性】面板的【链接】文本框中输入一个字符符号“#”和锚记名称，如要链接到当前文档中名为“qiyewenhua”的锚记，则输入“#qiyewenhua”，如下图所示。

同样，也可以使用【属性】面板中的【指向文件】图标来创建锚记链接。单击【属性】面板中的【指向文件】图标，将其拖至要链接到的锚记（可以是同一文档中的锚记，也可以是其他打开文档中的锚记）上即可。

注 意

若要链接到同一文件夹内其他文档（如 main.html）中名为“qiyewenhua”的锚记，则应输入“main.html#tqiyewenhua”。

❾ 选定“特色烤鸭”图片，单击【属性】面板中相应的热点工具按钮，然后在图像上需要创建热点的位置拖动鼠标，即可创建图像热点，如下图所示。

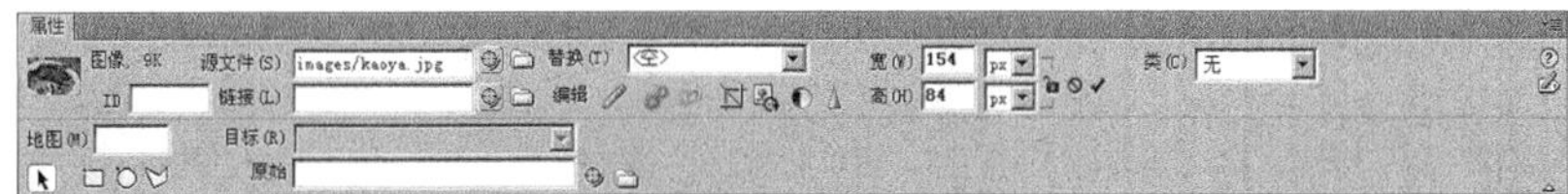

热点工具有 3 种：矩形热点工具、椭圆形热点工具和多边形热点工具，下图所示为创建的圆形热点。

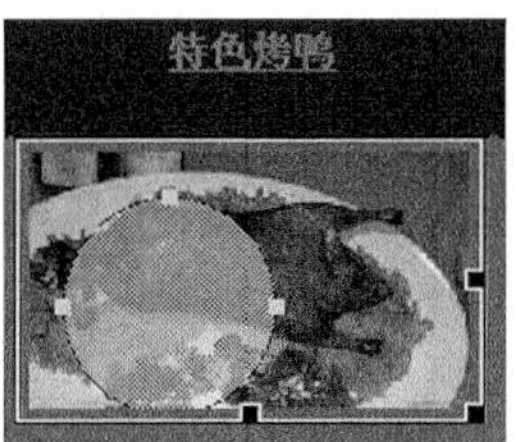

❿ 在【属性】面板中选中【链接】中的【浏览文件】按钮为热点添加超链接，如下图（上）、下图（下）所示。则在浏览网页时，当鼠标移动到热点区域可单击链接到 kaoya.html 页面。

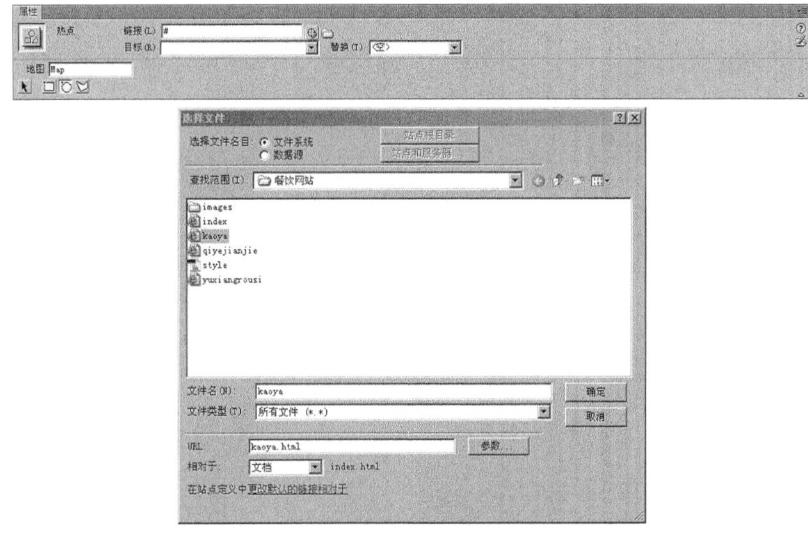

⓫ 选定左侧导航栏内的“联系我们”，为其添加电子邮件链接。选择【插入】▶【电子邮件链接】菜单命令，打开【电子邮件链接】对话框，在【电子邮件】文本框中输入邮件送达的 E-mail 地址，然后单击【确定】按钮，如下图所示。也可以在【插入】面板的【常用】选项卡中单击【电子邮件链接】图标，完成电子邮件链接的添加。

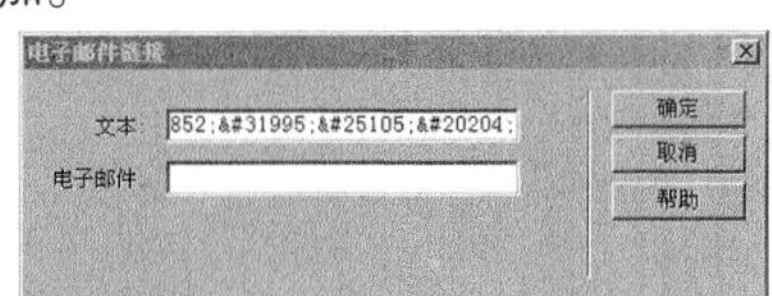

⓬ 在 Dreamweaver 中，选择【站点】▶【检查站点范围的链接】命令，此时会激活链接检查器，从【链接检查器】面板左上角的【显示】下拉列表框中可以选择【断掉的链接】、【外部的链接】或【孤立的文件】等选项。例如，选取【孤立文件】选项，Dreamweaver CS6 将对当前链接情况进行检查，并且将孤立的文件列表显示出来，如下图所示，从中可以方便地查看网站中有哪些孤立文件或外部链接等。

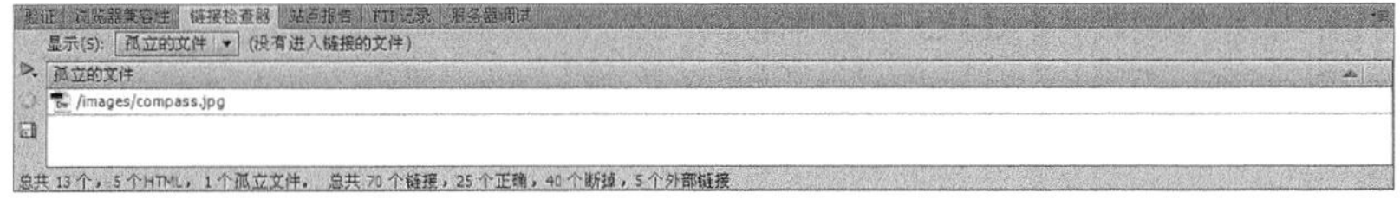

高手私房菜

技巧：实现特殊的下划线效果

可以通过 CSS 实现特殊的下划线效果，比如下划线动起来，在一个链接文字下有一个会移动的虚下划线，普通状态时，虚线向左移动，鼠标指针经过时，虚线向右移动。其代码如下：

```
<!DOCTYPE html PUBLIC "-//W3C//DTD XHTML 1.0 Transitional//EN" "http://www.w3.org/TR/xhtml1/DTD/xhtml1-transitional.dtd">
<html xmlns="http://www.w3.org/1999/xhtml">
<head>
<meta http-equiv="Content-Type" content="text/html; charset=utf-8" />
<title> 会动的下划线实例 </title>
<style type="text/css">
a,a:visited{
background: url(bg2.gif) repeat-x left bottom;
text-decoration:none;
}
a:hover{
background: url(bg.gif) repeat-x left bottom;
text-decoration:none;
}
</style>
</head>
<body>
<a href="#"> 我会动呀 </a> <a href="#"> 我会动呀 </a>
</body>
</html>
```

第20章

本章教学录像：48 分钟

大型电子商务网站建设

无论哪种类型的网站，在进行页面设计时都需要设计网站的模板，模板制作完成之后网站的基本框架也就有了，主要包括首页、导航和内容等。网站的页面就好像是一个人的外貌，外貌的美、丑对于观看者来说是至关重要的。而数据库则无疑是一个网站的灵魂，如果一个网站只有好的页面，但是数据库非常糟糕，那么长时间之后将会无人光顾。本章通过建设一个大型电子商务网站，帮助用户学会并设计出一个外貌和灵魂兼备的好网站。

本章要点（已掌握的在方框中打勾）

☐ 网站规划设计

☐ 动态网站设计基础

☐ 电子商务网站前台功能设计

☐ 电子商务网站的后台管理

☐ 网站用户管理

20.1 网站规划设计

本节视频教学录像：4 分钟

随着网络的快速发展，越来越多的人通过网络得到了许多有用的信息，给人们的学习、工作、生活和娱乐等方面带来了极大的便利。在制作网站前，对网站要进行精心的策划、合理的设计、巧妙的构思，要有独特的创意，这样才能制作出画面精美、内容丰富、色彩新颖的电子商务网站。

20.1.1 什么是网站规划

网站规划是指在网站建设前对市场进行分析，确定网站的目的和功能，并根据需要对网站建设中的技术、内容、费用、测试、维护等做出规划。网站规划对网站建设起计划和指导的作用，对网站的内容和维护起定位作用。

20.1.2 网站规划

网站规划的前期就需要对市场进行分析，从而确定网站的定位，确定网站需要具备什么样的功能，确定网站建设中采用的技术。具体于电子商务网站，需要确定电子商务网站销售产品类型、产品价格定位、消费人群有哪些等。

电子商务类网站的显著特点是信息量大，故本案例采用信息容量较大的“同”字型布局设计该站网页。

20.1.3 网站设计

网站设计包括网站内页面的结构设计，主要是方便开发者的操作。除此之外就是页面的风格设计，本部分设计则主要由网站所面向的用户群来确定，设计者有必要调查网站所面向用户群的性格特点、偏好的颜色等，来确定页面的设计风格。

20.1.4 网站策划书

⑴ 建设网站前的市场分析

在国内电子商务并不成熟的现实下，服务并不规范，没有一个统一的商务网站标准，特别是本地区基本没有成熟的商务网站。

⑵ 网站板块及风格

网站初期分为产品索引简介、用户登录及注册、产品购买、后台管理等模块。

风格定位为简洁明快，图片和文字相结合，以淡色做基调。产品网页形式采用统一模块，突出产品图片。

⑶ 相关开发技术。Dreamweaver、SQL Server 数据库程序等。

20.2 动态网站设计基础

本节视频教学录像：9 分钟

动态网站并不是指具有动画效果的页面，而是具有后台数据操作，并可以根据数据动态更新前台页面的设计技术。只有具备此特点的网站才可以将网站的功能从单纯的展示，扩展成为可以和用户进行即时交互的动态网站。

动态网站无疑是可以和用户进行实时沟通的，比如可以响应用户的购物需求，并且实时更新自己的数据库，或者根据自己的数据库信息提示用户能否完成相应的购物操作。

同时，动态网站可以根据登录者身份的不同，使登录者可以进行不同的操作。比如，针对于购物网站来说，管理员无疑可以进行添加商品、删除商品等操作，甚至对于一些普通的购物用户进行管理；而针对于注册于该网站的普通的购物用户，则无法进行这些操作，他们只能查看商品信息或购买商品。

采用动态网站技术而生成的网页都称为动态网页。其编程语言主要包括 ASP、PHP、ASP.NET、JSP 等。

20.2.1 创建网站站点

在 Dreamweaver CS6 中创建网站的具体步骤如下。

❶ 启动 Dreamweaver CS6，选择【站点】▶【新建站点】菜单命令。在打开的【站点设置对象】对话框中选择【站点】选项卡，在右侧的【站点名称】文本框中输入网站的名称“大型电子商务网站”，在【本地站点文件夹】文本框中输入网站的本地根文件夹为“D:\dzsw\”，如下图（左）所示。

❷ 在【高级设置】列表中选择【本地信息】选项，在右侧【Web URL】文本框中输入“http://localhost/ dzsw”，如下图（右）所示。

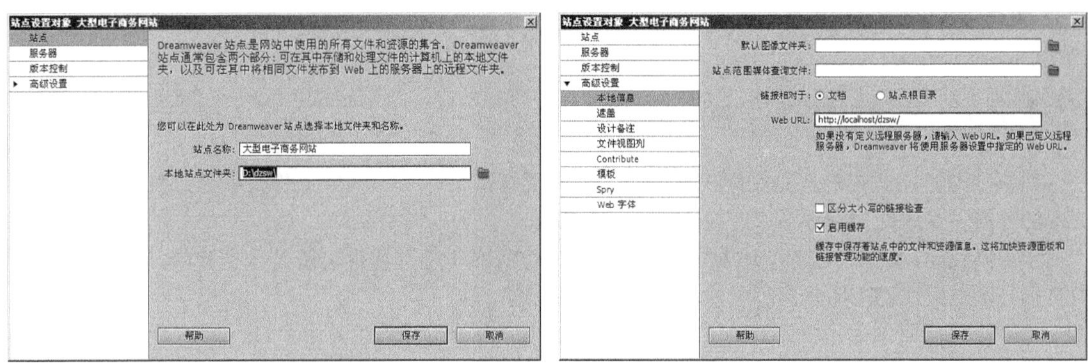

❸ 单击【保存】按钮，完成在 Dreamweaver 中定义网站的操作。

20.2.2 用户数据库的创建

要创建数据库，首先必须明确整个系统的详细需求，然后根据需求分析创建系统的流程图，如下图所示。

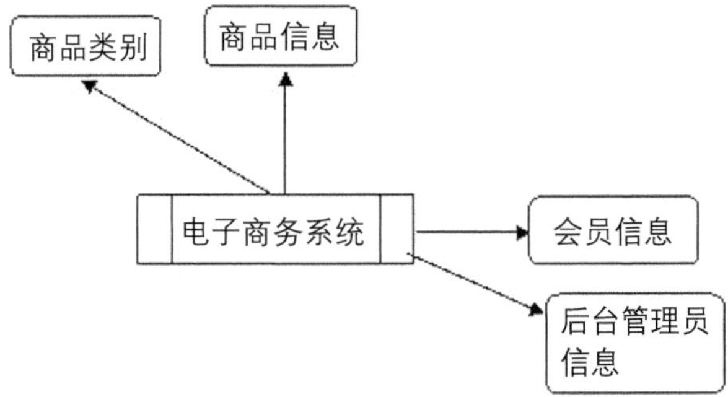

根据流程图分析得出需要创建商品信息表、会员信息表、后台管理员信息表、商品类别表等。

20.2.3 SQL 基础

SQL 是 Structured Query Language 的缩写，意思为结构化查询语言。SQL 语言的主要功能就是同各种数据库建立联系，进行沟通。按照 ANSI(美国国家标准协会) 的规定，SQL 被作为关系型数据库管理系统的标准语言。

SQL Server 是由 Microsoft 开发和推广的关系数据库管理系统（DBMS），它最初是由 Microsoft、Sybase 和 Ashton-Tate 三家公司共同开发的，并于 1988 年推出了第一个 OS/2 版本。Microsoft SQL Server 不断更新版本，1996 年，Microsoft 推出了 SQL Server 6.5 版本；1998 年，SQL Server 7.0 版本和用户见面；SQL Server 2000 是 Microsoft 公司于 2000 年推出的；目前最新版本是 2012 年 3 月推出的 SQL Server 2012。

SQL 常用字段类型：bit(可选值 0、1)、datetime、int、varchar、nvarchar(可能含有中文等 ASCII 码之外的字符用 nvarchar)。

主键就是数据行的唯一标识。不会重复的列才能当主键。主键有两种选用策略：业务主键和逻辑主键。通常使用没有任何业务意义的字段做主键，即逻辑主键。

SQL 可以进行的基本操作包括创建表、数据插入、数据更新、数据删除、数据检索等，这些操作通过数据查询语句完成，如完成数据插入的语句为 Insert into T_Person(Name,Age) values(‘Bill’ ,29)。

20.2.4 数据库的连接

要实现动态网页中的应用程序完成对数据库的读取、写入及改写等操作，就必须先完成网页与数据库的连接。完成网页与数据库连接的具体步骤如下。

(1) 在动态网页中，是通过开放式数据库连接（ODBC）驱动程序连接到数据库的，该驱动程序负责将运行的结果送回应用程序。创建 ODBC 数据源的过程如下。

❶ 打开【控制面板】窗口，双击【管理工具】图标，打开【管理工具】窗口，如下图所示。

❷ 双击【数据源】图标，打开【ODBC 数据源管理器】对话框，选择【系统 DSN】选项卡，如下图（左）所示。

❸ 单击【添加】按钮，打开【创建新数据源】对话框，从中选择“SQL Server”数据源类型，然后单击【完成】按钮，如下图（右）所示。

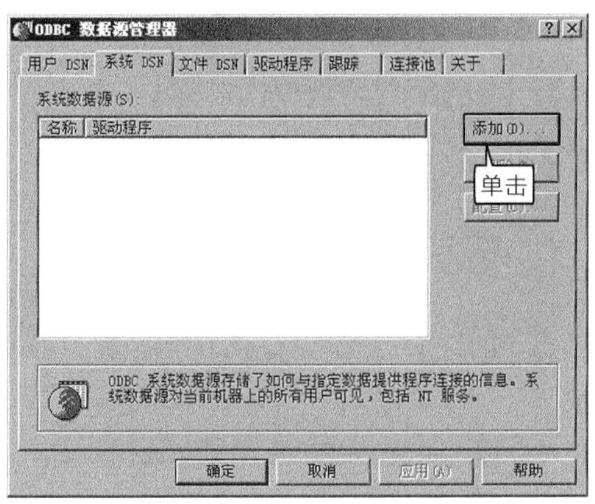

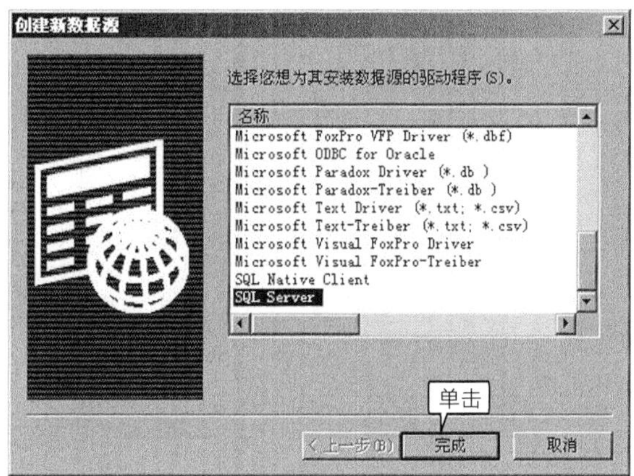

❹ 在【创建到 SQL Server 的新数据源】对话框中的【名称】文本框中输入数据源的名称，在【描述】文本框中输入对数据源的描述“电子商务网站系统”，在【服务器】下拉列表框中选择本地服务器“local”，如下图（左）所示，单击【下一步】按钮。

❺ 单击选中【使用网络登录 ID 的 Windows NT 验证】单选项，如下图（右）所示，单击【下一步】按钮。

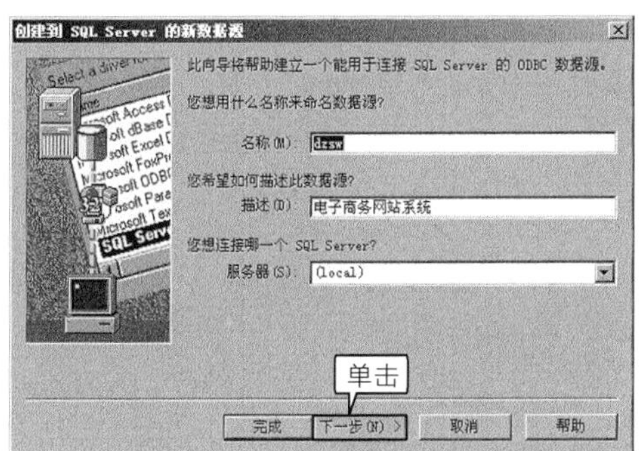

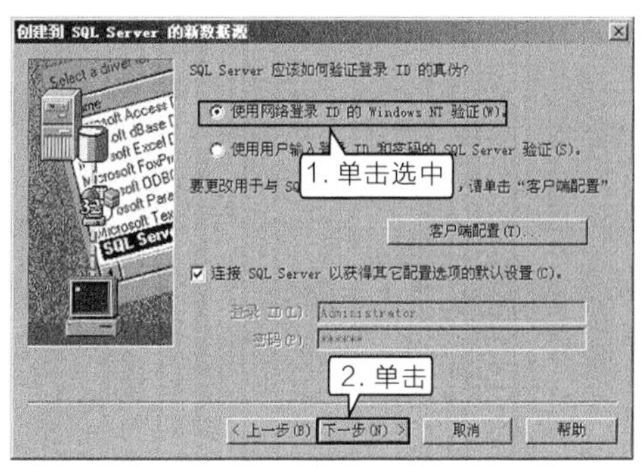

❻ 在【更改默认的数据库为】下拉列表框中输入数据库名字“dzsw”，如下图（左）所示，单击【下一步】按钮，在弹出的对话框中单击【完成】按钮。

❼ 在弹出的测试对话框中单击【测试】按钮，显示如下图（右）所示的【SQL Server ODBC 数据源测试】对话框，单击【确定】按钮。

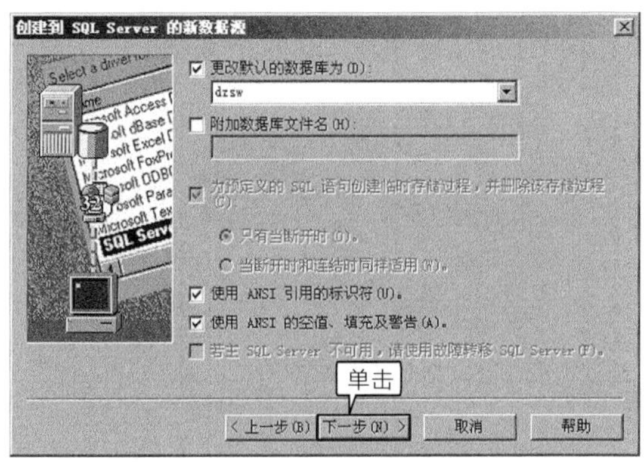

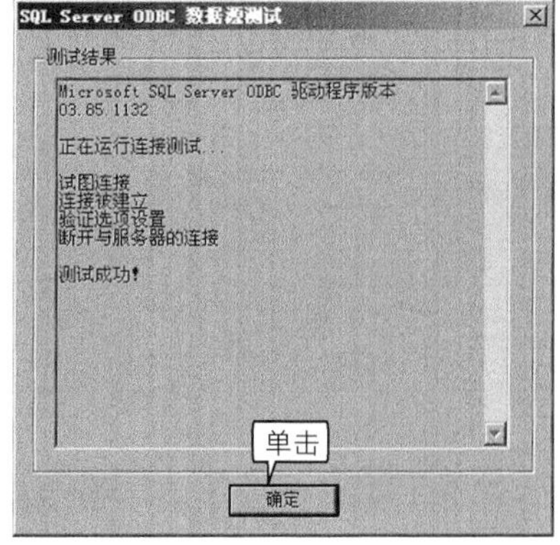

❽ 在弹出如下图（左）所示的安装对话框中单击【测试数据源】按钮。

❾ 在弹出的【SQL Server ODBC 数据源测试】对话框中单击【确定】按钮，如下图（右）所示，完成 ODBC 的创建。

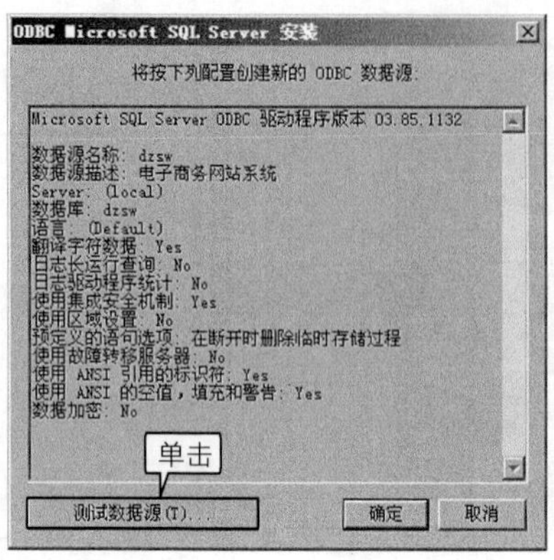

⑵ 完成连接数据库连接的具体步骤如下。

❶ 启动 Dreamweaver CS6 软件，选择【窗口】►【数据库】菜单命令，在打开的【应用程序】窗格中，切换到【数据库】选项卡，单击⊞按钮，在弹出的列表中选择【数据源名称(DSN)】选项，如下图所示。

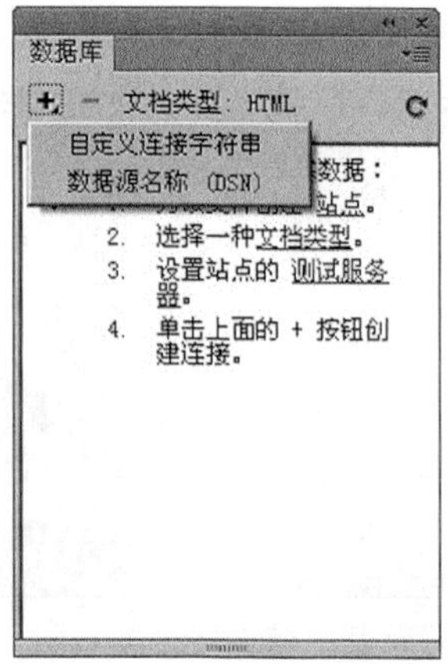

❷ 弹出【数据源名称(DSN)】对话框，在【连接名称】文本框中输入数据源的连接名称“dzsw”，在【数据源名称(DSN)】下拉列表中选择前面已经创建的数据源名称“dzsw”，单击选中【使用本地 DSN】单选项，然后单击【测试】按钮，如下图(左)所示。

❸ 系统如果弹出【成功创建连接脚本】提示框，则说明数据源连接是成功的，如下图(右)所示。

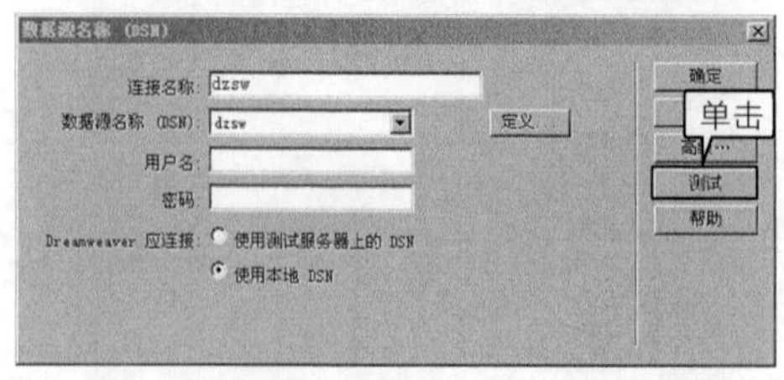

20.2.5 数据的基本读写操作

SQL 中数据的基本读写操作包括以下几种。

1. 向表中插入数据

向表中插入数据的语法形式如下：

Insert [Into] {table_name|view_name}[(column_list)] {Values|values_list|select_statement}

在插入数据时，字符数据和日期数据要使用引号引起来。

例如，打开 cust 数据库，向 students 表中插入数据，语法形式如下：

Use cust

Insert Into students Values (11，" 影子 "，" 男 "，"1999-12-12"，" 湖北 "，"83779805"，" 武汉市桥口区 "，"VB 爱好者 ")

在插入数据时，可以使用 Default 选项。Default 选项有两种形式，一种形式是 Default Values，另一种形式是 Default。Default Values 形式是为表中的某一行的所有列插入默认值，使用这种形式的前提条件是表中的所有列必须是 Identity 属性、Timestamp 数据类型、允许为 Null 或者有一个指定的默认值这四种类型之一，否则会出现错误信息。

例如：

Use cust

Insert Into students Default Values

这个例子会出现错误，因为 students 表的 number 字段是设置为不允许为空的。Default 形式是为表中的某一列插入默认值，要插入的列必须具备一定的条件，即该列要么是 Timestamp 数据类型，要么是允许为 Null，要么是有一个指定的默认值，否则会出现错误信息。

例如：

Use cust

Insert Into students Values(11，" 影子 "，Default，Default，Default，Default，Default，Default)

由于前两个字段不能为空，所以要赋值，否则会出现错误；而后面的六个字段允许为空，因此可以调用 Default 默认。

2. 插入部分数据

在使用 Insert 语句插入数据时，还可以插入部分数据，也就是可以为每一行的指定的部分列插入数据。

在插入部分数据时，应该注意以下三个问题。

(1) 在 Insert 子句中，指定要插入数据的列名。

(2) 在 Values 子句中，列出与列名对应的数据。列名的顺序和数据的顺序应该完全对应。

(3) 在 Insert 子句中，没有列出的列应该至少具有 Identtty 属性，Timestamp 数据类型、允许为 Null 或者有一个指定的默认值这四种类型之一，否则会出现错误信息。

例如，打开 cust 数据库，向 students 表中插入一行数据，语法形式如下：

Use cust

Insert Into students (number，name) Values (110，" 影子 ")

3. 用 Select 语句插入多条数据

Insert 语句插入数据的特点是每一次只能插入一条数据。相反，Select 也可以用在 Insert 语句中，并且可以一次插入多条数据。使用 Select 语句插入数据的语法形式如下：

Insert table_name Select column_list From table_list Where search_conditions

例如：

Use cust

Insert students Select number，name，sex，birthday，hometown，telphone_no，address， others From students

Select 后面的字段要输完整，这个例子是自己向自己插入多条数据（自己向自己插入数据是被允许的）。

4. Select Into 插入数据到一个新表中

带有 Into 子句的 Select 语句允许用户定义一个新表并且把数据插入到新表中。这种方法不同于前面讲述的那些方法。在前面的那些方法中，一个共同的特点，是在数据输入之前表已经存在了；而使用 Select Into 插入数据的方法，是在插入数据的过程中建立新表。

Select Into 语句的语法形式如下：

Select select_list Into new_table_name From table_list Where search_conditions

在使用 Select Into 插入数据时，要注意下面几点。

(1) 在某个数据库中使用 Select Into 插入数据时，设置该数据库的 Select Into/Bulk Copy 为真。

(2) 新表不能存在，否则会产生错误信息。

(3) 新表中的列和行是基于查询结果集的。

(4) 要插入的数据不记录在日志中。

(5) 在 select_list 中出现的列应该使用别名，否则新表中的列没有列名。没列名的表只能通过 Select * From new_table_name 的形式查询。因此，应该为列起个别名。

例如：

Select number，name Into newcust1 From students

5. 用 UPdate 语句修改表中的数据

Update 语句用来修改表中已存在的数据。Update 语句既可以一次修改一行数据，也可以一次修改多行数据，甚至可以一次修改表中的全部数据。Update 语句使用 Where 子句指定要修改的行，使用 Set 子句给出新的数据。新数据可以是常量，也可以是指定的表达式，还可以是使用 From 子句来自其他表的数据。

Update 语句的语法形式如下：

Update {table_namelview_name} Set {column_list}=expression [，. . .] [Where clause]

在使用 Update 语句时，如果没有使用 Where 子句，那么就对表中所有的行进行修改。如果使用 Update 语句修改数据时与数据完整性约束有冲突，那么修改就不会发生，整个修改事务全部滚回。例如，这种冲突可能是所输入的值是错误的数据类型，或者所输入的值违背了在该列定义的规则约束，等等。例如，打开 cust 数据库，修改 students 表，使 number>100 的数据的 name 的值全部加“007”，语法形式如下：

Use cust Update students Set name=name+"007" Where number>100

20.3 电子商务网站前台功能设计

本节视频教学录像：26 分钟

前台系统直接与客户打交道，其内容的完整性和合理性是电子商务网站是否吸引客户的关键因素之一，所以在设计前台系统时应尽量从用户的角度和网络营销的角度出发考虑其功能的实现。本节所介绍的电子商务系统主要包括商品信息查看、会员注册及登录、购物车、收银台、商品查询及留言板等功能。

20.3.1 电子商务网站的规划

在中国，搜索引擎已成为企业认可的网站推广手段之一，是网络营销服务商最主要的服务内容。中小企业已成为搜索引擎营销最活跃的群体，大型企业也开始关注搜索引擎营销策略。经历了 2005 年的繁华之后，中国搜索引擎市场规模呈稳步增长之势。2006 年中国搜索引擎市场规模达到 16.6 亿元，较 2005 年实现了 40.6% 的增长。这是中国搜索引擎市场连续三年增幅超过 40%，前两年的增幅分别为 53.7% 和 42.2%。而 2007 年中国搜索引擎市场更是以 76.5%的高速增长达到了 29.3 亿元的规模。2012 年中国搜索引擎企业收入规模为 281 亿元，2013 年达到 388 亿元，预期到 2016 年，中国搜索引擎企业收入规模将达到 754 亿元。但是搜索引擎营销服务市场仍以搜索引擎广告产品销售为主，基于自然搜索排名的搜索引擎优化市场非常混乱，搜索引擎营销的应用尚处于较低层次。此外，中国搜索引擎服务市场还存在着进入成本高、产品同质化现象严重、行业内部竞争激烈等诸多问题。

本网站立足于日用产品的销售、用户可以完成查看商品信息、查询商品信息、购物等操作。用户可通过浏览网页，输入要查询的产品或相关知识，网站将自动快速地在数据库中搜索并向用户反馈搜索结果，对于用户满意的产品直接提供网上购买服务，从而改善目前用户获取产品信息过程过于繁琐且不够全面和准确的现状，为消费者提供清新的用户体验。

网站定位的主要消费群体：学生、教师、白领、高端用户、企业单位等。该消费群体的特点：具有一定购买力，部分追求时尚，部分追求实用。

网站的功能结构设计如下。

(1) 商品搜索引擎：通过搜索引擎方便快捷地向用户提供商品信息，方便用户购物。

(2) 购物车：具有向顾客提供存放购买商品的信息、计算商品的数目和价格等功能，用户通过购物车还可以修改商品数目、退回某商品或全部商品。

(3) 客户服务中心：为客户提供各种操作的说明及网站的各种服务，包括购物向导、服务特点、服务承诺、能否退换货、商场支持的付款方式、送货上门是否另收费、在确认收到货款后的发货时间等客户关心的信息。

(4) 订单查询：用户可根据订单号和相应信息进入订单状态界面，该界面提供订单日期、是否已收到货款、是否已发货和发货日期等信息。

(5) 留言板：运用留言板方式，记录客户在浏览网站或购物之后，对网站内容、提供的服务等的意见。通过留言板一方面可以了解客户需求，改进服务，丰富商品种类；另一方面通过答复，让用户了解商场提供的服务，增加用户对网站的信任度。

20.3.2 创建数据库及数据表

结合 20.2.2 小节的流程图得出整个电子商务系统需要 4 张数据表，分别为商品信息表、会员信息表、后台管理员信息表、商品类别表。下面创建数据库及数据表。

❶ 打开 SQL Server Management Studio，在【对象资源管理器】对话框中右键单击【数据库】对话框，在弹出菜单中选择【新建数据库】命令，如下图所示，在【数据库名称】文本框中输入创建的数据库名称“dzsw”，单击【确定】按钮。

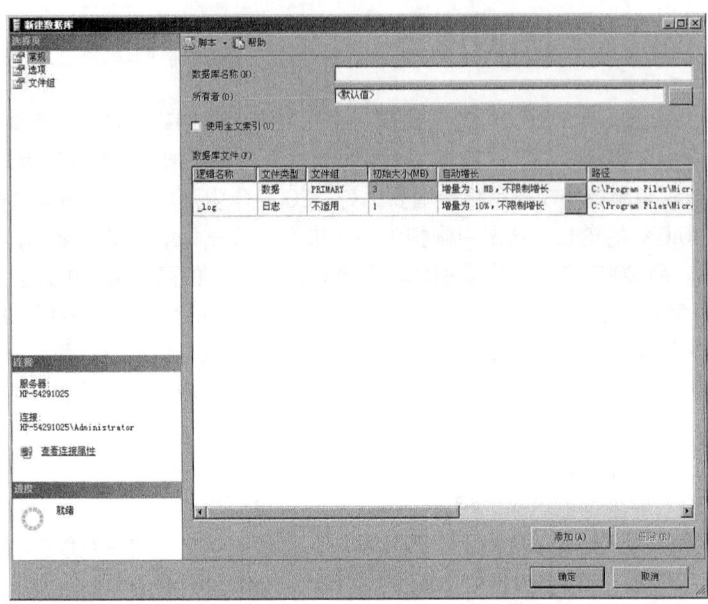

❷ 在【对象资源管理器】页框中单击【数据库】图标，展开数据库选项，单击【dzsw】前的⊞图标，展开选项，右键单击【表】，在弹出的对话框中选择【新建表】，打开【新建表】页面，如下图所示，表的默认名字为“Table_1”，在【属性】列表中将名称修改为“spxx”。

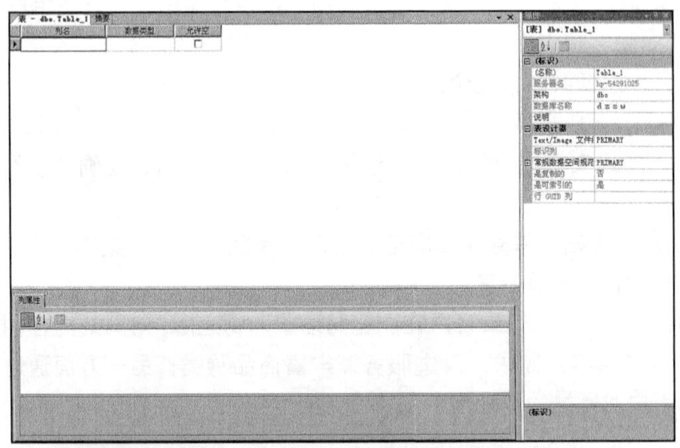

❸ 在工作区中添加列名并对数据类型进行说明，如下图所示。

列名	数据类型	允许空
Id	nchar(10)	☑
Name	nchar(24)	☑
Intro	nchar(100)	☑
image	image	☑
Class	nchar(10)	☑
		☐

❹ 按照步骤 ❷ 和步骤 ❸ 分别创建“会员信息表”、“后台管理员信息表”、“商品类别表”，并将表的名称分别命名为“hyxx”、“htgly”、“splb”，其表结构分别如下图（上）、下图（下左）、下图（下右）所示。

列名	数据类型	允许空
Name	nchar(16)	☐
Grade	char(1)	☑
Password	nchar(20)	☑
Address	nchar(50)	☑
telephone	nchar(20)	☑
		☐

列名	数据类型	允许空
Name	nchar(16)	☐
Password	nchar(20)	☑
Telephone	nchar(20)	☑
Grade	nchar(1)	☑
		☐

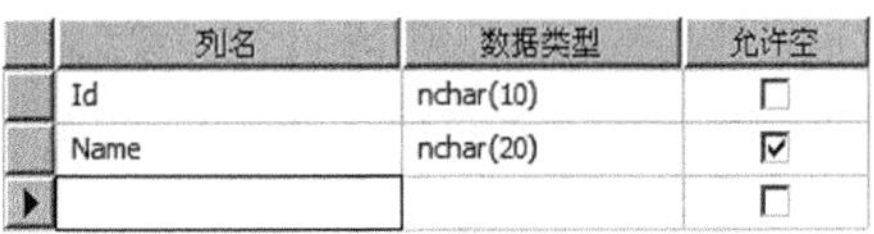

列名	数据类型	允许空
Id	nchar(10)	☐
Name	nchar(20)	☑
		☐

❺ 分别为这些表添加部分数据。

20.3.3 电子商务网站的主页结构

主页结构的具体制作步骤如下。

❶ 新建 HTML，并保存为 index.html 作为网站的主页。

❷ 总体来讲，网站的首页包括四大部分，需要在页面中建立 4 个 1 行 1 列的表格，每个表格的宽度设置为“778 像素”，填充、间距和边框都设置为“0”，背景颜色设置为“白色”，并将对齐方式设置为“居中对齐”。将第 1 个表格拆分为 3 列，分别插入相应内容；第 2 个表格拆分为 8 列，分别输入相应文字并对其进行编辑；第 4 个表格输入版权信息。将上述保存为模板，效果如下图所示。

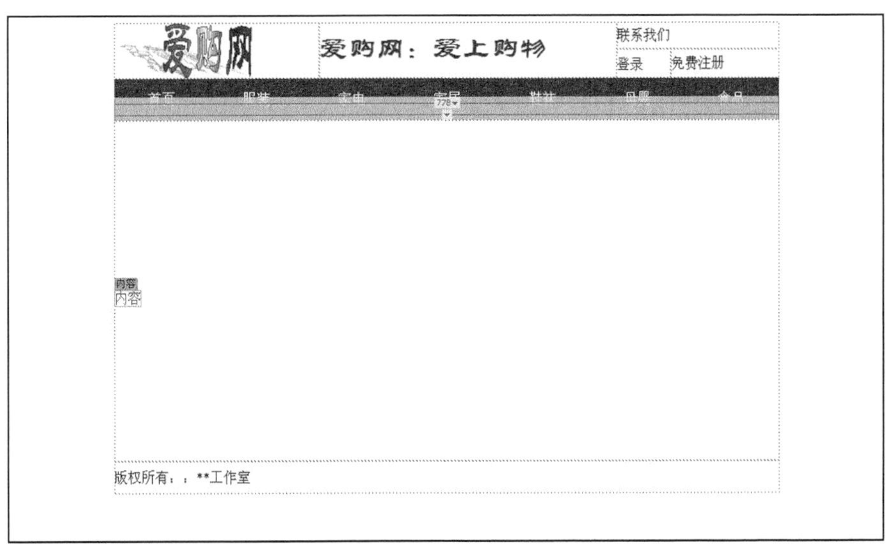

❸ 在主页的中间部分加入具体内容，本页面主要以表格布局内容。打开【页面属性】对话框，选择【链接】选项，对其中涉及的各项进行设置，如下图（左）所示。

❹ 选择【标题 / 编码】选项，对其中涉及的各项进行设置，如下图（右）所示。

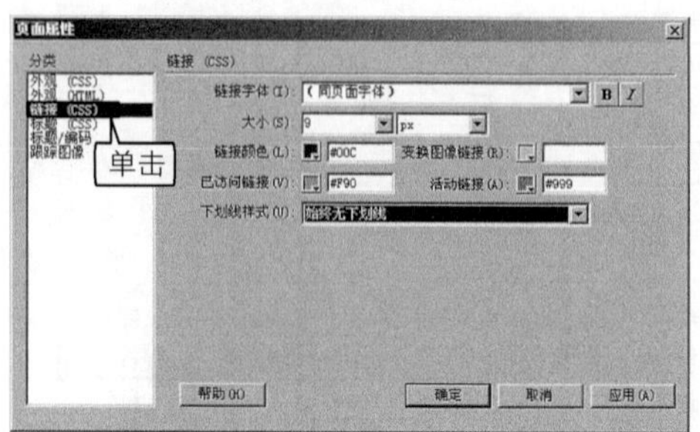

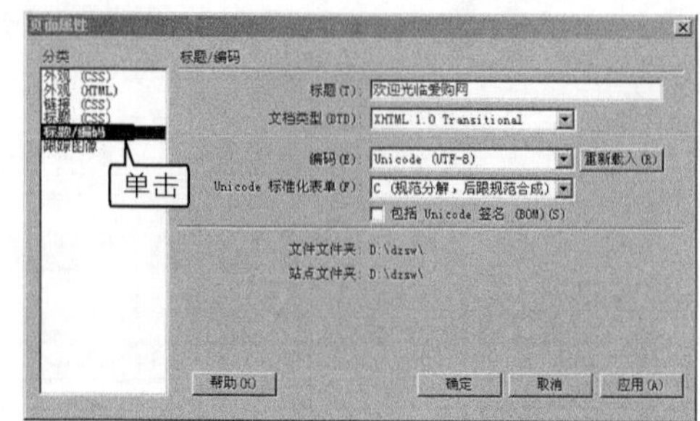

❺ 利用表格将中间部分内容分成两大块，将光标定位在第 3 个表格中，右击【表格】▶【拆分单元格】命令，在左侧单元格中插入两个宽度为 213 像素的表格，在第 1 个表格中插入背景图片，代码为 background="image/bj.gif"，将光标定位在第 1 个表格中，将其拆分成两列单元格，并适当调整左右两侧单元格的宽度。

说 明

将其拆分成两个单元格，是可以通过调整左侧单元的宽度来调整右侧单元格距表格左侧的距离的，方便文本内容的格式调整。

将光标定位于右侧单元格，输入文本内容。设置内容滚动的代码如下：

```
<td><marquee width="200" direction="up" height="100" onmouseout="this.start()" onmouseover="this.stop()" scrollamount="2" scrolldelay="120">本网站现在在进行定期维护，维护时间内无法访问网站，以后可以正常使用网站。我们将会继续努力为大家提供更优质的服务！谢谢大家！
        </marquee>
        </td>
```

效果如下图所示。

网站公告
本网站现在在进行定期维护，维护时间内无法访问网站，以后可以正常使用网站。我们将会继续努力为大家提供更优质的服务！谢谢大家！

❻ 在左侧第 2 个表格插入“联系我们”的文本内容，效果如下图（左）所示。

❼ 在右侧表格插入 4 个表格，并分别将第 2、4 个表格拆分成两列，分别插入文本和图像信息，效果如下图（右）所示。

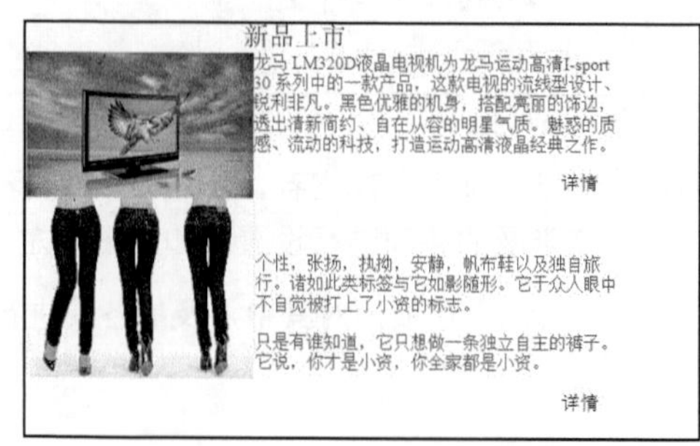

❽ 主页效果如下图所示。

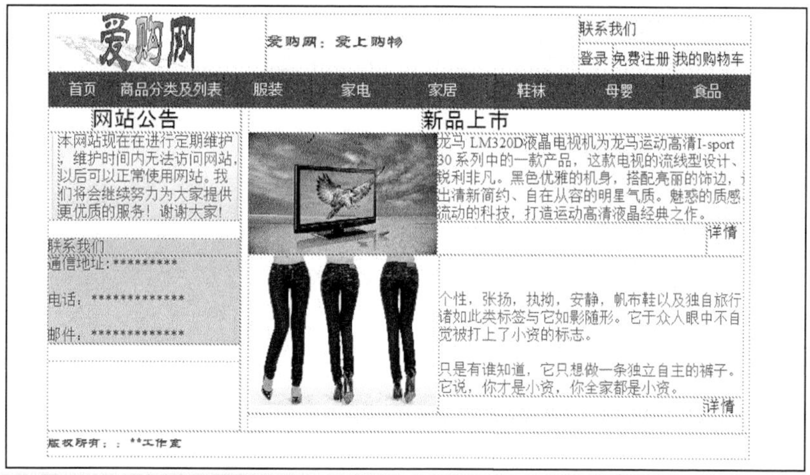

20.3.4 商品分类及列表

创建本网页可以利用模板提高工作效率，具体步骤如下。

❶ 新建一个 HTML 页面，保存为 shangpinfenlei.html。选择菜单【修改】▶【模板】▶【应用模板到页】命令，在弹出的【选择模板】对话框中的【站点】下拉列表框中选择【电子商务】选项，在【模板】文本框中输入创建的模板文件“moban”，如下图所示。

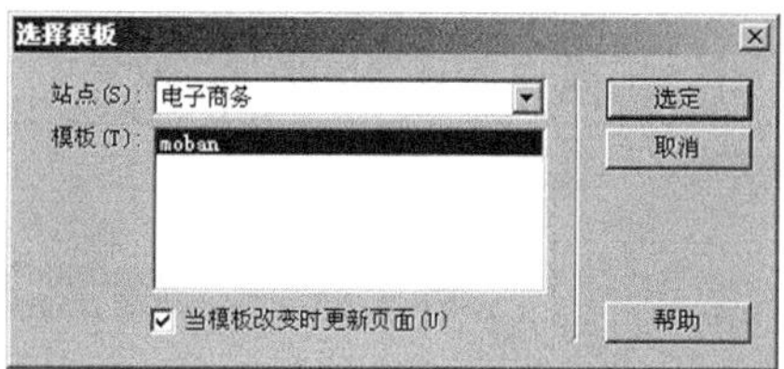

❷ 应用模板之后网页效果如下图所示。

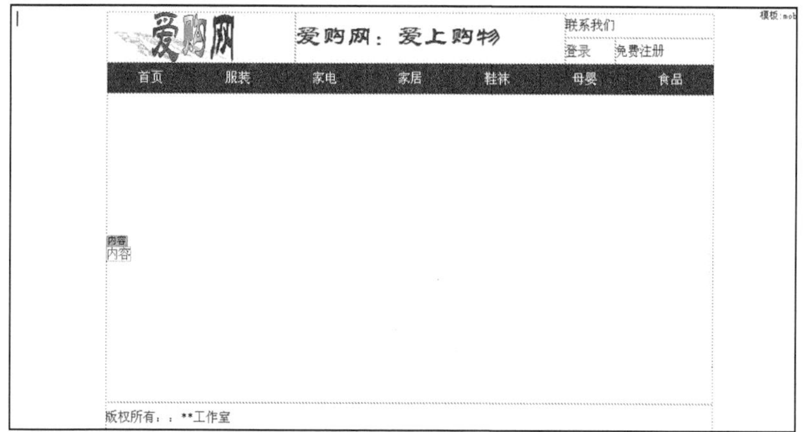

❸ 在【内容】可编辑区域插入 10 个 div 标签，并分别输入相应文本信息，效果如下图所示。

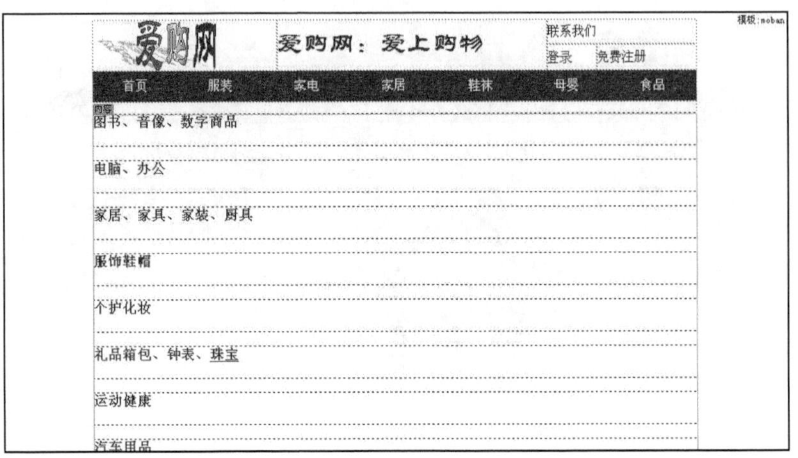

20.3.5 商品详细信息页面

利用模板设计本页面，可以提高工作效率，具体步骤如下。

❶ 新建一个 HTML 页面，保存为 shangpinxiangxi.html。选择菜单【修改】▶【模板】▶【应用模板到页】命令，将模板应用到 shangpinxiangxi.html 网页。

❷ 在【内容】可编辑区域插入 3 个表格，将第 1 个表格拆分为两列，第 1 列插入图片，第 2 列拆分为 6 行，分别输入相应文本，在第 5 行分别插入【表单】菜单中的一个“文本域”、两个“按钮”，修改它们的属性。在第 2、3 个表格分别输入相应文字信息。效果如下图所示。

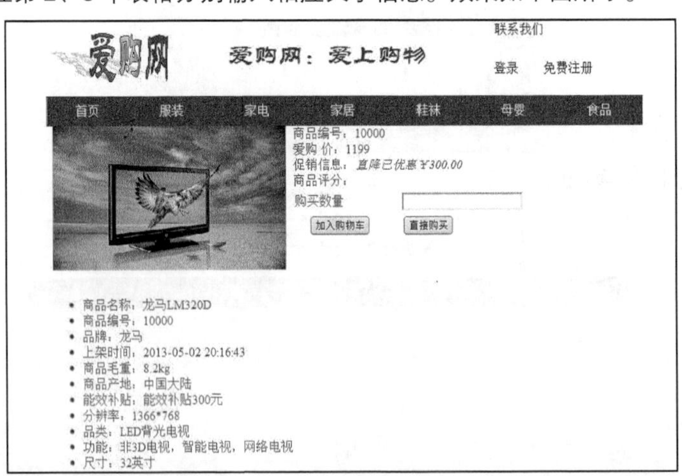

20.3.6 会员注册及登录

会员注册页面设计的具体步骤如下。

❶ 新建一个 HTML 页面，保存为 zhuce.html。选择菜单【修改】▶【模板】▶【应用模板到页】命令，将模板应用到 zhuce.html 网页。

❷ 在【内容】可编辑区域插入 1 个 5 行 4 列的表格，调整至合适的宽度，在第 2 列单元格内分别输入相应文本信息，第 3 列插入“文本域”，分别设置其宽度为合适值，第 4 列单元格内输入相应文本信息，效果如下图所示。

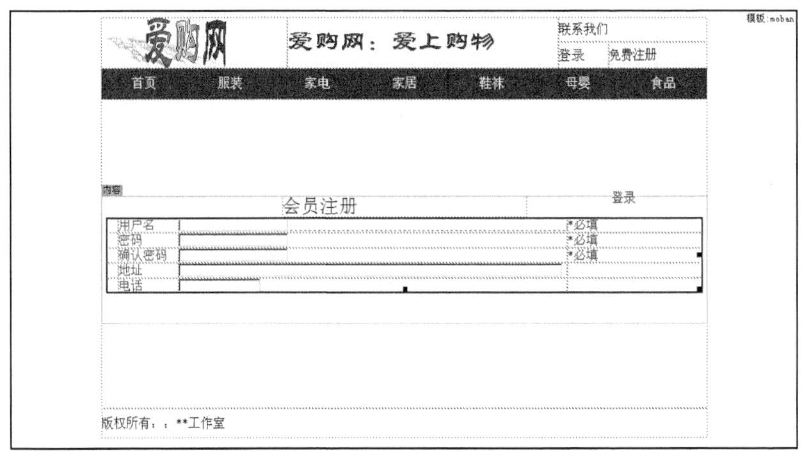

❸ 选中第 1 行的文本域，为其连接数据库，单击【服务器行为】面板的 + 图标，在弹出菜单中选中【插入记录】命令，如下图所示。

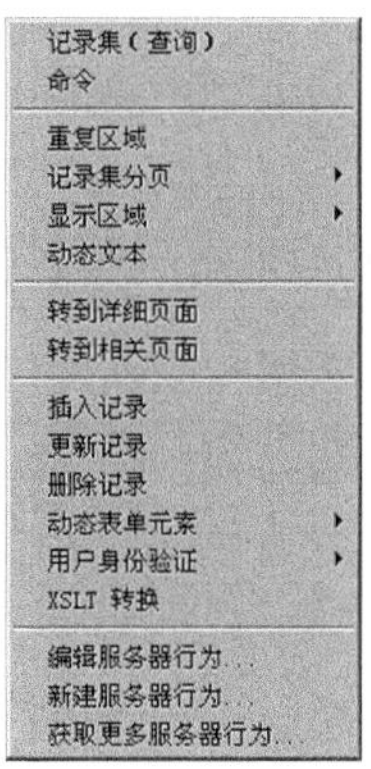

❹ 弹出【插入记录】对话框，在【连接】下拉列表框中选择本次连接的数据库名“dzsw”，在【插入到表格】下拉列表框中选择“会员信息”表“dbo.hyxx”，在【插入后，转到】文本框中插入成功之后转到的页面“chenggong.html”，在【获取值自】下拉列表框中选择插入的相应文本域，在【列】下拉列表框中选择该文本域插入到的数据表的列，如下图所示，单击【确定】按钮，完成插入记录。

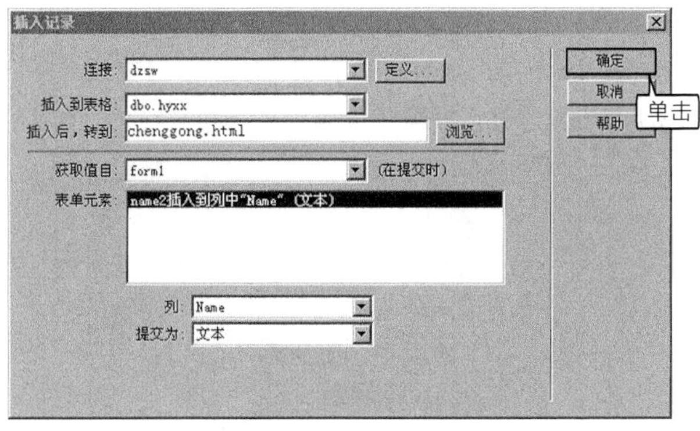

❺ 完成之后，页面如下图所示。

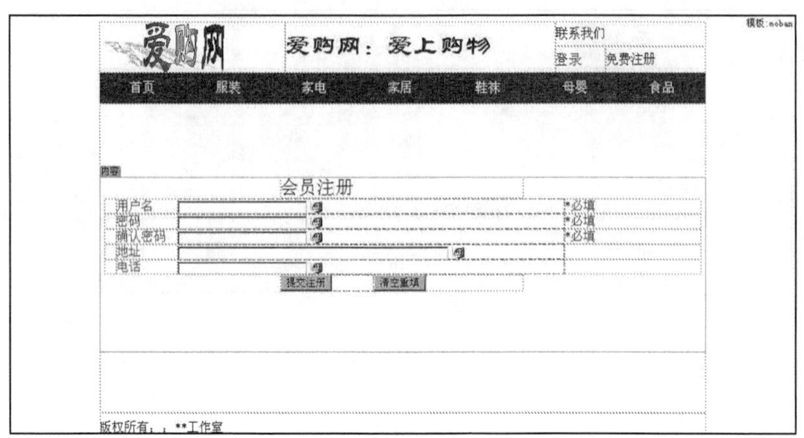

对于大多数网站来说，有许多服务是仅提供给注册用户的。如果网站要求浏览者先注册后进入，那么在用户提交了用户名和密码以后，网站的后台就需要有一个用户名和密码的验证处理过程来处理用户的登录信息。登录页面的制作过程如下。

❶ 新建一个 HTML 页面，保存为 denglu.asp。选择菜单【修改】▶【模板】▶【应用模板到页】命令，将模板应用到 denglu.asp 网页。

❷ 利用表格布局页面，并在表格内插入相应文本或文本域，效果如下图所示。

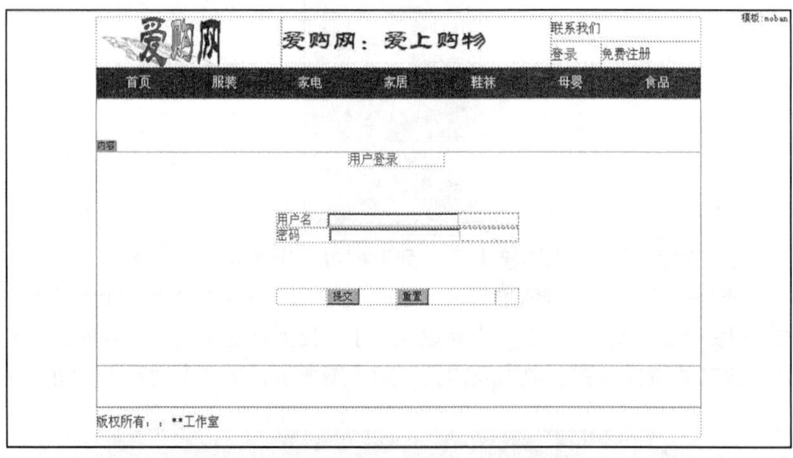

❸ 单击【插入】▶【数据对象】▶【用户身份验证】▶【登录用户】菜单命令，打开【登录用户】对话框，对其中的各项进行如下图所示设置，完成后单击【确定】按钮。

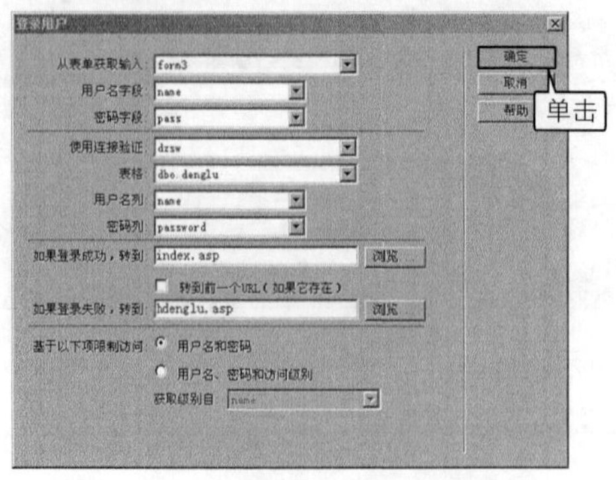

❹ 保存文件并预览，效果如下图所示。

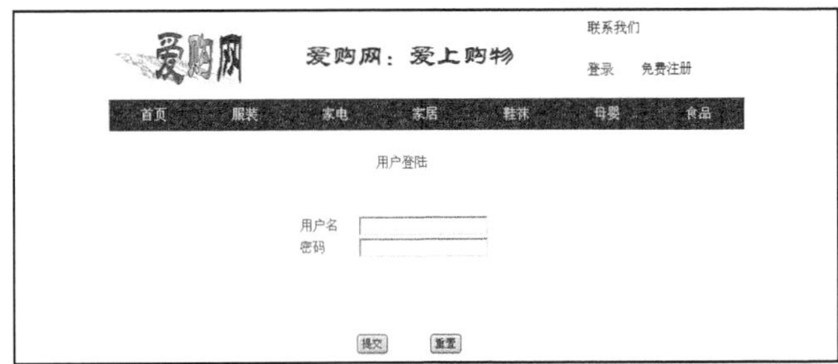

20.3.7 购物车设计

❶ 新建一个 HTML 页面，保存为 gouwuche.asp。选择菜单【修改】▶【模板】▶【应用模板到页】命令，将模板应用到 gouwuche.asp 网页。

❷ 利用表格布局页面，并在表格内插入相应文本或文本域，效果如下图所示。

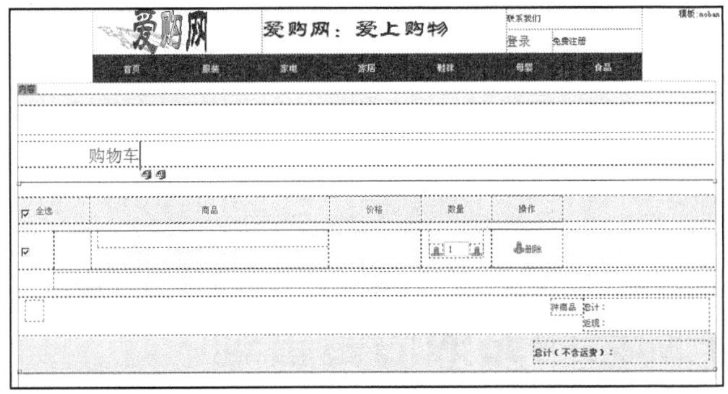

20.3.8 商品查询功能

购物网站一般商品较多，逐个浏览查找商品无疑会浪费客户较长时间，且很多客户是有自己选购商品的具体信息的，这时商品查询功能就显得尤为重要。商品查询页面的具体制作过程如下。

❶ 新建一个 HTML 页面，保存为 chaxun.asp。选择菜单【修改】▶【模板】▶【应用模板到页】命令，将模板应用到 chaxun.asp 网页。

❷ 利用表格布局页面，并在表格内插入相应文本或文本域，效果如下图所示。

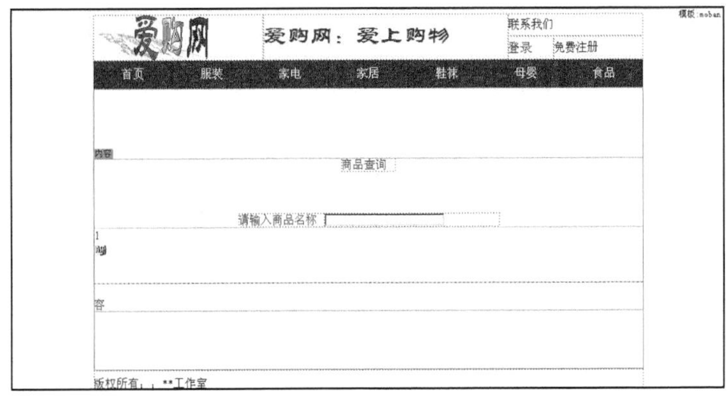

20.3.9 留言板

有不少客户在购物过程会碰到一些问题，电子商务网站应该有顾客反映问题的渠道，留言板就是渠道之一。留言板页面的具体制作过程如下。

❶ 新建一个 HTML 页面，保存为：liuyan.asp。选择菜单【修改】▶【模板】▶【应用模板到页】命令，将模板应用到 liuyan.asp 网页。

❷ 利用表格布局页面，并在表格内插入相应文本或文本域，效果如下图所示。

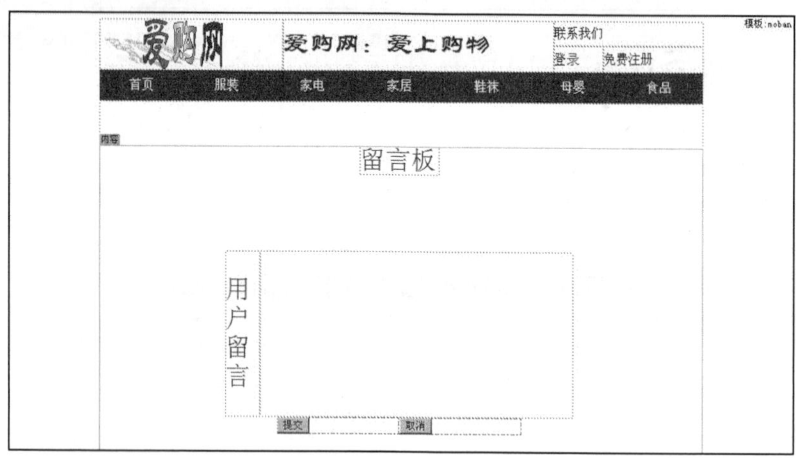

20.4 电子商务网站的后台管理

本节视频教学录像：9 分钟

电子商务网站中，信息的种类和数量很多，为了有效地管理、处理这些信息，网站必须有后台管理系统。后台管理系统可以给管理人员提供友好的界面，为管理人员提供方便。

20.4.1 后台管理功能规划

电子商务后台管理主要是方便网站管理人员管理有关数据库信息，本系统的数据主要包括用户数据、商品数据、订单数据、留言数据等，故后台管理围绕这些数据进行功能模块设计。后台管理大致分为管理员登录、网站用户管理、商品信息管理、商品订单管理、留言信息管理五大模块。

20.4.2 管理员登录和验证

管理员登录功能模块设计与会员登录的设计过程相似，具体步骤如下。

❶ 新建一个 HTML 页面，保存为 hdenglu.asp。选择菜单【修改】▶【模板】▶【应用模板到页】命令，将模板应用到 hdenglu.asp 网页。

❷ 利用表格布局页面，并在表格内插入相应文本或文本域，效果如下图所示。

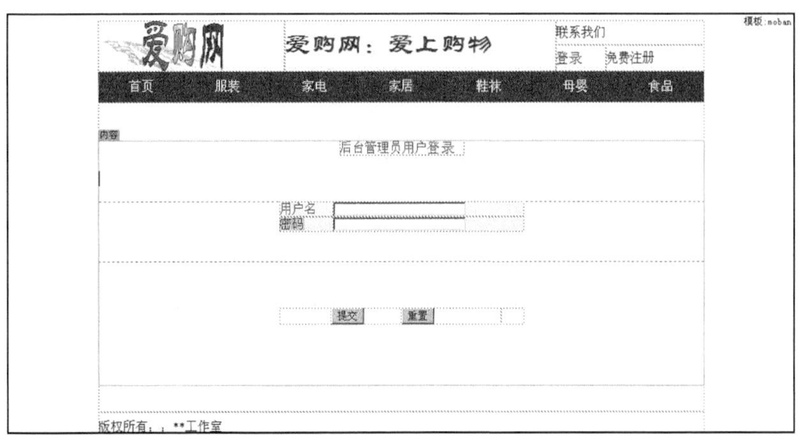

❸ 单击【插入】▶【数据对象】▶【用户身份验证】▶【登录用户】菜单命令，打开【登录用户】对话框，对其中的各项进行如下图所示设置，完成后单击【确定】按钮。

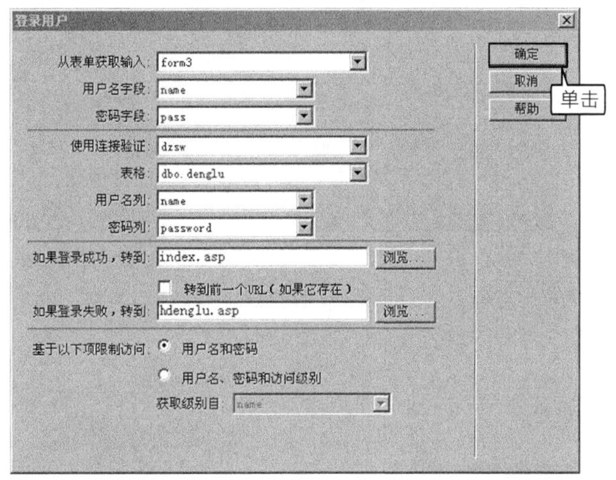

❹ 保存文件并预览，效果如下图所示。

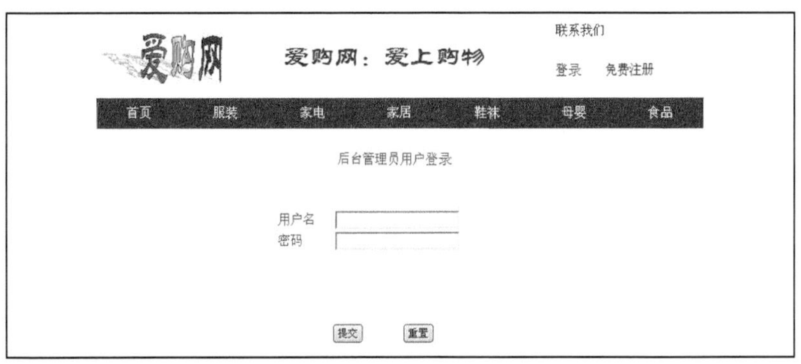

20.4.3 网站用户管理

用户管理页面的具体制作过程如下。

❶ 新建一个 HTML 页面，保存为 hyonghu.asp。选择菜单【修改】▶【模板】▶【应用模板到页】命令，将模板应用到 hyonghu.asp 网页。

❷ 选择【窗口】▶【数据库】菜单命令，在打开的【应用程序】窗格中，切换到【数据库】选项卡，单击 按钮，在弹出的列表中选择【数据源名称（DSN）】选项，如下图（左）所示。

❸ 弹出【数据源名称】对话框，在【数据源名称】下拉列表框中选择在 20.2.4 小节中创建的数据源“dzsw”，在【链接名称】文本框中输入文本“conn”，单击【测试】按钮，弹出如下图（右）所示提示。

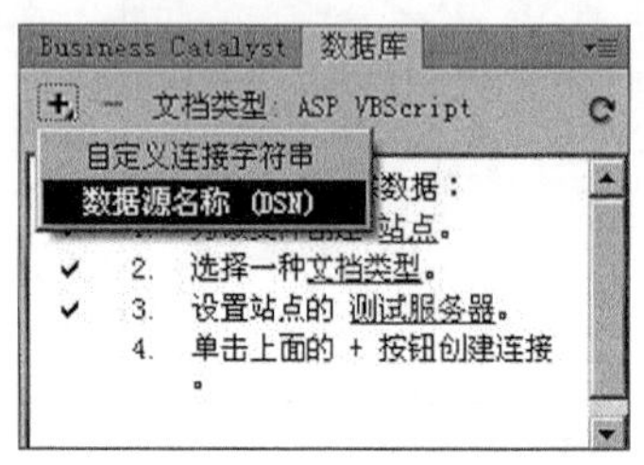

❹ 单击【确定】按钮，在如下图所示对话框中单击【确定】按钮。

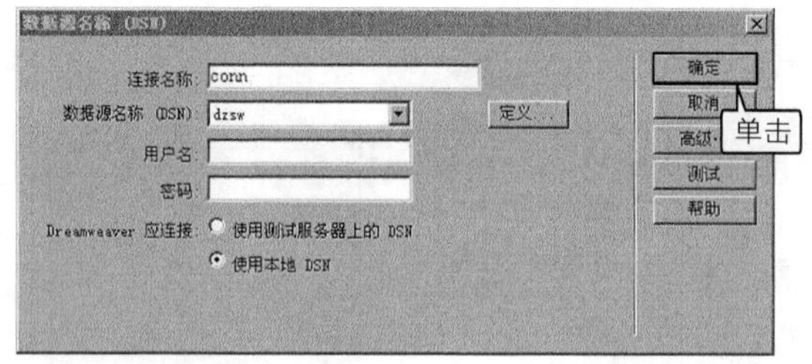

❺ 在【数据库】选项卡中就可以看到创建的数据表了，如下图（左）所示。

❻ 选择【窗口】▶【绑定】命令，打开【绑定】面板，单击 按钮，在弹出的菜单中选择【记录集（查询）】命令，如下图（右）所示。

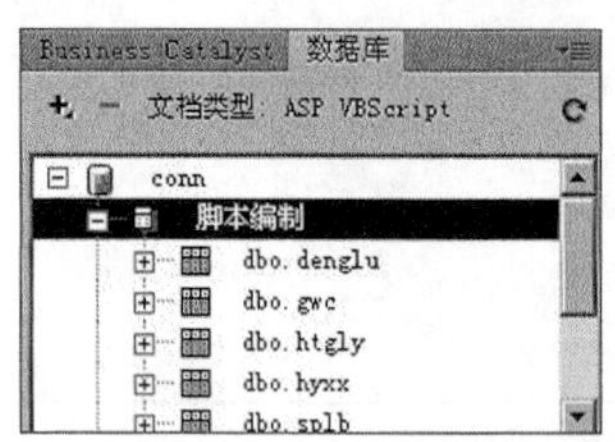

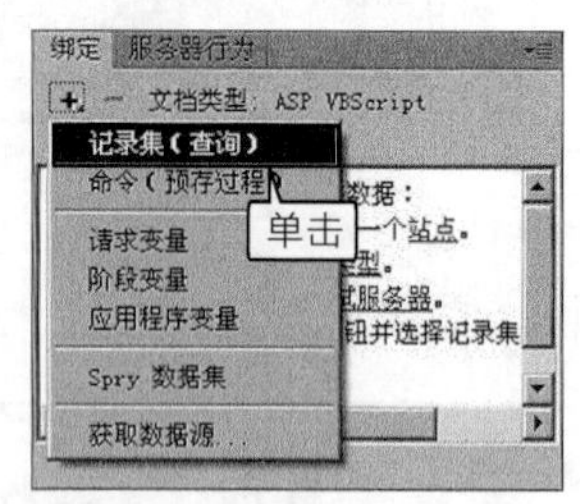

❼ 在弹出的对话框中打开【数据库】域中的【表格】域，选择“spxx”表，并单击【SELECT】按钮，弹出如下图所示的对话框，单击【确定】按钮。

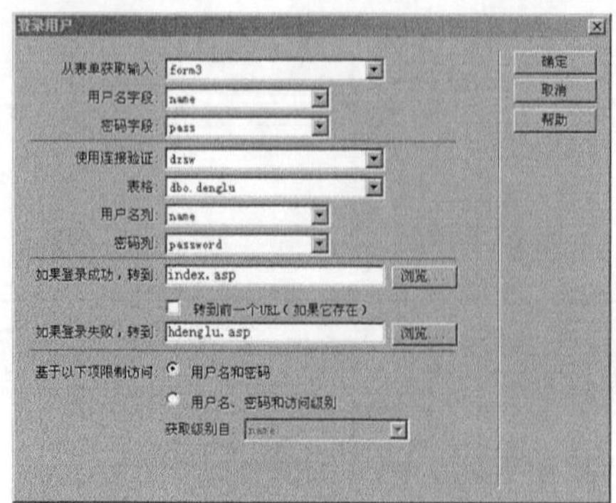

❽ 选择【插入】▶【数据对象】▶【动态数据】▶【动态表格】命令，弹出【动态表格】对话框，在【显示】文本框中输入显示记录的条数，单击【确定】按钮，如下图所示。

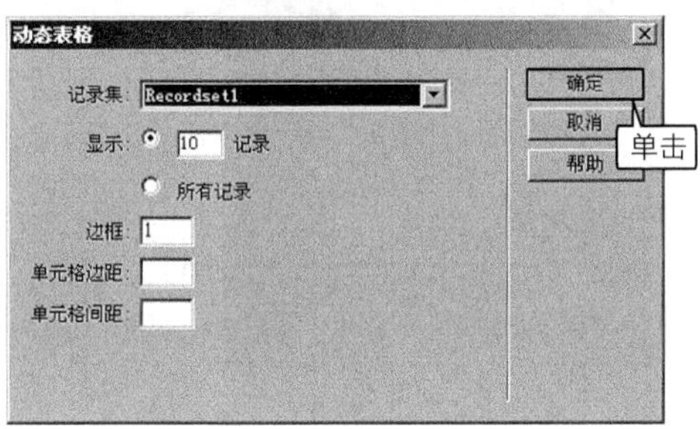

❾ 页面效果如下图所示。

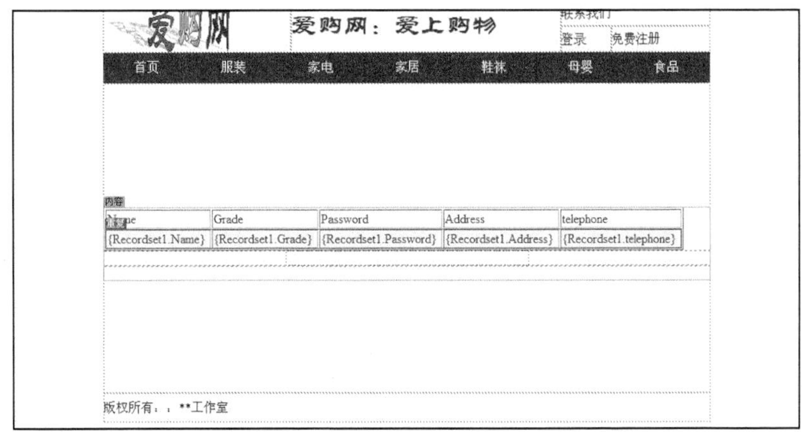

❿ 将其中的表头部分修改后，如下图所示。

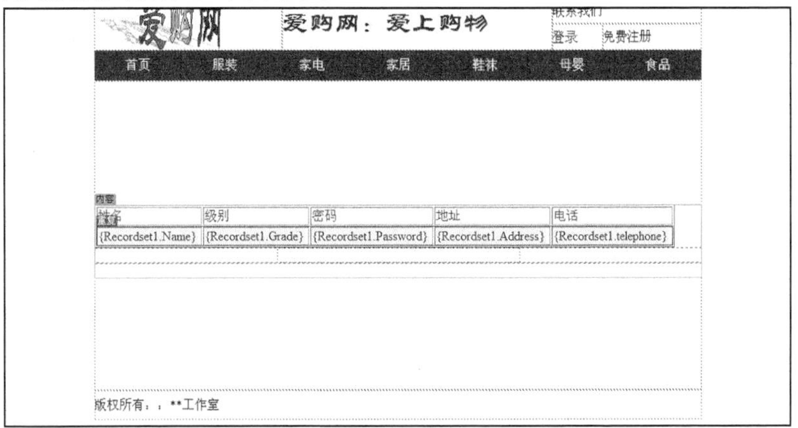

20.4.4 商品信息管理

商品信息管理页面的制作过程如同 20.4.3 小节中的用户管理页面的制作过程，效果如下图所示。

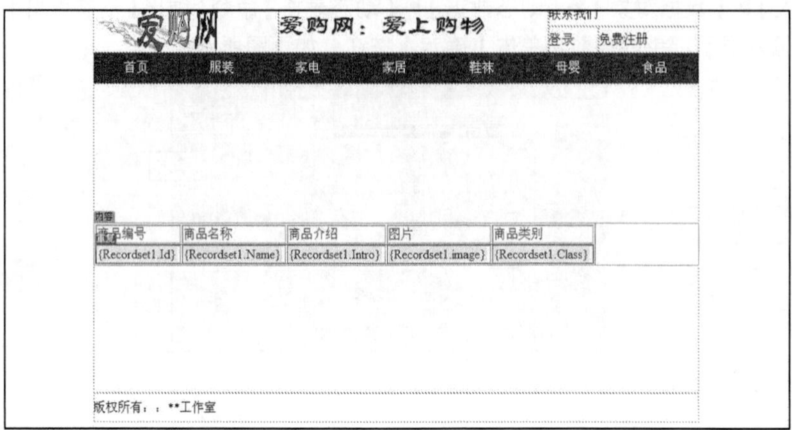

商品信息管理页面的生成代码如下：

```
<%@LANGUAGE="VBSCRIPT"%>
<!--#include file="Connections/conn.asp" -->
<%
Dim Recordset1
Dim Recordset1_cmd
Dim Recordset1_numRows
Set Recordset1_cmd = Server.CreateObject ("ADODB.Command")
Recordset1_cmd.ActiveConnection = MM_conn_STRING
Recordset1_cmd.CommandText = "SELECT * FROM dbo.spxx"
Recordset1_cmd.Prepared = true
Set Recordset1 = Recordset1_cmd.Execute
Recordset1_numRows = 0
%>
<%
Dim Repeat1__numRows
Dim Repeat1__index
Repeat1__numRows = 10
Repeat1__index = 0
Recordset1_numRows = Recordset1_numRows + Repeat1__numRows
%>
<%
Dim Repeat2__numRows
Dim Repeat2__index
Repeat2__numRows = 10
Repeat2__index = 0
Recordset1_numRows = Recordset1_numRows + Repeat2__numRows
%>
<!DOCTYPE html PUBLIC "-//W3C//DTD XHTML 1.0 Transitional//EN" "http://www.w3.org/TR/xhtml1/DTD/xhtml1-transitional.dtd">
```

```
<html xmlns="http://www.w3.org/1999/xhtml"><!-- InstanceBegin template="/Templates/moban.dwt" codeOutsideHTMLIsLocked="false" -->
<head>
<meta http-equiv="Content-Type" content="text/html; charset=utf-8" />
<!-- InstanceBeginEditable name="doctitle" -->
<title> 无标题文档 </title>
<!-- InstanceEndEditable -->
<style type="text/css">
.t {
font-size: xx-large;
font-family: " 华文隶书 ";
font-weight: bold;
color: #03F;
}
.t11 {
color: #03F;
}
.t2 {
text-align: center;
}
.t2 td {
color: #FFF;
}
...... // 此处有代码省略
```

20.4.5 商品订单管理

商品订单管理页面的制作过程与 20.4.3 小节的用户管理页面的制作过程类似，效果如下图所示。

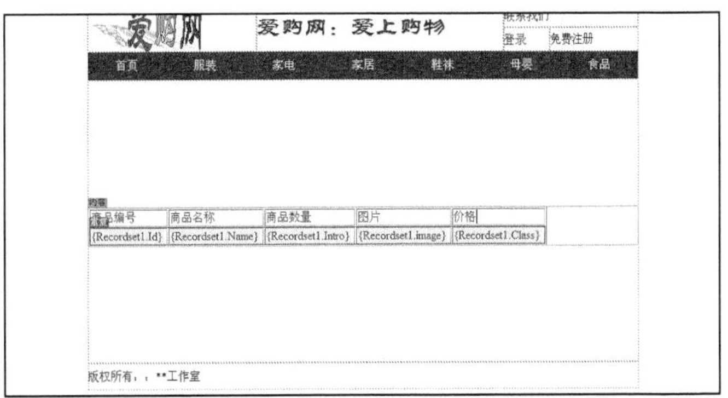

20.4.6 留言信息管理

留言信息管理页面的制作过程与 20.4.3 小节的用户管理页面的制作过程类似，效果如下图所示。

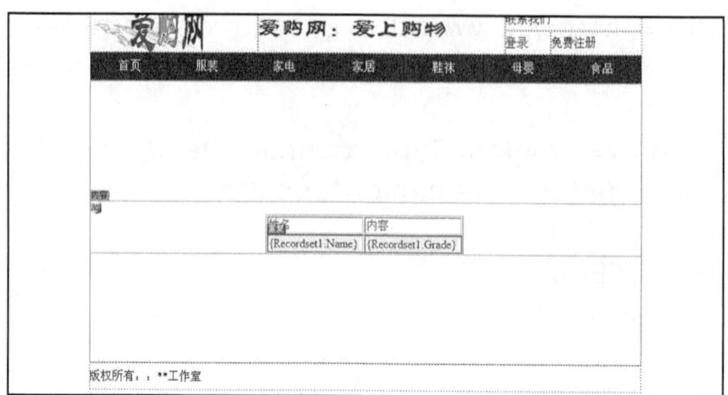

高手私房菜

技巧：加密数据库连接字符串

此类大型网站的设计过程中，数据库连接部分的代码一般是经过加密的，加密过程如下。

1. 添加密钥

执行 :C:WINDOWSMicrosoft.NETFrameworkv2.0.50727aspnet_regiis -pc "dzsw" -exp

其中 "dzsw" 为密钥名称

2. 添加 web.config 节点

在 web.config 的 <configuration></configuration> 之间添加：

```
<configPRotectedData>
<providers>
<add keyContainerName="dzsw" useMachineContainer="true" description="Uses
RsaCryptoServiceProvider to encrypt and decrypt" name="dzsw" type="System.Configuration.
RsaProtectedConfigurationProvider,System.Configuration, Version=2.0.0.0,
Culture=neutral, PublicKeyToken=b03f5f7f11d50a3a" />
</providers>
</configProtectedData>
```

3. 加密 web.config

到网站根目录添加一个批处理文件 enweb.bat，内容如下：

```
@echo off
C:WINDOWSMicrosoft.NETFrameworkv2.0.50727aspnet_regiis -pef "system.web/identity"
"E:HS StudioDonet2Hnlawyer" -prov
"dzsw"
C:WINDOWSMicrosoft.NETFrameworkv2.0.50727aspnet_regiis -pef "connectionStrings"
"E:HS StudioDonet2Hnlawyer" -prov
"dzsw"
PAUSE
```

第 4 篇

实战篇

本篇介绍常见的网站开发案例，即网络购物、企业门户、影音视频、电子商务、社交、时政新闻、休闲旅游、博客 / 微博共八类网站，对网站的配置、页面设计等进行分析，并根据分析，制作自己的网站。通过本章的学习，读者可以积累实战经验。

第21章

本章教学录像：13 分钟

网络购物网站——淘宝网

购物网站是为买卖双方提供交易的互联网平台，商家在网站上展示出售商品信息，顾客从中选择并购买所需的商品。购物网站主要包含的内容有发布商品信息、提供商品分类检索、用户能方便订购商品、有效的订单管理。相对于传统商业，购物网站降低了商家的成本，另一方面，顾客可以足不出户购买到物美价廉的商品。本章以淘宝网为例，分析如何创建购物网站。

本章要点（已掌握的在方框中打勾）

☐ 网站配置分析

☐ 制作自己的购物网站

21.1 网站配置分析

本节视频教学录像：10 分钟

对于淘宝网这样的大型网站，栏目众多，业务逻辑复杂，网站主要分为展现层、业务逻辑层和持久层。展现层就是前端的 Web 页面，位于最外层，离用户最近。业务逻辑层主要负责各种应用业务，主要集中在业务规则的制定、业务流程的实现等与业务需求有关的系统设计。业务逻辑层的设计对于一个支持可扩展的架构尤为关键，因为业务逻辑层对于数据访问而言，它是调用者；对于展现层而言，它却是被调用者。持久层就是数据存储层，主要是负责数据库的访问，可以访问数据库系统、二进制文件、文本文档或是 XML 文档。本案例以淘宝网为例，分别从服务器配置、技术分析和页面设计三个方面介绍购物网站的创建步骤。

21.1.1 服务器配置分析

服务器的配置包括 Web 服务器、图片服务器、数据库服务器、应用服务器、日志服务器等。

前端处理服务器的架构，淘宝网采用 session 框架，用 client cookie 实现，主要将状态保存到了 cookie 里面，这样就使得应用节点本身不需要保存任何状态信息，当系统用户变多的时候，就可以通过增加更多的应用节点来达到水平扩展的目的。但是采用客户端 cookie 的方式来保存状态也会遇到限制，比如每个 cookie 一般不能超过 4KB 的大小，同时很多浏览器都限制一个站点最多保存 20 个 cookie。淘宝网 cookie 框 架采用的是“多值 cookie”， 就是一个组合键对应多个 cookie 的 值，这样不仅可以防止 cookie 数量超过 20， 同时还节省了 cookie 存储有效信息的空间，因为默认每个 cookie 都会有大约 50 个字节的元信息来描述 cookie。并且淘宝网采用集中式的 session 管理，就是多个无状态的应用节点连接一个 session 服务器，session 服务器将 session 保存到缓存中，session 服务器后端再配有底层持久性数据源，比如数据库、文件系统等。

对于淘宝网这类购物网站，商品图片的访问流量非常大，对于大规模小文件的存储和读取，淘宝采用自主研发的 TFS 集群系统来解决这个问题。淘宝集群文件系统 TFS(Taobao File System，淘宝文件系统)，它的逻辑架构是集群由一对 Name Server 和多台 Data Server 构成，Name Server 的两台服务器互为双机，就是集群文件系统中管理节点的概念。每个 Data Server 运行在一台普通的 Linux 主机上；以 block 文件的形式存放数据文件 (一般 64MB 一个 block) ；block 存多份保证数据安全；利用 EXT3 文件系统存放数据文件；文件名内置元数据信息，用户自己保存 TFS 文件名；完全扁平化的数据组织结构，抛弃了传统文件系统的目录结构。在块设备基础上建立自有的文件系统，减少 EXT3 等文件系统数据碎片带来的性能损耗。单进程管理单块磁盘的方式，摒除 RAID5 机制。带有 HA 机制的中央控制节点，在安全稳定和性能复杂度之间取得平衡。

对于数据库服务器，淘宝网根据自己的业务特点，采用自主开发的 TDDL 框架，此框架主要解决了分库分表对应用的透明化以及异构数据库之间的数据复制问题，对 Oracle 和 MySQL 数据库进行垂直水平分割的管理。

21.1.2 淘宝网主要功能模块及技术分析

对于淘宝网的商家，在淘宝网开店的流程：首先在淘宝网注册登录，申请支付宝确认，将销售的商品登记在网站上，当收到订单就发货，最后评价和提取现金。

对于淘宝网的顾客，在淘宝网购物的流程：首先在淘宝网注册登录，在网站上搜索浏览所需商品的信息，通过购物车购物下订单，可以通过第三方支付模式付款，等待商家发货，通过网站的物流运送机制收到购买商品，确认支付，在网站对商家进行评价。

淘宝网主要的功能如下。

(1) 商品信息的发布、管理：按照商品的类别展示商品的相关信息，供顾客浏览查看，并且对商品进行分类管理。

(2) 会员信息的管理：包括会员注册、登录，建立完整的会员资料库，会员积分与会员等级设置，会员的订单查看、订单修改、以往订单记录等功能。

(3) 商品多级分类检索：淘宝网提供商品、淘宝商城店铺的分类搜索，并且在搜索框下方显示热门搜索词，可以帮用户自动完成输入。在高级搜索中，淘宝网提供了十分详细的搜索辅助选项，包括常规的关键字、商品所属市场、卖家会员名等，还提供了价格范围、卖家信用、购物保障、商品优惠、物流及支付方式等多种丰富的选项，用户根据自己的需要进行组合搜索，找到满足用户不同购物需求的商品。

(4) 方便快捷的购物车：实现商品加入购物车或清除出购物车、查看购物车、清空购物车等功能。

(5) 在线订单生成和管理：自动将用户信息、购买商品、总金额、支付方式、配送方式生成清单，并发送到店铺管理后台，供店铺实时进行处理。

(6) 网站公告、促销活动、论坛：公告发布淘宝网的最新资讯；促销活动可以快速提高网上商店的人气、回访率及销售额；论坛发布淘宝网的各方面信息。

(7) 在线服务：淘宝网提供了在线服务工具 “阿里旺旺” ，通过“和我联系”或“给我留言”和商家联系，还可以查看交易历史、了解对方信用情况及个人信息和头像等。

(8) 信用评价体系：网站通过设置评价来表示卖家的信用，在一次交易中顾客给卖家和商品评价，好评为正、中评为 0、差评为负。对于非经过网站支付平台的交易不计分；根据分数对卖家进行星、钻的等级划分；评价的同时可以附上评价的具体内容，以便给其他顾客更多参考。

(9) 安全功能：网站提供安全登录控件、密码保护、交易过程中的安全提醒、第三方支付工具、数字证书来保障购物的安全。

淘宝网在开始之初采用的前端开发语言是 PHP，PHP 语言是开放源代码语言，由 PHP 开发小组及全世界的 PHP 爱好者时刻进行着维护和更新，不断增强其功能。在语法格式上，PHP 借鉴了广泛流行的 C、Java 和 Perl 等编程语言的特点，非常类似于 C 语言，但比 C 语言更简单、易学和易用。在功能上，它提供了丰富的函数库，支持复杂字符串处理、正规表达式和图形处理，可根据用户请求将服务器的数据轻松地产生动态网页，支持目前几乎所有流行的数据库系统，如 Oracle、SQL Server、MySQL、mSQL、Informix、SyBase、ODBC、PostgreSQL 及 dBase 等。在可移植性上，PHP 程序可在 Windows 下快速开发，代码甚至不加修改即可运行在 UNIX、Linux 上。因此，很多网站选用 PHP 作为网站的开发语言。淘宝网的 Web 层开发部分采用的就是 PHP 语言。

淘宝网的业务层主要采用 Java 语言，Java 的优势在于：首先，Java 程序一次编写，到处运行。在这一点上 Java 比 PHP 更出色，除了系统之外，代码不用做任何更改。 其次，系统的多平台支持。Java 语言基本上可以在所有平台上的任意环境中开发，在任意环境中进行系统部署，在任意环境中扩展，相比 ASP/PHP 的局限性是显而易见的。 再次，强大的可伸缩性。包括多台 Application 进行事务处理、消息处理。

21.1.3 页面设计分析

淘宝网页面非常简洁，用户可以通过在 IE 浏览器输入 http://www.taobao.com 来访问淘宝网。淘宝网站采用具有很强亲和力的桔黄色为主色调，使整个网站显得朝气蓬勃、富有渲染力。淘宝网的首页如下图所示。

页面采用 CSS+DIV 布局设计，首先在整体上进行 <div> 标记分块，然后对各个块进行 CSS 定位，最后在各个块中添加相应内容。对淘宝网首页的架构进行分析，淘宝网首页的排版框架采用回字形如下图所示。淘宝首页主要包括的块有位于主页面左上角的导航区；位于主题上方的分类列表和商家的广告图片浏览块；位于主体的淘宝所有类目的分类列表；主体下方的本地生活和推荐频道块；位于主体右侧的应用服务块；位于主页底部的常见问答、友情链接、网站版权、备案等信息块。

<table>
<tr><td colspan="2">导航区</td></tr>
<tr><td>淘宝服务列表和广告浏览</td><td rowspan="2">应用服务</td></tr>
<tr><td>所有类目</td></tr>
<tr><td colspan="2">本地生活</td></tr>
<tr><td colspan="2">推荐频道</td></tr>
<tr><td colspan="2">脚注</td></tr>
</table>

接下来将详细介绍淘宝网首页各个模块的功能以及相关块中所包含的子 <div> 块。其中导航区包括网站导航、淘宝网的 logo、搜索引擎、快速导航等内容，导航区的架构如下图所示。

<table>
<tr><td colspan="2">#site-nav（登录，我的淘宝，卖家中心，购物车，客服，收藏夹，网站导航）</td></tr>
<tr><td rowspan="2">#J_DirectPromo_274（logo 标志）</td><td>#J_Search（淘宝宝贝，天猫，店铺分类搜索）</td></tr>
<tr><td>#search-hots</td></tr>
<tr><td colspan="2">#J_Trip（快速导航，会员俱乐部，消费者保障）</td></tr>
</table>

位于主体上半部分淘宝服务列表和商家的广告图片浏览区域架构，主要包括淘宝服务的分类列表、广告图片和广告文字的滚动播放、热点品牌的 logo 展示。其中 #J_ProductList 块以表格形式显示服务的分类信息，桔黄色的外框、粉红色的背景在整个网页中十分醒目。广告浏览区以不同的方式展示广告，#J_MainPromo 块主要实现广告图片的滚动播放，#J_TMall 块是以旋转木马的样式展示广告文字和广告图片，.hot-banner 块显示热点品牌的 logo 图标。大家都知道品牌效应是商业社会中企业价值的延续，在当前品牌先导的商业模式中，品牌意味着商品定位、经营模式、消费族群和利润回报。品牌效应可以带动商机，显示出消费者自身身价的同时，也无形中提高了商家的品位，好让更多的高层次消费者光临店面。淘宝通过知名品牌的商品广告图片来吸引消费者的眼球，从而诱使消费者点击相应的链接，延长消费者在淘宝网站的浏览时间，激起消费者的购买欲。这个部分在整个页面的主体位置，因此在细节处理上要注意。淘宝服务列表和广告浏览区域的框架代码如下：

```
<DIV style="zoom: 1;" class="col-main">
<DIV id="J_ProductList" class="product-list"></DIV>
<DL class="product-body-services">
<DT> 购物 </DT>
<DT> 生活 </DT>
</DL>
<DIV id="J_MainPromo" class="mainpromo"></DIV>
<DIV id="J_TMall" class="tmall"></DIV>
<DIV class="hot-banner"></DIV>
</DIV>
```

主体的中间部分显示淘宝所有类目的分类列表，包括充话费、服装、鞋包服饰、运动户外、珠宝手表、数码等多个类别的信息。这个列表能够很清晰地看到各个分类中更为详细的信息，针对性很强，不会浪费消费者太多的时间，消费者就能找到自己需要的东西。这个部分的框架代码如下：

```
<DIV id="J_CategoryHover" class="category-main" data-abtestType="">
    <DIV class="category-all cat-all"></DIV>
    <DIV class="category-item cat-clothes"></DIV>
    <DIV class="category-item cat-baldric"></DIV>
    <DIV class="category-item cat-sports"></DIV>
    <DIV class="category-item cat-jewelry"></DIV>
    <DIV class="category-item cat-digital"></DIV>
    <DIV class="category-item cat-appliances"></DIV>
    <DIV class="category-item cat-beauty"></DIV>
    <DIV class="category-item cat-baby"></DIV>
    <DIV class="category-item cat-living"></DIV>
    <DIV class="category-item cat-foods"></DIV>
    <DIV class="category-item cat-dailyuse"></DIV>
    <DIV class="category-item cat-car"></DIV>
    <DIV class="category-item cat-entertain"></DIV>
    <DIV class="category-item cat-special"></DIV>
</DIV>
```

位于主体右侧的应用服务架构如下图所示，是一些公告、便民服务，例如可以在线给手机充值或机票预订等。#J_Notice 块以 Tab 页的形式，展示公告、规则、论坛、安全中心、公益等信息，当鼠标滑动到某个选择页上时，下面会出现相关的文字内容。#J_Status 块对应的是用户注册、登录、开店的快速链接。#J_Convenience 块对应的是便民服务的 Tab 页，包括充话费选择页可以在线充话费；游戏选择页可以在线购买点卡、Q 币、网游物品等；旅行选择页可以查询航班、酒店、门票等信息。#J_Act 块展示的是促销活动的图片信息，图片信息是以旋转木马方式显示的。#J_Recom 块对应的是精彩活动、最热卖、创意生活、生活团购的 Tab 页。各个选择页以列表的方式显示板块的内容。

#J_Notice（公告，规则，论坛，安全中心，公益）
#J_Status（用户注册，登录，开店的快速链接）
#J_Convenience（充话费，游戏，旅行）
#J_Act（促销活动）
#J_Recom（精彩活动，最热卖，创意生活，生活团购）

本地生活是 #J_Local 块，它的架构如下图所示。

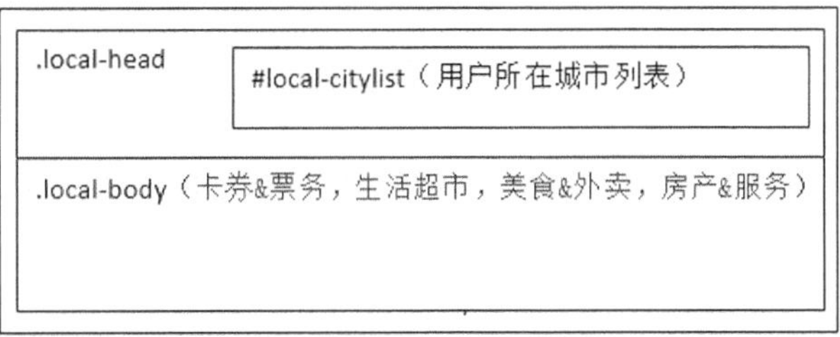

推荐频道的架构如下图所示，采用图片来充当各类商品的快捷链接，通过使用鲜艳的图片来吸引消费者的眼球，同时也使网页更加丰富、充实。

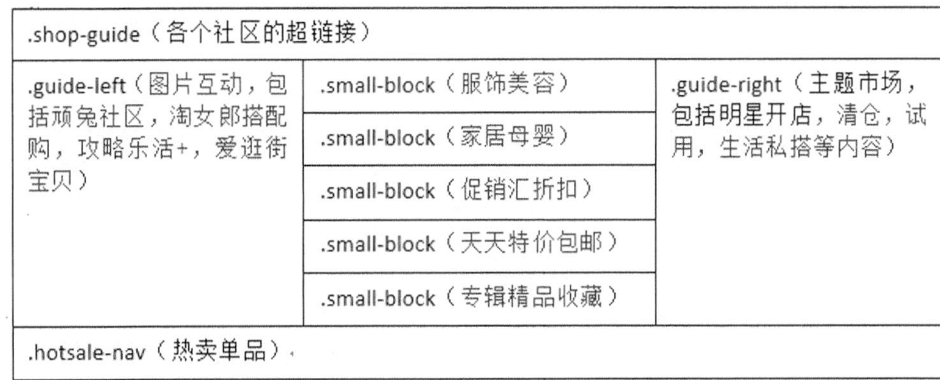

首页最下方的脚注部分如下图所示，包括帮助信息、版权信息和联系方式。.layout helper 块用来放消费者保障、新手上路、付款方式、淘宝特色的内容。#footer 块主要用来放一些版权信息和联系方式，贵在简单明了。对于 #footer 块最主要的是切合页面其他部分的风格。

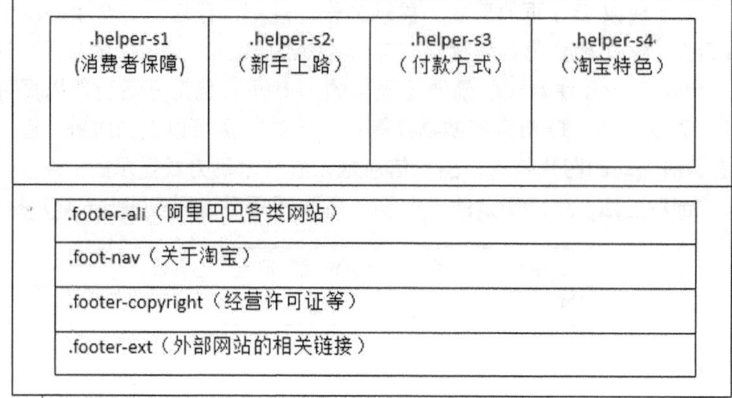

下面将给大家介绍淘宝网的页面设计，取其精华，借鉴其成功之处。

1. 导航区

首先介绍淘宝网首页导航区，前面已经说过它十分简洁，右上角的用户信息、网站导航、基于多类别的搜索，能够使用户快速找到自己需要的信息。接下来将给出淘宝网头部的 CSS 样式的代码，供读者借鉴。下图为导航区的效果图。

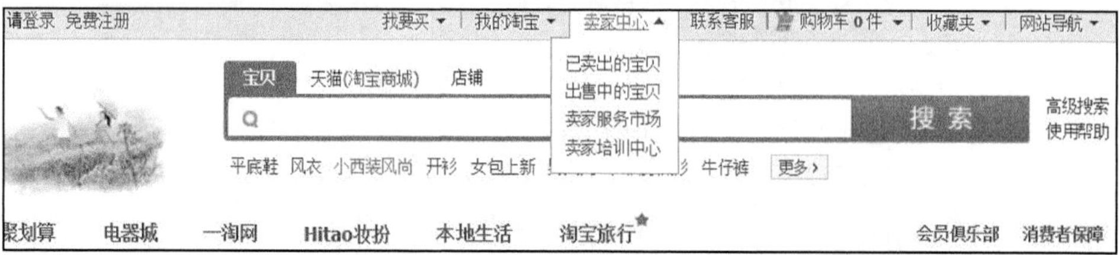

#site-nav 块包括我要买、我的淘宝、买家中心等信息项，当鼠标滑动到某一项时，会出现它的下拉菜单，部分相关的 CSS 样式的代码如下。

```
STYLE>#site-nav .quick-menu li.sale1212 {
      margin-top: 3px;
      *margin-top: 1px;
      background: none;
      position:absolute;
      left:-70px;}
</STYLE>
<STYLE>#site-nav .seller-center .menu-hd{ width:48px;}
  #site-nav .seller-center .menu-bd{ width: 94px; line-height:1.7;}
  #site-nav .seller-center .menu-bd-panel{padding: 8px 10px;}
</STYLE>
搜索相关的 html 代码
<FORM id="J_TSearchForm" name="search" action="http://s.taobao.
com/search"
target="_top">
<DIV class="search-panel-fields">
<INPUT accessKey="s" id="q" name="q" x-webkit-
```

```
grammar="builtin:translate"
x-webkit-speech="" autocomplete="off" autofocus="true"><S></S></DIV>
<BUTTON type="submit"> 搜 索 </BUTTON>
</FORM>
```

2. 主体部分

主体部分包括淘宝服务列表和广告浏览、商品的所有类目、应用服务、本地生活、推荐频道等板块。

(1) 淘宝服务列表和广告浏览如下图所示。淘宝服务列表的架构和排版前面已经介绍过了，不再赘述。广告浏览模块用来展示图片广告的循环滚动播放。图片循环滚动播放的绚丽效果可以给顾客留下非常深刻的印象，即使没有购物欲望的顾客也会忍不住点击该页面。同时像淘宝这类购物网站中图片多如牛毛，因此导致网页加载的速度过慢。利用图片循环滚动播放可以缓解 HTTP 请求，首先页面只加载窗口显示区的图片，只有等到页面滚动，且滚动到相应位置的时候才再去加载相应图片，这样在同一时刻就减少了请求，使页面加载速度提升，这一点特别值得广大读者学习。

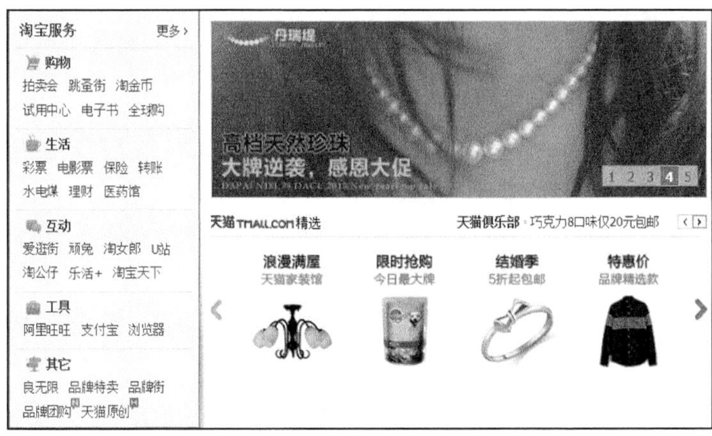

(2) 商品的所有类目如下图所示，这个区域的架构和排版已经在前面介绍过了，用户可以快速找到自己感兴趣的商品。

相关的 CSS 代码如下。

```
.category-main {
    border: 1px solid rgb(216, 216, 216); position: relative;
}
.category-main-hover {
    _margin-bottom: 0;
}
```

```
.category-item {
    margin: -1px 9px 0px 5px; padding: 0px 1px; width: 672px; height: 91px; overflow: hidden; border-top-color: rgb(242, 242, 242); border-bottom-color: rgb(242, 242, 242); border-top-width: 1px; border-bottom-width: 1px; border-top-style: solid; border-bottom-style: solid; position: relative;
}
.category-item:hover {
    margin: -1px -1px -2px; padding: 0px 10px 1px 6px; border: 1px solid rgb(169, 222, 237); background-color: rgb(243, 250, 252); _margin-bottom: -2px;
}

```

(3) 应用服务在主体部分的右侧，如下图所示。像公告、规则、论坛安全中心、公益以 Tab 页形式展现。便民服务中当选择某个 Tab 页时，显示的是相对应的表单。

便民服务模块包括在线充话费、购买游戏币、查找机票、门票信息、保险产品的查询，这些功能是基于 KISSY 实现的。KISSY 是由淘宝前端工程师们发起创建的一个开源 JavaScript 类库。KISSY 的核心功能包括种子、核心和组件。种子（Seed）是使用 KISSY 的入口，通过种子文件，可以自由灵活地加载所需要的组件。seed-min.js 就是 KISSY 的种子文件，gzip 后大小不到 5KB。 页面中仅需引入它，就可以自由加载 KISSY 的任何组件。核心（Core）包括 dom、 event、ajax、 anim、node、data 等一系列常用功能，这些功能绝大部分是各大前端类库的标配。KISSY 借鉴了 jQuery 简明易用的 API 设计风格，同时采纳了 YUI3 的颗粒化代码组织方式。种子和核心是构建各种组件的基石。组件（Components）包括工具类组件（Utilities）和可视化组件（Widgets），是 KISSY 最重要的组成部分。组件的公共接口和配置，都尽量保持了内在的一致性。具体实现不再细述，读者可以到 githtub 平台查找学习相关资料，网址是 http://github.com。

(4) 本地生活板块主要包括便民服务、票务、美食等信息，如下图所示。

下面主要介绍本地生活板块头部，城市的选择。当鼠标移动到城市对应的 <DIV> 时，会出现城市列表以供选择，部分代码如下。

```
<DIV class="local-head">
<H3><A href="http://life.taobao.com/" target="_blank">我的本地生活</A></H3><S class="local-head-line"></S><A
class="more" href="javascript:void(0)" target="_self">
.local-head {
    padding: 14px 10px 5px; font-size: 14px; border-bottom-color: rgb(213, 213, 213); border-bottom-width: 2px; border-bottom-style: solid; position: relative; zoom: 1;
}
.local-head .more {
    left: 106px; bottom: 7px; padding-left: 10px; font-size: 12px; position: absolute;
}
.local-head-line {
    background: rgb(211, 211, 211); left: 106px; width: 1px; height: 12px; bottom: 8px; overflow: hidden; position: absolute;
```

3. 脚注部分包括联系方式、版权信息等内容，如下图所示，在淘宝网的页面中保持一致。

21.2 制作自己的购物网站

本节视频教学录像：3 分钟

本节介绍设计一个购物网站的流程，采用 JSP+SQL Server 数据库。系统包括前台管理和后台管理两部分。前台管理面向用户，提供商品浏览、商品查询、购物车、用户管理、网站公告等功能模块；后台管理面向管理员，提供商品管理、用户管理、订单管理、公告管理等模块。

21.2.1 功能设计

(1) 商品信息发布和查询：分类展示商品，显示商品的相关信息，提供购买链接，对商品进行分类查询、模糊查询。

(2) 用户信息管理：包括用户注册、登录，建立完整的用户信息库。

(3) 购物车管理：实现商品加入购物车或清除出购物车、查看购物车、清空购物车等功能。

(4) 订单管理：登录的用户可以下订单，用户可以查看自己的订单。管理员可以修改订单状态。

(5) 商品信息管理：管理员增加或删除商品分类，增加、删除或修改商品基本信息。

(6) 网站公告：公告发布购物网站的最新资讯，如促销活动。

21.2.2 后台服务器配置

用 JSP 技术开发一个网站，需要安装 Web 服务器，使用的是 Tomcat 服务器。Tomcat 是一款开源的 Web 服务器，其安装过程非常简单。首先下载 Tomcat 的免安装版，apache-tomcat-6.0.37.zip，下载免安装版的好处是可以使用多个 Tomcat，然后将 apache-tomcat-6.0.37.zip 直接解压到 D 盘，如下图所示。

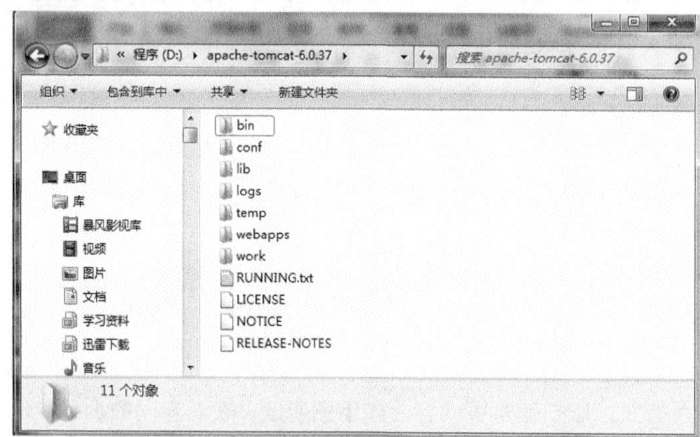

最后配置 Tomcat 的环境变量：在“我的电脑”上单击右键，选择【属性】▶【高级】▶【环境变量 (N)】命令。新建系统变量为系统变量；在系统变量 CLASSPATH 的值的后面加入 %CATALINA_HOME%\common\lib; 在系统变量 Path 的值中 "%JAVA_HOME%\bin;" 的后面加入 %CATALINA_HOME%\bin。这样，Tomcat 就安装完毕了。

21.2.3 网站制作步骤

1. 数据库设计

采用 SQL Server 2005 创建一个数据库 sales，主要设计的表包括以下几个。

(1) 商品类别表 goodstype，如下图所示。

	列名	数据类型	允许空
🔑	id	nchar(10)	☐
	name	nchar(30)	☐

(2) 商品信息表 goods，如下图所示。

	列名	数据类型	允许空
🔑	id	nchar(10)	☐
	typeid	nchar(10)	☐
	goodsname	varchar(50)	☐
	intro	text	☑
	image	varchar(100)	☑
	newgoods	bit	☑
	price	money	☑
	intime	datetime	☑

⑶ 订单信息表 order，如下图所示。

	列名	数据类型	允许空
🔑	orderid	nchar(10)	☐
	username	varchar(20)	☐
	address	varchar(100)	☑
	postcode	varchar(10)	☑
	tel	varchar(20)	☑
	pay	varchar(20)	☑
	carry	varchar(20)	☑
	orderdate	smalldatetime	☑

⑷ 会员信息表 member，如下图所示。

	列名	数据类型	允许空
🔑	id	varchar(10)	☐
	username	varchar(20)	☐
	passwd	varchar(50)	☐
	city	varbinary(50)	☑
	address	varchar(100)	☑
	postcode	varchar(10)	☑
	cardno	varchar(10)	☑
	cardtype	varchar(10)	☑
	grade	varbinary(20)	☑
	amount	money	☑
	tel	varchar(20)	☑
	email	varbinary(50)	☑

⑸ 后台管理员表 manager，如下图所示。

	列名	数据类型	允许空
🔑	id	varchar(10)	☐
	manager	varchar(20)	☐
	pwd	varchar(20)	☑

2. 功能模块实现

在购物商城的首页中，用户可以在第一时间内掌握商城推出的最新商品、最新公告等，还可以查看销售排行、搜索指定商品、商品分类查询等。购物商城前台首页的运行结果如下图所示。

创建数据库操作 JavaBean 公共类——connDB 类，在构造方法 connDB 中定义该类所需的变量。构造方法 connDB 的关键代码如下：

```
package com.DataBase;
import java.sql.*;
public class connDB
{
    private Statement stmt = null;
    ResultSet rs = null;
    private Connection ct = null;
    private String dsn;
    // 构造函数
    public connDB() { }
    // 根据 dsn 参数，加载驱动程序，建立连接
    public void getConn(String dbname, String uid, String pwd) throws Exception
    {
        try
        {
            dsn = "jdbc:microsoft:sqlserver://localhost:1433;DatabaseName=" +dbname;
            Class.forName("com.microsoft.jdbc.sqlserver.SQLServerDriver").newInstance();
            ct = DriverManager.getConnection(dsn, uid, pwd);
        }
        catch (Exception ex)
        {
            System.err.println("aq.executeQuery: " + ex.getMessage());
        }
    }
    // 执行查询类的 SQL 语句，有返回集
    public ResultSet executeQuery1(String sql)
    {
        rs = null;
        try
        {
            stmt = ct.createStatement(ResultSet.TYPE_SCROLL_INSENSITIVE,ResultSet.CONCUR_READ_ONLY);
            rs = stmt.executeQuery(sql);
        }
        catch(SQLException ex)
        {
            System.err.println("aq.executeQuery:"+ex.getMessage());
```

```
        }
        return rs;
    }
    //执行更新类的 SQL 语句，无返回集
    public void executeUpdate2(String sql)
    {
        stmt = null;
        rs=null;
        try
        {
          stmt = ct.createStatement(ResultSet.TYPE_SCROLL_
INSENSITIVE,ResultSet.CONCUR_READ_ONLY);
            stmt.executeQuery(sql);
            stmt.close();
            ct.close();
        }
        catch(SQLException ex)
        {
            System.err.println("aq.executeQuery: " + ex.getMessage());
        }
    }
    //关闭对象
    public void closeStmt()
    {
        try{   stmt.close();   }
        catch(SQLException ex)
        {
            System.err.println("aq.executeQuery: " + ex.getMessage());
        }
    }
    public void closeConn()
    {
        try{   ct.close();  }
        catch(SQLException ex)
        {
            System.err.println("aq.executeQuery: " + ex.getMessage());
        }
    }
}
```

3. 新品推荐模块设计

新品推荐模块主要包括商品图片、名称等信息，同时设置了购买按钮和详细信息按钮，用于将商品信息添加至购物车和查看商品详细信息。其中查看详细信息的代码如下：

```
<%@ page import="com.DataBase.connDB" %>
<%
connDB conn=new connDB();
ResultSet rs_new=conn.executeQuery("select top id,goodsname,intro,image,price from goods where newgoods=1 order by intime desc");
```

4. 销售排行模块设计

查询数据表中的销量最高的 10 种商品，部分代码如下：

```
<%@ page import="com.DataBase.connDB" %>
<%
connDB conn=new connDB();
ResultSet rs=conn.executeQuery("select top 10 goodsID, goodsName, sum(number) as sumNum from V_order_detail group by id order by sumNum desc");
%>
```

实现页面显示商品名称的方法。通过使用 while 循环在页面中循环显示 10 种商品名称，部代码如下：

```
<%  while(rs.next()){
id=rs.getString("id");
goodsname=rs.getString("goodsname");
%>
```

第22章

本章教学录像：7 分钟

企业门户网站——中粮网

企业门户网站是一个企业在互联网上对外宣传自己和展示自己形象的一个平台。它不仅能使人们了解企业自身，还能有效辅助企业营销自己的产品。大多数的企业门户网站都会包含以下几项内容：企业简介、企业动态、产品展示、联系方式等。一个企业门户网站也是一家企业的名片，它在加强与客户的联系、完善企业的服务、吸引潜在客户等方面起着重要作用。本章以中粮网为例，分析如何创建企业门户网站。

本章要点（已掌握的在方框中打勾）

☐ 网站配置分析

☐ 制作自己的企业门户网站

22.1 网站配置分析

本节视频教学录像：3 分钟

本案例所讲述的中粮网是中粮集团有限公司(COFCO)旗下的门户网站，中粮集团成立于1949年，是全球500强企业，是中国在农产品和食品领域领先的多元化产品和服务供应商。中粮集团从粮油食品贸易、加工起步，产业链条不断延伸至种植养殖、物流储运、食品原料加工、生物质能源、品牌食品生产销售以及地产酒店、金融服务等领域。

22.1.1 服务器配置分析

企业门户类网站服务器的最基本配置也需要选择7×24运行的且需要较高的带宽、实时的监控服务，而且要选用独立的服务器，也就是说用户的服务器从Internet接入到维护管理完全由中粮网自己操作。服务器主要包括：DNS服务器，主要进行访问策略管理、双网线自动路由适配、域名正向解析、域名反向解析；Web负载均衡服务器，主要进行静态页面缓存与分发、图片与视频资源缓存与分发，为Web应用服务器集群提供负载均衡；多台Web应用服务器构成的Web应用服务器集群，主要处理业务逻辑，生成静态结果，送交Web服务器缓存与分发；主数据库服务器和从数据库服务器，主从数据库服务器互为热备份，主服务器异常自动切至从服务器。

22.1.2 页面设计分析

学习了企业网站的制作以及对中粮集团的背景、产品有了一定程度的了解，可以明确的是中粮集团网站是一个企业形象推广型网站，它主要用于宣传和推广公司的形象和业务。本小节将介绍一个典型企业网站的架构。用户可以通过在IE浏览器输入http://www.cofco.com来访问中粮网。中粮网的主页如下图所示。

企业门户网站的框架排版通常不会太复杂，一般来说简洁明快的风格能使浏览者快速找到自己需要的信息。本案例的中粮网也是这样的特点，其首页框架如下图所示。

导航栏

主体框架

图片展示

企业动态 企业文化 促销信息

品牌展示

脚注

上图展示了中粮网首页的主要框架，以上框架使用网页布局方式中的 <DIV> 布局方式。下面将介绍中粮网首页各个模块的功能以及相关块中所包含的子 <div> 块。其中导航栏包括网站的 logo，用户注册、登录模块，中英文网站切换链接，搜索引擎，快速导航等内容，其布局如下图所示。

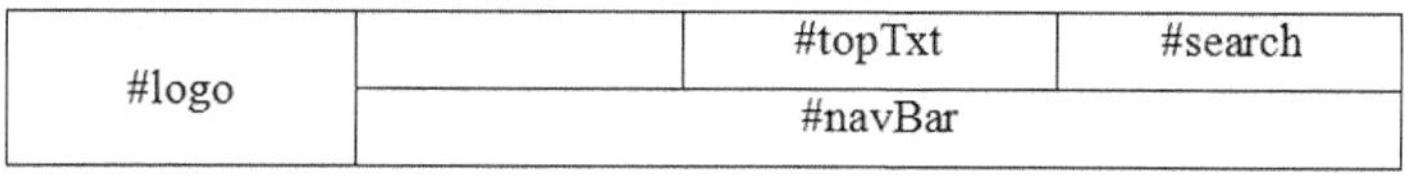

#logo		#topTxt	#search
	#navBar		

上图中 #logo 放置的企业 logo，#topTxt 的内容是我的中粮、登录注册模块，#search 提供的是 Google 的搜索引擎功能，#navBar 主要包括首页、精彩活动、美味人生、品牌产品、企业责任、连线中粮、关于中粮这几部分内容的导航信息。导航的设计是头部设计的重点，其架构的好坏直接影响人们浏览该网页的第一感觉。#navBar 设计的主要代码如下：

```
<div class="navBar">
<ul>
<li><a href="/cn/index.html" class="nav"><img src="/cn/images/nav1.png" alt=" 首页 " /></a></li>
<li><a href="/cn/activity/index.aspx" class="nav"><img src="/cn/images/nav5.png" alt=" 精彩活动 " /></a>
<li><a href="/cn/health/index.html" class="nav"><img src="/cn/images/nav6.png" alt=" 美味人生 " /></a>
<li><a href="/cn/brand/index.aspx" class="nav"><img src="/cn/images/nav4.png" alt=" 品牌产品 " /></a>
<li><a href="/cn/responsibility/index.html" class="nav"><img src="/cn/images/nav3. Png"  alt=" 企业责任 " /></a>
<li><a href="/cn/service/index.html" class="nav"><img src="/cn/images/nav7.png" alt=" 连线中粮 " /></a>
<li class="last"><a href="/cn/about/index.html" class="nav"><img src="/cn/images/  nav 2. png" alt=" 关于中粮 " /></a>
```

```
</ul>
</div>
```

主体部分又可以分为上中下三部分，上边部分用于图片展示，中间部分用于展示企业的一些相关动态信息、优惠信息等，下边部分是旗下品牌的展示区。用于图片展示的部分结构是比较简单的 DIV 嵌套方式，这里不做重点介绍，需要重点介绍的是中间用于展示企业消息的部分。中间区域的格局又分为左中右三部分，其中左侧区域的布局结构示意图如下图所示。

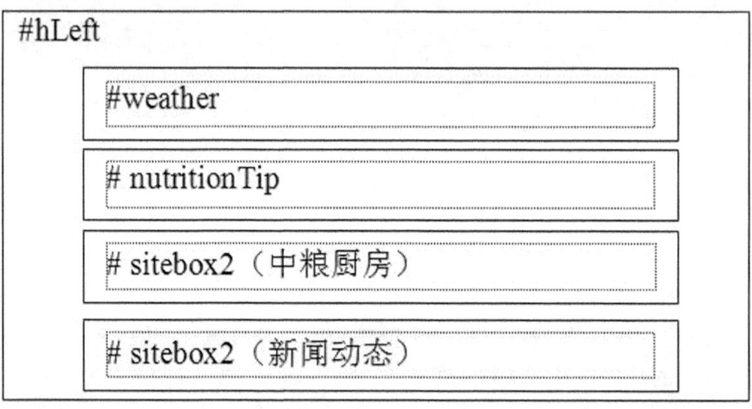

如上图所示，左侧区域的最上边部分 #weather 用于显示天气实况信息，这是一个比较实用的小工具；接下来 # nutritionTip 是一个健康小贴士，给人以温馨提示等；然后 #sitebox2（中粮厨房）是一副图片，用来展示中粮集团旗下的厨房用品，如花生油、方便面等；最下面一部分 # sitebox2（新闻动态）包含企业自身的新闻动态、集团下面子公司的当前股价、行业新闻等。具体的布局代码如下：

```
<div class="hLeft">
<div class="sitebox1">
<dl class="weather"></dl>
<dl class="nutritionTip"></dl>
</div>
<div class="sitebox2">
<div class="title"> 中粮厨房 </div></div>
<div class="sitebox2">
<div class="title"> 新闻动态 | 实时股价 | 国资要闻 </div>
</div>
</div>
```

中间部分的布局中，位于中间区域的布局位置是比较重要的，常用于展示一些比较吸引用户的消息，以此来吸引网站浏览者的眼球，网站的创建者就把热门活动放在了这个部分，该部分的布局架构示意图如下图所示。

如上图所示，其中 # sitebox1（热门活动）是用来展示热门活动的，#sPlay 则是以图片的方式展示活动，在 #sPlsyInfo 中是对应活动的文字信息显示，# sitebox1（全产业链）以图片的形式展示企业的产业链，# sitebox2（健康文化）则用来发布一些与饮食相关的信息，吸引读者通过了解相关饮食文化来购买公司产品。上图框架具体的布局代码如下所示。

```
<div class="hCenter">
<div class="sitebox1">
<div class="title"></div>
<div class="sPlay">
<div class="sPlsyInfo"></div>
</div>
</div>
<div class="sitebox1">
<div class="title"> 全产业链 </div>
</div>
<div id="h_tagbox" class="sitebox2">
</div>
</div>
```

右侧区域的结构比较简单，属于上下嵌套型结构，都是用来展示集团旗下品牌的优惠活动的。上半部分区域展示的是集团旗下我买网的优惠信息，标题为我买特惠；下半部分则是链接到好食库的一些小应用，如营养档案、各地美食杂志等。该框架的布局代码比较简单，如下所示。

```
<div class="hRight">
<div class="sitebox2">
<div class="title"> 我买特惠 </div>
</div>
<div class="sitebox1">
<div class="title"> 好食库 </div>
</div>
</div>
```

其中 #sitebox2 用来显示我买网的优惠信息，其标题是我买特惠，而 #sitebox1 显示的则是好食库的应用，以及好食库网站的链接。

品牌展示部分的架构比较简单，这里不做介绍。需要重点介绍的是最底下的脚注部分，脚注部分的框架比较简单，对于大多数企业来说，脚注都会放置网站的版权信息，以及一些友好企业的相关链接等，如下图所示。

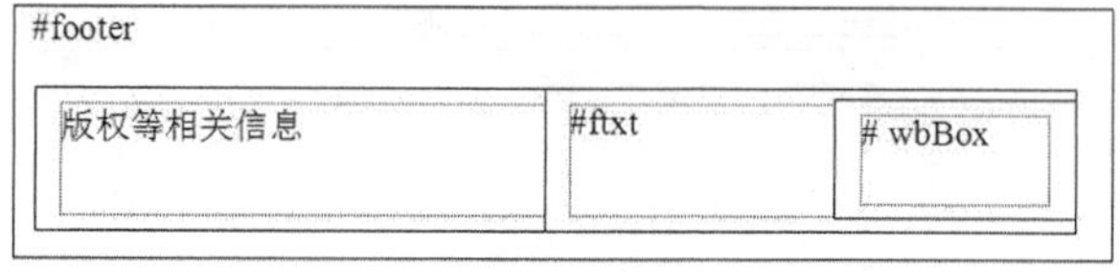

以上框架的布局代码以及部分列表信息如下所示。

```
<div id="footer">
<div class="ftxt">
<div id="wbBox" >
<ul>
<li><a href="http://weibo.com/1752161437" target="_blank"> 中 粮 COFCO</a></li>
<li><a href="http://weibo.com/zlgoodlife" target="_blank"> 中粮美好生活 </a></li>
<li><a href="http://weibo.com/wmwb" target="_blank"> 中粮我买网 </a></li>
<li><a href="http://weibo.com/fulinmen" target="_blank"> 中粮福临门 </a></li>
<li><a href="http://weibo.com/ilovelohas" target="_blank"> 悦活 Lohas</a></li>
<li><a href="http://weibo.com/cyjoycity" target="_blank"> 朝阳大悦城 </a></li>
</ul>
</div>
</div>
<p> 投资者专区 | 加入中粮 | 相关链接 | 隐私政策 | 网站地图 | 联络我们 </p>
<p>Copyright 2012 中粮集团有限公司 版权所有 京 ICP 备 05002557 号 </p>
</div>
```

上述布局框架中 #footer 是脚注的大的框架，该框架中 #ftxt 放置的链接有美酒美食网、我买网、好食库的图片链接，其中嵌套框架 # wbBox 放置的是一个列表框，可以链接到中粮旗下几个子公司的微博。

上面已经将网站页面的整体框架设计好了，接下来就需要对各个模块分别进行处理了。以下将详细介绍企业门户网——中粮网的页面设计技巧，让读者借鉴。

1. 导航

中粮网的导航可以说是简洁明了，一目了然，其中导航标题的下拉展开效果是白色半透明的形式，给人一种时尚的美感，学习这种 CSS 效果可以在以后很多网站设计的地方用得上，其设计效果如下图所示。

导航栏中 DIV 布局 ID 是 # navBar，以下是导航栏的 CSS 设计代码。

```
#header .navBar{position:absolute;top:65px;right:0;}
#header .navBar .nav{display:block;height:42px;overflow:hidden;float:left; position: relative;}
#header .navBar .navInfo{position:absolute;top:42px;right:0; display:none;width: 703px ; height:108px ; overflow:hidden;}
#header .navBar .navInfo a{display:block;height:27px;width:auto;float:left; overflow: hidden ; margin-top:21px;}
#header .navBar .navInfo a:hover{zoom:1;}
#header .navBar .navInfo a:hover img{margin-top:-28px;}
#header .navBar li{float:left;background:url(../images/navb.png) no-repeat right 15px; padding:0 10px;}
#header .navBar li.last{background:none;padding-right:0;}
#header .navBar li.current .nav{ background:#fd9900;}
……
#header .navBar .navInfoA{width:415px;*width:410px;*_width:415px;position:relative;left:278px; background:url(../images/navbt.jpg) no-repeat 0 60px; overflow:hidden;}
```

2. 主体设计

主体的设计主要包括图片展示、企业动态信息、优惠信息、品牌展示、应用服务等，内容较多、结构清晰、排版合理才能吸引浏览者。

打开网页首先映入眼帘的是大大的图片展示框，这里使用了图片轮播的功能，图片轮播是网站中常用的功能之一，它用于在有限的网页空间内展示一组产品图片或者广告灯，同时还有非常吸引人的动画效果以吸引浏览者的眼光，如下图所示。

实现图片轮播功能的具体代码如下：

```
$(function(){
        (function(){
        var curr = -1;
        var count = $("#play01 .homeBigPic li").size();
        for(q=0;q<count;q++){
                var item = "<a href='javascript:void(0)' data='"+q+"' />";
        if (q==0){
        var item = "<a href='javascript:void(0)' class='current' data='"+q+"' />";
        }
          $("#play01 .count").append(item);
        }
        $(".count a").each(function(i){
        $(this).click(function(){
        i=$(this).attr("data");
        curr = i;
            $("#play01 ul li").eq(i).fadeIn('slow').siblings("li").hide();
        $(this).siblings(".count a").removeClass("current").end().addClass("current");
        return false;
        });
        });
        var interval = setInterval(function(){
        var as = $('.count a');
        var index=0;
        as.each(function(){
        if ($(this).hasClass('current')){
        return false;
        }
        index++;
        });
        if (index==as.length-1){
        index=0;
         else {
        index++;
        }
        $(as[index]).click();
        },7000);
        })();
});
```

上述代码中，使用了 jQuery 的网页开发框架技术，这里对 jQuery 框架进行简要的介绍。

jQuery 于 2006 年 1 月由美国人 John Resig 在纽约的 barcamp 发布，此后，更是吸引了来自世界各地的众多 JavaScript 高手加入。jQuery 是一个兼容多浏览器的 JavaScript 库，核心理念是 Write less,do more(写得更少 , 做得更多)。jQuery 使用户能更方便地处理 HTML documents、events，实现动画效果，并且方便地为网站提供 AJAX 交互。jQuery 还有一个比较大的优势是，它的文档说明很全，而且各种应用也说得很详细，同时还有许多成熟的插件可供选择。jQuery 能够使用户的 HTML 页面保持代码和 HTML 内容分离，也就是说，不用再在 HTML 里面插入一堆 js 来调用命令了，只需定义 ID 即可。如今，jQuery 已经成为最流行的 JavaScript 库，在世界前 10000 个访问最多的网站中，有超过 55% 在使用 jQuery。

接下来需要介绍的是在主体部分的中间区域，在中粮网的设计中中间部分是热门信息的区域，这里既有热门活动又有旗下我买网的优惠信息的链接。热门活动的设计效果如下图所示。

实现热门活动显示功能的具体代码如下：

```
<script type="text/javascript">
var oldID=0;
$(".sPlsyInfo dl").click(function(){
        var curID = $(this).index();
        if(oldID==curID){return}
$(".sPlsyInfo dl").eq(oldID).stop().animate({width:30},300,function(){
$(".sPlsyInfo dl").eq(oldID).find("dt").fadeIn("fast");
$(".sPlsyInfo dl").eq(oldID).find("dd").hide();
$(".sPlsyInfo dl").eq(oldID).css({width:""});
$(".sPlsyInfo dl").eq(curID).animate({width:362},600)
$(".sPlsyInfo dl").eq(curID).find("dt").hide();
$(".sPlsyInfo dl").eq(curID).find("dd").fadeIn("fast");
$(".sPlayTxt dl").eq(oldID).hide();
$(".sPlayTxt dl").eq(curID).fadeIn();
        oldID=curID;
})
})
$(".sPlsyInfo dl").eq(oldID).animate({width:362},400)
$(".sPlsyInfo dl").eq(oldID).find("dt").hide();
$(".sPlsyInfo dl").eq(oldID).find("dd").fadeIn("fast");
```

```
$(".sPlayTxt dl").eq(oldID).fadeIn();
</script>
```

在主体部分的左侧区域中，有一栏是用来天气显示功能的应用，这是一个比较实用的应用，现在很多网站都提供了显示用户所在地区天气的功能，这能很方便地让用户在浏览网页的时候获取天气信息。天气显示效果如下图所示。

实现天气显示功能是使用JavaScript从中国天气网获取实时天气状况信息，实现的代码如下所示。

```
$().ready(function() {
        getStockHtml();
        $("#weacher").attr('src','http://m.weather.com.cn/n/pn14/weather.htm'); });
        $("#weacher").load(function(){
        $("#weacher").show(); });
    function setStockimg(img){
        document.getElementById('stockimg').src= img;
        document.getElementById('_sockbigimg').src= img;
}
```

主体部分的右侧区域主要用来展示我买网的优惠信息，效果如下图所示。这是一个比较普遍使用的信息列表展示方式，它将图片和介绍信息放在一行以列表的方式进行展示。

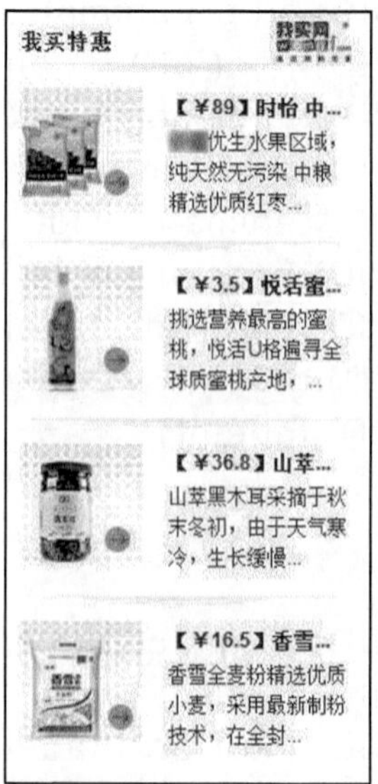

用于实现信息列表展示效果的 CSS 代码如下所示。

```
.hthplay{width:200px;border-bottom:1px solid #f2f2f2;padding-bottom:15px;margin-bottom: 5px;}
.hthplay .homeBigPic,.hthplay .homeBigPic ul{height:417px;width:200px;overflow:hidden;}
.hthplay .homeBigPic li{height:420px;width:200px;overflow:hidden;float:left; }
.hthplay dl{width:200px;height:75px; overflow:hidden;background:url(../images/hthbg.jpg) no-repeat;padding:15px 0;}
.hthplay dt{width:74px;height:74px; float:left; overflow:hidden;}
.hthplay dd{width:110px; float:right; overflow:hidden;}
.hthplay dd h6{ font-size:12px;margin:2px 0;}
.hthplay .count{padding-top:20px;text-align:center;}
.hthplay .count img{width:18px;height:18px;background:url(../images/hnum2.gif); cursor: pointer;}
.hthplay .count img.current{background:url(../images/hnum1.gif);}
```

位于网站底部的最后一部分是中粮品牌展示和脚注，在网站设计中，人们往往比较关注网站的导航、网页框架、色彩搭配等设计，但网站的最下端即脚注部分不能引起设计者足够的重视。通常来说这部分经常被用来放一些设计师认为不是很重要的东西，比如声明条款、copyright、“回到顶部”的链接或者一些其他联络的细节。其实在脚注部分可以考虑放置一些更重要的东西，与网站有效整合，使其能更大限度地发挥出作用来。

其实，网站下方的脚注主要是提供给用户本网站的一些信息和联络方式。这也是为什么把联络细节和关于网站及网站设计者的基本信息放在下方脚注部分的原因。中粮网的网页底部的设计还是很有特色的，其展示效果如下图所示。

在网站底部，首先是中粮品牌展示的链接，其 CSS 代码如下所示。

```
.h_pointScroll .h_pointPic{width:792px;overflow:hidden;height:160px;margin:auto;}
.h_pointScroll li{width:396px;height:92px;float:left;overflow:hidden;}
.h_pointScroll li img{
 margin-right:7px;
 }
.h_pointScroll .h_pointScrollLeft{display:block;position:absolute;backgr
```

```
ound:url(../images/Z_BotmLeft.gif) no-repeat ;height:45px;left:10px;top:50px;width:60px;z-index:88}
.h_pointScroll .h_pointScrollRight{display:block;position:absolute;background:url(../images/Z_BotmRight.gif) no-repeat ;height:45px;width:45px;top:50px;right:20px;z-index:9;}
```

脚注部分除了有联系方式、版权信息等内容，还有品牌链接及微博，微博使用了下拉列表的方式，使用户可以链接到特定品牌的官方微博，因此，中粮网的脚注部分还是内容比较丰富的。脚注部分的 CSS 代码如下所示。

```
#footer{z-index:999;position:relative;}
#footer .ftxt{float:right;}
#footer .ftxt img{float:left;margin-right:5px;}
#wbSelect{position:relative;display: block; float:left;}
#wbBox{position:absolute;bottom:24px;left:0;border:1px solid #e2e2e2;background:#fff;width: 102px;display:none;}
#wbBox a{font-weight:normal;color:#999;}
#wbBox a:hover{font-weight:normal;color:#666;}
#wbBox ul{padding:2px 5px;}
#wbBox li{background:url(../images/dot.gif) no-repeat 1px 10px;line-height:1.5em;padding:4px 0;padding-left:12px;}
```

22.2 制作自己的企业门户网站

本节视频教学录像：4 分钟

制作自己的企业门户网站的具体操作步骤如下。

22.2.1 需求分析

企业门户就是一个连接企业内部和外部的网站，它可以为企业提供一个单一的访问企业各种信息资源的入口，企业的员工、客户、合作伙伴和供应商等都可以通过这个门户获得个性化的信息和服务。企业门户可以无缝地集成企业的内容、商务和社区：首先，通过企业门户，企业能够动态地发布存储在企业内部和外部的各种信息；其次，企业门户可以完成网上的交易；此外，企业门户还可以支持网上的虚拟社区，网站的用户可以相互讨论和交换信息。

22.2.2 配置分析

本小节制作的企业门户网站主要采用 JSP 和 SQL Server 开发。系统界面简洁友好，主要包括前台展示页面和后台管理模块，前台展示页面面向用户，后台管理模块面向管理员。

前台展示区包括首页、产品信息、解决方案、技术支持、客户渠道、论坛等模块信息的显示功能。

后台管理模块包括用户管理、公告管理、新闻中心管理、留言板管理、产品管理、客户管理等多个功能模块的功能。

22.2.3 网站制作步骤

首先，在 SQL Server 中创建数据库，并创建相应的数据库表。

数据库系统设计如下：

(1) 用户表。

(2) 客户信息表。

(3) 产品信息表。

(4) 留言板信息表。

(5) 新闻表。

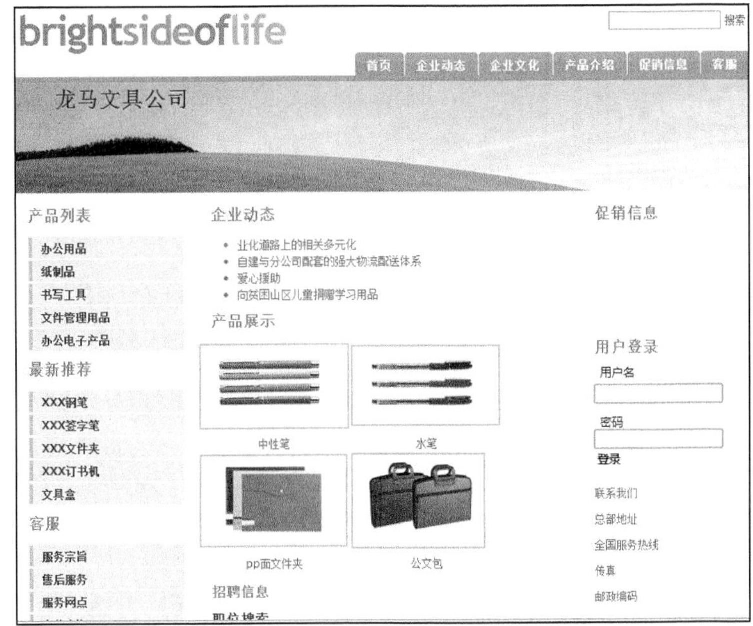

其次，采用 JDBC-ODBC 桥接的方法来实现数据库的连接，完成数据库的创建后，须在控制面板中创建 ODBC 数据源。

用 DBConnection.java 来实现数据库连接的代码如下：

```
package dreamtime.dreamnews;
import java.sql.*;
import java.util.*;
import java.io.*;
public class DBConnection {
private Connection conn;
 private Statement stmt;
 private ResultSet rs;
    public DBConnection()
    {
          conn = null;
    }
```

```
public  Connection getConn()
{return(getConnToSql());}
public Connection getConnToSql()
{
        try{
        Class.forName( "sun.jdbc.odbc.JdbcOdbcDriver").newInstance();
        conn = DriverManager.getConnection("jdbc:odbc:testDB");
        }catch(Exception e)
{e.printStackTrace(); }
    return conn;  }}
```

在网站首页中显示特价商品信息采用了分栏技术　也就是应用 if 语句结合求模运算符实现在一个单元格中同时显示两列数据　关键代码如下

```
<table border="1" align="center" cellpadding="0" cellspacing="0" bgcolor="#FFFFFF"
bordercolorlight="#cccccc" bordercolordark="#FFFFFF">
     <tr align="center" bgcolor="#BFE6FF"> <td height="27" colspan="3"> ≡ 产品信息 ≡ </td></tr>
<%BasetableFactory bf=BasetableFactory.getInstance();
 String sql=ParamUtils.getRequestString(request,"sid");   // 调 用 ParamUtils 类的 getRequestString 方法处理 request 信息
if(sql!=null&&!"".equals(sql)) sql="WHERE sid="+sql;   // 当 sql 不为空时重新连接 sql 字符串
Collection coll=bf.ListSoft(sql);  // 根据产品类别 ID 查询产品信息
if(coll==null||coll.size()<0||coll.isEmpty()){%>
      <tr align="center">
        <td width="750" height="24" colspan="3"> 没有添加该类别的产品 </td>
      </tr><%}else{
      Iterator it=coll.iterator(); // 定义并实例化 iterator 的一个对象
      while(it.hasNext()){  // 判断序列中是否还有其他元素
       Soft s=(Soft)it.next();   // 取得序列中的下一个元素 %>
      <tr>
        <td width="33%" height="24" align="center"> 产品名称 </td>
        <td width="33%" align="center"><%=s.getName()%></td>
        <td width="34%" rowspan="5" align="center">
          <%String path=bf.SearchHead("WHERE iid='"+StringUtils.toUnicode(s.getIid()+"'")).getPath();
          if(path==null){out.print(" 无图片 ");
          }else{out.print("<img src='"+path+"' width=150 height=135 >");}%></td>
     </tr>
      <tr>
```

第23章

本章教学录像：12 分钟

影音视频网站——优酷网

影音视频网站是在线发布、浏览和分享视频作品的平台。视频网站在企业、教育、娱乐等行业也有很大的应用前景，用户通过视频网站观看新闻、产品宣传、教学课程、电视电影、娱乐等视频内容，得到更生动、直观的体验。视频网站包括视频共享、视频直播、网络电视、影视剧片库等内容。本章以优酷网为例，分析如何创建一个视频网站。

本章要点（已掌握的在方框中打勾）

☐ 网站配置分析

☐ 制作自己的视频网站

23.1 网站配置分析

 **本节视频教学录像：9 分钟**

在体系结构上，优酷网采用分布式的结构，服务器和存储设备分布在全国各地，用户就近访问，获得最快的视频体验。本案例以优酷网为例，分别从服务器配置、主要功能模块和页面设计三个方面介绍开发影音视频网站的步骤。

23.1.1 服务器配置分析

优酷网主要包括 Web 服务器和流媒体服务器，分别服务于页面系统与视频系统。页面系统用以展示用户信息、积分、留言以及视频的截图、排名、展示等，该系统所用的服务器数量只占 20% 左右，80% 的服务器都是用于视频系统的流媒体服务器，它们通过负载均衡的方式为用户提供流媒体服务。

优酷网视频系统的加速机制较复杂，通过多种方式保证分布在全国各地的用户进行就近访问。用户点击视频请求后，优酷网将根据用户所处地区位置，将离用户最近、服务状况最好的视频服务器地址传送给用户，从而保证用户可以得到快速的视频体验。另外，还有一些服务器作为转码服务器。由于用户上传的视频格式很不统一，大小也不一样，就需要转码服务器首先进行解码，解码后再编码，最后做成 Flash 文件，即统一的 FLV 格式。转码服务器在做完这些工作后，进行分发、存储，最后再通过流媒体服务器将视频传送给用户。

在存储层方面，与服务器层面的“就近访问”相对应，优酷网的存储则是采用“分布式存储”，即将视频数据都存储在服务器所处的全国各大城市。存储阵列和处理器以 DAS（直连存储）的方式相连，作为一个存储单元，每个存储单元各自为阵，不存在关联。

23.1.2 优酷网主要功能模块及技术分析

⑴ 页面按视频的分类展示：包括多维度分类。从类型方面分类，分为电视剧、电影、综艺、音乐、动漫等栏目；从内容方面分类，分为音乐、体育、财经、科技、时尚、汽车、生活、母婴、游戏、搞笑等栏目。

⑵ 支持视频搜索：在定向搜索技术和海量数据精准处理模式的基础上，用户可通过多种行之有效的搜索方法找到最想看的视频，其中包括关键字搜索、人气榜单搜索、相关视频推荐、兴趣分类匹配及会员 ID 搜索等。

⑶ 会员管理：包括用户注册、登录，正在看的内容，用户上传视频。

⑷ 视频播放次数排序：视频网站对电视剧、电影、综艺节目、音乐等视频的播放次数进行统计，并列出排行榜，向用户推荐最热门的节目。

⑸ 视频评论管理：用户可以发表对视频的评论，也可以回复别人的评论和别人一起探讨分享心得，还可以通过评论了解到这个视频的内容，以及这个视频是否值得观看。

⑹ 用户视频上传：视频网站支持多种视频格式，支持断点续传，支持多个文件同步上传。

23.1.3 页面设计分析

根据视频网站的设计理念、功能和提供的服务，视频网站的创建者要确定网站的组织和布局。一般视频网站以分类列表的形式展示视频，提供多维度的搜索，展示热点和排行，这样可全面地把握住观众所关心的事物，吸引观众的眼球。本小节将介绍优酷网的架构，用户在 IE 浏览器地址栏输入 http://www.youku.com，即可登录优酷网。下图所示为优酷网的首页。优酷网的首页以蓝色作为基本色，配以白色的背景、黑色的文字，网页淡雅明快。

在优酷网站中，视频播放页面是重要的组成部分。优酷播放页的设置是播放区域靠左侧，宽度大概占了 2/3 个屏幕；播放区域下侧是一些常用的用户行为按钮，比如收藏、引用等；右侧是视频信息及相关视频。整个第一屏涵盖了主要的信息，用户可以一目了然无需拖动滚动条。下图所示为优酷网视频播放页面。

优酷网首页的排版框架采用上中下结构。上部是导航区，包括水平导航栏、搜索框、用户注册和登录模块；位于中间的主体部分采用左右结构，里面的子块有嵌套结构，左边栏目是视频的分类展示，右边栏目包括各类视频的排行榜、品牌官网、推荐、专题等内容；底部是脚注部分，包括底部搜索框、视频分类、资源、公司信息的超链接、版权和联系方式等内容。优酷网首页框架如下图所示。

.s_header
.s_body
.s_footer

下面介绍优酷网首页各个模块的功能以及相关块中所包含的子 <div> 块。其中网页头部导航区包括优酷网的 logo、优酷的搜库搜索框、用户登录和注册模块、用户“正在看”模块，头部的架构如下

图所示。其中，.module 块是按照类型分类的，包括电视剧、电影、综艺、音乐、动漫 5 个栏目的导航；.sub 块是按内容分类的，包括资讯、拍客、纪录片、体育、汽车、科技、财经、娱乐、原创等分类的导航；.logo 块是优酷网的 logo 标志，放在页面的左上角；.so 块是搜库的搜索框，包括热点搜索词和排行榜、影视大全的超链接；.ucenter 块包括登录、注册和“正在看”模块。

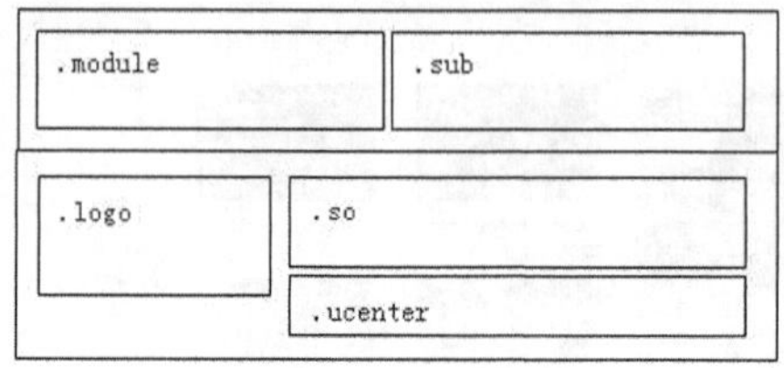

网页头部相应的代码如下：

```
<DIV class="navbox">
<DIV class="module">
<UL>
<LI class="current"> 首页 </LI>
<LI> 电视剧 </LI><LI> 电影 </LI><LI> 综艺 </LI><LI> 音乐 </LI>
<LI> 动漫 </LI>
<LI> 全部 </LI>
</UL>
</DIV>
<DIV class="sub">
<DIV class="channel">
<UL class="group">
<LI> 资讯 </LI><LI> 拍客 </LI><LI> 纪录片 </LI><LI> 体育 </LI>……
<LI> 教育 </LI>
</UL>
<UL class="group">
<LI>App 下载 /LI>
</UL>
</DIV>
</DIV>
<DIV class="headcon">
<DIV class="logo"></DIV><DIV class="so"></DIV><DIV class="sokutool">
</DIV><DIV class="soextend"></DIV><DIV class="ucenter"></DIV>
</DIV>
```

网页的主体部分分类展示各类视频。主体上半部分，左边栏目包括今日头条、最佳原创、为我推荐等模块。其中今日头条模块包括热点新闻的视频截图、热点信息的文字超链接，以及最热的视频截图以 2 列 3 行的列表形式展示。一般截图下方包括视频的点击率和评论数，使用户比较直观地了解相关信息。最佳原创模块，将网友制作上传的视频进行展示。为我推荐模块，可以将用户最近观看的视频进行超链接，还有一些推荐的视频，这是一个个性化的服务。对应的右边部分包括热门电视剧、综艺节目的推荐。架构如下图所示。

#m_51598	#m_52027（策划专题）
	# m_52037（电视剧视频）
#m_73095	#m_52036（主题热播）
#m_72092（为我推荐）	

这部分框架代码如下：

```
<DIV name="m_pos" id="m_51598"> 今日热点 </DIV>
<DIV name="m_pos" id="m_73095"> 最佳原创 | 优酷出品 </DIV>
<DIV class="sideCol">
    <DIV name="m_pos" id="m_52027"> 策划专题 </DIV>
    <DIV name="m_pos" id="m_52037"> 电视剧视频 </DIV>
    <DIV name="m_pos" id="m_52036"> 主题热播 </DIV>
</DIV>
<DIV name="m_pos" id="m_72092"> 为我推荐 </DIV>
```

主体中间部分包括电视剧栏、电影栏、综艺栏、音乐栏 4 个栏目。左边部分是按类别显示相关内容的，并以 Tab 页的形式显示。右边部分是相关内容的 TOP 排行榜，使用户能迅速把握热门内容。按类型分类栏目如下图所示。左边栏目都是以 4 列的列表形式显示的，列表的单元中显示热门视频的截图，并且在下方有视频的相关文字说明。右边部分是电视剧、电影、综艺、音乐播放榜前 5 名的信息。

#m_52040（电视剧）
#m_52053（电影|院线|预告片）
#m_52062（综艺|娱乐）
#m_52075（音乐）

这部分框架代码如下：

```
    <DIV name="m_pos" id="m_52040"> 电视剧 </DIV>
    <DIV name="m_pos" id="m_52053"> 电影 | 院线 | 预告片 </DIV>
    <DIV name="m_pos" id="m_52062"> 综艺 | 娱乐 </DIV>
    <DIV name="m_pos" id="m_52075"> 音乐 </DIV>
```

主体的下半部分，左边是按内容分类的栏目列表，包括体育 | 财经、科技 | 时尚、汽车、生活、母婴 | 旅游、游戏 | 搞笑、用户推荐、视频专题等栏目；右边是用户中心、品牌官网、推荐看吧、精彩专题、优酷动态。这些栏目是以 4 列的列表形式显示的，列表单元中显示热门视频的截图，在下方有视频的说明文字。右边部分中，用户中心以 Tab 页形式显示推荐的明星、牛人、拍客、达人的优酷空间，用户可以通过超链接去浏览所关注的名人在优酷空间上的相关视频。

品牌官网以 Tab 页形式展示与优酷网合作的品牌的最新发布信息，包括奢侈品、时尚、汽车、生活等几个栏目的相关品牌，以 3 列 3 行的列表形式展示。

推荐看吧列出优酷推荐的视频链接，精彩专题是优酷网的最新专题信息，优酷动态是优酷公司的活动信息等内容。

这部分框架代码如下：

```
<DIV class="mainCol">
    <DIV name="m_pos" id="m_51600"> 体育 | 财经 </DIV>
    <DIV name="m_pos" id="m_51601"> 科技 | 时尚 </DIV>
    <DIV name="m_pos" id="m_51602"> 汽车 </DIV>
    <DIV name="m_pos" id="m_51603"> 生活 </DIV>
<DIV name="m_pos" id="m_83141"> 母婴 | 旅游 </DIV>
    <DIV name="m_pos" id="m_51604"> 游戏 | 搞笑 </DIV>
    <DIV name="m_pos" id="m_51605"> 用户推荐 </DIV>
    <DIV name="m_pos" id="m_51606"> 视频专题 </DIV>    </DIV>
<DIV class="sideCol">
    <DIV name="m_pos" id="m_52076"> 用户中心 </DIV>
    <DIV name="m_pos" id="m_53900"> 品牌官网 </DIV>
    <DIV name="m_pos" id="m_52084"> 推荐看吧 </DIV>
    <DIV name="m_pos" id="m_52085"> 精彩专题 </DIV>
    <DIV name="m_pos" id="m_52086"> 优酷动态 </DIV>    </DIV>
```

按内容分类栏目如下图所示。

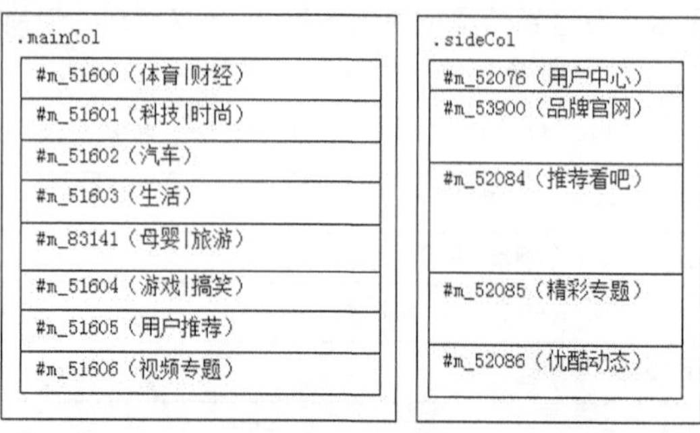

首页最下方的脚注部分如下图所示。.links 块包括各个分类的超链接、软件、支持和公司相关信息；.service 块主要用来放一些版权信息和联系方式，贵在简单明了。

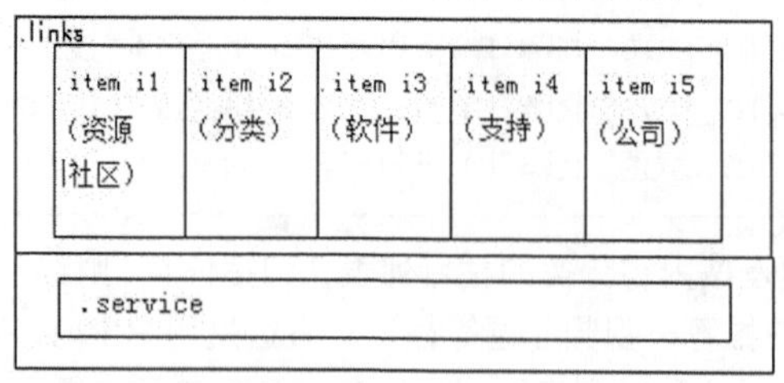

脚注部分的框架代码如下：

```
<DIV class="links">
<DIV class="item i1">
<SPAN class="label"> 资源 </SPAN>
<UL id="footerResource">
<LI> 首页 </LI> <LI> 电视剧 </LI>
<LI> 电影 </LI> <LI> 综艺 </LI> <LI> 视频 </LI>
</UL>
<SPAN class="label"> 社区 </SPAN>
```

```
<UL>
<LI> 空间 </LI>
<LI> 看吧 </A></LI>
</UL>
</DIV>
<DIV class="item i2">
<SPAN class="label"> 分类 </SPAN>
<UL>
<LI> 资讯 </LI>
<LI> 拍客 </LI>
<LI> 体育 </LI>
<LI> 汽车 </LI>
<LI> 科技 </LI>
<LI> 财经 </LI>
…… // 此处有代码省略
</UL>
<DIV class="item i3">
<SPAN class="label"> 软件 </SPAN>
<UL>
<LI>PC 客户端 </LI>
<LI> 手机客户端 </LI>
<LI> 实验室 </LI>
</UL>
<DIV class="item i4">
<SPAN class="label"> 支持 </SPAN>
<UL>
<LI> 繁體版 </LI>
<LI> 在线反馈 </LI>
<LI> 帮助中心 </LI>
</UL>
<DIV class="item i5"><SPAN class="label"> 公司 </SPAN>
<UL>
<LI> 关于我们 </LI>
<LI> 优酷动态 </LI>
<LI> 媒体合作 </LI>
<LI> 优酷公益 </LI>
<LI> 友情链接 </LI>
<LI> 工作机会 </LI>
<LI> 优酷指数 </LI>
<LI> 广告服务 </LI>
</UL>
</DIV>
</DIV>
```

```
<DIV class="service"></DIV>
```

视频播放页面和优酷网首页的风格一致，页面上方有导航，页面下方是脚注。这里主要介绍播放页面的主体架构，包括视频的基本信息、视频的播放区、交互区和播放列表的内容。播放页面架构如下图所示。

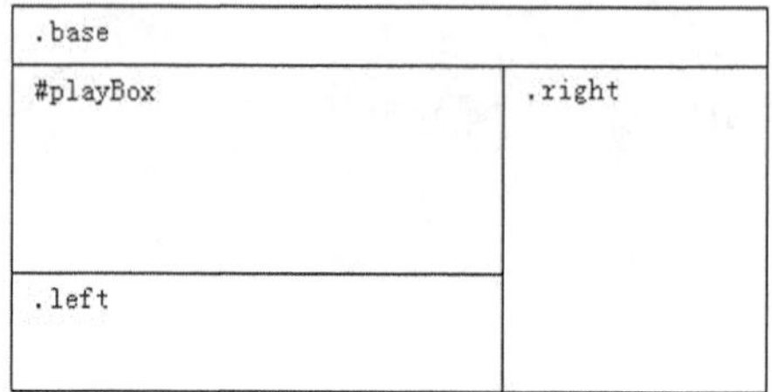

视频播放页面的框架代码如下：

```
<DIV class="base"> 基本信息 </DIV>
<DIV id="playBox" class="playBox playBox_thx"> 视频播放区 </DIV>
<DIV class="left"> 交互区 </DIV>
<DIV class="right"> 播放列表 </DIV>
```

其中，上方是视频的基本信息，包括视频所在分类、视频的标题；下方左边主体是视频播放区，放置的是视频播放器及播放组件；视频播放区下方是交换区，包括视频的支持次数、播放次数、收藏和下载按钮、观众评论；右边区域是播放列表，包括视频的相关视频信息。

上面已经将网站页面的整体框架设计好了，接下来就需要对各个模块分别进行处理。以下将详细介绍视频网站——优酷网的页面设计技巧，供读者借鉴。

1. 首页导航区

首先介绍优酷网首页导航区，前面已经说过它十分简洁。顶部是水平导航栏，导航项是文字链接；左边部分是优酷的 logo 标志；中间部分是搜库搜索，能够使用户快速找到自己需要的信息，并且在搜索框下方提供了热点词；右边部分是用户登录、注册、正在看、上传模块。下图为导航区的效果图。

优酷网导航区的 CSS 样式的部分代码如下：

```
.s_header *{color:#000;}
.s_header .prinav{height:40px;background:#dbeff9;}
.s_header .navbox{width:930px;height:40px;padding:0 15px;margin:0 auto;}
.s_header .prinav li{float:left;height:32px;margin-right:2px;}
.s_header .prinav a:hover{text-decoration:none;
color:#000;background:#f1f9fd;}
.s_header .prinav li.current a,
.s_header .prinav li.current a:hover{background:#fff;}
……
s_subNav .subNav .current a{padding:0 3px;
line-height:20px;line-height:22px\9;*line-height:22px;}
```

```
.s_subNav .subNav .current a:hover{text-decoration:none;}
.s_subNav .subNav .extend{float:right;}
.s_subNav .subNav .extend *{font-size:12px;}
```

2. 首页主体部分

主体部分包括热点、原创、推荐、电视剧频道、电影频道等板块。

Tab 形式的菜单在网站应用非常广泛，因为它能够在狭小的空间里容纳更多的内容。通过对 Tab 页的切换，用户可以在有限的空间内找到感兴趣的内容。优酷网首页的主体部分，各个栏目的具体分类用 Tab 菜单，当鼠标移动到相应某个 Tab 菜单上时，Tab 页就会显示相应的内容，截图如下图所示。

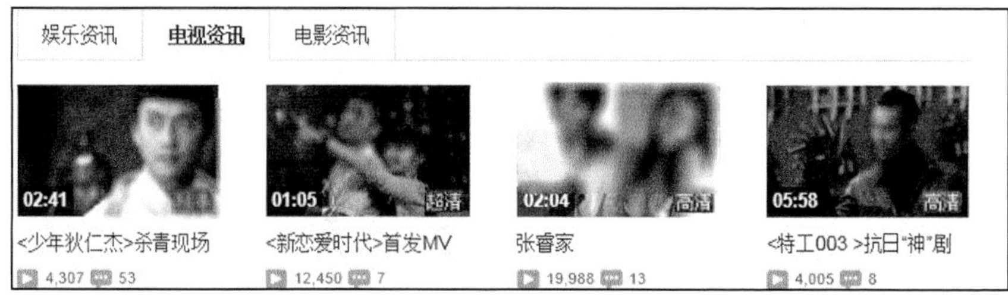

优酷首页中 Tab 页的部分 CSS 样式的代码如下：

```
/*Tab 页的视频截图以列表项显示  下面是对列表的样式设置 */
ul {
    font: 12px/20px arial, helvetica, verdana, tahoma, sans-serif; margin: 0px; padding: 0px; word-break: break-all; word-wrap: break-word; font-size-adjust: none; font-stretch: normal;
}
/* 对超链接的样式设置 */
a {   color: rgb(1, 76, 204); text-decoration: none; cursor: pointer;}
a:hover {   text-decoration: underline;}
/* 对 Tab 菜单的样式设置 */
.tab_outer .tabs {    left: -14px; top: -45px; height: 31px; overflow: hidden; position: absolute;}
.tab_outer li {
     border-width: medium 1px; border-style: none solid; border-color: currentColor rgb(229, 229, 229); height: 31px; overflow: hidden; margin-left: -1px; float: left; cursor: pointer;
}
.tab_outer li a {
    padding: 0px 14px; height: 31px; text-align: center; line-height: 32px; overflow: hidden; font-size: 14px; float: left; display: block;}
.tab_outer li span {
    padding: 0px 14px; height: 31px; text-align: center; line-height: 32px; overflow: hidden; font-size: 14px; float: left; display: block;}
.tab_outer li.current {    background: rgb(255, 255, 255); font-weight: bold; cursor: default;}
.tab_inner {
```

```
    margin: -14px -14px 14px; height: 25px; border-bottom-color: rgb(229, 229, 229); border-bottom-width: 1px; border-bottom-style: solid; position: relative;}
.tab_inner .tabs {   top: 0px; overflow: hidden; position: absolute;}
.tab_inner li {
     border-width: medium 1px; border-style: none solid; border-color: currentColor rgb(229, 229, 229); height: 26px; overflow: hidden; margin-left: -1px; float: left; cursor: pointer;}
.tab_inner li a {
    padding: 0px 15px; height: 25px; text-align: center; line-height: 26px; overflow: hidden; font-size: 12px; float: left; display: block;}
.tab_inner li span {
    padding: 0px 15px; height: 25px; text-align: center; line-height: 26px; overflow: hidden; font-size: 12px; float: left; display: block;}
.tab_inner li.current {    background: rgb(255, 255, 255); font-weight: bold; cursor: default;}
/* 对列表排列的样式设置 */
.collgrid4w {    margin: 0px auto; width: 580px; overflow: hidden;}
.collgrid4w .items {     width: 610px; overflow: hidden; margin-bottom: -10px;}
.collgrid4w .v {    margin-right: 22px; float: left;}
.collgrid4w .p {    margin-right: 22px; float: left;}
```

3. 首页脚注部分

首页脚注部分包括联系方式、版权信息等内容，在优酷网的页面中保持一致。脚注部分如下图所示。

4. 播放页面的交互区

在交互区中，观众可以发表自己对视频的理解和感想，也可以回复别人的评论和别人一起探讨分享心得，还可以通过评论了解到这个视频所要讲的内容，以及这个视频是否值得观看，并且在页面上显示全部评论的列表内容。在交互区表单中包括输入框、按钮等元素，如下图所示。

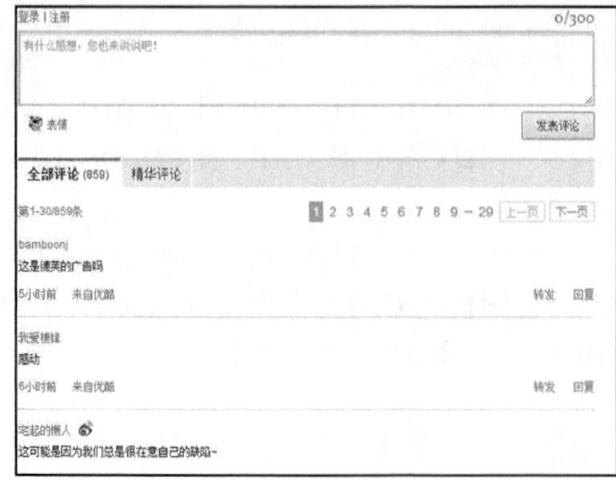

交互区 CSS 样式的部分代码如下：

```
.commentArea .comment .con {padding-top: 5px;overflow: hidden;zoom: 1;}
body, div, dl, dt, dd, ul, ol, li, h1, h2, h3, h4, h5, h6, pre, form, fieldset, input, button, select, option, textarea, p, blockquote, th, td {
padding: 0;margin: 0;font: 12px/20px arial, helvetica, verdana, tahoma, sans-serif;word-break: break-all;word-wrap: break-word;}
div {display: block;}
```

5. 优酷网在视频播放页面右侧还有一个侧边工具栏，包括关灯、弹窗、反馈、返回顶部等内容，如下图所示。

侧边工具栏 CSS 样式的部分代码如下：

```
.sideTool {position: fixed; left: 50%;bottom: 20px;margin-left: 486px;}
body, div, dl, dt, dd, ul, ol, li, h1, h2, h3, h4, h5, h6, pre, form, fieldset, input, button, select, option, textarea, p, blockquote, th, td {
padding: 0;
margin: 0;
font: 12px/20px arial, helvetica, verdana, tahoma, sans-serif;
word-break: break-all;
word-wrap: break-word;
}
```

其中关灯实现点击变暗功能，点击按钮或文字指定区域，整个网页的背景或主体内容变暗，类似“关灯”了，再次点击的时候，则变亮了，类似“开灯”了。

实现上述功能的 JavaScript 代码如下：

```
<script language="javascript" src="http://www.codefans.net/ajaxjs/jquery1.3.2.js"></script>
<script language="javascript">
$(document).ready(function(){
$("#shadow").css("height", $(document).height()).hide();
$(".lightSwitcher").click(function(){
$("#shadow").toggle();
if ($("#shadow").is(":hidden"))
$(this).html(" 关灯 ").removeClass("turnedOff");
else
$(this).html(" 开灯 ").addClass("turnedOff");
});
});
</script>
```

23.2 制作自己的视频网站

本节视频教学录像：3 分钟

本节借鉴优酷网的成功之处来构建一个视频网站。该网站包括前台和后台，前台面向用户，主要包括视频浏览、视频搜索、视频推荐；后台面向管理员，主要包括视频的添加、删除和修改，用户管理等内容。

23.2.1 功能设计

1. 视频分类浏览

视频按类别展示，还包括显示近期热门视频、点击排行。用户能很方便地找到自己感兴趣的视频进行观看。

2. 视频搜索

如果用户有很明确的目的，提供按视频名等关键字查询的功能。

3. 视频推荐

用户对于感兴趣的视频或认为好的视频，就可以使用“视频推荐”功能，将信息发送给管理员。

4. 站长推荐

如果管理员对某个视频特别感兴趣，可以把它推荐给来访的用户。

5. 视频管理

管理员可以对视频进行上传或删除管理。

6. 用户管理

管理员可以添加、删除各类用户，查看用户信息，查看用户的在线情况。

23.2.2 后台服务器配置

这个视频网站的 Web 服务器采用 Microsoft 的 IIS 作为系统服务器。

IIS 的添加：请进入计算机的“控制面板”，依次选择【添加/删除程序】▶【添加/删除 Windows 组件】命令，将【Internet 信息服务（IIS）】复选框前的小钩去掉（如有），重新选中后按提示操作即可完成 IIS 组件的添加。用这种方法添加的 IIS 组件中将包括 Web、FTP、NNTP 和 SMTP 全部四项服务。

IIS 的运行：当 IIS 添加成功之后，再选择【开始】▶【设置】▶【控制面板】▶【管理工具】▶【Internet 服务管理器 (Internet 信息服务)】命令以打开 IIS 管理器，对于有“已停止”字样的服务，均在其上单击右键，选择【启动】命令来开启。

建立一个 Web 站点的具体步骤如下。

比如本机的 IP 地址为 192.168.0.1，自己的网页放在 D:\Myweb 目录下，网页的首页文件名为 Index.htm，现在想根据这些建立好自己的 Web 服务器。

对于此 Web 站点，可以用现有的“默认 Web 站点”来做相应的修改后，就可以轻松实现。请先在“默认 Web 站点”上单击右键，选择【属性】命令，以进入【默认 Web 站点属性】设置界面。

1. 修改绑定的 IP 地址：转到【Web 站点】窗口，再在【IP 地址】下拉列表框中选择所需用到的本机 IP 地址“192.168.0.1”。

2. 修改主目录：转到【主目录】窗口，再在【本地路径】文本框中输入（或用【浏览】按钮选择）好自己网页所在的“D:\Myweb”目录。

3. 添加首页文件名：转到【文档】窗口，再单击【添加】按钮，根据提示在【默认文档名】文本框中输入自己网页的首页文件名“Index.htm”。

4. 添加虚拟目录：比如主目录在“D:\Myweb”下，而想输入“192.168.0.1/test”的格式就可调出“E:\MYTEST”中的网页文件，这里面的“test”就是虚拟目录。请在“默认 Web 站点”上单击右键，选择【新建】▶【虚拟目录】命令，依次在【别名】文本框中输入“test”，在【目录】文本框中输入“E:\MYTEST”后再按提示操作即可添加成功。

5. 效果的测试：打开 IE 浏览器，在地址栏输入“192.168.0.1”之后再按回车键，此时若能够调出网页的首页，则说明设置成功。

视频网站的流媒体服务器采用 Windows Server 2003 系统内置的流媒体服务组件 Windows Media Services，具体创建步骤参见第 15 章。流媒体服务器通过点播方式发布流媒体，成功创建发布点以后，为了能让用户知道已经发布的流媒体内容，应该创建发布公告告诉用户。

23.2.3 网站制作步骤

1. 数据库设计

采用 SQL Server 设计 videomanage 数据库。

(1) 用户表 user，如下图所示。

列名	数据类型	允许空
userid	varchar(10)	☐
username	varchar(20)	☑
password	varchar(20)	☑
email	varchar(30)	☑
memo	varchar(300)	☑

(2) 视频文件表 file，如下图所示。

列名	数据类型	允许空
fileid	varchar(10)	☐
filename	varchar(30)	☑
uploadtime	datetime	☑
type	varchar(10)	☑
filepath	varchar(50)	☑
imgpath	varchar(50)	☑
memo	varchar(200)	☑

(3) 视频文件类型表，如下图所示。

列名	数据类型	允许空
typeid	varchar(10)	☐
typename	varchar(20)	☑

(4) 用户视频关系表 usr_file_r，如下图所示。

列名	数据类型	允许空
id	varchar(10)	☐
userid	varchar(10)	☑
fileid	varchar(10)	☑

2. 功能模块实现

首页 index.html：包括视频分类显示、用户登录、推荐视频等内容。

文件 queryvideo.asp：视频搜索模块。

文件 register.asp：用户登录模块。

文件 introvideo：视频推荐模块。

文件 video.asp：视频播放页面。

文件 member.asp：用户信息管理页面。

文件 upload.asp：上传视频页面。

文件 delvideo：删除视频模块。

功能模块的类型大致如图所示。

视频网站首页主要包括分类视频展示、视频查询、用户管理、热门推荐等模块。网页实现主要使用了 DIV+CSS，具体代码如下：

```
<div class="top">logo.jpg </div>
<div class="main">
<ul>
<LI style="position: relative;"><A title=" 文明交通现场 " href="/jiaotong.html"
  target="_blank"><IMG width="140" height="90" src="jiaotong.jpg"><BR> 文
明交通现场 </A>
<LI style="position: relative;"><A title=" 实拍火山爆发 " href="/huoshan.html"
  target="_blank"><IMG width="140" height="90" src="huoshan.jpg"><BR> 实
拍火山爆发 </A>
……
<li> 教育 </li>
<li> 体育 </li>
</ul>
</div>
<div class="right">
<div>queryvideo.asp</div>
<div>register.asp</div>
</div>
<div>introvideo.asp</div>
```

3. 视频播放页面

下面介绍使用 Dreamweaver CS6 在视频播放页中嵌入 Flash 视频及一组播放组件的制作过程。

❶ 选择【插入】▶【媒体】▶【FLV】命令，如下图所示。

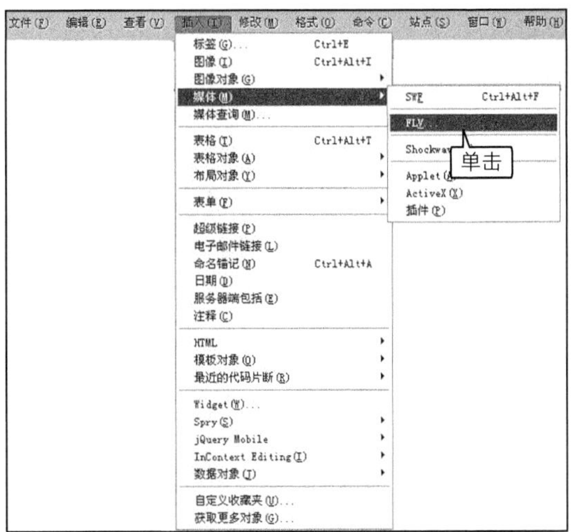

❷ 在【插入 FLV】对话框中，视频类型选择“累进式下载视频”，如下图所示。视频类型有两种选择：“累进式下载视频”是将 Flash 视频 (FLV) 文件下载到站点访问者的硬盘上，然后播放，允许在下载完成之前就开始播放视频文件；“流视频”是将 Flash 视频内容进行流处理并立即在 Web 页面中播放。

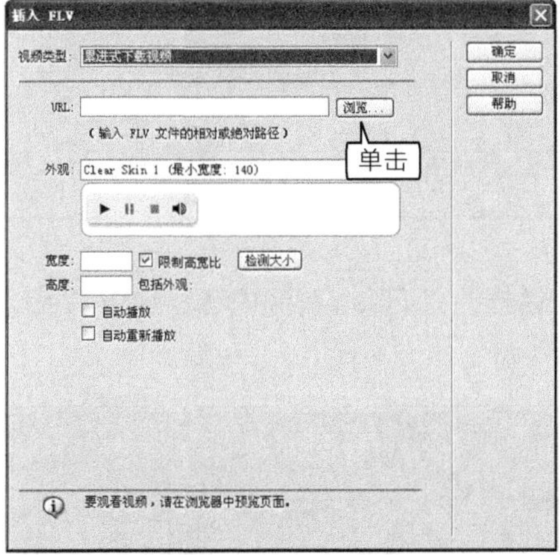

❸ 单击【浏览】按钮，在弹出的【选择 FLV】对话框中选择该 FLV 文件，如下图所示。

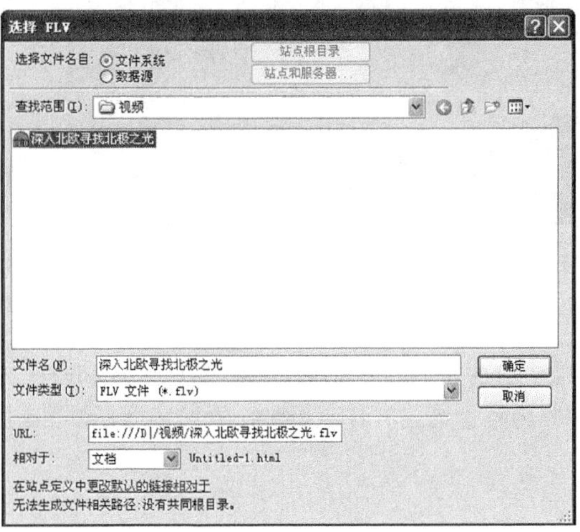

❹ 在【外观】列表框中选择某一种外观，即指定播放 Flash 视频组件的外观，如 Halo Skin 3。所选外观的预览会出现在列表框下方。

在【宽带】和【高度】文本框中设定 FLV 文件的尺寸大小。可以单击【检测大小】按钮以确定 FLV 文件的准确宽度和高度。有时 Dreamweaver 无法确定 FLV 文件的尺寸大小，就必须手动输入宽度和高度值。

【自动播放】复选框指定在 Web 页面打开时是否播放视频，默认情况下不选择该选项。

【自动重新播放】复选框指定播放控件在视频播放完之后是否返回起始位置，默认情况下不选择该选项，如下图所示。

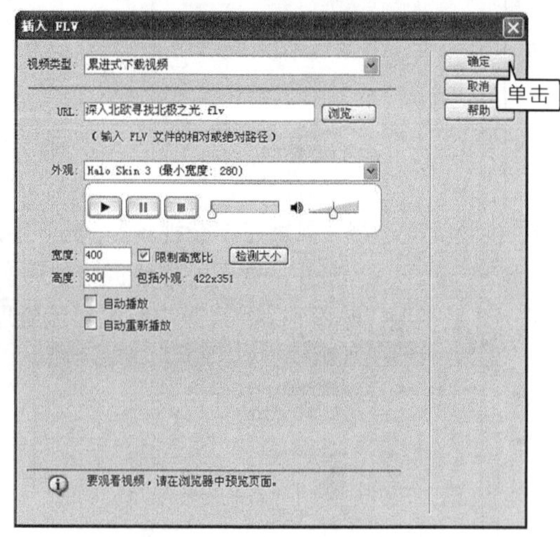

❺ 单击【确定】按钮，关闭对话框并将 Flash 视频内容添加到 Web 页面。保存该页，然后可以测试效果，如下图所示。

【插入 Flash 视频】命令会生成一个视频播放器 SWF 文件和一个外观 SWF 文件，它们用于在 Web 页面上显示 Flash 视频内容。这些文件与 Flash 视频内容所添加到的 HTML 文件存储在同一目录中。

第24章 电子商务网站——京东网

本章教学录像：9分钟

电子商务网站是买卖双方在因特网环境下进行各种商贸活动，实现消费者的网上购物、商户之间的网上交易和在线电子支付以及各种商务活动、交易活动、金融活动和相关的综合服务活动的平台。本章将以京东网为例，分析如何构建一个电子商务网站。

本章要点（已掌握的在方框中打勾）

- ☐ 网络配置分析
- ☐ 制作一个电子商务网站

24.1 网络配置分析

本节视频教学录像：5 分钟

京东商城是中国 B2C 市场最大的 3C（计算机、通信和消费电子产品）网购专业平台，是中国电子商务领域最受消费者欢迎和最具有影响力的电子商务网站之一。2004 年初，京东进入电子商务领域，京东商城从最初销售电子产品、数码产品，到目前拥有遍及全国各地 2500 万注册用户，近 6000 家供应商，在线销售家电、数码通信、电脑、家居百货、服装服饰、母婴、图书、食品等 11 大类数万个品牌百万种优质商品，日订单处理量超过 30 万单，网站日均页面浏览量超过 5000 万。

24.1.1 服务器配置分析

京东商城的服务器由数台 Web 服务器集群来均衡负载，数台数据服务器做数据同步。但是，即便这样在 2012 年的 11 月 11 日，京东当天流量暴涨，大量用户登录，结果京东商城的服务器被大流量冲垮，导致瘫痪。

京东商城不断进行技术构架调整，基于历史原因，前端部分依然使用 .NET 技术开发并且进行了大规模的性能优化，将系统后台使用 Java 技术进行重构，暂时性缓解了系统访问压力。京东商城的团购频道采用了高效率的 PHP 技术。与其他语言相比，PHP 是将程序嵌入到 HTML 文档中去执行，执行效率比完全生成 HTML 标记的 CGI 要高许多。与同样是嵌入 HTML 文档的脚本语言 JavaScript 相比，PHP 在服务器端执行，充分利用了服务器的性能。PHP 执行引擎还会将用户经常访问的 PHP 程序驻留在内存中，其他用户再一次访问这个程序时就不需要重新编译程序了，只要直接执行内存中的代码就可以了，这也是 PHP 高效率的体现之一。PHP 具有非常强大的功能，所有的 CGI 或者 JavaScript 的功能 PHP 都能实现，而且支持几乎所有流行的数据库以及操作系统。京东商城的 UI 采用 jQuery 插件。

24.1.2 页面设计分析

设计电子商务网站的首页，要充分考虑网站的目标，明确网站的主要构成和各部分的功能及风格，理清各种操作的流程，把用户最关注的、最常用的功能放在显著位置；同时要考虑页面的美观和创意，以吸引用户。下面对京东网首页的架构进行简要分析。

打开 IE 浏览器，在地址栏输入 www.jd.com，即可登录京东网。京东网首页采用白色背景，配合红色的导航、黑色文字，使整个网站显得鲜明，富有朝气。京东的 logo 标志放在页面的左上方，是一个银色金属狗，配以红色的文字。下图所示为京东网首页的第一屏。页面结构为上、中、下三栏，第一屏能看到 header 部分和 slides 图片轮播推荐的广告，主要的网站元素都可以看见，页面设计很清晰。

京东网首页框架非常简单，分为上、中、下三部分。header 包括网站导航、客户服务、搜索等内容；main 是页面的主体部分，分类显示各类商品的信息；Footer 包括购物指南、特色服务、联系方式、网站版权等信息。京东网首页基本排版框架如下图所示。

header
main
footer

接下来将详细介绍京东网首页各个模块的功能以及相关块中所包含的子 <div> 块。header 部分包括用户登录信息、网站导航、京东网的 logo、搜索引擎、用户个人信息等内容，导航区的架构如下图所示。其中，#shortcut-2013 块主要包括户登录信息、用户订单、京东的手机客户端、网站导航等相关信息；#o-header-2013 块包括京东网的 logo 标志、搜索引擎、用户的订单、关注、积分、为用户推荐、购物车、横向导航和纵向的分类列表等信息。

#shortcut-2013
#o-header-2013

#shortcut-2013 块中框架是 DIV 构成的，客户服务和网站导航的下拉菜单的内容用表格来定位，相应的代码如下所示。

```
public Thread( ThreadStart start)
<DIV id="shortcut-2013">
<DIV class="w">
<UL class="fl lh">
<LI class="fore1 ld" > 收藏京东 </LI></UL>
<UL class="fr lh">
<LI class="fore1" id="loginbar">
您好！欢迎来到京东！ [ 登录 ][ 免费注册 ]</LI>
<LI class="fore2 ld"> 我的订单 </LI>
<LI class="fore3 ld">< 手机京东 </LI>
<LI class="fore4 ld menu" data-widget="dropdown"> 客户服务
<DIV class="dd">
<DIV> 常见问题 </DIV>
<DIV> 售后服务 </DIV>
<DIV> 在线客服 </DIV>
<DIV> 投诉中心 </DIV>
<DIV> 客服邮箱 </DIV></DIV>
</LI>
<LI class="fore5 ld menu" data-widget="dropdown"> 网站导航
<DIV class="dd lh">
<DL class="item fore1">
<DT> 特色栏目 </DT>
```

```
<DD>
<DIV> 为我推荐 </DIV><DIV> 视频购物 </DIV><DIV> 京东社区 </DIV>
<DIV> 校园频道 </DIV><DIV> 在线读书 </DIV><DIV> 装机大师 </DIV>
<DIV> 礼品卡 </DIV></DD>
</DL>
<DL class="item fore2">
<DT> 企业服务 </DT>
<DD>
<DIV> 企业客户 </DIV><DIV> 办公直通车 </DIV>
</DD>
</DL>
DL class="item fore3">
<DT> 旗下网站 </DT>
<DD>
<DIV>60TOP</DIV><DIV> 迷你挑 </DIV>
<DIV>English Site</DIV></DD>
</DL>
</DIV>
</LI>
</UL>
```

#o-header-2013 块包括京东网的 logo 图标、搜索表单、我的京东、购物车、横向导航、纵向的分类列表。其中分类列表包括 13 个分类：.item fore1 块是图书、音像、数字商品；.item fore2 块是家用电器；.item fore3 块是手机、数码；.item fore4 块是电脑、办公；.item fore5 块是家居、家具、家装、厨具；.item fore6 块是服饰鞋帽；.item fore7 块是个护化妆；.item fore8 块是礼品箱包、钟表、珠宝；.item fore9 块是运动健康；.item fore10 块是汽车用品；.item fore11 块是母婴、玩具乐器；.item fore12 块是食品饮料、保健食品；.item fore13 块是彩票、旅行、充值、游戏。相关的代码如下：

```
<DIV id="o-header-2013">
<DIV class="ld" id="logo-2013"><IMG logo-2013.png"></DIV>
<DIV id="search-2013">
<UL class="hide" id="shelper"></UL>
<DIV class="form">
<INPUT class="text" id="key" accesskey="s" onKeyDown="javascript:
if(event.keyCode==13) search('key');" type="text" autocomplete="off">
<INPUT class="button" onClick="search('key');return false;"
type="button" value=" 搜索 ">
</DIV></DIV>
<DIV id="nav-2013">
<DIV id="categorys-2013">
<DIV class="mt ld">
<H2> 全部商品分类 </H2></DIV>
<DIV class="mc" id="_JD_ALLSORT">
```

```
<DIV class="item fore1"></DIV>
<DIV class="item fore2"></DIV>
…… //此处有代码省略
<DIV class="item fore11"></DIV>
<DIV class="item fore12"></DIV>
<DIV class="item fore13"></DIV>
</DIV></DIV>
<UL id="navitems-2013">
  <LI class="fore1" id="nav-home"> 首页 </LI>
 <LI class="fore2" id="nav-mall"> 服装城 </LI>
 <LI class="fore3" id="nav-dapeigou"> 搭配购 </LI>
 <LI class="fore4" id="nav-tuan"> 团购 </LI>
 <LI class="fore5" id="nav-auction"> 夺宝岛 </LI>
 <LI class="fore6" id="nav-wan"> 在线游戏 </LI>
</UL>
</DIV>
</DIV>
```

京东商城的主体部分包括商家的广告图片浏览区域、广告图片轮播、京东快报、信息服务等内容，架构如下图所示。

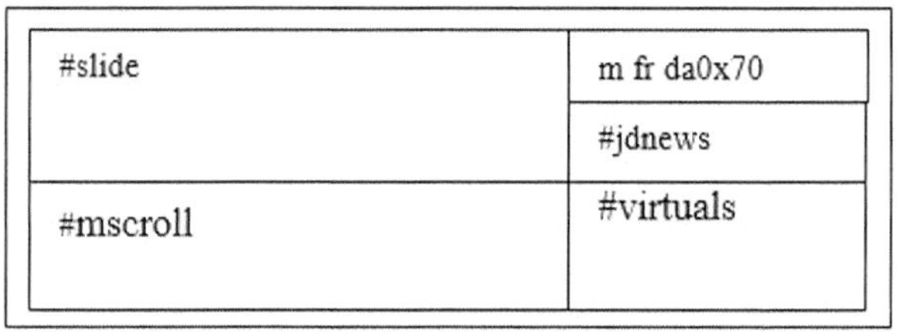

#slide
m fr da0x70
#jdnews
#mscroll
#virtuals

主体部分框架代码如下：

```
<DIV class="slide" id="slide"></DIV>
<DIV class="jscroll" id="mscroll"></DIV>
<DIV class="m fr da0x70"></DIV>
<DIV class="m m1" id="jdnews"></DIV>
<DIV class="m m2" id="virtuals" data-widget="tabs"></DIV>
```

京东的活动包括疯狂抢购和限时抢购，是很吸引人的板块，因此放在中间，架构如下图所示。

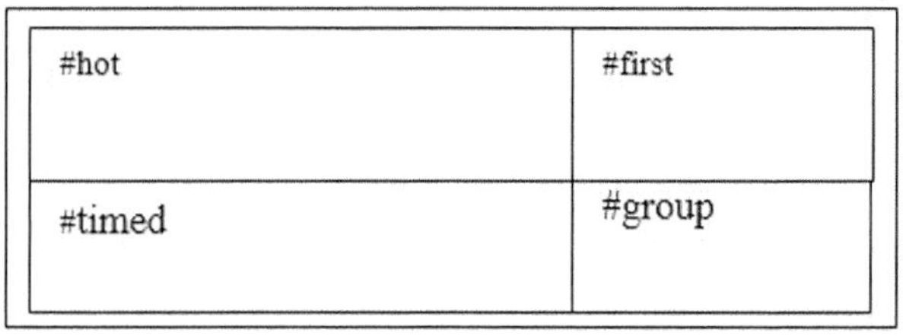

#hot
#first
#timed
#group

活动部分框架代码如下：

```
<DIV class="m m2" id="hot"></DIV>
<DIV class="m m1" id="first"></DIV>
<DIV class="m m1" id="timed"></DIV>
<DIV class="m m1" id="group"></DIV>
```

按分类分成8个楼层内容，分别是家电通信、电脑数码、服饰鞋包、美容珠宝、居家生活、母婴玩具、食品保健、图书音像，架构如下图所示。

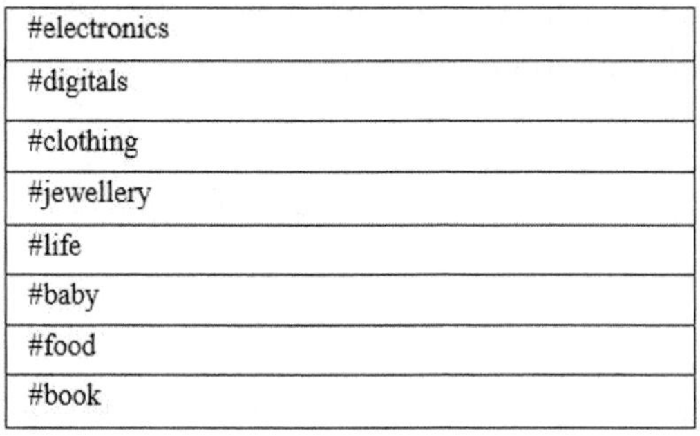

#electronics
#digitals
#clothing
#jewellery
#life
#baby
#food
#book

8个楼层内容的框架代码如下：

```
<DIV class="w w1" id="electronics"></DIV>
<DIV class="w w1" id="digitals"></DIV>
<DIV class="w w1" id="clothing"></DIV>
<DIV class="w w1" id="jewellery"></DIV>
<DIV class="w w1" id="life"></DIV>
<DIV class="w w1" id="baby"></DIV>
<DIV class="w w1" id="food"></DIV>
<DIV class="w w1" id="book"></DIV>
```

热门晒单、热门活动、在线读书、订阅促销信息架构如下图所示。

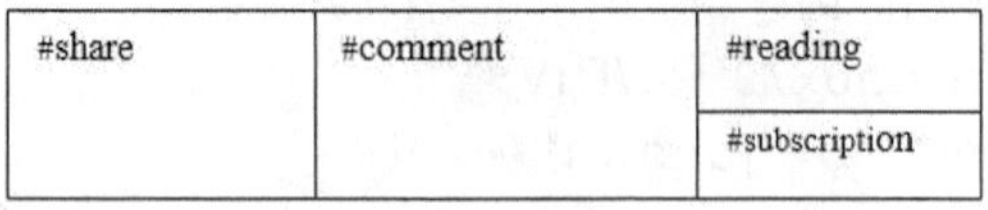

#share	#comment	#reading
		#subscription

上图部分框架代码如下：

```
<DIV class="m m3 club" id="share">
<DIV class="m m3 club" id="comment">
<DIV class="m m3" id="reading">
<DIV class="m" id="subscription">
```

首页最下方的脚注部分如下图所示。#service-2013 块包括购物指南、配送方式、支付方式、售后服务、特色服务和京东自营覆盖区县；#footer-2013 块包括联系方式、版权信息、外部网站等信息。

脚注部分框架代码如下：

```
<DIV id="service-2013">
<DL class="fore1"></DL>
<DL class="fore2"></DL>
<DL class="fore3"></DL>
<DL class="fore4"></DL>
<DL class="fore5"></DL>
<DIV class="sm" id="branch-office">
<DIV class="smt"> 京东自营覆盖区县 </DIV>
</DIV>
</DIV>
<DIV id="footer-2013">
<DIV class="links"></DIV>
<DIV class="copyright"></DIV>
<DIV class="authentication"></DIV>
</DIV>
```

对于 #footer 块最主要的是切合页面其他部分的风格。京东网站内的页面底部都包括脚注部分，风格一致。

京东网首页导航区的用户信息、网站导航、基于多类别的搜索，能够使用户快速找到自己需要的信息。下图为导航区的效果图。

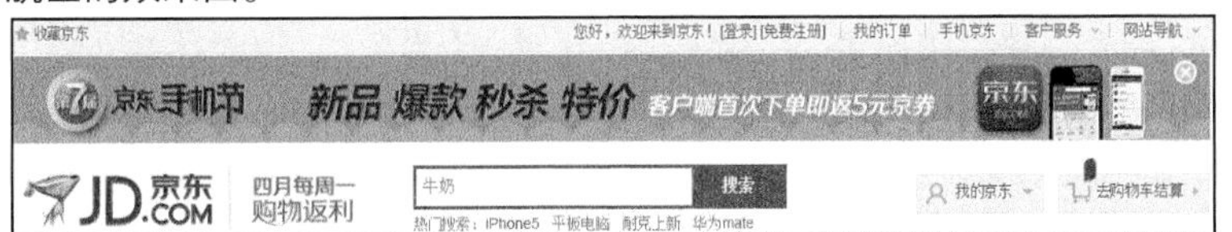

京东网头部的 CSS 样式的代码如下：

```
<div class="form">
<input class="text" id="key" accesskey="s"
onkeydown="javascript:if(event.keyCode==13) search('key');"
type="text" autocomplete="off" style="color: rgb(153, 153, 153); ">
<input class="button" onclick="search('key');return false;" type="button" value=" 搜索 " clstag="homepagelkeycountlhome2013l03a">
</div>
```

首页左侧“全部商品分类”为辅助导航。图书、家用电器、手机数码等每个大分类下面包括若干个小分类，小分类布局灵活，适用于分类较多的大中型网站，特别适合于电子商务网站。京东分类导航栏如下图所示。

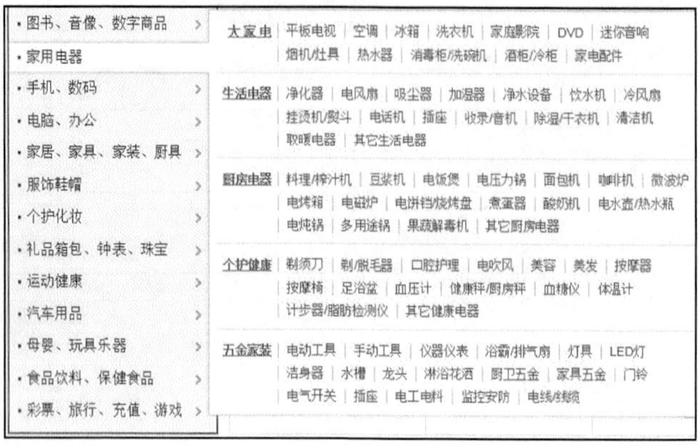

分类导航栏的 CSS 设置如下：

```
<style type="text/css">
.my_left_category{width:150px; font-size:12px; font-family:arial,sans-serif; letter-spacing:2px;}
.my_left_category h1{
background-image:url(/jscss/demoimg/201004/spring_06.gif);
height:20px; background-repeat:no-repeat; font-size:14px; font-weight:bold;
padding-left:15px; padding-top:8px; margin:0px; color:#FFF;}
.my_left_category .my_left_cat_list{
width:148px; border-color:#b60134; border-style:solid; border-width:0px 1px 1px 1px;
line-height:13.5pt;}
.my_left_category .my_left_cat_list h2 {margin:0px; padding:3px 5px 0px 9px;}
.my_left_category .my_left_cat_list h2 a {color:#d6290b; font-weight:bold; font-size:14px; line-height:22px;}
.my_left_category .my_left_cat_list h2 a:hover {color:#d6290b; font-weight:bold; font-size:14px;
line-height:22px;}
.my_left_category .h2_cat{
        width:148px;
        height:26px;
        background-image:url(/jscss/demoimg/201004/my_menubg.gif);
        background-repeat:no-repeat;
        line-height:26px;
        font-weight:normal;
        color:#333333;
        position:relative;
}
.my_left_category .h2_cat_1{
```

```
        width:148px;
        height:26px;
        background-image:url(/jscss/demoimg/201004/my_menubg_1.gif);
        background-repeat:no-repeat;
        line-height:26px;
        font-weight:normal;
        color:#333333;
        position:relative;
}
.my_left_category a{
        font:12px;
        text-decoration:none;
        color:#333333;
}
.my_left_category a:hover{
        text-decoration:underline;color:#ff3333;
}
.my_left_category h3{
margin:0px;
padding:0px;
height:26px;
font-size:12px;
font-weight:normal;
display:block;
padding-left:8px;
}
.my_left_category h3 span{color:#999999; width:145px; float:right;}
.my_left_category h3 a{line-height:26px;}
.my_left_category .h3_cat{
 display:none;
 width:204px;
 position:absolute;
 left:123px;
 margin-top:-26px;
 cursor:auto;
}
.my_left_category .shadow{
position:inherit;
background:url(/jscss/demoimg/201004/shadow_04.gif) left top;
width:204px;
}
.my_left_category .shadow_border{
```

```
position:inherit;
width:200px;
border:1px solid #959595; margin-top:1px;
border-left-width:0px;
background:url(/jscss/demoimg/201004/shadow_border.gif) no-repeat 0px 21px;
background-color:#ffffff;
margin-bottom:3px
}
.my_left_category .shadow_border ul{margin:0; padding:0; margin-left:15px}
.my_left_category .shadow_border ul li {
list-style:none;
padding-left:10px;
background-image:url(/jscss/demoimg/201004/my_cat_sub_menu_dot.gif);
background-repeat:no-repeat;
background-position:0px 8px;
float:left;
width:75px;
height:26px;
overflow:hidden;
letter-spacing:0px;
}
.my_left_category .active_cat{ z-index:99;background-position:0 -25px;cursor:pointer;}
.my_left_category .active_cat h3 { font-weight:bold}
.my_left_category .active_cat h3 span{ display:none;}
.my_left_category .active_cat div{display:block;}
</style>
```

手风琴效果图片展示。鼠标放到图片设置的手风琴的每一个纵向的键位上，会滑出完整的图片，整体效果动感十足，并可以在相对较小的空间展示更多的内容，如下图所示。

手风琴效果代码如下。

```
<html>
<head>
<script type="text/javascript" language="javascript" src="jquery-1.7.1.min.js">
</script>
<script type="text/javascript" language="javascript" src="jquery-ui-1.8.18.custom.min.js">
</script>
<script type="text/javascript" language="javascript">
$(function(){
 $("#accordion").accordion(
 {
 header: "h3",
 event:"mouseover",
 icons:{
 header:"ui-icon-carat-2-e-w"
 },
 }
 );
 })
</script>
</head>
<body>
<div id="accordion" style="width:600px; height:600px; border:1px #F00 solid">
<div>/* 第一个键位的区域 */</div>
<div>/* 第二个键位的区域 */</div>
…… // 此处有代码省略
</div>
</body>
</html>
```

24.2 制作自己的电子商务网站

本节视频教学录像：4 分钟

本节将模拟京东网建立一个电子商务网站——龙马商城。网站分为前台管理和后台管理。前台管理面向用户，包括浏览商品、查询商品、购物车、用户维护等功能；后台管理是提供给管理员的，其中包括商品管理、用户管理、订单管理等。

24.2.1 需求分析

1. 会员注册：提供浏览者注册功能，注册之后可以在网站选购商品到购物车，否则只能浏览商品信息而无法下订单。

2. 商品信息浏览：网站的首页列出所有商品类别列表，同时显示出部分特价商品和新上架商品。

3. 根据商品订购信息展示热卖商品：根据购买者下订单的情况，展示出当前网站中最畅销的商品信息。

4. 购物车功能：已登录的会员选中的商品都将暂时存放在购物车中，可通过查看购物车修改购买数量。

5. 首页显示公告和新闻：在购物网站的首页按照时间录入先后顺序显示最近的公告和新闻。

6. 订单管理：自动生成订单，用户可以查看自己的订单。

24.2.2 配置分析

系统安装 IIS 服务器，系统提供了一个默认网站，在这个默认网站中系统已提供了一些基本的站点文件。

并将站点文件放到默认网站的主目录下。如果没有改动，IIS 默认网站主目录的位置是在 Windows Server 2003 安装盘根目录下的“Intepub\wwwroot”下，而系统默认的主页文件名为“iisstart.htm”，当然这些都是可以根据需要再做更改的。更改的方法是在“默认网站”上单击鼠标右键，然后在出现的快捷菜单上选择【属性】命令，在这个对话框中就可以对其中的各项进行详细设置了。

24.2.3 网站制作步骤

1. 数据库设计

(1) 管理员表。

(2) 用户表。

(3) 商品信息表。

(4) 商品大类信息表。

(5) 新闻表。

(6) 订单表。

(7) 订单明细信息表。

(8) 商品大类信息。

2. 功能模块设计

在电子商务网站的首页中，最上方是导航区，包括会员管理、登录、搜索；导航区下面是商品分类列表和网站公告、新闻、促销活动、新品上市、热卖商品、特价促销、重点推荐等模块。电子商务网站的首页如下图所示。

(1) 购物车模块的实现。获取购买数量，将商品 ID 和购买数量传递给后台进行处理，依据后台返回结果进行处理；如果加入购物车成功，转至购物车页面；如果返回未登录标记，给出提示，转至登录页面；其他错误，给出提示。购物车页面如下图所示。

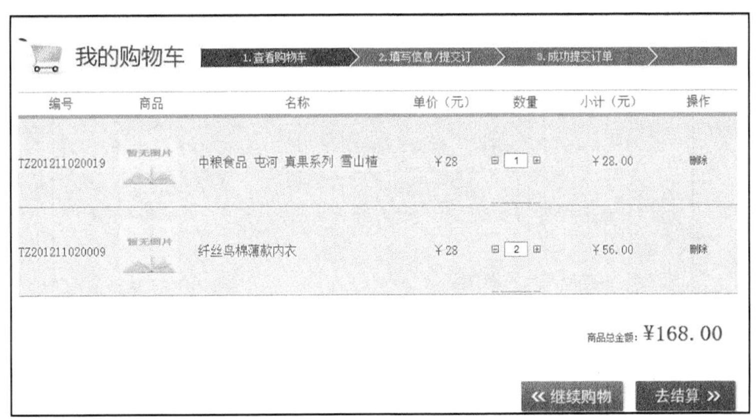

加入购物车的实现代码如下：

```
    /* add cart */
function addToCart(productId){
   var buyCount = $('#buyCount').val();// 获取购买数量
    var url =  'addtocart.action?productId='+productId+'buyCount='+buyCount;// 加入购物车后台 url
    $.getJSON(url, {'random':Math.random()}, function(data){
       if (data.done)   {
                     location.href="myCart.action";  // 加入购物车成功，转至购物车页面
       }
       else    {
           if(data.notLogin){// 未登录，给出提示，转至登录页面
              alert(' 请登录 ');
              window.location = 'login.action';
              return;
           }
           alert(data.msg);// 其他错误，给出提示
       }
    });
}
```

(2) 提交订单结算模块。进入购物车后单击【去结算】按钮进行结算，结算时需要生成订单，订单内容除包括商品信息外还需要有收货人信息、配送方式、付款方式、发票信息等，如下图所示。

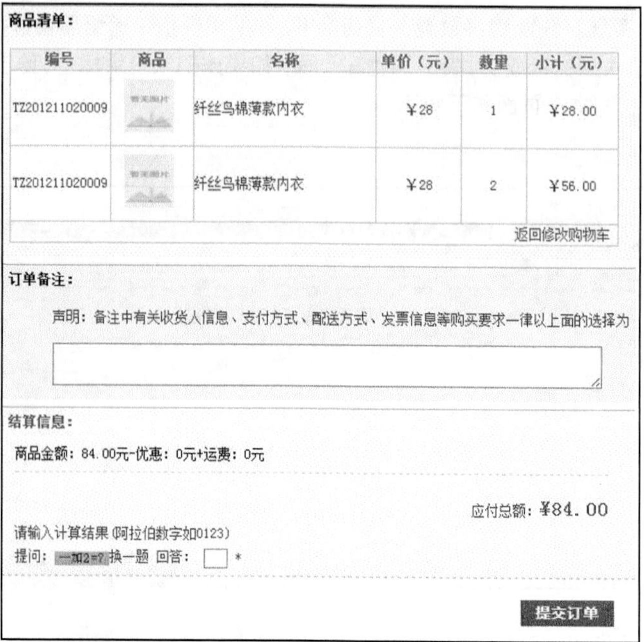

提交订单结算模块的代码如下。

```
/* 生成订单 */
MyCart.createOrder = function(){
    if(totalMoney==0){
        //alert('购物车中暂无商品');
        //return;
    }
    var addressId = $("#addressId").val();
    var fapiaoTaitou = $("#fapiaoTaitou").val();
    var fuyan = $('#fuyan').val();
    var payType= $('input:radio[name="payType"]:checked').val();
    if(addressId==""){
        if( !checkForm()){
            return false;
        }
        alert('请先确认收货地址');
        return false;
    }
    else if(payType==''){
        alert('请选择支付方式');
        return false;
    }
    else if($.trim(fuyan).length>100){
        alert('订单附言不能超过 100 个字');
        $('#fuyan').focus();
```

```
        return false;
    }
    var scode = "";
    scode = $('#scode').val();
    if($.trim(scode)=="" || isNaN(scode)){
        alert('请输入计算结果(阿拉伯数字如 123)');
        $('#scode').val('');
        $('#scode').focus();
        return false;
    }
    var url = 'createCrmOrder.action';
    if($('#productType').val()=='2'){
        url = 'createCrmOrder.action';
    }
    $("#btnDiv").hide();
    $('#suc').html('<img src="images/load.gif"/> 正在提交订单，请稍等 ...');
    var fapiao = 0;
    if(document.getElementById('fapiao1').checked){
        fapiao = 1;
    }
     $.getJSON(url,{'fuyan':fuyan,'payType':payType,'addressId':addressId,
    'fapiao':fapiao,'fapiaoTaitou':fapiaoTaitou,
    'scode':scode,'random':Math.random()},function(data){
        if(data.done){
            if(data.msg=="-2"){
                alert("商品数量不足，无法订购！ ");
                $('#suc').html('商品数量不足，无法订购！ ');
                $("#btnDiv").show();
                return false;
            }
            if(data.needPay){
                $('#suc').html('订单提交成功，正转向支付页面。');
                window.location.href=basePath+'pay.action?id='+data.msg;
                return;
            }
            else{
                $('#suc').html('订单提交成功，将转至我的订单页面。');
                    window.location.href=basePath+'manage/myOrderCrm.action';
                return;
            }
```

```
            /*
            $('#suc').html('订单提交成功，将转至我的订单页面。');
            window.location.href='manage/myOrder.action';
            */
            return;
        }
        else{
            var errorMsg = '';
            if(data.msg=='-1'){
                errorMsg = '登录超时，请重新登录';
            }
            else if(data.msg=='-4'){
                alert('您好，该商品限制同一账号、同一个手机号码只能提交一个订单！您可以邀请好友一起秒杀！ ');
                errorMsg = '您好，该商品限制同一账号、同一个手机号码只能提交一个订单！您可以邀请好友一起秒杀！ ';
            }
            else if(data.msg=='-5'){
                alert('您好，请输入验证码！ ');
                errorMsg = '您好，请输入验证码！ ';
            }
            else if(data.msg=='-6'){
                alert('您好，您输入的验证码不正确！ ');
                errorMsg = '您好，您输入的验证码不正确！ ';
                $('#scode').val('');
                genBuyCode();
                $('#scode').focus();
            }
            else{
                alert(data.msg);
                errorMsg = data.msg;
            }
            $('#suc').html('<font color=red>订单提交出错!'+errorMsg+'</font>');
            $("#btnDiv").show();
        }
    });
}
```

第25章

本章教学录像：7 分钟

社交网站——开心网

社交网站又称SNS网站，主要是以认识朋友为基础，扩展自己人脉的网站类型。网站用户可以以该网站为平台进行交流，所以一般都有用于交流的构件：博客、留言板和一些即时聊天工具等。该类网站一般还会提供一些便民服务：二手物品转让、拼车信息、团购信息等，使网站的用户可以从中受益，进而保证网络的可持续发展。

本章要点（已掌握的在方框中打勾）

- ☐ 网站配置分析
- ☐ 制作自己的社交网站

25.1 网站配置分析

本节视频教学录像：4 分钟

开心网是中国著名的社交网站之一，由北京开心人信息技术有限公司于 2008 年 3 月创立，其核心用户为中国社会财富和主流文化的缔造人群——北京、上海、广州等大中城市的白领群体，主要提供照片分享服务、在线聊天服务、音乐分享服务、网络存储服务、博客托管服务、互动游戏服务等。据统计，开心网已发展成为中国最具影响力的白领社交网站（SNS），注册用户突破 1.4 亿，访问量已经进入中国网站前 10 名，网站 Alexa 排名进入前 200 名。本章以开心网为例，分别从服务器配置、页面设计和程序开发三个方面分析社交网站。

25.1.1 服务器配置分析

开心网前端的服务器一共有 17 个 IP：220.181.66.138、123.103.12.24、123.103.12.25、123.103.12.26、123.103.12.27、123.103.12.28、123.103.12.36、123.103.12.37、123.103.12.38、123.103.12.39、123.103.101.98、123.103.101.107、123.103.101.116、123.103.102.130、220.181.66.131、220.181.66.135、220.181.66.136。其图片服务器用了 ChinaCache，开心网的前端用了 DNS 轮询 CDN。前端服务器使用的是 Apache，max-age=1，等于设置缓存，并且开启了 gzip 压缩。

令人意外的是开心网的 Web 没有用 squid 或者 lvs，而是只使用 DNS 轮询。因为 DNS 轮询分配的压力非常不平均，所以仅仅依赖 DNS 轮询是非常不安全的。

25.1.2 页面设计分析

本小节将介绍开心网的页面设计架构。用户可以通过在 IE 浏览器输入 http://www.kaixin001.com/ 来访问开心网。开心网的主页如下图所示。

首次打开开心网客户端，需要用户输入用户名及密码进行登录操作。开心网手机客户端没有提供新用户注册功能，所以如果还没有注册开心网的用户只能打开网页页面进行注册。

开心网首页结构较为简单，从而也体现了其网站特征：需要注册，然后才能享用其提供的大部分的功能；包含内容不多，但是每一项内容都有其很重要的作用，比如，其 logo 设计，为开心笑脸，非常可爱，且颜色醒目，让人能一眼看到，确实起到了网站的标识作用。logo 下方为登录部分，且明确给出可以采用其他账号，诸如 QQ 账号等登录。而正中间则为新用户注册部分，极大地方便了新用户的注册。右方给出的注册用户数量，是为自己打广告的极大数据佐证，其下方的关系图，则以一种简单易懂的方式给出了该网站的类型。

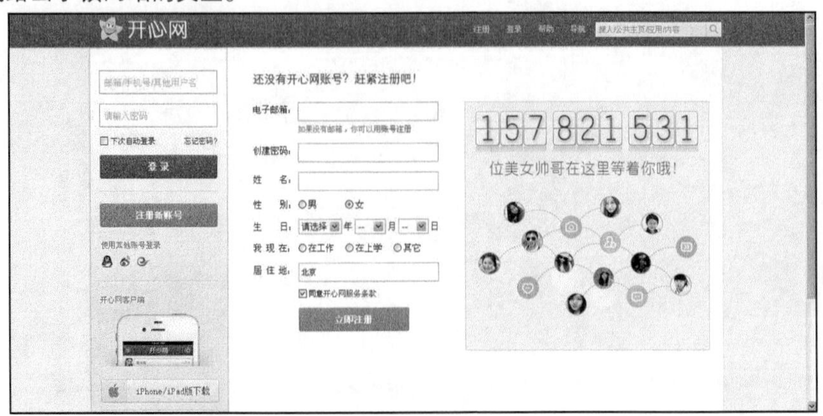

开心网首页框架如下图所示。

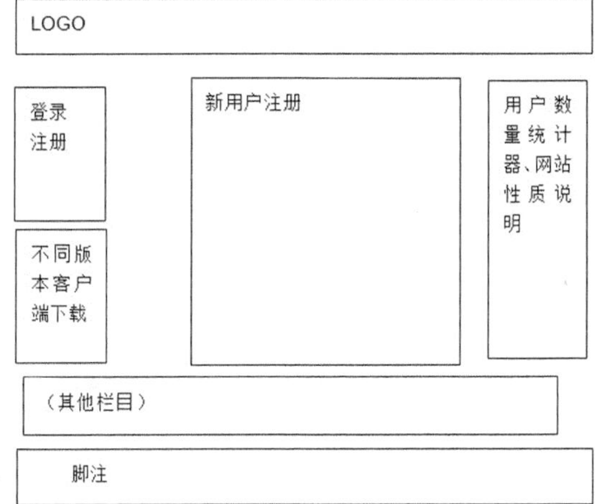

框架使用网页布局方式中的 DIV 布局方式，下面给出开心网首页各个模块所包含的子 <div> 块。

用户快捷导航设计的主要代码如下：

```
</div>
<div id="head2_kxt3" class="hasSub"><a class="headLink" href="/t/help.html"><b> 帮助 </b></a></div>
<div id="head2_kxt2" class="hasSub"><a class="headLink" href="http://login.kaixin001.com"><b> 登录 </b></a></div>
<div id="head2_kxt1" class="hasSub"><a class="headLink" href="http://reg.kaixin001.com"><b> 注册 </b></a></div>
</div>
<script type="text/javascript">
bindSearchEvents(0);
( function ( $ ) {
//onmouseout="$j( this ).removeClass( 'hasSub_show' ); h('more_sub');" onmouseover="$j( this ).addClass( 'hasSub_show' ); s('more_sub');"
var container = $( '#head2_kxt4' ),
headLink = container.find( '.headLink' ),
subUl = container.find( '#more_sub' );
container.hover( function(){
var iframe = container.find( '.headSubIframe' );
$( this ).toggleClass( 'hasSub_show' );
headLink.toggleClass( 'hover' );
subUl.toggle();
iframe.css( { 'right' : 0 , 'left' : 'auto' }).toggle();
} )
} )( $j );
</script>
```

```
<!--div class="headFindPerson rt_nav" style="clear:none;">
<div class="rt_menu l"><a href="http://reg.kaixin001.com" class="ce" id=head_reg> 注册 </a></div>
<div class="l rt_menu_bar"></div>
<div class="rt_menu l"><a href="http://login.kaixin001.com" class="ce">登录 </a></div>
<div class="l rt_menu_bar"></div>
<div class="rt_menu l"><a href="/t/help.html" class="ce"> 帮  助 </a></div>
<div class="l rt_menu_bar"></div>
<div class="rt_menu" >
<a href="/daohang.html" class="ce2"> 导航 </a>
</div>
</div-->
<div class="c"></div>
</div>
</div>
<iframe id="headIframe" frameborder="0" src="about:blank"></iframe>
</div>
```

注册完成或者登录之后进入开心网个人首页，如下图所示。个人首页采用白色为底色，大致布局和主页相似。

主导航的作用是提供用户一个快捷方式，方便用户的点击查找，而且顶部横幅鲜明、突出，不影响总体布局。

作为一个 SNS 网站，开心网主要提供相册、圈子、日记、礼物等功能。相册提供一般的相册服务，上传照片与人分享，并对其尽行管理。圈子可以轻松找到许久不曾联系的昔日好友，可以根据自己的偏好主动去搭讪自己想认识的朋友，从某种程度上打破了地域上的限制，从而促进了不同院校、不同工作地的大学生和社会白领等人群的相互交流，为大学生和白领的社交提供了一个全新的渠道。

主导航的代码如下：

```
<div id="app_friend_tip" style="z-index:100101;position:absolute;background:#fff;border:2px solid #F7F7F7;width:160px;height:250px;display:no
```

```
ne;"></div>
<div id="head_applist" style="padding-top:3px;"></div>

<div id="appMenu" class="appMenu homeMeLeft" style="display:none;"><ul data-sigil="basic" data-visibleItem="5"><li ><a class="app_l_sp app_photo" onfocus="this.blur();" title="照片" href="/photo/albumlist.php" >照片</a><a class="rtfunc" onfocus="this.blur();" href="/photo/upload_photo.php">上传</a></li><li ><a class="app_l_sp app_repaste" onfocus="this.blur();" title="转帖" href="/repaste/hotrp.html" >转帖</a><a class="rtfunc" onfocus="this.blur();" href="/!repaste/repaste.php">发表</a></li><li ><a class="app_l_sp app_diary" onfocus="this.blur();" title="日记" href="/diary/fdiarylist.php" >日记</a><a class="rtfunc" onfocus="this.blur();" href="/diary/write.php?f=h">发表</a></li><li ><a class="app_l_sp app_records" onfocus="this.blur();" title="记录" href="/records/friend.php" >记录</a></li><li ><a class="app_l_sp app_gift" onfocus="this.blur();" title="礼物" href="/~gift/index.php?src=kxleft" >礼物</a></li><li style="display:none"><a class="app_l_sp app_kxcp" onfocus="this.blur();" onclick="Kx.Utils.writeLog2('left_nav_click_stat_1282');" title="开心集品" href="http://jipin.kaixin001.com/?_sfrom=platform&blank=1" target="_blank">开心集品<img class="extrai" src="http://img.kaixin001.com.cn/i/newpage.gif" /></a></li><li style="display:none"><a class="app_l_sp app_100013368" onfocus="this.blur();" onclick="Kx.Utils.writeLog2('left_nav_click_stat_100013368');" title="名品打折" href="/interface/statLog2.php?url=http%3A%2F%2Fbuy.kaixin001.com&key=KaiXinMingPin_click_fromLeft" target="_blank" style="background:url('http://pic1.kaixin001.com.cn/pic/app/93/49/1162_156934919_platform-16x16.gif') no-repeat 1px 0;">名品打折</a></li><li style="display:none"><a class="app_l_sp app_star" onfocus="this.blur();" title="公共主页" href="/interface/statLog2.php?url=%2Fpage%2Fnews.php&key=left_nav_click_stat_1230" >公共主页</a></li><li style="display:none"><a class="app_l_sp app_rgroup" onfocus="this.blur();" title="圈子" href="javascript:appRgroupExpand(0);" ><span class="ntc" style="display:none;"><b>0</b></span>圈子</a><a id="app_rgroup_create" class="rtfunc" onfocus="this.blur();" href="javascript:appRgroupCreate(0);">创建</a></li><span id="rgroup_expand" style="display:none;" data-expand="0"></span><li class="show_moreapp" data-sigil="more_basic_menu">
<a href="javascript:void(0)" class="hmore hmoreBasic">更多</a>
</li></ul><ul><li ><a class="app_l_sp app_webgame" onfocus="this.blur();" title="网页游戏" href="http://game.kaixin001.com" target="_blank">网页游戏<img class="extrai" src="http://img.kaixin001.com.cn/i/arrow_blur.gif" /></a></li><li ><a class="app_l_sp app_kxmbapp" onfocus="this.blur();" title="无线应用推荐" href="/mobileapp/index.php" target="_blank">无线应用推荐</a></li><li ><a class="app_l_sp app_sims" onfocus="this.blur();" title="
```

```
开心人生" href="/app/?aid=1270&clickfrom=homeLeftDefaultRcmd" >开心人
生</a></li><li ><a class="app_l_sp app_city" onfocus="this.blur();" title="
开心城市" href="/app/?aid=1226&clickfrom=homeLeftDefaultRcmd" >开心城
市</a></li><li ><a class="app_l_sp app_farm" onfocus="this.blur();" title="
开心庄园" href="/app/?aid=1160&clickfrom=homeLeftDefaultRcmd" >开心庄
园</a></li><li ><a class="app_l_sp app_flashgame" onfocus="this.blur();"
title="小游戏中心" href="http://xyx.kaixin001.com/?from=platform&blank=1"
target="_blank">小游戏中心<img class="extrai" src="http://img.kaixin001.
com.cn/i/newpage.gif" /></a></li></ul><ul><li ><a class="app_l_sp app_
group" onfocus="this.blur();" title="群组" href="/group/" >群组</a></li><li
><a class="app_l_sp app_weibo" onfocus="this.blur();" title="微博" href="/
weibo/" >微博</a></li><li ><a class="app_l_sp app_dongta" onfocus="this.
blur();" title="动他一下" href="/~dongta/index.php?src=kxleft" >动他一下</
a></li><li ><a class="app_l_sp app_file" onfocus="this.blur();" title="网络硬
盘" href="/~file/index.php" >网络硬盘</a></li><li ><a class="app_l_sp app_
yuan" onfocus="this.blur();" title="姓名缘分" href="/~yuan/index.php" >姓名缘
分</a></li><li ><a class="app_l_sp app_film" onfocus="this.blur();" title="
电影" href="/app/?aid=1020&clickfrom=homeLeftDefaultRcmd" >电影</a></
li></ul><div class="appfuc"><a href="/app/list.html?from=platform_addapp"
class="magBtn">添加</a><a href="/set/appman2.php" class="magBtn">管理
</a></div></div>
```

25.1.3 网站程序开发分析

社交类网站一般面向白领、学生等人群，且多为休闲性质，故大多数人不会花费太长时间等待页面的下载，所以页面中模块下载速度不能太慢，下载时可以采用分块下载的方法，其代码入下：

```
<script type="text/javascript">
// 设置当前页面加载方式：分块快速加载
window.fastloadMode = false;
var objRecordsVars = {
'preferred_privacy' : 0,
'preferred_album': 1,
'privacy_tip' : 0,
'preferred_sign' : '0'    // checked ? 0/1
};
function f_afterseluid(f_seluid){
if (parseInt(f_seluid)){
window.location = "/home/" + f_seluid+".html";
}
}
var v_home_index_showlogo = 0;
var g_apppop_id = 0;
```

```
var g_reginto = parseInt("0");
var g_apppop_filter = 0;
var g_profile_navtipnum = "0";
function updateHashHistory(hash){
if(!hash){
hash = getPageHash();
}
if(hash){
var strtype = hash;
goToNews(strtype, 157821162, 157821162);
}
}
function recoverMouseOver(event)
{
event = event || window.event;
var target = $j( event.target || event.srcElement );
target.parents('.f_repaste:first').hide();
var el = $j( preCloseBtn ).parents('.gw1:first').find('div.newscnt div');
el.css( 'background', '#fff' );
el.find('img:first').hide();
el[0].onmouseout = function() {
el.find('img:first').hide();
this.style.background='#fff';
}
}
g_viewmode = "";
var stateData = [];
var g_ouinfo = '{"ou_type":1,"ou_id":157821162,"uid":157821162}';
c4_g_commentouid = "157821162";
c4_g_commentvuid = "157821162";
g_home_ta = " 她 ";
g_home_ouid = "157821162";
g_home_vuid = "157821162";
g_home_commentright = "1";
g_curr_news_type = 0;
g_app_photo_id = "1";
g_app_diary_id = "2";
g_app_record_id = "1018";
g_app_repaste_id = "1088";
g_app_state_id = "3";
g_app_focus_id = "1204";
g_app_vote_id = "1016";
g_election_cnt = "0";
```

```
</script>
```

在浏览器的右下角经常能够看到浮动的弹出式文字、视频，为用户展示产品广告或热点新闻。实现该功能的代码如下：

```
$j(function () {
/**
热门推荐相关交互定义
*/
K.App().define(function (require) {
var $ = require('jQuery'),
CommandHandler;
CommandHandler = {
'container': '#freshmanCmd',
'events': {
// 换一换
'click a.j-fmc-change': 'onChangeClick',
// 关闭
'click a.j-fmc-close': 'onCloseClick',
// 点击切换当前项
'click div.j-fmc-box': 'onItemClick',
'click a.j-fmc-box': 'onItemClick',
// 鼠标悬浮，文字内容 slideup
'mouseenter div.j-fmc-box': 'onItemMouseEnter',
'mouseleave div.j-fmc-box': 'onItemMouseLeave'
},
'main': function () {
this._init();
},
'_init': function () {
var container = this.getContainer(),
me = this;
this.selector = {
'wrap': '.j-fmc-wrap',
'list': '.j-fmc-list',
'item': '.j-fmc-item',
'box': '.j-fmc-box',
'info': '.j-fmc-info',
'mask': '.j-fmc-mask',
'cnt': '.j-fmc-cnt'
};
this.wrap = container.find(this.selector.wrap);
this.list = container.find(this.selector.list);
this.items = container.find(this.selector.item);
```

```
this.slideTime = 400; // 文字 slideup 时间
this.changeLock = false; // " 换一换 " 锁定
this.typeNumber = 4; // 种类，也可以理解为显示的个数
this.itemWidth = 142; // 每个元素的宽度
// 分类 items，存储每类 items 和 当前位置标记
//  itemCache = [{
//        items: [item1, item2],
//        curIndex: 0
//    }]
this.itemCache = [];
$.each(this.items, function (index, val) {
var t = index % me.typeNumber,
type = me.itemCache[t] || {},
arr = type.items || [];
val = me.items.eq(index);
val.attr('data-fmcIndex', index); // 存储每个元素的初始位置
arr.push(val);
type.items = arr;
me.itemCache[t] = type;
});
$.each(this.itemCache, function (index, val) {
val.curIndex = 0;
});
// list 中只保留当前组
this.list.children(':gt(' + (this.typeNumber - 1) + ')').remove();
},
/**
准备换一换的下一组要显示的数据
*/
'prepareNextItems': function () {
var items;
$.each(this.itemCache, function (index, val) {
var nextIndex = (val.curIndex + 1) % val.items.length,
nextItem = val.items[nextIndex];
if (items) {
items = items.add(nextItem);
}
else {
items = nextItem;
}
});
this.list.append(items);
},
```

```
/**
换一换事件响应
*/
'onChangeClick': function (evt) {
evt.preventDefault();
$.post(
'/home/aj_myHomeEvent.php',
{
'actflag': 'lifeTimeShowChanged',
'r':        Math.random()
}
);
if (this.changeLock) {
return;
}
var me = this;
this.changeLock = true;
// 准备新的下一页数据
this.prepareNextItems();
// 执行下一页动画过程
this.list.animate(
{'left': -(this.itemWidth * this.typeNumber)},
500,
function () {
// itemCache 中指针变为当前
$.each(me.itemCache, function (index, val) {
val.curIndex = (val.curIndex + 1) % val.items.length;
});
// 删除第一组数据，并使 list 回归
me.list.children(':lt(' + me.typeNumber + ')').remove();
me.list.css('left', 0);
// 解锁
me.changeLock = false;
}
);
},
/**
关闭
*/
'onCloseClick': function (evt) {
evt.preventDefault();
this.getContainer().hide();
$.post(
```

```
'/home/aj_myHomeEvent.php',
{
'actflag': 'lifeTimeShowRecommend',
'r':       Math.random()
}
);
},
/**
点击元素，切换同类的另一个数据
*/
'onItemClick': function (evt) {
//evt.preventDefault();
var target = $(evt.currentTarget).parents(this.selector.item),
idx = parseInt(target.attr('data-fmcIndex'), 10),
type = idx % this.typeNumber,
cache = this.itemCache[type],
next;
// 删除现有项
cache.items.splice(cache.curIndex, 1);
if (cache.items.length) {
cache.curIndex = cache.curIndex % cache.items.length;
next = cache.items[cache.curIndex];
target.animate({'opacity': 0}, 100, function() {
target.after(next).remove();
});
}
// 已经没有该类数据
else {
this.getContainer().hide();
}
},
/**
mouseover 时，文字描述 slideUp
*/
'onItemMouseEnter': function (evt) {
var target = $(evt.currentTarget),
info = target.find(this.selector.info),
mask = target.find(this.selector.mask),
cnt  = target.find(this.selector.cnt);
info.stop().animate({'height': '118px'}, this.slideTime);
cnt.stop().animate({'padding-top': '8px'}, this.slideTime);
mask.css({'height': '118px'});
},
```

```
/**
mouseout 时，文字描述 slideDown
*/
'onItemMouseLeave': function (evt) {
var target = $(evt.currentTarget),
info = target.find(this.selector.info),
mask = target.find(this.selector.mask),
cnt  = target.find(this.selector.cnt);
info.stop().animate({'height': '22px'}, this.slideTime);
cnt.stop().animate({'padding-top': '2px'}, this.slideTime);
}
};
return CommandHandler;
});
});
</script>
```

25.2 制作自己的社交网站

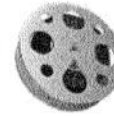

本节视频教学录像：3 分钟

开心网的效仿对象是 Facebook 的模式：广告收入 + 增值服务收费。在中国，网民已经形成了网络就是免费午餐的思维定势，一旦向用户收费，用户数量无疑会受到很大限制。因此，在中国直接向用户收费是不明智的。而利用广告呢？现在开心网的用户是因为其没有广告，是一片轻松休闲的网络净土，所以才留下的。当某一天，打开开心网页面却被大量广告包围，用户是否会依然光顾，将是个问题。

如何才能打破僵局呢？有如下两点可以考虑。

⑴ 网站内容方面，使自己的网站内容独具一格，使人欲罢不能。

⑵ 广告方式方面，可以采用巧妙的方式植入广告，创造多赢局面。

25.2.1 需求分析

网站建设之前，一定要进行全面、理性的市场分析，指导网站建设的定位。对于社交类网站，首先要确定的就是用户群，根据不同的用户群确定网页是否进行视觉界面定制。

比如，专业人群用户。专业用户主要指具有高素质、专业化的中青年白领，具体是年轻化、高学历化、具有资深互联网经验的用户群。这类人群热衷与大众分享自我，爱好原创内容，在设计方面有一技之长，而且作为互联网的从业人员也较多。网页的视觉界面定制就是一种很好的方式，可以充分展现自己的个性、身份和价值观。

普通非专业人群用户。中国互联网数据研究咨询中心发布的调查数据显示，国内超过 75% 的网民为普通非专业用户，这类人群不具备互联网专业技能，他们需要通过设计网站提供的模板平台来局部性地更换视觉元素，以网站提供的可更换视觉要素来满足自己的个性需求。考虑到普通非专业用户人群更喜欢快捷、易懂、易操作的方式，设计师应该提供丰富多彩的视觉界面，采用推荐的方式为用户推出不同风格的个性化模板，根据不同的用户群确定页面风格。

此类网站设计的技术和内容还有很多，需要设计师根据面向人群、开发技术、开发周期及资金投入等方面进行综合权衡，从而进行网站的制作。

25.2.2 配置分析

本小节制作的社交网站采用 JSP 和 SQL Server 开发。用户数设计不低于 500 万，而其他的用户相关的记录，如“我看过的电影”之类的，则更多。如此大量的数据放在一张表里面，肯定会出问题，所以必须采用分表存储，这样就涉及用哪种规则来分表。一般情况下有两种方式，即用 ID 和日期来分。对于用户，大多还是会用用户 ID 作为规则。在此，仿照开心网的布局，将数据库设计成用户中心为一个库，其他每个模块为独立的库。其中，每个库都可以做成 Master/Slave 的模式，实现读写分离和备份。考虑到若读操作很大量，则可以在 slave 前放置一个 LVS 实现负载均衡（MySQL Proxy 可以实现类似的功能），以保证数据库的稳定性。虽然是独立的库，但是服务器有可能是同一台。

25.2.3 网站制作步骤

采用 JDBC-ODBC 桥接的方法来实现数据库的连接，完成数据库的创建后，须在控制面板中创建 ODBC 数据源。其代码如下：

```
package dreamtime.dreamnews;
import java.sql.*;
import java.util.*;
import java.io.*;
public class DBConnection {
private Connection conn;
private Statement stmt;
private ResultSet rs;
public DBConnection()
{
conn = null;
}
public  Connection getConn()
{return(getConnToSql());}
public Connection getConnToSql()
{
try{
Class.forName( "sun.jdbc.odbc.JdbcOdbcDriver").newInstance();
conn = DriverManager.getConnection("jdbc:odbc:testDB");
}catch(Exception e)
{e.printStackTrace();    }
return conn;  }}
```

系统前台主页主要代码如下：

```
<!--header -->
<div id="header">
<h1 id="logo-text"><a href="index.html" title="">FACEBOOK</a></h1>
```

```
<!--        <p id="slogan"> 关于我的社区那些事儿 </p>
-->
<div id="header-links">
<p>

<a href="a/index.html"> 登录 </a> |
<a href="a/index.html"> 注册 </a>
</p>
</div>

<!--header ends-->
</div>
```

第26章

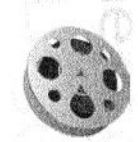

本章教学录像：6 分钟

时政新闻网站——凤凰网

凤凰网属于新闻门户网站，目前世界各地媒体机构的新闻门户网站都是快速发展趋势。作为一种最大众化的传播手段，新闻网站的流量惊人，每天页面的下载量以亿计，有海量的读者群体，比传统的新闻媒体更大众化。

本章要点（已掌握的在方框中打勾）

- □ 网站配置分析
- □ 制作自己的时政新闻网站

26.1 网站配置分析

本节视频教学录像：4 分钟

新闻网站大多数弱化了网民对互联网功能的需求，而强化了网民对内容的需求。从新闻网站的结构来看，传播的效果明显集中在“首页”上，网站首页的传播效果最好。调查显示，一条新闻如果不能出现在首页上，其传播的效果会大打折扣，对多数读者来说，他们只会到像首页这样的重要位置区浏览新闻，根本不会再往“深处”寻找新闻。某种程度上，一条新闻如果仅仅进入了网站的滚动新闻，而没有在页面上得到呈现，其传播效果接近于零，故而，此类网站首页的设计是至关重要的。

26.1.1 服务器配置分析

凤凰网对外的通信线路都连接到 FVR9416S 路由器上，向下接上一部主干交换机，作为向内连接用。在该主干交换机下，接了五台流媒体服务器、两台文件服务器及一台可网管型群组交换机。可网管型群组交换机向下连接内部的用户，局域网带机量约为 100 台计算机。

在新的配置上，对外的流量仍保持原有的结构。视频编辑人员通过某条线路执行相关的工作，而局域网用户上网及外部用户存取流媒体和文件则通过另一条线路。这两条线路互相独立，互不影响。但是，视频编辑人员不用再做网关配置的改变，就可同时上网及执行视频作业，而外部用户观看流媒体，也不会受局域网用户大量上网的影响。

26.1.2 页面设计分析

本小节将介绍凤凰网的页面设计架构。用户可以通过在 IE 浏览器输入 http://www.ifeng.com/ 来访问凤凰网。凤凰网的主页如下图所示。

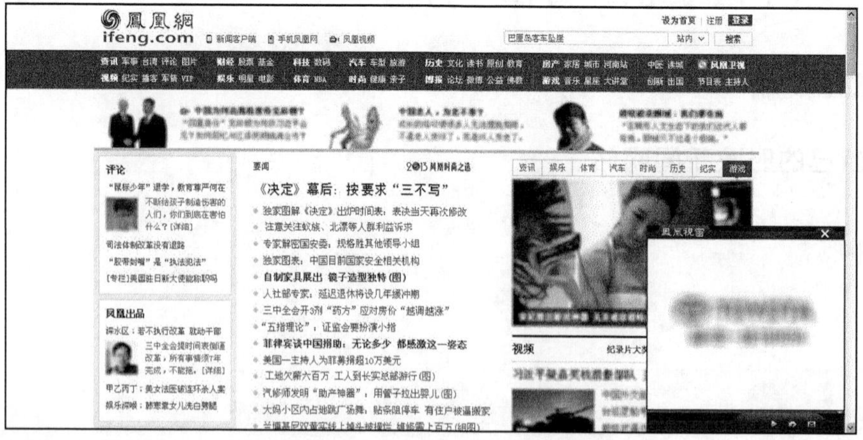

从凤凰网首页可以看出，凤凰网首页严格地遵循新闻网站信息量大的特点。首页虽布置简洁、排列有序，但是其信息量极大，几乎从首页上就可以轻松地发现最近一段时间的时政热点新闻。其布局从垂直方向分为上中下三栏。上栏从上到下依次是网站的 logo、导航条、要点资讯。中栏又分为左中右三栏，左栏在垂直方向再次划分多栏来显示评论、凤凰出品、凤凰联播台、凤凰卫视、证券信息、凤凰节目等内容；中栏从上到下则依次是要闻、财经股票、汽车车型库、科技数码等栏目，右栏首先是一栏动态显示资讯，然后依次是视频、博报、娱乐、体育、时尚等栏目。

凤凰网首页框架如下图所示。

LOGO 不同客户端选择		注册 登录
		新闻搜索
导航栏		
重要新闻		
评论	要闻	资讯、娱乐等轮播预览
凤凰出品		
凤凰联播台		视频
凤凰卫视		播报
	财经	
证券	汽车	娱乐
凤凰节目	科技	体育
音乐、彩铃等轮播预览	房产	时尚
凤凰商城	历史	纪实
凤凰无线、讲堂	军事	看游戏
凤凰客户端及手机凤凰网轮播预览凤凰新媒体相关介绍	文化	健康
媒体合作	台湾	教育
关于凤凰新媒体	读书	旅游
凤凰城市联盟		
导航		
底部信息		

框架使用网页布局方式中的 DIV 布局方式，下面给出凤凰网首页部分模块所包含的子 <div> 块。

用户快捷导航设计的主要代码如下：

```
<div class="headBg" id="head_bg_turnRed">
<div class="headBg">
<div class="headNav cWhite">
<ul>
<li><strong><a target="_blank" href="http://news.ifeng.com/"> 资讯 </a></strong> <a target="_blank" href="http://news.ifeng.com/mil/"> 军事 </a> <a target="_blank" href="http://news.ifeng.com/taiwan/"> 台湾 </a> <a target="_blank" href="http://opinion.ifeng.com/"> 评论 </a> <a target="_blank" href="http://news.ifeng.com/photo/being/"> 图片 </a></li>
<li><strong><a target="_blank" href="http://v.ifeng.com/"> 视频 </a></strong> <a target="_blank" href="http://v.ifeng.com/documentary/"> 纪实 </a> <a target="_blank" href="http://v.ifeng.com/vblog/index.shtml"> 播客 </a> <a target="_blank" href="http://v.ifeng.com/mil/"> 军情 </a> <a target="_blank" href="http://vip.v.ifeng.com/">VIP</a></li>
</ul>
<ul>
<li><strong><a target="_blank" href="http://finance.ifeng.com/"> 财经 </a></strong> <a target="_blank" href="http://finance.ifeng.com/stock/"> 股票 </a> <a target="_blank" href="http://finance.ifeng.com/fund/"> 基金 </a></li>
<li><strong><a target="_blank" href="http://ent.ifeng.com/"> 娱乐 </a></strong> <a target="_blank" href="http://ent.ifeng.com/idolnews/"> 明星 </a> <a target="_blank" href="http://ent.ifeng.com/movie/"> 电影 </a></li>
</ul>
```

```
<ul>
<li><strong><a target="_blank" href="http://tech.ifeng.com/">科技</a></strong> <a target="_blank" href="http://digi.ifeng.com/">数码</a></li>
<li><strong><a target="_blank" href="http://sports.ifeng.com/">体育</a></strong> <a target="_blank" href="http://sports.ifeng.com/lanqiu/nba/">NBA</a></li>
</ul>
<ul>
<li><strong><a target="_blank" href="http://auto.ifeng.com/">汽车</a></strong> <a target="_blank" href="http://data.auto.ifeng.com/price">车型</a> <a target="_blank" href="http://fashion.ifeng.com/travel/">旅游</a></li>
<li><strong><a target="_blank" href="http://fashion.ifeng.com/">时尚</a></strong> <a target="_blank" href="http://fashion.ifeng.com/health/">健康</a> <a target="_blank" href="http://fashion.ifeng.com/baby/">亲子</a></li>
</ul>
<ul>
<li><strong><a target="_blank" href="http://news.ifeng.com/history/">历史</a></strong> <a target="_blank" href="http://culture.ifeng.com/">文化</a> <a target="_blank" href="http://book.ifeng.com/">读书</a> <a target="_blank" href="http://book.ifeng.com/yuanchuang/">原创</a> <a target="_blank" href="http://edu.ifeng.com/">教育</a></li>
<li><strong><a target="_blank" href="http://blog.ifeng.com/">博报</a></strong> <a target="_blank" href="http://bbs.ifeng.com/">论坛</a> <a target="_blank" href="http://t.ifeng.com">微博</a> <a target="_blank" href="http://gongyi.ifeng.com/">公益</a> <a target="_blank" href="http://fo.ifeng.com/">佛教</a></li>
</ul>
<ul>
<li><strong><a target="_blank" href="http://house.ifeng.com/">房产</a></strong> <a target="_blank" href="http://home.ifeng.com/">家居</a> <a target="_blank" href="http://city.ifeng.com/">城市</a> <a target="_blank" href="http://city.ifeng.com/special/duihua/">会客室</a></li>
<li><strong><a target="_blank" href="http://games.ifeng.com/">游戏</a></strong> <a target="_blank" href="http://yue.ifeng.com/">音乐</a> <a target="_blank" href="http://astro.ifeng.com/">星座</a> <a target="_blank" href="http://talk.ifeng.com/">大讲堂</a></li>
</ul>
<ul style="background: none repeat scroll 0% 0% transparent; padding-right: 0pt; margin-right: 0pt;">
<li><a target="_blank" href="http://bc.ifeng.com/main/c?db=ifeng&amp;bid=7491,7265,1674&amp;cid=1003,33,1&amp;sid=16298&amp;advid=26&amp;camid=1773&amp;show=ignore&amp;url=http://zhongyi.ifeng.com/">中医</a> <a target="_blank" href="http://city.ifeng.com/special/njd/index.shtml">读城</
```

```
a><span class="sep01"><a target="_blank" href="http://phtv.ifeng.com/">凤凰卫视</a></span></li>
<li><a target="_blank" href="http://dolphin.deliver.ifeng.com/c?z=ifeng&la=0&si=2&cg=1&c=1&ci=2&or=1524&l=3642&bg=3642&b=3640&u=http://innovation.ifeng.com/">创新</a> <a target="_blank" href="http://abroad.edu.ifeng.com/">出 国</a><span class="sep02"><a target="_blank" href="http://phtv.ifeng.com/epg/">节目表</a> <a target="_blank" href="http://phtv.ifeng.com/star/">主持人</a></span></li>
</ul>
</div>
</div>
</div>
</div>
<div class="clear"></div>
```

26.1.3 网站程序开发分析

凤凰网的栏目很多，且内容丰富、信息量非常大，如果只是以平铺的方式展现，无疑会使浏览者不停地拖动滚动条。凤凰网在主页上多处采用了轮播的方式，避免了用户不停地拖动滚动条，节省了用户的浏览时间。轮播的代码如下：

```
<script>
    ads.push({
        catagory: 'Coupletsnew',// 对联
        //path: 'ifeng/coupletsnew.js',
        list: [{
        path: 'http://y2.ifengimg.com/zhishaofei/js/131030-130couplet.js',
         swfUrl: 'http://y1.ifengimg.com/mappa/2013/11/09/8e5266657b6e94867f93b1a04e1c0fcf.swf',
         ifengLink: 'http://dolphin.deliver.ifeng.com/c?z=ifeng&la=0&si=2&cg=1&c=1&ci=2&or=1890&l=7305&bg=7305&b=7300&u=http://biz.ifeng.com/finance/special/xjfwsp/index.shtml',
        monitor_clickUrl:'',
        monitor_exposureUrl:'',
        monitor_closeUrl: '',
        bodywidth : '1000',
        targetId: 'body',
        flightId:'1003',
        isInteractive : 0,//   是否有互动     0: 否   1: 是
        zIndex: 888,   // 对联显示层级
        maxOpenTime: '10l24'
}],
runArgs: '',
```

```
isFlash:true,
level: 2,
posId: 'adPosId_' + 'ifengCoupletsnew',
bingo: '',
freeze: '',
changeTimes : 1// 该产品轮播数
});
</script>
EOF-->
</code>
<!--0,0,NULL,fixture--><cite>
<!--BOF
EOF-->
</cite>
</div>
<script language="javascript">
try{
var defaultAdRotatorConfig = {maxTimes : 3, saleMode : "CPD"};
new adRotatorFactory({identifier : "Ap33"});
}catch(e){}
</script>
<!--/s_ifeng_index_110831_ad_couplet-->
<!--s_ifeng_index_110831_ad_floatpause 2013.11.19 09:19:53-->
<script type="text/javascript">try{aptracker.add(41);}catch(e){}</script>
<div id="ArpAdPro_2950" style="display:none;">
<!--13204,3942, 祝帆 ,B1--><code>
<!--BOF
<script>
ads.push({
catagory:'Hover',// 悬停
//path: 'ifeng/hover.js',
list: [{
path: 'http://img.ifeng.com/tres/html/birangtest/111028-hover.js',
swfUrl: 'http://y1.ifengimg.com/mappa/2013/11/18/6191c3d8e724fd46c652d24146dc6da3.swf',
ifengLink: 'http://dolphin.deliver.ifeng.com/c?z=ifeng&la=0&si=2&cg=1&c=1&ci=2&or=1764&l=5514&bg=5514&b=5508&u=http://click.mediav.com/c?type=2&db=mediav&pub=49_3752_1021110&cus=9_138573_1145054_10664383_10664383000&url=http://click.union.jd.com/JdClicK/?unionId=42054&siteId={source_id}&to=http://sale.jd.com/act/rSR4ExMjOnyGwWmf.html',
left: '40',
bottom: '50',
targetId: 'body',
```

```
flightId:'1002',
maxOpenTime: ''
}],
runArgs: '',
isFlash:true,
level: 2,
posId: 'adPosId_' + 'ifengHover', // location.href.split('.')[0] + posId; 记录轮播顺序
bingo: '',
freeze: '',
changeTimes: 1
});
</script>
EOF-->
</code>
<!--0,0,NULL,fixture--><cite>
<!--BOF
EOF-->
</cite>
</div>
<script language="javascript">
try{
var defaultAdRotatorConfig = {maxTimes : 2, saleMode : "CPD"};
new adRotatorFactory({identifier : "ArpAdPro_2950"});
}catch(e){}
</script>
<!--/s_ifeng_index_110831_ad_floatpause-->
<!--s_ifeng_index_ad_xdgm 2013.11.19 09:21:29-->
<script type="text/javascript">try{aptracker.add(2198);}catch(e){}</script>
<!--0,0,NULL,fixture-->
<!--/s_ifeng_index_ad_xdgm-->
<!--s_ifeng_index_110831_ad_bgwindows 2013.11.19 09:19:52-->
<script type="text/javascript">try{aptracker.add(32);}catch(e){}</script>
<div id="Ap2948" style="display:none;">
<!--0,0,NULL,fixture--><cite>
<!--BOF
EOF-->
</cite>
</div>
<script language="javascript">
new AdRotator({maxTimes : 2, identifier : 'Ap2948'});
</script>
```

```
<!--/s_ifeng_index_110831_ad_bgwindows-->
<!--s_ifeng_index_110831_ad_media 2013.11.19 09:19:52-->
<script type="text/javascript">try{aptracker.add(40);}catch(e){}</script>
<!--0,0,NULL,fixture-->
<!--0,0,NULL,fixture-->
<div id="Ap40" style="display:none;">
<code>
<!--BOF
<script>
(function () {
var mfp_base = "http://mfp.deliver.ifeng.com/mfp/mfpMultipleDelivery.do?t=html&ADUNITID=207&CHANNEL=index";
var mfp_user_cookie_name = "userid";
var mfp_preview_cookie_name = "MFPPID";
function mfp_getCookie(c_name) {
var start = document.cookie.indexOf(c_name+"=");
if (start ==-1) {return "";}
start = start+c_name.length+1;
var end = document.cookie.indexOf(";",start);
if (end==-1) {end = document.cookie.length;}
return decodeURIComponent(document.cookie.substring(start,end));
};
var mfppid="&"+mfp_preview_cookie_name+"="+mfp_getCookie(mfp_preview_cookie_name);
var mfp_url=mfp_base+"&USERID="+mfp_getCookie(mfp_user_cookie_name)+mfppid;
document.write('<scr'+'ipt src="'+mfp_url+'"></scr'+'ipt>');
})();
</script>
EOF-->
</code>
<cite>
<!--BOF
EOF-->
</cite>
</div>
<script>
var ifengWindow = function(obj){
var _ = this;
// 轮播控制
var identifier = obj.identifier;
var wrapper = document.getElementById(identifier);
var maxTimes = obj.maxTimes;
```

```
var adContent = '';
var elements = wrapper.getElementsByTagName('code');
var fixtures = wrapper.getElementsByTagName('cite');
// 轮播控制 cookie
var cookieFlag = 'ifengRotator_'+ identifier;
var current = _.getcookie(cookieFlag);
var timeOut = 43200;// 过期时间
var element,tempStr;
if(typeof current === 'undefined' || current == ''){
current =  parseInt(Math.random() * 100000) % maxTimes;
}
// 频次控制 cookie
var ifengWindowCookieName = 'ifengWindowCookieName' + _.getSecondDomain();
if(_.getcookie(ifengWindowCookieName)!=1){
_.setcookie(cookieFlag, ((parseInt(current) + 1) % maxTimes), timeOut);
if(typeof elements[current] != 'undefined'){
element = elements[current];
adContent = element.innerHTML;
}
if(adContent == ''){
if(typeof fixtures[0] != 'undefined'){
element = fixtures[0];
adContent = element.innerHTML;
}
}
adContent = adContent.replace('<!--BOF', '');
adContent = adContent.replace('EOF-->', '');
}
// 频次控制
var date=new Date();
if(_.getcookie(ifengWindowCookieName)!=1){
showIfengWindow();
}
function showIfengWindow(){
document.write(adContent);
_.setcookie(ifengWindowCookieName, 1, obj.showIntervalTime);
}
};
ifengWindow.prototype = {
// 得到一个 cookie 的值
getcookie : function(name) {
var splitCookie = document.cookie.split("; ");
```

```
for(var i = 0; i < splitCookie.length; i++) {
var cookieNameValue = splitCookie[i].split("=");
if(cookieNameValue[0] == name) {
return unescape(cookieNameValue[1]);
}
}
return '';
},
// 种一个 cookie
setcookie : function(name, value, time) {
var date = new Date();
var expiresTime = new Date(date.getTime() + time * 1000);
…… // 此处有代码省略
identifier : 'Ap40'
});
</script>
```

26.2 制作自己的时政新闻网站

本节视频教学录像：2 分钟

新闻网站不仅仅操作简单且功能强大，具有灵活的栏目管理和文章、图文、下载、广告等管理功能。一般的新闻网站的整体设计都比较简洁，栏目分类非常清晰，以便于网民的阅读，除此之外，对于热点新闻一定要以某种方式突出显示，以便于浏览者可以快速地看到热点新闻。另外，具有地域特色也是新闻网站的特点之一，需要根据用户的 IP 地址，将用户本地的新闻呈现给用户。

大家之所以选择网络媒体查看新闻，与其快捷的访问速度是密不可分的，如果下载速度过慢，能够耐心等待的用户是有限的。

26.2.1 需求分析

新闻网站一般均需要有：

会员管理模块，可根据会员的级别设置不同的权限。

栏目管理模块，可以根据需要自由地创建新栏目。

图文发布系统，可以由非专业人员进行即时地更新图文。

互动模块，比如时下流行的 BBS、博客等。

广告系统管理模块，网站的运营势必需要有广告模块，所以，此模块如何巧妙地加入页面不致引起网民反感，也很重要。

访问人员的统计及友情链接等则是几乎所有新闻网站都具有的模块。

此外，在创建网站时所采用的应用技术、建设周期、运营成本等更是技术人员所必须考虑的。

26.2.2 配置分析

本新闻网站采用 ASP 和 SQL Server 开发。数据库连接代码如下：

```
<connectionString>
<clear/>
<add name=" MyNews"
connectionString=" server=localhost/sqlexpress;database=MyNews;Integrated Security=SSPI;"
providerName=" System.Data.SqlClient" />
</connectionString>
```

26.2.3 网站制作步骤

主页的主要代码如下：

```
<body>
<div id="container">
<div id="banner">
<div id="dashed">
<h1>Random Landscapes</h1>
<h2>A Free CSS Template</h2>
</div>
</div>
<div id="main">
<h3>This is a Header</h3>
<p>vv</p>
<p>gg</p>
<span class="comments">  12.27.06 // Comments (5)</span>
<h3>This is a Header</h3>
<p>gg</p>
<p>jj</p>
<span class="comments">  12.22.06 // Comments (1)</span>
</div>
<div id="sideBar">
<img src="bg2b.jpg" alt="Tropical Picture" />
<ul id="navBar">
<li><a href="index.html">&raquo; Home</a></li>
<li><a href="index.html">&raquo; Blog</a></li>
<li><a href="index.html">&raquo; Archive</a></li>
<li><a href="index.html">&raquo; Store</a></li>
<li><a href="index.html">&raquo; Links</a></li>
```

```
<li id="noLine"><a href="index.html">&raquo; Contact</a></li>
</ul>
<p>kk</p>
<p>kk</p>
<div id="box">
<p>kk</p>
</div>
</div>
<div id="clear"></div>
</div>
<div id="bottom">
</div>
<div id="copy">&copy; 2007 Your Name Here. Site design by <a href="http://www.gorotron.com">gorotron</a>.</div>
</body>
</html>
```

第27章

本章教学录像：7分钟

休闲旅游网站——去哪儿网

旅游网站是发布旅游信息和产品，提供旅游信息查询，并对这些资源进行集中管理的平台。它为游客提供全面的旅游信息服务，并且为相关旅游企业创造利益。本章以去哪儿网为例，分析如何创建休闲旅游网站。

本章要点（已掌握的在方框中打勾）

- □ 网站配置分析
- □ 制作自己的旅游网站

27.1 网站配置分析

本节视频教学录像：3 分钟

去哪儿网是中国领先的休闲旅游网站，创立于 2005 年 5 月，公司总部位于北京。去哪儿网主要向用户提供旅游信息搜索查询服务。去哪儿网通过与旅游产品服务提供商进行合作，整合有关旅游的信息资讯，向用户提供及时准确的旅游服务信息，全方位地满足用户的旅行需求。其主要服务包括机票、酒店、团购、度假、知道、博客、火车票、旅行、签证等。本案例以去哪儿网为例，分别从服务器配置、页面设计和前端页面程序开发三个方面介绍开发休闲旅游网站的步骤。

27.1.1 服务器配置分析

去哪儿网 2012 年全年搜索量为 18 亿次，2013 年上半年搜索量为 14 亿次，每天 120 万次用户动态请求，峰值达到每秒 3500 次以上。每天消息系统承载 60MB 消息，峰值 2000B/s，70% 的数据能够在 3s 内得到服务，90% 的数据能在 8s 内得到服务。

目前去哪儿网采用虚拟化技术进行服务器配置，70% 以上的服务器运行在 Xen 虚拟机上。作为最优秀的开源虚拟化软件，Xen 受到了广泛的关注。Xen 使用了所谓的“并行虚拟化”结构，减少了中间层次，更大限度地利用了宿主操作系统的代码，从而大幅度地减少了虚拟化运行的开销，提高了计算效率。XenServer 是建立在开源 Xen 系统管理程序基础之上的一个完整的服务器虚拟化平台，XenServer 是除 VMware vSphere 外的另一种服务器虚拟化平台，其功能强大、丰富，其功能强大、丰富，具有卓越的开放性架构。Citrix XenServer 是基于开源 Xen Hypervisor 的免费虚拟化平台，该平台引进了多服务器管理控制台 XenCenter，具有关键的管理能力，通过 XenCenter 可以管理虚拟服务器、虚拟机（VM）模板、快照、共享存储支持、资源池和 XenMotion 实时迁移。

虚拟化是一个抽象层，它将物理硬件与操作系统分开，从而提供更高的 IT 资源利用率和灵活性。虚拟化允许具有不同操作系统的多个虚拟机在同一物理机上独立并行运行，每个虚拟机都有自己的一套虚拟硬件（如 RAM、CPU、网卡等），可以在这些硬件中加载操作系统和应用程序。无论实际采用了什么物理硬件组件，操作系统都将它们视为一组一致、标准化的硬件。

27.1.2 页面设计分析

了解了服务器基本配置后，本小节将介绍去哪儿网的页面设计架构。用户可以通过在 IE 浏览器输入 http://www.qunar.com/ 来访问去哪儿网。去哪儿网的主页如下图所示。

去哪儿网首页整体设计风格采用简洁布局，主要以浅色为主，所有版块都排列整齐，这样给人以既清新又干净的感觉，同时色彩统一，有层次感，可以让浏览者不产生视觉疲劳。去哪儿网的网络架构流畅而清晰，各种服务功能简单易用，重点栏目和重点服务突出，并且紧紧围绕用户的浏览习惯和点击取向设计智能服务引擎，使浏览者不会在庞大的信息与众多的功能中无所适从。

去哪儿网首页的框架采用左右布局的方式，将重点内容在左侧较宽布局中展示，而广告和链接在右侧较窄布局中展示，重点突出且层次感强。此外，在首页上部突出显示了快捷订购机票、酒店、度假、门票、团购以及手机版等内容，不用离开首页即可非常方便地进行预订，体现了企业以客户为中心的快捷服务理念。在热门团购排行中展示了旅游和特价酒店的最新优惠信息，并且能够按照所在省市进行过滤，使用户不会错过任何热门团购资讯。

去哪儿网首页框架如下图所示。

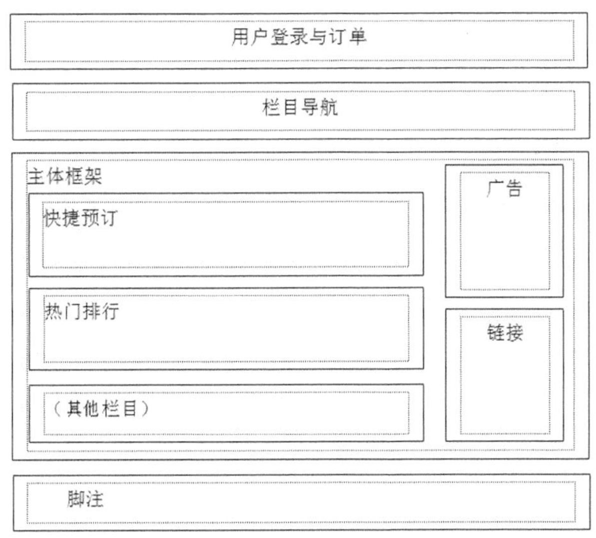

以上框架使用网页布局方式中的 DIV 布局方式，下面简要介绍去哪儿网首页各个模块的功能以及相关块中所包含的子 <div> 块。其中栏目导航展示了网站提供的各类服务，如机票、酒店、团购、度假、火车票等信息。栏目导航设计的主要代码如下：

```
<div class="q_header_mnav">
  <ul>
      <li class="home"><a><span> 首页 </span></a></li>
      <li class="flight"><a><span> 机票 </span></a></li>
      <li class="hotel"><a><span> 酒店 </span></a></li>
       <li class="tuan"><a><span> 团购 </span></a><em class="hot"> 热 </em></li>
      <li class="package"><a><span> 度假 </span></a></li>
      <li class="train"><a><span> 火车票 </span></a></li>
      <li class="travel"><a><span> 攻略 </span></a></li>
      <li class="lvtu"><a><span> 旅图 </span></a></li>
      <li class="piao"><a><span> 门票 </span></a><em class="new"> 新 </em></li>
      <li class="ddr"><a><span> 当地人 </span></a><em class="hot"> 热
```

```
</em></li>
    </ul>
</div>
```

在快捷预订部分，竖排突出展示了机票、酒店、度假、门票、团购以及手机版选项卡，当选择某选项卡时，即在选项卡右侧显示相应的预订信息。当选择机票选项卡时，在右侧显示了机票类型（国内、国际、港澳台）、出票状态、单程或往返特价、往返城市、日期以及可查询的国内航线数量等信息，用户无需离开首页即可方便快捷地进行查询预订。快捷预订的主要代码如下：

```
<ul class="nav_cgy" id="js_nva_cgy">
     <li class="c_flight js-searchnav cur" data-for="flight"><a href="http://flight.qunar.com/"
         target="_blank"><i class="ico"></i> 机票 </a></li>
    <li class="c_hotel js-searchnav" data-for="hotel"><a href="http://hotel.qunar.com/"
         target="_blank"><i class="ico"></i> 酒店 </a></li>
       <li class="c_package js-searchnav" data-for="package"><a href="http://package.qunar.com/"
         target="_blank"><i class="ico"></i> 度假 </a></li>
      <li class="c_piao js-searchnav" data-for="piao"><a href="http://piao.qunar.com/"
         target="_blank"><i class="ico"></i> 门票 </a></li>
      <li class="c_tuan js-searchnav" data-for="tuan"><a href="http://tuan.qunar.com/"
         target="_blank"><i class="ico"></i> 团购 </a></li>
      <li class="c_phone js-searchnav last" data-for="mobile"><a href="http://phone.qunar.com/"
         target="_blank"><i class="ico"></i> 手机版 </a></li>
</ul>
```

27.1.3 网站前端程序开发分析

去哪儿网首页主要采用了图片左右切换的技巧，使用以下 JavaScript 代码即可实现类似的效果。

```
$(document).ready(function() {
    $(".imageRotation").each(function(){
    // 获取有关参数
        var imageRotation = this, // 取得图片轮换容器
            imageBox = $(imageRotation).children(".imageBox")[0], // 取得图片容器
            icoBox = $(imageRotation).children(".icoBox")[0], // 取得图标容器
            icoArr = $(icoBox).children(), // 取得所有图标  并保存为数组
            imageWidth = $(imageRotation).width(), // 图片宽度
            imageNum = $(imageBox).children().size(), // 图片数量
```

```
            imageReelWidth = imageWidth*imageNum, // 图片容器宽度
            activeID = parseInt($($(icoBox).children(".active")[0]).attr("rel")), // 当前图片 ID
            nextID = 0, // 下张图片 ID
            setIntervalID, // setInterval() 函数 ID
            intervalTime = 4000, // 间隔时间
            speed =500; // 执行速度
          // 设置图片容器的宽度
        $(imageBox).css({'width' : imageReelWidth + "px"});
      // 图片轮换函数
        var rotate=function(clickID){
            if(clickID){ nextID = clickID; }
            else{ nextID=activeID<=3 ? activeID+1 : 1; }
                    $(icoArr[activeID-1]).removeClass("active");
            $(icoArr[nextID-1]).addClass("active");
               $(imageBox).animate({left:"-"+(nextID-1)*imageWidth+"px"} , speed);
                activeID = nextID;
        }
        setIntervalID=setInterval(rotate,intervalTime);
             $(imageBox).hover(
            function(){ clearInterval(setIntervalID); },
            function(){ setIntervalID=setInterval(rotate,intervalTime); }
        );
              $(icoArr).click(function(){
            clearInterval(setIntervalID);
            var clickID = parseInt($(this).attr("rel"));
            rotate(clickID);
            setIntervalID=setInterval(rotate,intervalTime);
        });
    });
});
```

27.2 制作自己的旅游网站

本节视频教学录像：4 分钟

本节主要介绍如何制作自己的旅游网站。

27.2.1 需求分析

本小节介绍设计一个旅游网站的流程，该网站系统包括前台管理和后台管理两部分。前台管理面向用户，提供旅游信息浏览，酒店、线路、景点的查询和浏览，留言板等功能；后台管理面向管理员，

提供发布旅游信息、对留言板进行管理等功能。本旅游网站的主要功能如下：

(1) 旅游资讯管理。用户通过网站浏览最新的旅游资讯，管理员在后台发布、更新和删除旅游资讯。

(2) 旅游线路管理。用户通过网站浏览相关旅游线路信息，管理员在后台发布、更新和删除线路信息。

(3) 酒店信息管理。用户通过网站浏览或查询酒店信息，并且可以预定酒店，管理员在后台管理酒店信息。

(4) 旅游景点信息管理。用户通过网站浏览相关旅游景点信息，管理员在后台发布、更新和删除旅游景点信息。

(5) 留言板。用户可以在留言板留言，管理员可以对留言进行管理和回复。

27.2.2 配置分析

前端页面采用 CSS+DIV 技术，开发语言采用 ASP，后台数据库使用 SQL Server 数据库，Web 服务器使用 Windows 的 IIS 服务器。

27.2.3 网站制作步骤

1. 数据库设计

采用 SQL Server 2005，创建一个数据库 tour，主要设计的表包括以下几个。

(1) 用户表 user，如下图所示。

	列名	数据类型	允许空
🔑	userid	varchar(10)	☐
	username	varchar(16)	☐
	password	varchar(10)	☑
	usertype	varchar(2)	☑

(2) 酒店信息表 hotel，如下图所示。

	列名	数据类型	允许空
🔑	hotelid	varchar(10)	☐
	hotelname	varchar(20)	☐
	manager	varchar(16)	☑
	address	varchar(50)	☑
	tel	varchar(15)	☑
	fax	varchar(20)	☑
	email	varchar(50)	☑
	hotelevel	varchar(4)	☑
	intro	varchar(100)	☑
	price	smallmoney	☑
	add_date	datetime	☑

(3) 酒店预订 hotelorder，如下图所示。

	列名	数据类型	允许空
🔑	id	varchar(10)	☐
	hotelid	varchar(10)	☐
	hotelname	varchar(20)	☑
	hoteltype	varchar(10)	☑
	hotelsum	smallint	☑
	begintime	datetime	☑
	endtime	datetime	☑
	add_date	nchar(10)	☑

(4) 旅游景点 tourplace，如下图所示。

	列名	数据类型	允许空
🔑	id	varchar(6)	☐
	place	varchar(16)	☐
	tel	varchar(15)	☑
	email	varchar(50)	☑
	intro	varchar(200)	☑
	chief	varchar(16)	☑
	price	money	☑

(5) 旅游线路 route，如下图所示。

	列名	数据类型	允许空
🔑	routeid	varchar(8)	☐
	routename	varchar(20)	☐
	routetype	varchar(8)	☑
	routeschem	varchar(50)	☑
	routeintro	varchar(100)	☑
	price	smallmoney	☑

(6) 留言板 message，如下图所示。

	列名	数据类型	允许空
🔑	msgid	varchar(10)	☐
	userid	varchar(10)	☐
	username	varchar(16)	☐
	userfrom	varchar(50)	☑
	sex	varchar(2)	☑
	qq	varchar(20)	☑
	email	varchar(20)	☑
	mcontent	nvarchar(300)	☑
	reply	varchar(300)	☑
	posttime	datetime	☑
	replytime	datetime	☑

2. 功能模块实现。

创建 conn.asp 文件，与数据库连接，代码如下。

```
<%dim conn set conn=Server.createobject("ADODB.CONNECTION")
' 创建连接对象
conn.open="Provider=SQLOLEDB; Data Source=127.0.0.1;" & _
"Initial Catalog=tour; User ID=sa; password=;"
%>
```

在旅游网站的首页中，用户可以了解旅游的最新资讯、相关旅游攻略、浏览热门旅游景点。此外，首页中还有旅游景点、旅游线路、酒店宾馆、留言板等模块的导航。龙马旅游网站首页的运行结果如下图所示。

首页 DIV 框架代码如下：

```
<DIV class="top">logo.jpg </DIV>
<DIV class="navbox">
<UL>
<LI> 首页 </LI>
<LI> 旅游景点 <A href="/tourplace.asp" ></LI>
<LI> 旅游线路 <A href="/route.asp"></LI>
<LI> 酒店宾馆 <A href="/hotel.asp"></LI>
<LI> 留言板 <A href="/mesboard.asp"></LI>
<LI> 联系我们 <A href="/tourplace.asp"></LI>
</UL>
</DIV>
<DIV class="main">
<DIV class="news"> 最新资讯 </DIV>
<DIV class="experince"> 旅游攻略 </DIV>
<DIV class="hot"> 热门旅游 </DIV>
<DIV class="links"> 友情链接 </DIV>
</DIV>
<DIV class="right">
<DIV class="userreg">
<form id="form1" method="post" action="/login.asp">
<fieldset>
<label for="inputtext1"> 用户名 :</label>
<input id="inputtext1" type="text" name="inputtext1" value="" />
```

```
<label for="inputtext2"> 密码 :</label>
input id="inputtext2" type="password" name="inputtext2" value="" />
input id="inputsubmit1" type="submit" name="inputsubmit1" value=" 登录
" />
<p><a href="/findpsd.asp"> 忘记密码 ?</a>     <a href="/register.asp"> 免
费注册 !</a></p>
</fieldset>
</form>
</DIV>
<DIV class="contact"> 联系我们 </DIV>
</DIV>
<DIV class="footer">
<UL>
<LI> 联系我们 </LI><LI> 业务合作 </LI><LI> 单位招聘 </LI>
<LI> 用户协议 </LI><LI> 常见问题 </LI><LI> 关于我们 </LI>
</UL>
</DIV>
```

酒店信息管理模块。管理员可以对酒店信息进行添加、编辑和删除操作，其界面如下图所示。

酒店管理

添加 编辑 删除

选择	编号	酒店名称	所在地	级别
☐	101	华龙大酒店	北京	三星级
☐	103	度假酒店	北京	三星级
☐	120	天天酒店	北京	二星级
☐	129	假日酒店	北京	二星级
☐	130	和云假日酒店	北京	三星级
☐	133	和美酒店	上海	三星级
☐	135	星河酒店	上海	三星级
☐	139	滨河酒店	上海	三星级

首页 上一页 下一页 尾页

酒店信息查询模块。输入目的地、入住时间和退房时间，可以查询出满足条件的酒店，如下图所示。

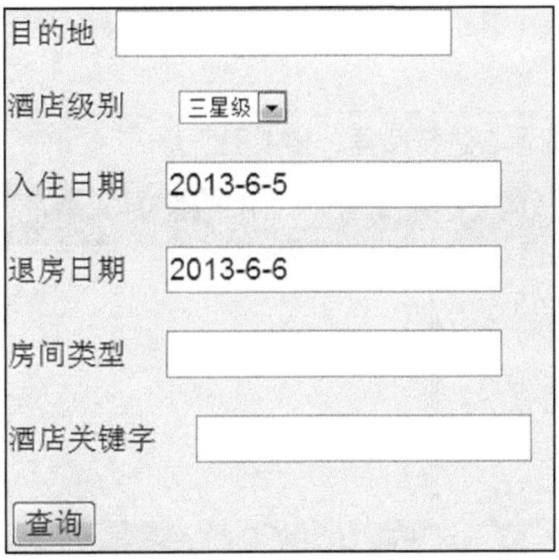

目的地

酒店级别 三星级

入住日期 2013-6-5

退房日期 2013-6-6

房间类型

酒店关键字

查询

留言板模块。用户在发表留言时，要求用户填写用户名、选择性别、QQ 号码、E-mail、留言内容，如下图所示。

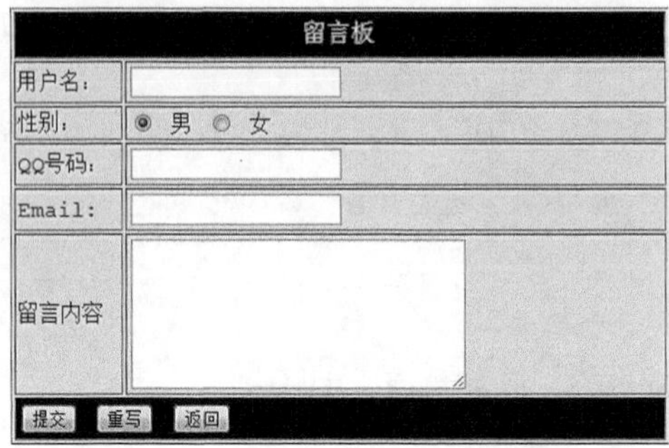

留言板模块的代码如下：

```
<%@language="VBScript"%>
<!--#include file="conn.asp"-->
<%
set rs=server.createobject("adodb.recordset")
sql=" select username,qq,email,mcontent, from message ">
rs.open sql,conn,1,3
rs.addnew
username=request.form("username")
qq= request.form("qq")
email= request.form("email")
mcontent= request.form("mcontent")
rs("username")=username
rs("qq")=qq
rs("email")=email
rs("mcontent")=mcontent
rs.update
rs.close
set rs=nothing
conn.close
set rs=nothing
%>
```

管理回复页面可以对相应的留言进行回复，如下图所示。

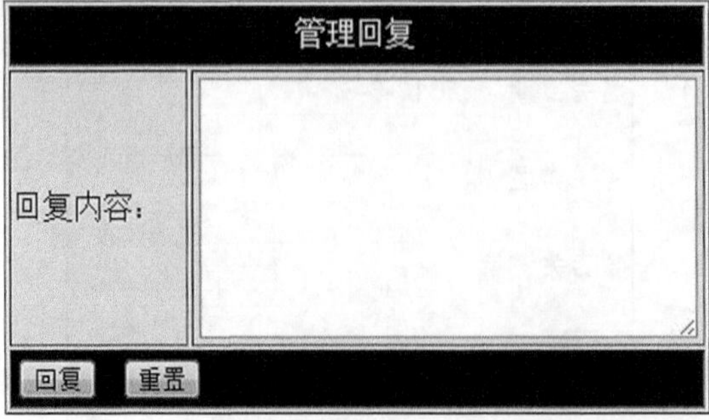

第28章

本章教学录像：6 分钟

博客 / 微博网站——新浪网

博客（Blog）是一种通常由个人管理、不定期张贴新的文章的网站。一个典型的博客结合了文字、图像、其他博客或网站的链接及其他与主题相关的媒体，能够让读者以互动的方式留下意见是许多博客的重要要素。而微博是一个基于用户关系信息分享、传播以及获取的平台，用户可以通过 Web、WAP 等各种客户端组建个人社区，以 140 字左右的文字更新信息，并实现即时分享。本章以新浪网为例，分析如何创建博客 / 微博网站。

本章要点（已掌握的在方框中打勾）

☐ 网站配置分析

☐ 制作自己的微博网站

28.1 网站配置分析

本节视频教学录像：3 分钟

2009 年 8 月，新浪推出了“新浪微博”内测版，成为中国门户网站中第一家提供微博服务的网站，微博正式进入中文上网主流人群视野，现在微博已成为中国网民上网的主要活动之一。本案例以新浪网为例，分别从服务器配置、页面设计和程序开发三个方面介绍开发博客 / 微博网站的步骤。

28.1.1 服务器配置分析

2013 年上半年，新浪微博注册用户达到 5.36 亿，日浏览量超过 12 亿次，这样大规模的访问量对网站的服务性能提出了非常高的要求。更重要的是，访问量增长潜力和速度的激增使得服务系统必须具有非常好的可扩展性，以应付将来可能的服务增长。因此与一般网站相比，博客 / 微博网站的建设重点关注如何解决高并发、高流量、高负载环境下的安全性、可靠性和可用性等问题。

新浪网博客 / 微博的 Web 服务器采用 Apache 服务器集群搭建。服务器集群就是指把很多的服务器统一集中起来进行同一种服务，在客户端看起来就像是只有一个服务器在提供服务。集群可以利用多台计算机进行并行计算从而获得更高的计算速度，也可以使用多台计算机做备份，并且其中一台计算机坏了后整个系统依然能正常运行。集群系统主要解决高可靠性和负载均衡问题，利用集群管理软件，当主服务器故障时，备份服务器能够自动接管主服务器的工作，并及时切换过去，以实现对用户的不间断服务。同时，把负载压力根据某种算法合理分配到集群中的每一台计算机上，以减轻主服务器的压力，降低对主服务器的硬件和软件要求，满足高并发量的用户请求。

通常，采用 Apache 作为 Web 服务器来处理静态页面，而动态页面则可以使用 Tomcat 等服务器进行处理。Apache 和 Tomcat 共同响应终端用户的请求，Apache 作为 Tomcat 的前端处理器。由于 Apache httpd 处理静态页面的能力远远强于 Tomcat，所以静态请求直接由 Apache 来处理；而动态请求则由 JK(也叫 mod_jk，这是一款 Apache/IIS 用来连接后台 Tomcat 的模块，是 Apache 的开源模块，使 Apache 支持集群和负载均衡) 分发给 Tomcat 处理。在安全性方面，Apache 服务器提供了目录安全认证、服务器访问控制、密码保护问题等安全手段。

新浪网博客 / 微博为了提高并发用户访问速度，解决网络拥塞问题，采用了 CDN 进行加速。CDN 的全称是 Content Delivery Network，即内容分发网络。其目的是通过在现有的 Internet 中增加一层新的网络架构，将网站的内容发布到最接近用户的网络“边缘”，使用户可以就近取得所需的内容，解决 Internet 网络拥挤的状况，提高用户访问网站的响应速度。CDN 从技术上全面解决了由于网络带宽小、用户访问量大、网点分布不均等原因所造成的用户访问网站响应速度慢的问题。新浪采用了 ChinaCache 做的 CDN 系统，ChinaCache 在全国分布了 40 多个点，同时采用基于动态 DNS 分配的全球服务器负载均衡技术。通过 DNS 负载均衡技术，判断用户来源，就近访问 Cache 服务器取得所需的内容，解决 Internet 网络拥塞问题，提高用户访问网站的响应速度，如同提供了多个分布在各地的加速器，以达到快速、可冗余地为多个网站加速的目的。

28.1.2 页面设计分析

了解了建设博客 / 微博网站的基本配置后，本小节将介绍新浪网博客 / 微博的页面设计架构。用户可以通过在 IE 浏览器输入 http://blog.sina.com.cn/ 来访问新浪网博客页面，输入 http://weibo.com/ 来访问新浪网微博页面，分别如下图 (上) 和下图 (下) 所示。

新浪博客首页具有清晰、简明的特点，充分体现了综合性门户网站的社交化、移动化、个性化和本地化特征，在方便用户快速定位所需信息的基础上，设计感更强，大大提升了用户体验。新浪博客首页设计具备了优秀门户网站页面设计的优点：

(1) 从整体创意与风格来看，新浪网网页的创意与风格是围绕着主题和内容的变化而改变的，对网页的色彩、布局、动画、图片、文字等进行统一的个性化设计而形成整体视觉效果和艺术特点。

(2) 从页面色彩与色调来看，对新浪网这类以呈现信息为主的门户网站来说，和谐的色彩色调提高了信息的获取速度，比字形和字体的变化更能提高理解的准确度。

(3) 从栏目布局与版式来看，新浪网网页在有限的屏幕空间内将特定的视听多媒体元素、广告和产品信息进行合理地编辑和安排，实现信息传递的清晰化、合理化、人性化，并考虑视觉形态的美化，使浏览者在获取信息的同时获得审美感受。

新浪博客首页框架结构清晰，文字、图片和多媒体效果布局合理简洁。虽然页面包含的栏目很多，需要不断向下翻页，但很容易找到所需的信息，并且能够根据用户所在地，实时显示当前的天气、促销及本地新闻等个性化信息。新浪博客首页框架如下图所示。

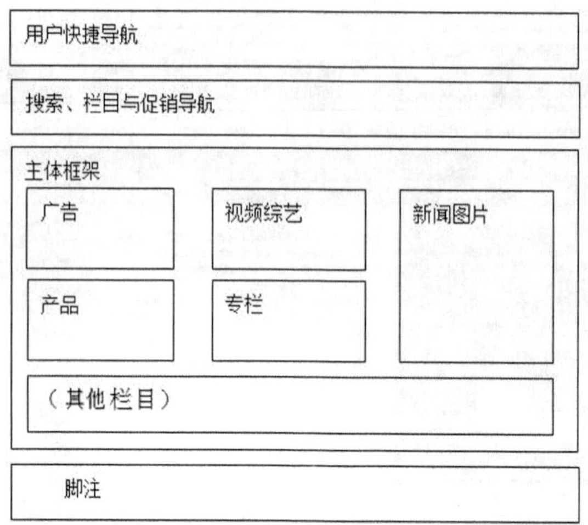

以上框架使用网页布局方式中的 DIV 布局方式，下面简要介绍各个模块的功能以及相关块中所包含的子 <div> 块。其中用户快捷导航包括设为首页、我的菜单、手机新浪网、移动客户端、用户登录、微博、博客、邮箱和网站导航等功能，该模块始终在页面顶部显示，方便用户快速跳转到常用栏目。导航的设计是头部设计的重点，其架构的好坏影响人们浏览网页的第一感觉。

用户快捷导航设计的主要代码如下：

```
<div class="gn_bg">
    <div class="gn_header">
        <div class="gn_nav">
            <div class="gn_title " node-type="home">
                <a class="gn_tab"><i> 首页 </i></a>
            </div>
            <div class="gn_title" node-type="hot">
                    <a class="gn_tab"><i> 热 门 <span class="W_arrow"></span></i></a>
                    <div class="gn_topmenulist gn_topmenulist_app gn_topmenulist_app_hot_v2">
                </div>
            </div>
            <div class="gn_title " node-type="app">
                    <a class="gn_tab"><i> 应 用 <span class="W_arrow"></span></i></a>
            </div>
        </div>
    </div>
</div>
```

搜索与栏目导航包括我的博客、发博文、帮助、退出等常用功能链接，并能够通过博客全文、文章标题、博客作者和标签进行快速查询。其主要设计思路与用户快捷导航相似，也是比较简单的 DIV

嵌套方式，这里不做重点介绍。在新浪网博客 / 微博首页的主体框架部分，主要分为三个纵向栏目。其中左侧为常用功能、热点等信息，中部为时事和关注的资讯信息，占据了整体页面的较大部分，右侧为专题，排行榜和推荐等栏目。栏目均采用 DIV 选项卡的方式实现。

新浪博客示例代码如下：

```
<div class="sub1206" id="sub1206">
    <div class="sub1206_t">
        <span class=" selected" id="sub1206_t1"> 一天内 </span><span id="sub1206_t2"> 一周内 </span></div>
</div>
```

新浪博客示例代码如下所示：

```
<div class="W_main_l">
    <div class="WB_left_nav">
        <div id="pl_leftnav_common">
            <div class="level_1_Box">
                <div class="lev">
                        <i class="W_ico20 ico_userguide"></i> 玩转微博 </a></div>
                <div class="lev">
                        <i class="W_ico20 ico_myhomepage"></i><i class="W_new"></i> 首页 </a></div>
                <div class="lev">
                    <i class="W_ico20  ico_message"></i> 消息 </a></div>
                <div class="lev2 lev2_new" style="display: none;">
                    <i class="W_ico20 ico_lev_at"></i> 提到我的 </a></div>
                <div class="lev2 lev2_new" style="display: none;">
                    <i class="W_ico20 ico_lev_comment"></i> 评论 </a></div>
                <div class="lev2 lev2_new" style="display: none;">
                    </i> 赞 </a></div>
                <div class="lev2 lev2_new" style="display: none;">
                    </i> 私信 </a></div>
                <div class="lev2 lev2_new" style="display: none;">
                     <i class="W_ico20 ico_lev_leave"></i> 未关注人私信 </a></div>
                <div class="lev">
                    <i class="W_ico20 ico_favor"></i> 收藏 </a></div>
                <div class="lev">
                    <i class="W_ico20 ico_sendtome"></i> 发给我的 </a></div>
            </div>
        </div>
    </div>
</div>
```

在新浪微博首页中的“玩转微博”选项卡的设计风格趋于平面化、现代化，配色风格的视觉效果更加清新、简洁。这种清爽的 CSS 设计效果虽然简单，但能够体现出一个网站的整体定位。CSS 效果设置如下图所示。

“玩转微博”选项卡的示例代码如下：

```
.B_welcome.W_main_l{padding:12px 0 30px;}
.W_main_l{float:left; width:150px;overflow:hidden;}
body,legend,.S_txt1, .S_func1,.SW_fun.S_func1,.SW_fun2.S_func3,.current.S_func1:hover{color:#333;}
body,button,input,select,textarea{
font:12px/1.125 Arial,Helvetica,sans-serif;
font-family:"SimSun";
}
```

28.1.3 网站程序开发分析

在新浪博客首页的左侧，采用图片滚动的方式展示热点信息。图片滚动效果平滑，无缝循环，鼠标悬停时即可停止。该功能可以通过以下代码实现。

```
<head>
    <meta http-equiv="Content-Type" content="text/html; charset=gb2312" />
    <title> 图片滚动 </title>
</head>
<body>
    <div id="demo">
        <div id="indemo">
            <div id="demo1">
                <a href="#">
                    <img src="/jscss/demoimg/wall_s1.jpg" border="0" /></a>
```

```
<a href="#">
            </div>
            <div id="demo2">
            </div>
        </div>
    </div>
    <script>
<!--
        var speed = 10;
        var tab = document.getElementById("demo");
        var tab1 = document.getElementById("demo1");
        var tab2 = document.getElementById("demo2");
        tab2.innerHTML = tab1.innerHTML;
        function Marquee() {
            if (tab2.offsetWidth - tab.scrollLeft <= 0)
                tab.scrollLeft -= tab1.offsetWidth
            else {
                tab.scrollLeft++;
            }
        }
        var MyMar = setInterval(Marquee, speed);
        tab.onmouseover = function () { clearInterval(MyMar) };
        tab.onmouseout = function () { MyMar = setInterval(Marquee, speed) };
-->
    </script>
</body>
</html>
```

新浪网博客首页打开时，在浏览器的右下角经常能够看到浮动的弹出式视频，为用户展示产品广告或热点新闻。该功能可以通过以下 JavaScript 脚本实现。

```
<script language="javascript">
    window.onload = getMsg;
    window.onresize = resizeDiv;
    window.onerror = function () { }
    var divTop, divLeft, divWidth, divHeight, docHeight, docWidth, objTimer, i = 0;
    function getMsg() {
        try {
            divTop = parseInt(document.getElementById("eMeng").style.top, 10)
            divLeft = parseInt(document.getElementById("eMeng").style.left, 10)
```

```
            divHeight = parseInt(document.getElementById("eMeng").offsetHeight, 10)
            divWidth = parseInt(document.getElementById("eMeng").offsetWidth, 10)
            docWidth = document.body.clientWidth;
            docHeight = document.body.clientHeight;
            document.getElementById("eMeng").style.top = parseInt(document.body.scrollTop, 10) + docHeight + 10; // divHeight
            document.getElementById("eMeng").style.left = parseInt(document.body.scrollLeft, 10) + docWidth - divWidth
            document.getElementById("eMeng").style.visibility = "visible"
            objTimer = window.setInterval("moveDiv()", 10)
        }
        catch (e) { }
    }
    function resizeDiv() {
        i += 1
        try {
            divHeight = parseInt(document.getElementById("eMeng").offsetHeight, 10)
            divWidth = parseInt(document.getElementById("eMeng").offsetWidth, 10)
            docWidth = document.body.clientWidth;
            docHeight = document.body.clientHeight;
            document.getElementById("eMeng").style.top = docHeight - divHeight + parseInt(document.body.scrollTop, 10)
            document.getElementById("eMeng").style.left = docWidth - divWidth + parseInt(document.body.scrollLeft, 10)
        }
        catch (e) { }
    }
    function moveDiv() {
        try {
            if (parseInt(document.getElementById("eMeng").style.top, 10) <= (docHeight - divHeight + parseInt(document.body.scrollTop, 10))) {
                window.clearInterval(objTimer)
                objTimer = window.setInterval("resizeDiv()", 1)
            }
            divTop = parseInt(document.getElementById("eMeng").style.top, 10)
            document.getElementById("eMeng").style.top = divTop - 1
        }
        catch (e) { }
```

```
    }
    function closeDiv() {
        document.getElementById('eMeng').innerHTML = '';
        document.getElementById('eMeng').style.visibility = 'hidden';
        if (objTimer) window.clearInterval(objTimer)
    }
</script>
```

28.2 制作自己的微博网站

 **本节视频教学录像：3 分钟**

本节主要介绍如何制作自己的微博网站。

28.2.1 需求分析

微博是随着 Web 2.0 而兴起的一类开放的互联网社交服务，它允许用户以简短文字随时随地更新自己的状态，每条信息的长度都在 140 字以内，支持图片、音频、视频等多媒体的传播，每个用户既是微内容的创造者也是微内容的传播者和分享者。

系统主要提供的功能包括以下几方面。

1. 系统前台功能

(1) 用户的注册和登录。

(2) 微博信息的发布和管理，包括微博信息管理和分类选择功能。其中，微博信息的管理功能包括微博的添加、删除和修改；而分类选择功能则包括用户所发表的微博归类，即设定不同的标签。另外，用户还可以评论或转载其他人发表的微博信息。

(3) 未注册登录的用户也可以对已发表的微博信息进行查看浏览。

2. 系统后台功能

(1) 管理员登录。

(2) 管理员主要对后台数据的操作包括用户信息的添加和修改、微博信息的修改查询、用户标签的管理、微博分类的添加和删除、系统公告的添加和管理。另外，其还有对用户反馈的问题进行答复等功能。

28.2.2 配置分析

本小节所展示的微博系统主要采用 ASP+SQL Server 开发。系统界面简洁友好，前台功能主要包括七个模块，分别是微博分类模块、会员信息模块、个性设置模块、会员注册模块、会员登录模块、微博查询模块、网站公告模块。后台功能主要包括五个模块，分别是系统管理模块、用户信息管理模块、公告模块、留言管理模块和资源管理模块。

数据库系统设计包括用户信息表、关注组表、标签表、私信表、微群表、普通消息表、消息话题表、消息评论表、群消息话题表、收藏表、关注表、转发表。

28.2.3 网站制作步骤

首页结构主要由注册登录模块、网站公告模块、微博信息分类模块、微博点评模块等组成，如下图所示。

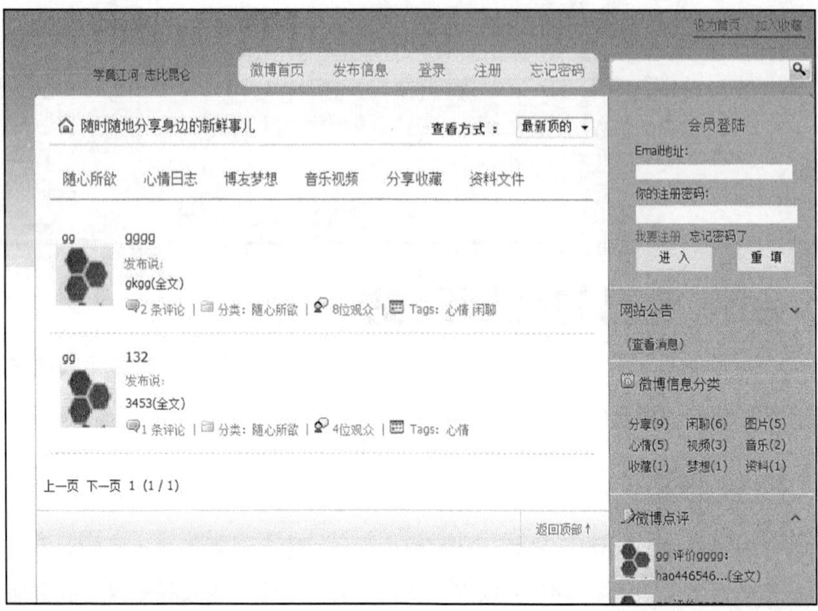

首先，在 SQL Server 中创建数据库，并创建相应的数据库表。其次，采用 ADO 实现数据库的连接。用户注册界面的主要代码如下：

```
<%if Session("_WUserID") = "" then
        Response.Redirect("Login.asp")
        Response.End()
end if
action = request.Form("action")
Set Rs = Server.CreateObject("adodb.recordset")

if action = "editMyInfo" then
        Sql = "Select * from qh_User Where User_ID="&Session("_WUserID")
        Rs.open Sql,conn,1,2
                Session("_UserCoolName")= Request.Form("User_CoolName")
                Rs("User_CoolName")     = Request.Form("User_CoolName")
                Rs("User_Name")         = Request.Form("User_Name")
                if Request.Form("User_Pass") <> "" then
                        Rs("User_Pass")     = Md5(Request.Form("User_Pass"))
                end if
                Rs("User_Photo")    = Request.Form("User_Photo")
                Rs("User_Address") = Request.Form("User_Address")
                Rs("User_Address2")     = Request.Form("User_
```

```
Address2")
                        Rs("User_PostCode")         = Request.Form("User_PostCode")
                        Rs("User_Tel")              = Request.Form("User_Tel")
                        Rs("User_Sex")              = Request.Form("User_Sex")
                        Rs("User_Birthday") = Request.Form("User_Birthday")
                        If Rs("User_Birthday")<>"" and IsNumerIC(Rs("User_Birthday"))=false then
                        Call Wodig.Msgbox2(" 出生年份必须是数字 ",0,"Setting.asp")
                        end if
                        Rs("User_HomeWeb")          = Request.Form("User_HomeWeb")
                        Rs("User_Demo")             = Request.Form("User_Demo")
            Rs.Update
            Set Rs = nothing
            Call Wodig.Msgbox2(" 恭喜您   您的资料已经设置成功   ",2,"My.asp?User_ID="&Session("_WUserID"))
            Response.End()
end if
%>
```

后台登录界面的主要代码如下：

```
<%
if Request("act") = "loginchk" then
            username = Wodig.Checkin(trim(Request.form("username")))
            password = Wodig.Checkin(replace(trim(Request.Form("password")),"'","''"))
            Md5_Pass = md5(password)
            EwSys_CheckCode = replace(trim(Request("idcode")),"'","")

            if  EwSys_CheckCode <> CStr(session("CheckCode"))  then
                        Response.write"<script>alert("" 验证码不正确   请刷新后重新登录 "&Copyright&" "");location.href=""Admin_Login.asp"";</script>"
                        Response.end
            else
                        set rs=server.createobject("adodb.recordset")
                        sql="select * from qh_Admin where Admin_LoginName='"&username&"'and Admin_Pass='"&Md5_Pass&"'"
                        rs.open sql,conn,1,3
                        if not rs.EOF then
                                    rs("Admin_LoginNum")          = rs("Admin_
```

```
LoginNum") + 1
                rs("Admin_LastLoginDate") = now()
                rs("Admin_LastLoginIP") = Request.ServerVariables("REMOTE_ADDR")
                rs.Update

                Session("_AdminID")          = Rs("Admin_id")
                Session.Timeout = 1200
                'Session("_Admin_isTxt")     = Rs("Admin_isTxt")
                'Session("_Admin_isMember")   = Rs("Admin_isMember")
                'Session("_Admin_isOnlineBy")= Rs("Admin_isOnlineBy")
                'Session("_Admin_isMedia")    = Rs("Admin_isMedia")
                'Session("_Admin_isConfig")   = Rs("Admin_isConfig")
                Response.Redirect ("Admin.asp")
            else
                Call Wodig.Msgbox2("用户不存在或用户名和密码不对应",0,"Admin_Login.asp")
                Response.End()
            end if
        end if
%>
```